室内设计施工图
常用节点速查手册

孙伟　编

江苏凤凰科学技术出版社 · 南京

图书在版编目（CIP）数据

室内设计施工图常用节点速查手册 / 孙伟编.
南京：江苏凤凰科学技术出版社, 2025. 5. -- ISBN
978-7-5713-5182-3

Ⅰ. TU238.2-62

中国国家版本馆CIP数据核字第2025R0M781号

室内设计施工图常用节点速查手册

编　　者	孙　伟
项目策划	刘立颖
责任编辑	赵　研
责任设计编辑	蒋佳佳
特约编辑	刘立颖

出版发行	江苏凤凰科学技术出版社
出版社地址	南京市湖南路1号A楼，邮编：210009
出版社网址	http：//www.pspress.cn
总　经　销	天津凤凰空间文化传媒有限公司
总经销网址	http：//www.ifengspace.cn
印　　刷	北京博海升彩色印刷有限公司

开　　本	889 mm×1194 mm 1 / 16
印　　张	18
字　　数	100 000
版　　次	2025年5月第1版
印　　次	2025年5月第1次印刷

标准书号	ISBN 978-7-5713-5182-3
定　　价	128.00元

前言

PREFACE

本书是我从业20余年的经验积累，我对施工图的绘制有着深刻的认识与理解。在书中，我归纳了室内设计中最常用的节点详图，为读者提供一本明确、简洁的速查手册。

随着计算机技术的发展，室内设计行业逐渐开始采用CAD软件进行施工图的制作，大大提高了施工图的精确度和效率。同时，国家也出台了一系列施工图设计制图标准，为室内设计行业提供了指导和规范。但是，这些标准过于庞杂，最常用的节点详图并不在同一部图集，给查找资料带来了困难。本书旨在提高室内设计师的专业水平和素质，其中包含了非常全面的室内施工图相关的专业资料，比如各种材料的规格、尺寸、质量标准等，以及施工过程中需要注意的细节和要求，可以帮助他们很好地掌握施工图的制作标准，并且快速直接地找到答案。

希望读者在阅读本书的过程中有所收获，同时也希望这本书能够帮助广大设计师在工作中提高效率。

孙伟

目录

CONTENTS

目录 CONTENTS

目录 CONTENTS

目录 CONTENTS

目录 CONTENTS

1 第一章 材料基础

基层板材

基层板材的分类、规格、定义、优缺点及适用范围（一）

产品名称	分类	规格（mm）	定义	优点	缺点	适用范围
细木工板	—	规格：1220×2440×（12、15、18、20）	细木工板是指在胶合板生产基础上，以木板条拼接或空心板作为芯板，两面覆盖两层或多层胶合板，经胶压制成的一种特殊胶合板	细木工板握螺钉力好，强度高，具有质坚、吸声、绝热等特点，而且含水率不高，在10%~13%之间，加工简便，防潮性能优于其他木质基层板材	甲醛释放量普遍较高，环保标准普遍偏低。防火性能不好。竖向的抗弯压强度差，长期的受力会导致板材明显的横向变形	主要用于饰面材料对基层有要求的情况，如木框架、门套基层、柜体底板、窗帘盒、吊顶造型侧板等
胶合板（多层板）	普通胶合板	规格：1220×2440×（3、5、9、12、15、18）	胶合板是由木段旋切成单板或由木方刨切成薄木，再用胶粘剂胶合而成的三层或多层的板状材料，通常用奇数层单板，并使相邻层单板的纤维方向互相垂直胶合而成	强度较大，抗弯性能好，不易变形，握钉力强，抗弯性能好，稳定性强于密度板	环保性相对较差，稳定性差，若板材过薄，容易产生变形，表面不如密度板平整	可用于曲面装饰的基层，墙壁、天花板、地板基层，各类家具、衣柜、橱柜底板等
	防火阻燃胶合板（又名防火阻燃板）					
密度板	普通中密度板	规格：1220×2440×（3、5、9、12、15、18）	密度板是以木质纤维或其他植物纤维为原料，经纤维制备，施加合成树脂，在加热加压的条件下压制成的板材	密度板结构均匀，材质细密，表面平整度很高，各种油漆、木皮、饰面板、轻金属薄板、三聚氰胺板均可附着到密度板表面上。性能稳定，耐冲击，易加工，可雕刻，可塑性强	耐潮性差，受潮易膨胀，握钉力差	主要用于强化木地板、门板、基层板、护墙板、家具等
	高密度板					
	高端中密度板（又名奥松板）		奥松板一种进口的中密度板，是密度板的替代升级产品，特性是更加环保。它是顶级的中密度板	奥松板具有很高的内部结合强度，每张板的板面均经过高精度的砂光，光洁度较高。不但板材表面具有天然木材的强度和各种优点，同时又避免了天然木材的缺陷。奥松板具有极好的同质结构和独特的强度及稳定性，这使得奥松板成为一种高质板。奥松薄板可以弯曲成曲线状，而且具有很高的内部结合强度，使板子易于胶粘、定钉、螺钉、固定	对无螺纹的普通钉握钉力差	主要用于门板、基层板、护墙板、家具等

续表

产品名称	分类	规格（mm）	定义	优点	缺点	适用范围
刨花板	非定向结构刨花板（又名实木颗粒板）	规格：1220×2440×（3、5、9、12、15、18）	刨花板是由木屑碎料或实木边角料，添加胶粘剂后在热力和压力作用下胶合成的人造板	刨花板的环保性要优于其他板材，强度高，不易变形。易于实现自动化、连续化生产，便于储存	重量较大，可塑性差，裁板后边缘粗糙	主要用于墙面装饰板、家具等
	定向结构刨花板（又名欧松板）		欧松板的工艺源于欧洲，是刨花板的升级产品，其制造工艺主要是将一定几何形状的刨片经干燥、施胶、定向铺装和热压成型	欧松板全部采用高级环保胶粘剂，符合欧洲最高环境标准EN300标准，成品完全符合欧洲E1标准，其甲醛释放量几乎为零，可以与天然木材相比，远远低于其他板材，是市场上最高等级的装饰板材，是真正的绿色环保建材	欧松板密度大，硬度高，难以加工，钉子很难钉入板中。板材是用不同的薄片热压而成的，表面平整度和光滑度较差	主要用于装饰基层、家具基层等。可在板材上直接刷清漆，可作为饰面板使用
指接板	—	规格：1220×2440×（9、12、15、18、25） 定制长度模数：2000、3000、3200 定制宽度模数：1000、1250、1500、1750	指接板由多块木板拼接而成，上下不再粘压夹板，由于竖向木板间采用锯齿状接口，类似两手手指交叉对接，使得木材的强度和外观质量获得增强改进，故称指接板	指接板环保性能好，仅次于实木板，容易加工，可塑性强	容易变形、开裂	主要用于家具、橱柜、衣柜等

不同板材的性能优劣排序

分类	排序（从优到劣）
防潮性	多层板—木工板—刨花板—指接板—密度板
握钉力	多层板—木工板—指接板—刨花板—密度板
可塑性	密度板—多层板—指接板—木工板—刨花板
环保性	指接板—刨花板—木工板—多层板—密度板
价格	欧松板、指接板—奥松板、多层板、木工板—刨花板、密度板

基层板材的分类、规格、定义、优缺点及适用范围（二）

产品名称	分类	规格（mm）	定义	优点	缺点	适用范围
水泥板	普通水泥板（无压板）	规格：1220×2440、1200×2400 厚度：6、8、9、10、12、15、18、20、25、30、100（最厚）	水泥板是以水泥为主要原材料加工生产的一种建筑平板，是一种介于石膏板和石材之间，可自由切割、钻孔、雕刻的建筑板材，水泥板因防火、防水、防腐、防虫、隔声性能优于石膏板、木板，且其价格远远低于石材的价格而成为建筑行业广泛使用的建筑材料	水泥板具有防火、防水、防潮抗湿、抗折抗冲击、隔声、耐腐蚀性高、使用年限久、可加工性强、无甲醛的特点。水泥板性能全面优于硅酸钙板	多数水泥板内含石棉纤维，石棉纤维是致癌物，不能用于医院、食品加工存储建筑中。高密度水泥板易出现变形。安装时需用钢龙骨，工序较烦琐，价格也较贵	卫生间、厨房、踢脚线基层、楼板、建筑外墙。喷漆后可直接作为饰面板使用 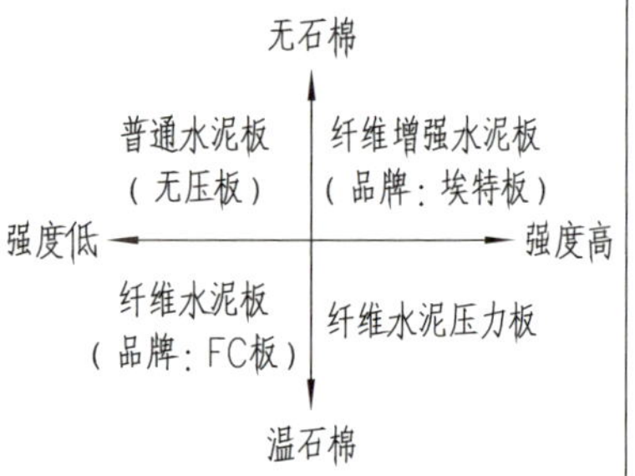
	纤维水泥板（品牌：FC板）					
	纤维增强水泥板（品牌：埃特板）					
	纤维水泥压力板					
硅酸钙板	低密度硅酸钙板	规格：1220×2440 厚度：6、8、9、10、12、15、18、20、25	硅酸钙板是以无机矿物纤维或纤维素纤维等松散短纤维为增强材料，以硅质–钙质材料为主体胶结材料，经制浆、成型，在高温高压饱和蒸汽中加速固化反应，形成硅酸钙胶凝体而制成的板材	硅酸钙板具有防火、防潮、隔声、防虫蛀、耐久性较好、强度高、可加工性强的特点	安装时需用钢龙骨，工序较烦琐，价格也较贵	卫生间、厨房、天花板、隔墙
	中密度硅酸钙板					
	高密度硅酸钙板					
玻镁板	—	规格：1200×2400、1830×2440、600×1200 厚度：8、9、10、12、15、18、20、25	玻镁板是以轻质为填充物复合而成的新型不燃性装饰材料	玻镁板具有耐高温、阻燃、吸声、防震、防虫、防腐、无毒无味无污染的特点，可直接喷涂油漆、直接贴面，可用排气钉固定，直接在其上粘贴瓷砖，表面有较好的着色性，强度高，耐弯曲有韧性，可钉，可锯，可粘，装修方便	不耐潮，长时间暴露在潮湿空间中容易出现返潮、返卤现象，导致板材老化、弯曲、发脆，或腐蚀金属基层	有一定强度要求的基层、防火饰面板、防火门芯、普通防火板
石膏板	普通纸面石膏板	规格：1200×2400、1200×3000 厚度：9.5、12	石膏板是一种以建筑石膏为主要原料制成的材料	重量轻，强度较高，厚度较薄，加工方便，隔声绝热和防火等性能较好	间隙难处理，容易有裂开，不隔声，不保温，抗冲撞性能力差，无法悬挂较重的饰品，抗潮湿能力差	一般要求的隔墙、顶棚
	耐水纸面石膏板					厨房、卫生间
	耐潮纸面石膏板					有防潮要求的部位
	耐火纸面石膏板					有防火要求的部位

胶粘剂

胶粘剂的定义、优缺点及适用范围

产品名称	定义	优点	缺点	适用范围
白乳胶	学名：聚醋酸乙烯乳胶，又名白胶，主要用于木器之间的连接	粘结力强，防霉防潮，无毒无污染，固化快，成膜性能好，耐老化	黏度不稳定，易胶凝，低温施工不便	适用于粘结木材、壁纸、壁布、各类板材
免钉胶	学名：多功能建筑结构强力胶，它属于结构胶的一种，性能全面优于硅酮胶，可代替钉子，固化后很硬	黏结力强，耐候，耐水，能替代钉子，不易变色，较为环保，耐腐抗霉	固化慢，有污染	适用于木材、金属、玻璃、水泥、石材、陶瓷、PVC、各类板材等
瓷砖胶	学名：聚合物改性粉体粘结剂，俗称胶泥，主要用于石材、瓷砖等材料的湿贴。跟传统的水泥砂浆铺贴相比，其粘结力强，施工便捷，抗位移性能好，可以使用更少用量，以更薄的完成面实现安装，综合安装和人工成本不会比水泥砂浆高出太多，瓷砖胶已逐步替代水泥砂浆成为石材、瓷砖铺贴使用最多的材料之一	黏结力强，防水抗冻，耐老化，施工便捷，抗位移好，易操作	价格高，施工要求高	石材、瓷砖铺贴，水泥砂浆的替代品
发泡胶	主要用于密封、修补材料与材料之间的缝隙，最常见的应用领域是门基层板与门洞之间的缝隙密封处理	保温防水，隔声吸热	操作不受控，粘结强度低	适用于木材与其他材料的连接，主要用于填充缝隙和密封。不可替代结构性固定介质
植筋胶	学名：高强复合树脂结构胶，属于建筑结构胶，刚性连接	粘结力强，凝固快，抗震性好，性能稳定	未固化时，易受外力破坏，且难恢复	专门用于结构性植筋和加固，固化后等同于预埋件
云石胶	云石胶是刚性胶粘剂，固化时间短，一般不到10分钟就能固化完成，固化后非常硬，且易碎	固化可调节，粘结力较强，耐腐蚀，可低温，潮湿固化	无韧性，应力较大时自身易开裂	石材、瓷砖的连接与修补。不适用于石材与金属连接
AB胶	AB胶是两液混合硬化胶的别称，一种是本胶，另一种是硬化剂，两液相混才能硬化。AB胶属于结构胶，硬化慢，一旦硬化后，粘结力非常强	配比简单，无污染，抗震抗拉，耐久性好，固化后结构稳定。完全固化后性能优于云石胶	固化时间慢，低温下无法固化	主要适用于金属、硬塑料、石材、陶瓷等
石材结晶	石材结晶处理是最理想的石面保养方式。其原理是利用晶面处理剂加上重型处理机对石面的摩擦，在化学和物理双重作用之下，使地面表层形成坚硬致密的晶硬结晶层，令石面不易受损，也不易沾染污渍，从而确保石材的本质特性	硬度高，亮度高，没有缝隙	—	石材面层养护
玻璃胶	玻璃胶是将各种玻璃与其他基材进行粘结和密封的材料。主要分两大类：硅酮胶和聚氨酯胶（PU）。硅酮胶密封胶就是我们通常说的玻璃胶。硅酮结构密封胶是中性玻璃胶中档次最高的	玻璃胶是业内公认的"收口神器"。当因为节点缺陷或施工问题出现漏边、空洞的情况时，采用同色系的玻璃胶进行修补和收口，能达到良好的装饰效果	用于长期有水或浸水的地方容易变黄发霉	玻璃胶绝对不是只能用于粘结玻璃，只要是自重不大，且对胶粘力要求不高的构造均可以使用玻璃胶进行固定。室内构造中以中性玻璃胶为主
勾缝剂	勾缝剂是一个统称，指的是用于勾缝的材料。按发展历程排序可分为：白水泥、填缝剂、美缝剂、瓷缝剂，其中美缝剂的性价比和使用频率最高	能吸收基面及砖块的振动及收缩，防止裂纹产生。能防止水分从瓷砖缝渗入	白水泥不耐脏、不防水。美缝剂容易塌陷脱落	瓷砖的缝隙填补和收口。建议使用与瓷砖同色系的勾缝剂，装饰效果最佳

涂料

涂料的分类及材料简介

产品名称	分类	材料简介
乳胶漆	高光漆、有光漆、丝光漆、亚光漆	乳胶漆是有机涂料的一种，是以合成树脂乳液为基料加入颜料、填料及各种助剂配制而成的一类水性涂料（用水作溶剂或分散介质的涂料），也称作合成树脂乳液涂料
艺术涂料	高光漆、真石漆、板岩漆、壁纸漆、浮雕漆、幻影漆、肌理漆、金属金箔漆、裂纹漆、马来漆、砂岩漆	艺术涂料是新型的墙面装饰艺术漆，是以各种高品质的具有艺术表现功能的涂料为材料，结合一些特殊工具和施工工艺，制造出各种纹理图案的装饰材料。艺术漆与传统涂料最大的区别在于：艺术涂料对质感肌理的表现力更强，能制作出更为丰富独特的装饰效果
硅藻泥	表面质感型硅藻泥、表面机理型硅藻泥、艺术型硅藻泥、印花型硅藻泥	硅藻泥的主要成分是硅藻土，硅藻土是亿万年前硅藻生物遗骸的硅质沉积岩。硅藻泥是绿色环保材料，本身无任何污染，无异味。硅藻泥具有天然环保、调节湿度、净化空气、防火阻燃、吸声降噪、保温隔热、保护视力、墙面自洁、超长寿命等多种特性和功能，是乳胶漆和壁纸等传统装饰材料无法比拟的
黑板漆	带磁性黑板漆	黑板漆是一种类似乳胶漆的涂料，施工工艺与乳胶漆类似，带磁性黑板漆涂刷遍数越多磁性越强
	不带磁性黑板漆	
聚酯（PE）漆	—	聚酯漆也叫不饱和聚酯漆，属于高档涂料，不仅色彩十分丰富，而且漆膜厚度大，喷涂两三遍即可，并能完全把基层的材料覆盖，所以制做家具可以在密度板上直接刷聚酯漆，对基层材料的要求并不高
聚氨酯（PU）漆	—	聚氨酯漆综合性能好，被广泛用于高级木器家具，是市面上使用最多的木器漆，广泛应用于木器、汽车、飞机、机械、电器、仪器仪表、塑料、皮革、纸张、织物、石油化工等各个方面
硝基（NC）漆	—	硝基漆主要用于木器及家具的涂装、家庭装修、一般装饰涂装、金属涂装、一般水泥涂装等方面，多用于修补及打底。装饰效果好，保护效果差
金属漆	—	只要涂抹于金属基体之上的，都可称为金属漆。同时也可以涂抹于外幕墙、GRC板、门窗、混凝土、水泥、石膏板、木料等基层上，使之达到具有金属观感的效果。金属漆分为：溶剂型金属漆、水溶性金属漆。溶剂型金属漆易于干燥固化，化学亲和度强，透明度高。溶剂型金属漆主要包括丙烯酸金属漆、氟碳金属漆。氟碳漆被称为"油漆之王"，具有超强防腐、耐候、防辐射、表面坚硬的特点，耐久性和耐候性是常见金属漆中最好的，缺点是附着力不强。水性金属漆硬度高，耐划，附着力强，无毒，无味，无污染，水性金属漆主要包括水性烘烤金属漆、水性自干金属漆

木器漆常见做法概述

工艺	外观	做法	特点
油饰	开放漆	天然植物油蜡满涂（颜色可调）	表面几乎看不到油漆
清水		透明底漆+透明面漆（全透明）	能摸到木纹，能看见木纹底色
清水混做	封闭漆	透明底漆+混色面漆（半透明）	摸不到木纹，能看见木纹底色
混水		实色底漆+实色面漆（木纹全覆盖）	摸不到木纹，看不见木材底色
混水清做	半开放漆	实色底漆+实色面漆（木纹半覆盖）	能摸到木纹，看不见木材底色

防水材料

防水材料的定义、特点及适用范围

产品名称	定义	优点	缺点	适用范围
聚合物水泥基防水涂料（JS防水涂料）	聚合物水泥基防水涂料，是一种双组分防水材料，是由有机聚合物乳液（如丙烯酸酯乳液及各种助剂）和无机粉料（如水泥、石英砂等）组成的双包装防水涂料，性价比较高，是使用最多的室内防水材料	工期短（每遍2～3小时）。由于涂料必须透过水的作用渗透至底材内部，因此在潮湿区域可以施工。防水层之上可直接铺贴瓷砖、抹灰或油漆。无毒无害，可以直接涂刷至饮水的水池里，非易燃材料，无腐蚀性	水性涂料无法在5℃以下施工	适用于地下室、地下隧道、卫浴间、水池等特别潮湿及长期在水中浸泡的条件下的施工
聚氨酯防水涂料	聚氨酯防水涂料俗称“液体橡胶”，是皮肤式防水的典范。它是目前综合性能最好、防水效果最佳的防水材料。按成分不同分为单组分与双组分，部分双组分产品有一定的毒性，建议室内防水工程使用单组分产品	与基面粘结力强，拉伸强度大，延伸率高，使用寿命长，无毒无害，耐候性好，耐酸碱侵蚀，既具有防水功能又具有隔汽功能	环保性稍差，气味较大，自身光滑，与基层连接不牢，不能在潮湿区域施工	适用于地下室、卫生间、浴室、游泳池、水景池、屋顶、外墙等。特别适合大面积长期浸水空间
丙烯酸防水涂料（K11防水涂料）	丙烯酸防水涂料是以纯丙烯酸聚合物乳液为基料，加入其他添加剂而制得的单组分水乳型防水涂料。最常见的丙烯酸涂料就是K11	防水层为封闭体系，整体防水效果好，特别适用于结构复杂的基层上施工	无法在5℃以下施工。单位面积的涂料使用量大，成本较高。涂料上墙易空鼓	适用于屋面、墙面、卫生间、地下室等非长期浸水环境下的防渗工程
水泥基渗透结晶防水涂料	水泥基渗透结晶型防水涂料是以特种水泥、石英砂等为基料，掺入多种活性化学物质制成的粉状刚性防水材料。与水作用后，材料中含有的活性化学物质通过载体水向混凝土内部渗透，在混凝土中形成不溶于水的结晶体，堵塞毛细孔隙，从而使混凝土致密、防水	抗渗防潮性能强。具有多次抗渗和自我修复的特点，混凝土结构即使局部受损发生渗漏，在遇到水后结晶体也能不断生长并填充混凝土内部的毛细孔隙，可以自行修补愈合（0.4mm宽的裂缝），不需要做其他防水层修补。防水层和混凝土表面形成整体，不会分离。无毒环保，防腐，耐酸碱。无需找平层和保护层	成膜后无弹性	适用于屋面、地下室、卫生间、游泳池、水景池等结构开裂(微裂)、渗水点、孔洞的堵漏施工。背水面施工性能卓越，能解决大量地下室渗漏问题
改性沥青防水卷材	改性沥青防水卷材以合成高分子聚合物改性沥青为涂盖层，纤维织物或纤维毡为胎体，粉状、粒状、片状或薄膜材料为覆面材料制成的可卷曲的片状材料。它的厚度一般为3mm、4mm、5mm，以沥青基为主体。常用防水卷材分为SBS改性沥青防水卷材、APP改性沥青防水卷材	综合性能强，耐高温，延展性好，耐老化	环保性较差，气味大	适用于屋面、地下室、露台、工装厨房、游泳池等大面积长期浸水区域
聚乙烯丙纶复合防水卷材	聚乙烯丙纶复合防水卷材是在原生聚乙烯合成高分子材料中加入抗老化剂、稳定剂、助粘剂等以及高强度新型丙纶涤纶长丝无纺布，经过自动化生产线一次复合而成的新型防水卷材	可与水泥材料在凝固过程中直接粘合，只要无明水便可施工。抗拉强度高，低温柔性好，膨胀系数小，易粘结，摩擦系数小，无毒环保，价格便宜	防水性能存在争议，众说纷纭，部分地区限制使用	适用于屋面、地面的防水，屋面的防潮隔汽，室内墙地面的防潮，卫生间墙地面的防水，水利池库、渠道的防渗，冶金化工的防污染等

2

第二章

顶棚吊顶

双层轻钢龙骨吊顶

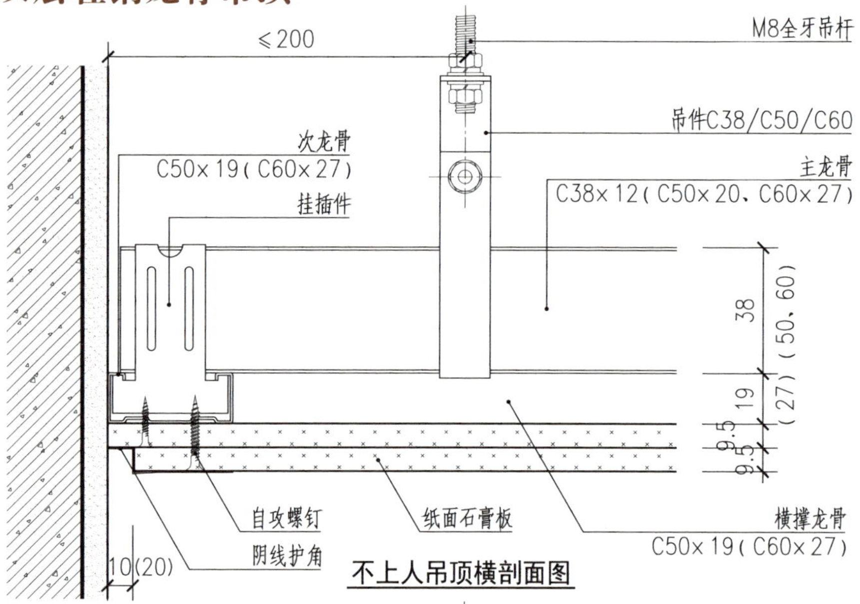

不上人吊顶横剖面图

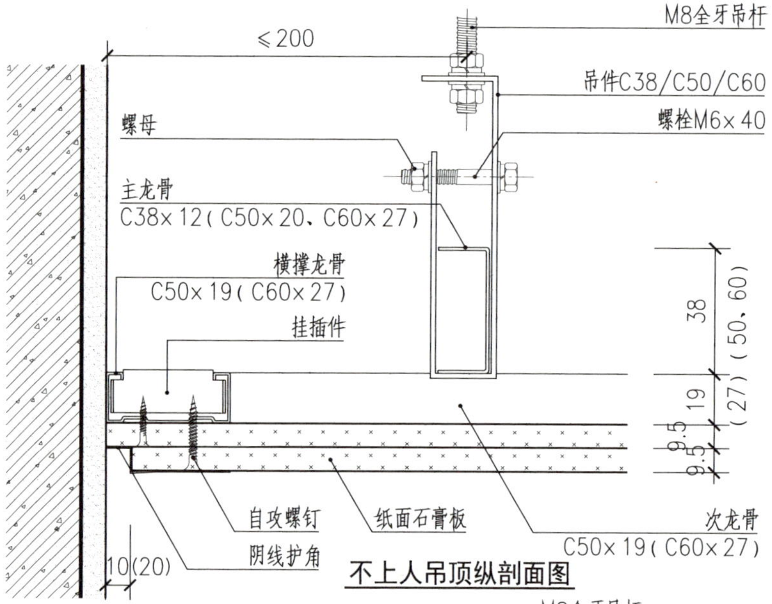

不上人吊顶纵剖面图

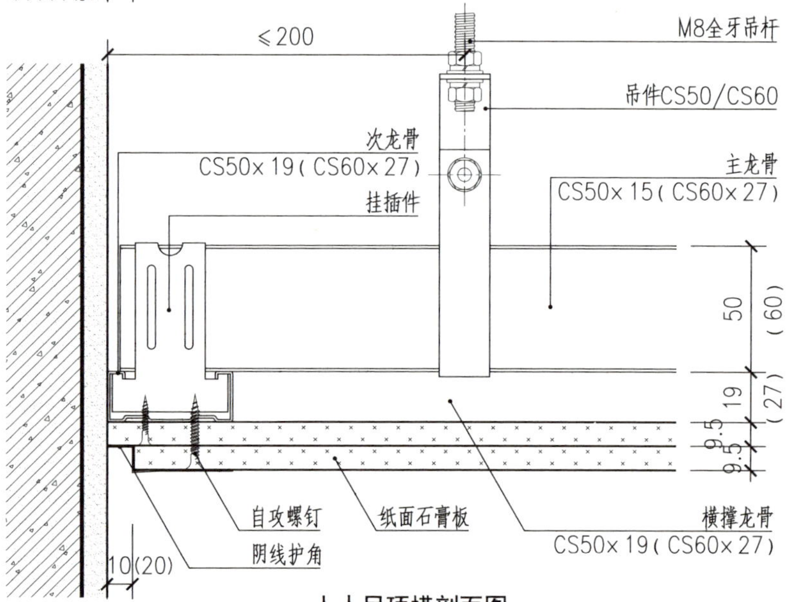

上人吊顶横剖面图

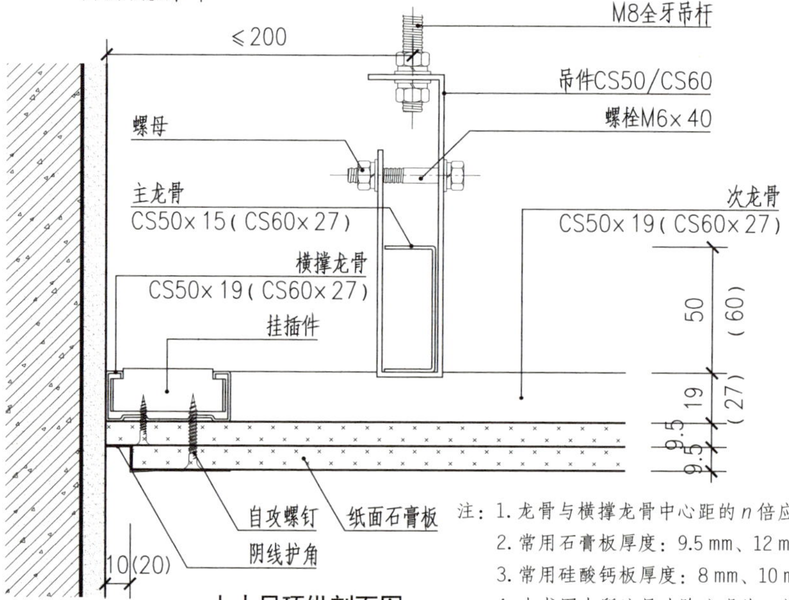

上人吊顶纵剖面图

注：1. 龙骨与横撑龙骨中心距的 n 倍应等于石膏板规格尺寸。
2. 常用石膏板厚度：9.5 mm、12 mm。
3. 常用硅酸钙板厚度：8 mm、10 mm、12 mm。
4. 本书图中所注尺寸除注明外，单位均为毫米（mm）。

双层轻钢龙骨吊顶伸缩缝

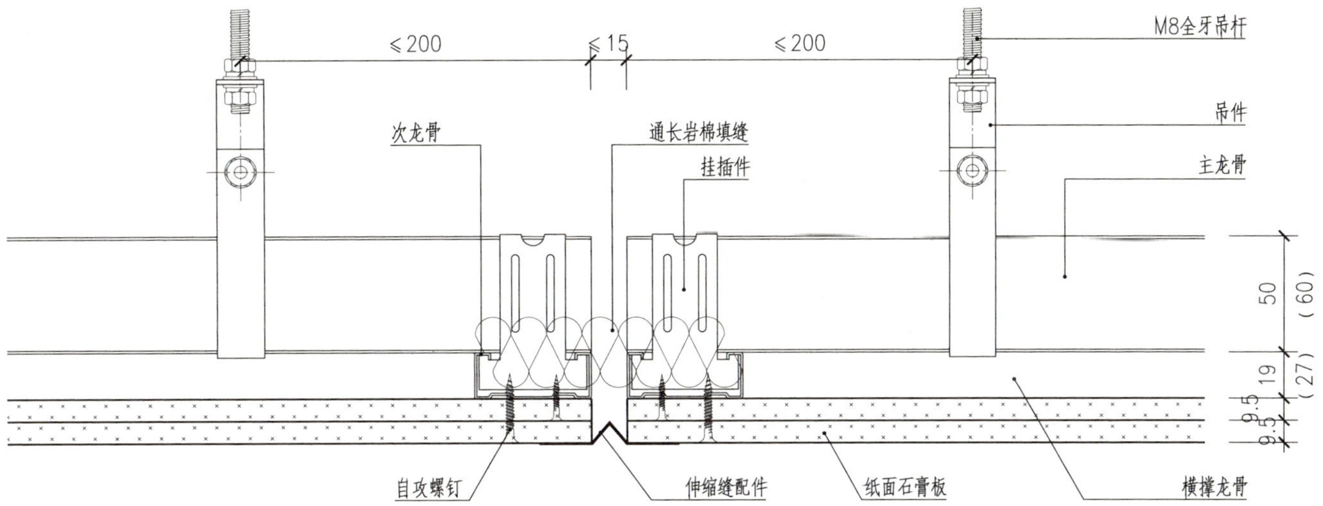

双层轻钢龙骨伸缩缝（一）

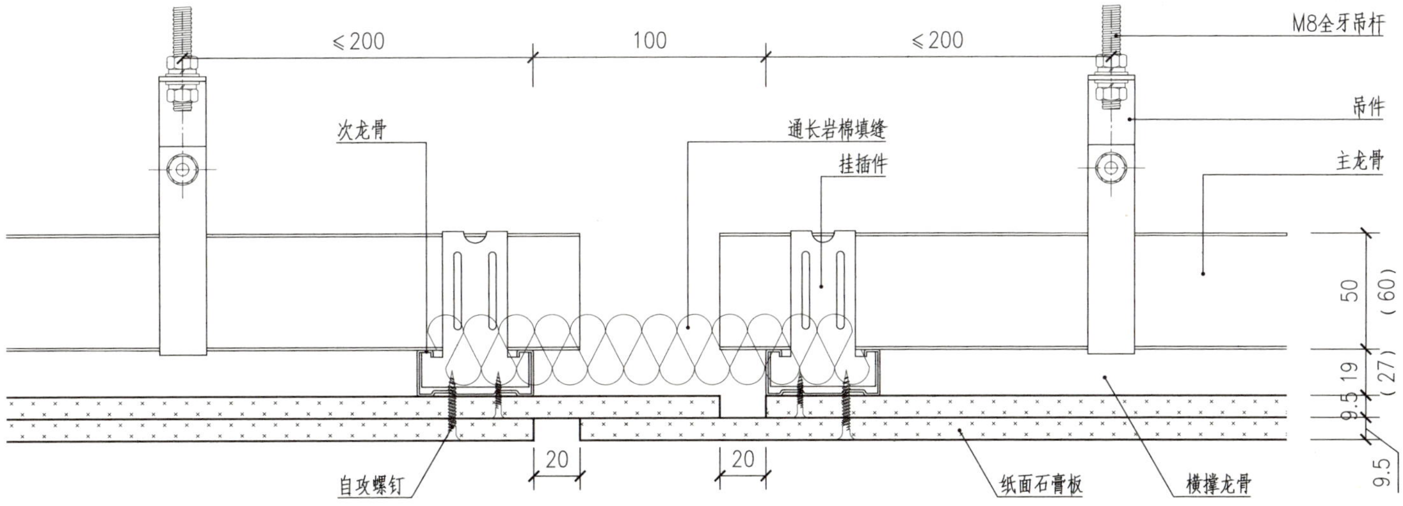

双层轻钢龙骨伸缩缝（二）

注：当吊顶面积大于等于100㎡时，宜设置伸缩缝。

单层轻钢龙骨吊顶

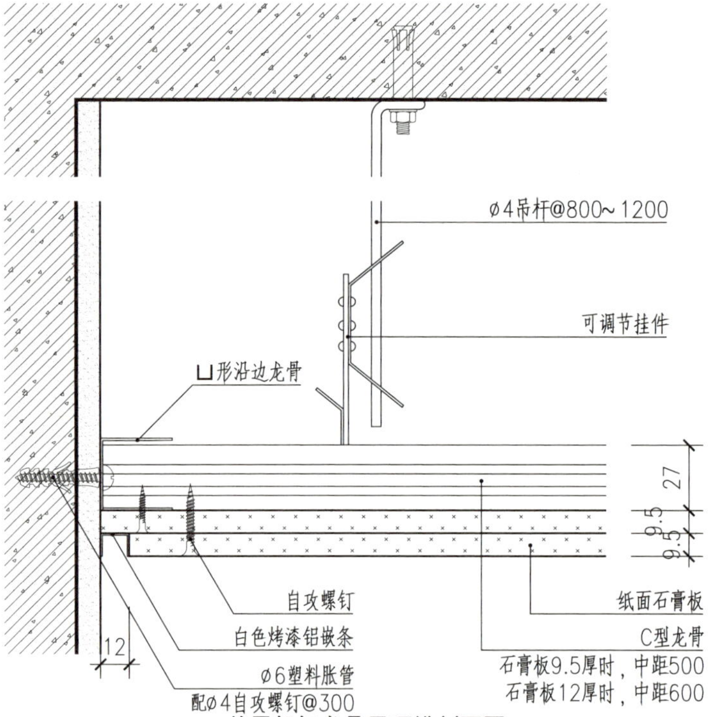

单层轻钢龙骨吊顶横剖面图

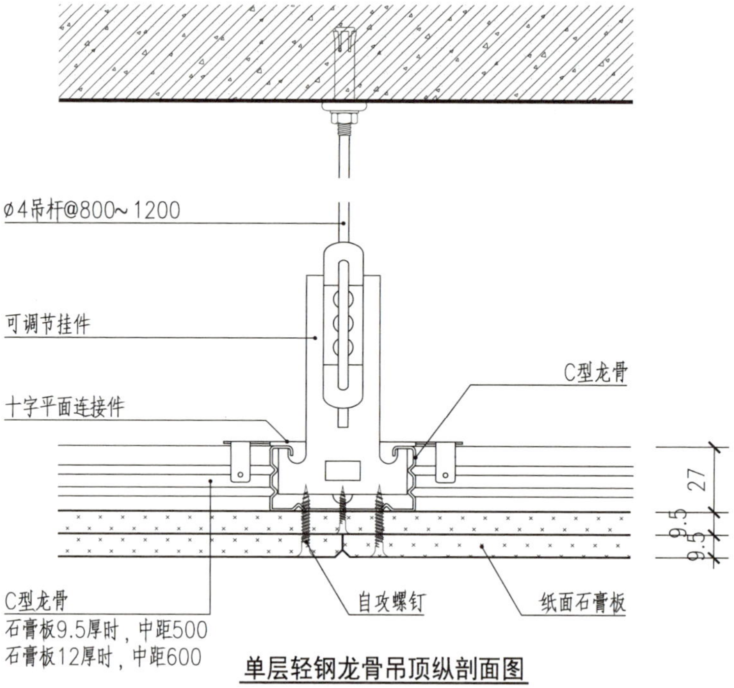

单层轻钢龙骨吊顶纵剖面图

注：单层龙骨吊顶仅适用于面积较小的房间。

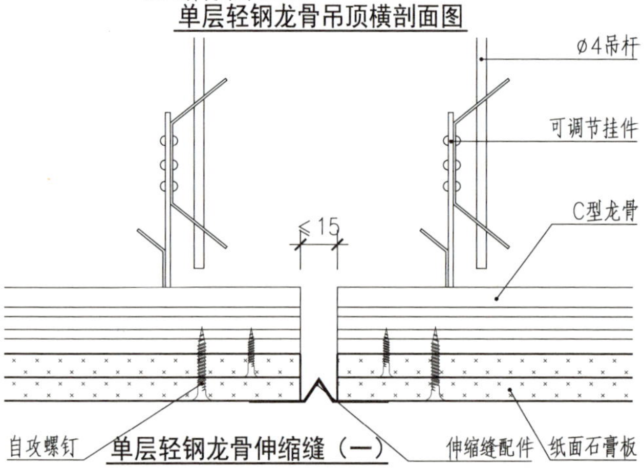

单层轻钢龙骨伸缩缝（一）

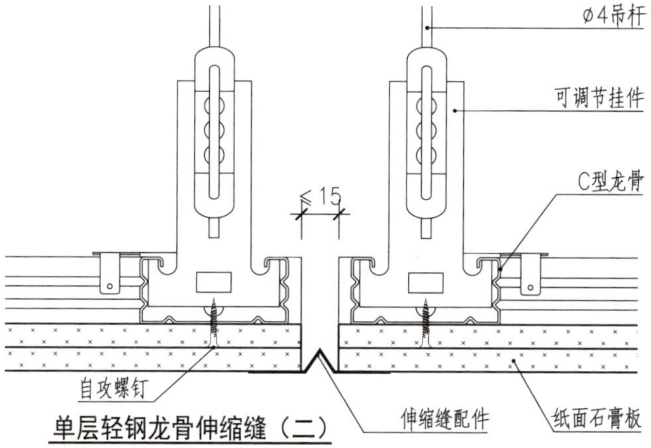

单层轻钢龙骨伸缩缝（二）

注：当吊顶面积大于等于100㎡时，宜设置伸缩缝。

轻钢龙骨吸顶式吊顶（一）

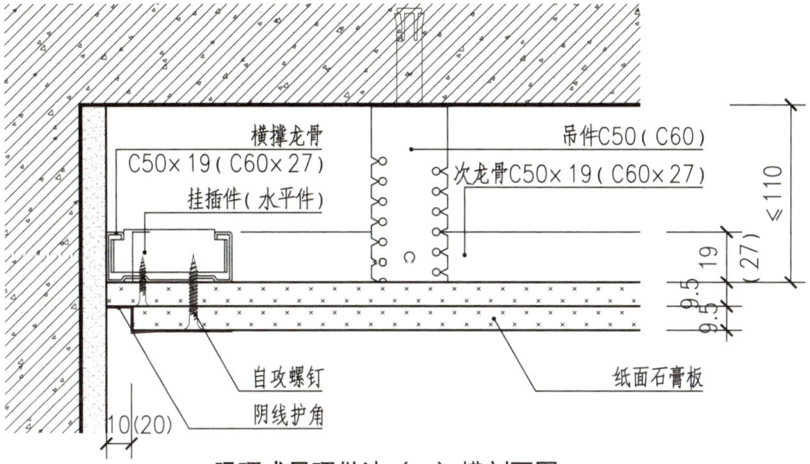

吸顶式吊顶做法（一）横剖面图

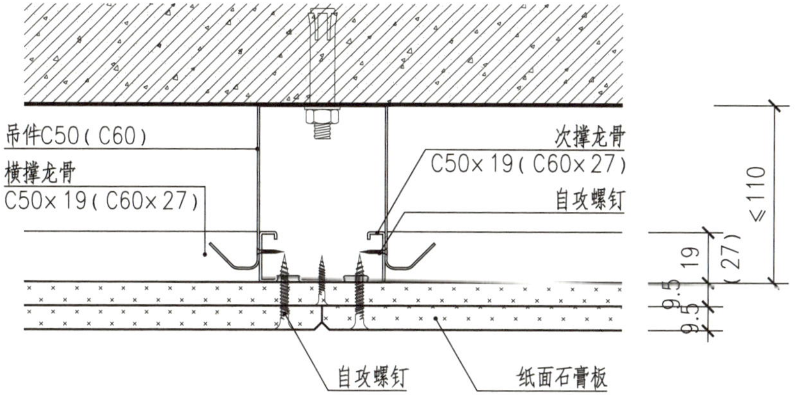

吸顶式吊顶做法（一）纵剖面图

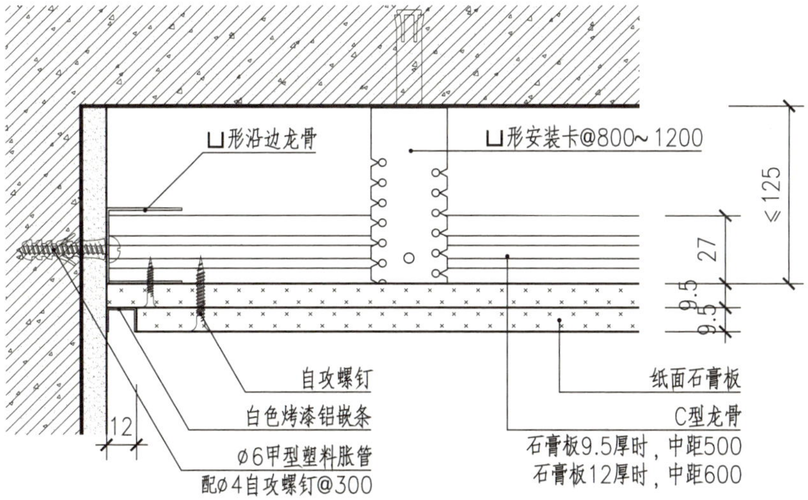

吸顶式吊顶做法（二）横剖面图

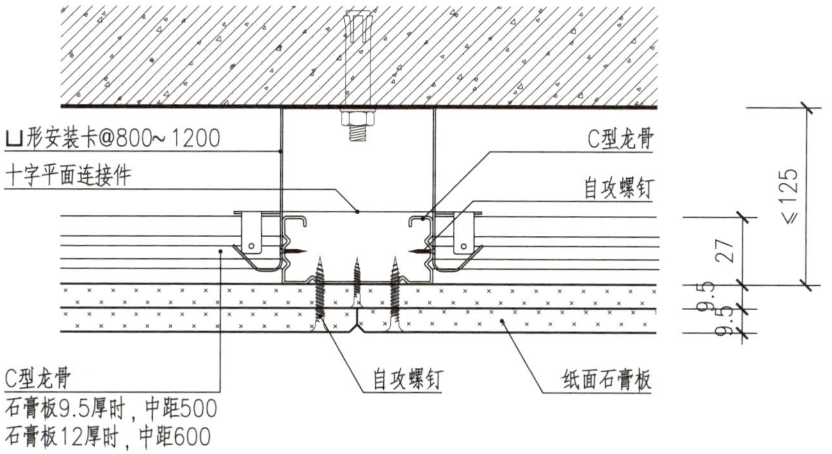

吸顶式吊顶做法（二）纵剖面图

注：本页图仅适用于面积较小的房间。

轻钢龙骨吸顶式吊顶（二）

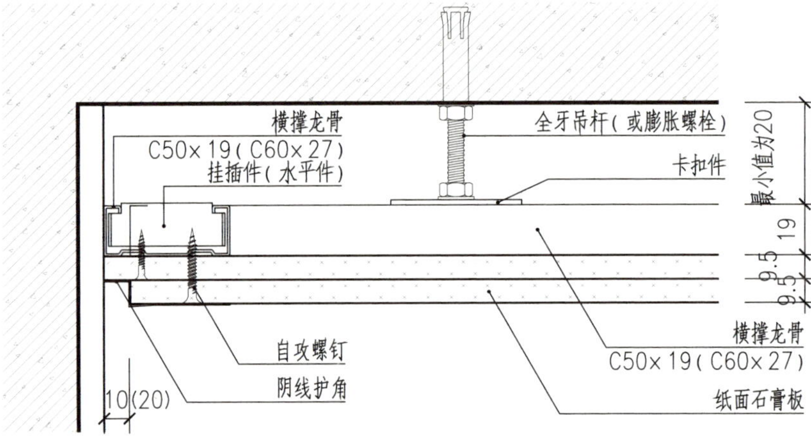

吸顶式吊顶做法（三）横剖面图

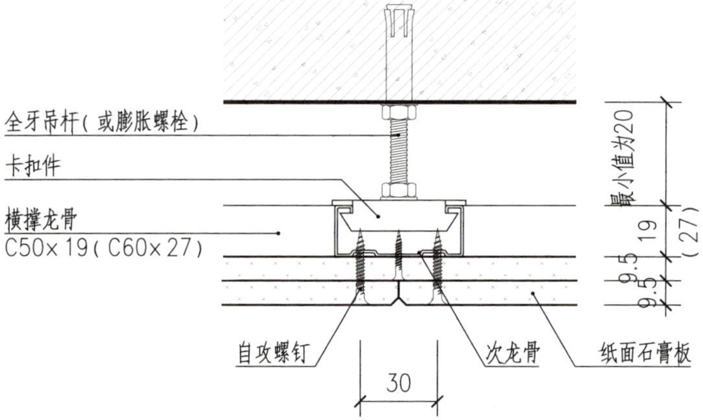

吸顶式吊顶做法（三）纵剖面图

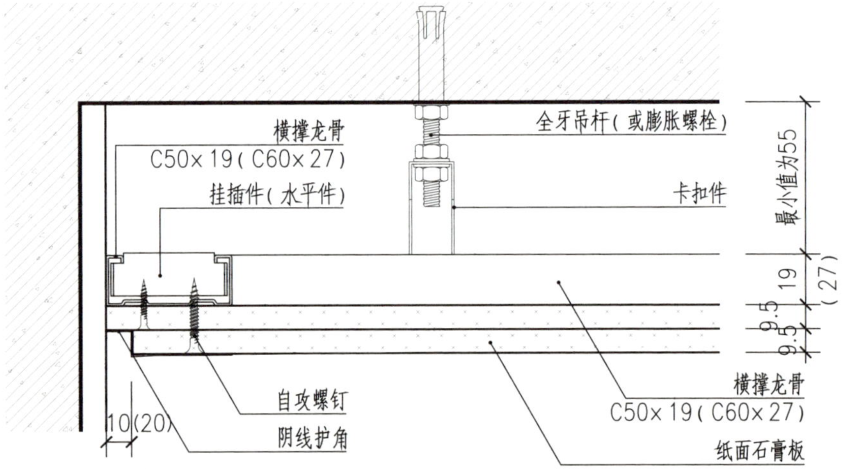

吸顶式吊顶做法（四）横剖面图

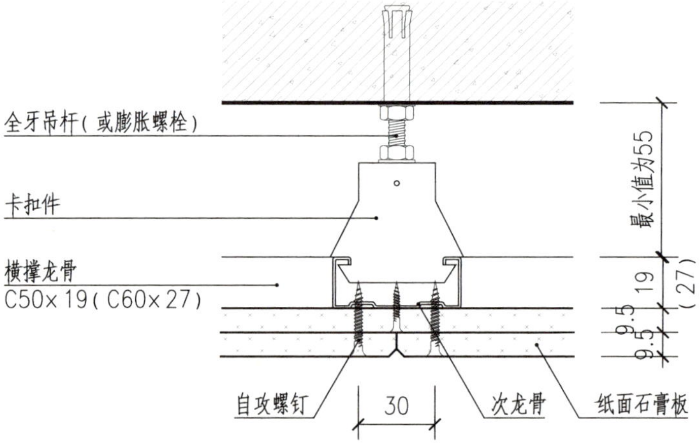

吸顶式吊顶做法（四）纵剖面图

注：本页图仅适用于面积较小的房间。

V型直卡式轻钢龙骨吊顶

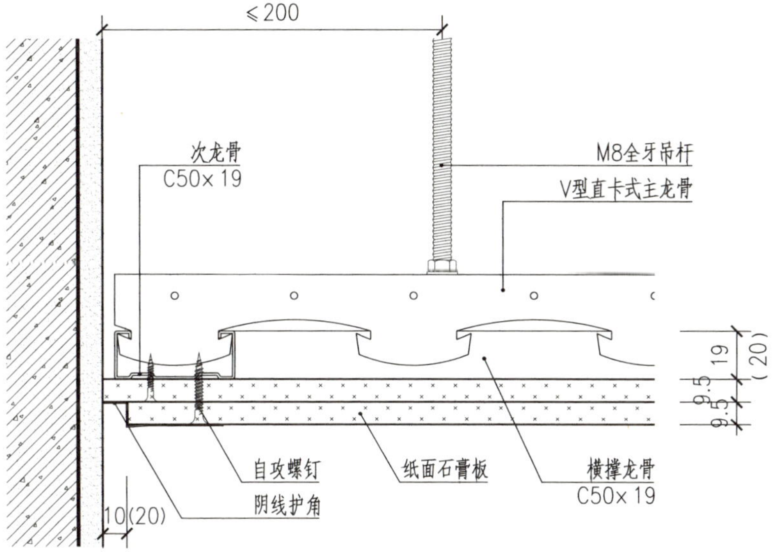

V型直卡龙骨吊顶横剖面图

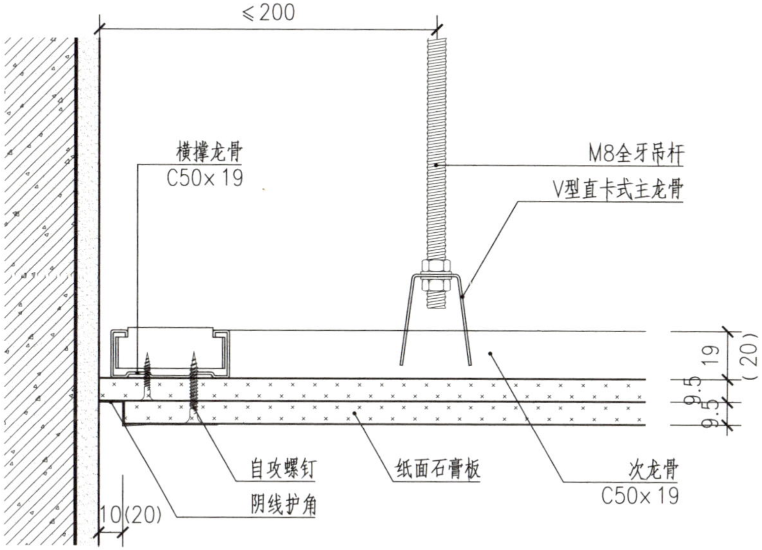

V型直卡龙骨吊顶纵剖面图

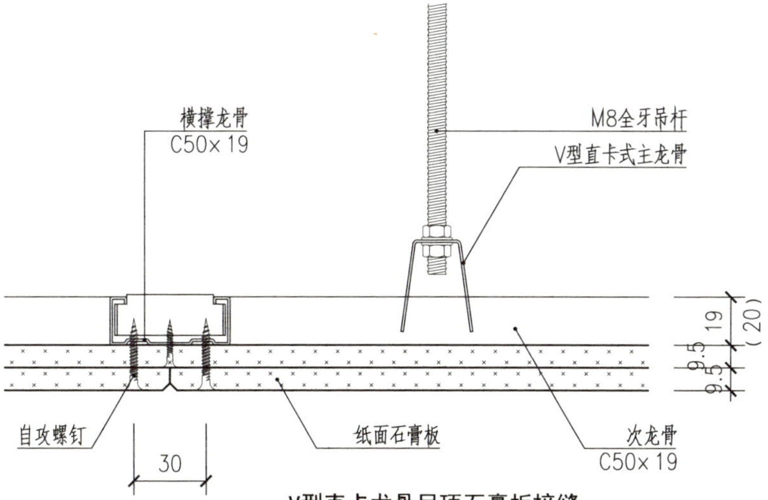

V型直卡龙骨吊顶石膏板接缝

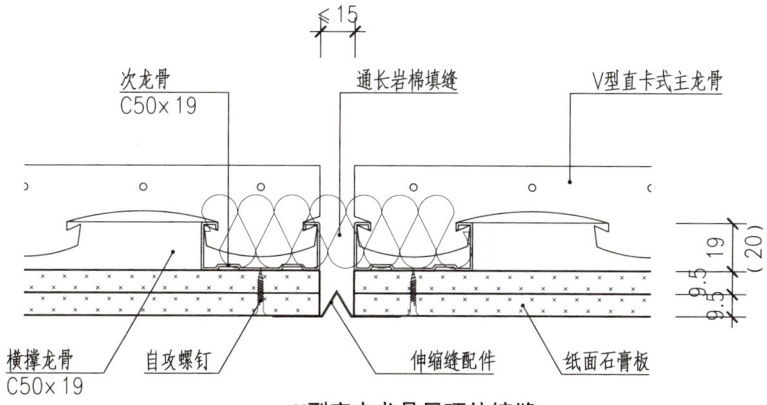

V型直卡龙骨吊顶伸缩缝

注：当吊顶面积大于等于100㎡时，宜设置伸缩缝。

波浪形吊顶

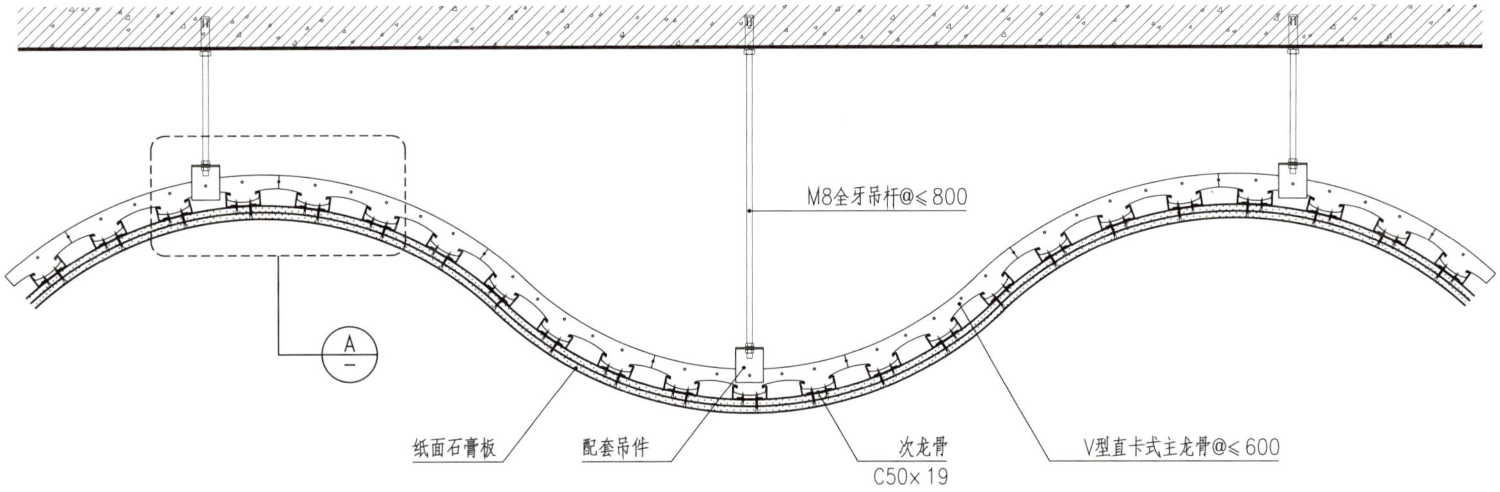
M8全牙吊杆@≤800
A
纸面石膏板
配套吊件
次龙骨
C50×19
V型直卡式主龙骨@≤600

V型直卡龙骨波浪形吊顶剖面图

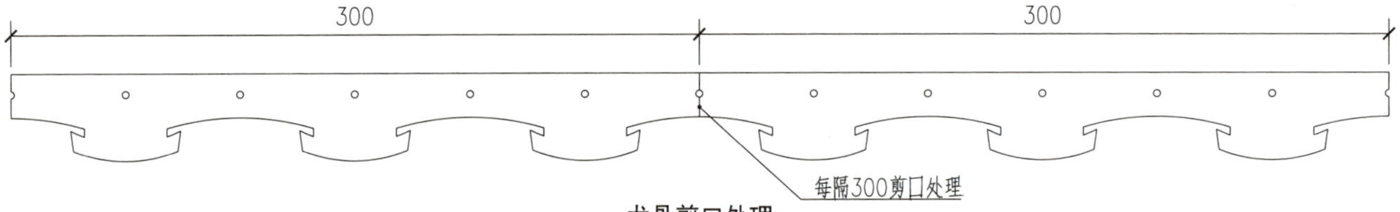
300
300
每隔300剪口处理

龙骨剪口处理

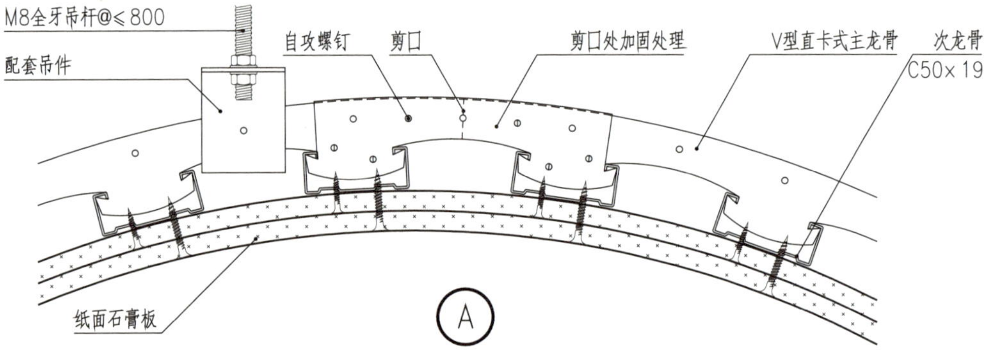
M8全牙吊杆@≤800
配套吊件
自攻螺钉
剪口
剪口处加固处理
V型直卡式主龙骨
次龙骨
C50×19
纸面石膏板
A

折线形吊顶

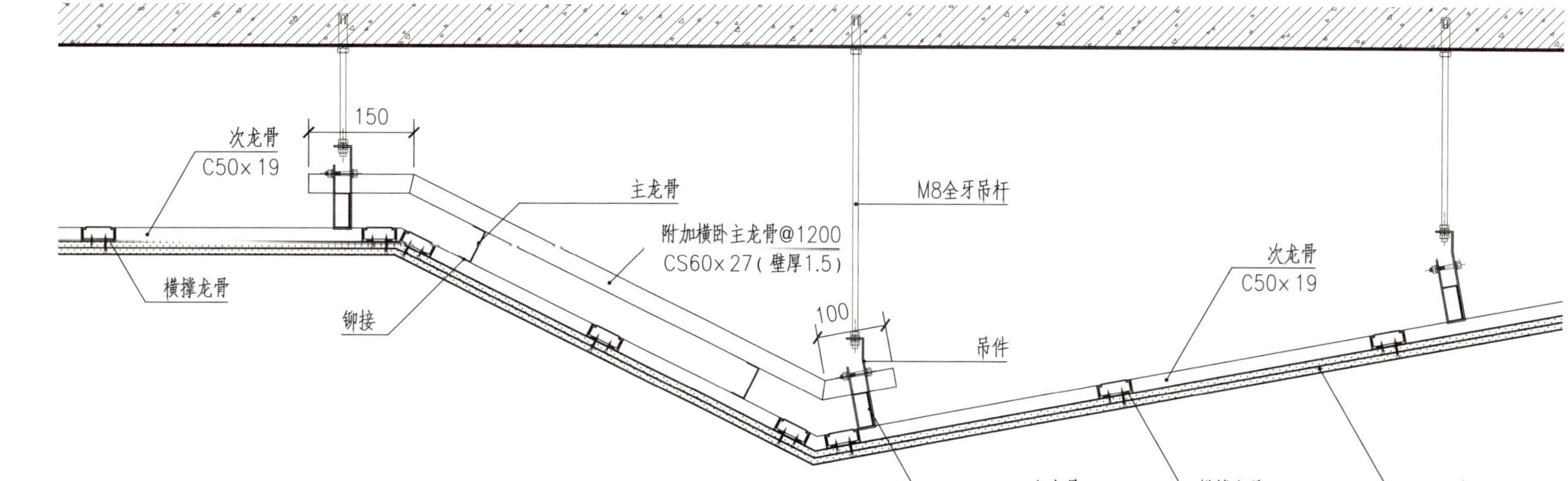

150
次龙骨
C50x 19
主龙骨
M8全牙吊杆
附加横卧主龙骨@1200
CS60x 27(壁厚1.5)
次龙骨
C50x 19
横撑龙骨
铆接
100
吊件
主龙骨
横撑龙骨
纸面石膏板

折线形吊顶横剖面图

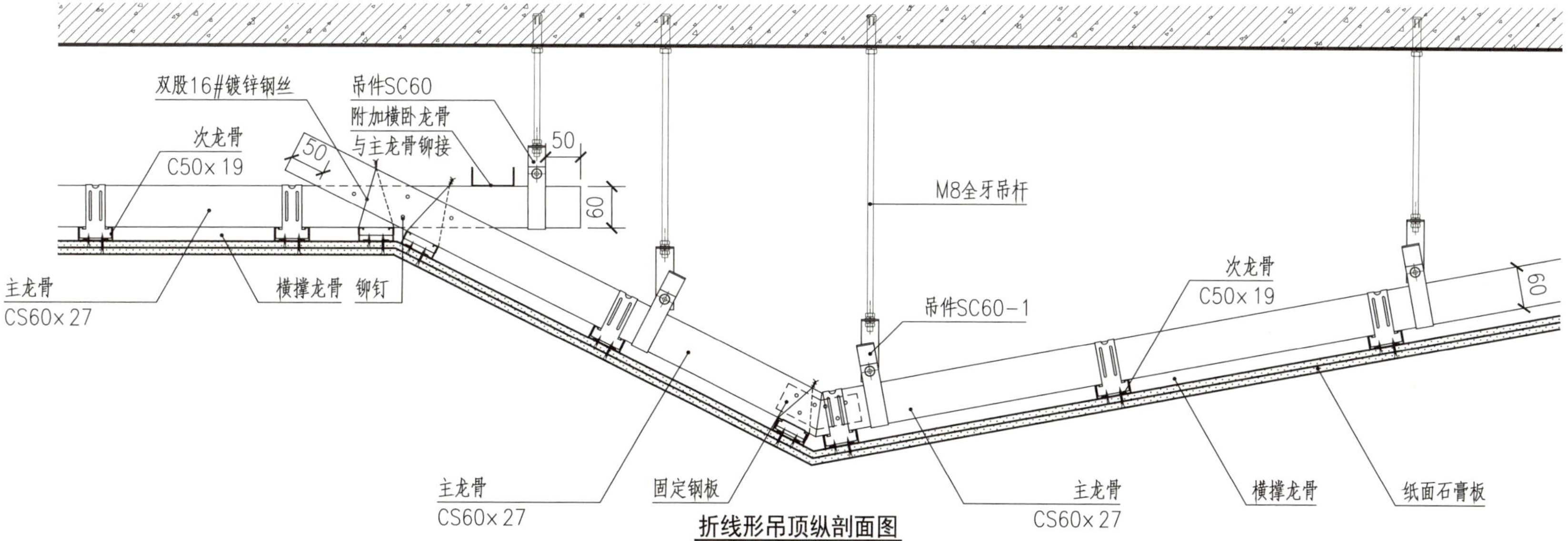

双股16#镀锌钢丝
吊件SC60
附加横卧龙骨
与主龙骨铆接
次龙骨
C50x 19
50
50
60
M8全牙吊杆
主龙骨
CS60x 27
横撑龙骨
铆钉
次龙骨
C50x 19
吊件SC60-1
60
主龙骨
CS60x 27
固定钢板
主龙骨
CS60x 27
横撑龙骨
纸面石膏板

折线形吊顶纵剖面图

二维曲面吊顶

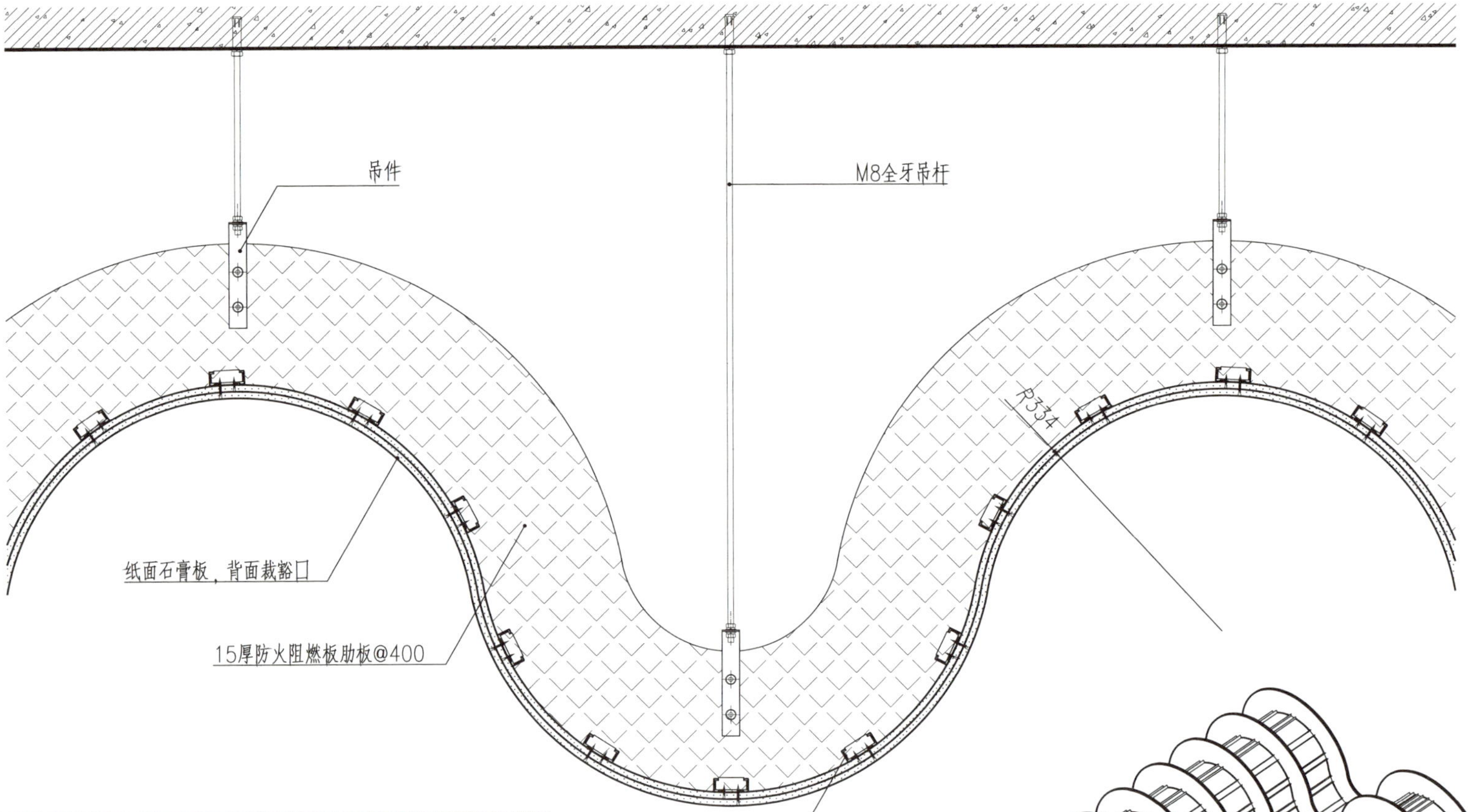
吊件
M8全牙吊杆
R334
纸面石膏板，背面裁豁口
15厚防火阻燃板肋板@400
次龙骨，间距可适当减小
C50×19

二维曲面吊顶横剖面图

二维曲面吊顶

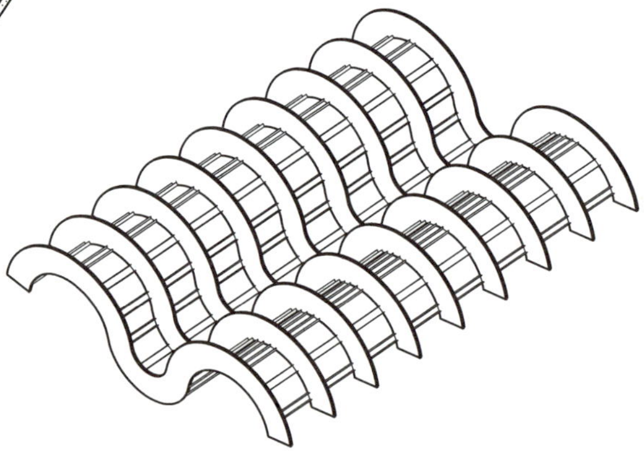

三维轴测图

三维曲面吊顶

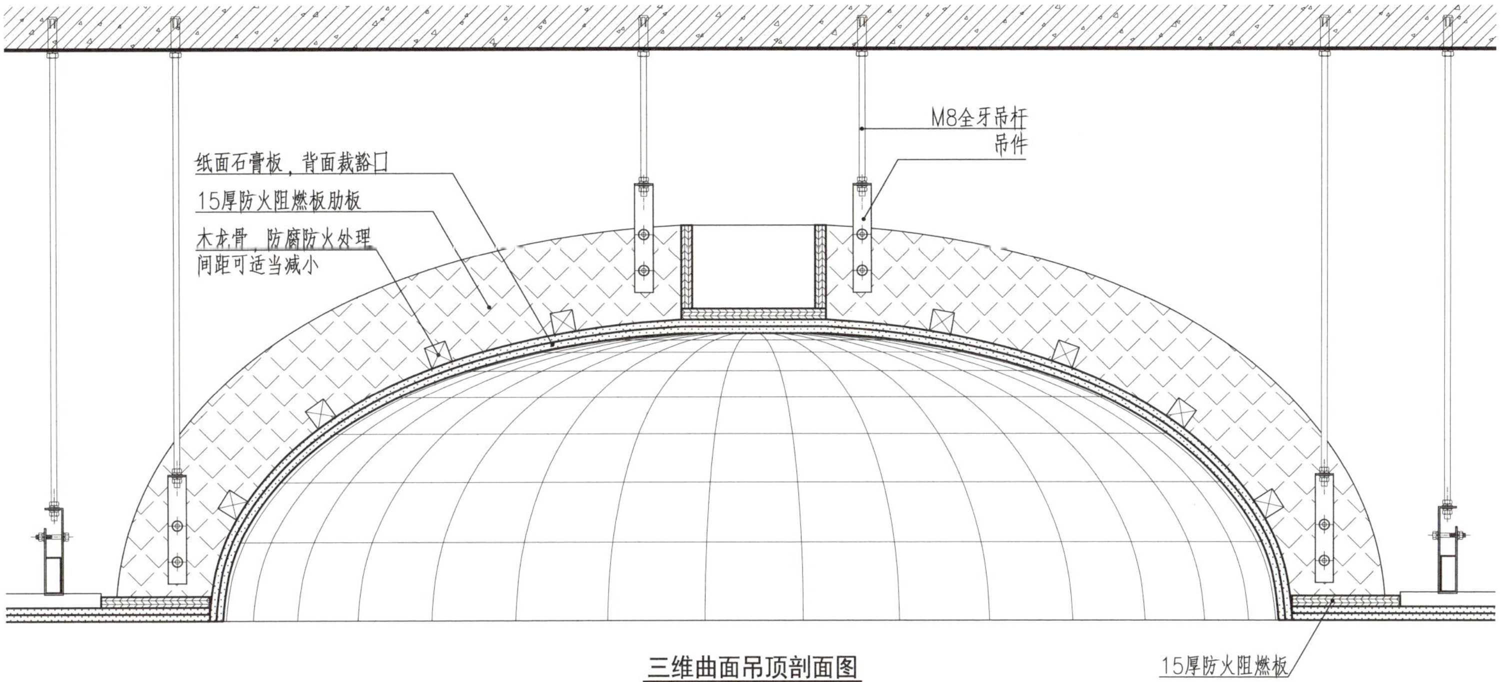
M8全牙吊杆
吊件
纸面石膏板，背面裁豁口
15厚防火阻燃板肋板
木龙骨，防腐防火处理
间距可适当减小
15厚防火阻燃板

三维曲面吊顶剖面图

三维曲面吊顶

三维示意图

矿棉板吊顶（一）

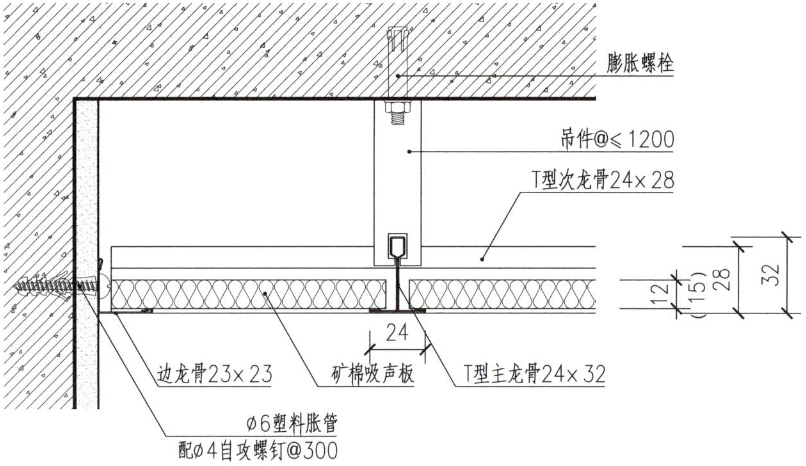

明架吸顶式矿棉板吊顶横剖面图

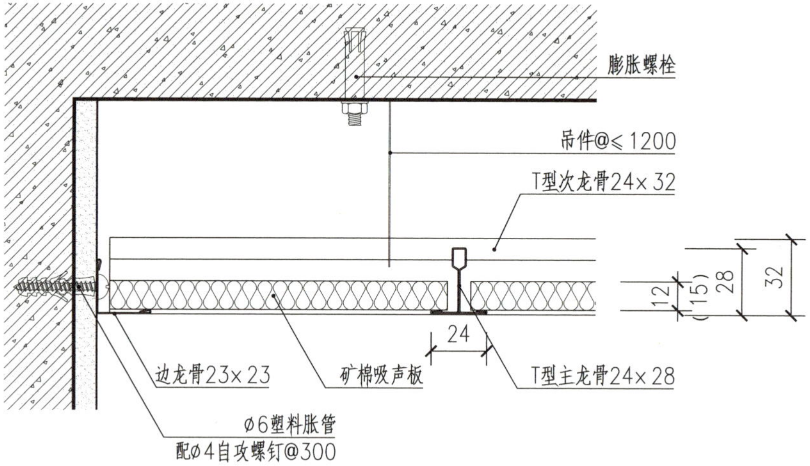

明架吸顶式矿棉板吊顶纵剖面图

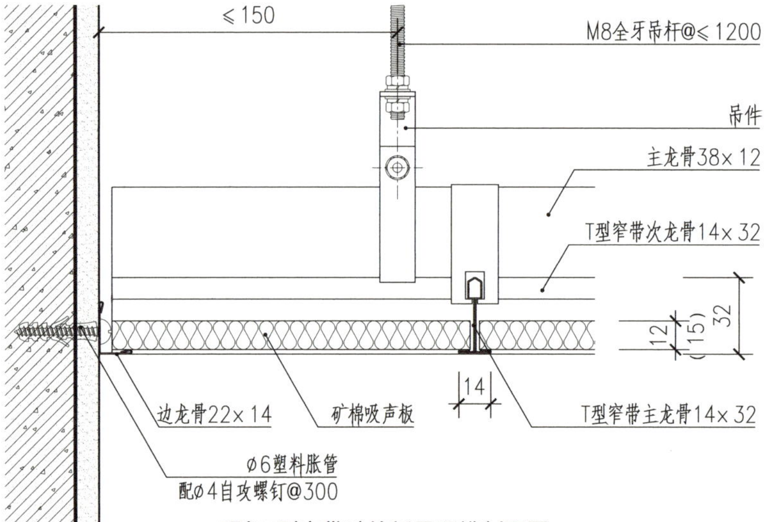

明架T型窄带矿棉板吊顶横剖面图

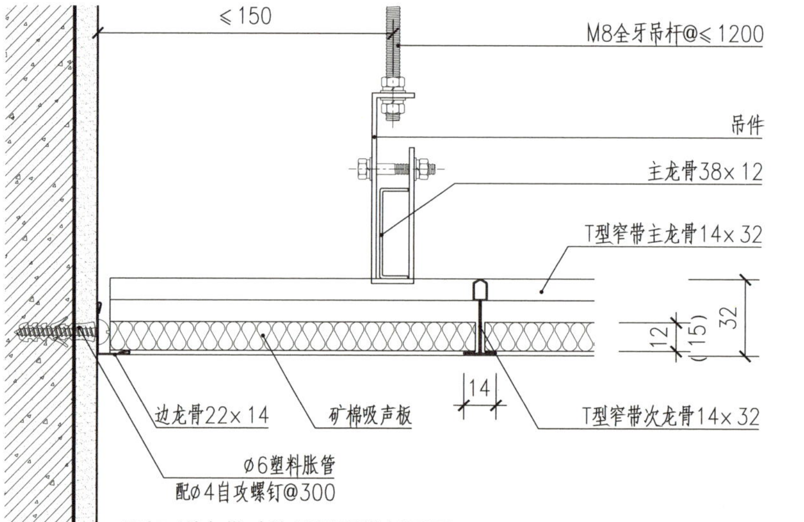

明架T型窄带矿棉板吊顶纵剖面图

注：1. 常用明架矿棉板厚度：12 mm、15 mm。
2. 窄带矿棉板对龙骨稳定性要求较高。

矿棉板吊顶（二）

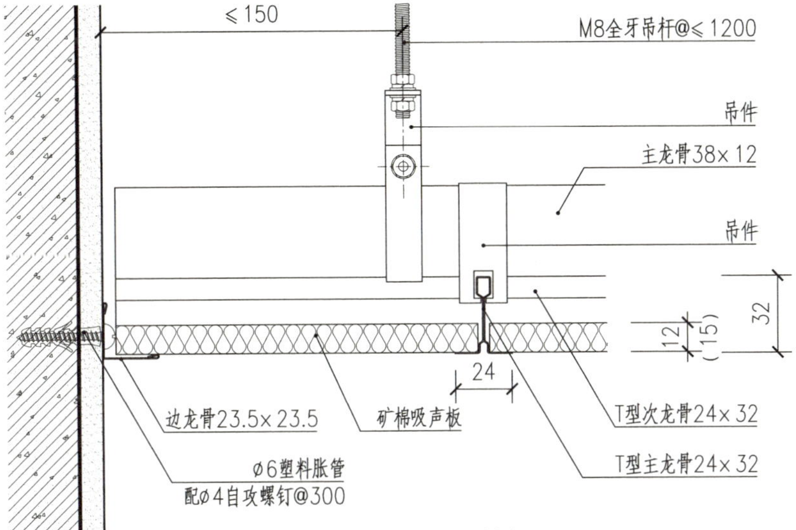

明架T型龙骨矿棉板吊顶横剖面图

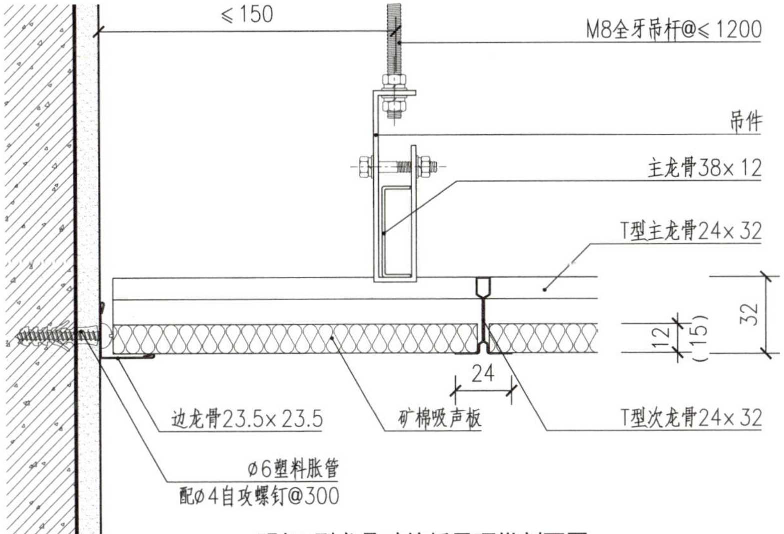

明架T型龙骨矿棉板吊顶纵剖面图

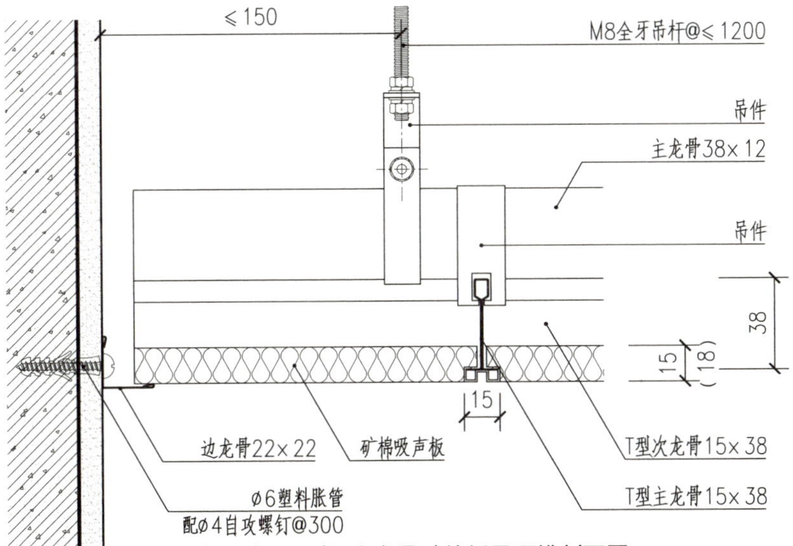

半明架T型、凹型组合龙骨矿棉板吊顶横剖面图

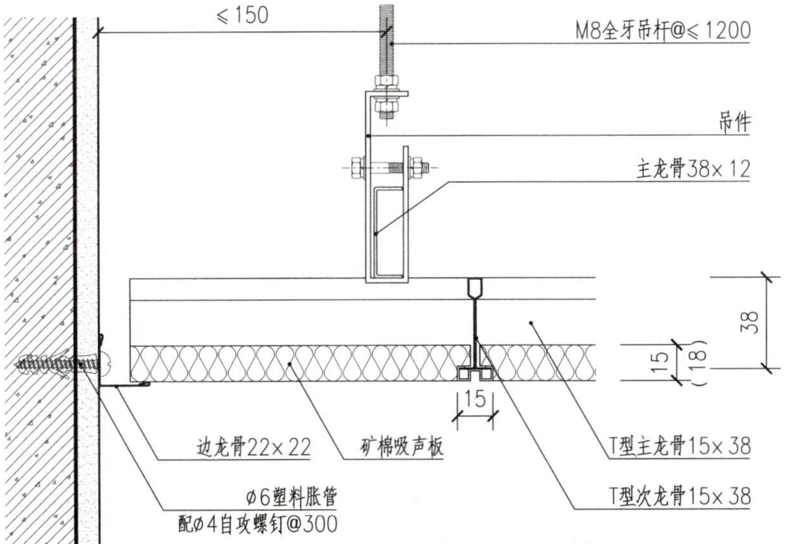

半明架T型、凹型组合龙骨矿棉板吊顶纵剖面图

矿棉板吊顶（三）

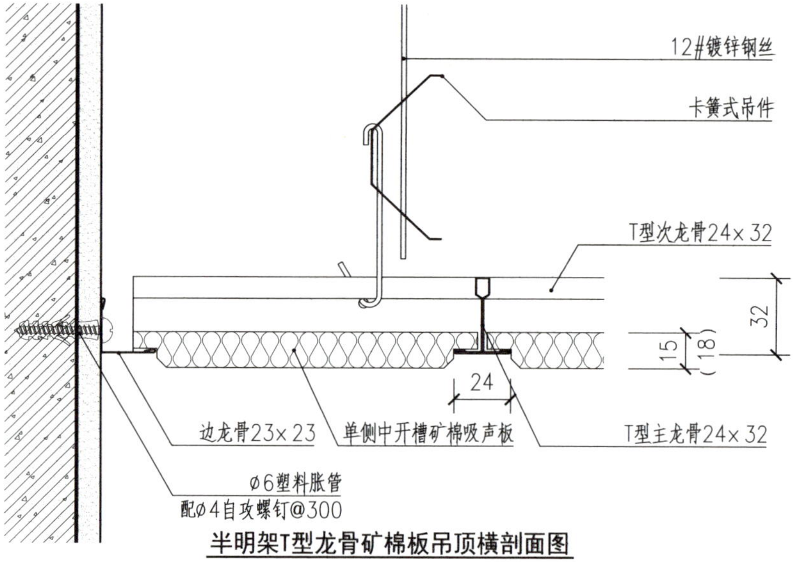

半明架T型龙骨矿棉板吊顶横剖面图

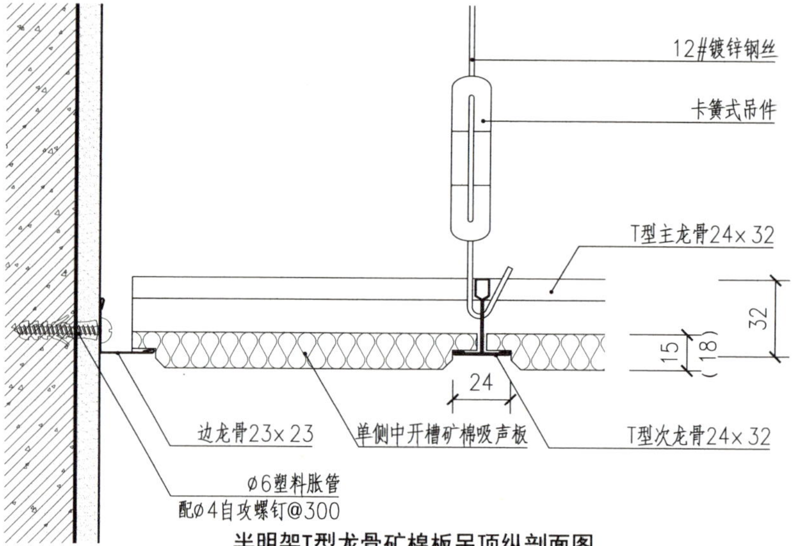

半明架T型龙骨矿棉板吊顶纵剖面图

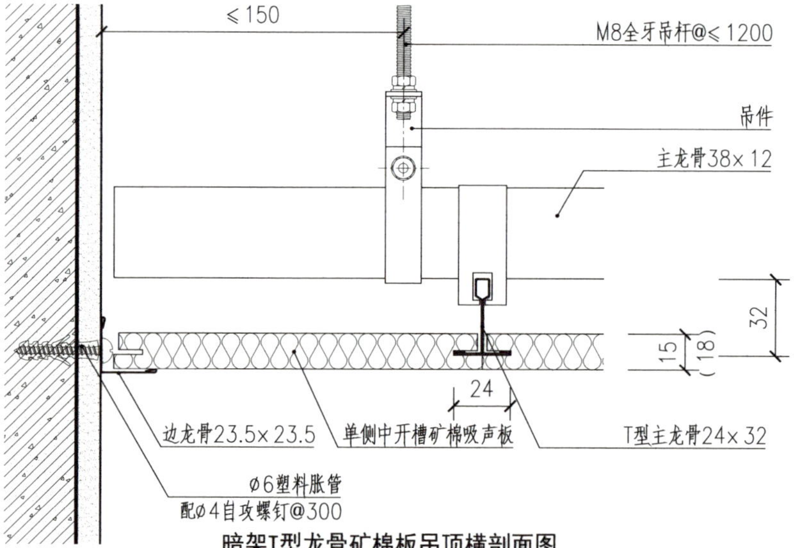

暗架T型龙骨矿棉板吊顶横剖面图

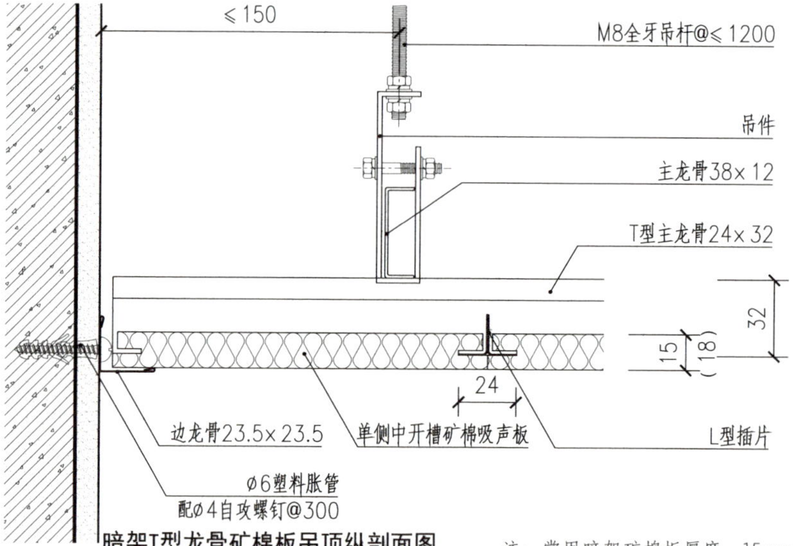

暗架T型龙骨矿棉板吊顶纵剖面图

注：常用暗架矿棉板厚度：15 mm、18 mm。

矿棉板吊顶（四）

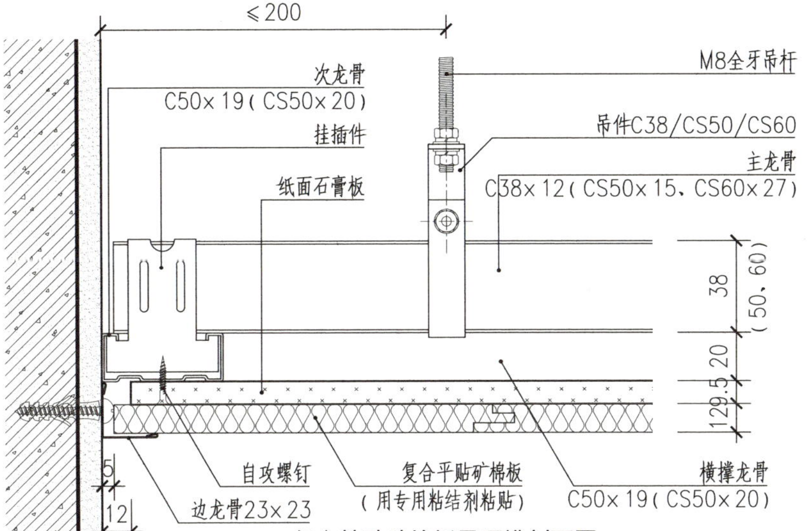

复合粘贴矿棉板吊顶横剖面图

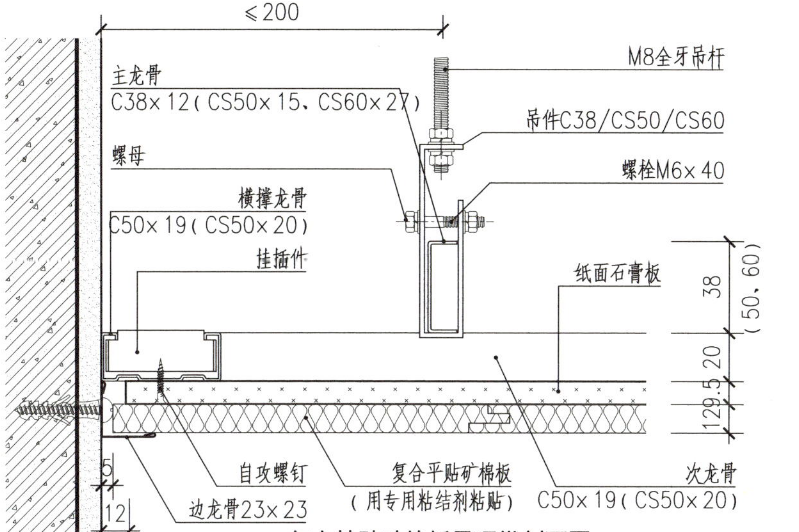

复合粘贴矿棉板吊顶纵剖面图

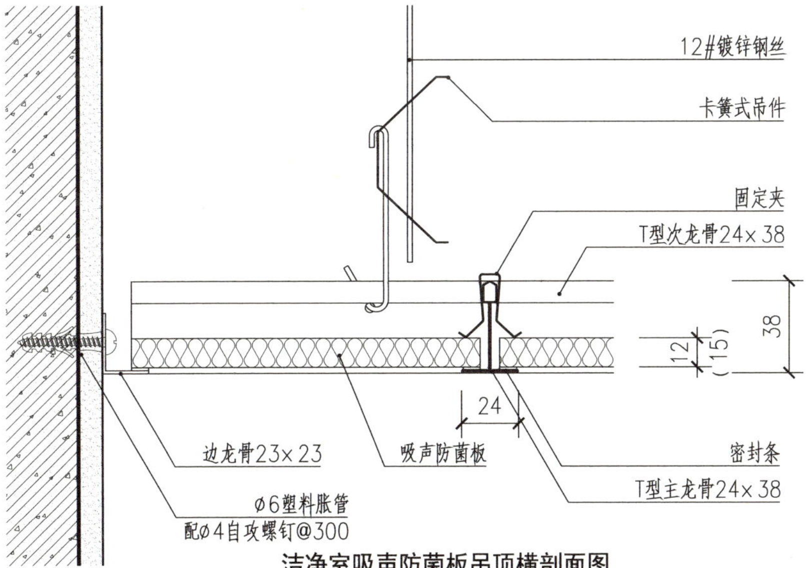

洁净室吸声防菌板吊顶横剖面图

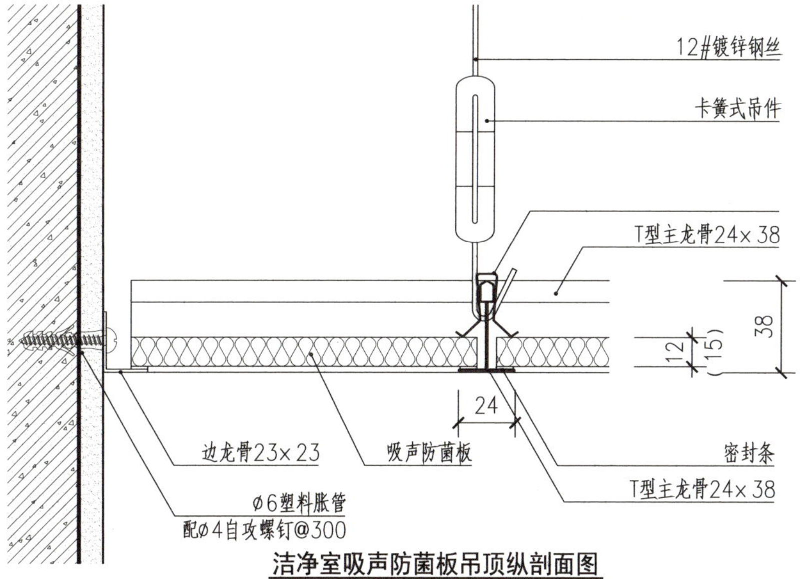

洁净室吸声防菌板吊顶纵剖面图

条形铝合金板（不上人）吊顶

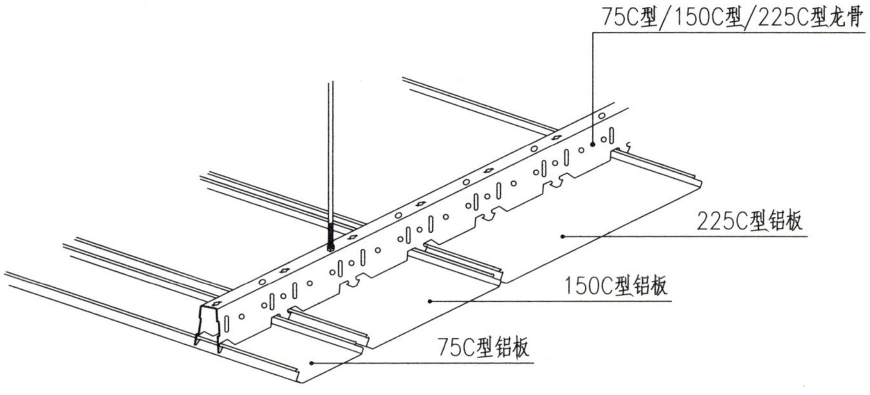

安装

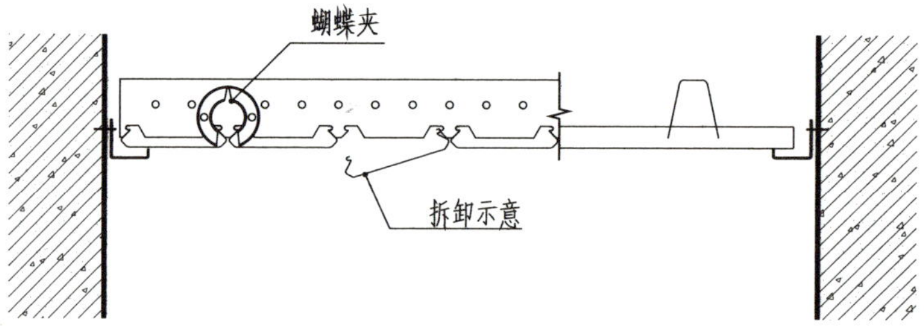

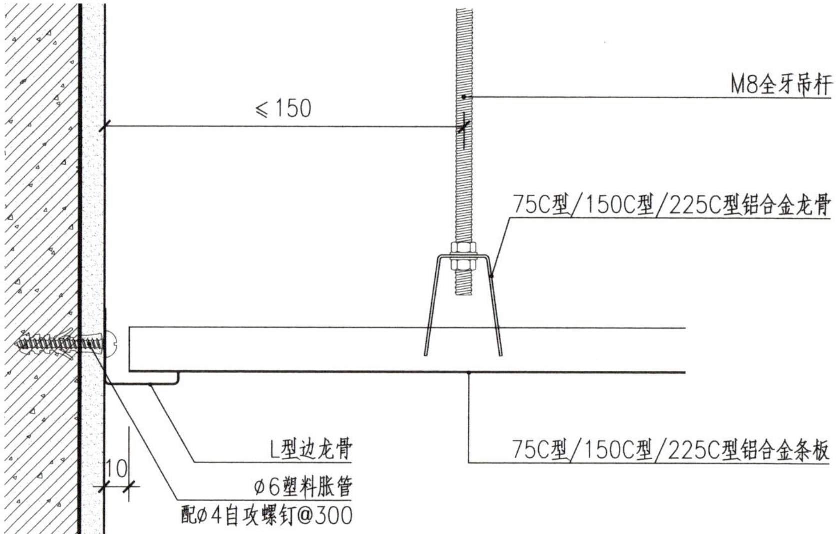

条型铝合金板（不上人）吊顶纵剖面图

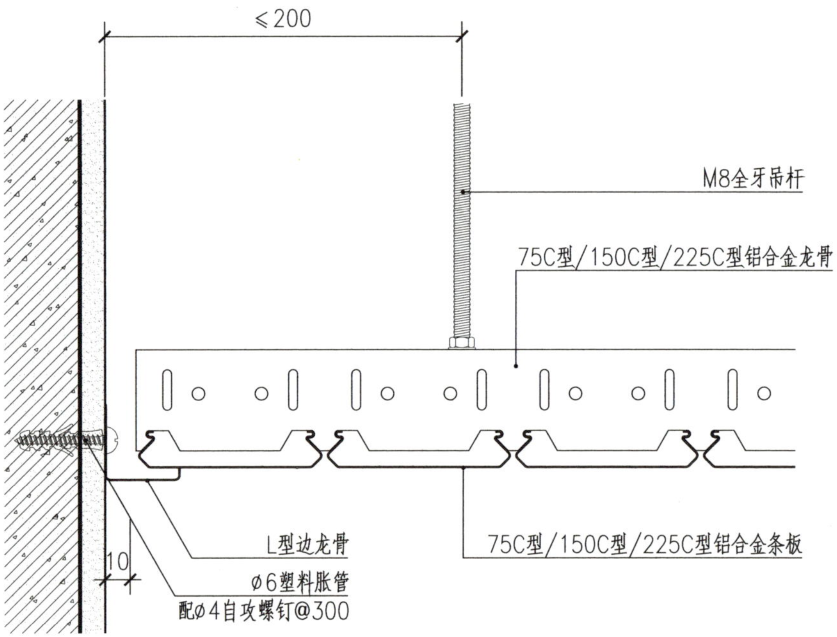

条型铝合金板（不上人）吊顶横剖面图

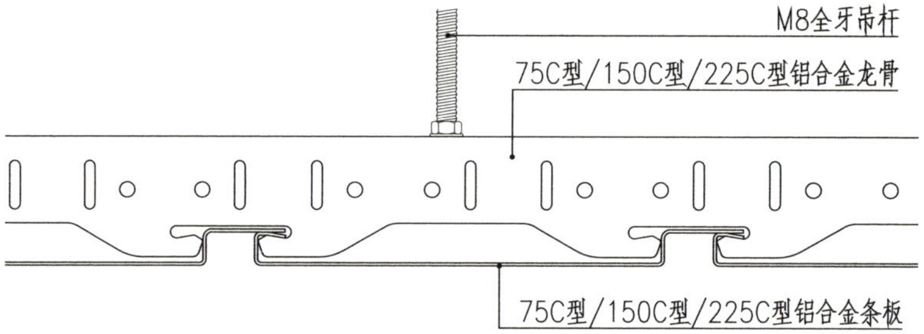

其他类型条板

条形铝合金板（上人）吊顶

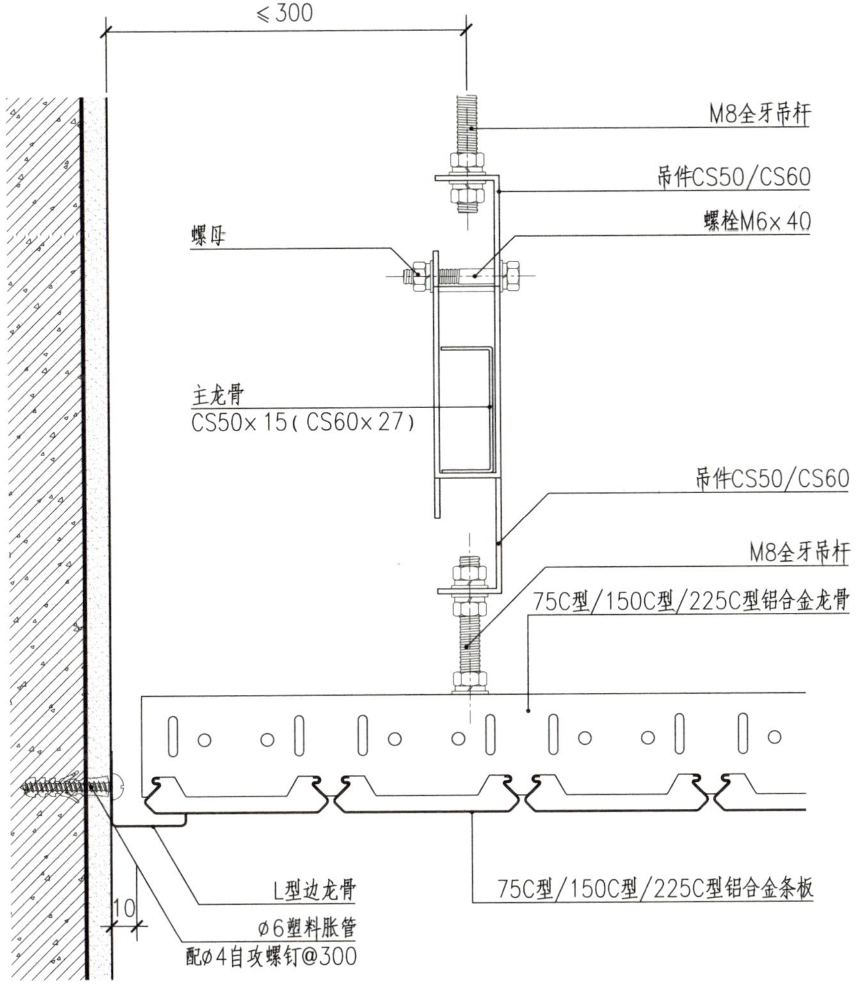

条型铝合金板（上人）吊顶横剖面图

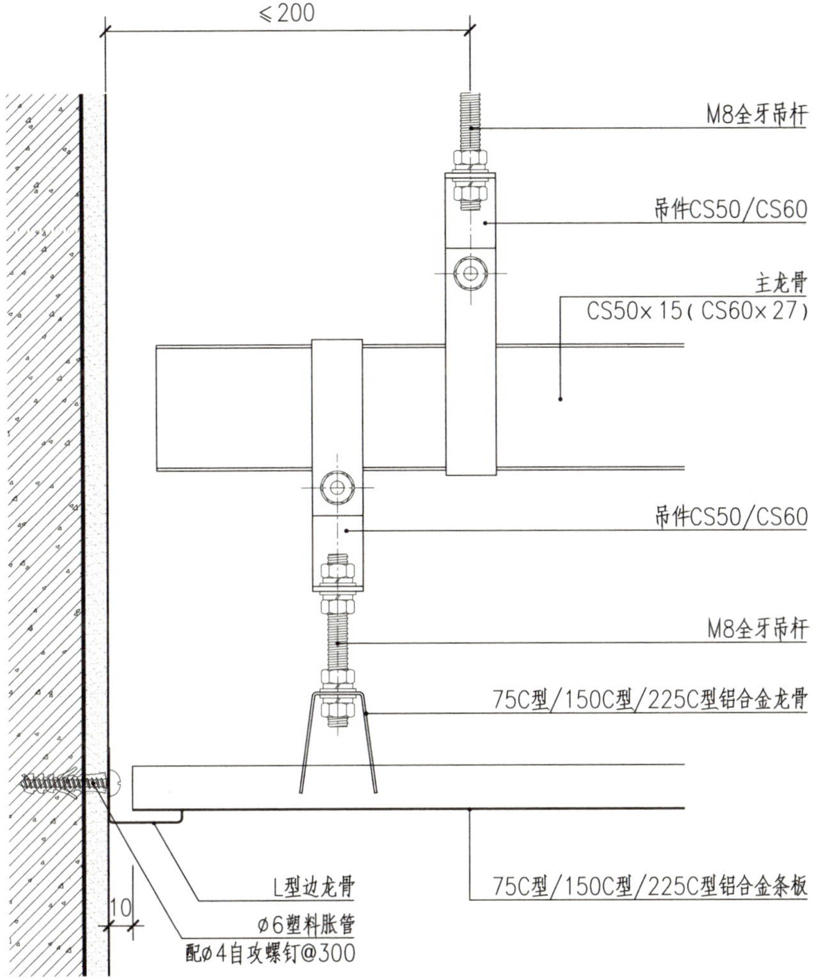

条型铝合金板（上人）吊顶纵剖面图

注：CS代表上人型龙骨，C代表C型铝合金条板。

铝合金方板吊顶（嵌入式）

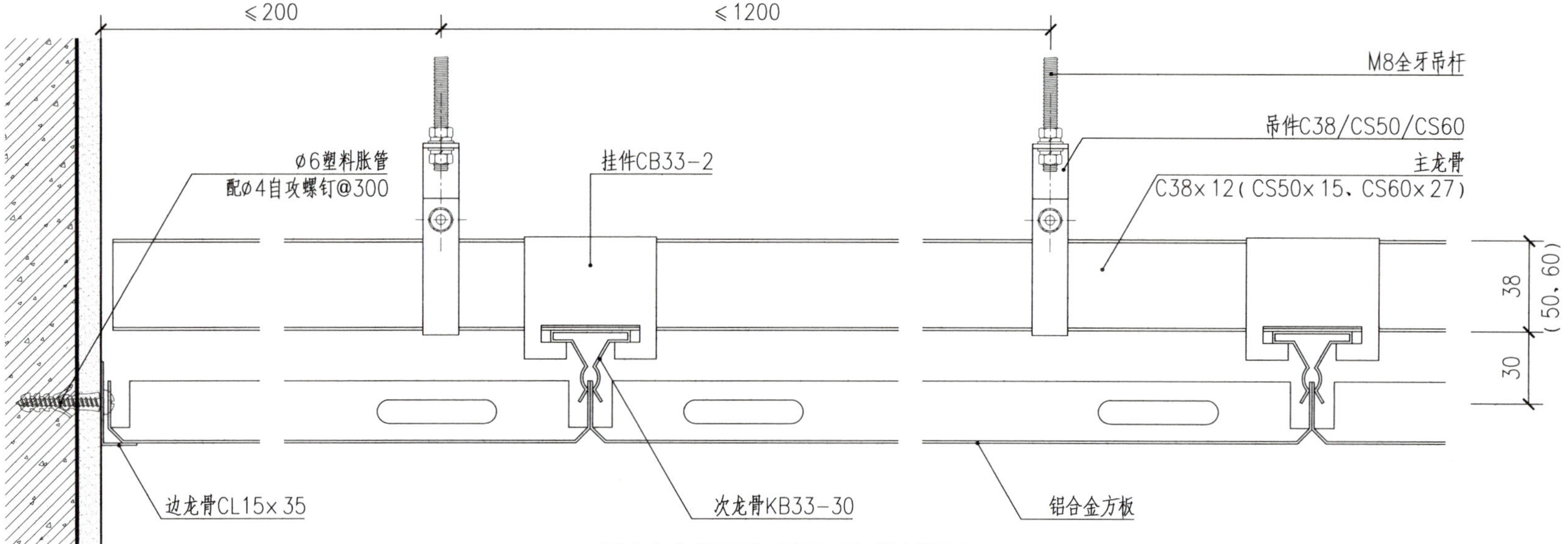

铝合金方板吊顶（嵌入式）横剖面图

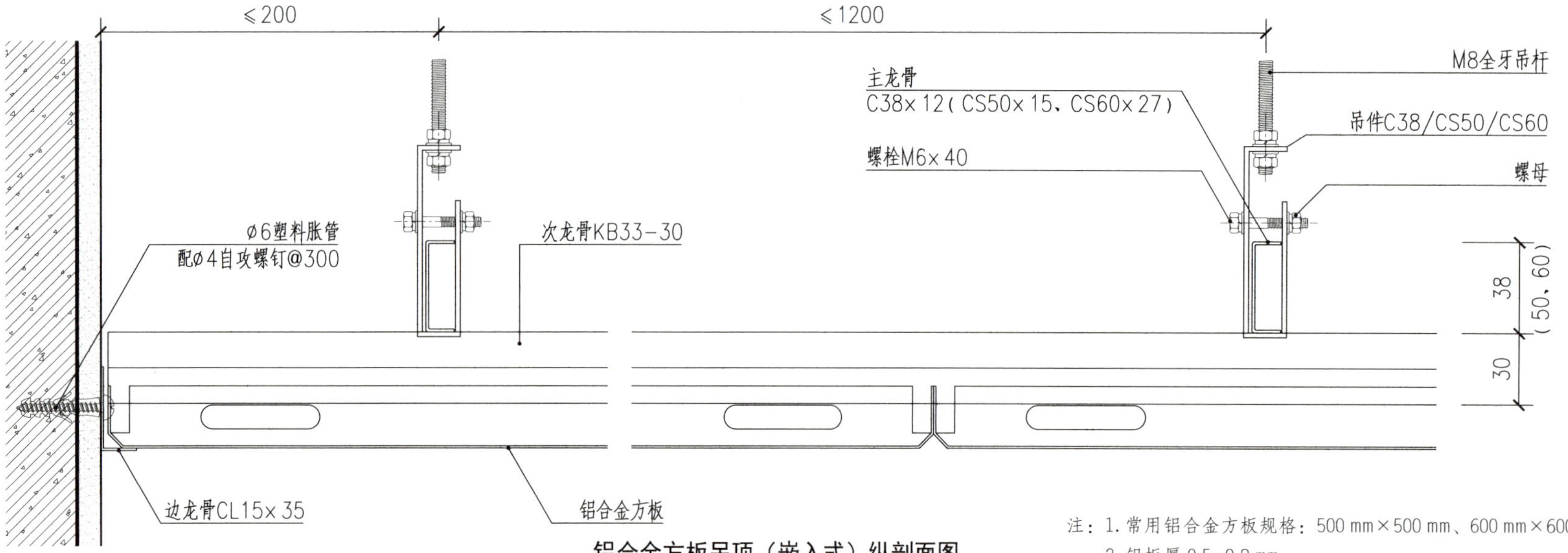

铝合金方板吊顶（嵌入式）纵剖面图

注：1. 常用铝合金方板规格：500 mm×500 mm、600 mm×600 mm。
2. 铝板厚 0.5~0.8 mm。

铝合金方板吊顶（勾搭式）

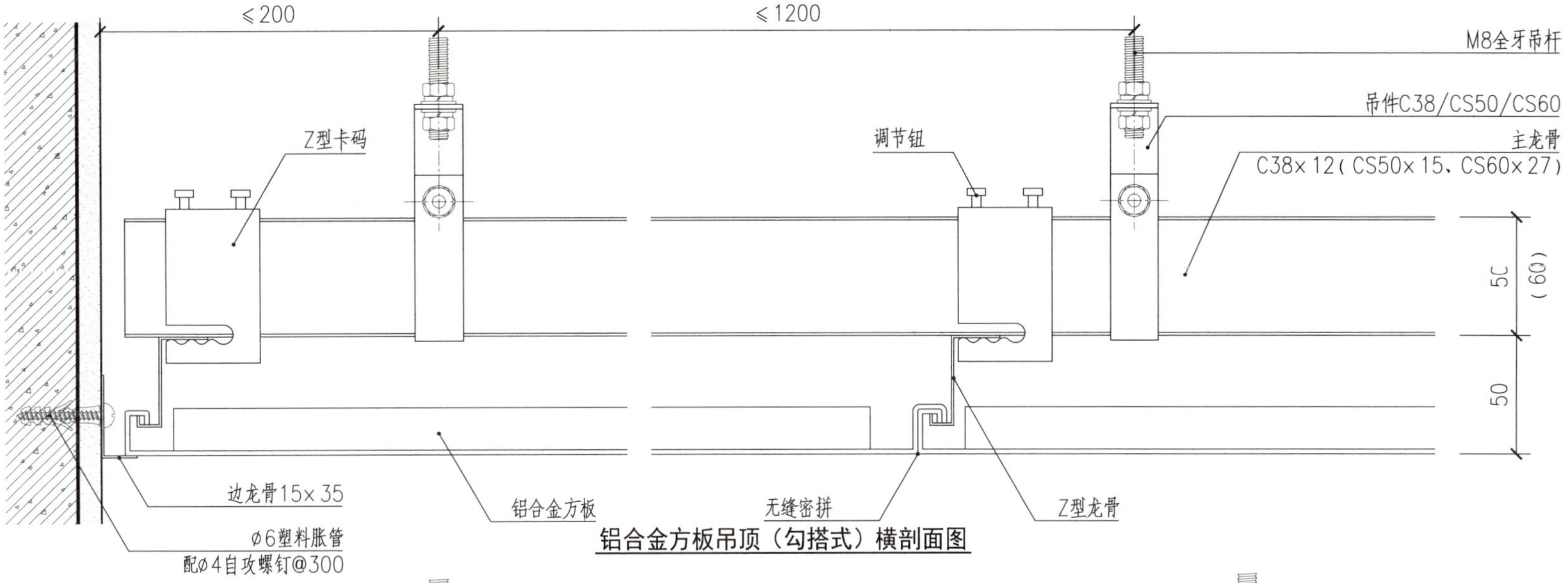

铝合金方板吊顶（勾搭式）横剖面图

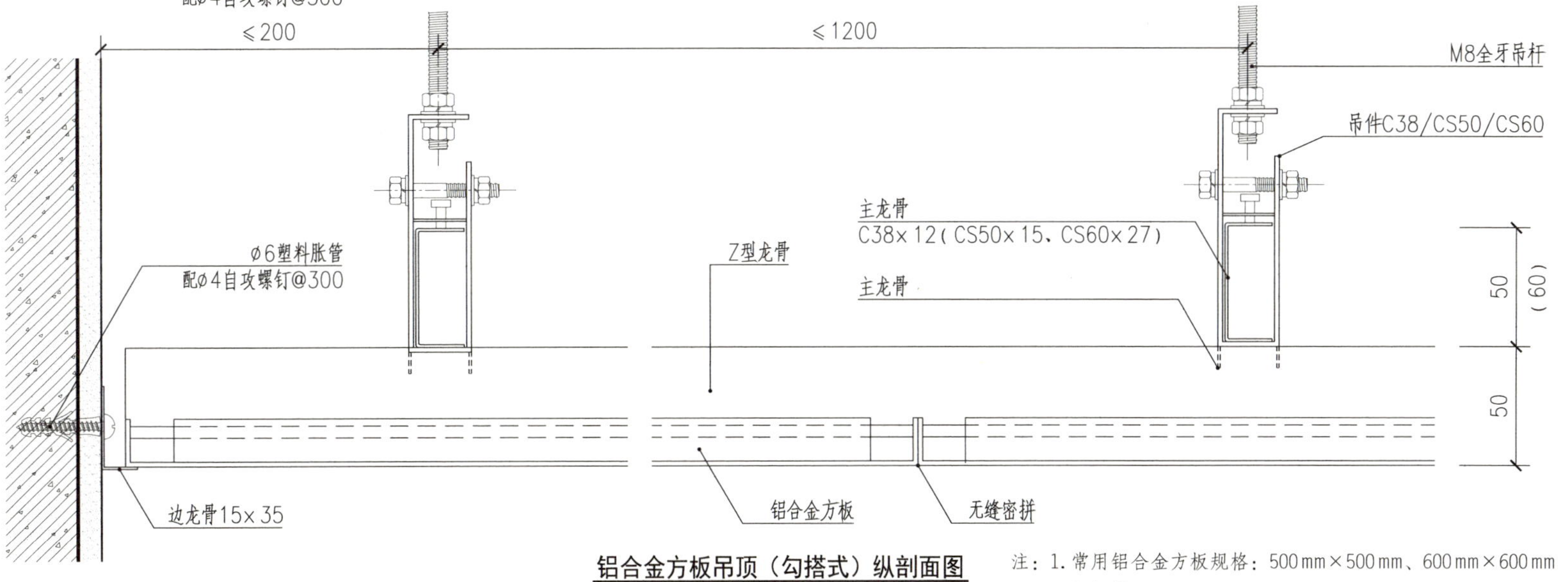

铝合金方板吊顶（勾搭式）纵剖面图

注：1. 常用铝合金方板规格：500 mm×500 mm、600 mm×600 mm、600 mm×1200 mm。
2. 铝板厚 0.5~0.8 mm。

金属方管格栅吊顶（一）

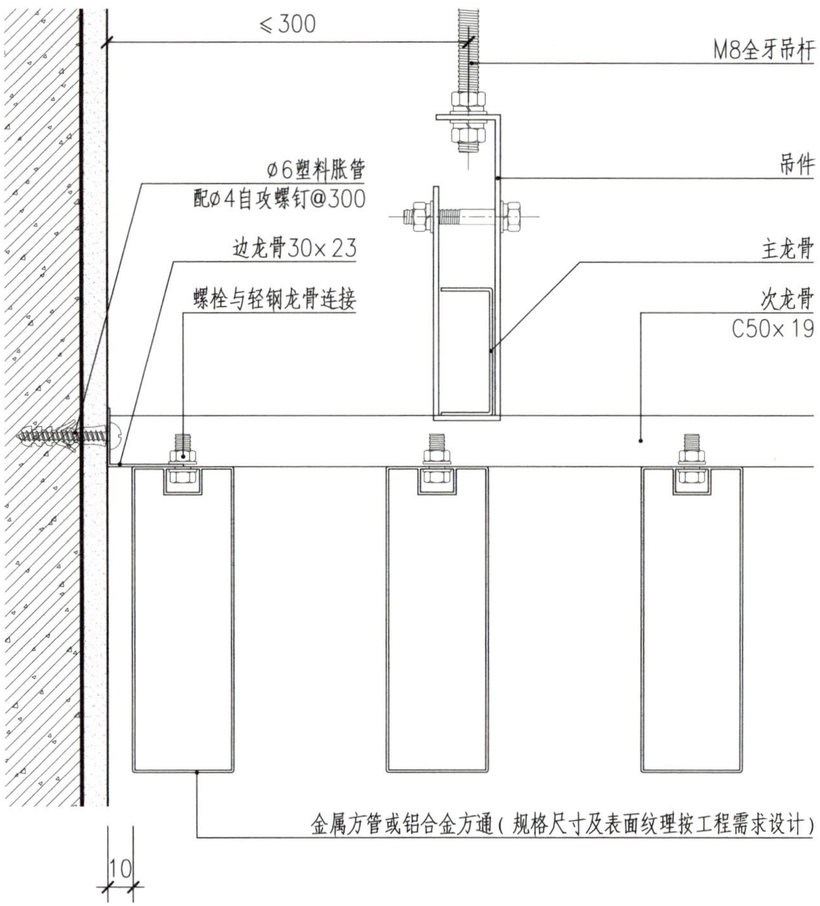
≤300
M8全牙吊杆
吊件
ø6塑料胀管
配ø4自攻螺钉@300
边龙骨30×23
主龙骨
螺栓与轻钢龙骨连接
次龙骨
C50×19
金属方管或铝合金方通(规格尺寸及表面纹理按工程需求设计)
10

金属方管格栅（不上人）吊顶横剖面图

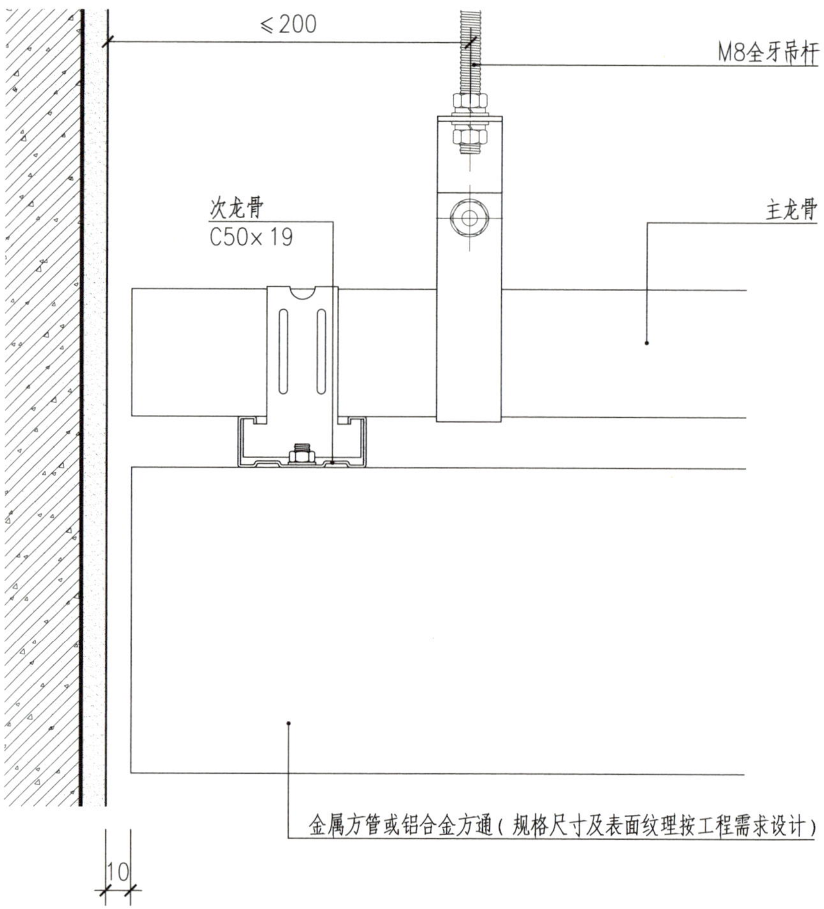
≤200
M8全牙吊杆
次龙骨
C50×19
主龙骨
金属方管或铝合金方通(规格尺寸及表面纹理按工程需求设计)
10

金属方管格栅（不上人）吊顶纵剖面图

金属方管格栅吊顶（二）

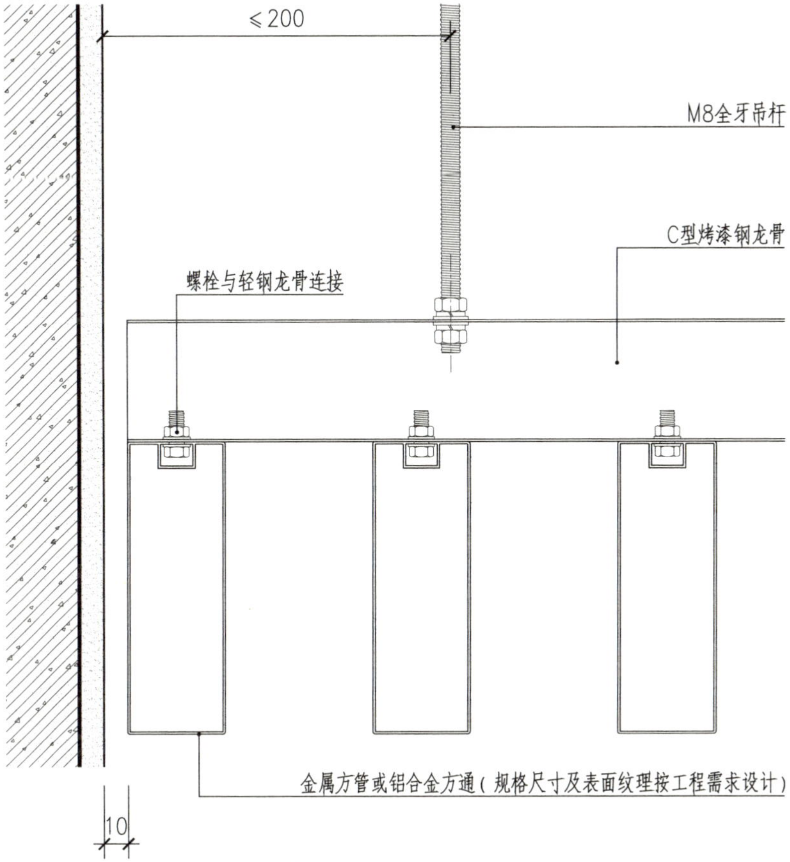

≤200
M8全牙吊杆
C型烤漆钢龙骨
螺栓与轻钢龙骨连接
金属方管或铝合金方通（规格尺寸及表面纹理按工程需求设计）
10

金属方管格栅（不上人）吊顶横剖面图

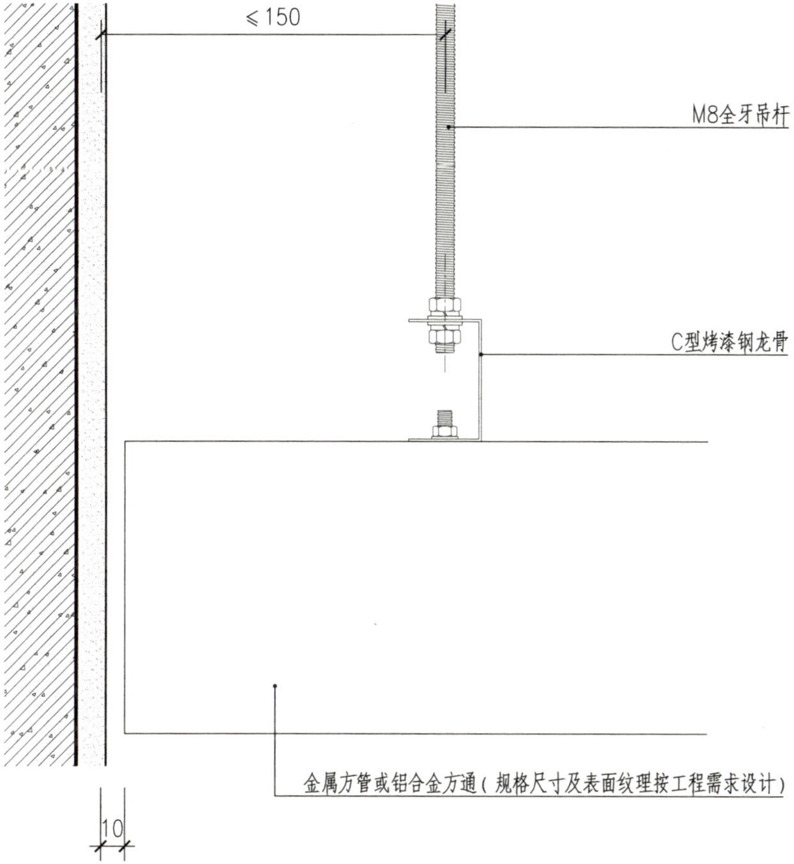

≤150
M8全牙吊杆
C型烤漆钢龙骨
金属方管或铝合金方通（规格尺寸及表面纹理按工程需求设计）
10

金属方管格栅（不上人）吊顶纵剖面图

铝合金格栅吊顶（一）

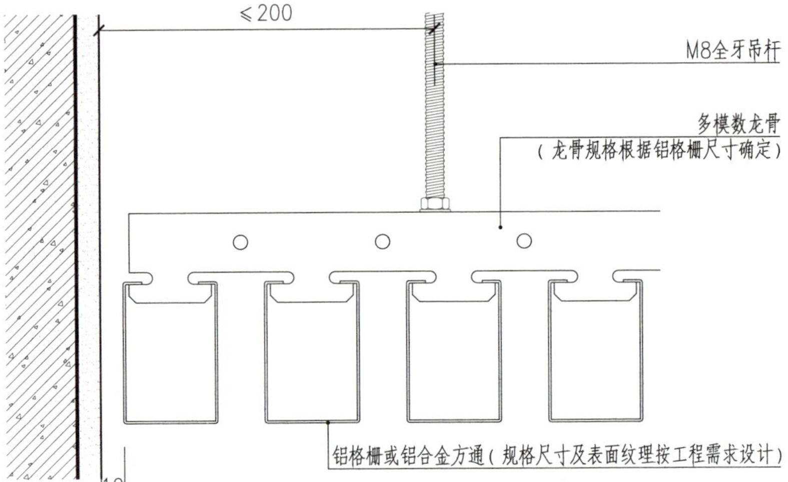

多模数铝合金格栅（不上人）吊顶横剖面图

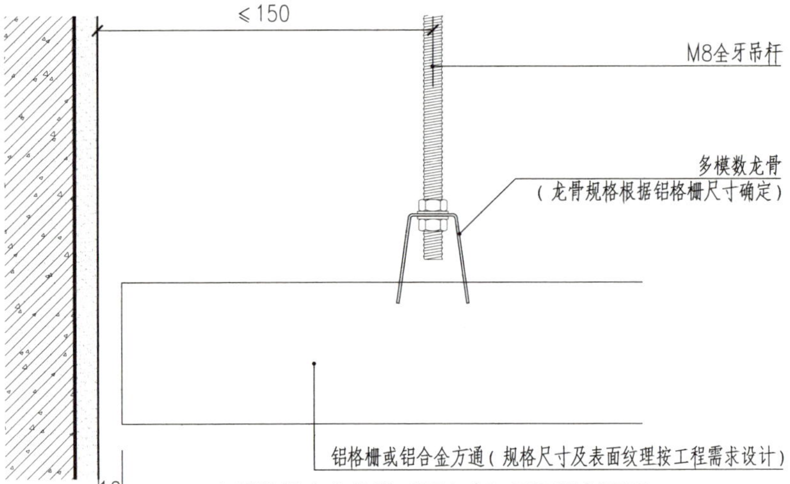

多模数铝合金格栅（不上人）吊顶纵剖面图

注：1. 常用小规格铝格栅：20mm×55mm、30mm×50mm、40mm×45mm、50mm×40mm、60mm×35mm、70mm×30mm、80mm×25mm。

2. 常用中规格铝格栅：20mm×80mm、75mm×30mm、40mm×70mm、50mm×65mm、60mm×60mm、70mm×55mm、80mm×50mm、90mm×45mm、100mm×40mm、120mm×30mm。

3. 常用大规格铝格栅：20mm×105mm、30mm×100mm、40mm×95mm、50mm×90mm、60mm×85mm、70mm×80mm、90mm×70mm、100mm×65mm。

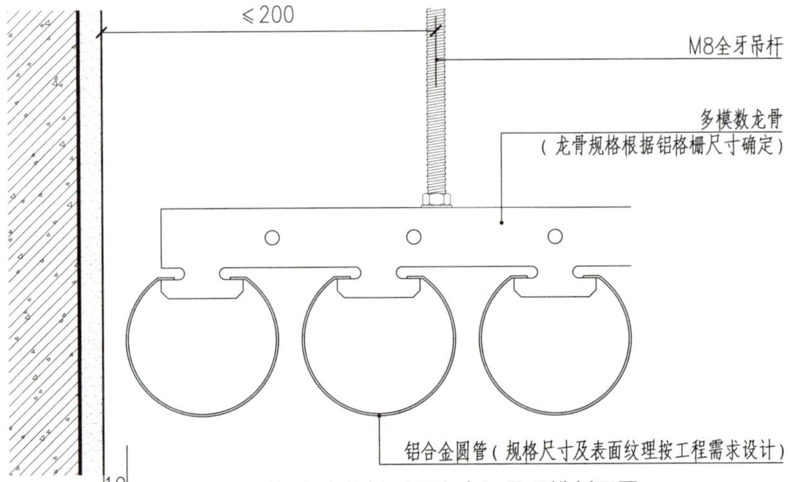

圆型铝合金格栅（不上人）吊顶横剖面图

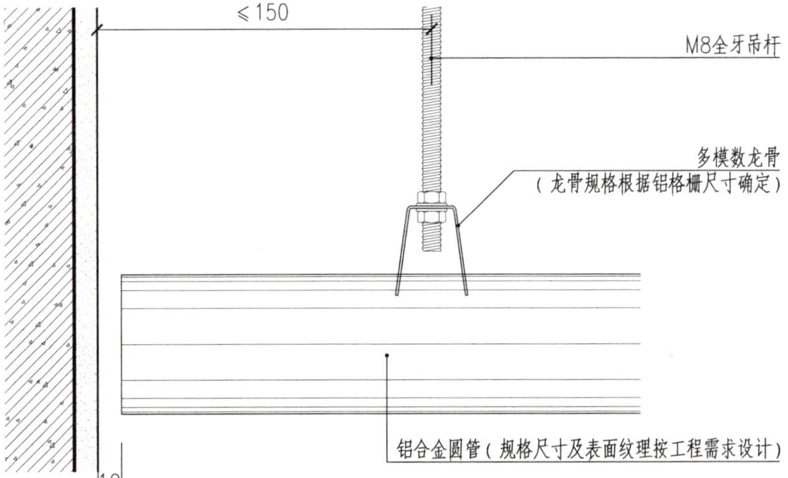

圆型铝合金格栅（不上人）吊顶纵剖面图

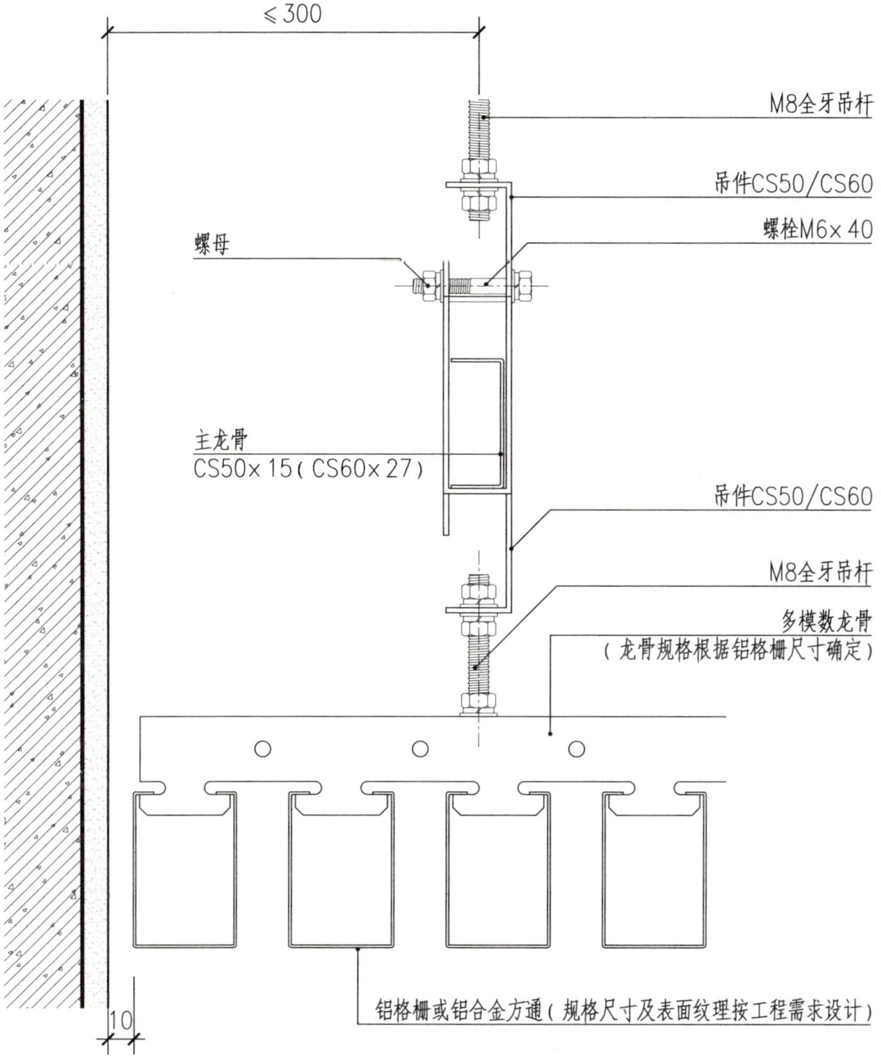
≤300
M8全牙吊杆
吊件CS50/CS60
螺栓M6×40
螺母
主龙骨
CS50×15（CS60×27）
吊件CS50/CS60
M8全牙吊杆
多模数龙骨
（龙骨规格根据铝格栅尺寸确定）
铝格栅或铝合金方通（规格尺寸及表面纹理按工程需求设计）
10

多模数铝合金格栅（上人）吊顶横剖面图

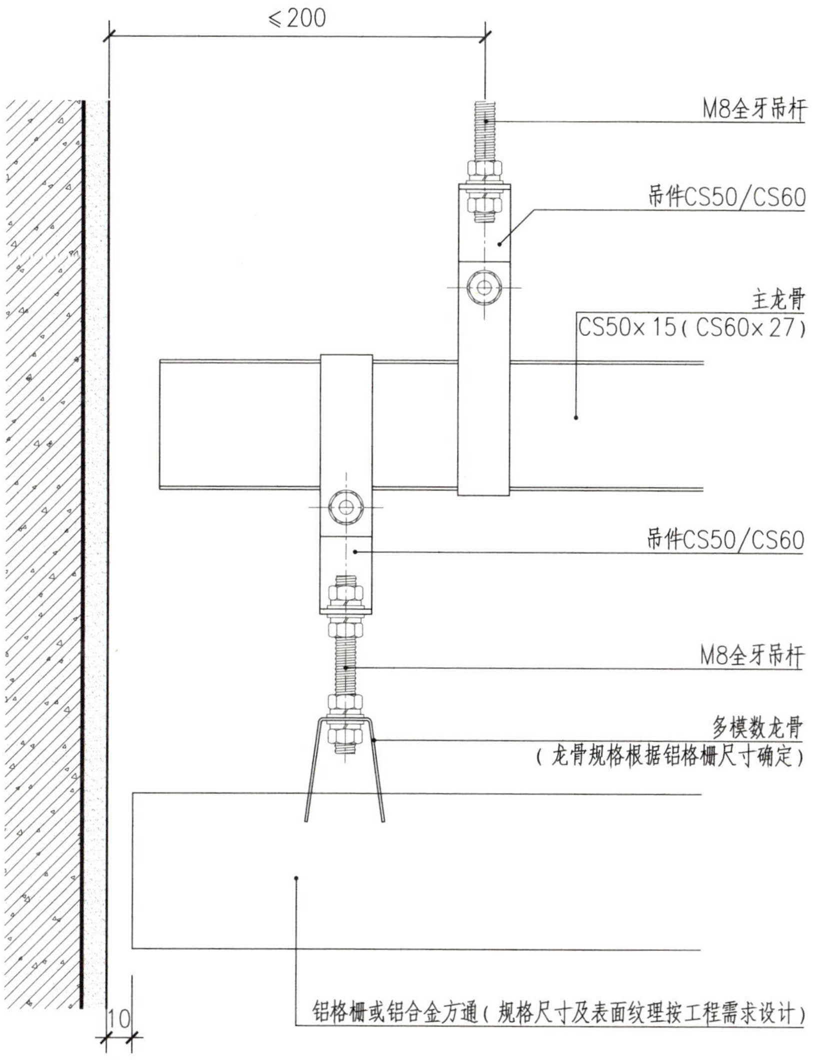
≤200
M8全牙吊杆
吊件CS50/CS60
主龙骨
CS50×15（CS60×27）
吊件CS50/CS60
M8全牙吊杆
多模数龙骨
（龙骨规格根据铝格栅尺寸确定）
铝格栅或铝合金方通（规格尺寸及表面纹理按工程需求设计）
10

多模数铝合金格栅（上人）吊顶纵剖面图

铝合金方格栅（不上人）吊顶

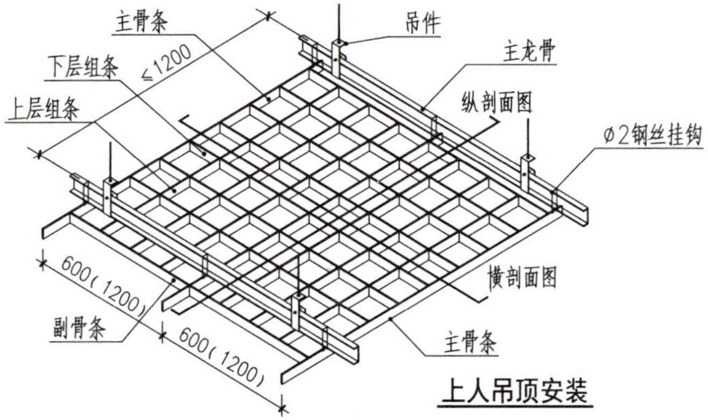

上人吊顶安装

铝合金方格规格（mm）

格片高 a	格片宽 b	方格中距 c
50	10	75
50	10	90
50	10	100
50	10	120
60	15	150
80	15	200
100	20 30	300

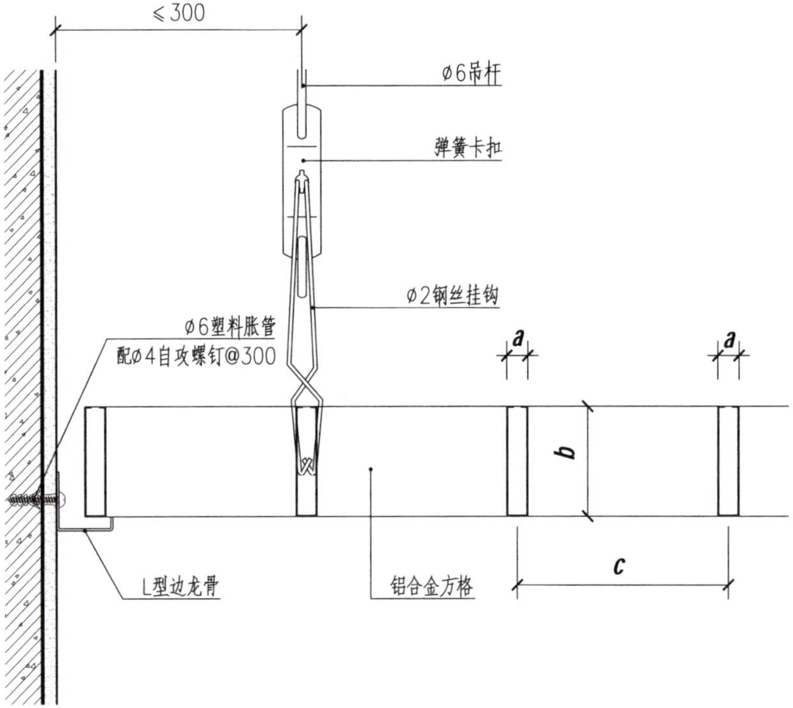

铝合金方格（不上人）吊顶横剖面图

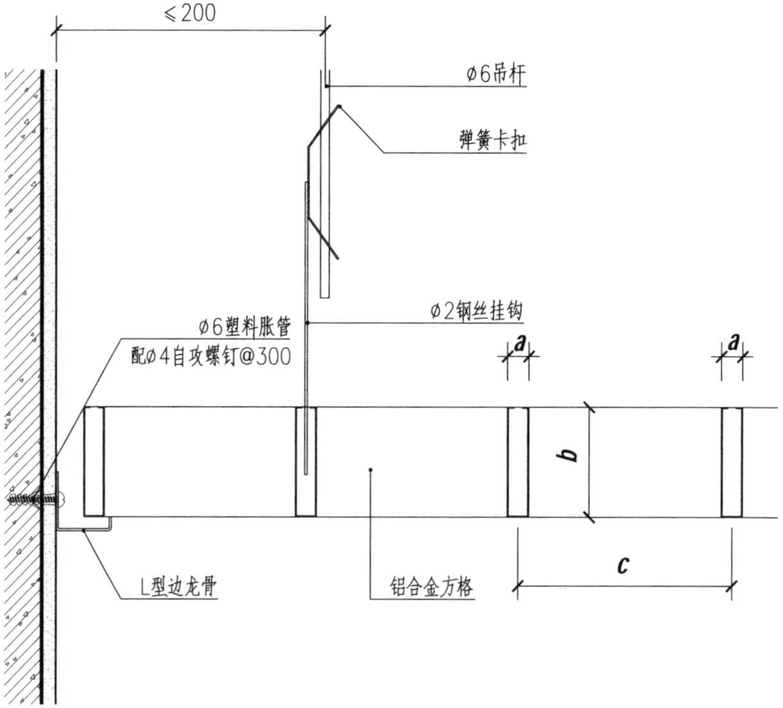

铝合金方格（不上人）吊顶纵剖面图

铝合金方格栅（上人）吊顶

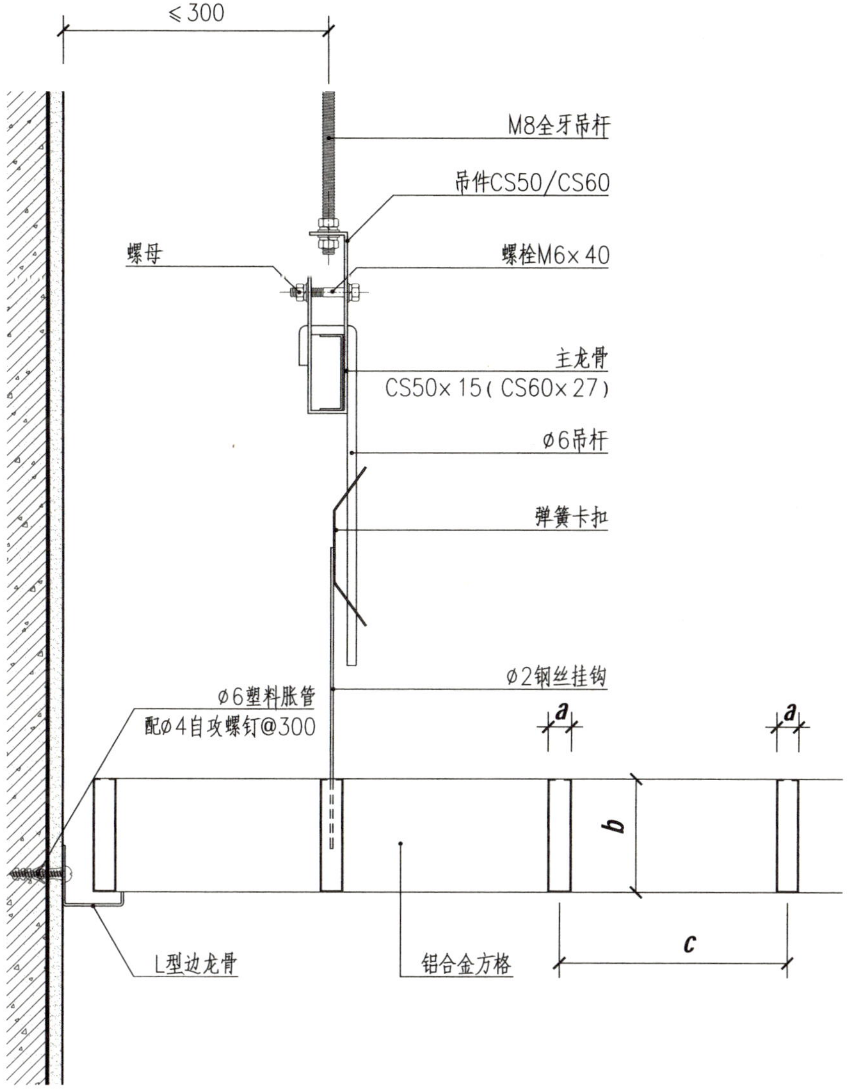

铝合金方格（上人）吊顶横剖面图

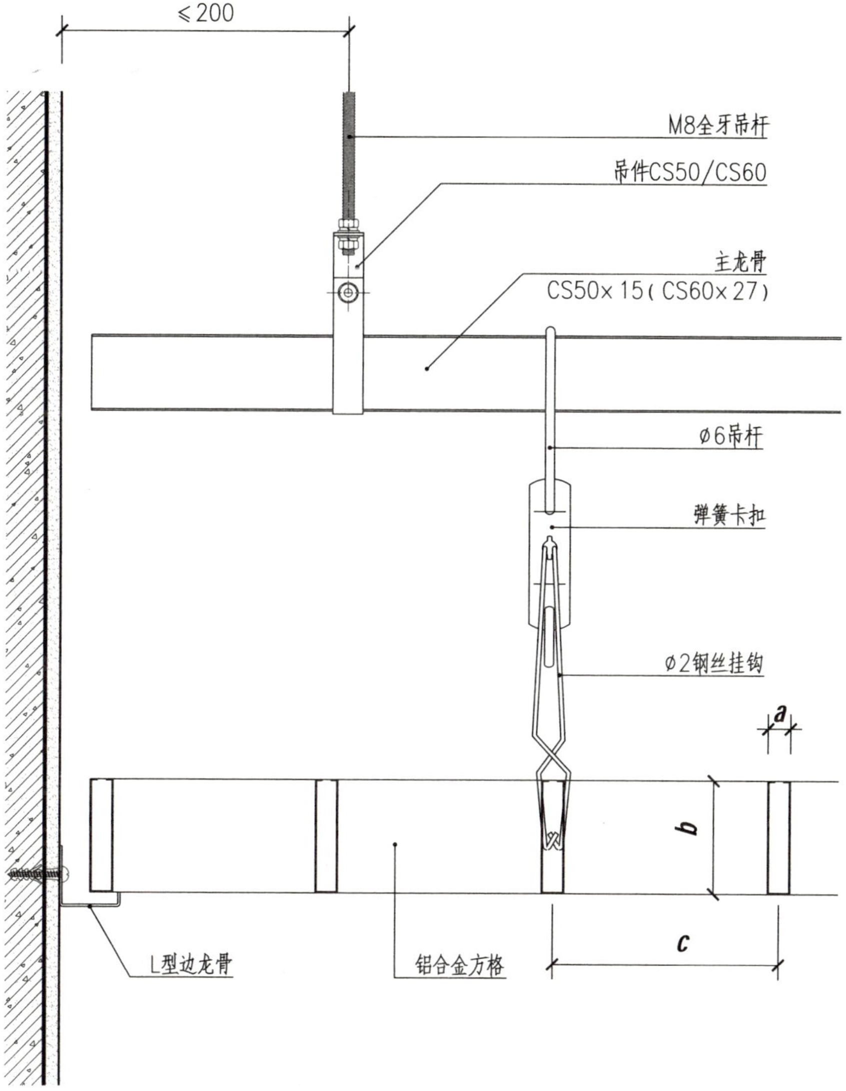

铝合金方格（上人）吊顶纵剖面图

注：a、b、c 规格见第 032 页表。

铝合金条板垂片吊顶

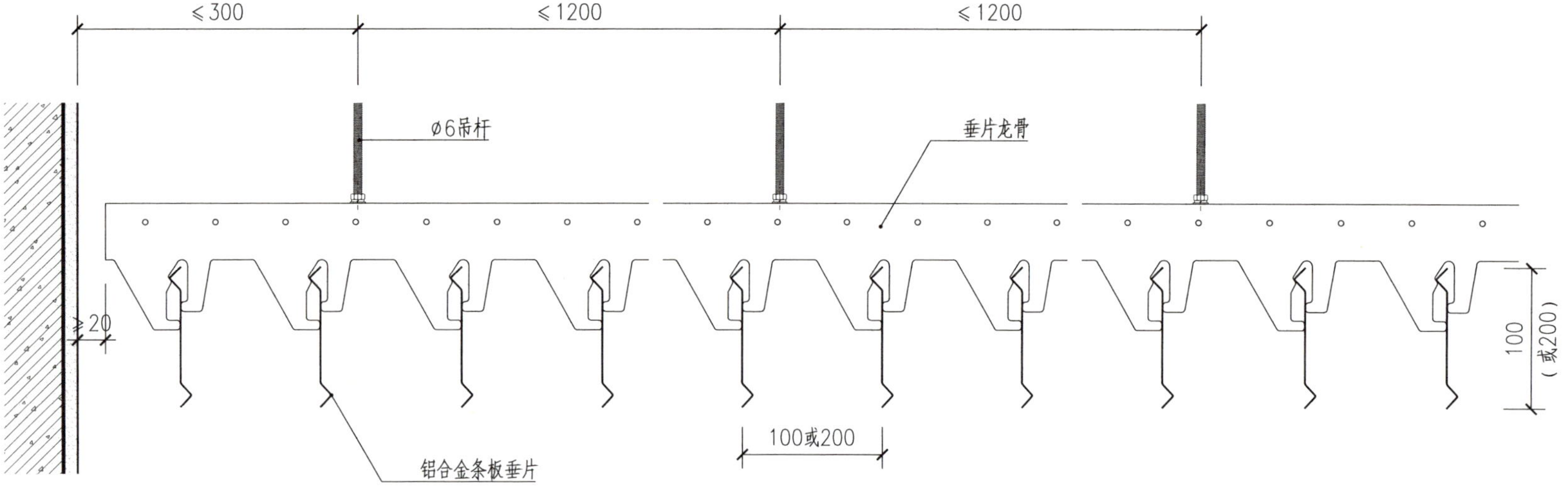

铝合金条板垂片吊顶横剖面图

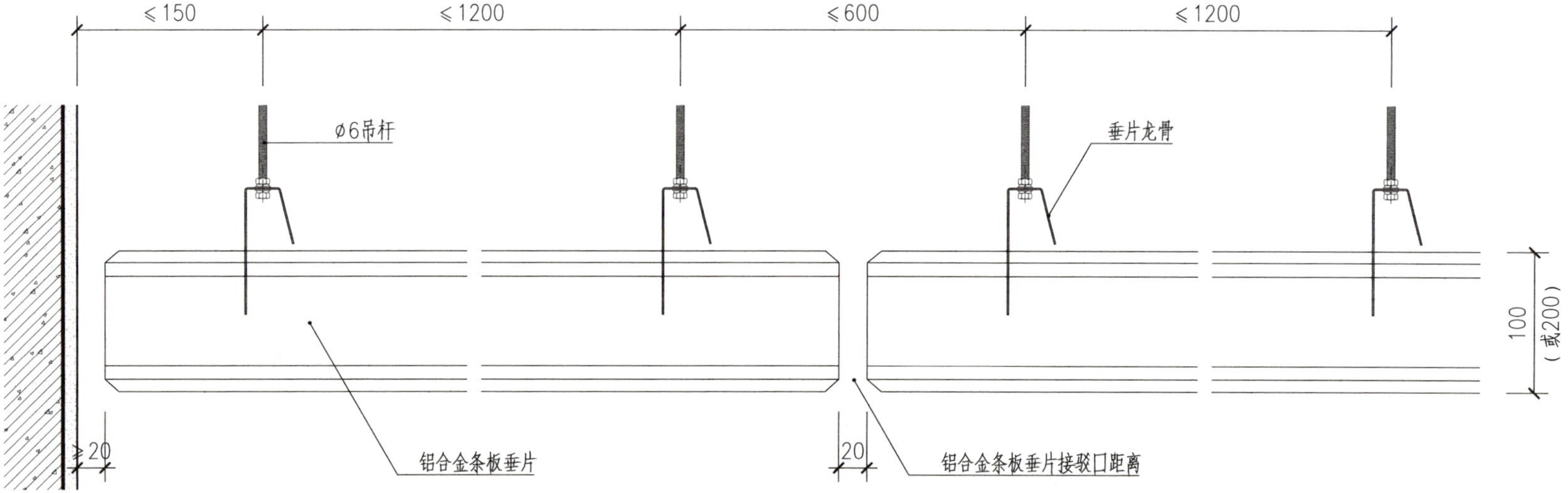

铝合金条板垂片吊顶纵剖面图

注：铝板厚度为 0.6 mm，高度为 100 mm、200 mm，间距为 100 mm、200 mm。

蜂窝铝合金板吊顶

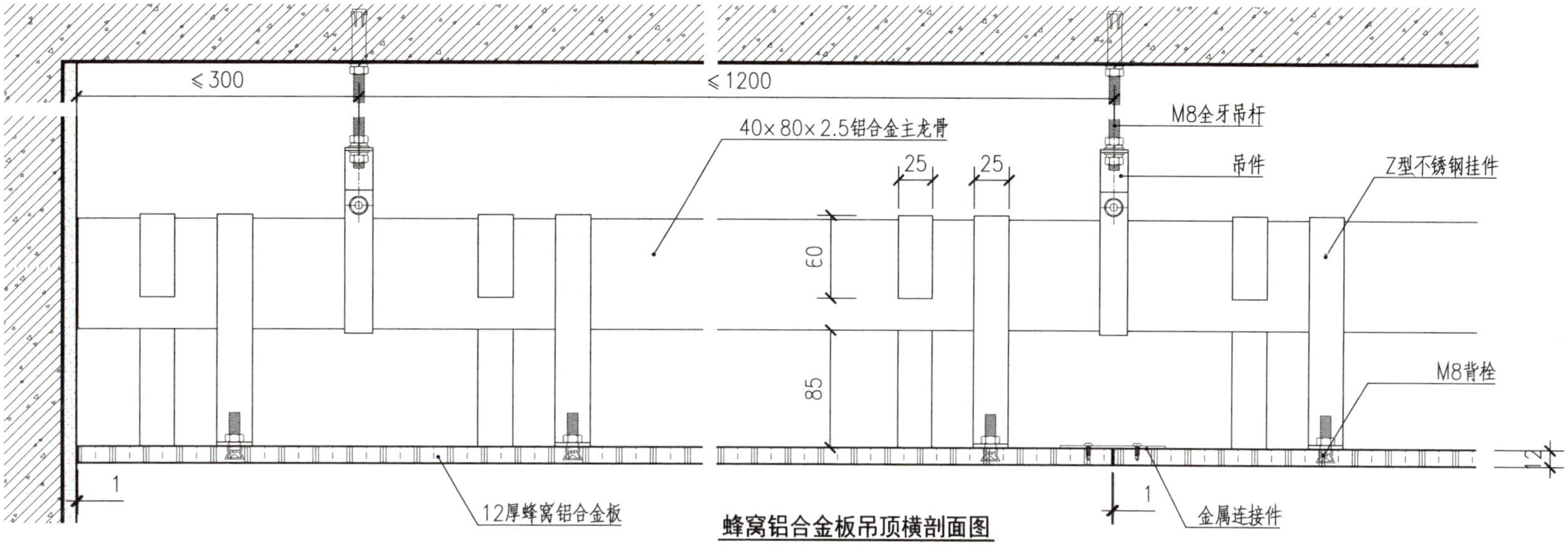

蜂窝铝合金板吊顶横剖面图

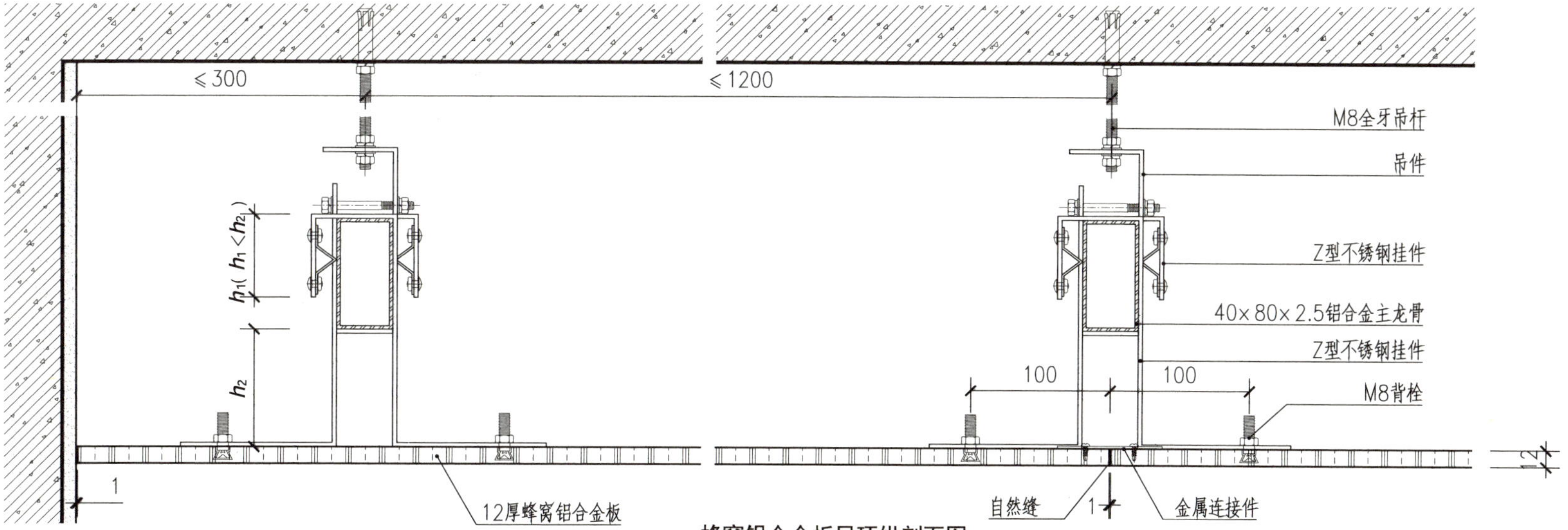

蜂窝铝合金板吊顶纵剖面图

注：铝板面板最大尺寸可达 1500 mm×6000 mm，并能保持极佳的平整效果。

金属单板（铝合金单板）吊顶

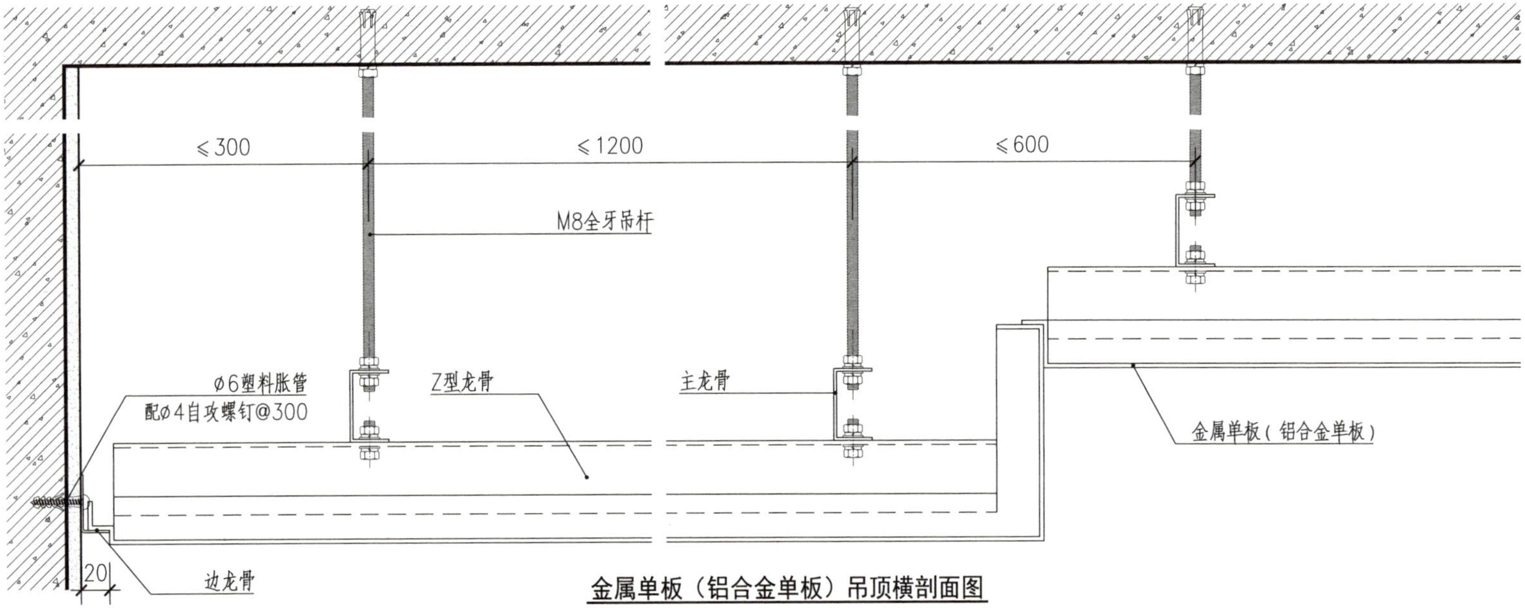

金属单板（铝合金单板）吊顶横剖面图

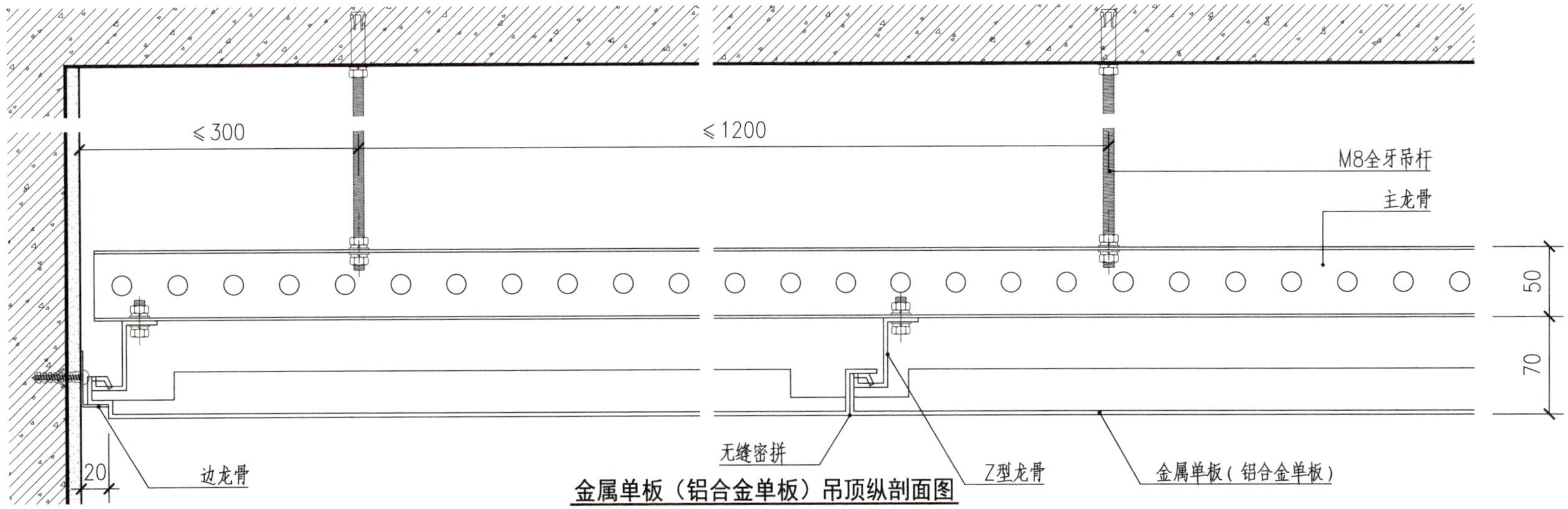

金属单板（铝合金单板）吊顶纵剖面图

铝合金单板吊顶（留缝）

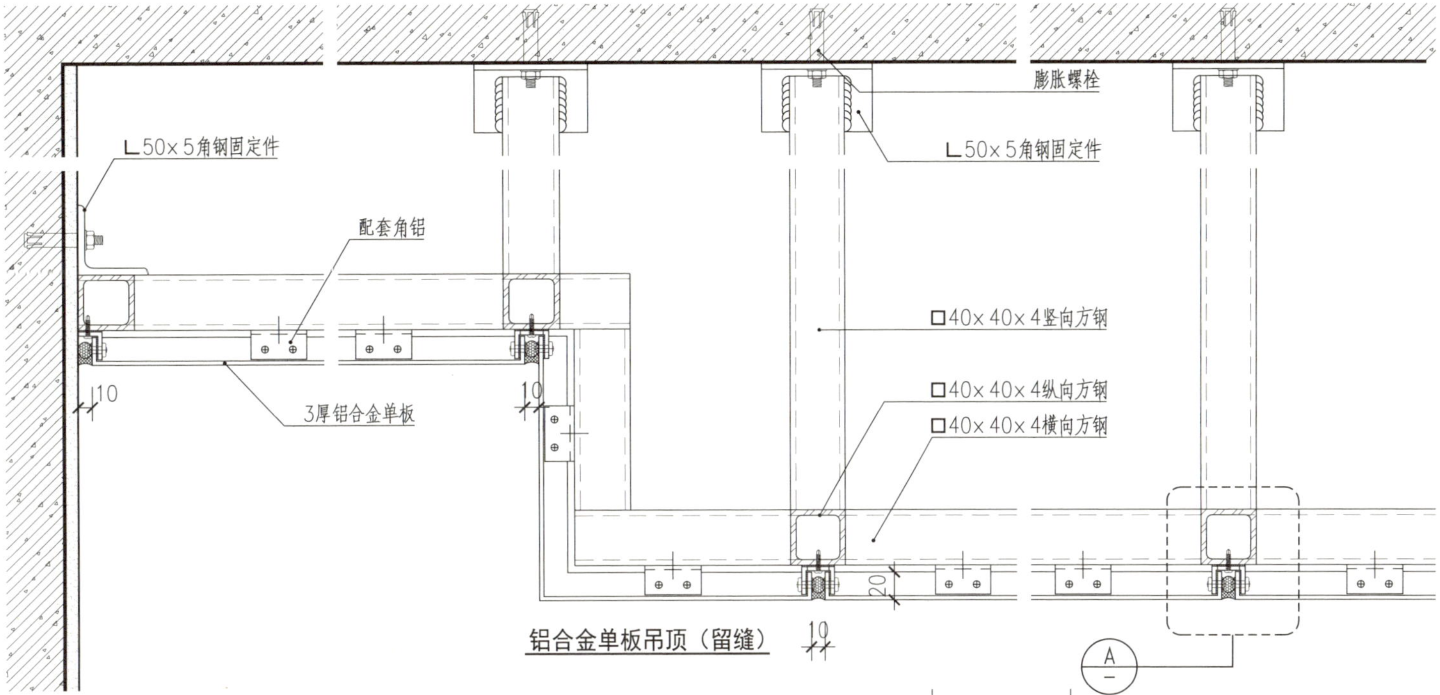

膨胀螺栓
∟50x5角钢固定件
∟50x5角钢固定件
配套角铝
□40x40x4竖向方钢
□40x40x4纵向方钢
□40x40x4横向方钢
3厚铝合金单板
10
10
20
10
A

铝合金单板吊顶（留缝）

铝合金单板

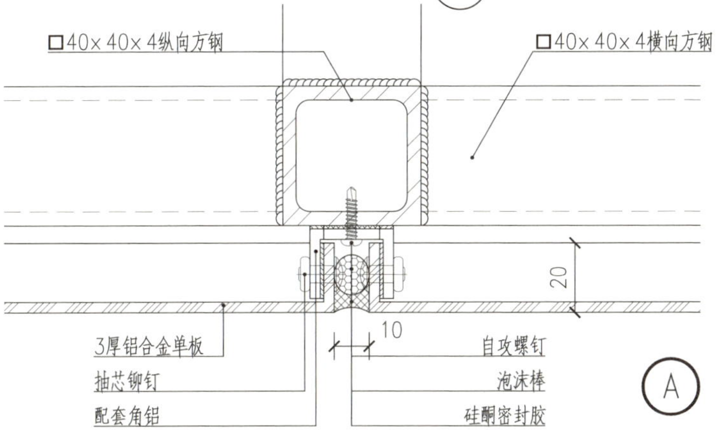

□40x40x4纵向方钢
□40x40x4横向方钢
20
10
3厚铝合金单板
抽芯铆钉
配套角铝
自攻螺钉
泡沫棒
硅酮密封胶
A

铝合金单板吊顶（密缝）

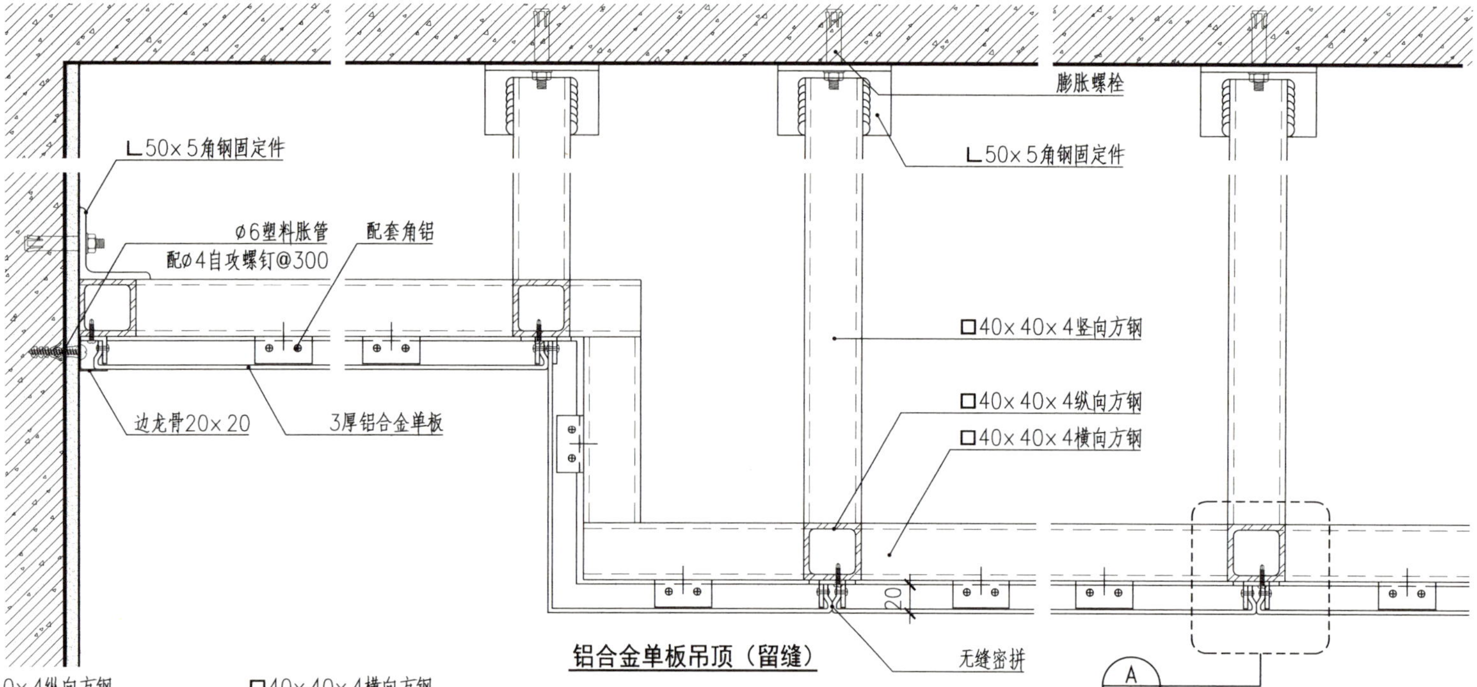

膨胀螺栓
L50x5角钢固定件
L50x5角钢固定件
ø6塑料胀管
配ø4自攻螺钉@300
配套角铝
□40x40x4竖向方钢
□40x40x4纵向方钢
□40x40x4横向方钢
边龙骨20x20
3厚铝合金单板
20
无缝密拼
A

铝合金单板吊顶（留缝）

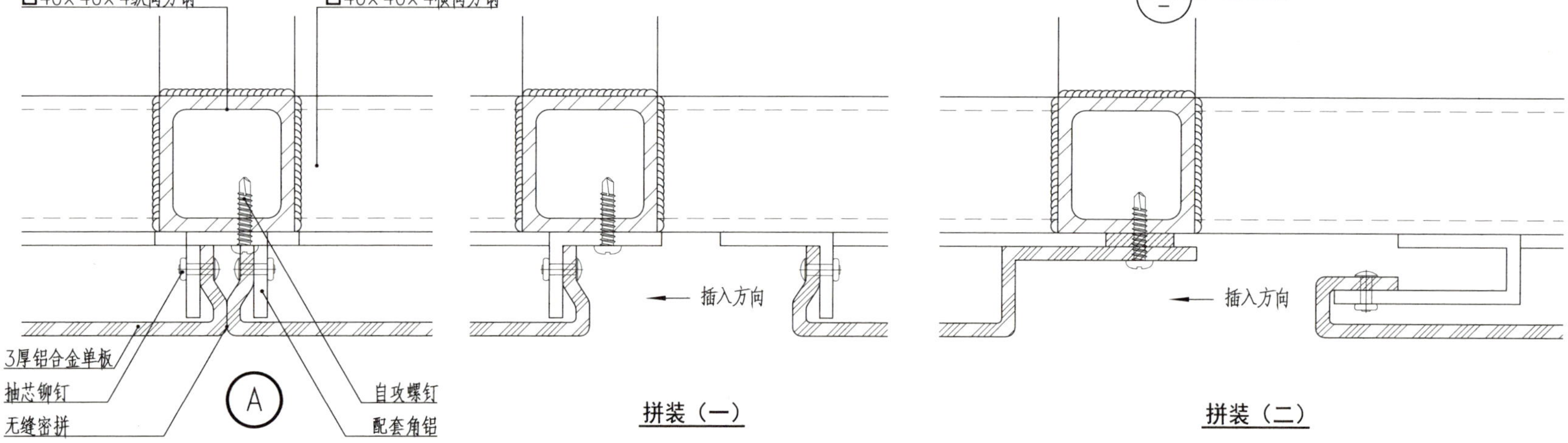

□40x40x4纵向方钢
□40x40x4横向方钢
3厚铝合金单板
抽芯铆钉
无缝密拼
A
自攻螺钉
配套角铝
插入方向
插入方向

拼装（一）

拼装（二）

暗龙骨金属网（铝合金扩张网）吊顶

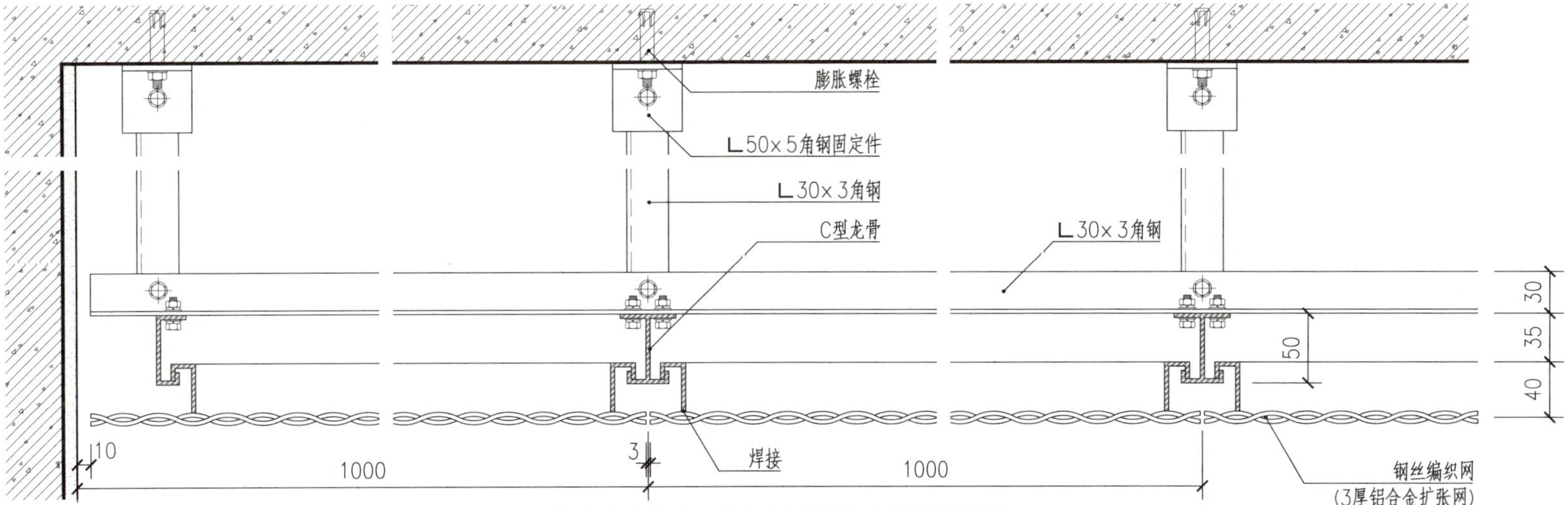

暗龙骨金属网（铝合金扩张网）吊顶横剖面图

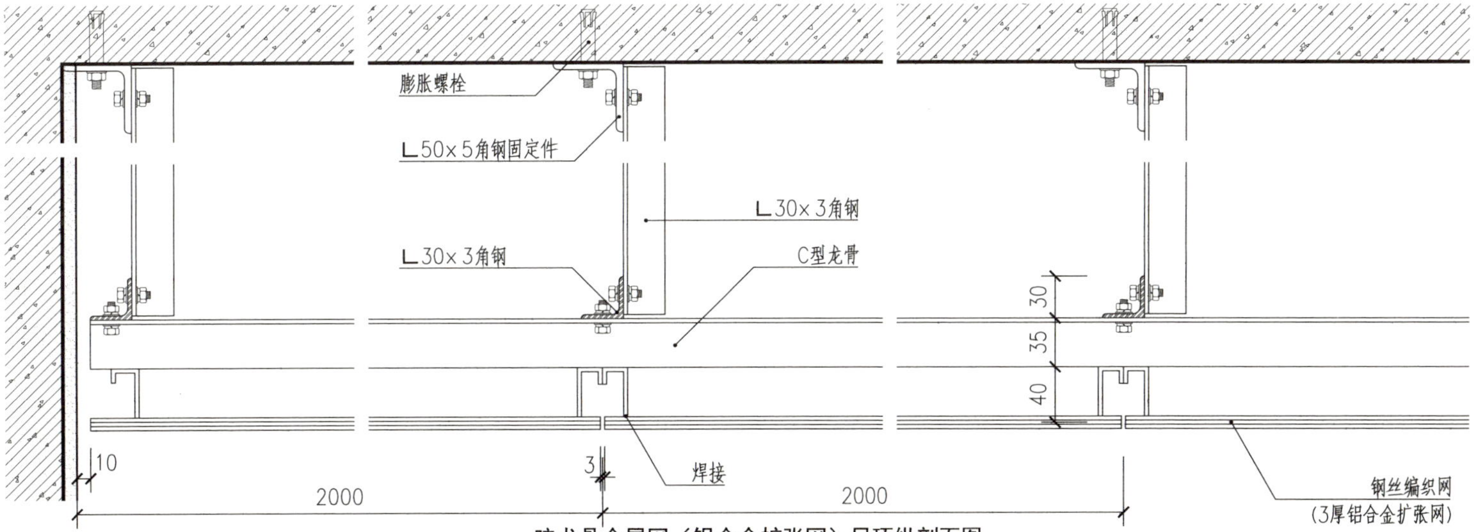

暗龙骨金属网（铝合金扩张网）吊顶纵剖面图

暗龙骨金属网（铝合金扩张网）吊顶

明龙骨金属网（铝合金扩张网）吊顶

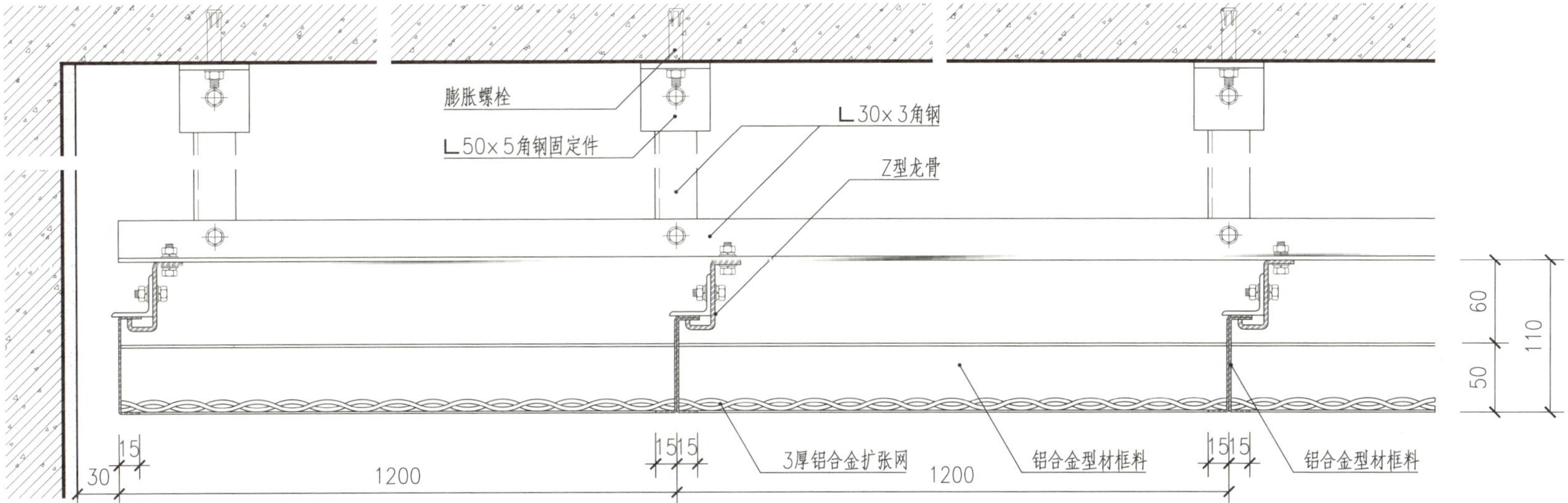

明龙骨金属网（铝合金扩张网）吊顶横剖面图

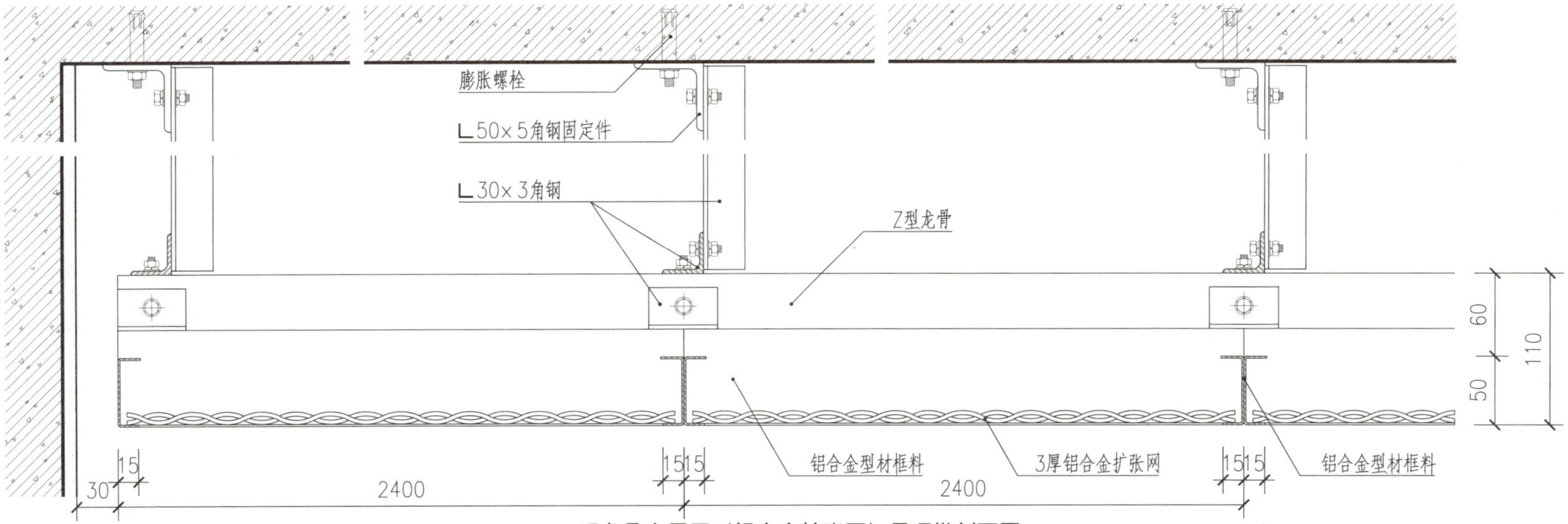

明龙骨金属网（铝合金扩张网）吊顶纵剖面图

明龙骨金属网（铝合金扩张网）吊顶

GRG、GRC 挂板吊顶

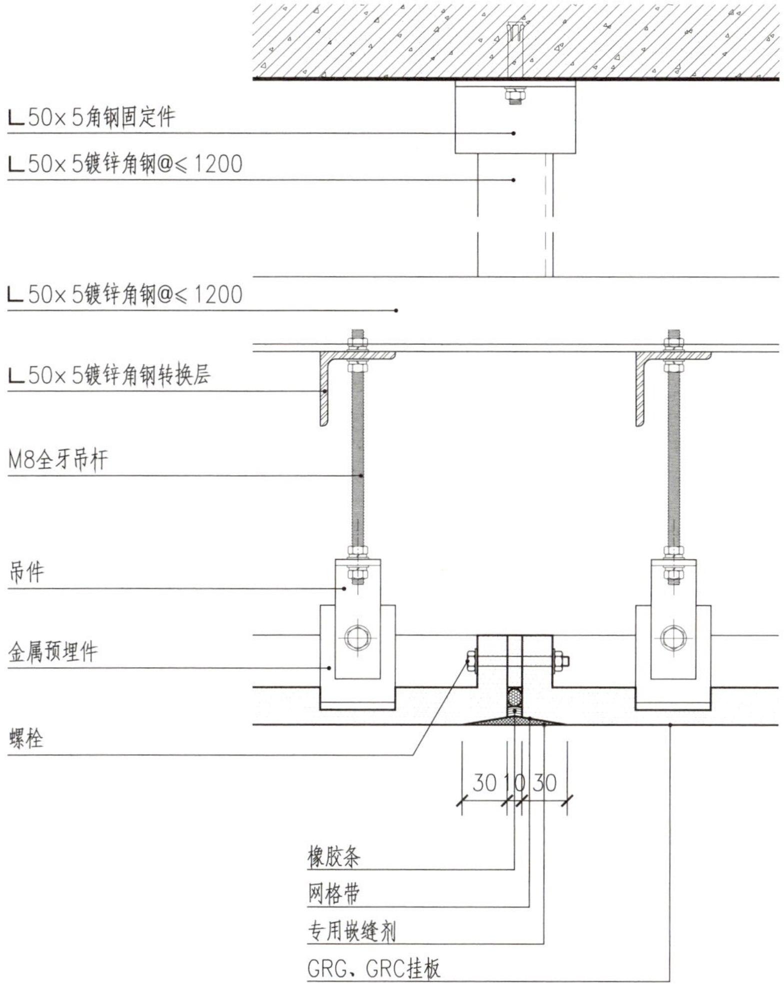

L50x5角钢固定件
L50x5镀锌角钢@≤1200
L50x5镀锌角钢@≤1200
L50x5镀锌角钢转换层
M8全牙吊杆
吊件
金属预埋件
螺栓
30 10 30
橡胶条
网格带
专用嵌缝剂
GRG、GRC挂板

GRG、GRC挂板吊顶横剖面图

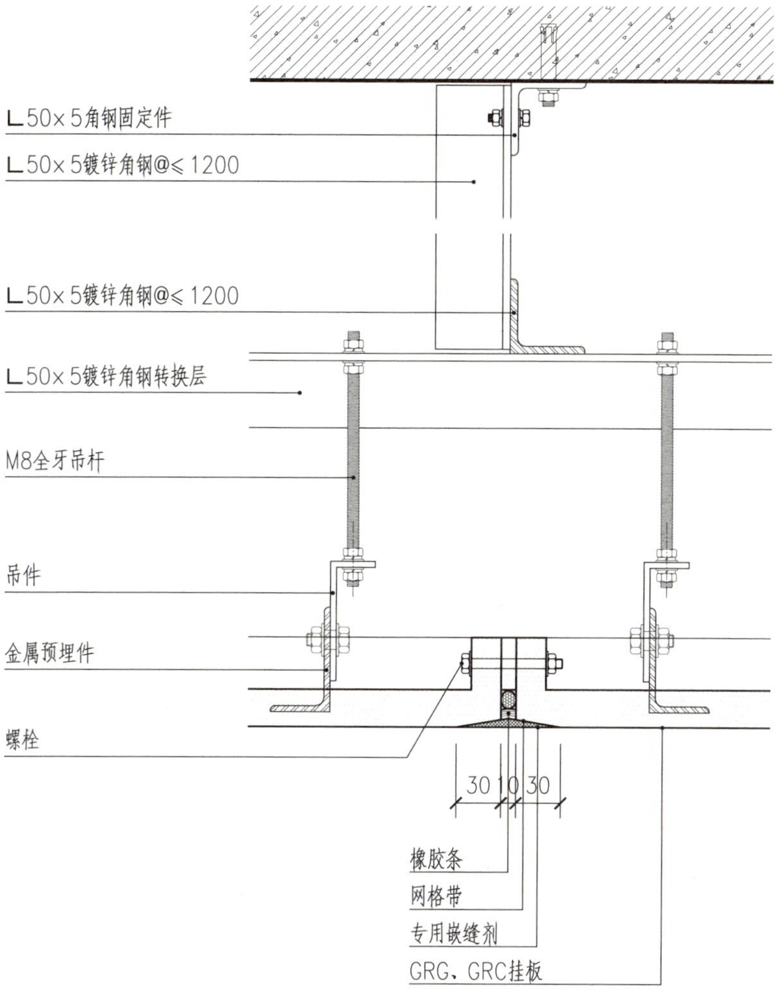

L50x5角钢固定件
L50x5镀锌角钢@≤1200
L50x5镀锌角钢@≤1200
L50x5镀锌角钢转换层
M8全牙吊杆
吊件
金属预埋件
螺栓
30 10 30
橡胶条
网格带
专用嵌缝剂
GRG、GRC挂板

GRG、GRC挂板吊顶纵剖面图

石材板吊顶

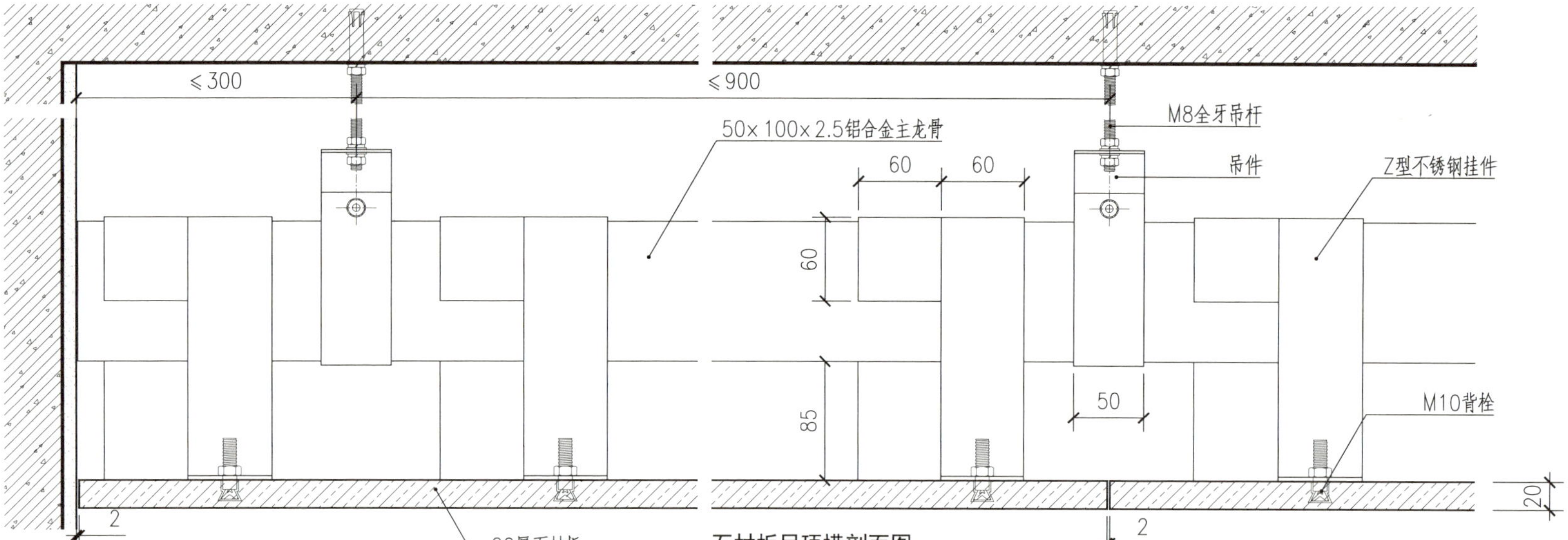

≤300
≤900
M8全牙吊杆
50×100×2.5铝合金主龙骨
60
60
吊件
Z型不锈钢挂件
60
85
50
M10背栓
20
2
2
20厚石材板

石材板吊顶横剖面图

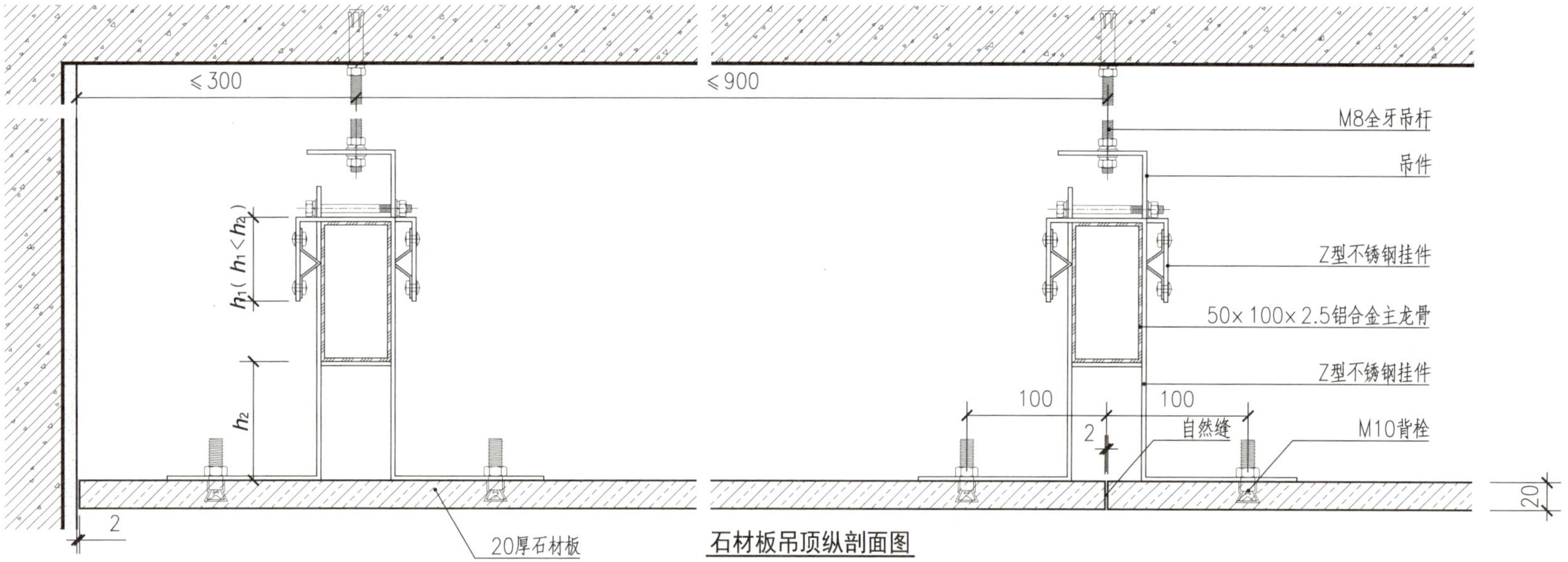

≤300
≤900
M8全牙吊杆
吊件
Z型不锈钢挂件
h_1(h_1<h_2)
50×100×2.5铝合金主龙骨
Z型不锈钢挂件
h_2
100
100
自然缝
2
M10背栓
20
2
20厚石材板

石材板吊顶纵剖面图

柔性（软膜）吊顶（一）

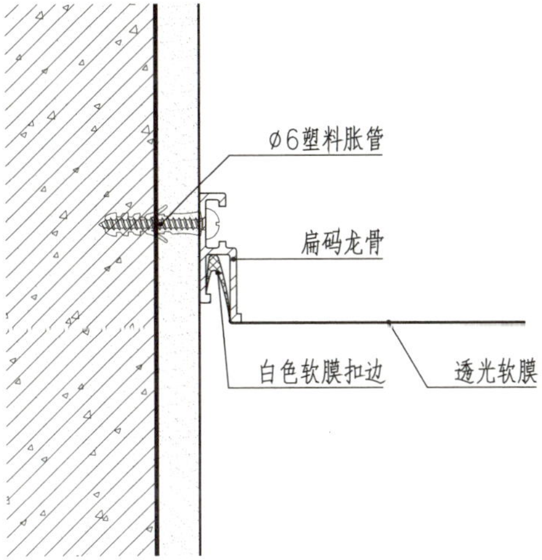

柔性(软膜)吊顶之扁码安装（一）

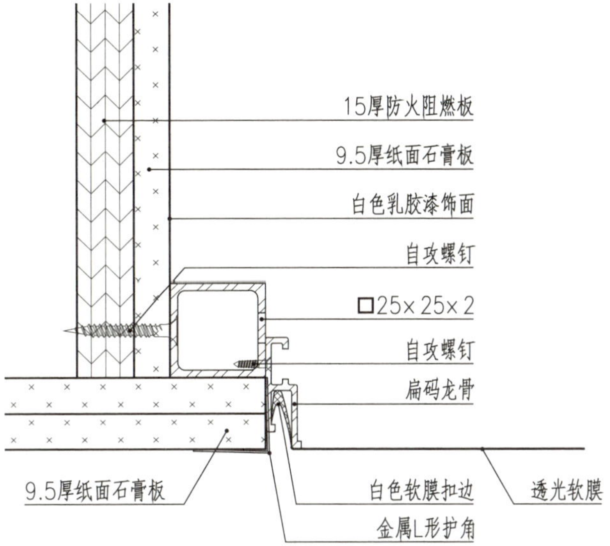

柔性(软膜)吊顶之扁码安装（二）

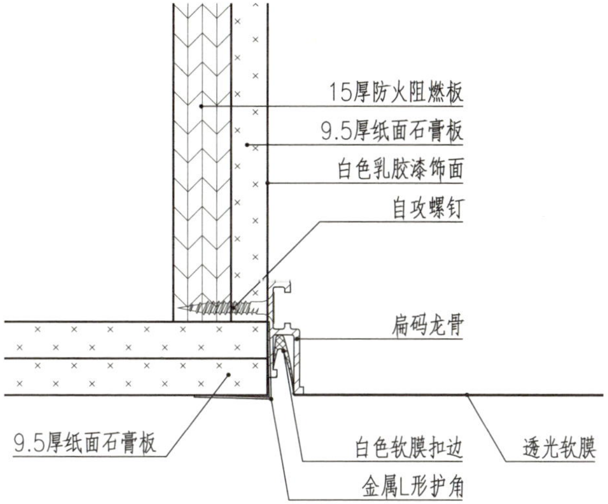

柔性(软膜)吊顶之扁码安装（三）

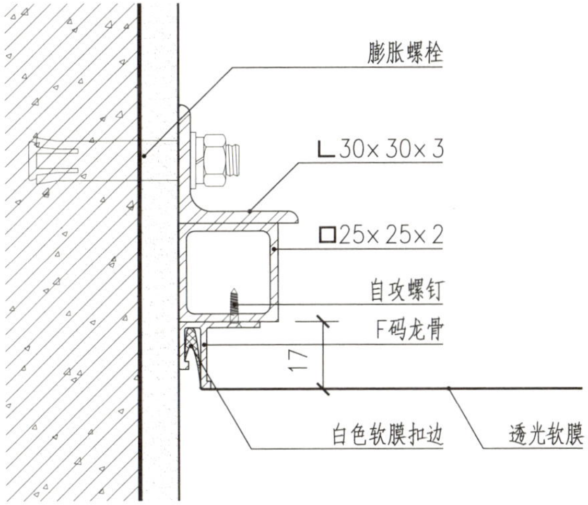

柔性(软膜)吊顶之F码安装

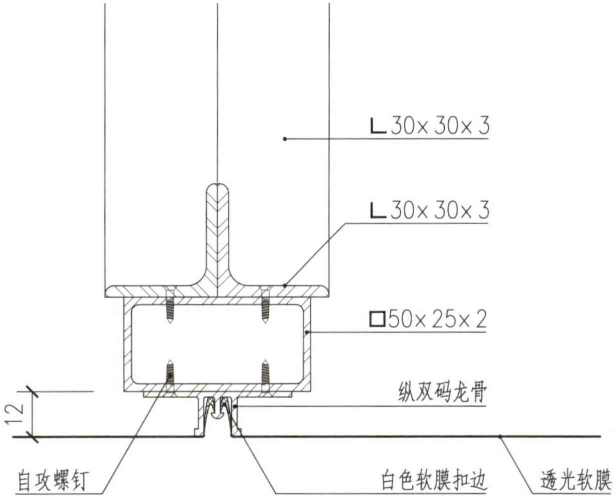

柔性(软膜)吊顶之纵双码安装（一）

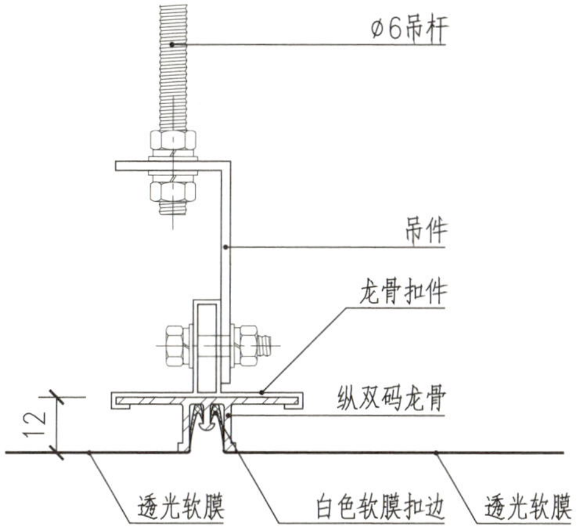

柔性(软膜)吊顶之纵双码安装（二）

注：光源排布间距与箱体深度以不大于1：1为宜，即灯箱深度若为300 mm，光源排布间距也应为300 mm。建议箱体深度控制在150~300 mm之间，以达到较好的效果。

柔性（软膜）吊顶（二）

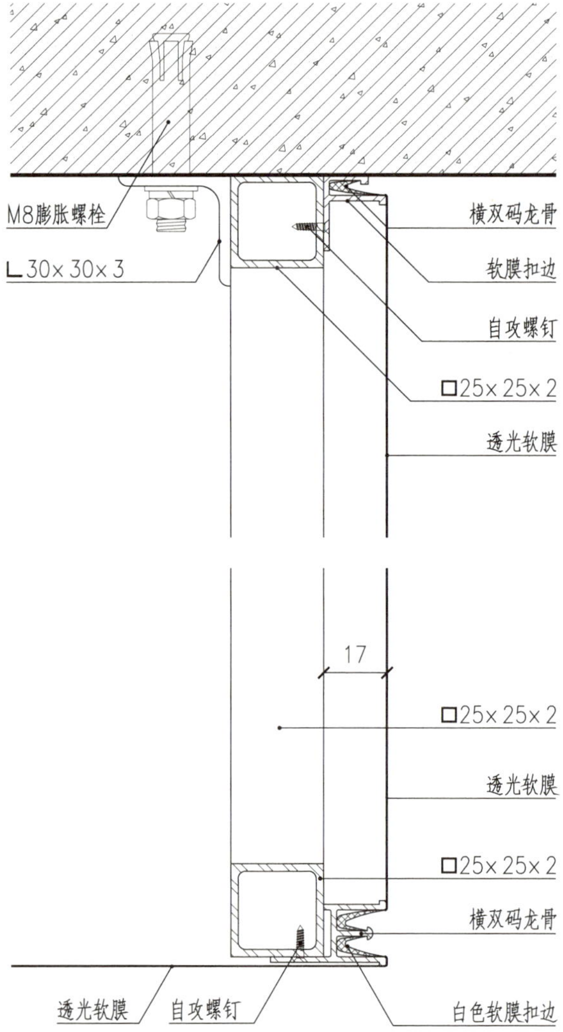

柔性（软膜）吊顶之横双码安装（一）

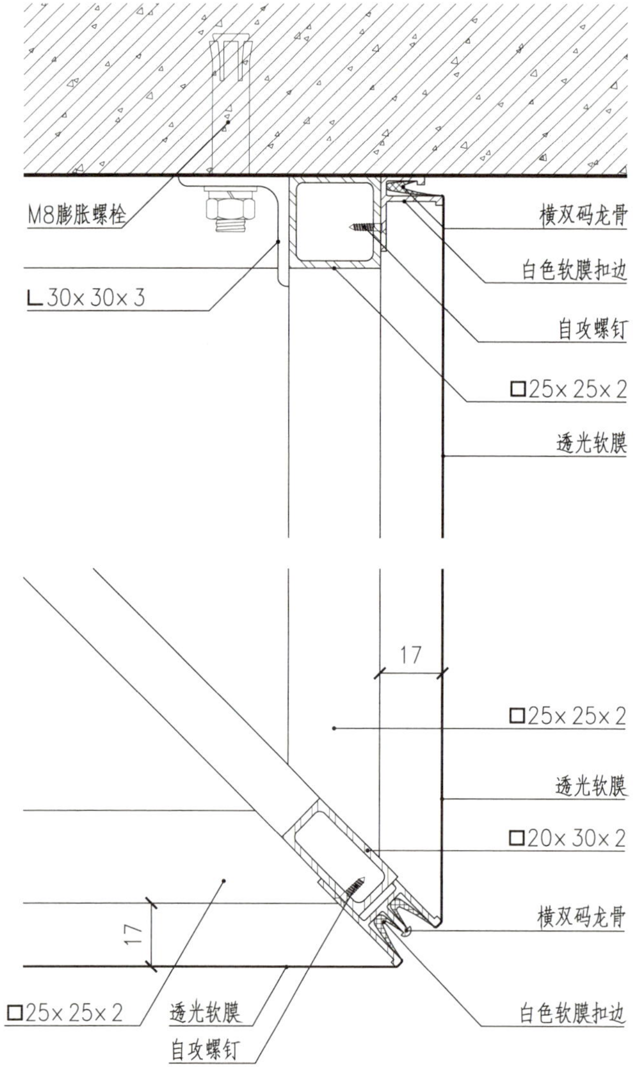

柔性（软膜）吊顶之横双码安装（二）

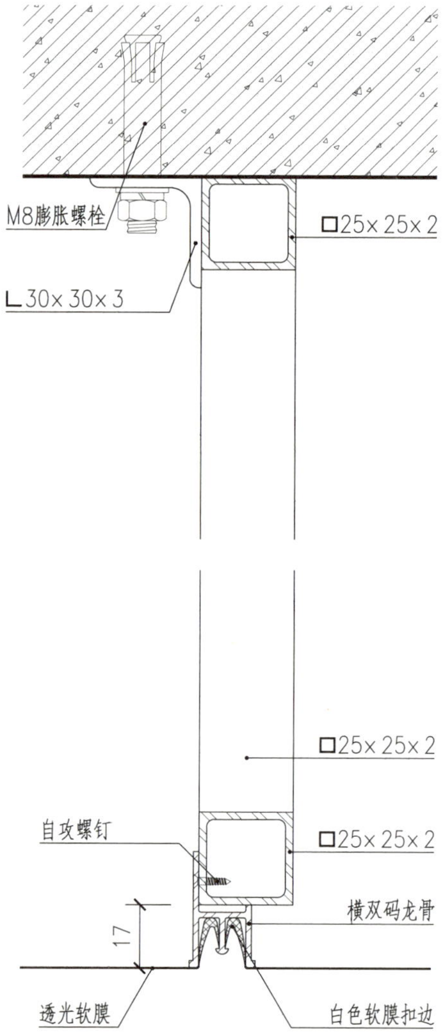

柔性（软膜）吊顶之横双码安装（三）

注：1. 透光膜燃烧性能等级分为 B_1 级、A 级。
2. B_1 级透光率约为 70%，柔韧性大，颜色多样，效果较好。
3. A 级透光率约为 55%，柔韧性小，颜色少，造型受限。

可开启柔性（软膜）吊顶

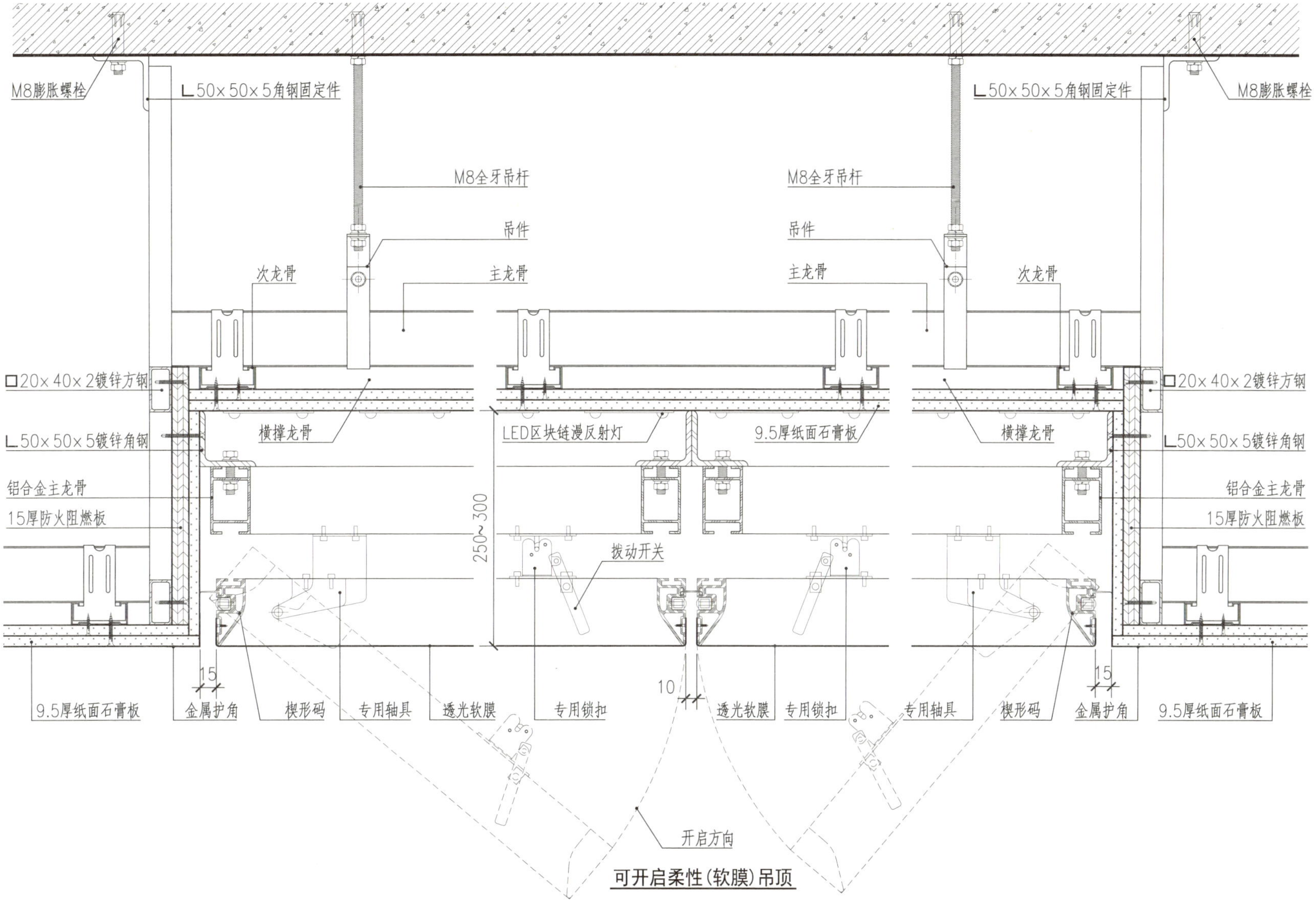
M8膨胀螺栓
L50x50x5角钢固定件
M8全牙吊杆
吊件
次龙骨
主龙骨
□20x40x2镀锌方钢
L50x50x5镀锌角钢
横撑龙骨
LED区块链漫反射灯
9.5厚纸面石膏板
铝合金主龙骨
15厚防火阻燃板
250~300
拨动开关
15
10
9.5厚纸面石膏板
金属护角
楔形码
专用轴具
透光软膜
专用锁扣
开启方向

可开启柔性(软膜)吊顶

可开启柔性(软膜)吊顶1

专用轴具1

专用锁扣1

可开启柔性(软膜)吊顶2

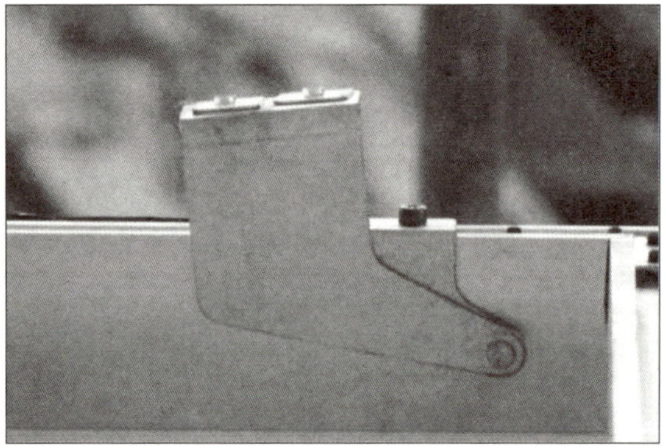

专用轴具2

专用锁扣2

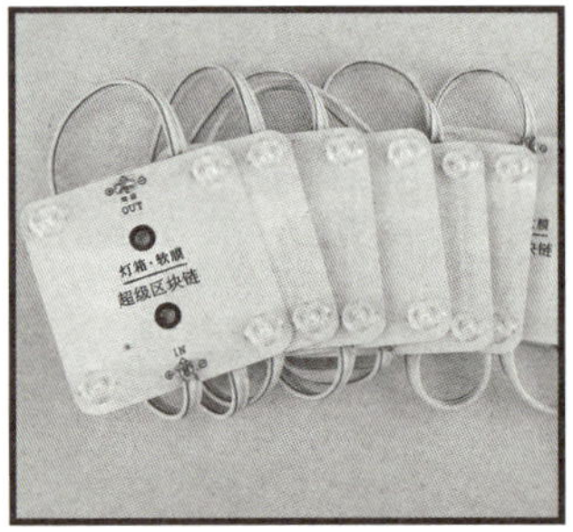

LED区块链漫反射灯1

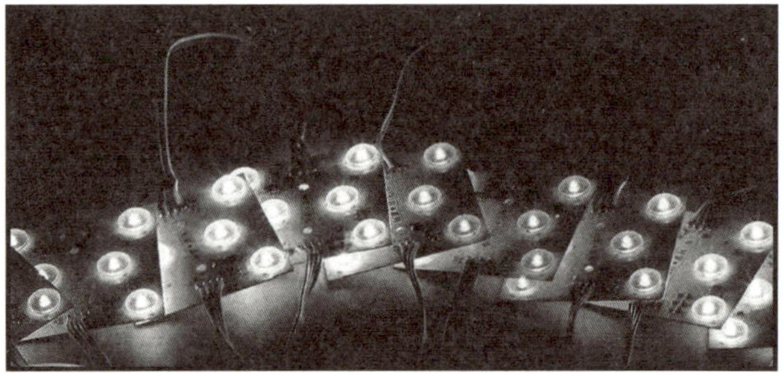

LED区块链漫反射灯2

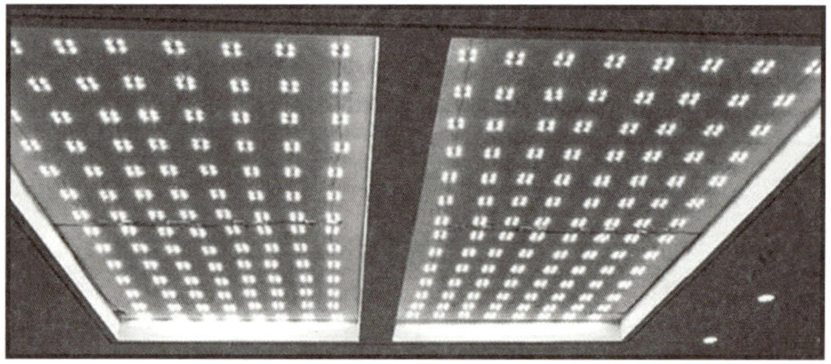

LED区块链漫反射灯3

柔性（软膜）灯箱吊顶

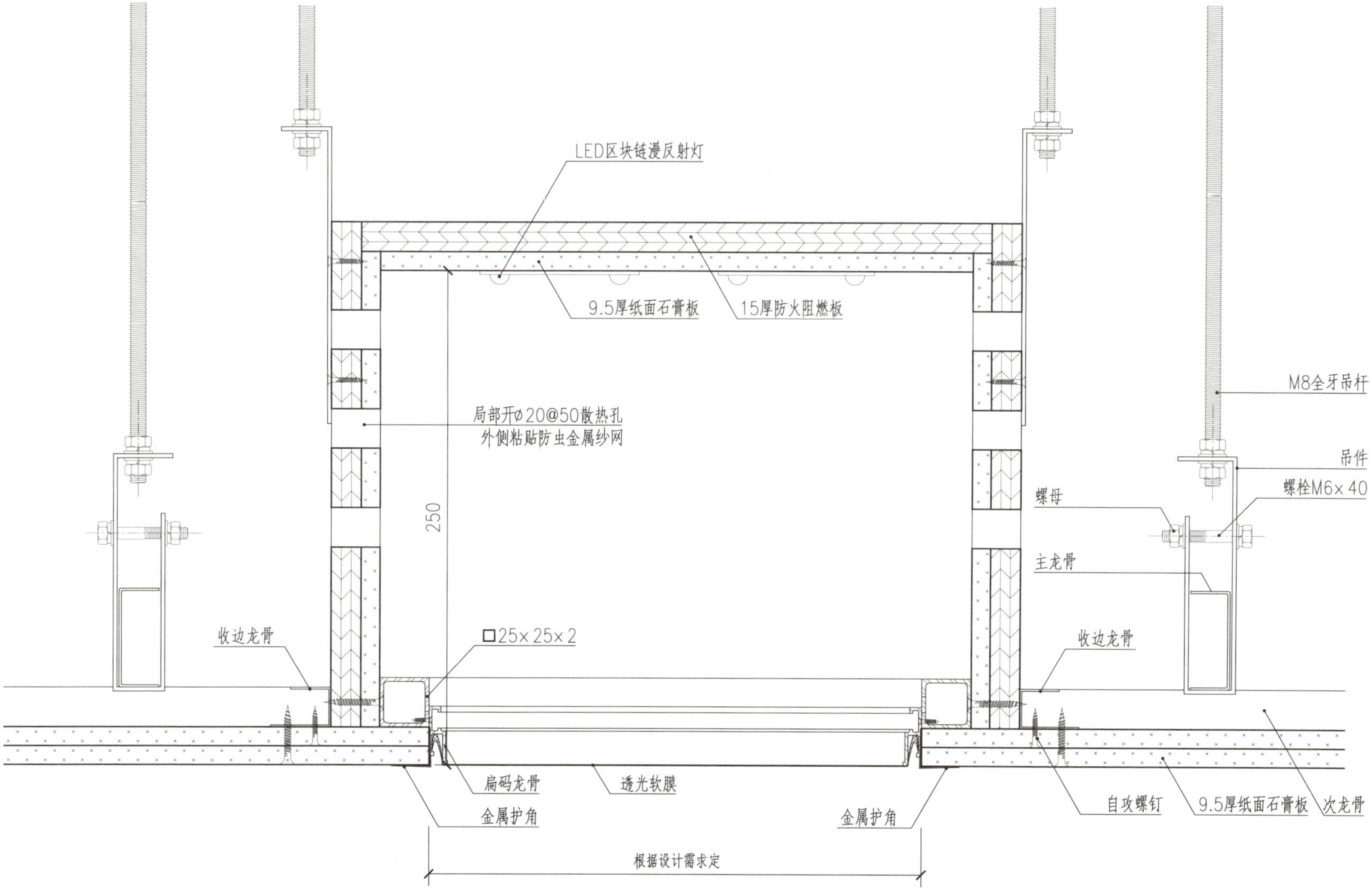

LED区块链漫反射灯
9.5厚纸面石膏板
15厚防火阻燃板
M8全牙吊杆
局部开ø20@50散热孔
外侧粘贴防虫金属纱网
250
吊件
螺栓M6x40
螺母
主龙骨
收边龙骨
□25x25x2
收边龙骨
扁码龙骨
透光软膜
金属护角
金属护角
自攻螺钉
9.5厚纸面石膏板
次龙骨
根据设计需求定

柔性(软膜)灯箱吊顶

亚克力灯箱吊顶

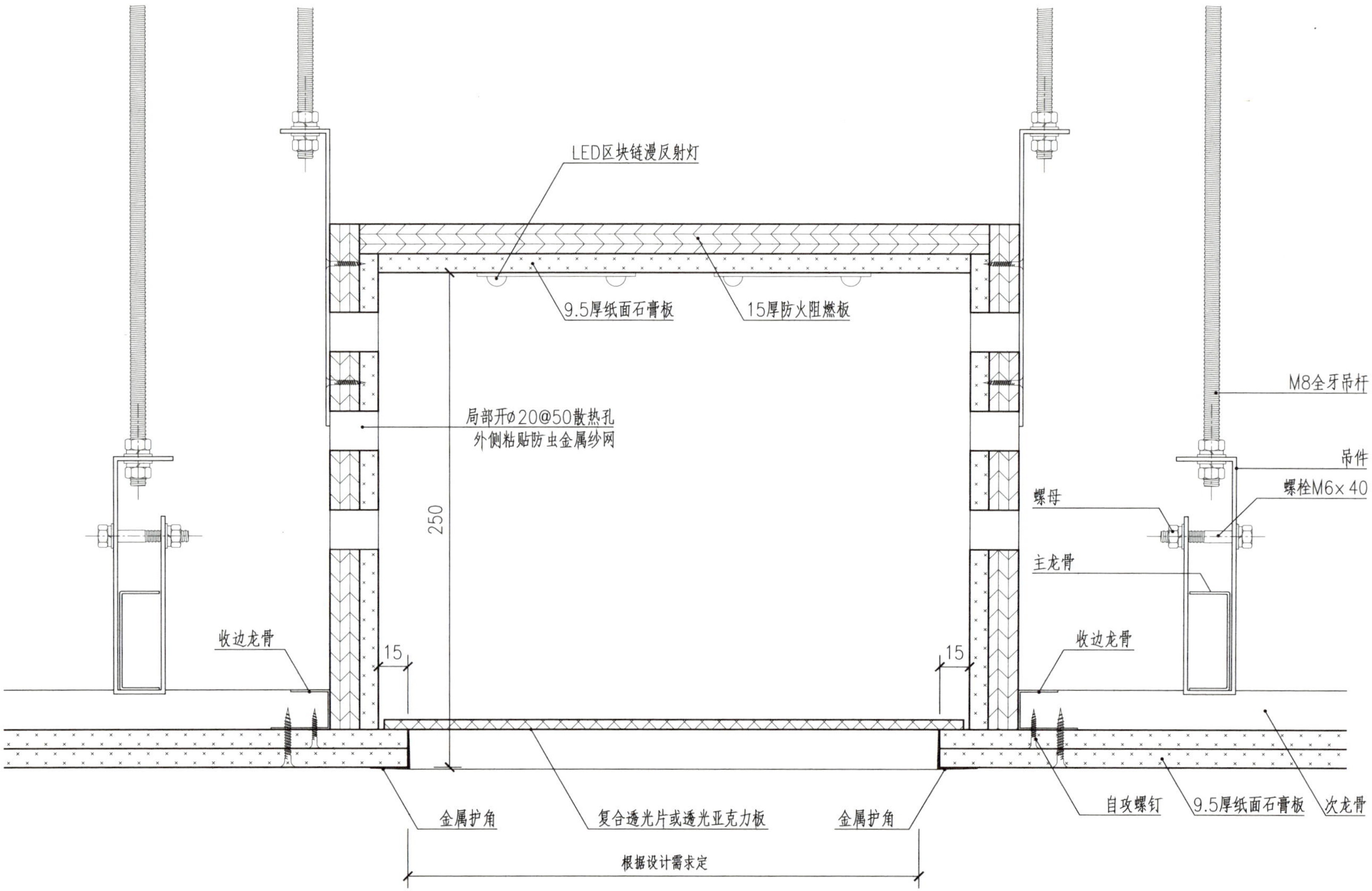
LED区块链漫反射灯
9.5厚纸面石膏板
15厚防火阻燃板
M8全牙吊杆
局部开ø20@50散热孔
外侧粘贴防虫金属纱网
250
吊件
螺栓M6×40
螺母
主龙骨
收边龙骨
收边龙骨
15
15
金属护角
复合透光片或透光亚克力板
金属护角
自攻螺钉
9.5厚纸面石膏板
次龙骨
根据设计需求定

亚克力灯箱吊顶

木饰面吊顶（粘贴式）

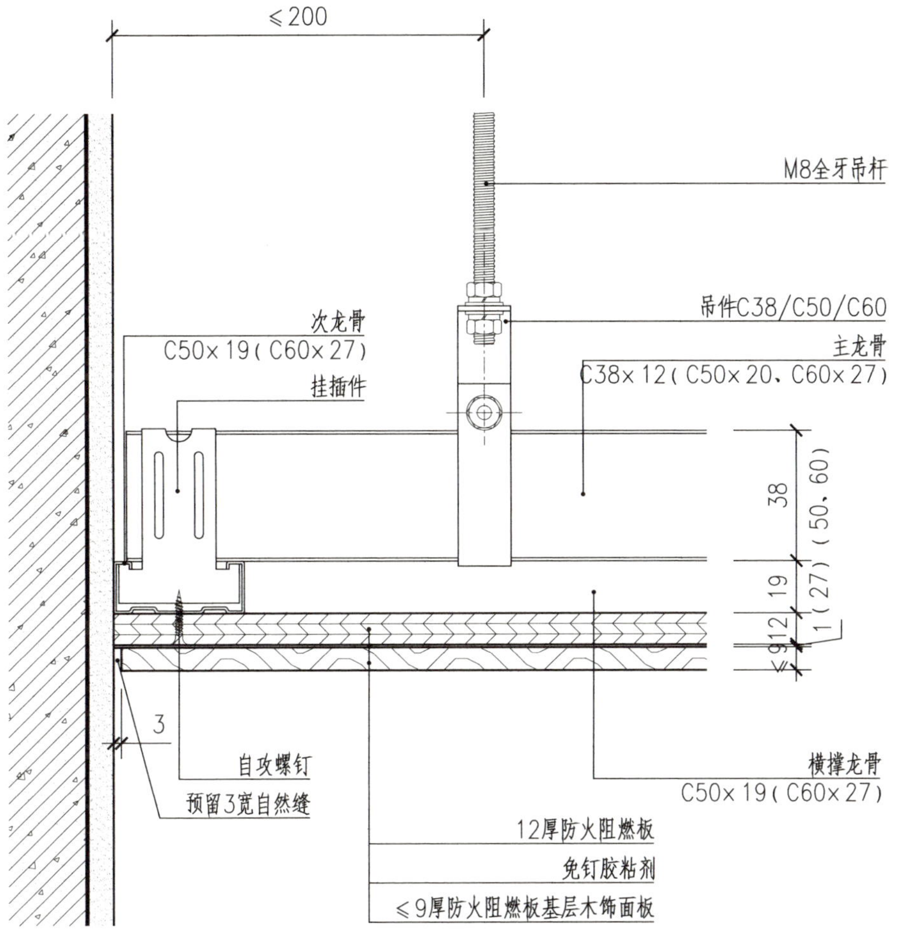
≤200
M8全牙吊杆
吊件C38/C50/C60
次龙骨
C50×19（C60×27）
主龙骨
C38×12（C50×20、C60×27）
挂插件
38
19
12
≤9
(50，60)
(27)
1
3
自攻螺钉
预留3宽自然缝
横撑龙骨
C50×19（C60×27）
12厚防火阻燃板
免钉胶粘剂
≤9厚防火阻燃板基层木饰面板

木饰面吊顶（粘贴式）横剖面图

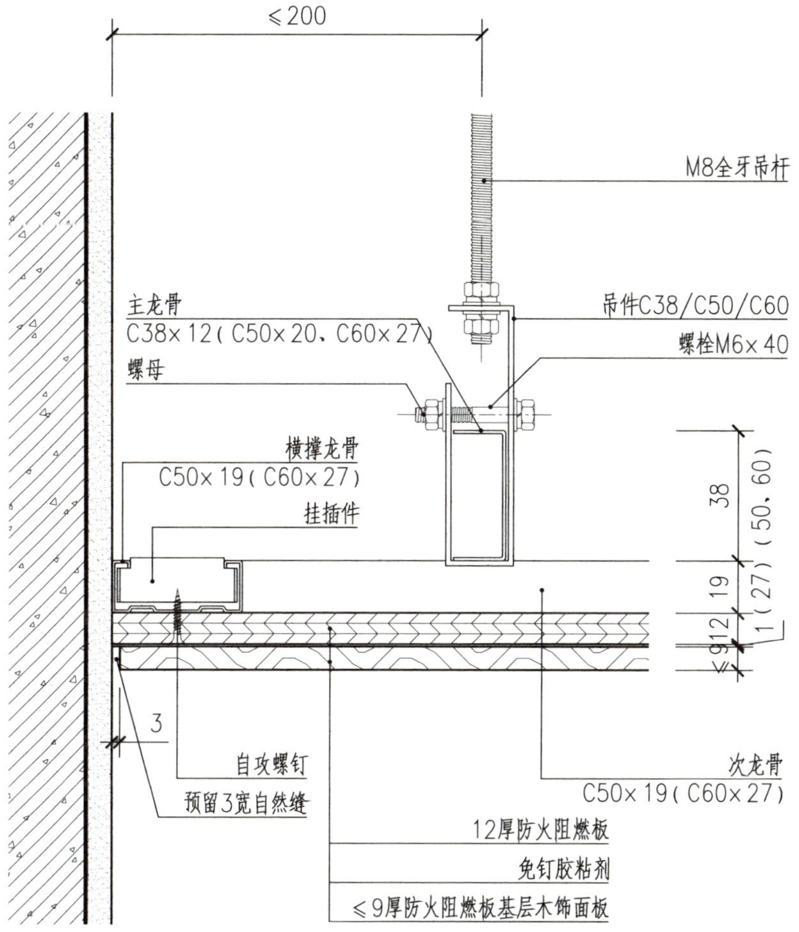
≤200
M8全牙吊杆
主龙骨
C38×12（C50×20、C60×27）
吊件C38/C50/C60
螺栓M6×40
螺母
横撑龙骨
C50×19（C60×27）
挂插件
38
19
12
≤9
(50，60)
(27)
1
3
自攻螺钉
预留3宽自然缝
次龙骨
C50×19（C60×27）
12厚防火阻燃板
免钉胶粘剂
≤9厚防火阻燃板基层木饰面板

木饰面吊顶（粘贴式）纵剖面图

木饰面吊顶（干挂式）

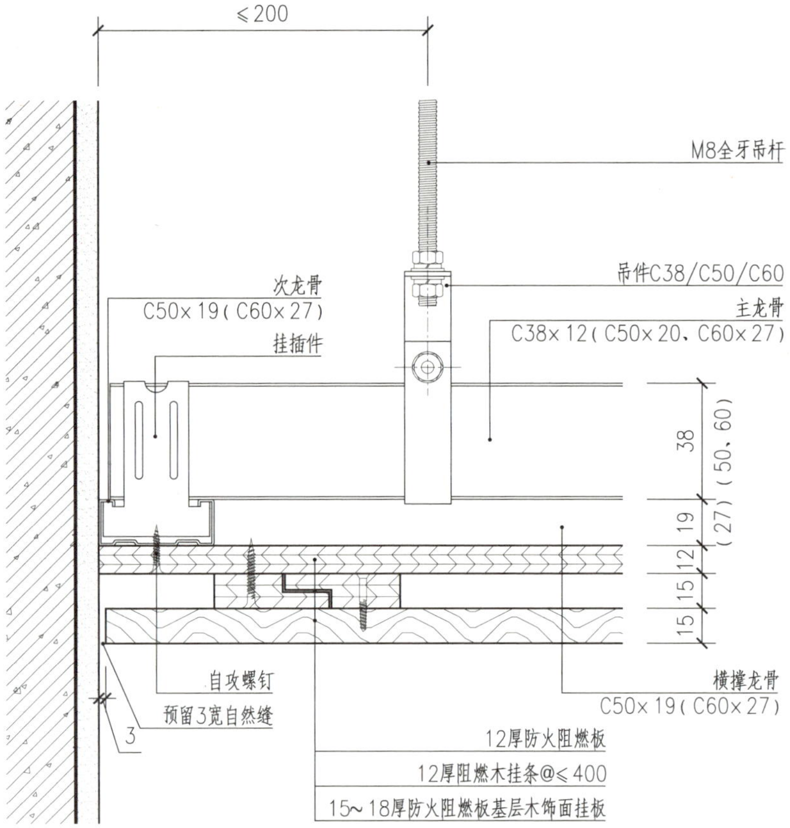

木饰面吊顶（干挂式）横剖面图

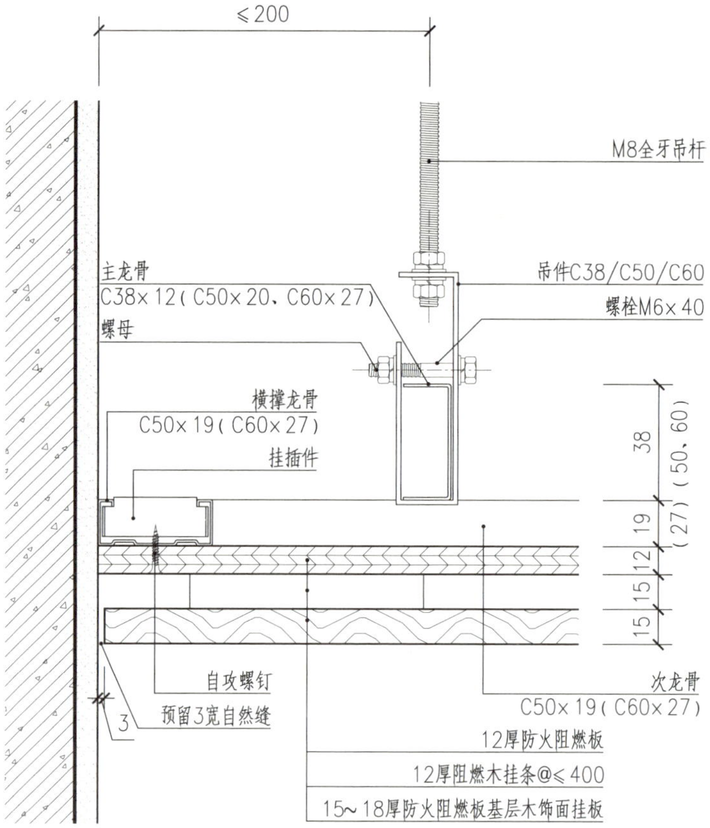

木饰面吊顶（干挂式）纵剖面图

木饰面吊顶

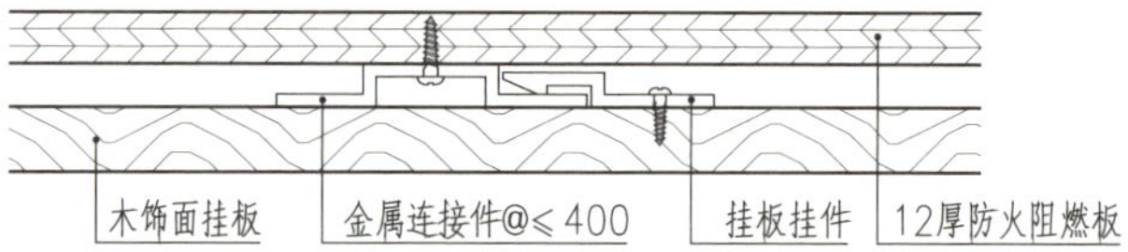

铝合金挂件做法

木饰面吊顶（插挂式）

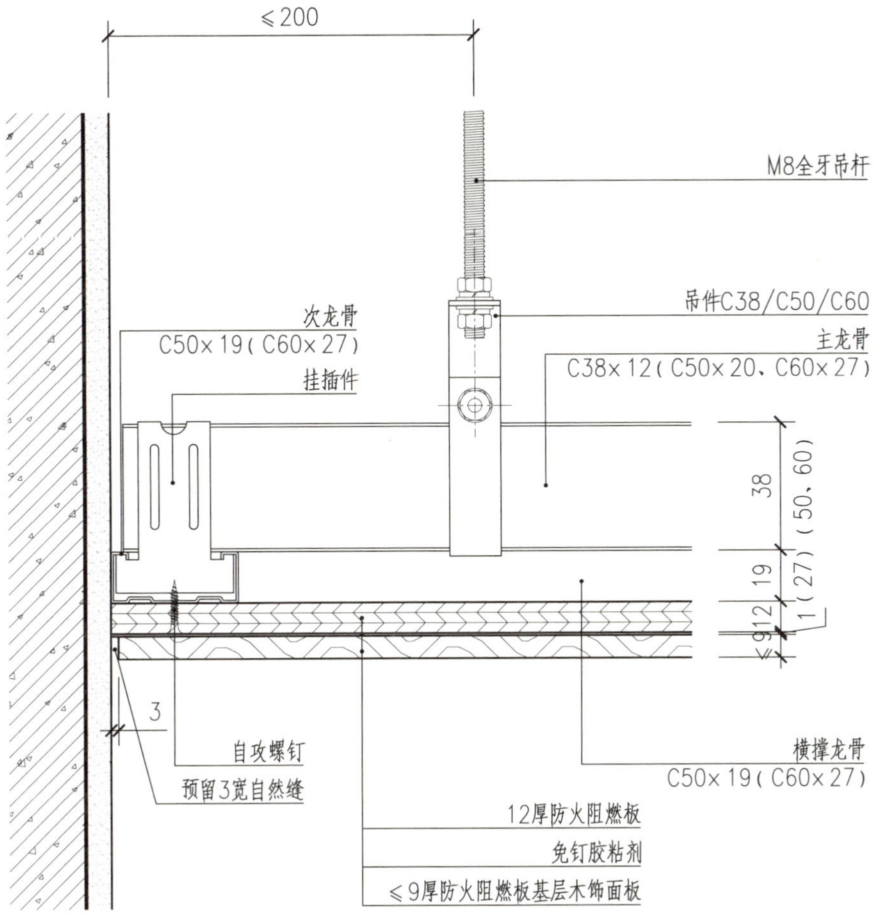

木饰面吊顶（粘贴式）横剖面图

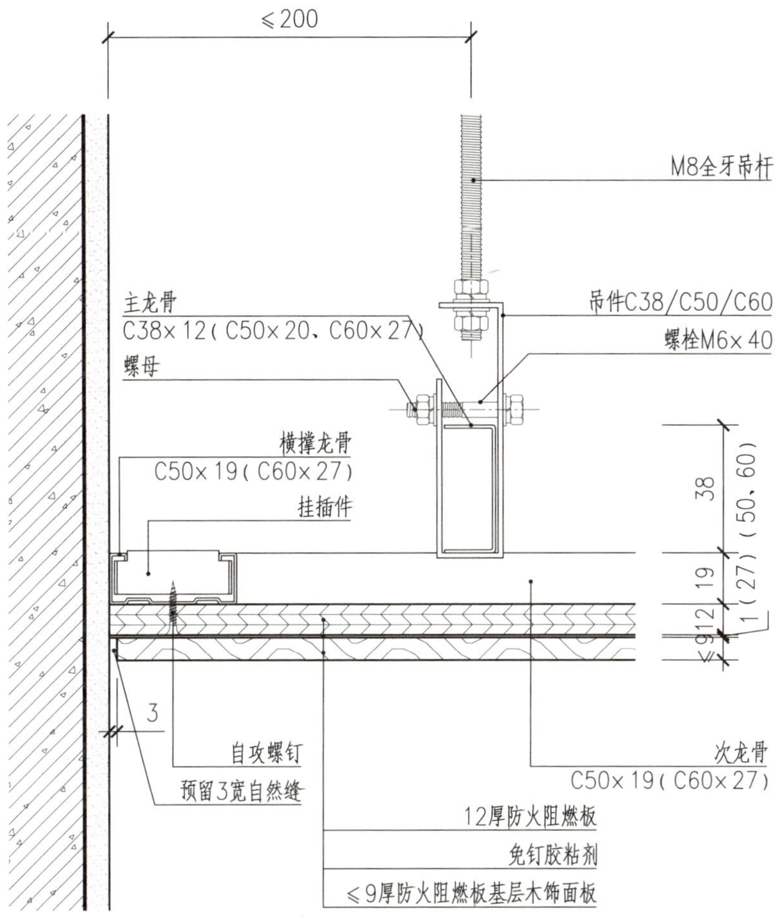

木饰面吊顶（粘贴式）纵剖面图

反向支撑吊顶（一）

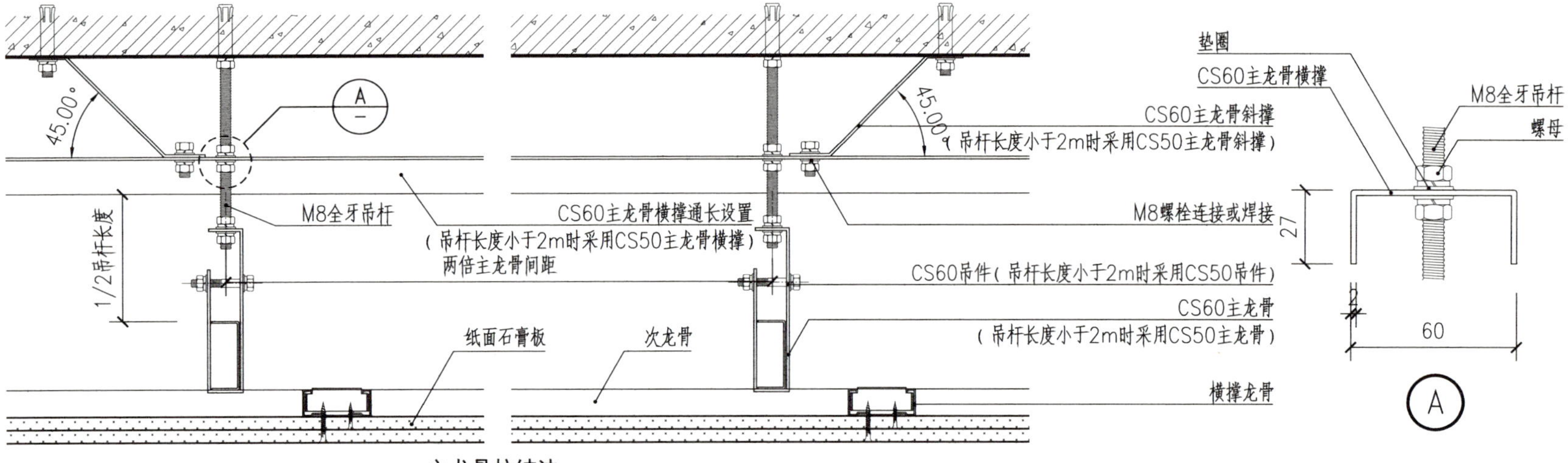

主龙骨拉结法

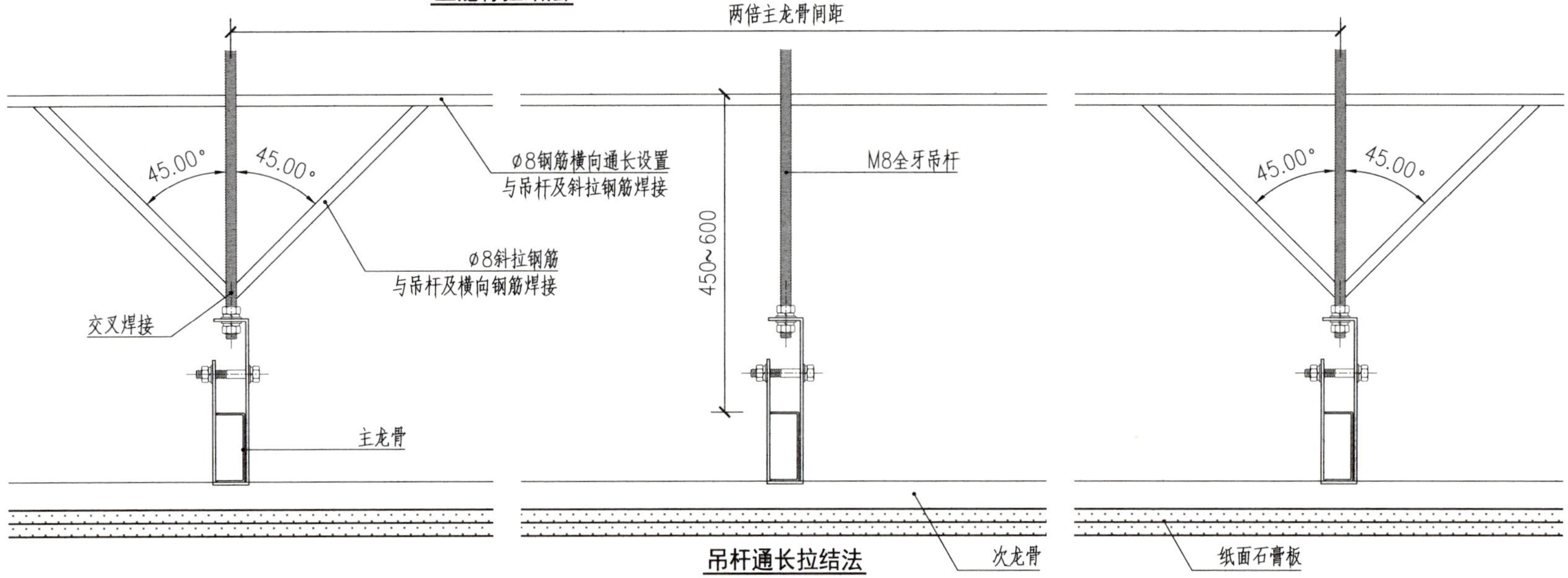

吊杆通长拉结法

注：1. 主龙骨拉结法，吊杆长度大于 1.5 m，且小于 3 m 时适用。在 CS 主龙骨横撑底边每隔两个主龙骨间距打孔，M8 全牙吊杆穿过，位置确定后上下螺母固定。CS60 主龙骨每隔两倍主龙骨间距相向设置。
2. 吊杆通长拉结法，吊杆长度大于 1.5 m 且小于 3 m 时适用。斜拉钢筋每隔两倍主龙骨间距设置，焊接处做防锈处理。

反向支撑吊顶（二）

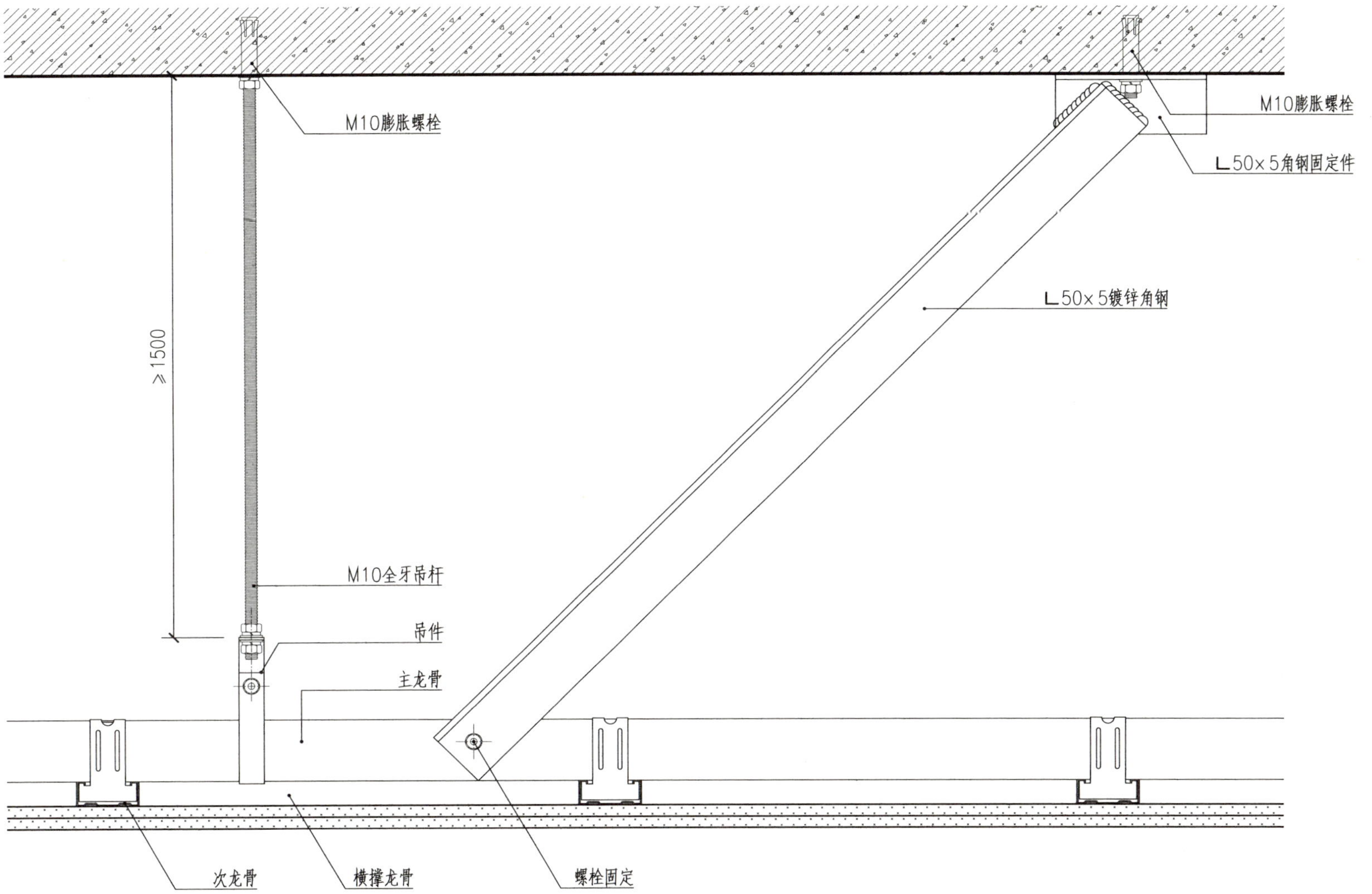

倒三角拉结法

注：倒三角拉结法，吊杆长度大于1.5 m且小于2 m时适用。安装间距在2 m以内。

反向支撑吊顶（三）

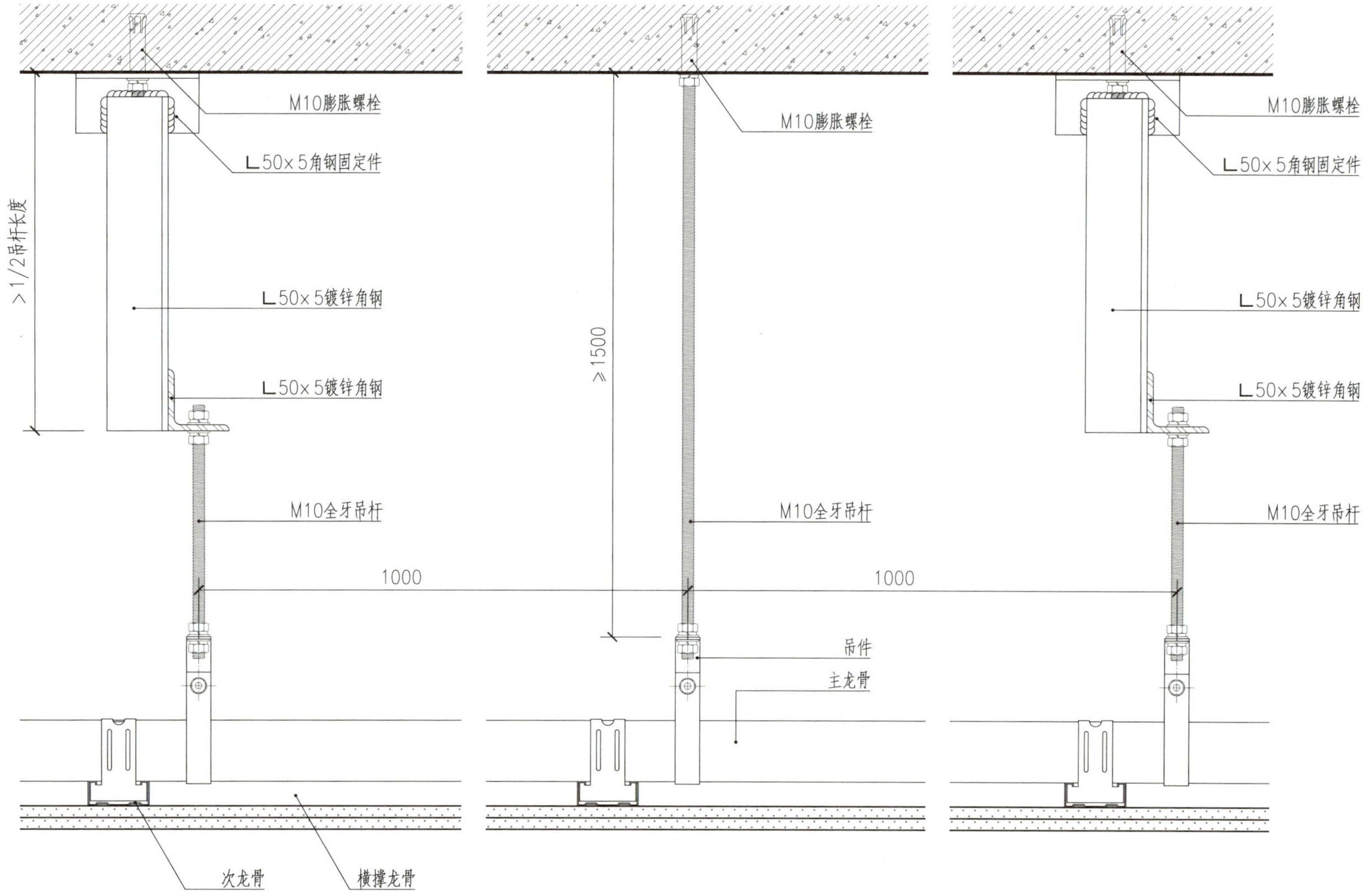
M10膨胀螺栓
L50x5角钢固定件
L50x5镀锌角钢
L50x5镀锌角钢
M10全牙吊杆
>1/2吊杆长度
1000
M10膨胀螺栓
M10全牙吊杆
≥1500
1000
吊件
主龙骨
M10膨胀螺栓
L50x5角钢固定件
L50x5镀锌角钢
L50x5镀锌角钢
M10全牙吊杆
次龙骨
横撑龙骨

吊杆接力法

注：吊筋接力法，吊杆长度大于1.5m且小于2m时适用。

结构转换层吊顶

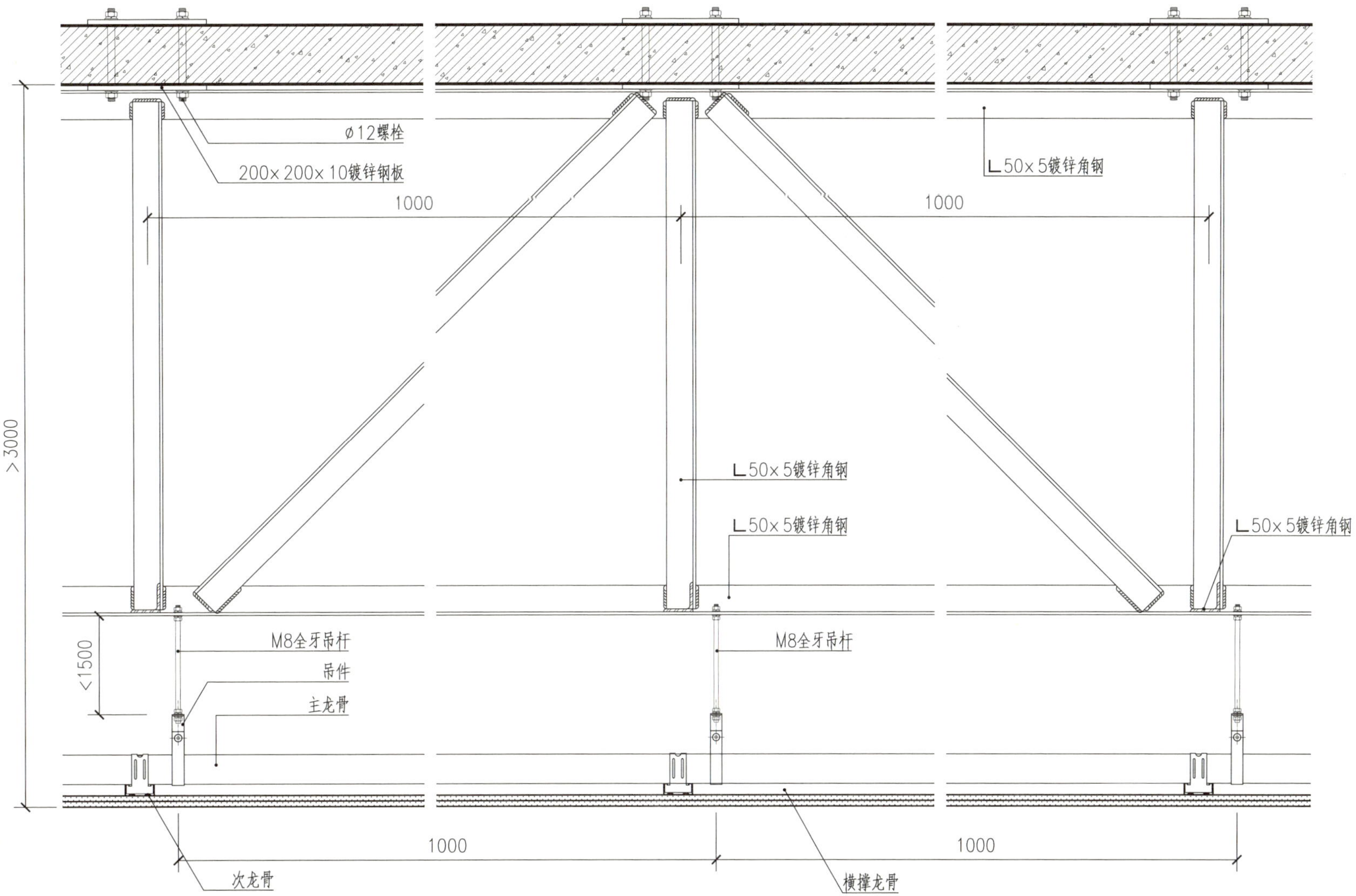

ø12螺栓
200x200x10镀锌钢板
1000
1000
L50x5镀锌角钢
>3000
L50x5镀锌角钢
L50x5镀锌角钢
L50x5镀锌角钢
<1500
M8全牙吊杆
吊件
主龙骨
M8全牙吊杆
1000
1000
次龙骨
横撑龙骨

结构转换层吊顶

轻钢吊顶马道

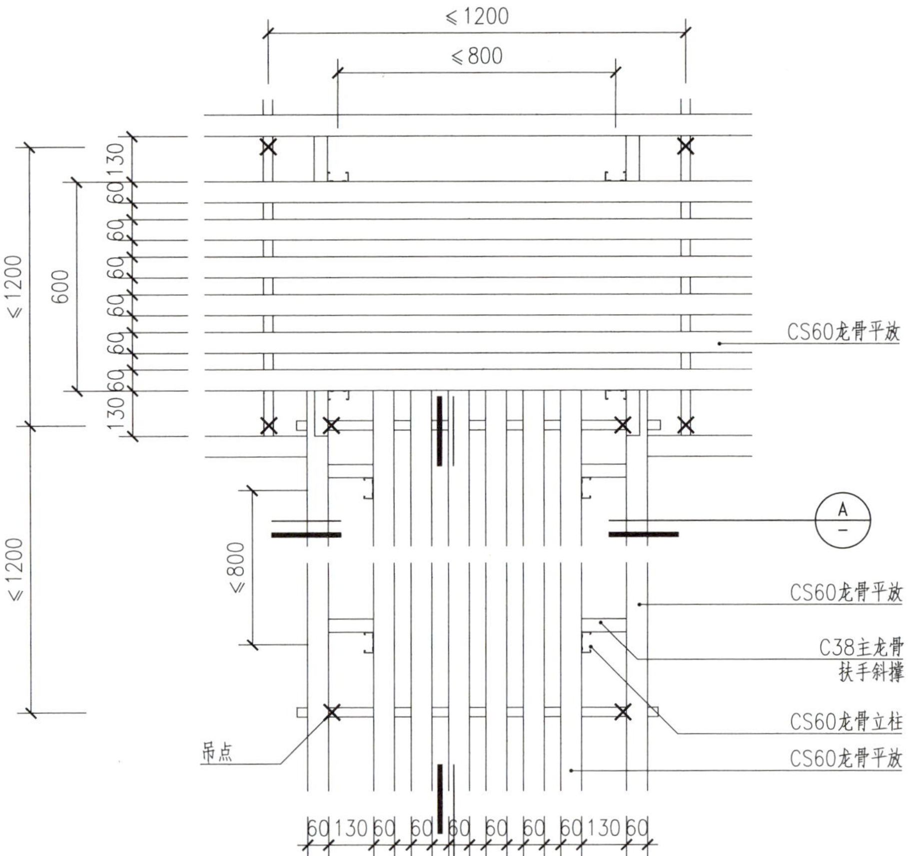

I型轻钢马道平面图

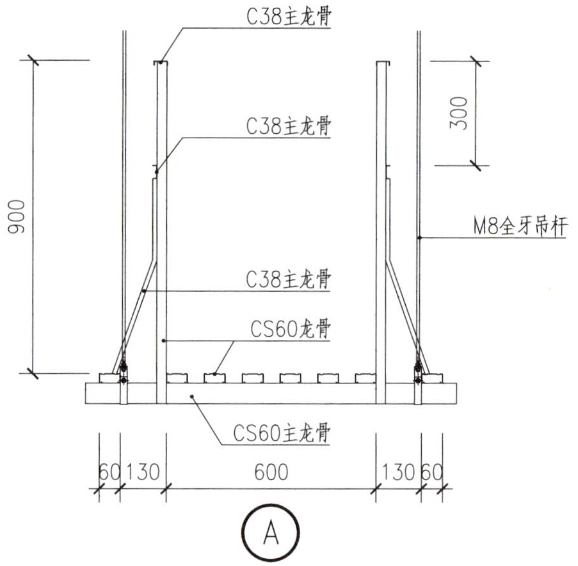

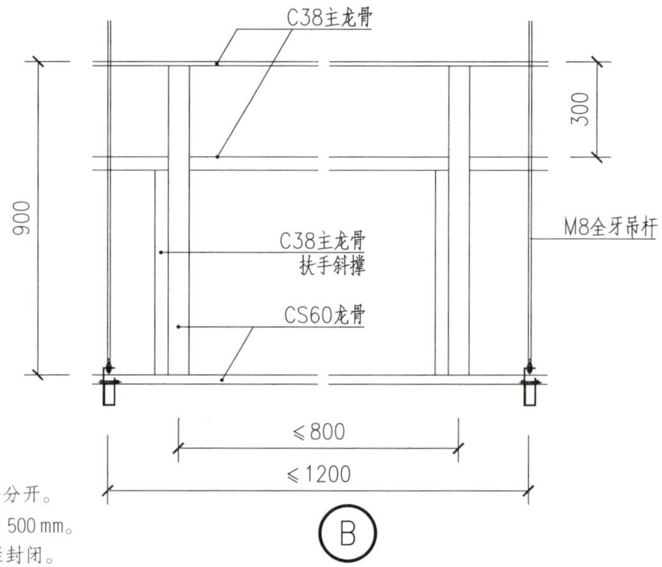

马道

注：1. 马道应自行吊在主体结构上，与吊顶系统完全分开。
2. 不常用马道可适当减小其宽度，宽度不宜小于 500 mm。
3. 栏杆高度不应小于 900 mm，马道端头应设扶栏封闭。
4. 一般允许集中荷载为 80 kg，马道上方应设置照明。

角钢吊顶马道

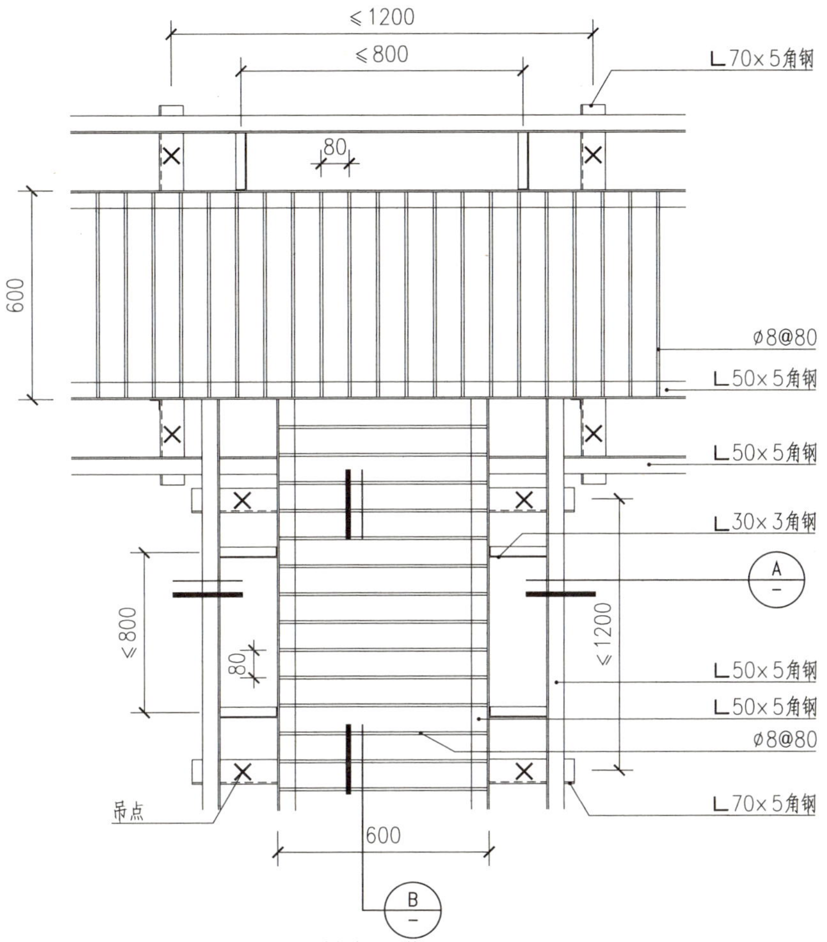

T型角钢马道平面图

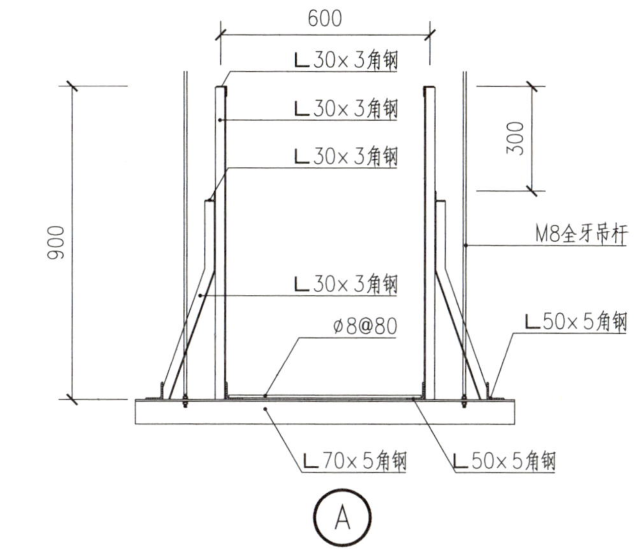

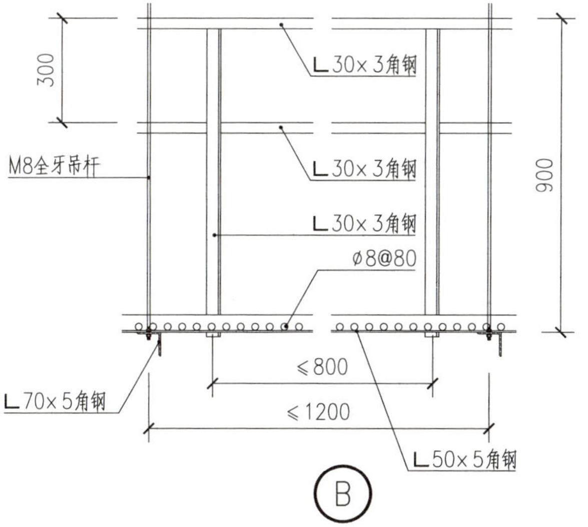

注：1. 马道应自行吊在主体结构上，与吊顶系统完全分开。
2. 不常用马道可适当减小其宽度，宽度不宜小于 500 mm。
3. 栏杆高度不应小于 900 mm，马道端头应设扶栏封闭。
4. 一般允许集中荷载为 80 kg，马道上方应设置照明。

吊顶成品检修口（不上人）（一）

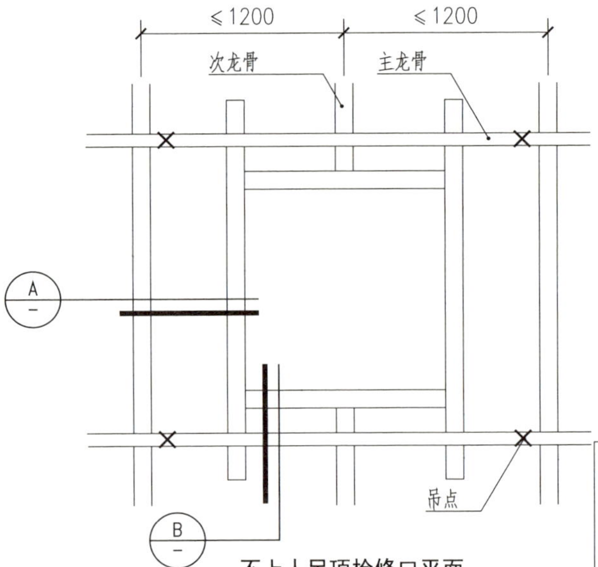

≤1200
≤1200
次龙骨
主龙骨
A
—
B
—
吊点

不上人吊顶检修口平面

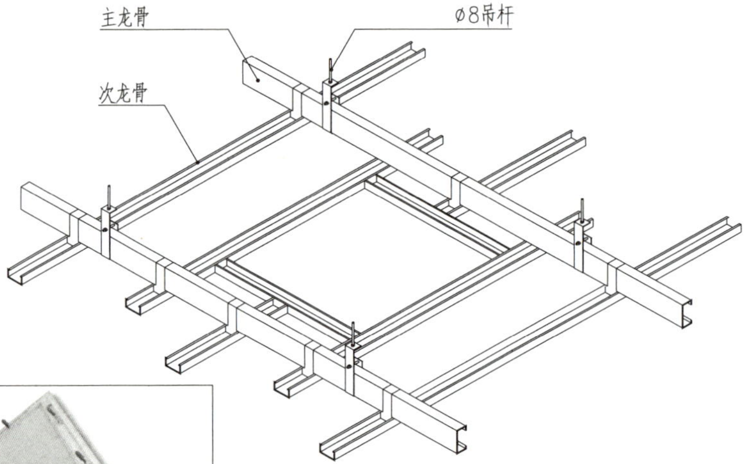

主龙骨
ø8吊杆
次龙骨

不上人吊顶检修口龙骨轴测图

检修口

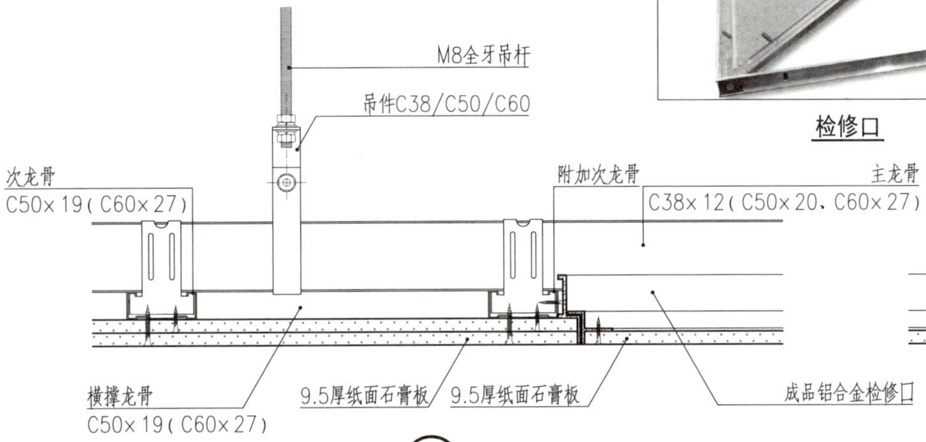

M8全牙吊杆
吊件C38/C50/C60
次龙骨
C50×19（C60×27）
附加次龙骨
主龙骨
C38×12（C50×20、C60×27）
横撑龙骨
C50×19（C60×27）
9.5厚纸面石膏板
9.5厚纸面石膏板
成品铝合金检修口

A

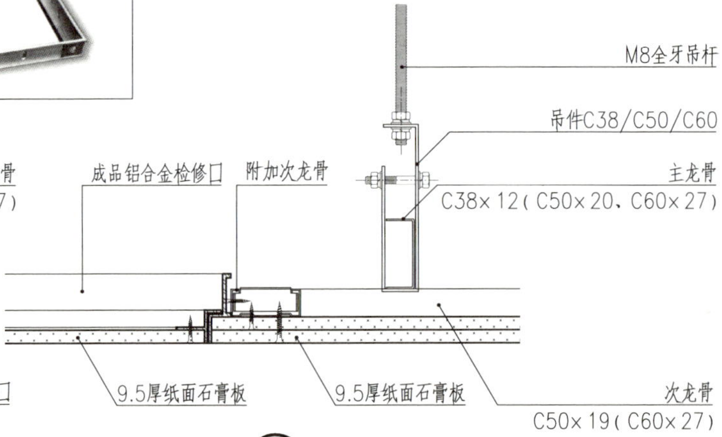

M8全牙吊杆
吊件C38/C50/C60
成品铝合金检修口
附加次龙骨
主龙骨
C38×12（C50×20、C60×27）
9.5厚纸面石膏板
9.5厚纸面石膏板
次龙骨
C50×19（C60×27）

B

吊顶成品检修口（不上人）（二）

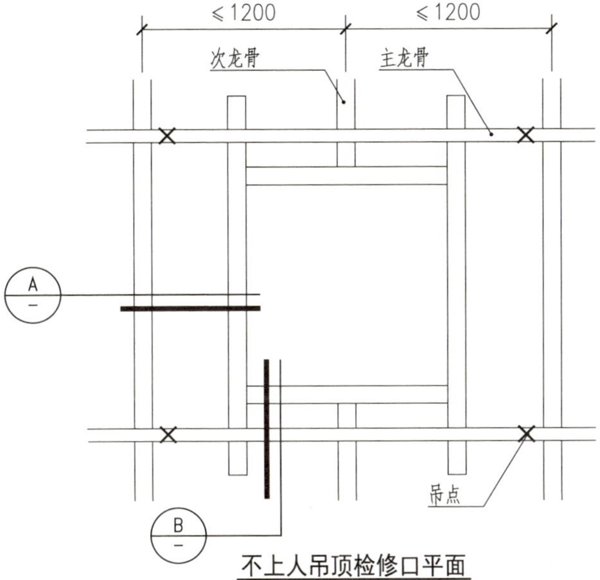

不上人吊顶检修口平面

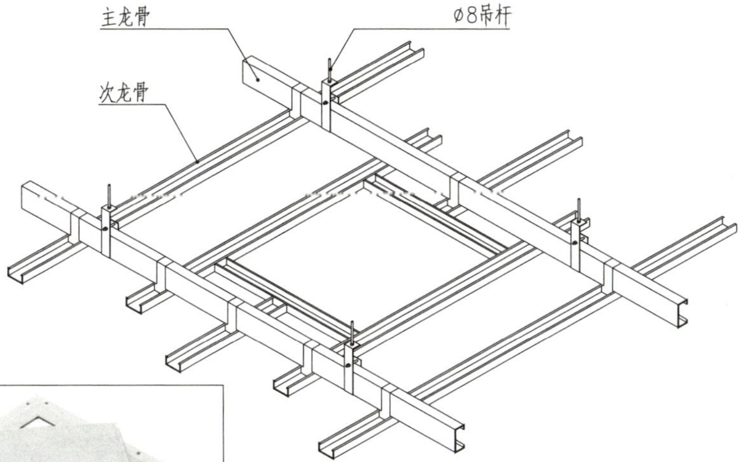

不上人吊顶检修口龙骨轴测图

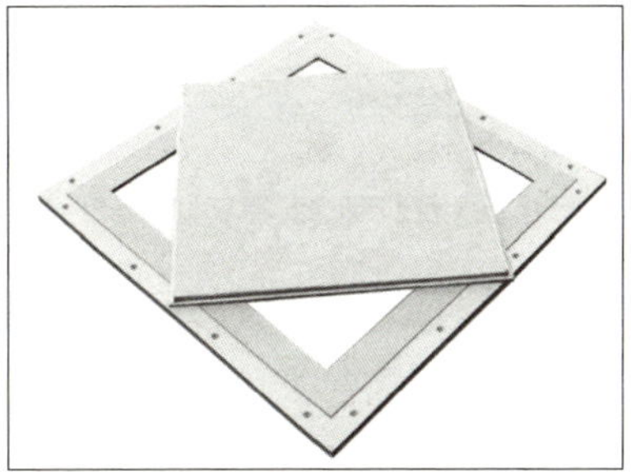

检修口

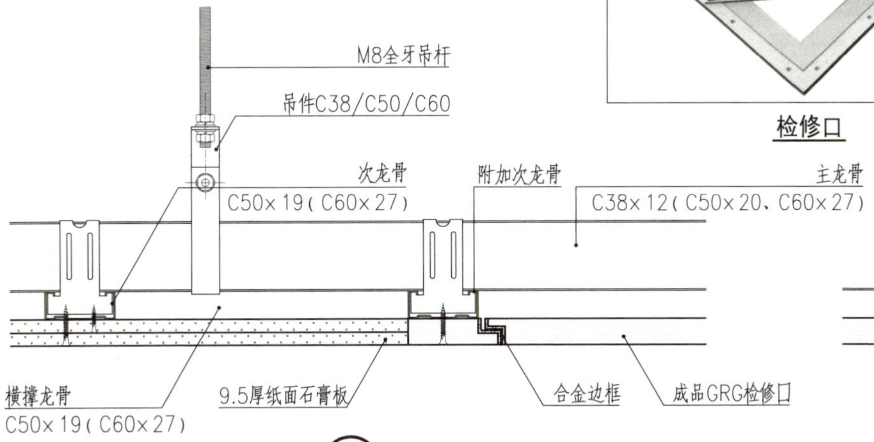

Ⓐ

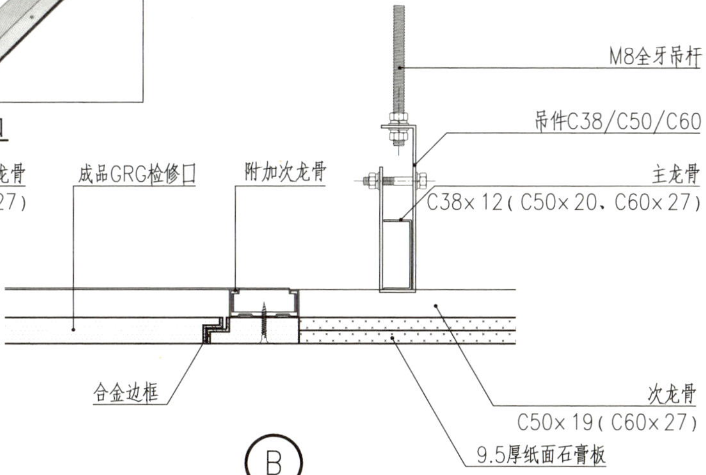

Ⓑ

吊顶成品检修口（不上人）（三）

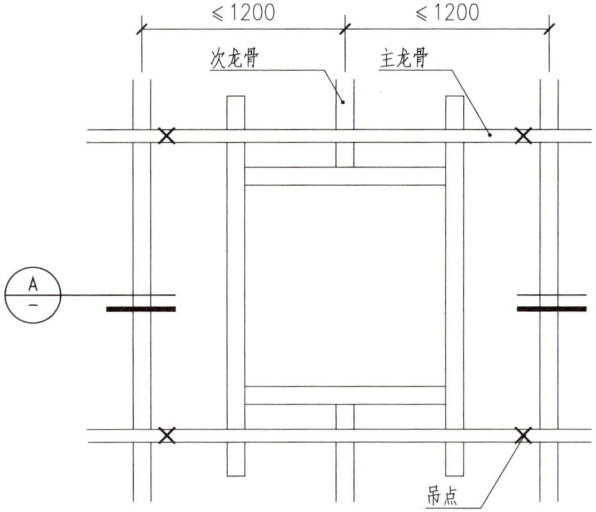

不上人吊顶检修口平面

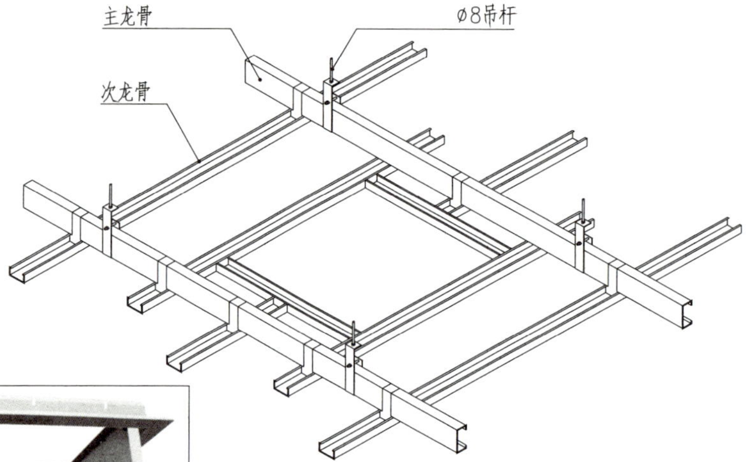

不上人吊顶检修口龙骨轴测图

检修口

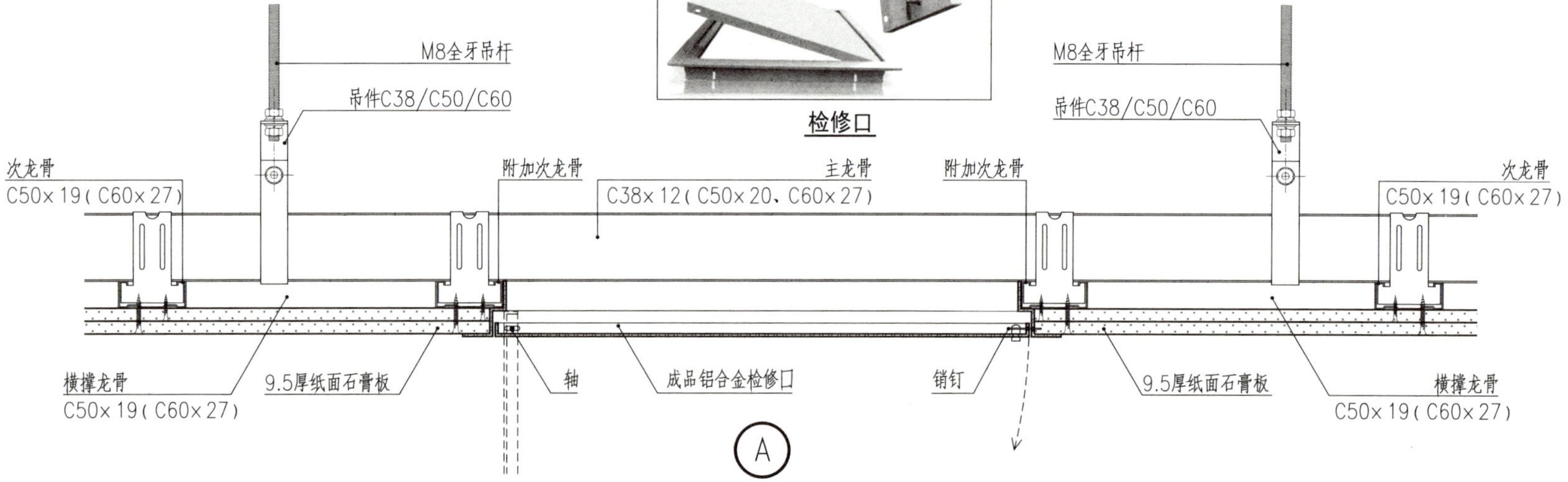

吊顶成品检修口（上人）

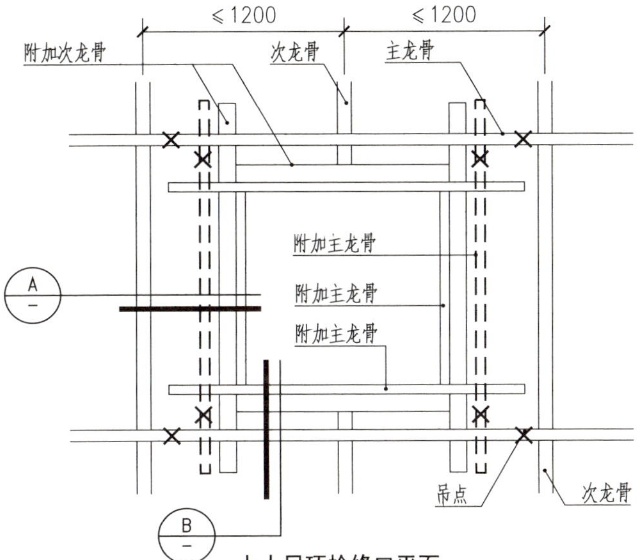
≤1200
≤1200
附加次龙骨
次龙骨
主龙骨
附加主龙骨
附加主龙骨
附加主龙骨
A
—
B
—
吊点
次龙骨

上人吊顶检修口平面

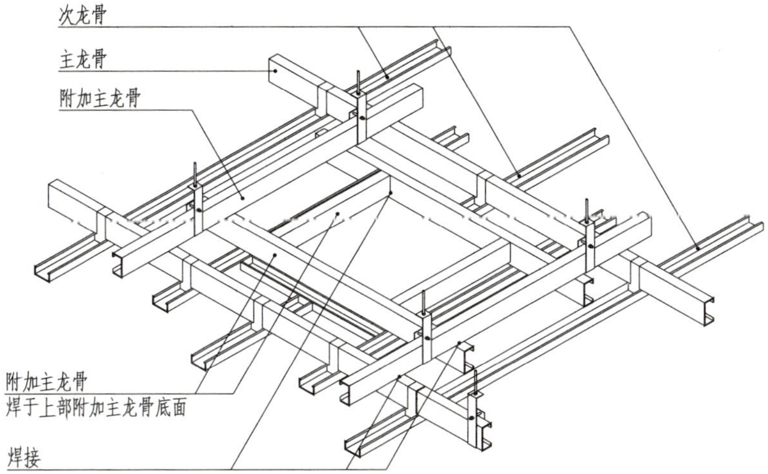
次龙骨
主龙骨
附加主龙骨
附加主龙骨
焊于上部附加主龙骨底面
焊接

上人吊顶检修口龙骨轴测图

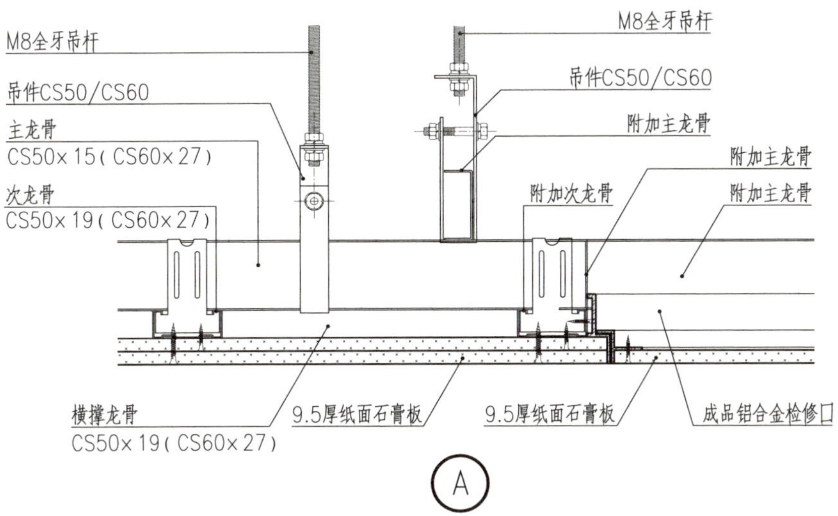
M8全牙吊杆
吊件CS50/CS60
主龙骨
CS50x 15(CS60x 27)
次龙骨
CS50x 19(CS60x 27)
M8全牙吊杆
吊件CS50/CS60
附加主龙骨
附加主龙骨
附加次龙骨
附加主龙骨
横撑龙骨
CS50x 19(CS60x 27)
9.5厚纸面石膏板
9.5厚纸面石膏板
成品铝合金检修口

A

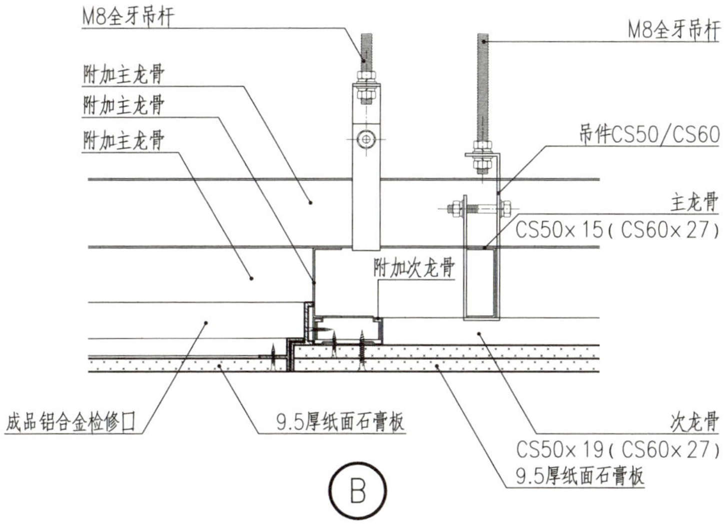
M8全牙吊杆
附加主龙骨
附加主龙骨
附加主龙骨
M8全牙吊杆
吊件CS50/CS60
主龙骨
CS50x 15(CS60x 27)
附加次龙骨
成品铝合金检修口
9.5厚纸面石膏板
次龙骨
CS50x 19(CS60x 27)
9.5厚纸面石膏板

B

防火玻璃挡烟垂壁

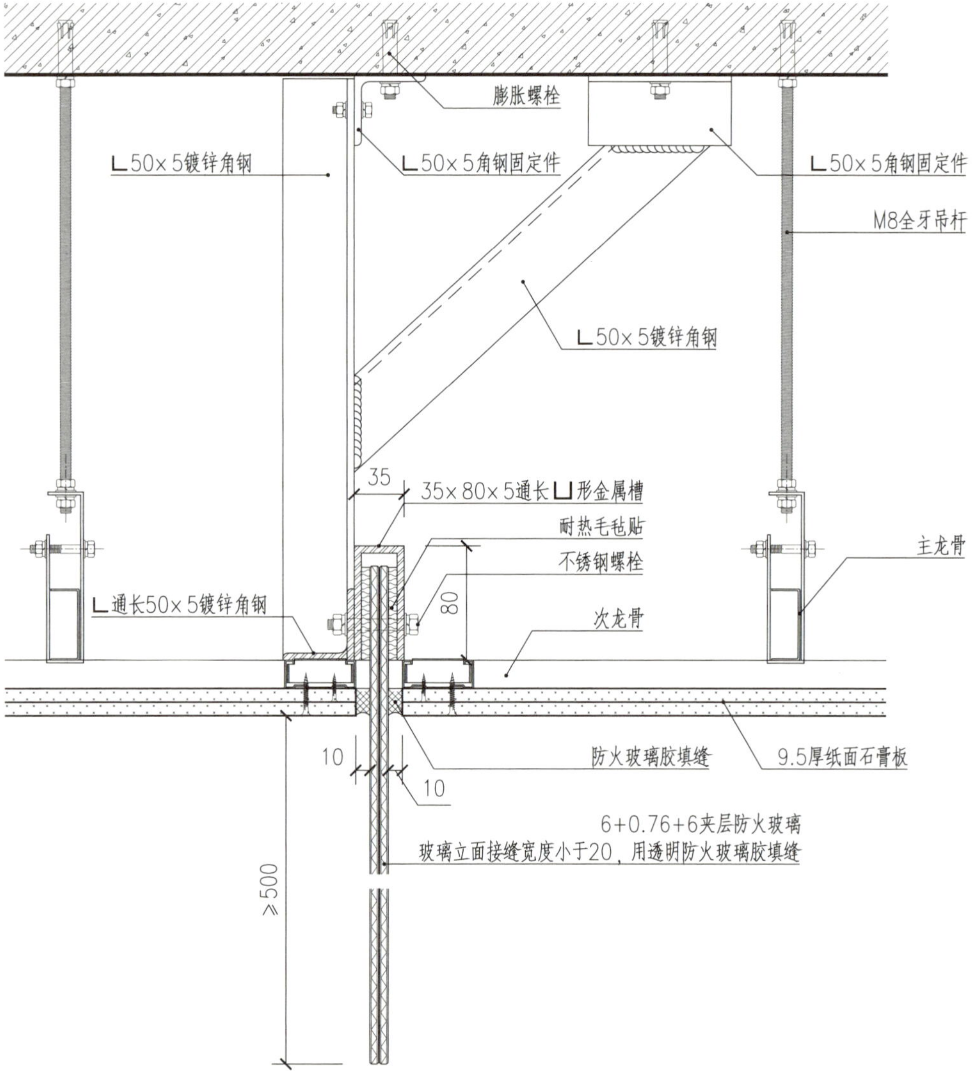
膨胀螺栓
L50x5镀锌角钢
L50x5角钢固定件
L50x5角钢固定件
M8全牙吊杆
L50x5镀锌角钢
35
35x80x5通长⊔形金属槽
耐热毛毡贴
不锈钢螺栓
主龙骨
L通长50x5镀锌角钢
80
次龙骨
10
防火玻璃胶填缝
9.5厚纸面石膏板
10
6+0.76+6夹层防火玻璃
玻璃立面接缝宽度小于20，用透明防火玻璃胶填缝
≥500

防火玻璃挡烟垂壁（一）

挡烟垂壁

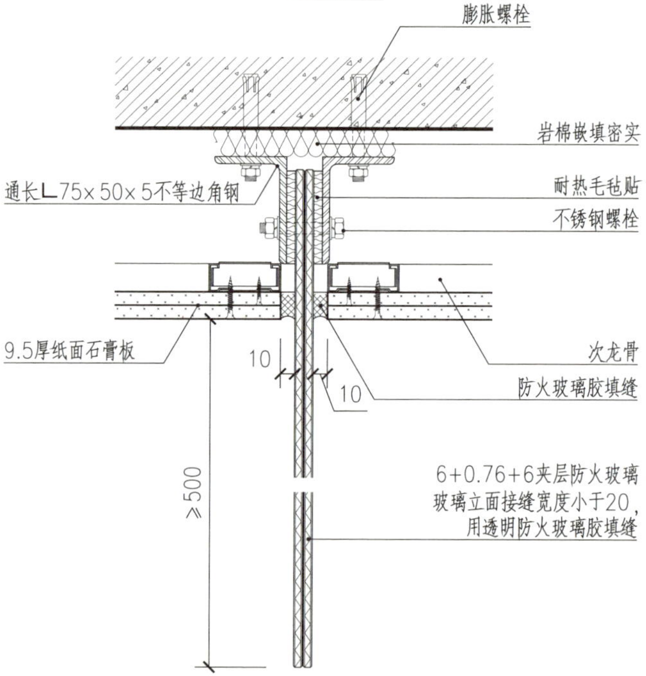
膨胀螺栓
岩棉嵌填密实
通长L75x50x5不等边角钢
耐热毛毡贴
不锈钢螺栓
9.5厚纸面石膏板
次龙骨
10
10
防火玻璃胶填缝
≥500
6+0.76+6夹层防火玻璃
玻璃立面接缝宽度小于20，
用透明防火玻璃胶填缝

防火玻璃挡烟垂壁（二）

升降式挡烟垂壁

升降式挡烟垂壁

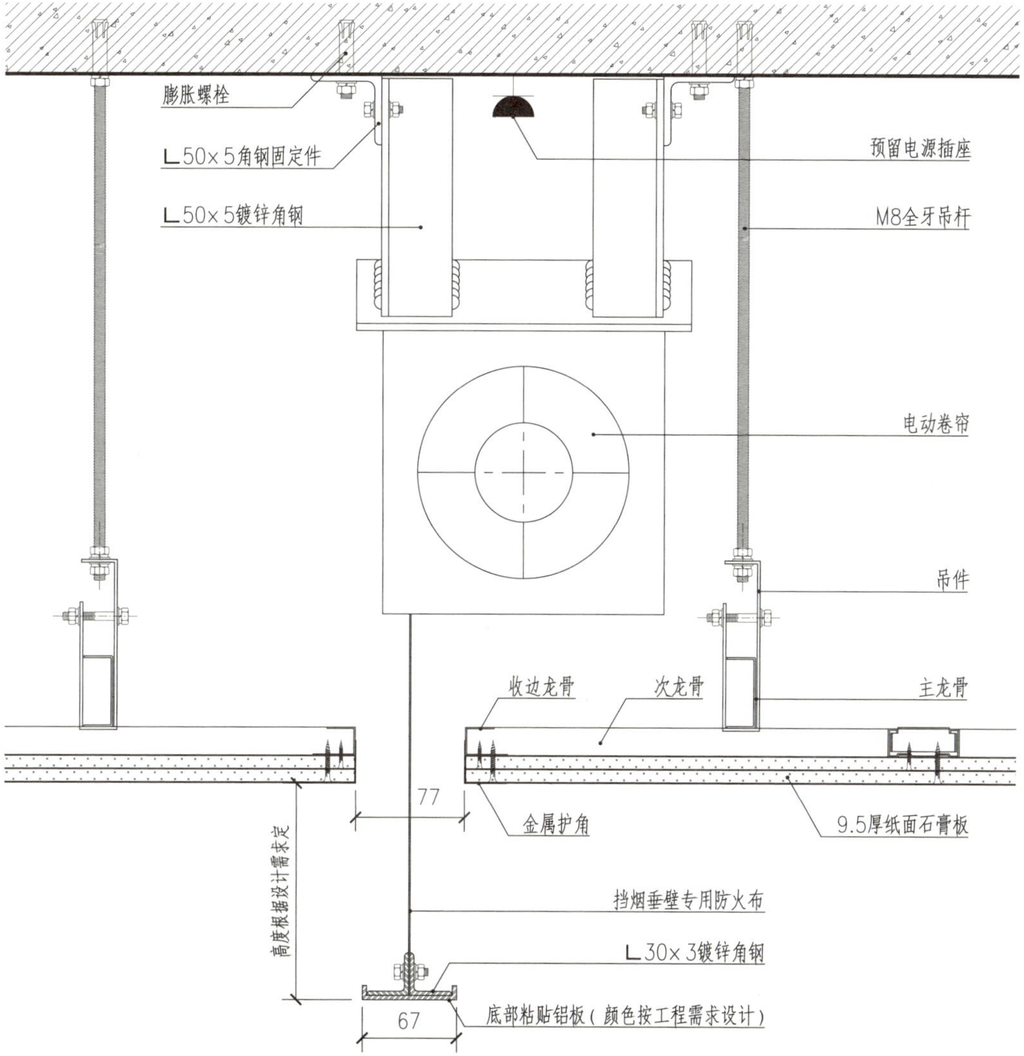
膨胀螺栓
L50x5角钢固定件
L50x5镀锌角钢
预留电源插座
M8全牙吊杆
电动卷帘
吊件
收边龙骨
次龙骨
主龙骨
77
金属护角
9.5厚纸面石膏板
高度根据设计需求定
挡烟垂壁专用防火布
L30x3镀锌角钢
底部粘贴铝板（颜色按工程需求设计）
67

升降式挡烟垂壁

跌级吊顶（一）

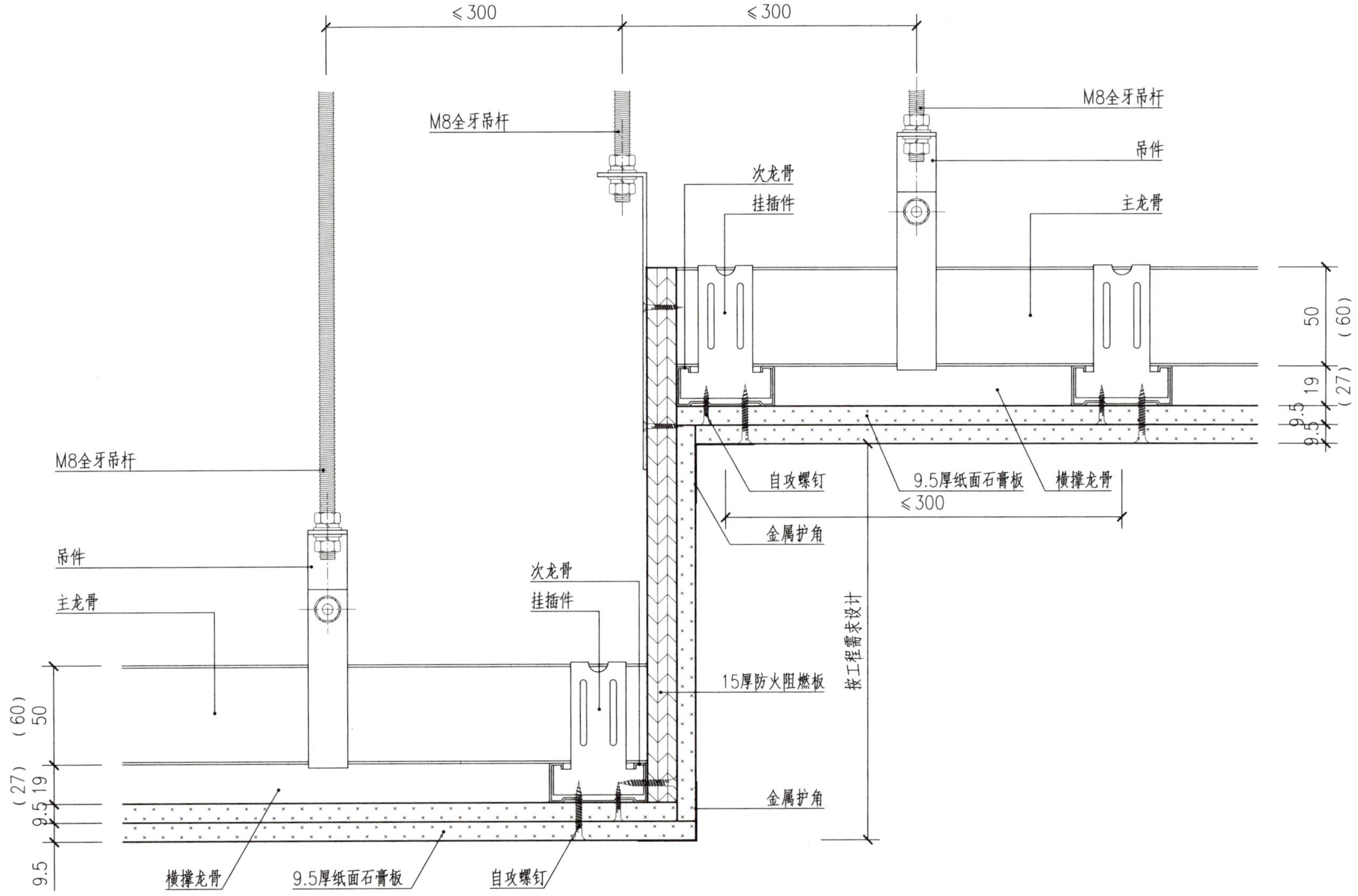

≤300
≤300
M8全牙吊杆
M8全牙吊杆
吊件
次龙骨
挂插件
主龙骨
50
(60)
19
(27)
9.5
9.5
自攻螺钉
9.5厚纸面石膏板
横撑龙骨
≤300
金属护角
M8全牙吊杆
吊件
主龙骨
次龙骨
挂插件
按工程需求设计
15厚防火阻燃板
金属护角
横撑龙骨
9.5厚纸面石膏板
自攻螺钉

跌级吊顶横剖面图

跌级吊顶（二）

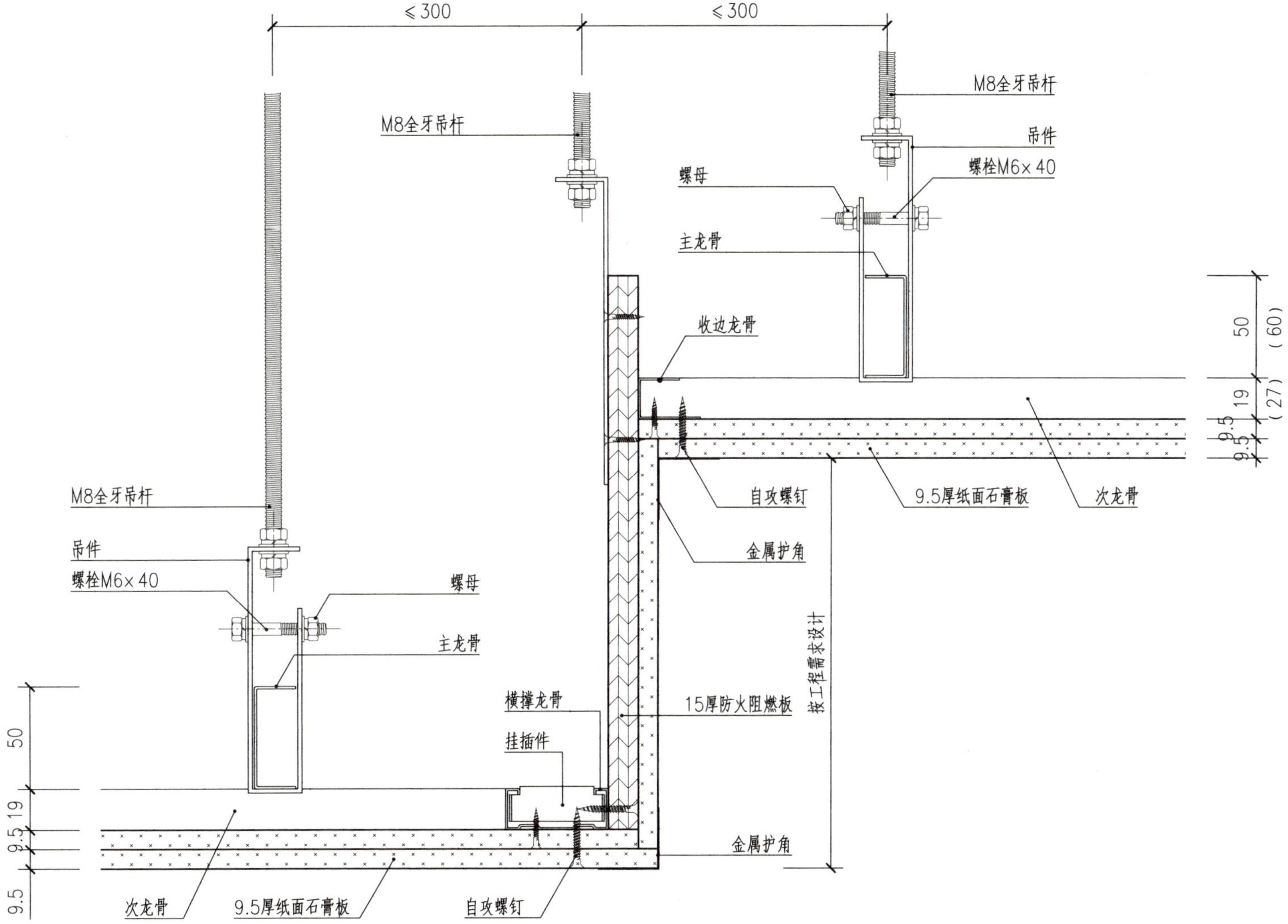

≤300
≤300
M8全牙吊杆
M8全牙吊杆
吊件
螺栓M6×40
螺母
主龙骨
收边龙骨
50
(60)
19
(27)
9.5
9.5
自攻螺钉
9.5厚纸面石膏板
次龙骨
金属护角
按工程需求设计
15厚防火阻燃板
横撑龙骨
挂插件
金属护角
M8全牙吊杆
吊件
螺栓M6×40
螺母
主龙骨
(60)
50
(27)
19
9.5
9.5
9.5
次龙骨
9.5厚纸面石膏板
自攻螺钉

跌级吊顶纵剖面图

发光灯槽吊顶（一）

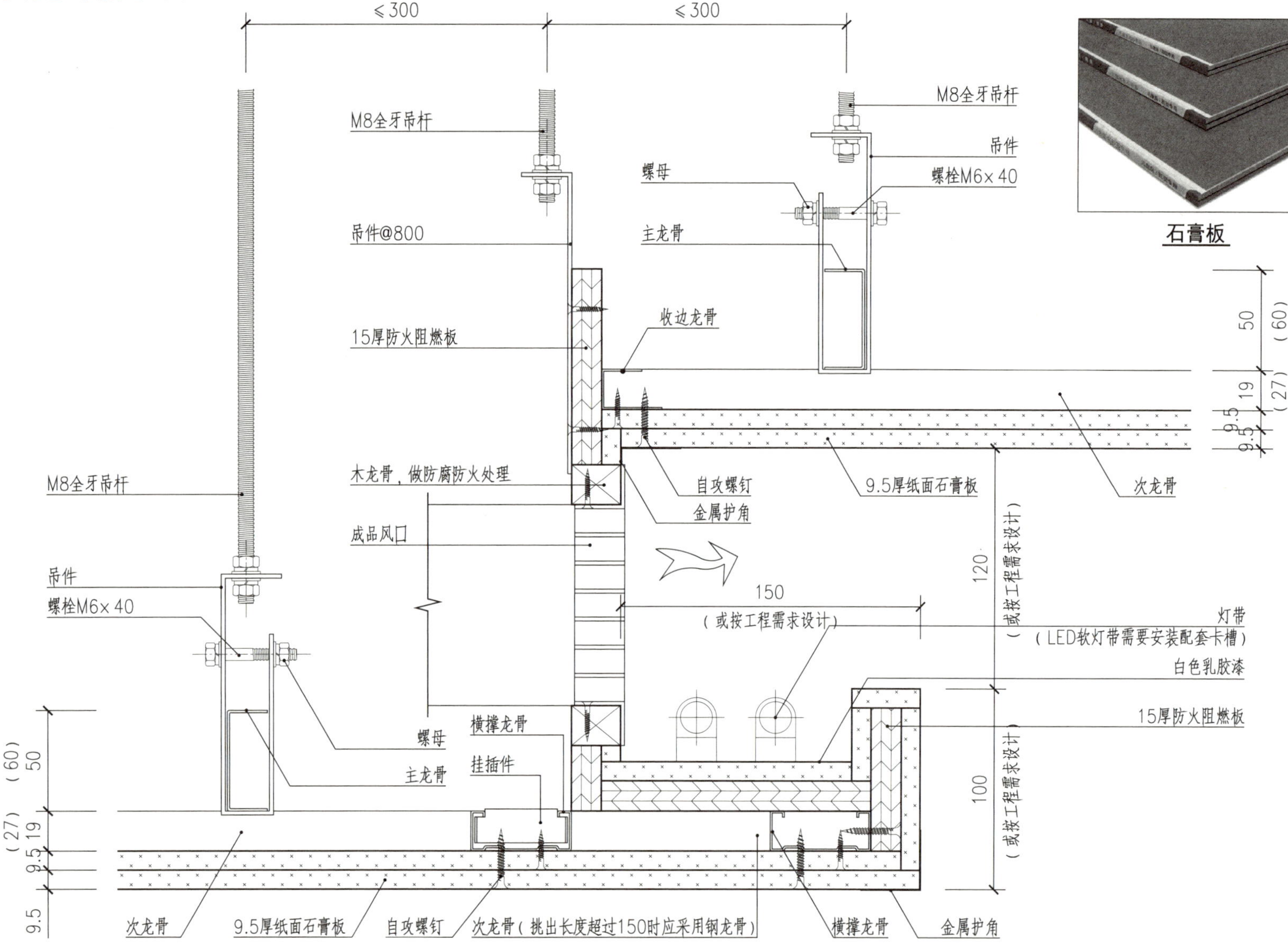

发光灯槽纵剖面图

石膏板

注：由于石膏板表面不是白色，所以灯槽内部必须采用乳胶漆饰面，防止光线不纯。

发光灯槽吊顶（二）

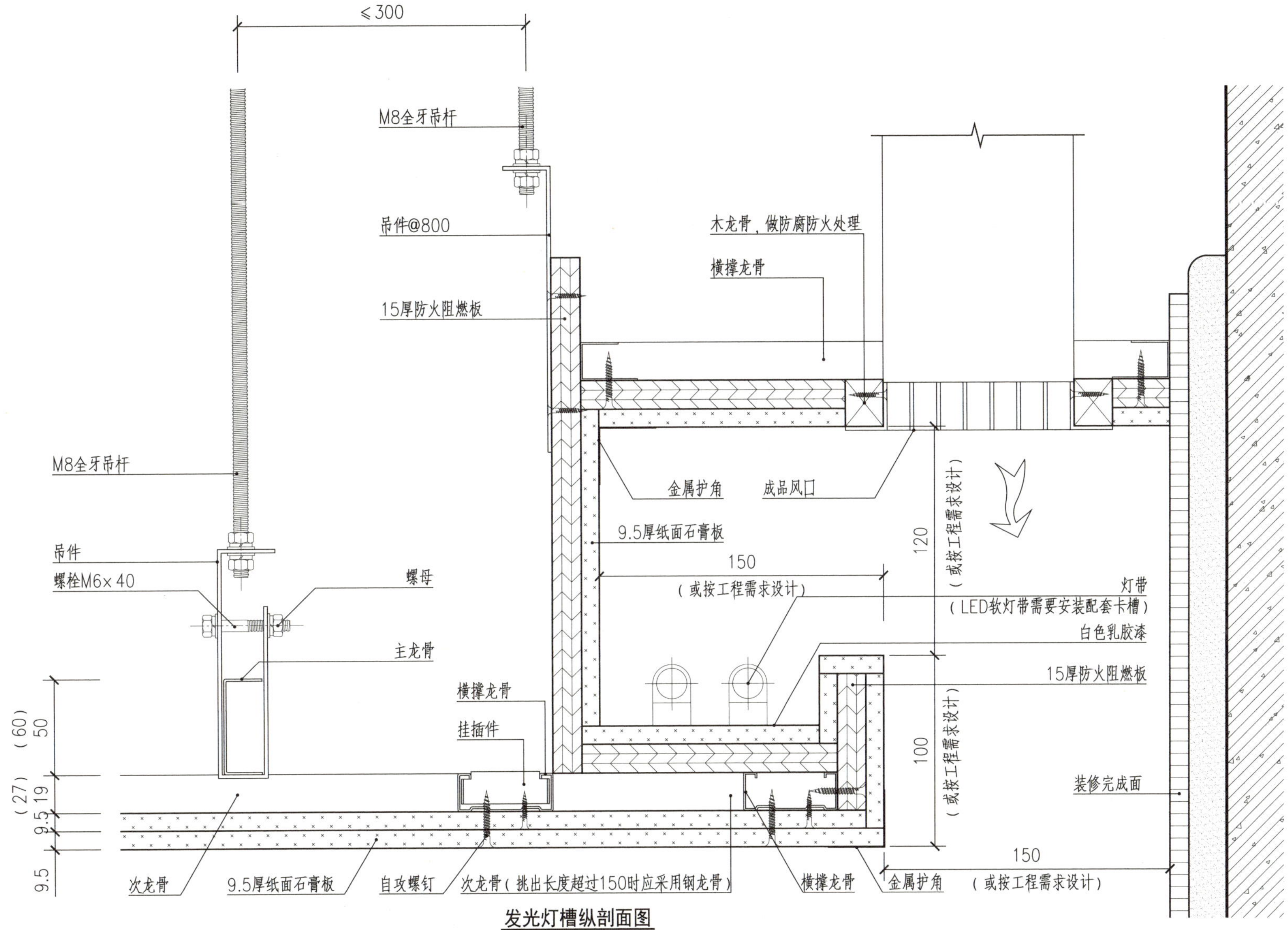

发光灯槽纵剖面图

注：由于石膏板表面不是白色，所以灯槽内部必须采用乳胶漆饰面，防止光线不纯。

发光灯槽吊顶（三）

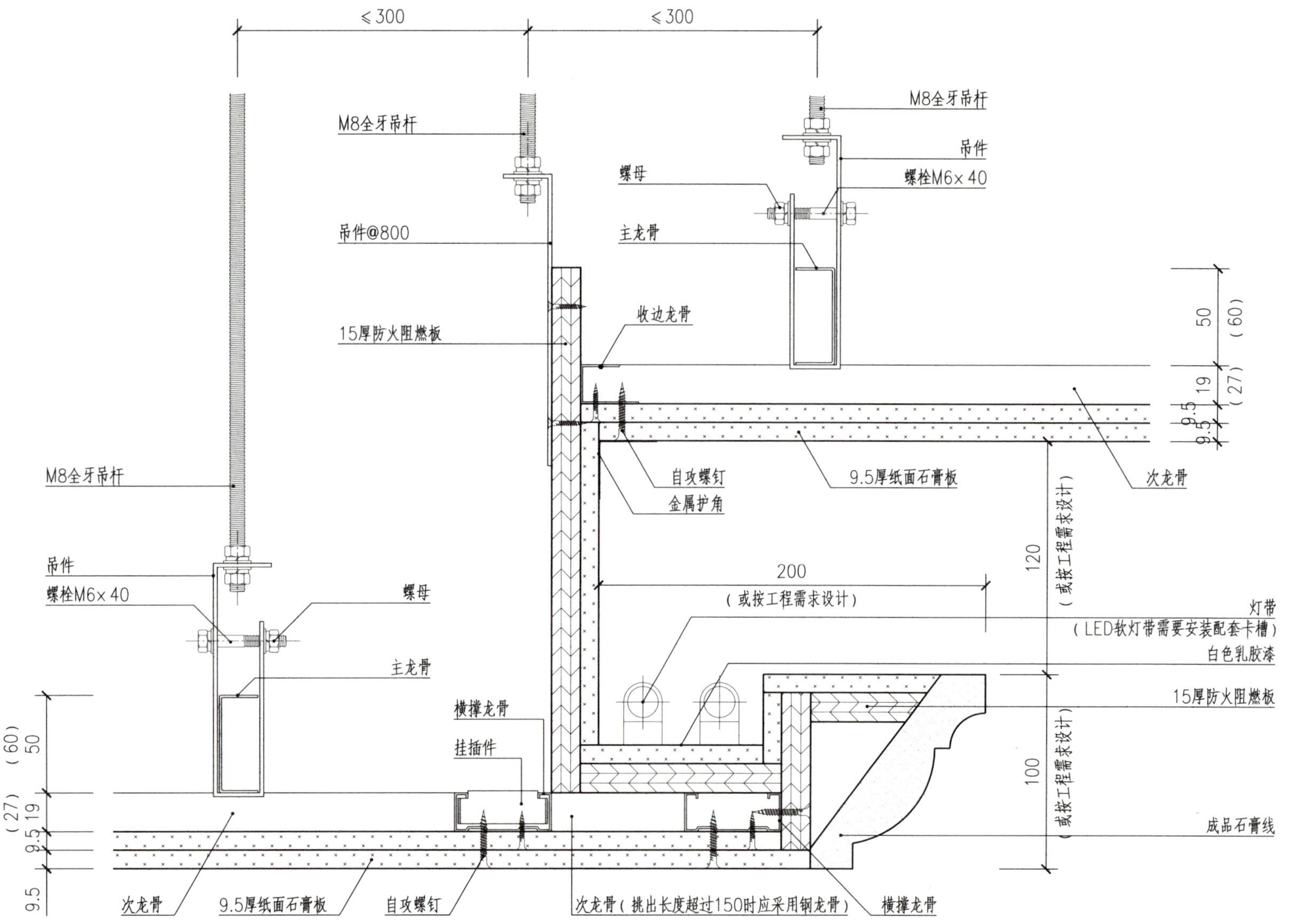

发光灯槽纵剖面图

注：由于石膏板表面不是白色，所以灯槽内部必须采用乳胶漆饰面，防止光线不纯。

发光灯槽吊顶（四）

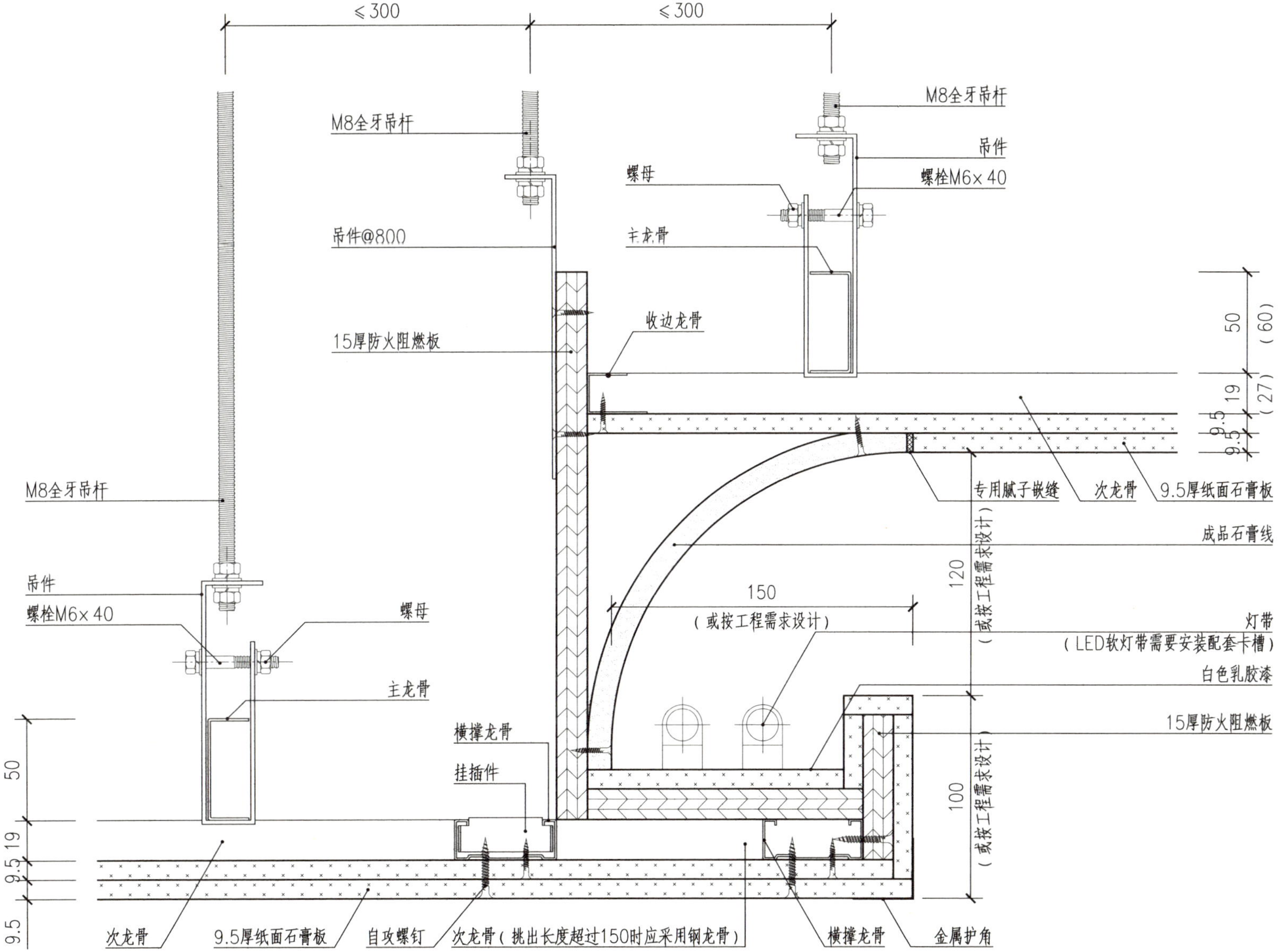

发光灯槽纵剖面图

注：由于石膏板表面不是白色，所以灯槽内部必须采用乳胶漆饰面，防止光线不纯。

窗帘盒（一）

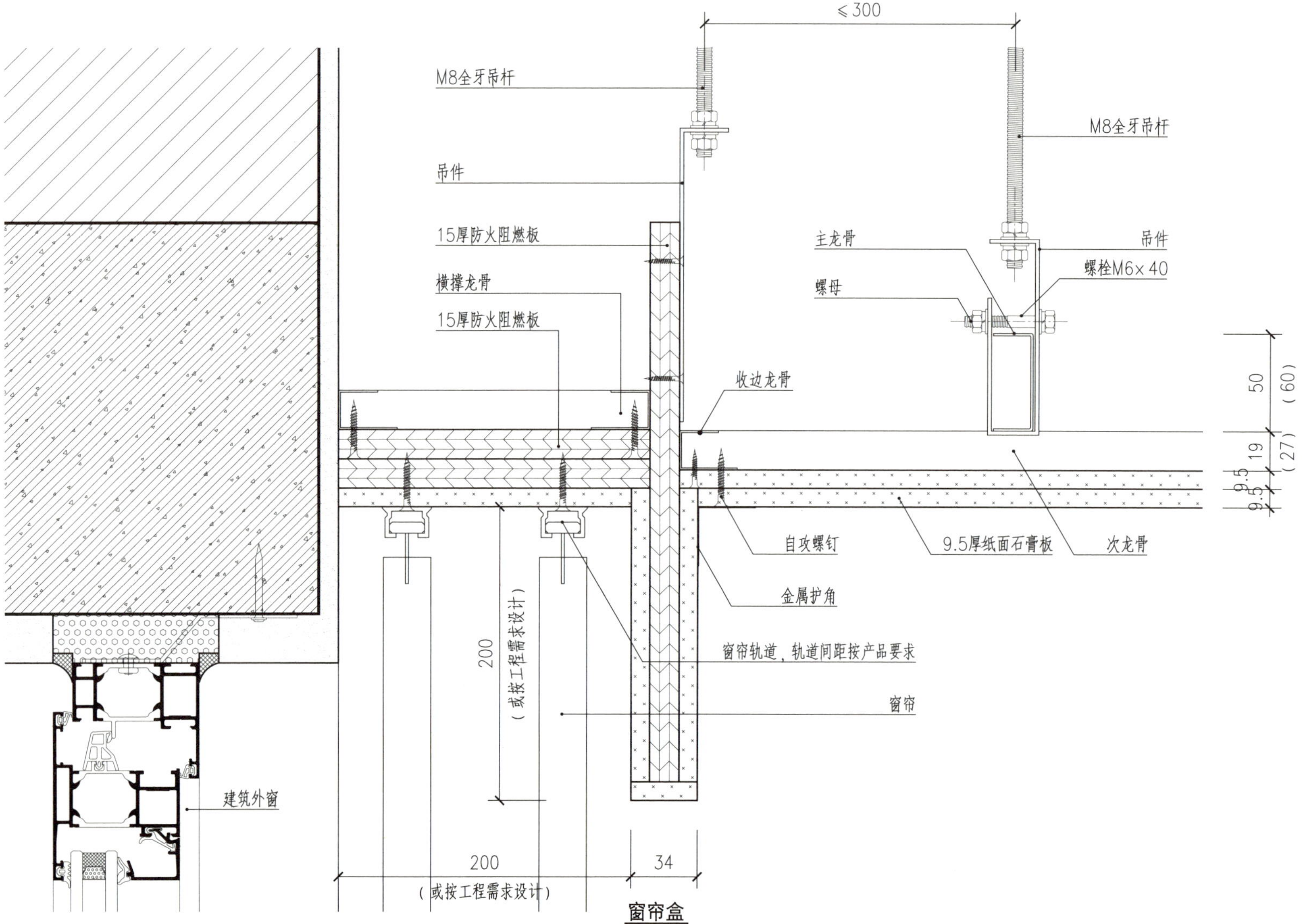

≤300
M8全牙吊杆
M8全牙吊杆
吊件
吊件
15厚防火阻燃板
横撑龙骨
15厚防火阻燃板
主龙骨
螺栓M6×40
螺母
收边龙骨
50
(60)
19
(27)
9.5
9.5
自攻螺钉
9.5厚纸面石膏板
次龙骨
金属护角
窗帘轨道，轨道间距按产品要求
窗帘
200
（或按工程需求设计）
建筑外窗
200
（或按工程需求设计）
34

窗帘盒

窗帘盒（二）

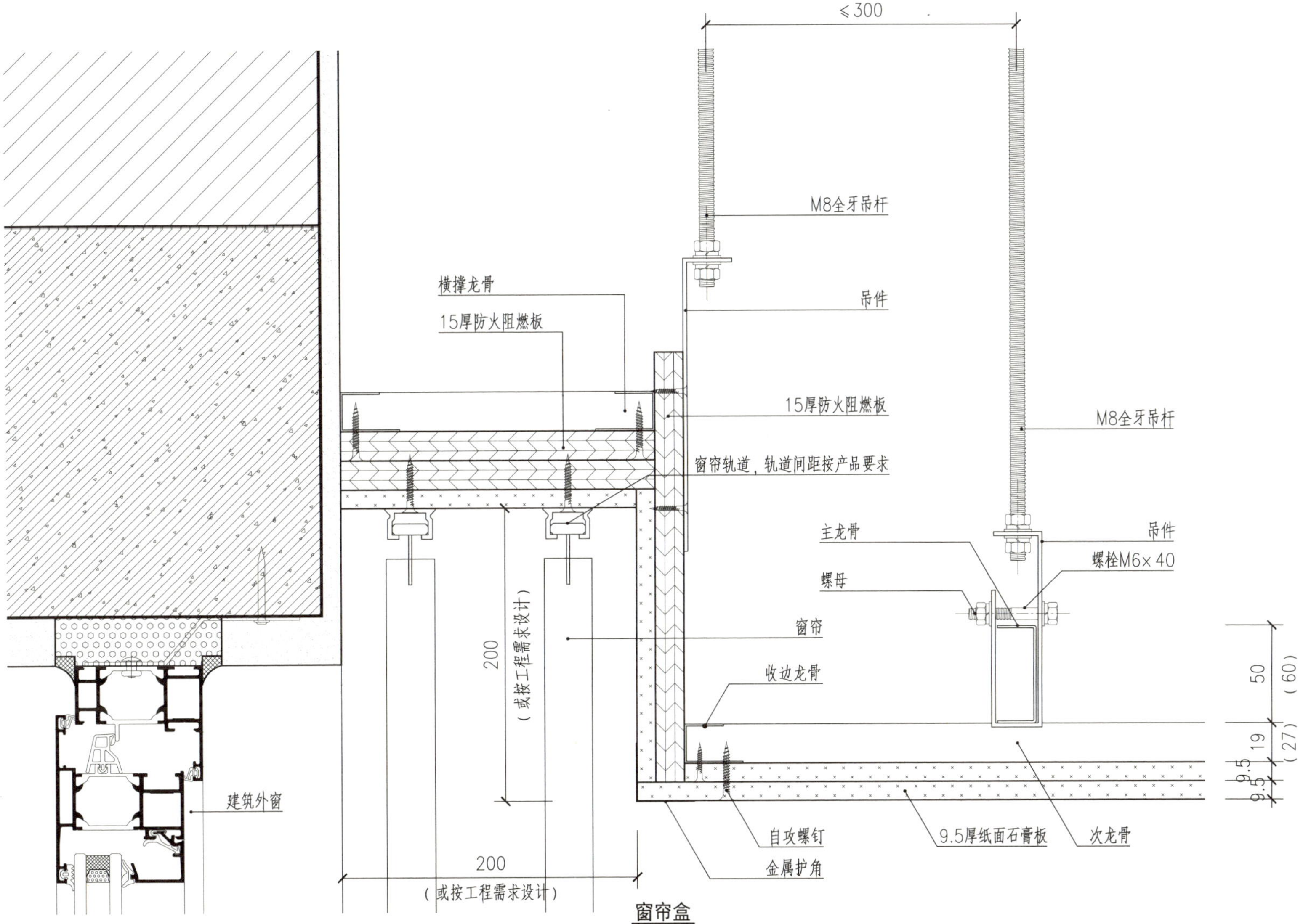

≤300
M8全牙吊杆
吊件
横撑龙骨
15厚防火阻燃板
15厚防火阻燃板
M8全牙吊杆
窗帘轨道，轨道间距按产品要求
主龙骨
吊件
螺栓M6×40
螺母
窗帘
200
（或按工程需求设计）
收边龙骨
50
(60)
19
(27)
9.5
9.5
建筑外窗
自攻螺钉
9.5厚纸面石膏板
次龙骨
金属护角
200
（或按工程需求设计）

窗帘盒

窗帘盒（三）

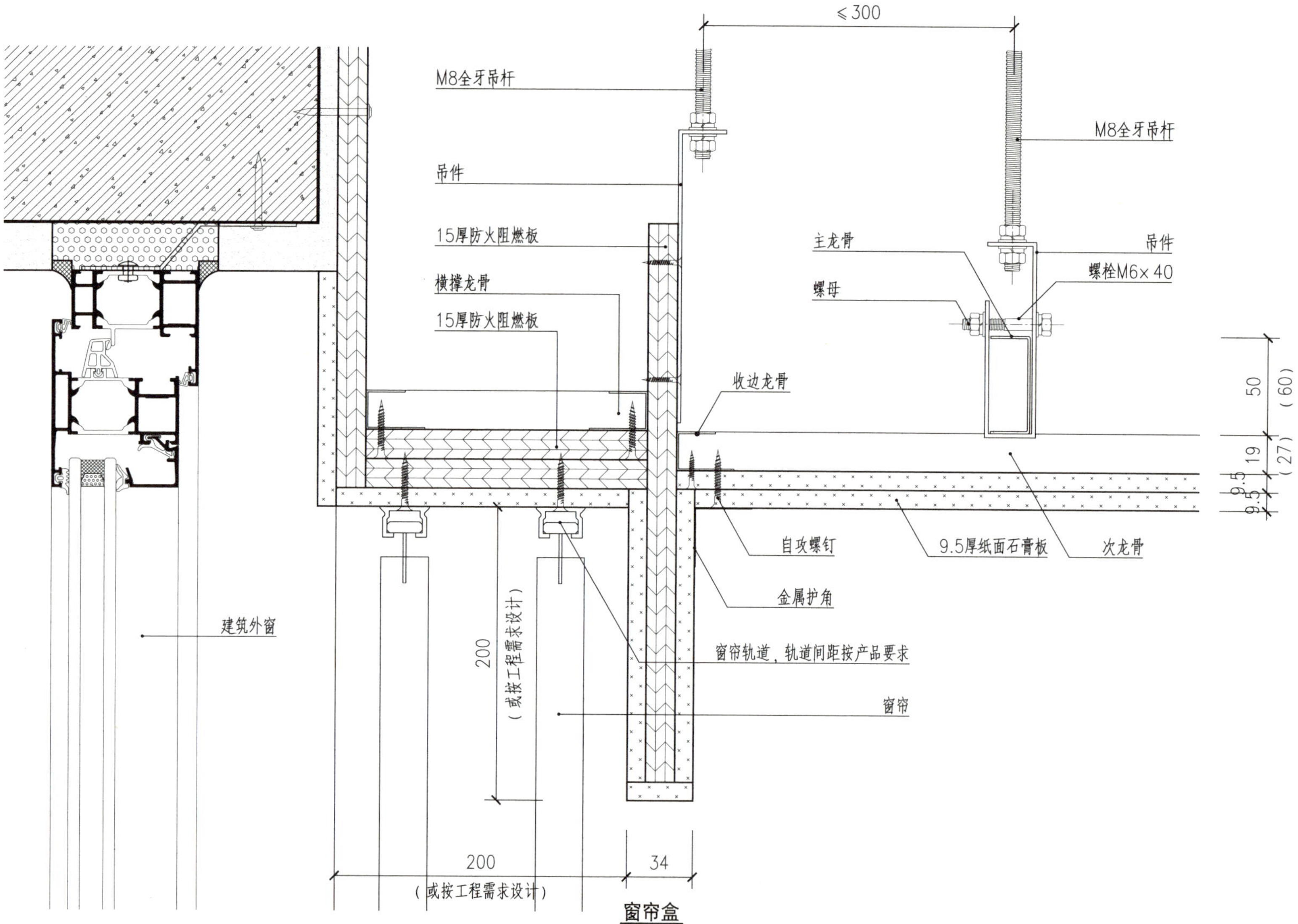

≤300
M8全牙吊杆
吊件
15厚防火阻燃板
横撑龙骨
15厚防火阻燃板
M8全牙吊杆
主龙骨
吊件
螺栓M6×40
螺母
收边龙骨
50
(60)
19
(27)
9.5
9.5
自攻螺钉
9.5厚纸面石膏板
次龙骨
金属护角
窗帘轨道，轨道间距按产品要求
窗帘
建筑外窗
200
（或按工程需求设计）
200
（或按工程需求设计）
34

窗帘盒

窗帘盒（四）

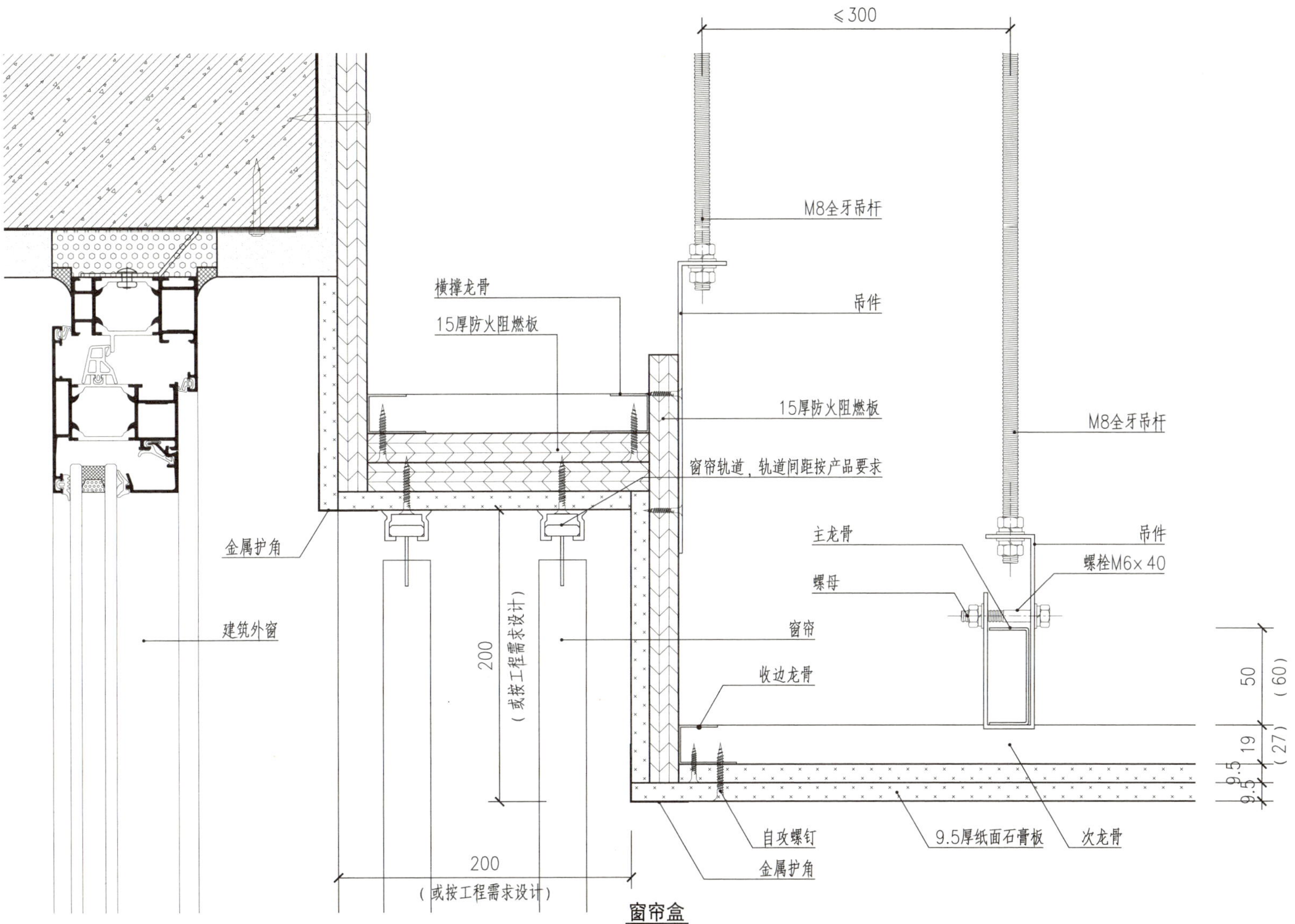

≤300
M8全牙吊杆
吊件
横撑龙骨
15厚防火阻燃板
15厚防火阻燃板
M8全牙吊杆
窗帘轨道，轨道间距按产品要求
主龙骨
吊件
螺栓M6×40
螺母
窗帘
收边龙骨
金属护角
建筑外窗
200
（或按工程需求设计）
50
（60）
19
（27）
9.5
9.5
自攻螺钉
9.5厚纸面石膏板
次龙骨
金属护角
200
（或按工程需求设计）

窗帘盒

暗装式投影幕（一）

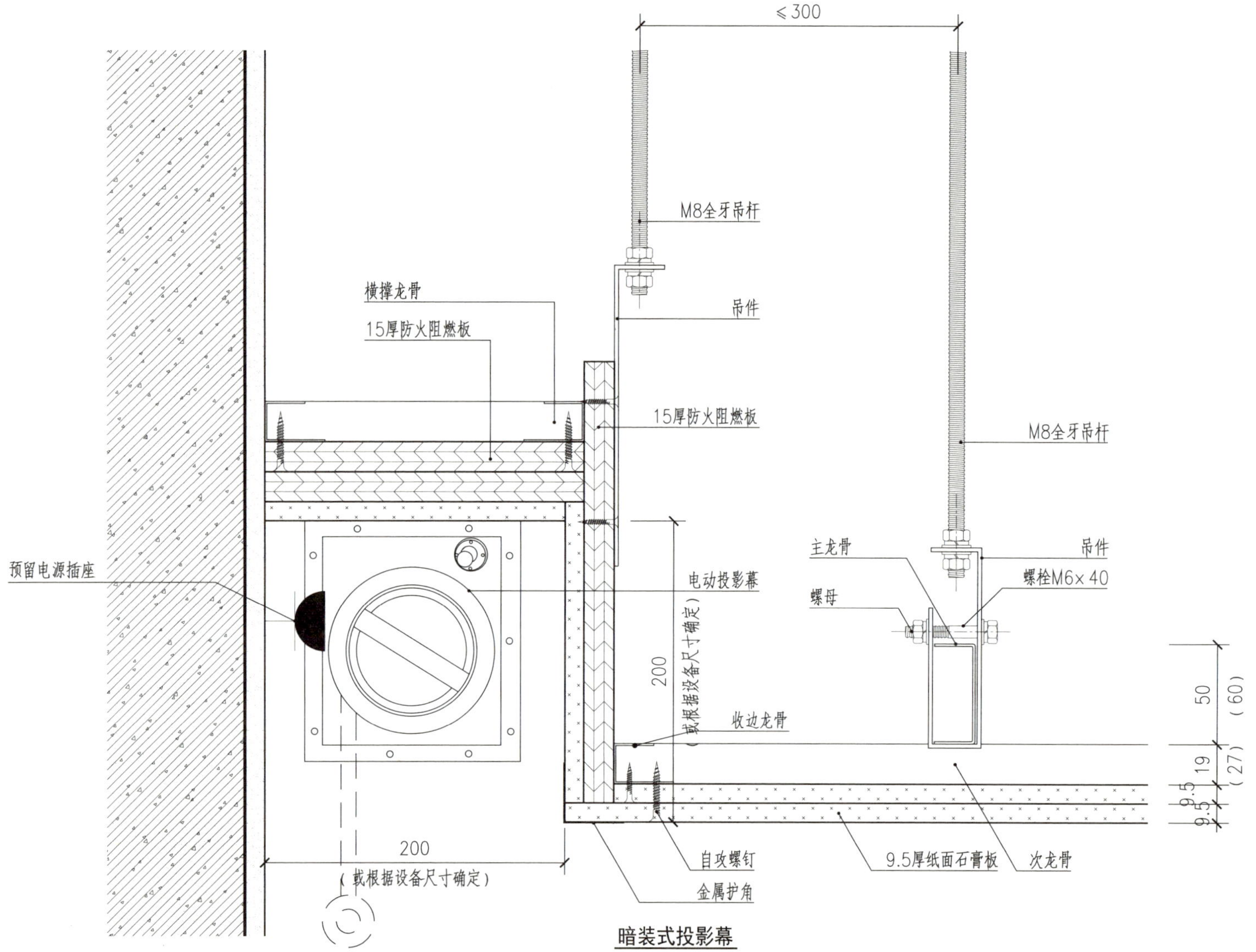

≤300
M8全牙吊杆
吊件
横撑龙骨
15厚防火阻燃板
15厚防火阻燃板
M8全牙吊杆
主龙骨
吊件
螺栓M6×40
螺母
预留电源插座
电动投影幕
200
（或根据设备尺寸确定）
收边龙骨
50
(60)
19
(27)
9.5
9.5
200
（或根据设备尺寸确定）
自攻螺钉
9.5厚纸面石膏板
次龙骨
金属护角

暗装式投影幕

暗装式投影幕（二）

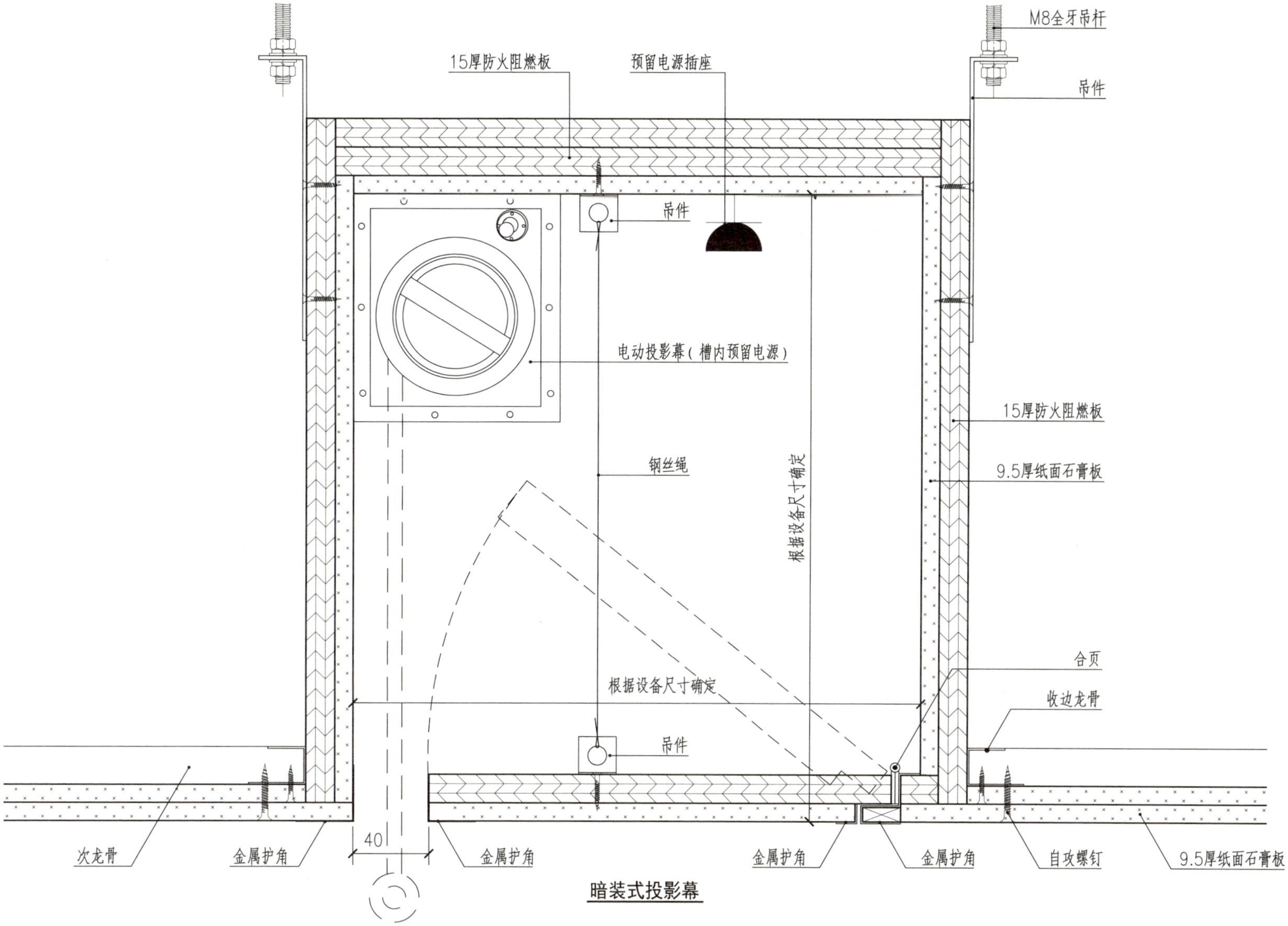

M8全牙吊杆
15厚防火阻燃板
预留电源插座
吊件
吊件
电动投影幕（槽内预留电源）
15厚防火阻燃板
9.5厚纸面石膏板
钢丝绳
根据设备尺寸确定
根据设备尺寸确定
合页
收边龙骨
吊件
40
次龙骨
金属护角
金属护角
金属护角
金属护角
自攻螺钉
9.5厚纸面石膏板

暗装式投影幕

升降式投影仪

升降式投影仪

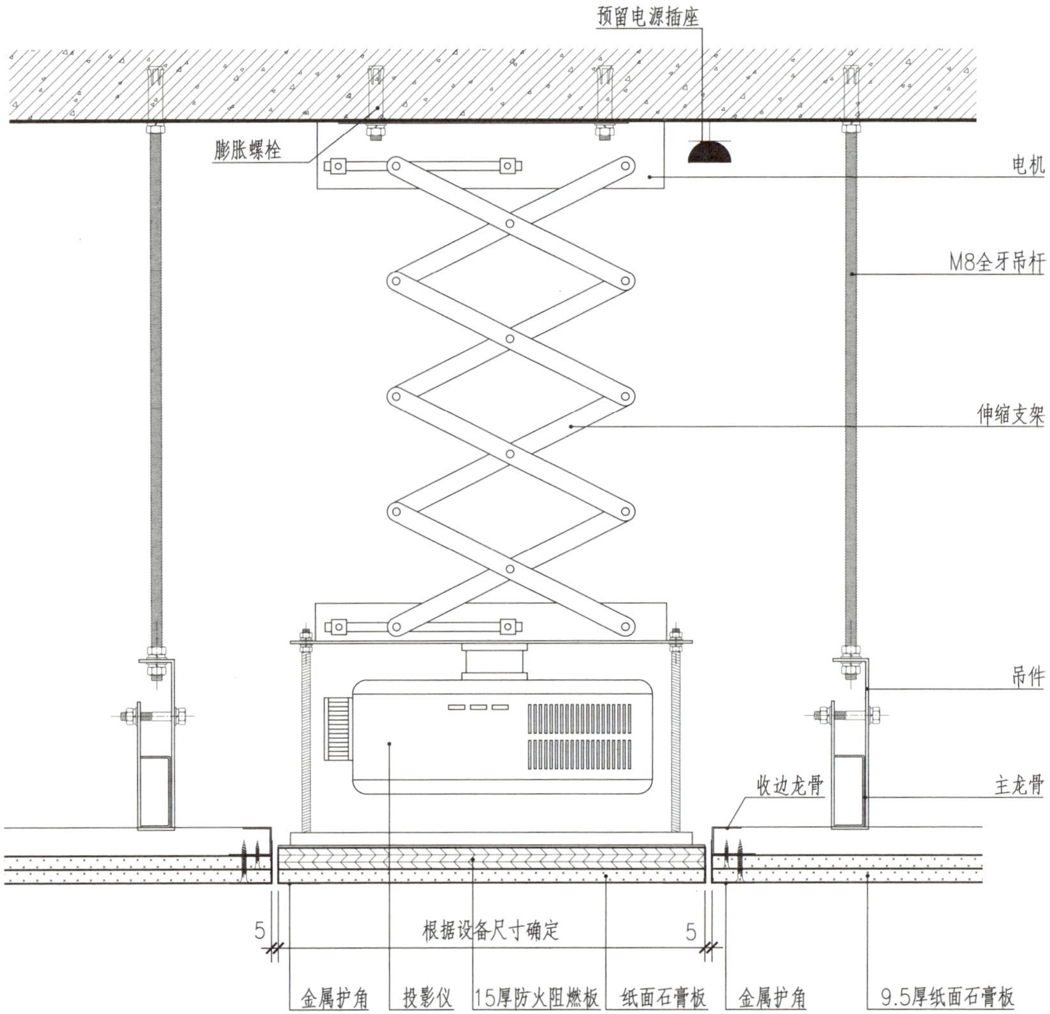

预留电源插座
膨胀螺栓
电机
M8全牙吊杆
伸缩支架
吊件
收边龙骨
主龙骨
5
根据设备尺寸确定
5
金属护角
投影仪
15厚防火阻燃板
纸面石膏板
金属护角
9.5厚纸面石膏板

升降式投影仪

嵌入式花洒

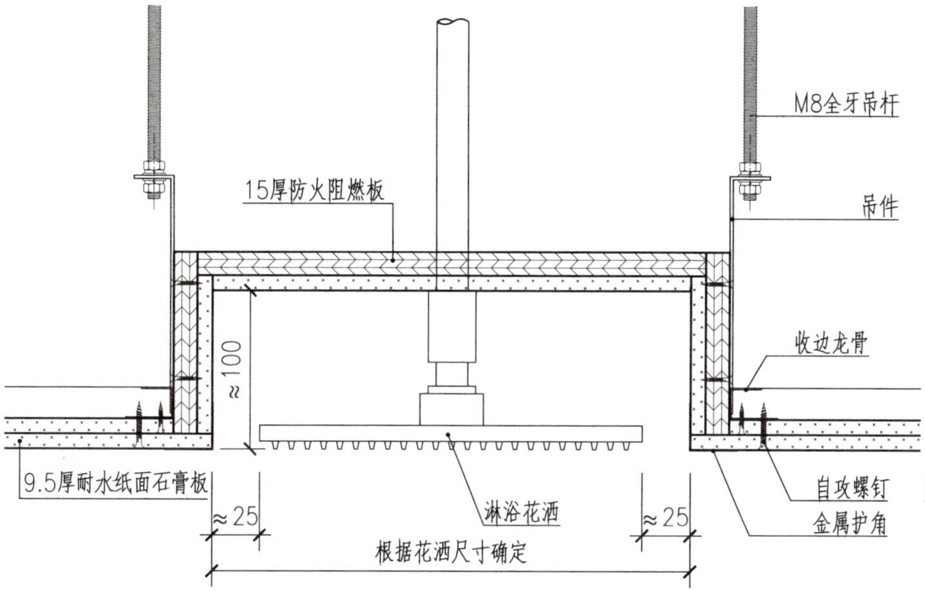

M8全牙吊杆
15厚防火阻燃板
吊件
收边龙骨
≈100
9.5厚耐水纸面石膏板
淋浴花洒
自攻螺钉
金属护角
≈25
≈25
根据花洒尺寸确定

嵌入式花洒

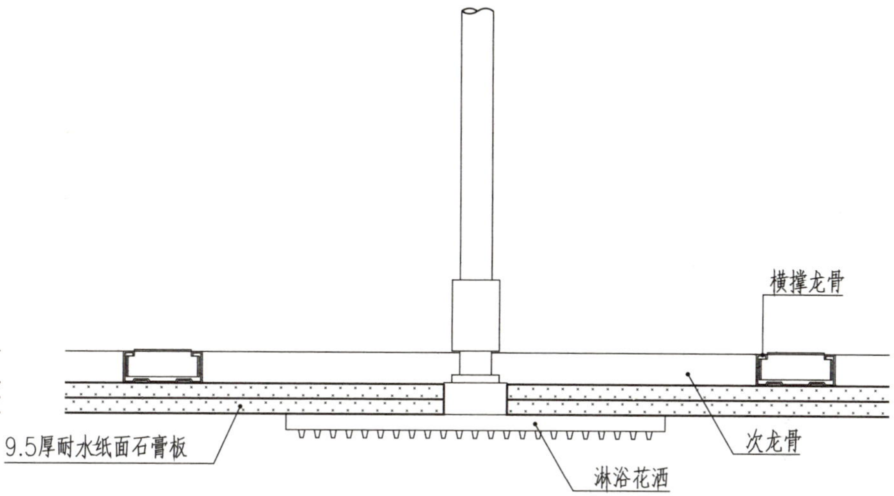

横撑龙骨
9.5厚耐水纸面石膏板
淋浴花洒
次龙骨

吸顶式花洒

单轨钢防火卷帘

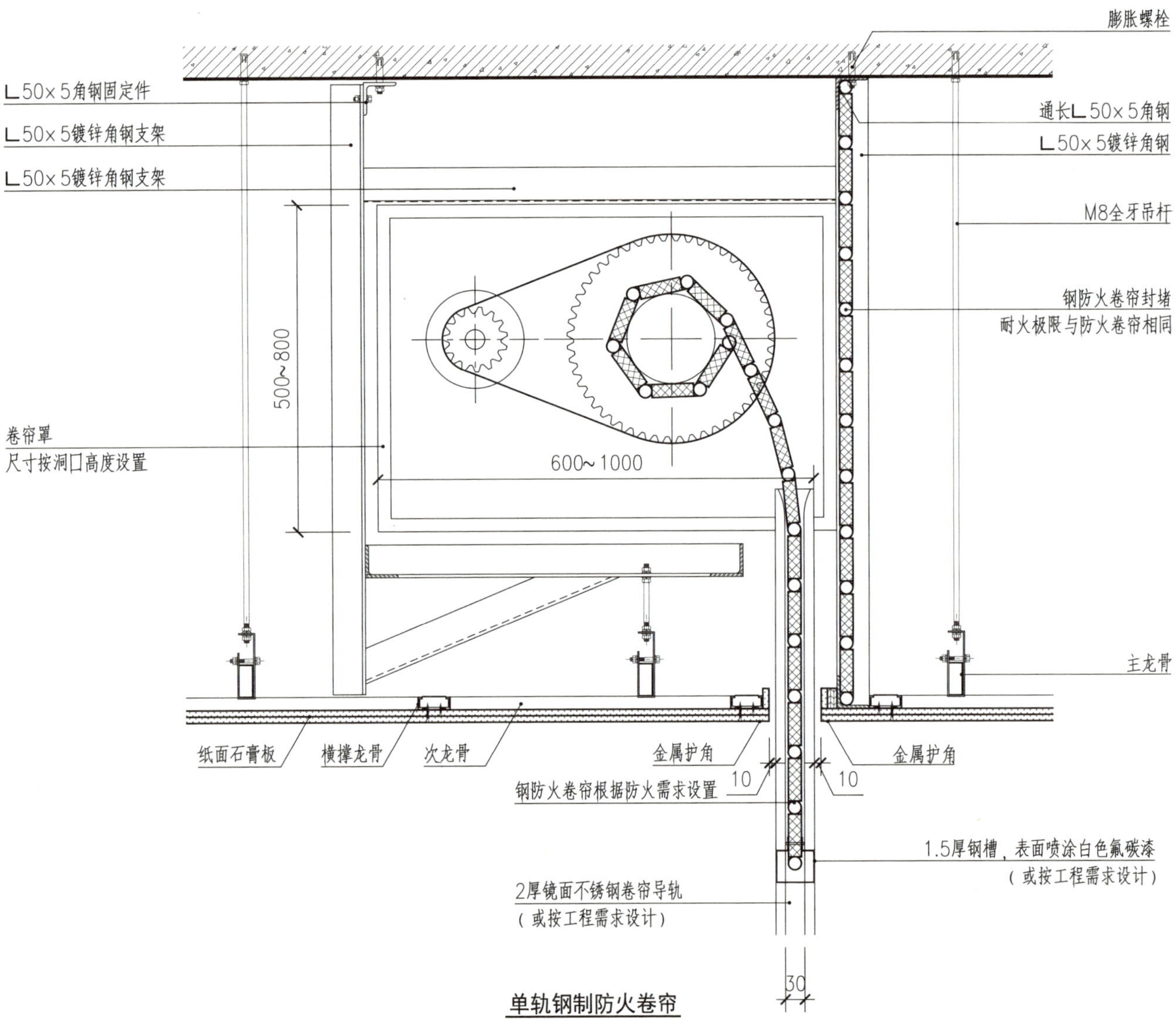

膨胀螺栓
L50x5角钢固定件
L50x5镀锌角钢支架
L50x5镀锌角钢支架
通长L50x5角钢
L50x5镀锌角钢
M8全牙吊杆
钢防火卷帘封堵
耐火极限与防火卷帘相同
500~800
卷帘罩
尺寸按洞口高度设置
600~1000
主龙骨
纸面石膏板
横撑龙骨
次龙骨
金属护角
金属护角
10
10
钢防火卷帘根据防火需求设置
1.5厚钢槽，表面喷涂白色氟碳漆
（或按工程需求设计）
2厚镜面不锈钢卷帘导轨
（或按工程需求设计）
30

单轨钢制防火卷帘

双轨无机布特级防火卷帘

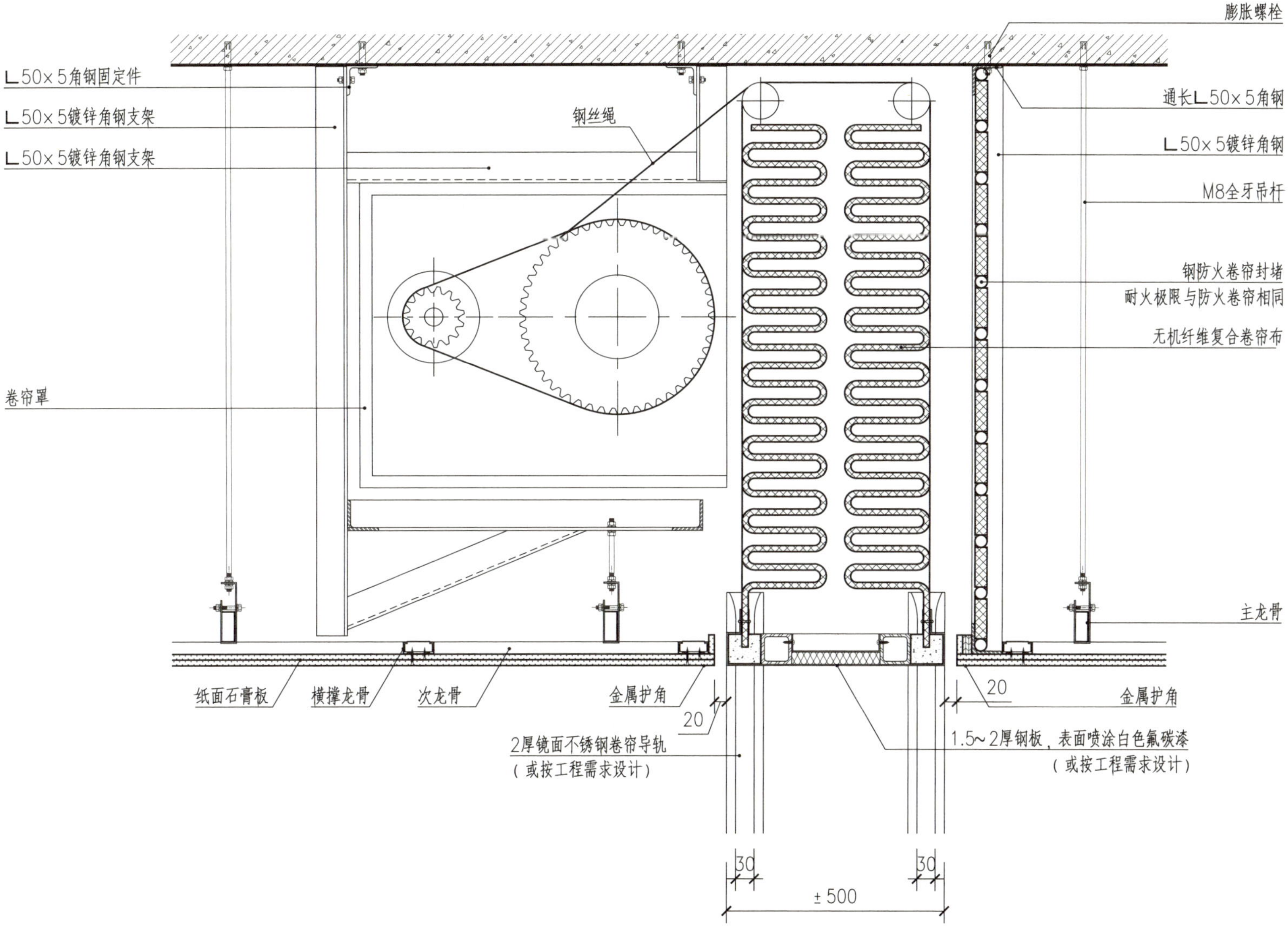
膨胀螺栓
L50x5角钢固定件
L50x5镀锌角钢支架
L50x5镀锌角钢支架
钢丝绳
通长L50x5角钢
L50x5镀锌角钢
M8全牙吊杆
钢防火卷帘封堵
耐火极限与防火卷帘相同
无机纤维复合卷帘布
卷帘罩
主龙骨
纸面石膏板
横撑龙骨
次龙骨
金属护角
20
20
金属护角
2厚镜面不锈钢卷帘导轨
（或按工程需求设计）
1.5~2厚钢板，表面喷涂白色氟碳漆
（或按工程需求设计）
30
30
±500

双轨无机布特级防火卷帘

双轨钢制特级防火卷帘

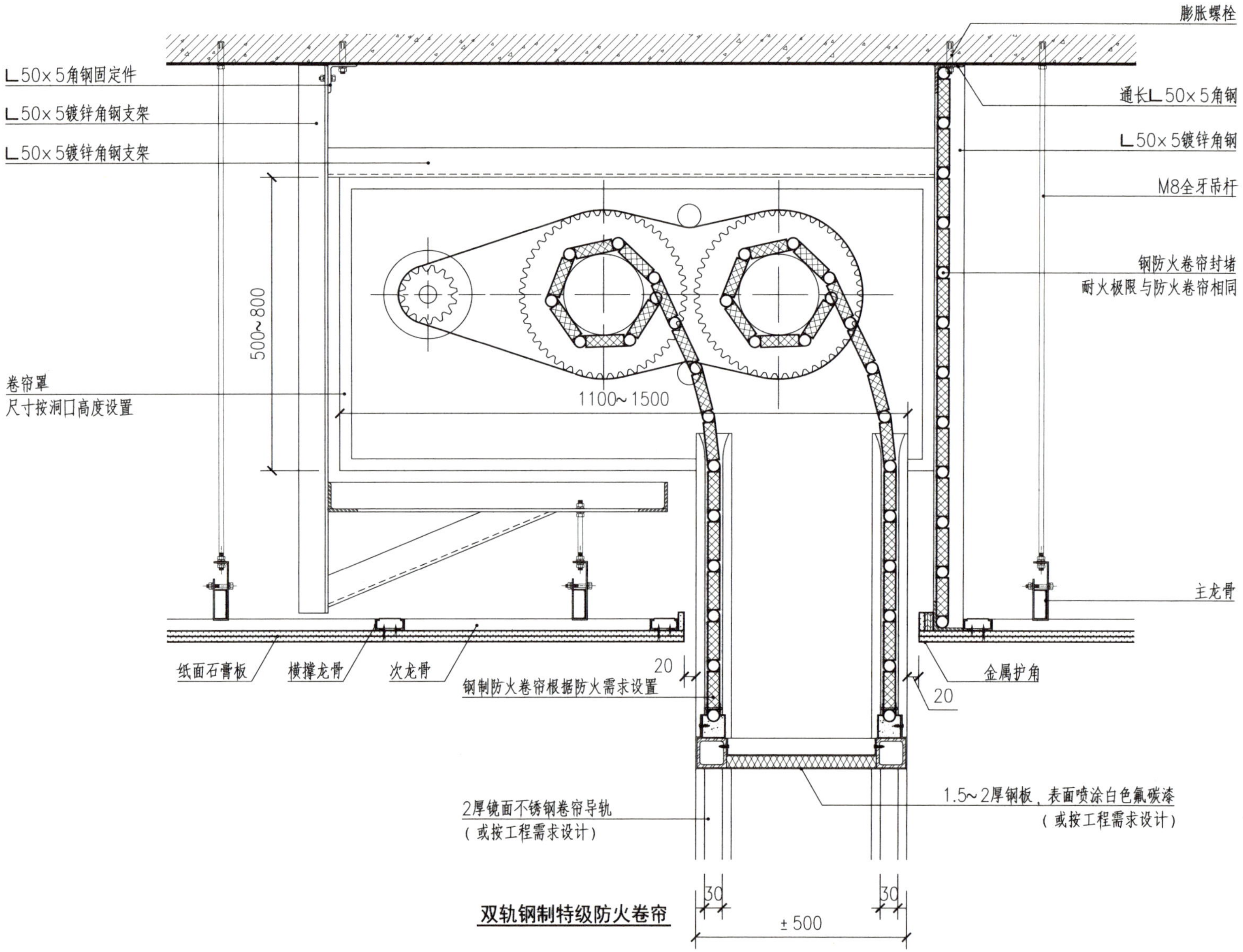

膨胀螺栓
L50x5角钢固定件
L50x5镀锌角钢支架
L50x5镀锌角钢支架
通长L50x5角钢
L50x5镀锌角钢
M8全牙吊杆
500~800
钢防火卷帘封堵
耐火极限与防火卷帘相同
卷帘罩
尺寸按洞口高度设置
1100~1500
主龙骨
纸面石膏板
横撑龙骨
次龙骨
20
钢制防火卷帘根据防火需求设置
金属护角
20
2厚镜面不锈钢卷帘导轨
（或按工程需求设计）
1.5~2厚钢板，表面喷涂白色氟碳漆
（或按工程需求设计）
30
30
±500

双轨钢制特级防火卷帘

侧拉式防火卷帘

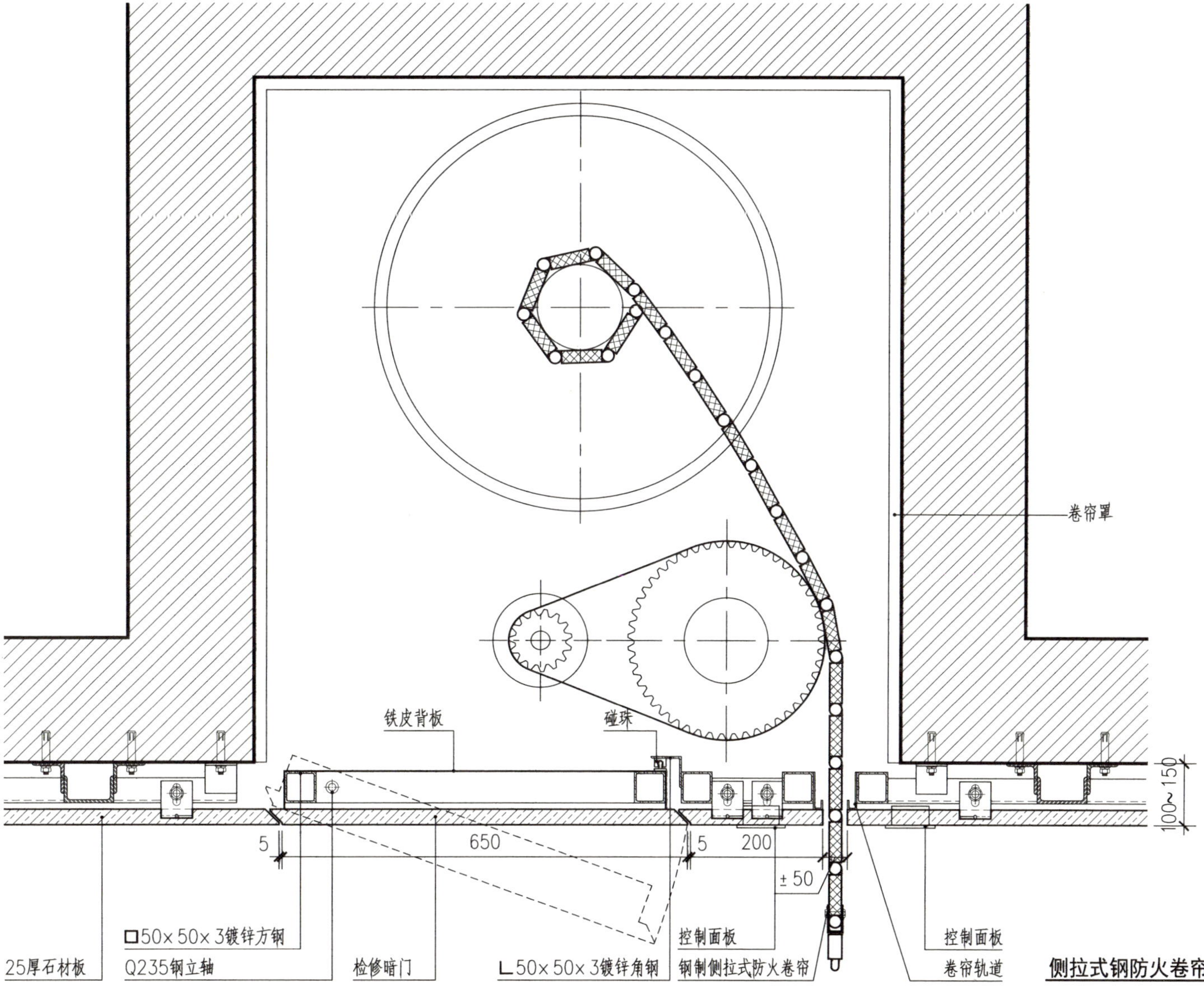

卷帘罩
铁皮背板
碰珠
5
650
5
200
±50
100~150
□50×50×3镀锌方钢
25厚石材板
Q235钢立轴
检修暗门
∟50×50×3镀锌角钢
控制面板
钢制侧拉式防火卷帘
控制面板
卷帘轨道

侧拉式钢防火卷帘（平面）

3

第三章

内墙面与踢脚线

轻钢龙骨石膏板隔墙

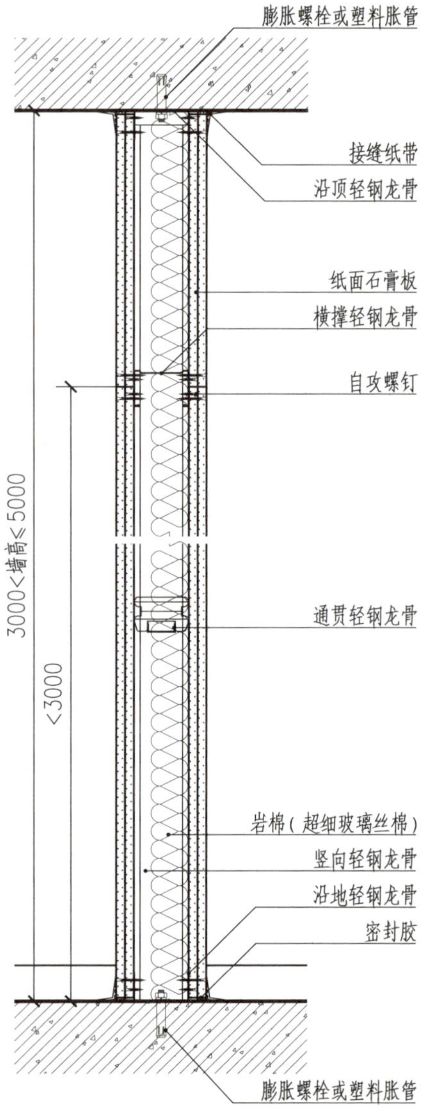

轻钢龙骨石膏板隔墙纵剖面图

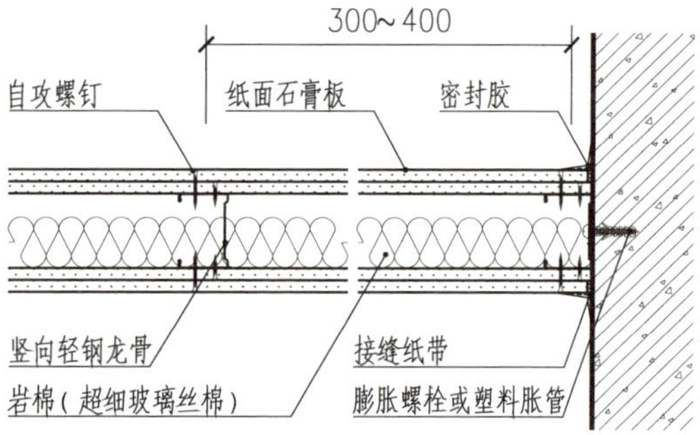

轻钢龙骨石膏板隔墙横剖面图

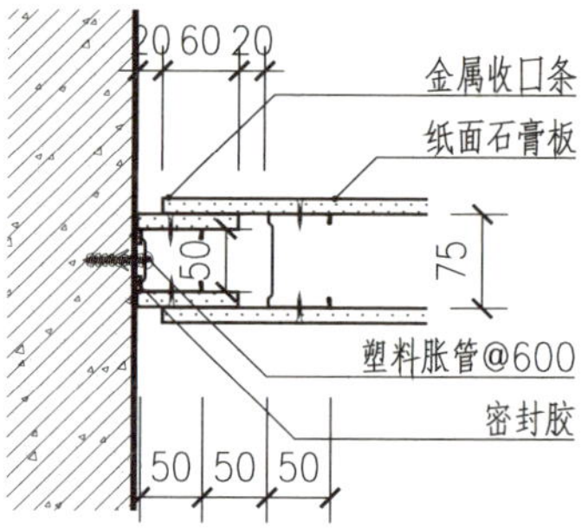

轻钢龙骨石膏板隔墙与墙柱滑动连接

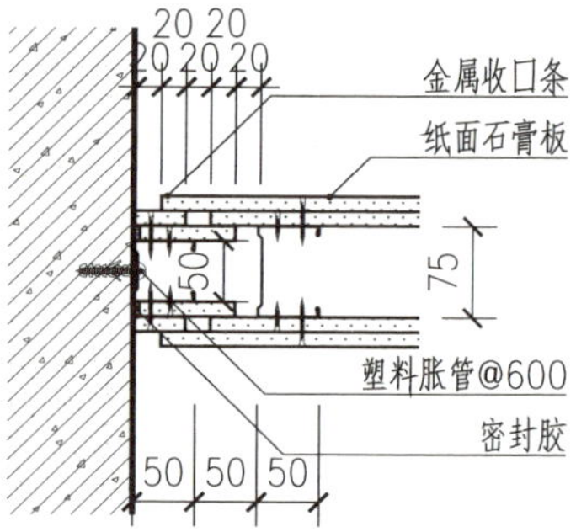

隔声墙与墙柱滑动连接

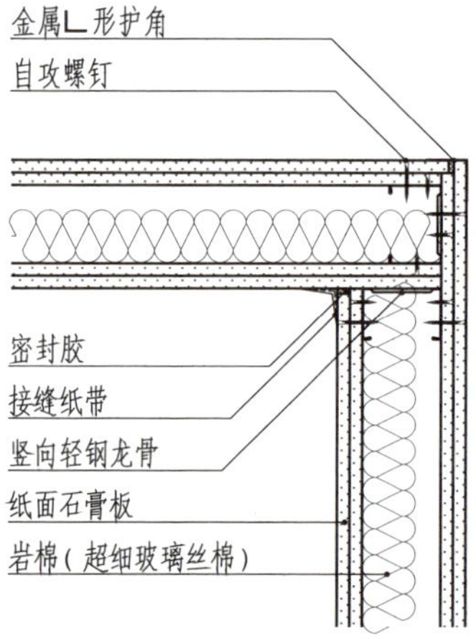

轻钢龙骨石膏板隔墙转角

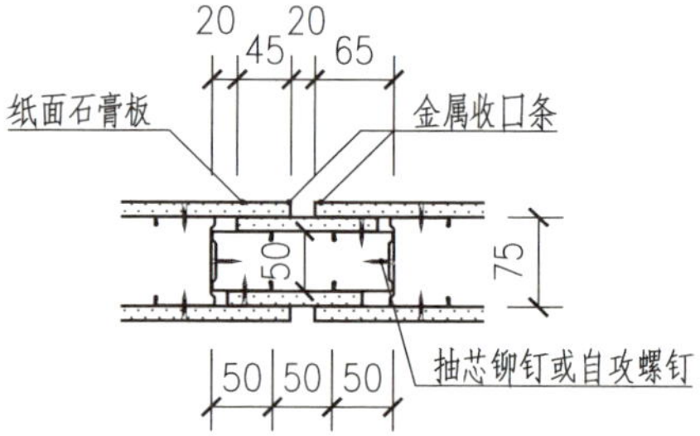

伸缩缝

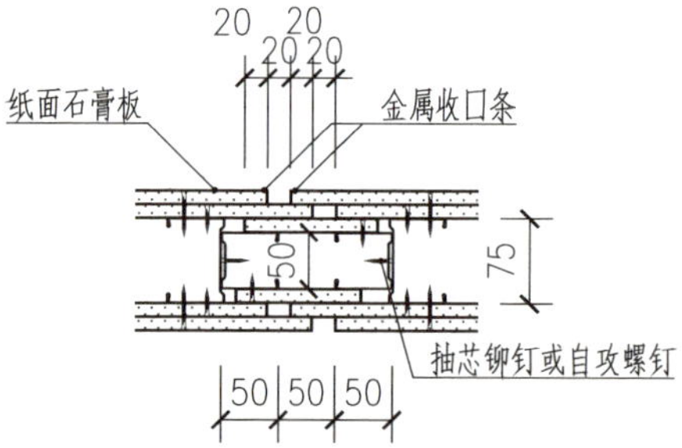

隔声墙伸缩缝

注：1. 常用龙骨系列：C50、C75。
2. 常用竖龙骨间距：300 mm、400 mm。
3. 常用石膏板厚度：12 mm。
4. 常用硅酸钙板厚度：10 mm、12 mm。

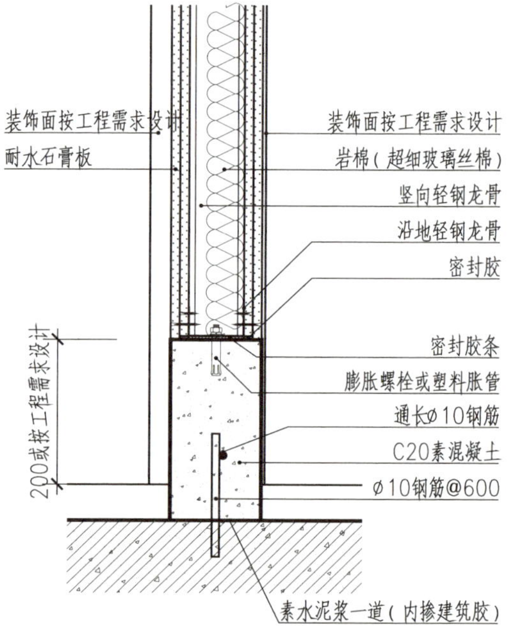

轻钢龙骨石膏板隔墙与有水房间地面连接节点

曲面隔墙

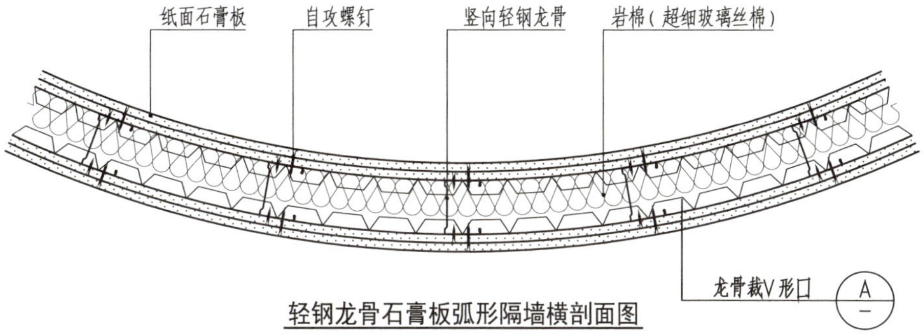

轻钢龙骨石膏板弧形隔墙横剖面图

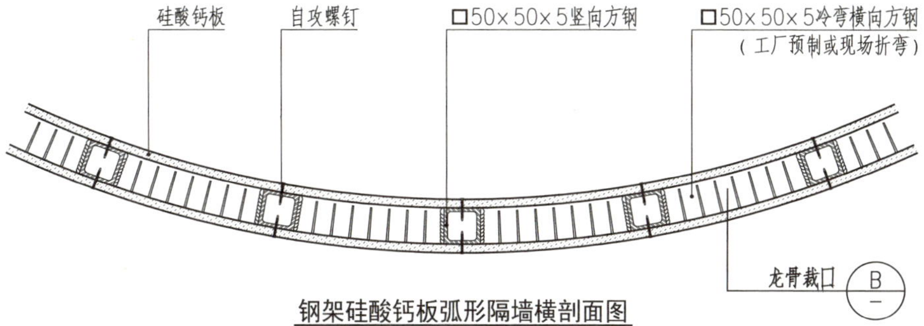

钢架硅酸钙板弧形隔墙横剖面图

注：1. 5 mm 厚硅酸钙板，最小折弯半径为 1850 mm；6 mm 厚硅酸钙板，最小折弯半径为 2200 mm。
2. 8 mm 厚硅酸钙板，最小折弯半径为 2900 mm。

轻钢龙骨石膏板弧形隔墙弯曲半径、龙骨间距和板厚关系

龙骨间距	最小弯曲半径		
	9.5厚	12厚	15厚
150	900	1000	2000
200	1000	1500	2500
250	1500	2000	3000
300	2000	2500	3500
350	2500	3000	≥4000
400	3000	3500	—
450	3500	≥4000	—
500	4000	—	—
550	≥5000	—	—

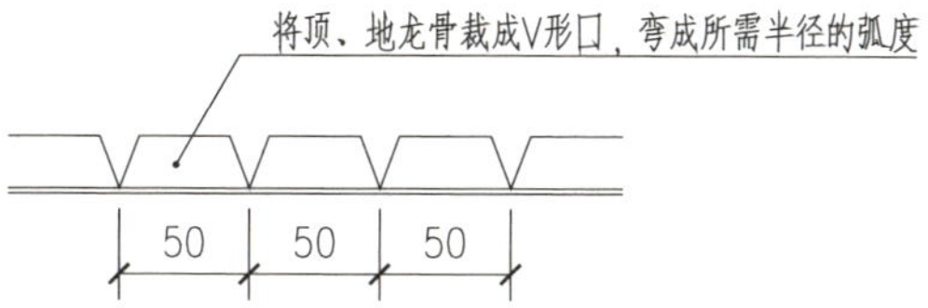

A

弧形墙体

方钢现场切割后弯曲

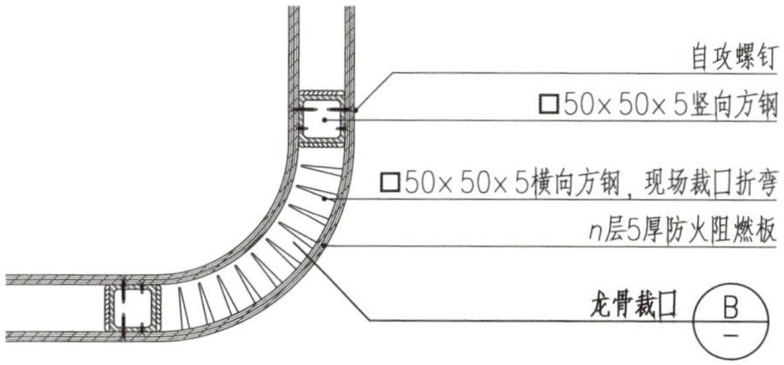

小半径弧形超薄隔墙

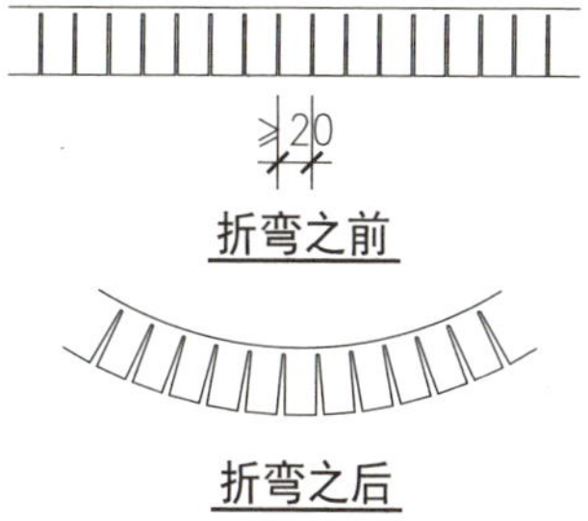

B

钢架隔墙

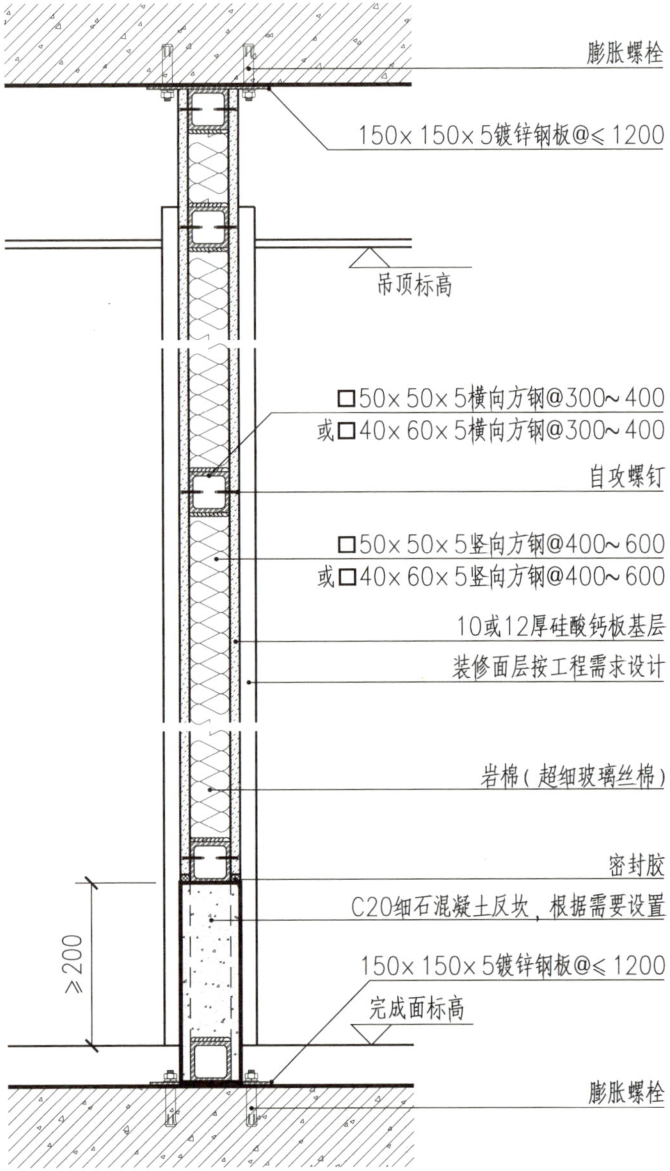
膨胀螺栓
150×150×5镀锌钢板@≤1200
吊顶标高
□50×50×5横向方钢@300~400
或□40×60×5横向方钢@300~400
自攻螺钉
□50×50×5竖向方钢@400~600
或□40×60×5竖向方钢@400~600
10或12厚硅酸钙板基层
装修面层按工程需求设计
岩棉（超细玻璃丝棉）
密封胶
C20细石混凝土反坎，根据需要设置
150×150×5镀锌钢板@≤1200
完成面标高
≥200
膨胀螺栓

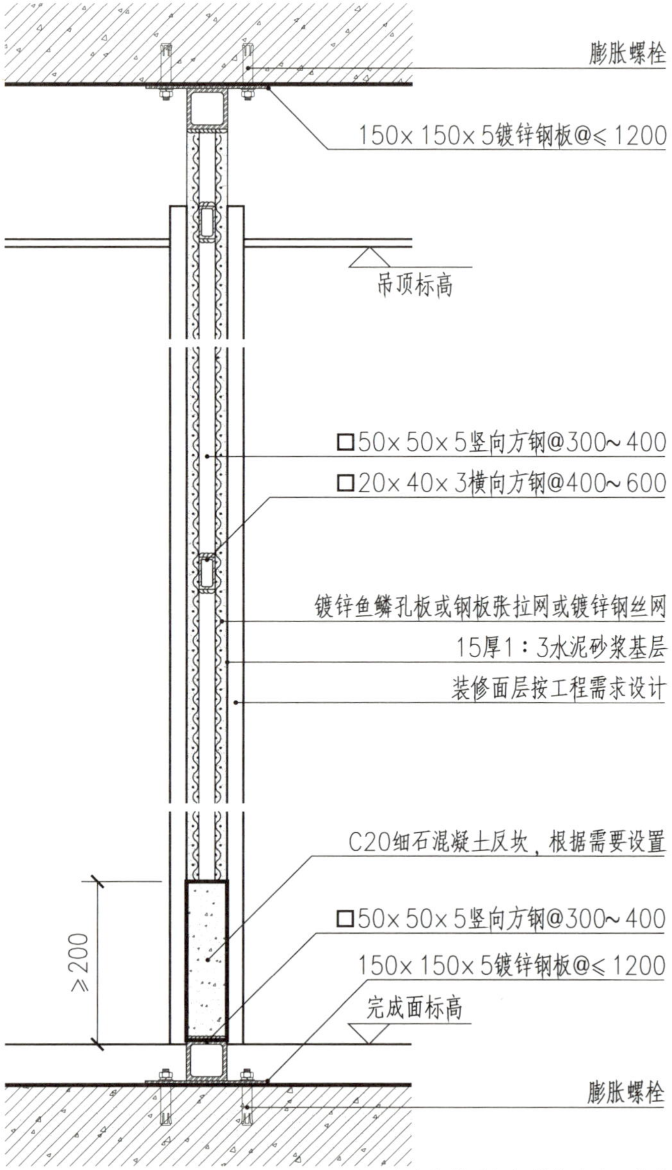
膨胀螺栓
150×150×5镀锌钢板@≤1200
吊顶标高
□50×50×5竖向方钢@300~400
□20×40×3横向方钢@400~600
镀锌鱼鳞孔板或钢板张拉网或镀锌钢丝网
15厚1：3水泥砂浆基层
装修面层按工程需求设计
C20细石混凝土反坎，根据需要设置
□50×50×5竖向方钢@300~400
150×150×5镀锌钢板@≤1200
完成面标高
≥200
膨胀螺栓

注：钢架规格需根据墙体高度、装修面层重量调整。

涂料墙面

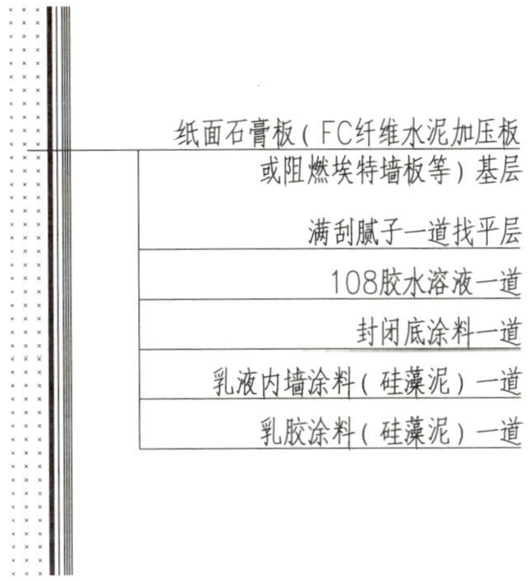

纸面石膏板基层

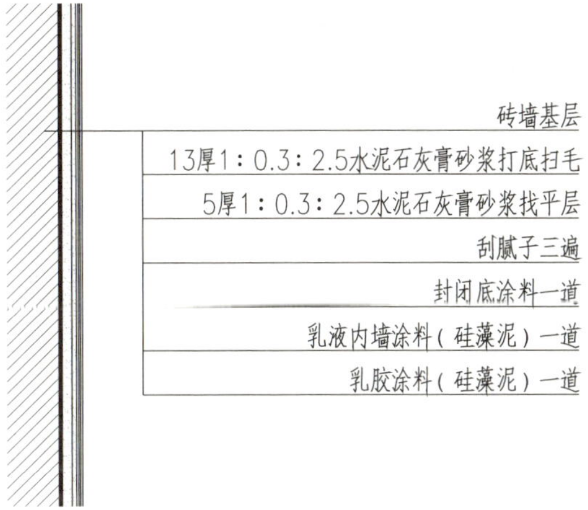

砖墙基层

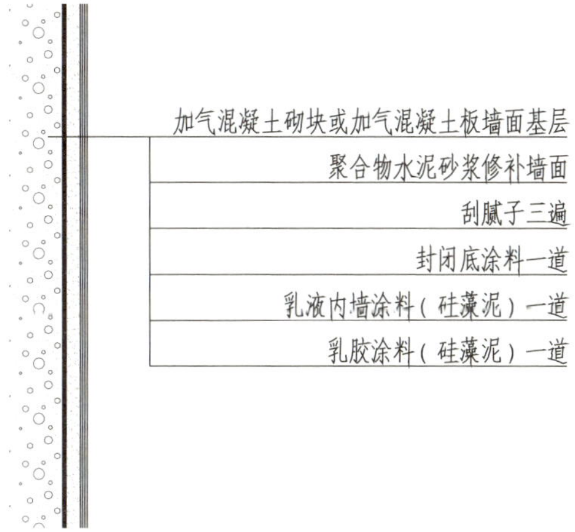

加气混凝土砌块（板）墙基层

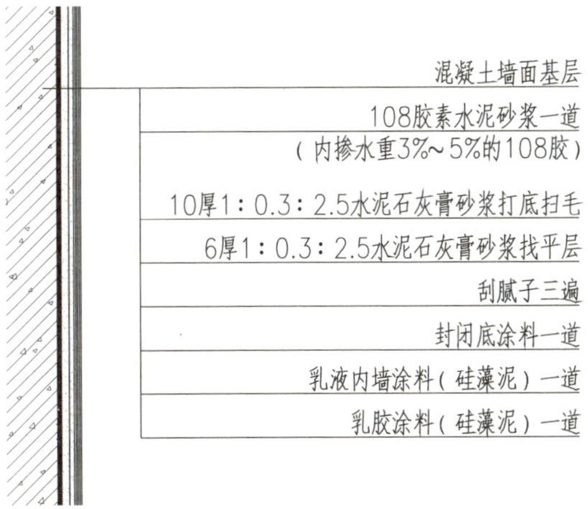

混凝土墙基层

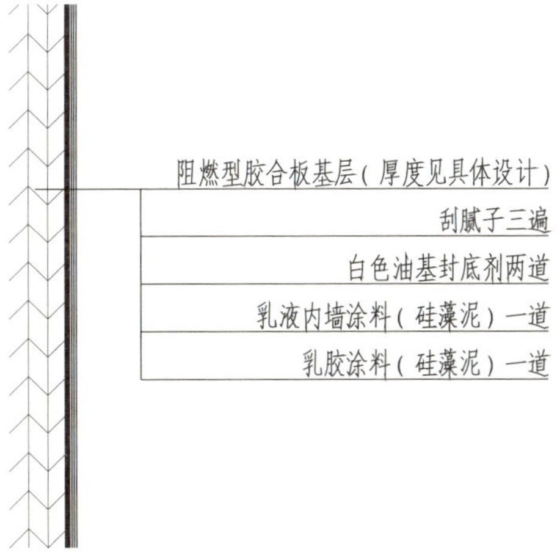

阻燃型胶合板基层

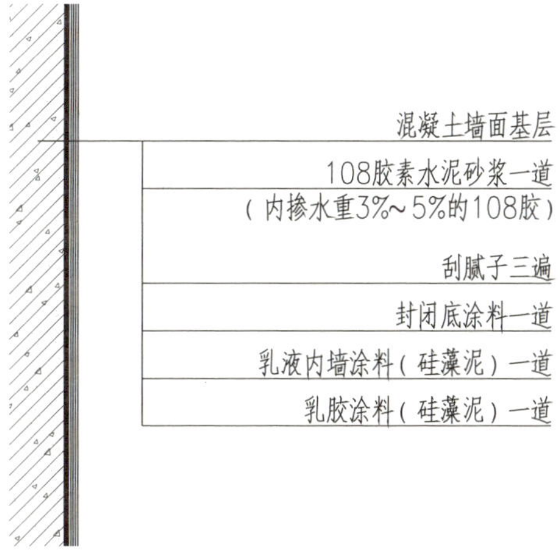

大模混凝土墙基层

壁纸墙面

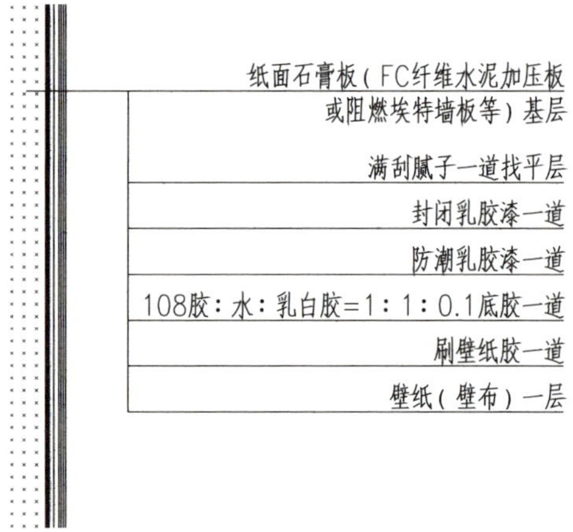

纸面石膏板基层

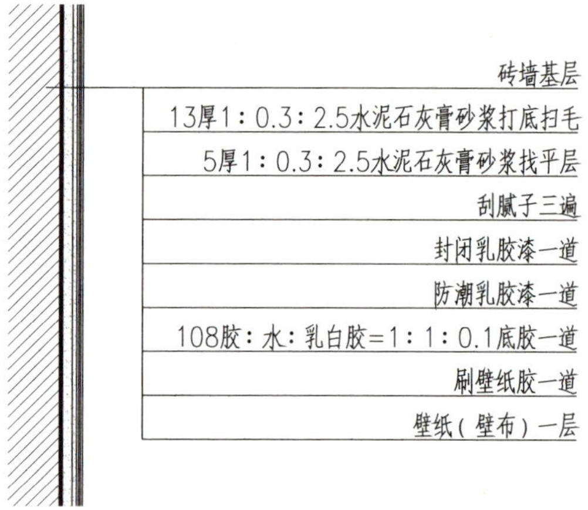

砖墙基层

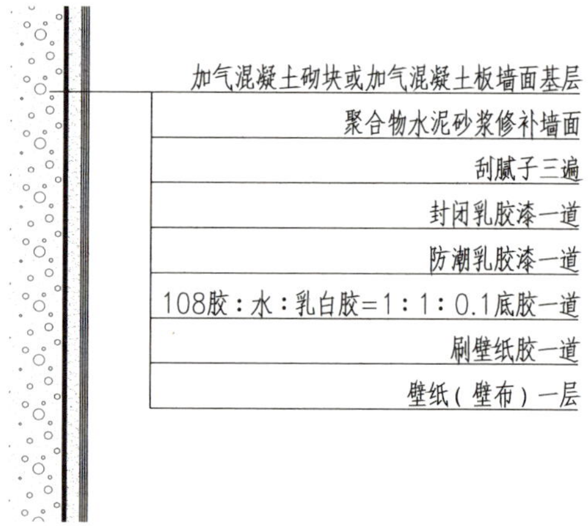

加气混凝土砌块(板)墙基层

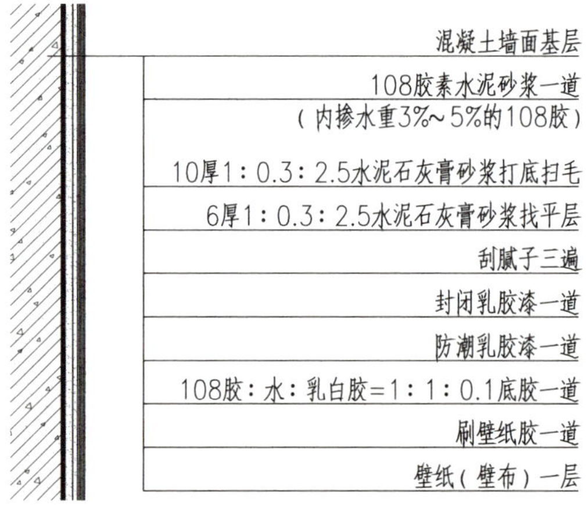

混凝土墙基层

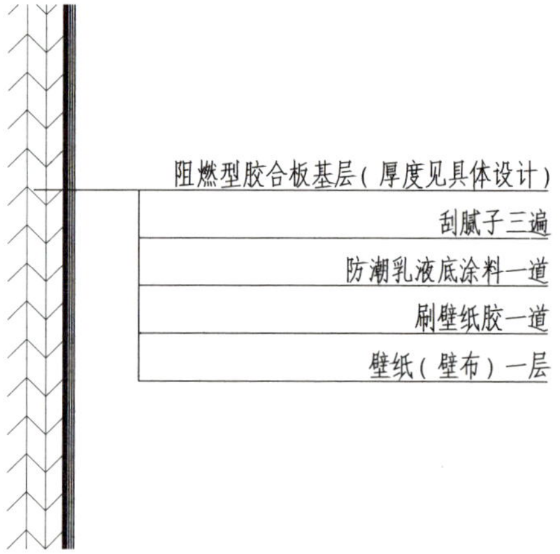

阻燃型胶合板基层

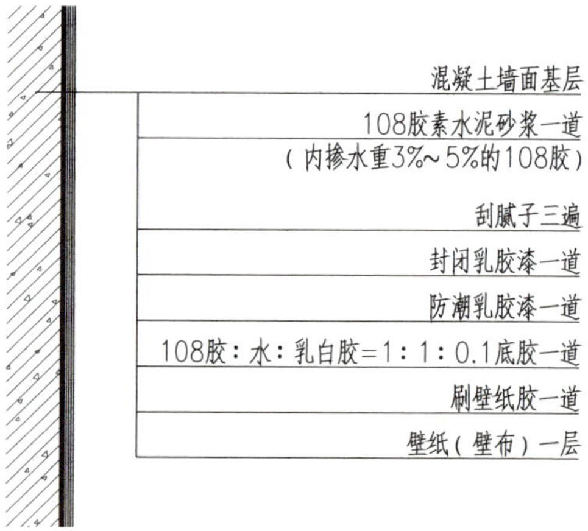

大模混凝土墙基层

干挂石材墙面（密缝）

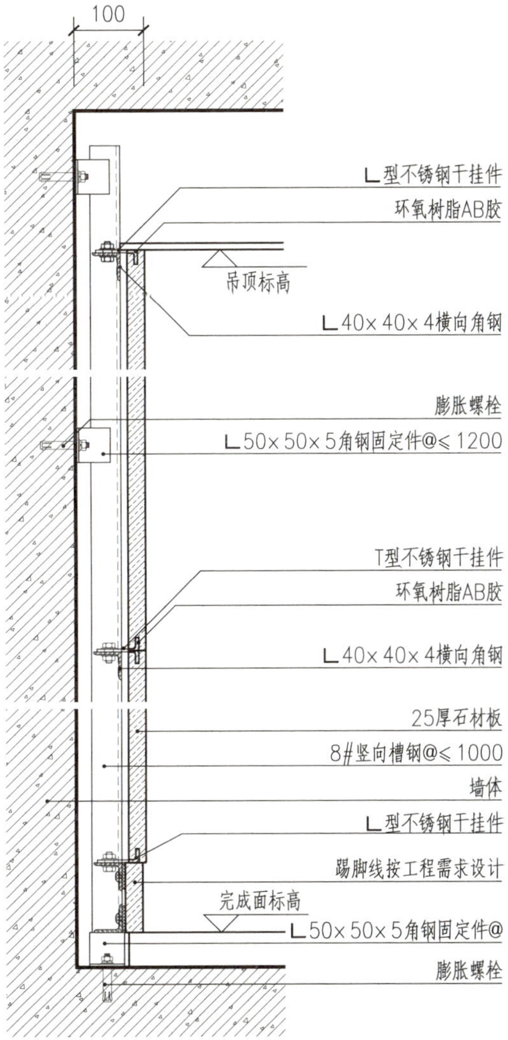

干挂石材墙面纵剖面图

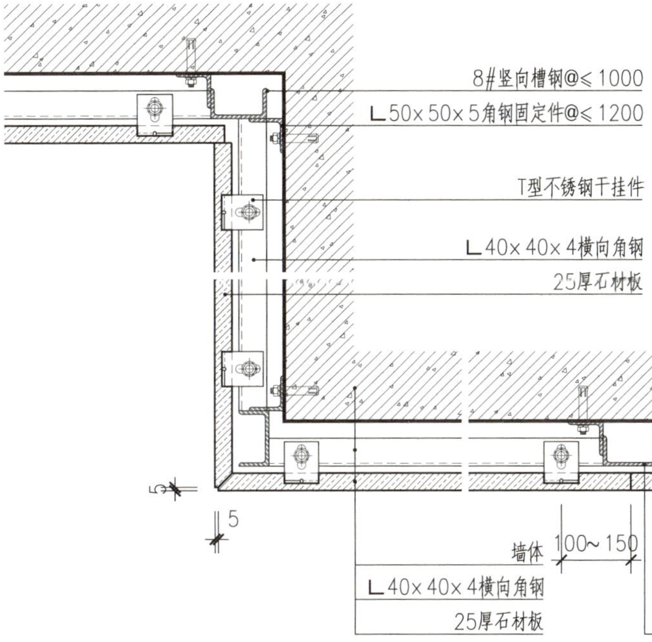

阴角与阳角

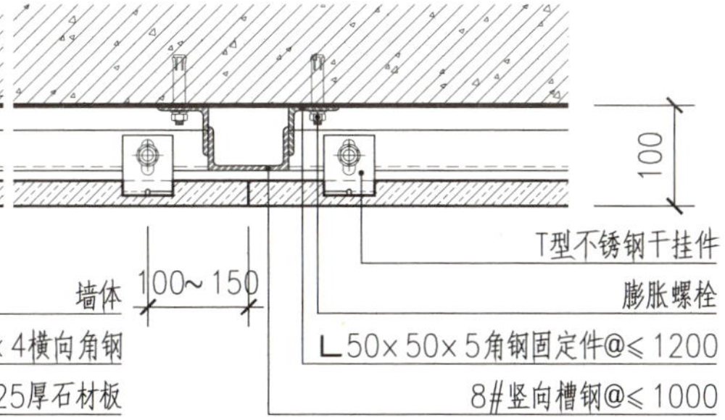

干挂石材墙面横剖面图

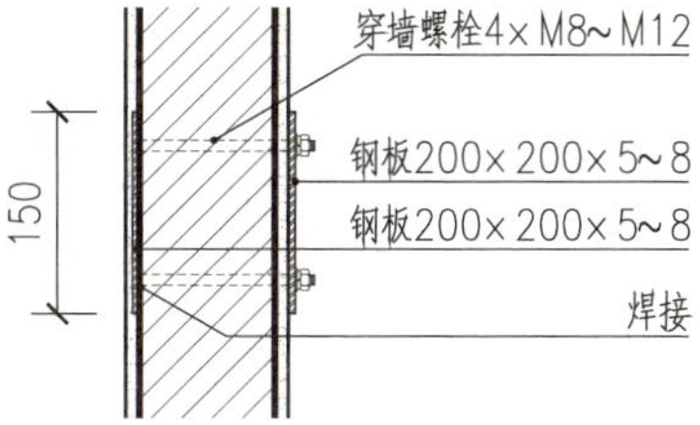

砌块墙穿墙预埋板大样

注：此做法适用于所有钢架龙骨墙面。

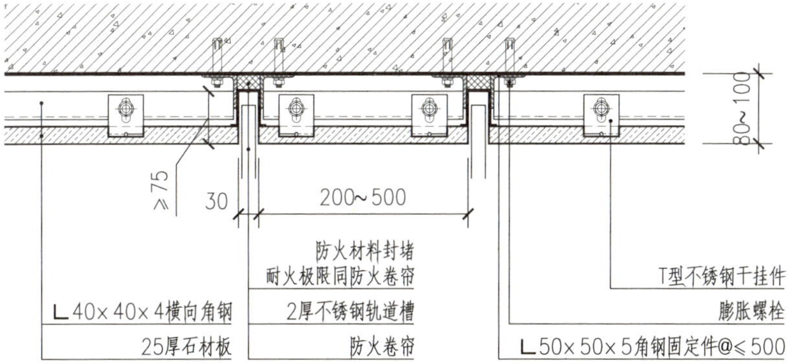

干挂石材墙面暗装防火卷帘轨道槽横剖面图

注：1. 石材宽度大于 1000 mm 时，横向角钢改用 L50 mm × 50 mm × 5 mm。
2. 钢架规格需根据墙体高度、石材厚度调整。

干挂石材墙面（背栓子母式）

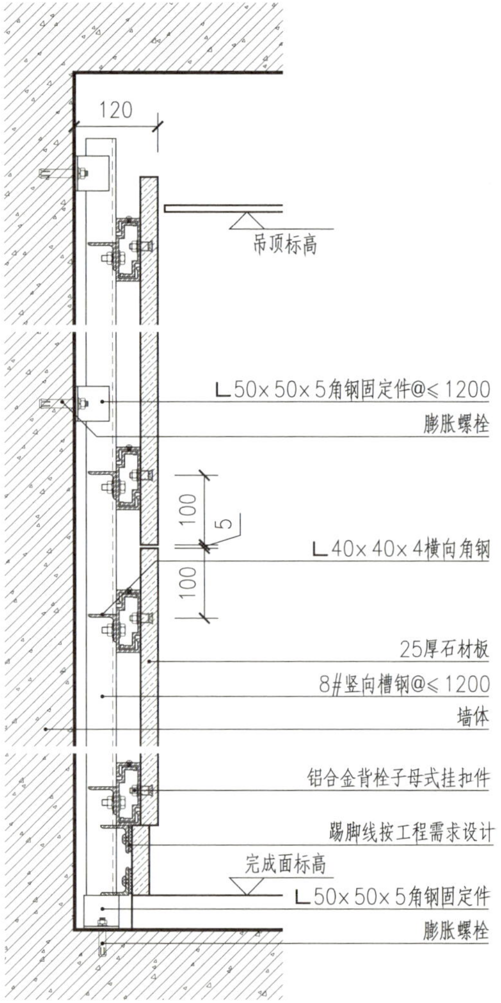

干挂石材墙面纵剖面图

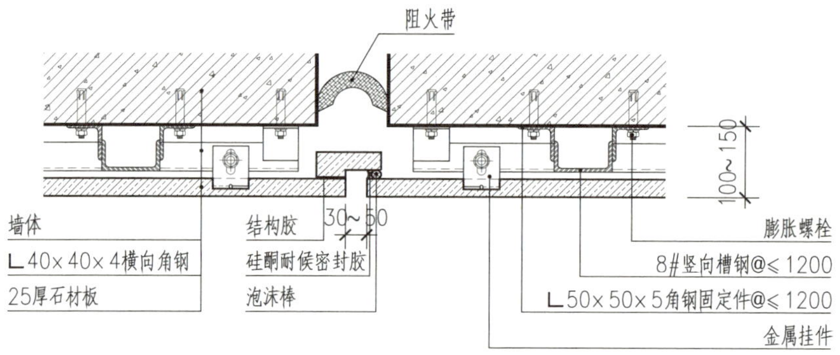

干挂石材墙伸缩缝

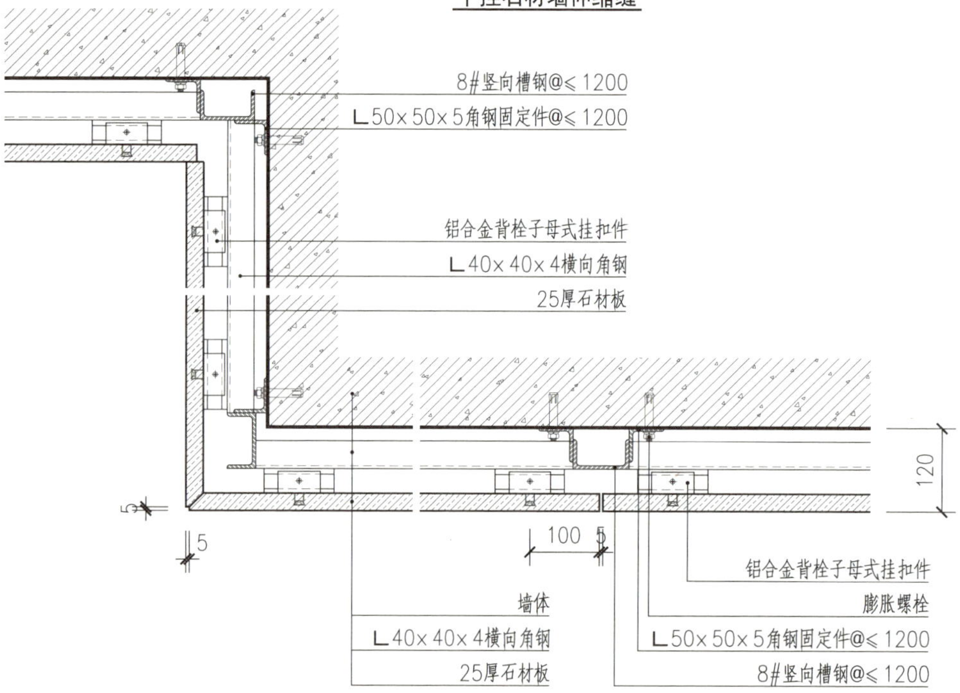

阴角与阳角　　干挂石材墙面横剖面图

干粘石材墙面（密缝）

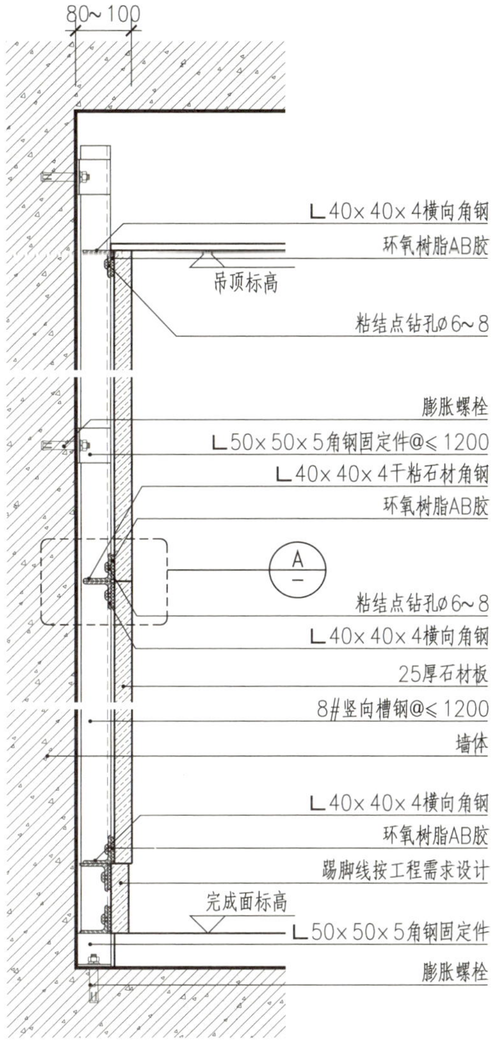

干粘石材墙面纵剖面图

石材表面处理分类

特点	表面处理形式				
表面平整	剖光面	亚光面	拉槽面	—	—
表面凹凸较小	酸洗面	荔枝面	布纹面	水喷面	仿古面
表面凹凸较大	波罗面	剁斧面	蘑菇面	自然面	酸洗仿古面

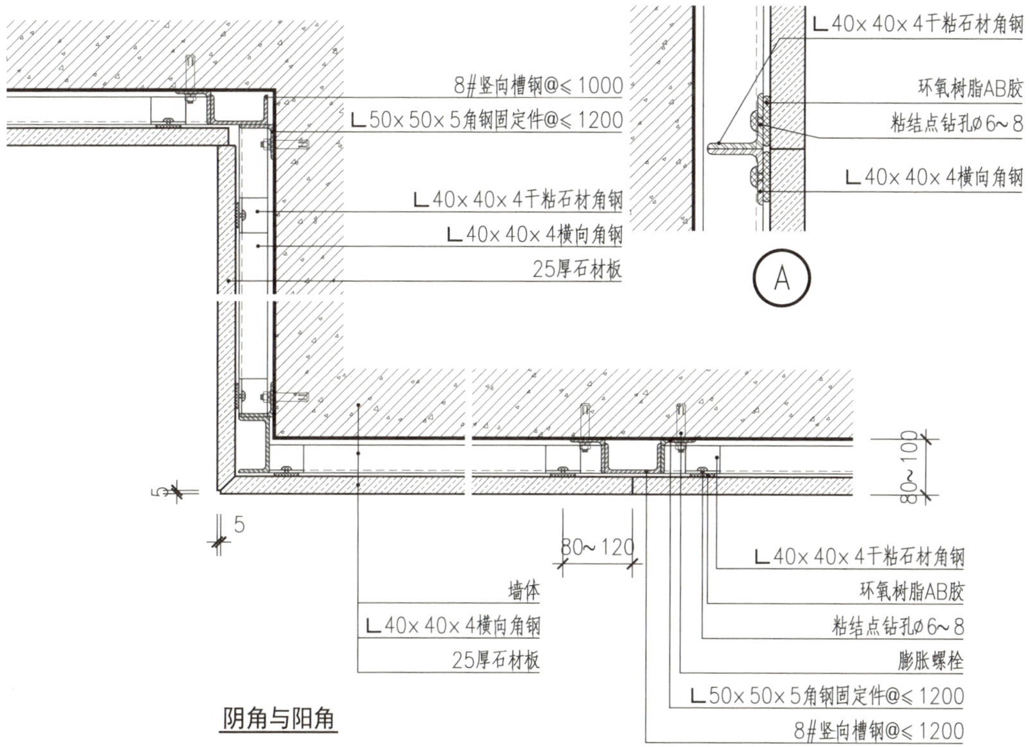

干粘石材墙面横剖面图

注：1. 石材宽度大于1000 mm 时，横向角钢改用L50 mm×50 mm×5 mm。
2. 钢架规格需根据墙体高度、石材厚度调整。

湿贴石材或陶瓷砖墙面

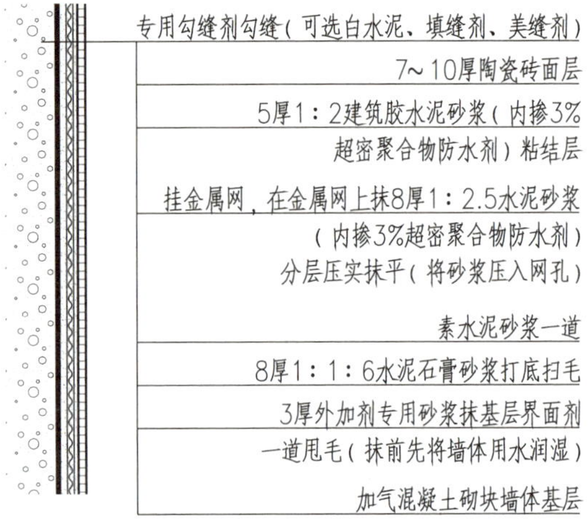

加气混凝土砌块（板）墙基层
陶瓷砖面层

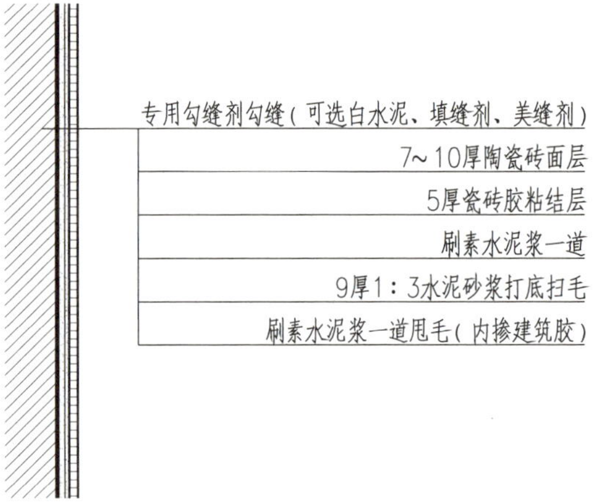

砖墙或混凝土墙基层
陶瓷砖面层

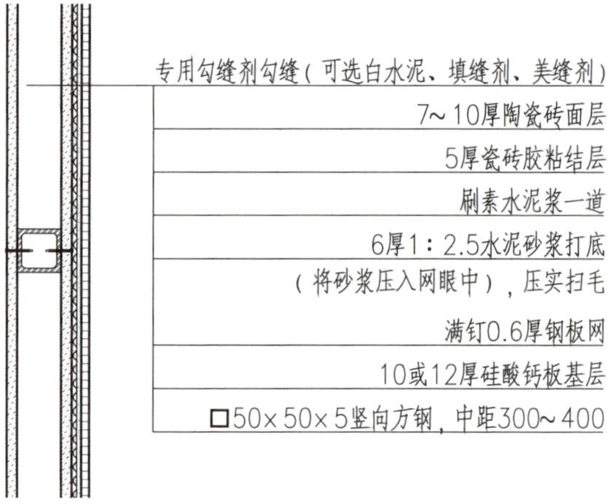

轻钢龙骨硅酸钙板或水泥压力板基层
陶瓷砖面层

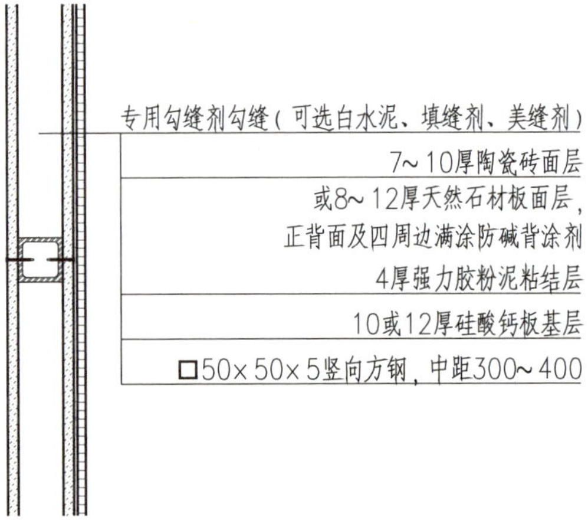

轻钢龙骨硅酸钙板或水泥压力板基层
陶瓷砖面层

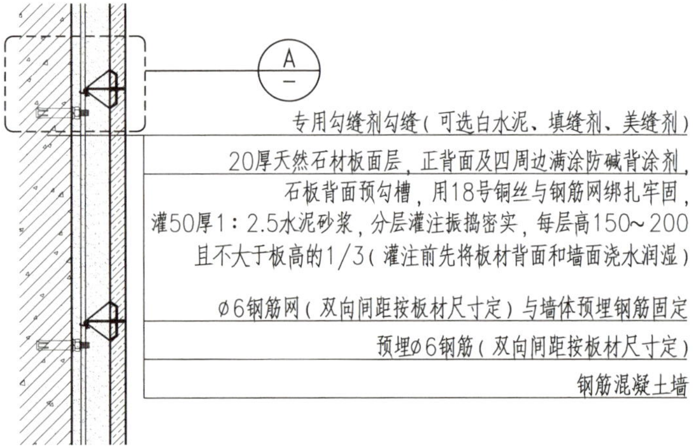

钢筋混凝土基层
石材面层

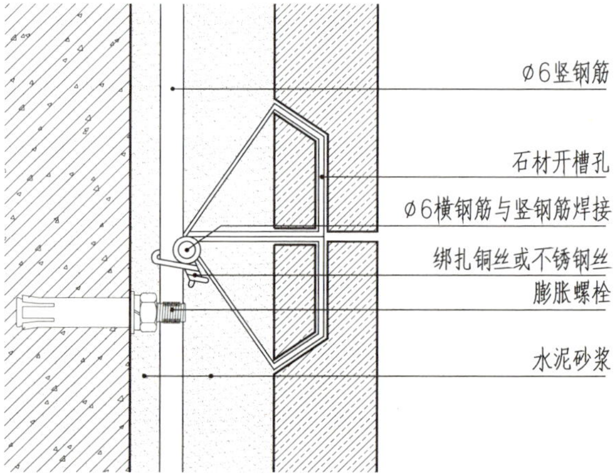

A

石材接缝处理

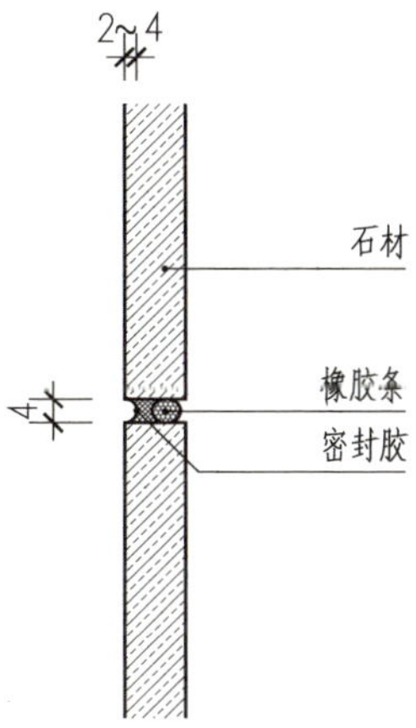

2~4
石材
4
橡胶条
密封胶

嵌缝胶

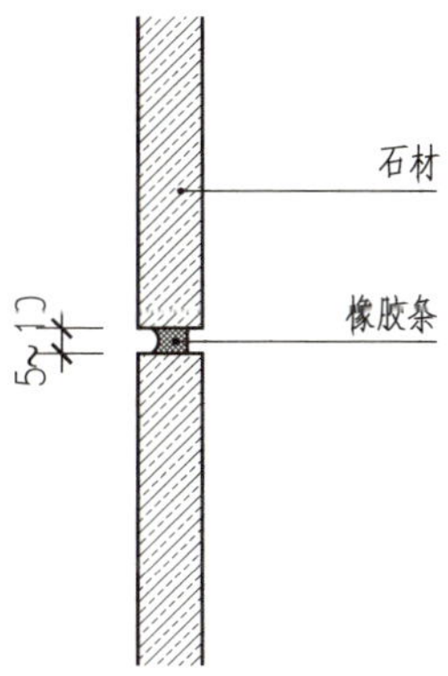

石材
5~10
橡胶条

嵌橡胶条

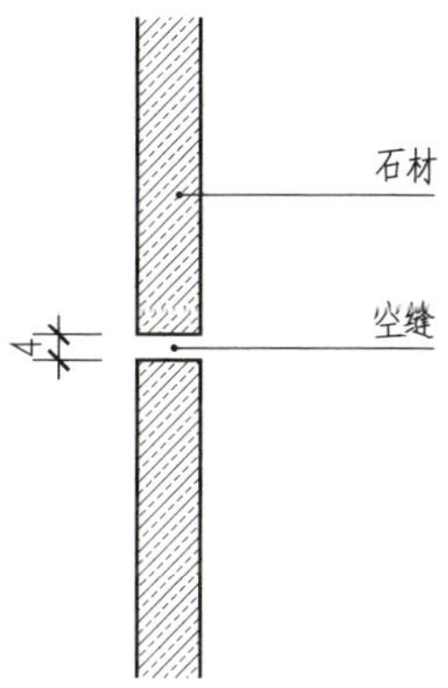

石材
4
空缝

干明缝

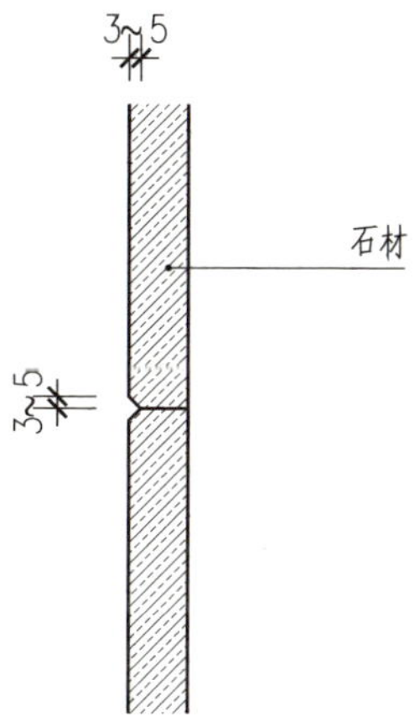

3~5
石材
3~5

鱼尾缝

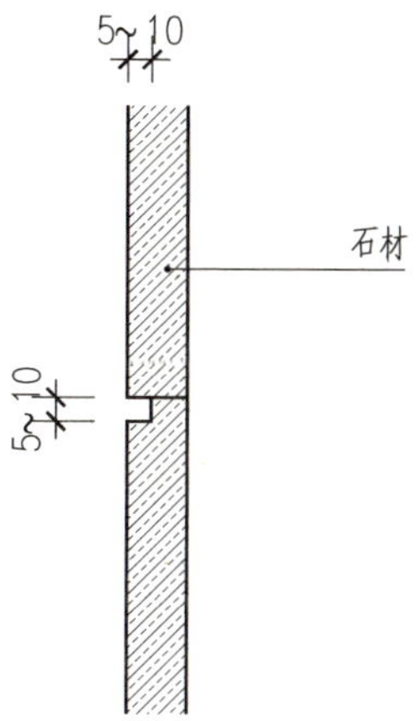

5~10
石材
5~10

凵形缝

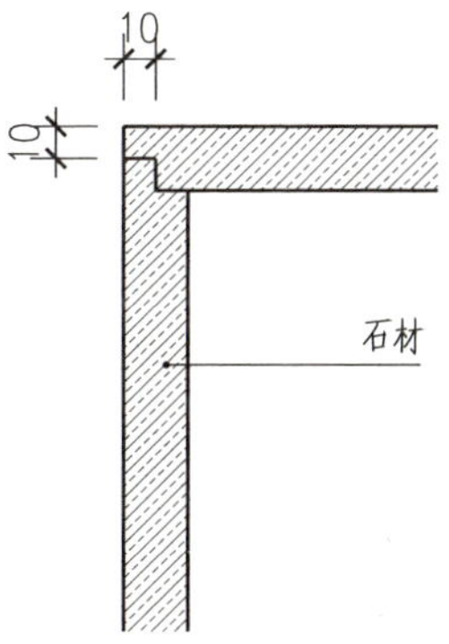

10
10
石材

直角

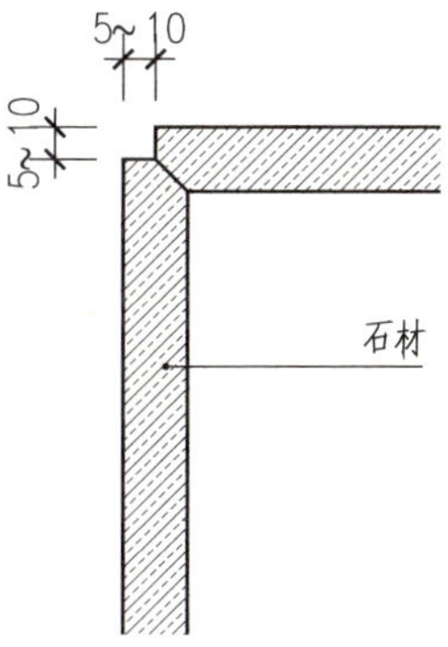

5~10
5~10
石材

倒直角

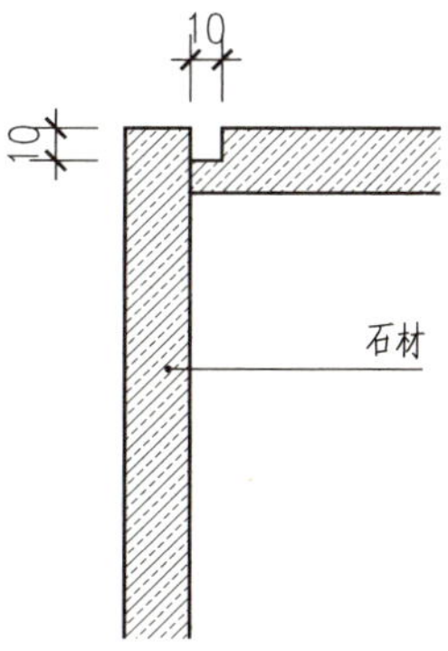

10
10
石材

缺方角

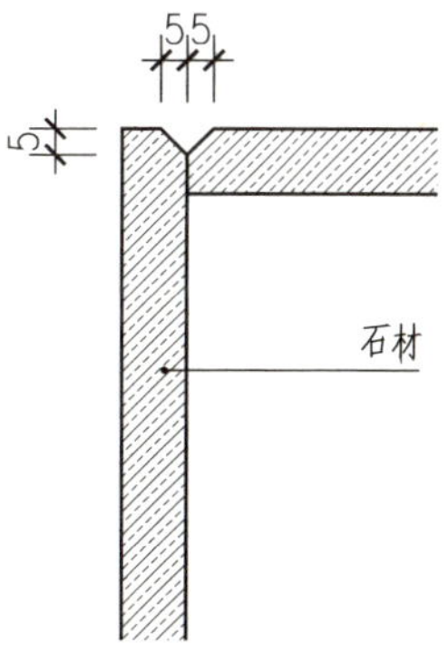

5 5
5
石材

缺三角

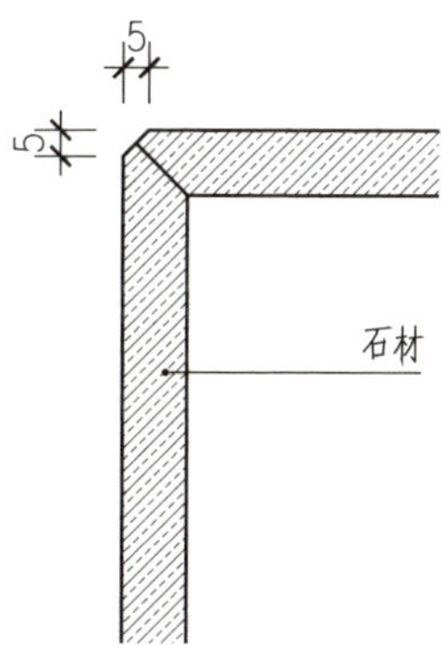

5
5
石材

切角

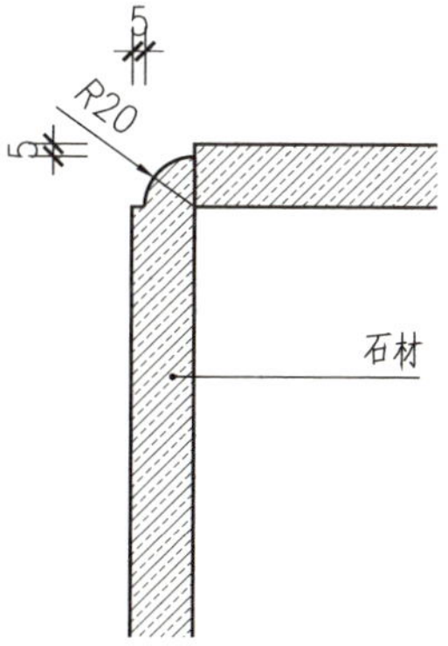

5
R20
5
石材

海棠角

干挂陶瓷砖墙面

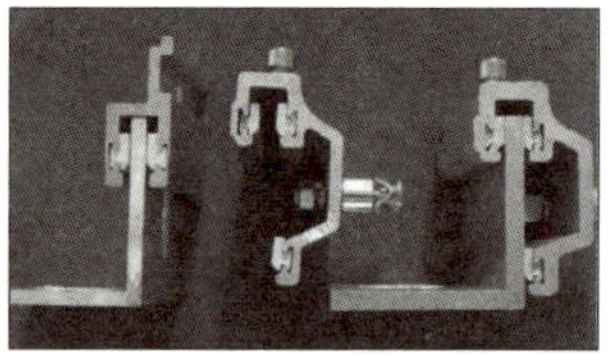

铝合金挂件

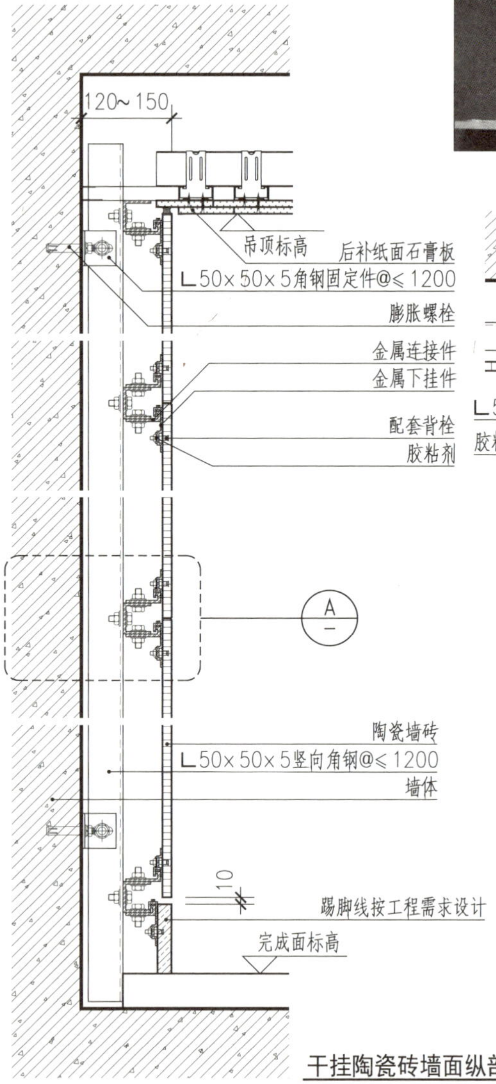

干挂陶瓷砖墙面纵剖面图

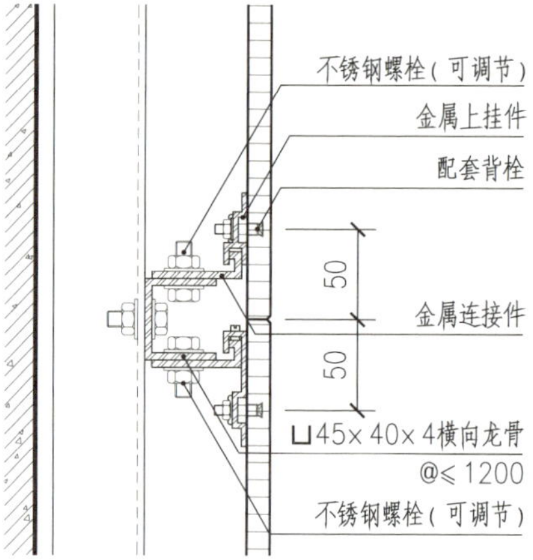

A

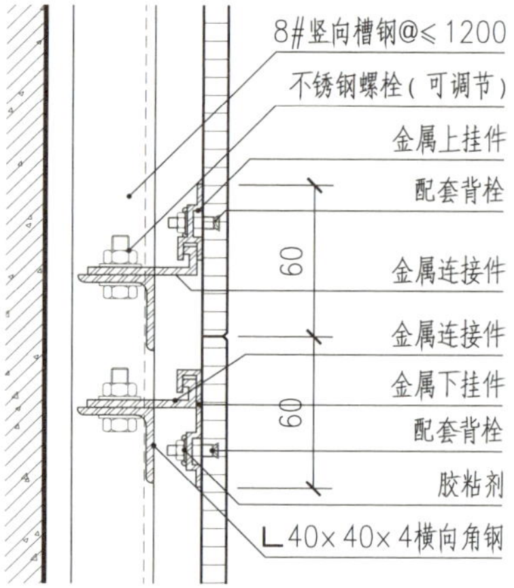

A 另一种干挂样式

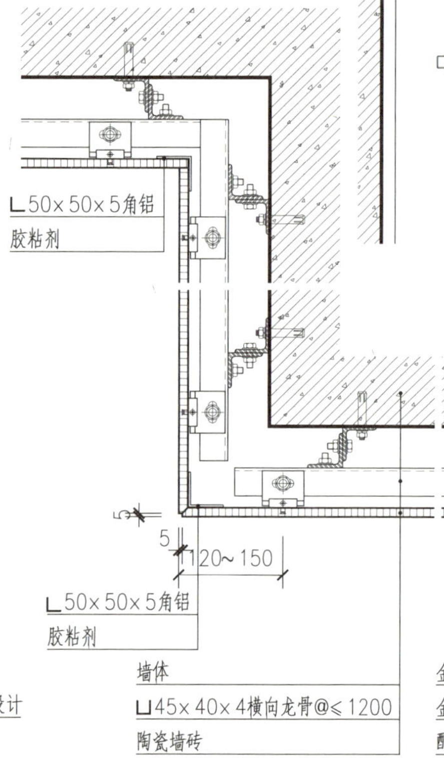

阴角与阳角

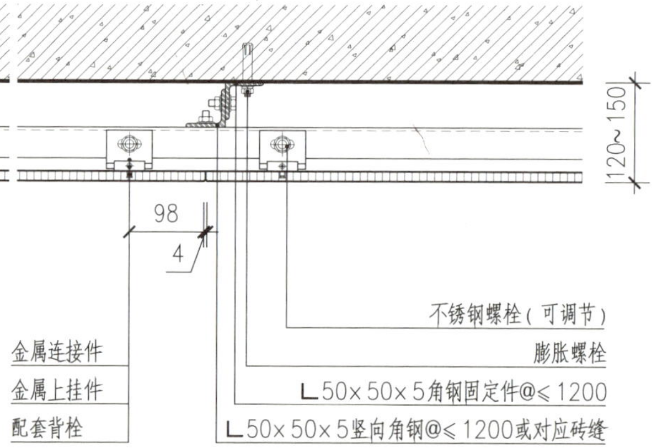

干挂陶瓷砖墙面横剖面图

注：常用产品规格为500 mm×500 mm×9 mm、600 mm×600 mm×10 mm、800 mm×800 mm×10 mm、600 mm×1200 mm×11 mm、1000 mm×1000 mm×12 mm、750 mm×1500 mm×11 mm。

铝合金单板墙面（有缝）

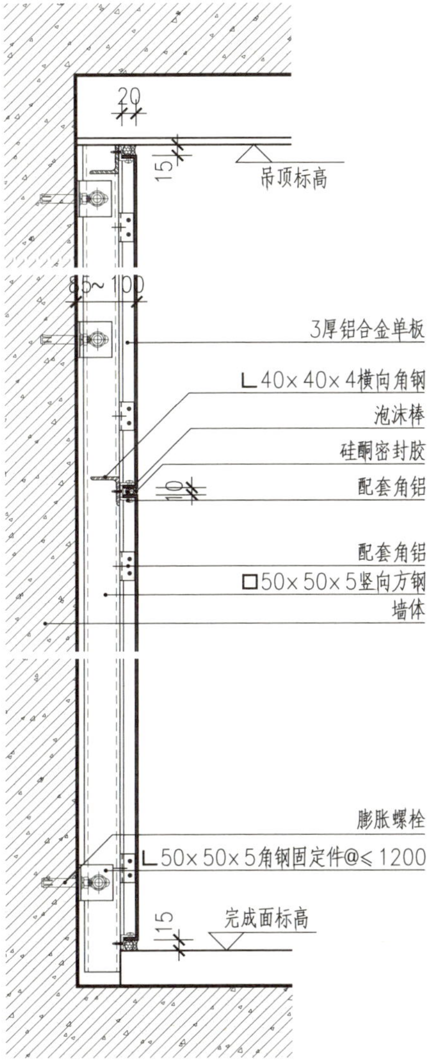

铝合金单板墙面（有缝）纵剖面图

铝合金单板

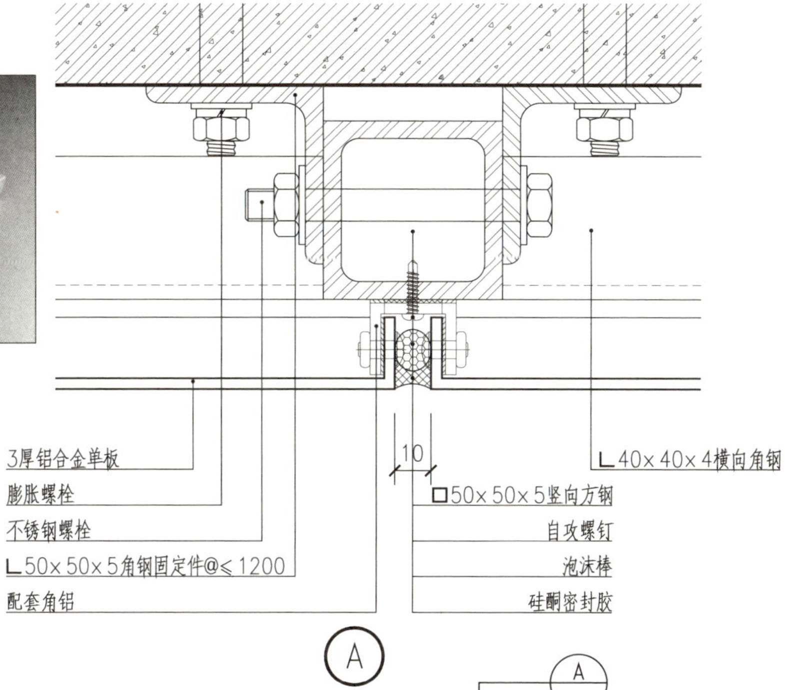

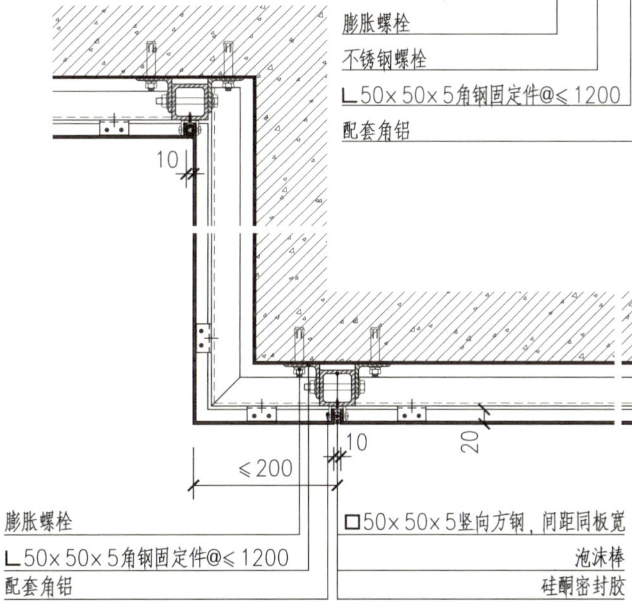

阴角与阳角

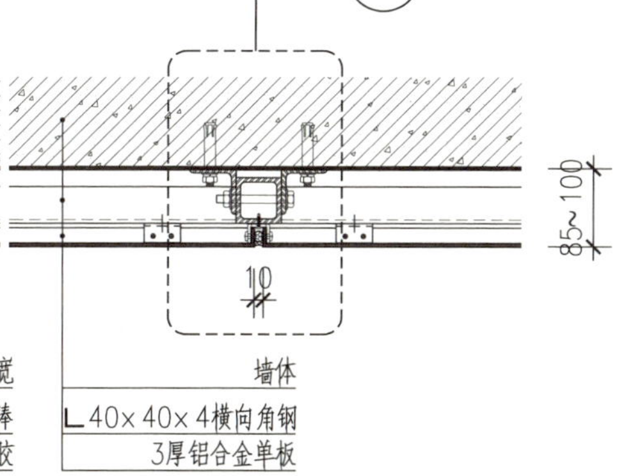

铝合金单板墙面（有缝）横剖面图

铝合金单板墙面（密缝）

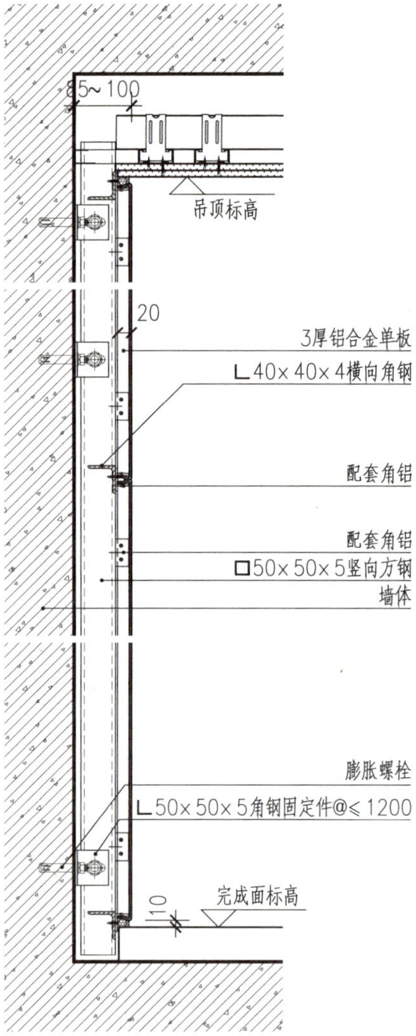

铝合金单板墙面（密缝）纵剖面图

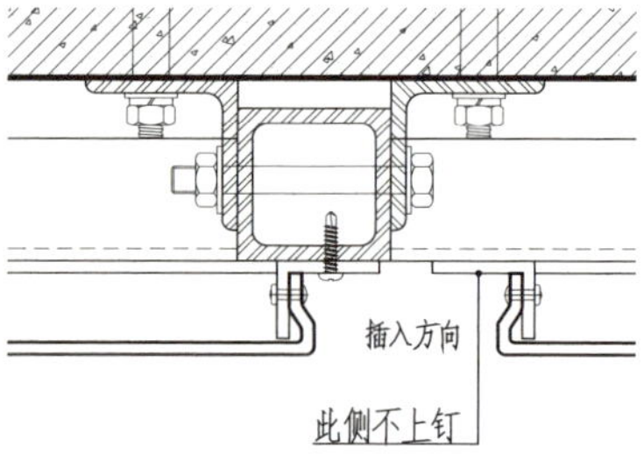

拼装示意

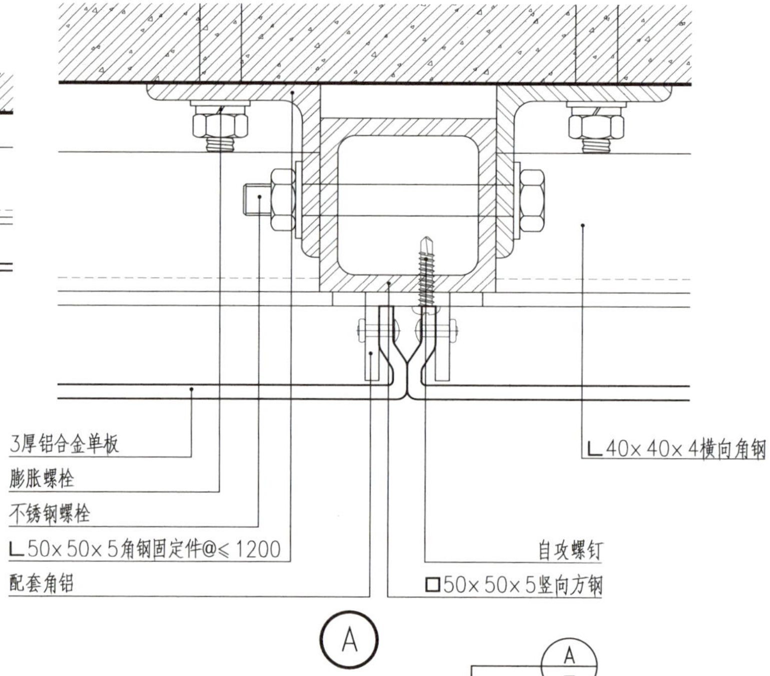

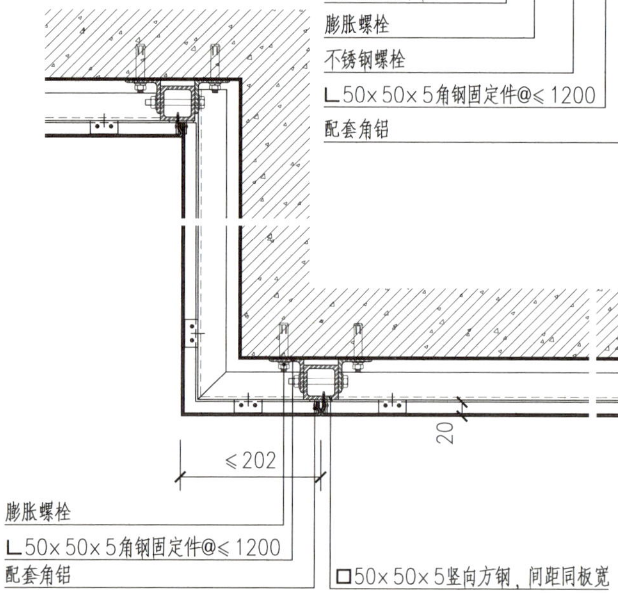

阴角与阳角

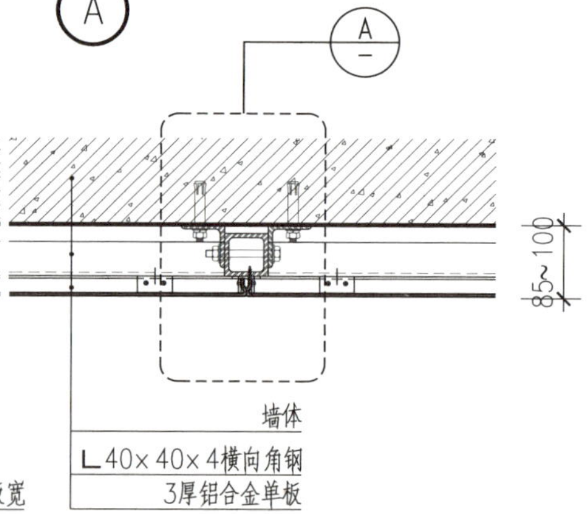

铝合金单板墙面（密缝）横剖面图

金属装饰板墙面

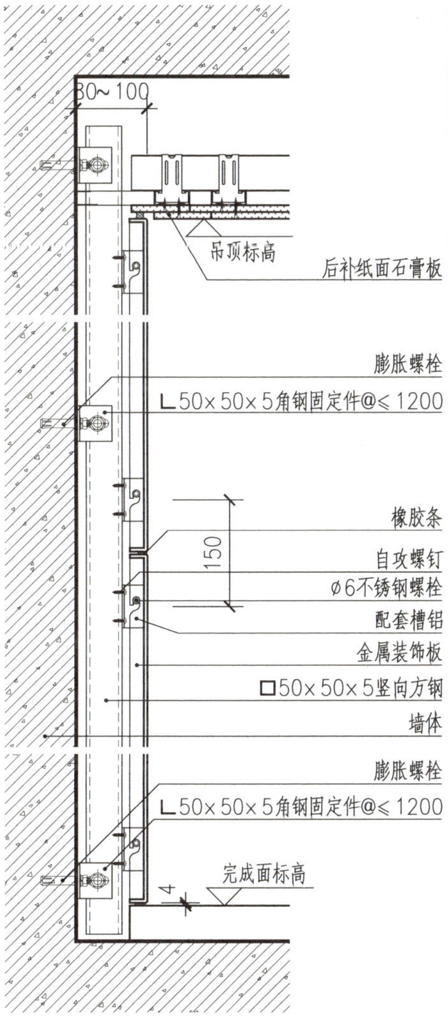

80~100
吊顶标高
后补纸面石膏板
膨胀螺栓
∟50×50×5角钢固定件@≤1200
橡胶条
150
自攻螺钉
ø6不锈钢螺栓
配套槽铝
金属装饰板
□50×50×5竖向方钢
墙体
膨胀螺栓
∟50×50×5角钢固定件@≤1200
完成面标高
4

金属装饰板墙面纵剖面图

金属装饰板

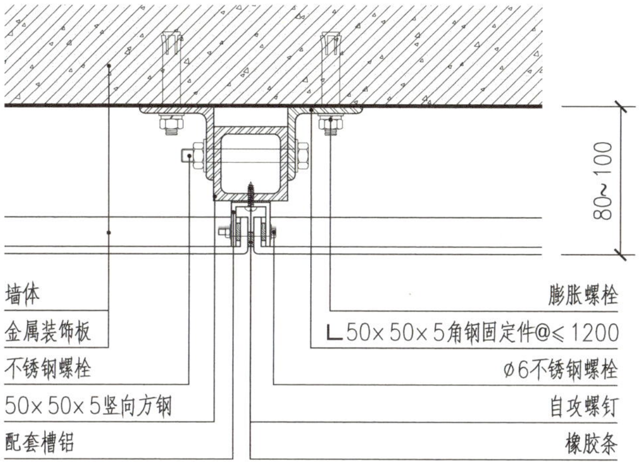

80~100
墙体
金属装饰板
不锈钢螺栓
50×50×5竖向方钢
配套槽铝
膨胀螺栓
∟50×50×5角钢固定件@≤1200
ø6不锈钢螺栓
自攻螺钉
橡胶条
A

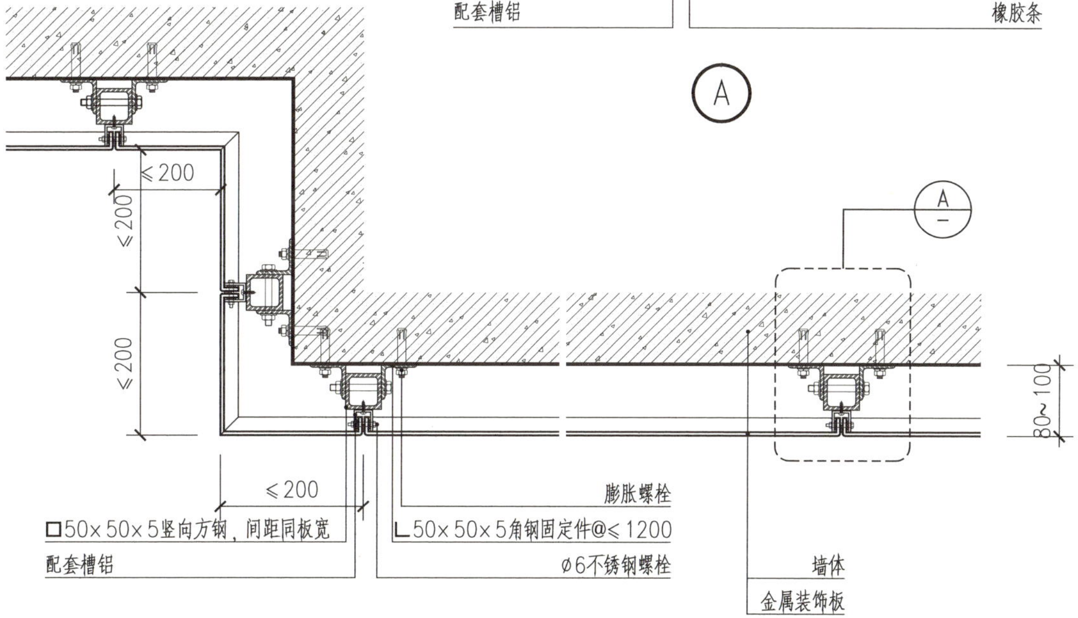

≤200
≤200
≤200
≤200
□50×50×5竖向方钢，间距同板宽
配套槽铝
膨胀螺栓
∟50×50×5角钢固定件@≤1200
ø6不锈钢螺栓
A
80~100
墙体
金属装饰板

阴角与阳角

金属装饰板墙面横剖面图

金属（铝）蜂窝板墙面

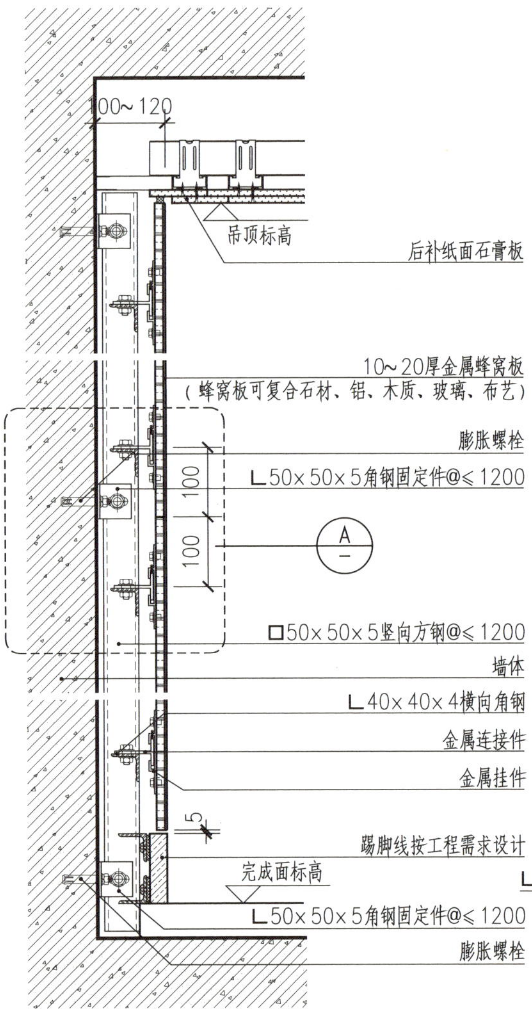

金属（铝）蜂窝板墙面纵剖面图

石材复合蜂窝铝板

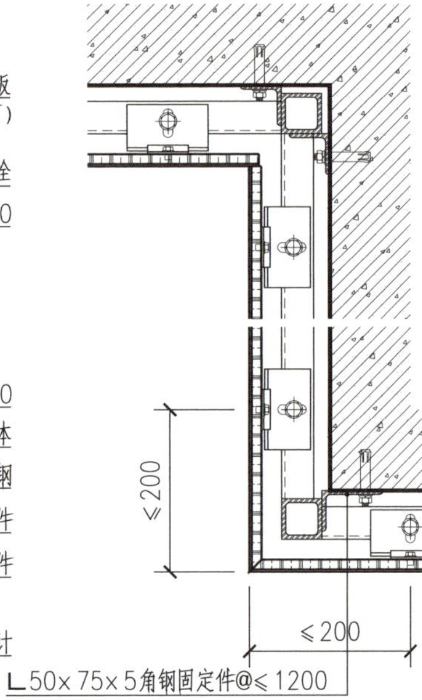

阴角与阳角

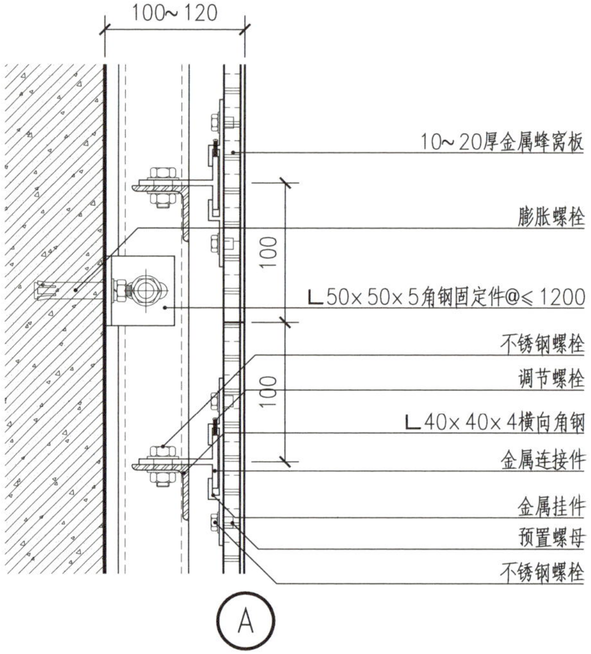

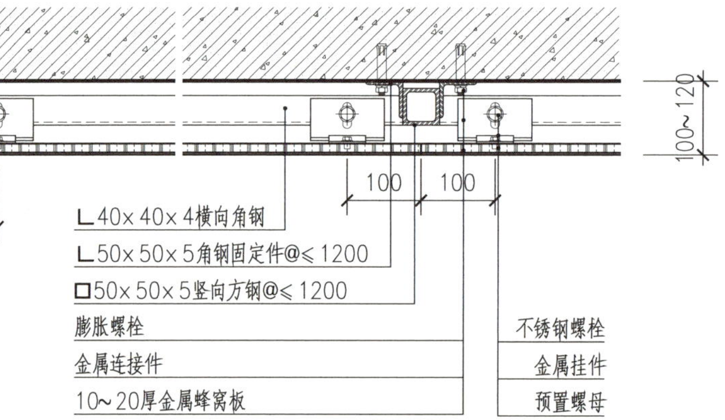

金属（铝）蜂窝板墙面横剖面图

搪瓷钢板墙面

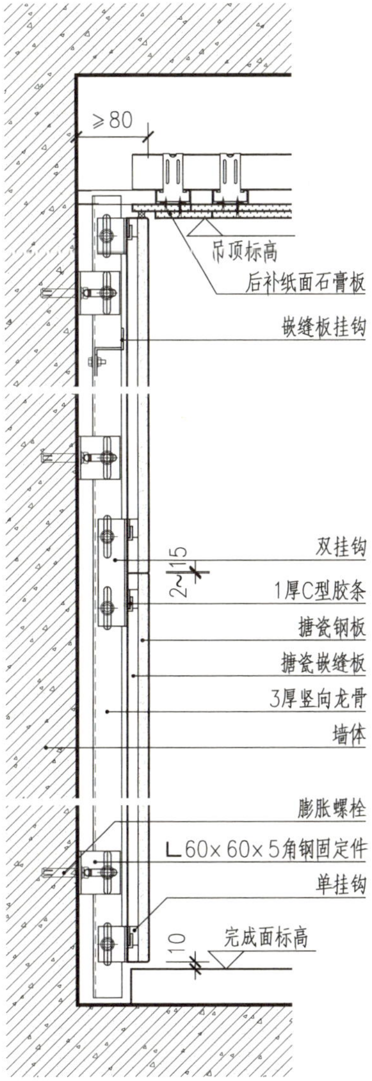
≥80
吊顶标高
后补纸面石膏板
嵌缝板挂钩
双挂钩
2~15
1厚C型胶条
搪瓷钢板
搪瓷嵌缝板
3厚竖向龙骨
墙体
膨胀螺栓
∟60×60×5角钢固定件
单挂钩
10
完成面标高

搪瓷钢板墙面纵剖面图

B 出口
Exit

搪瓷钢板

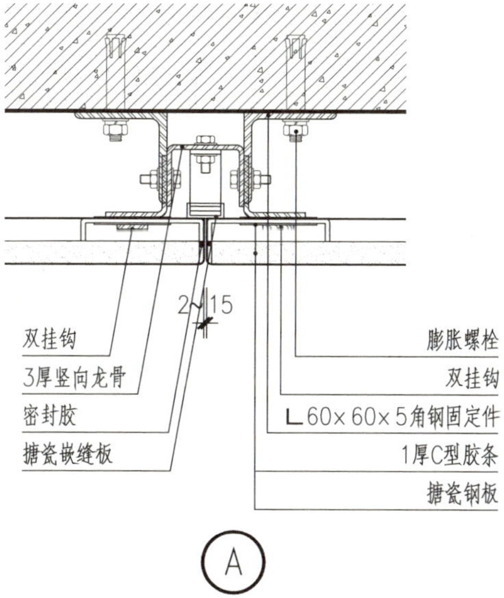
2~15
双挂钩
3厚竖向龙骨
密封胶
搪瓷嵌缝板
膨胀螺栓
双挂钩
∟60×60×5角钢固定件
1厚C型胶条
搪瓷钢板
A

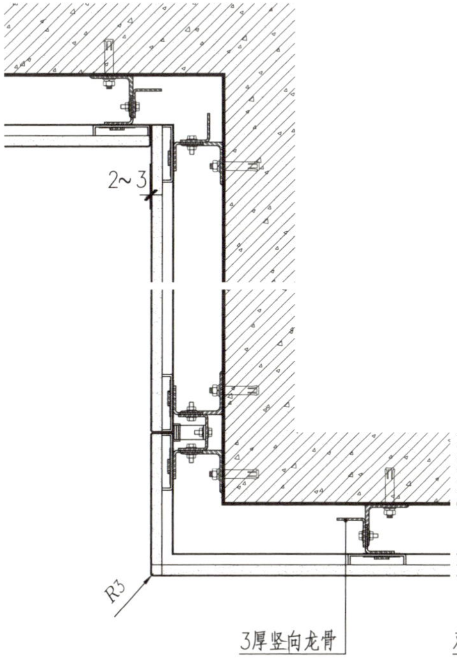
2~3
R3
3厚竖向龙骨

阴角与阳角

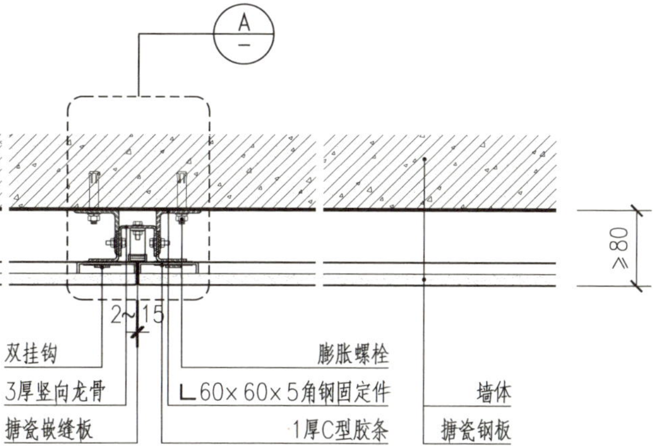
A
≥80
2~15
双挂钩
3厚竖向龙骨
搪瓷嵌缝板
膨胀螺栓
∟60×60×5角钢固定件
1厚C型胶条
墙体
搪瓷钢板

搪瓷钢板墙面横剖面图

暗框干挂金属板墙面

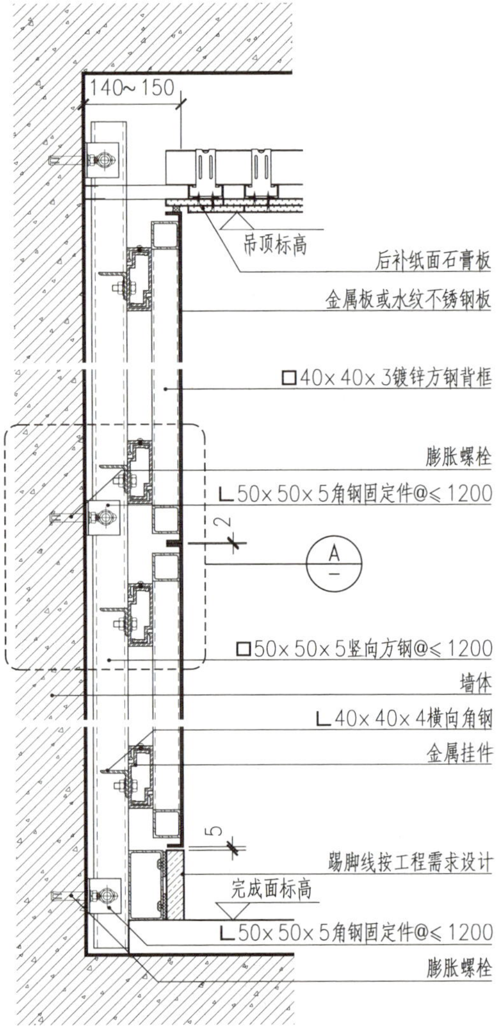

暗框干挂金属板墙面纵剖面图

水纹不锈钢板

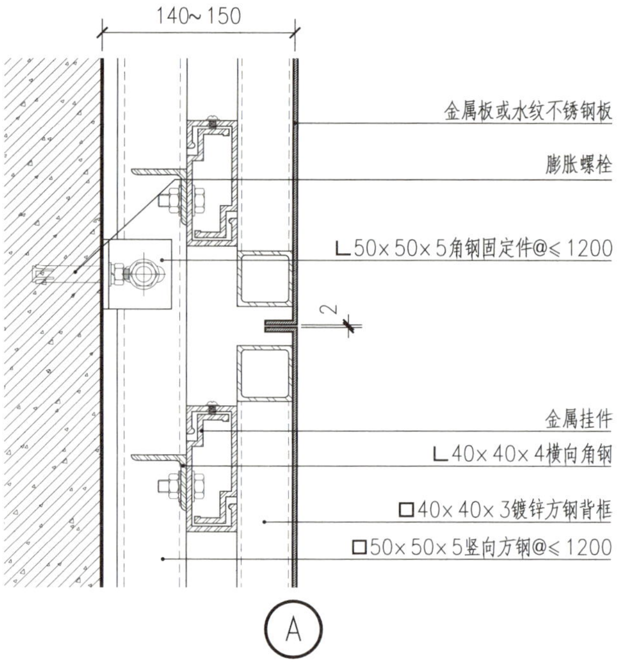

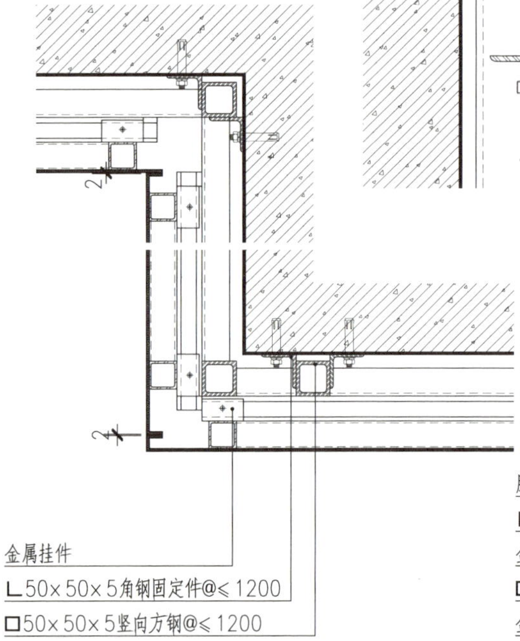

阴角与阳角

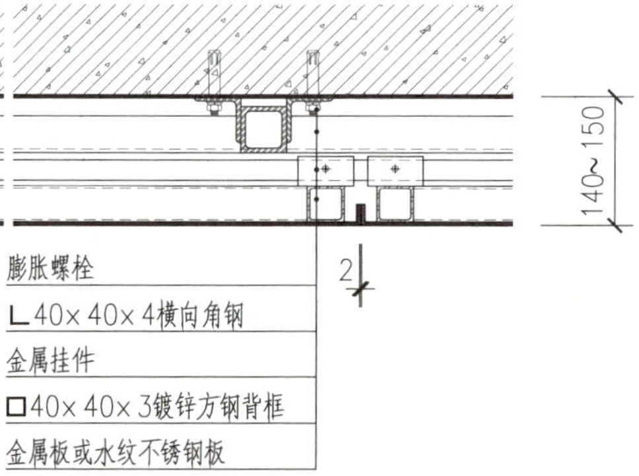

暗框干挂金属板墙面横剖面图

金属墙面

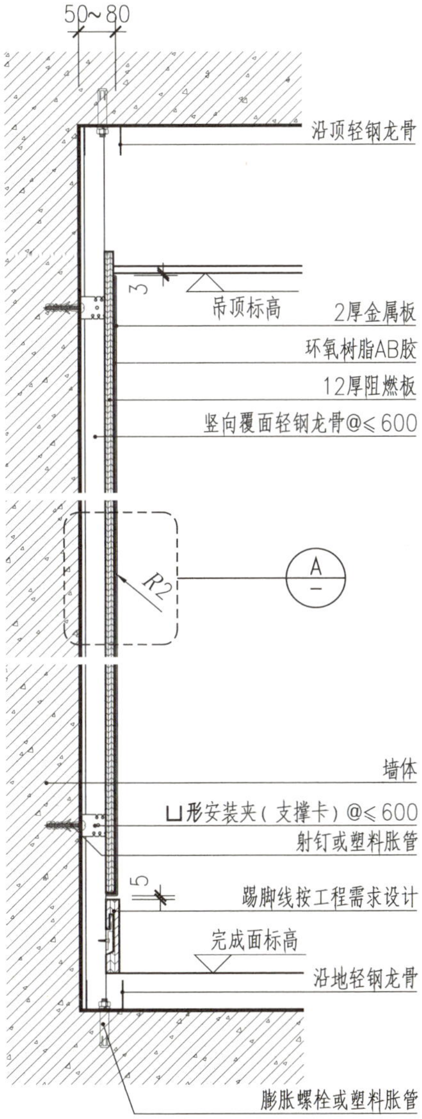

金属墙面纵剖面图

金属墙面

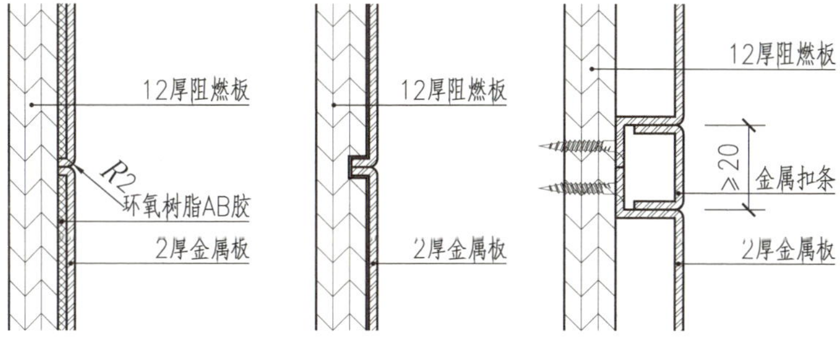

胶粘固定式　扣装固定式　钉装固定式

A

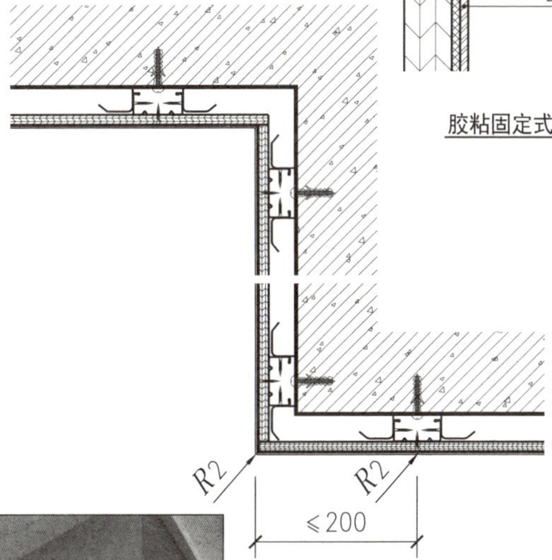

阴角与阳角

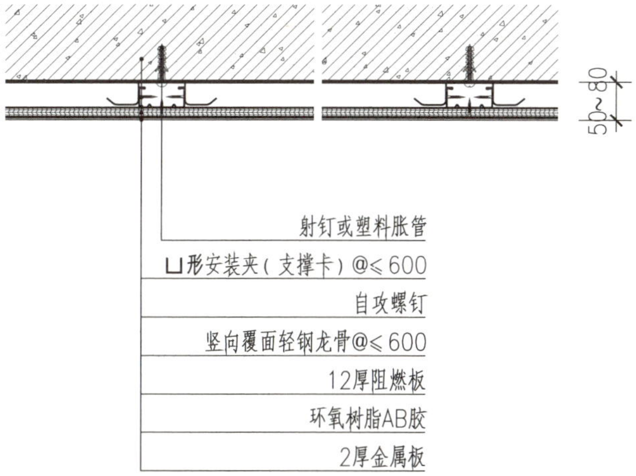

金属墙面横剖面图

织物吸声板（软包）墙面

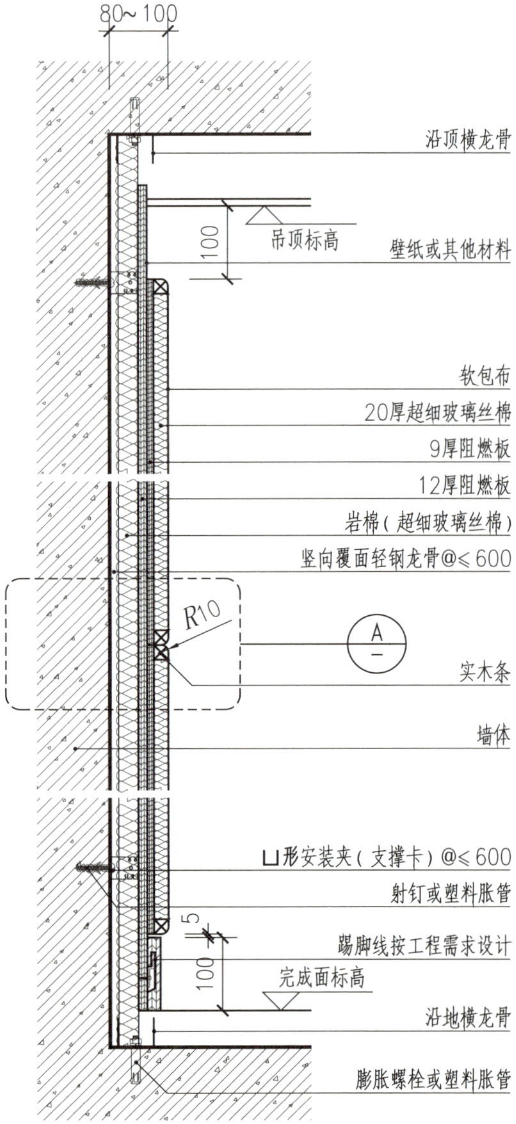

织物吸声板(软包)墙面纵剖面图

软包

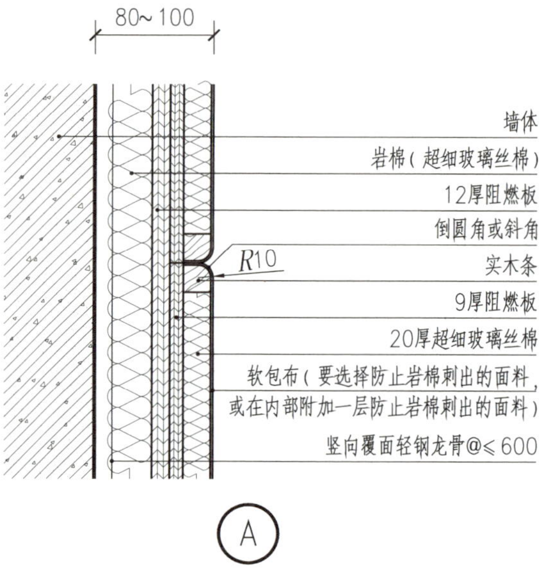

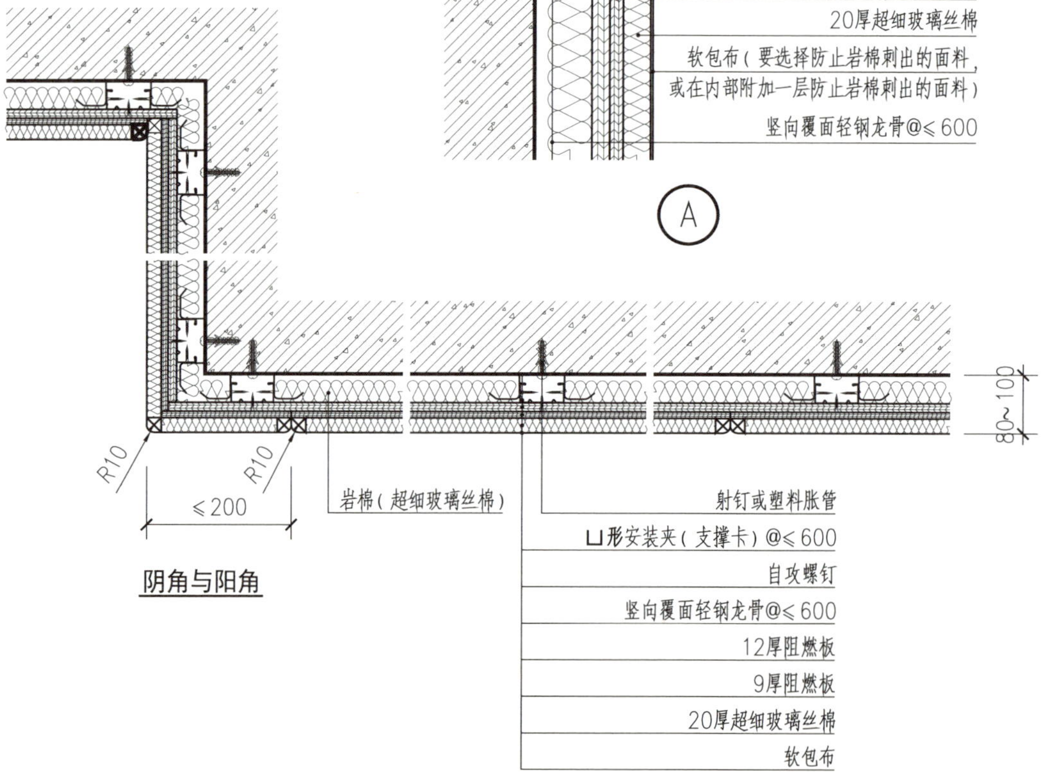

阴角与阳角

织物吸声板(软包)墙面横剖面图

注：面板安装方式也可采用木挂条挂装。

硬包饰面墙面

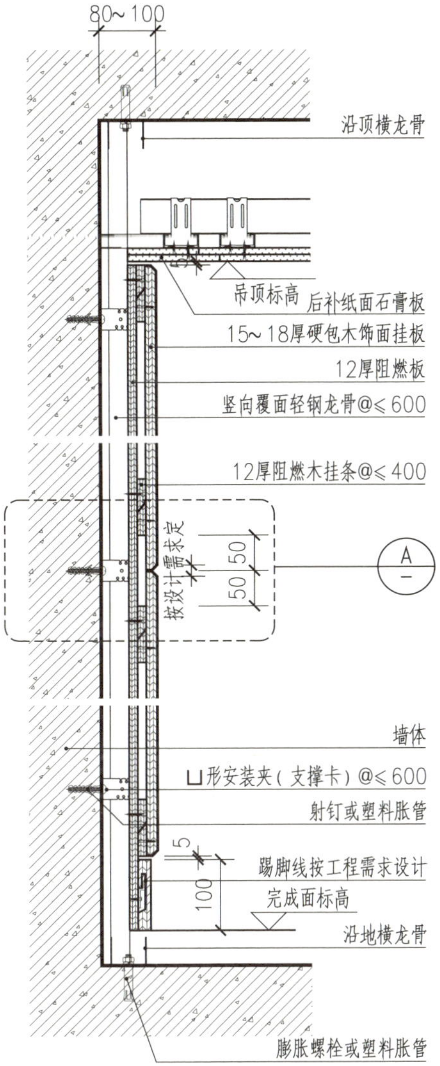

硬包饰面墙面纵剖面图

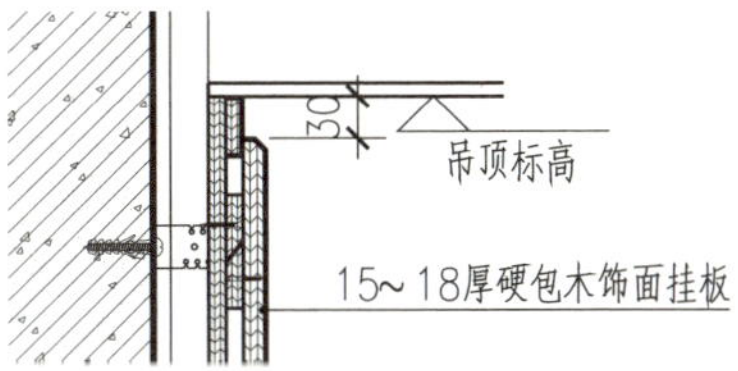

顶部收口方案

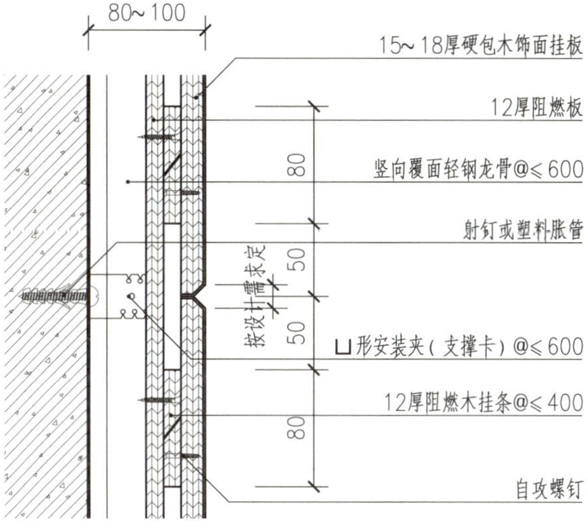

A

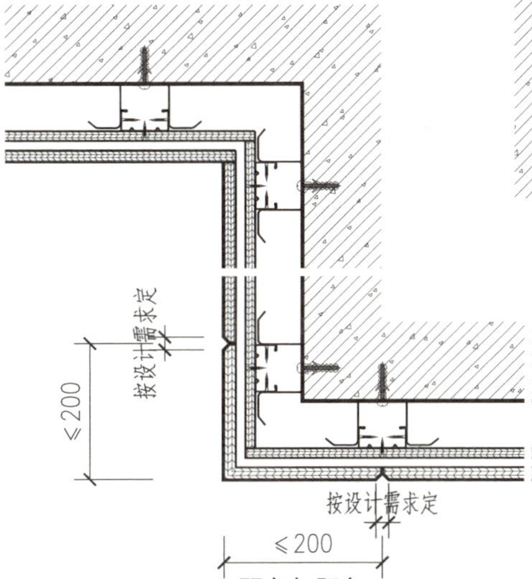

阴角与阳角

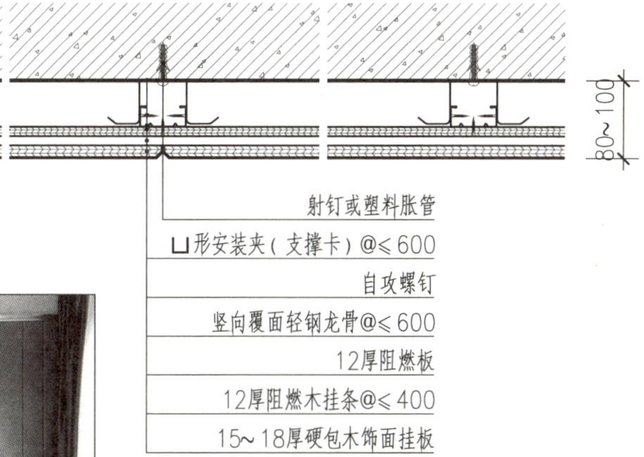

硬包饰面墙面横剖面图

硬包

注：面板安装方式也可采用粘贴式。

木饰面挂板墙面

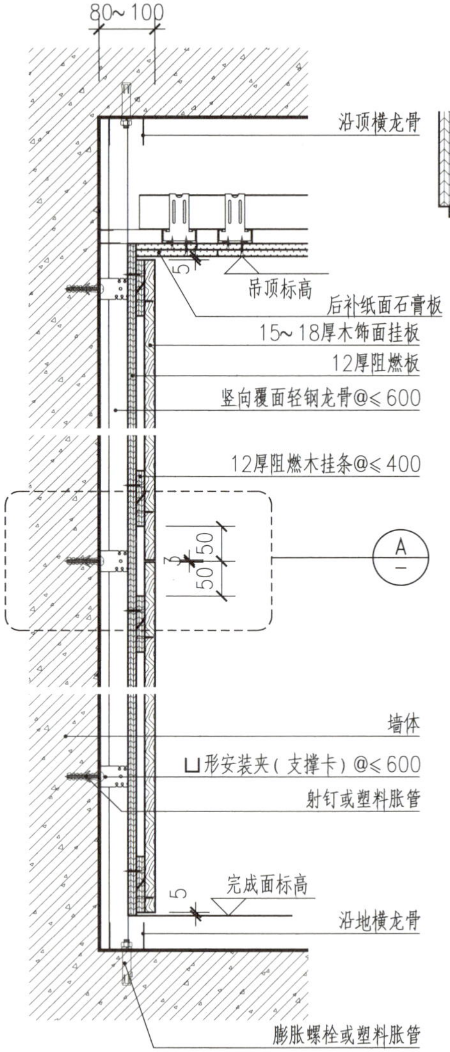

木饰面挂板墙面纵剖面图

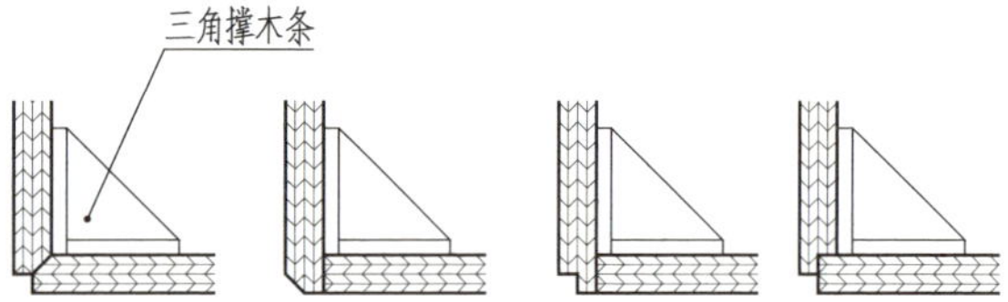

阳角拼接

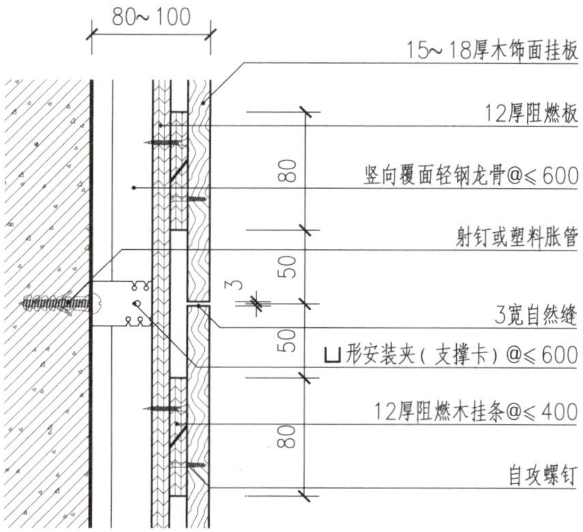

A

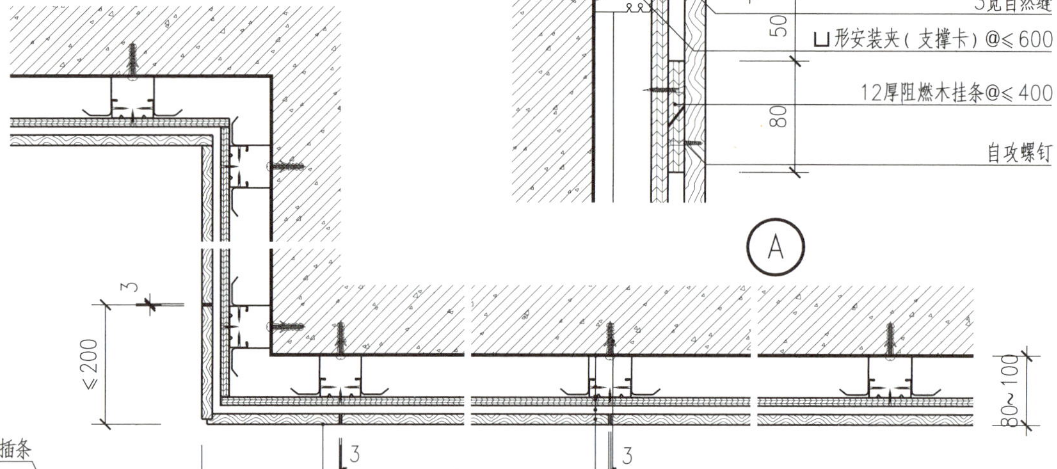

阴角与阳角

木饰面挂板墙面横剖面图

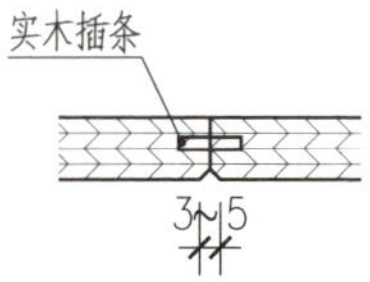

V形拼接

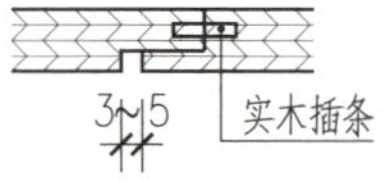

⊔形拼接

密缝拼接

木饰面板

注：面板安装方式也可采用粘贴式。

木质吸声板墙面

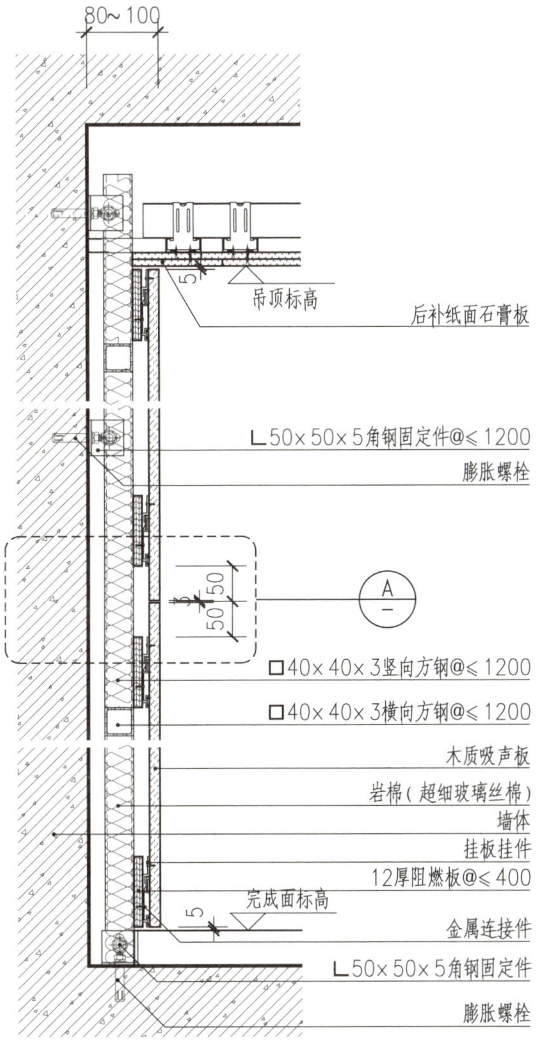

木质吸声板墙面纵剖面图

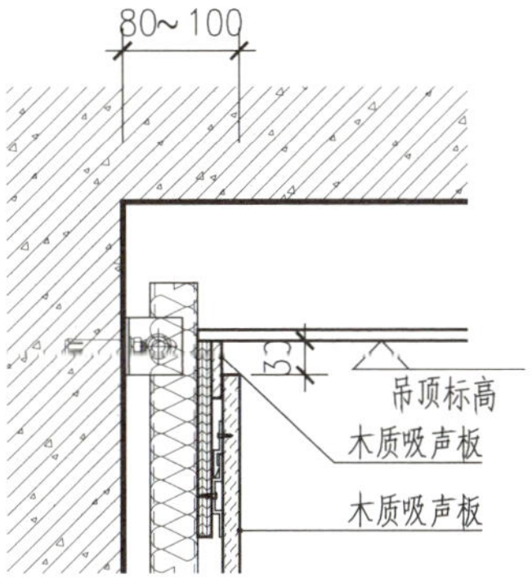

顶部收口方案

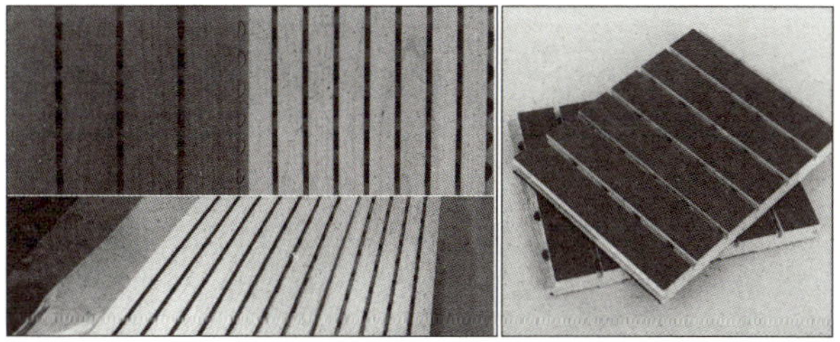
木质吸声板

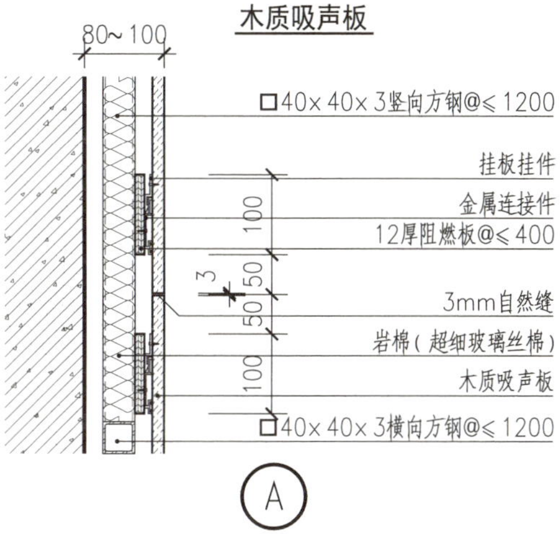

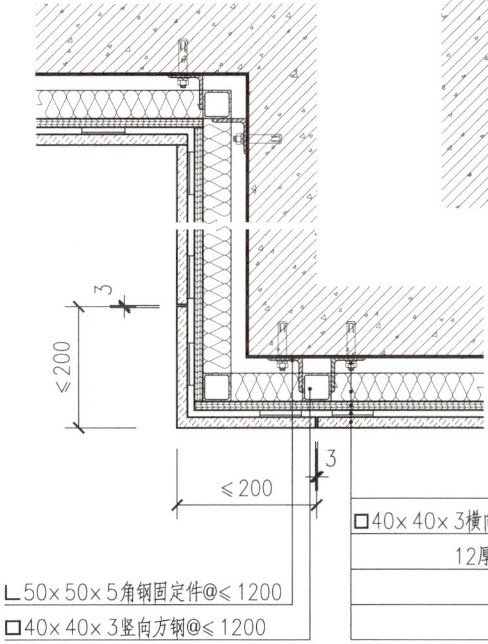

阴角与阳角

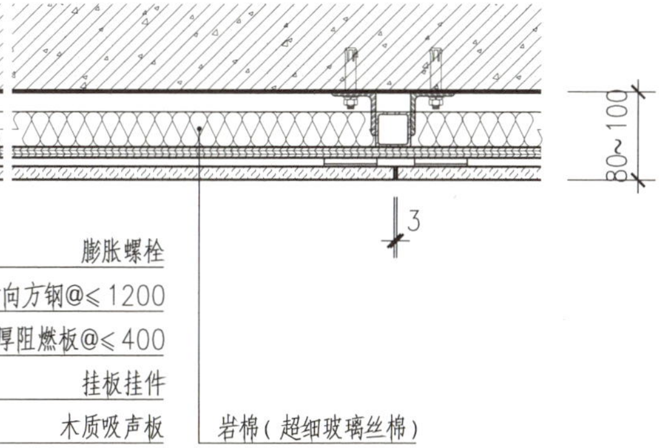

木质吸声板墙面横剖面图

木饰面榫槽墙面

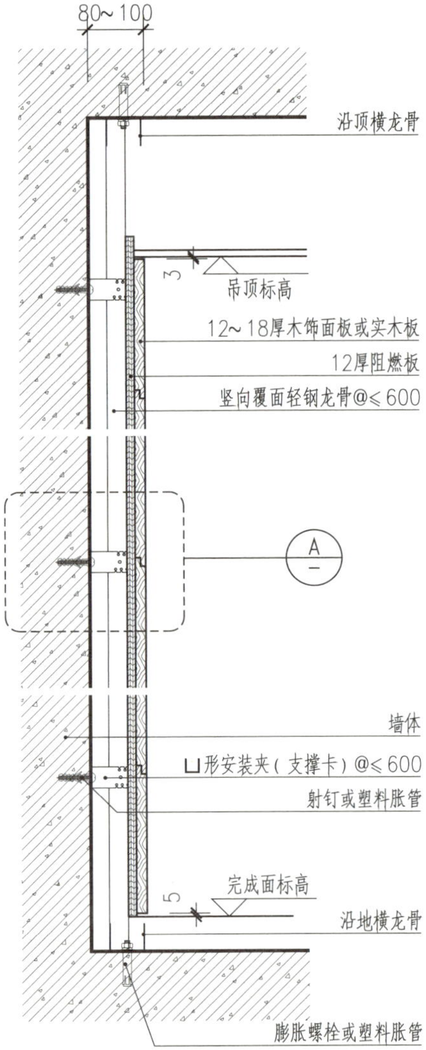

木饰面榫槽墙面纵剖面图

木饰面板1

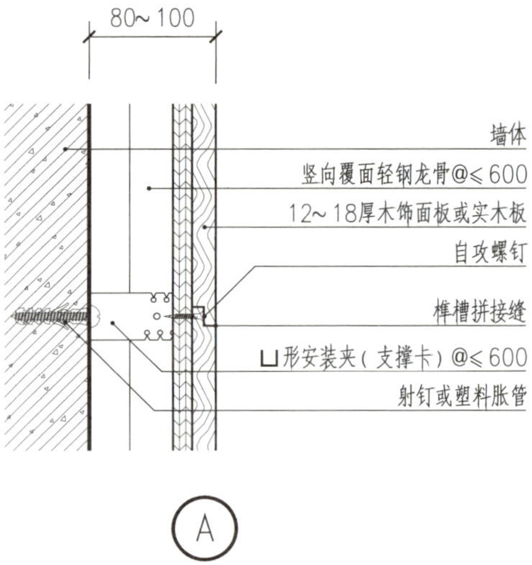

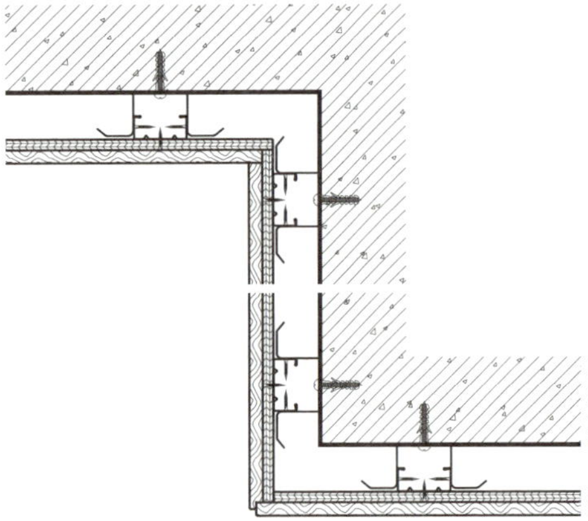

阴角与阳角

木饰面板2

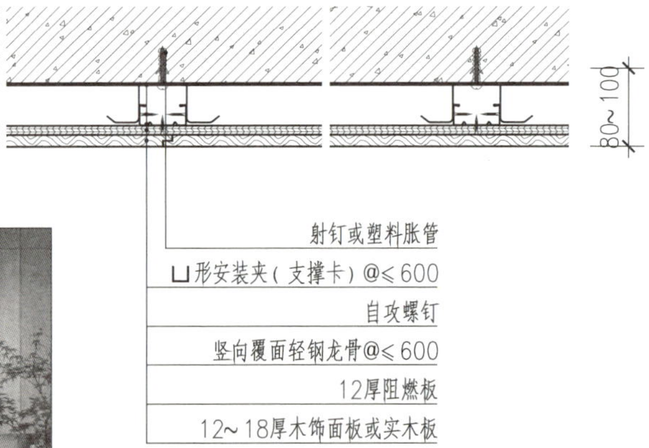

木饰面榫槽墙面横剖面图

木质护壁墙裙墙面

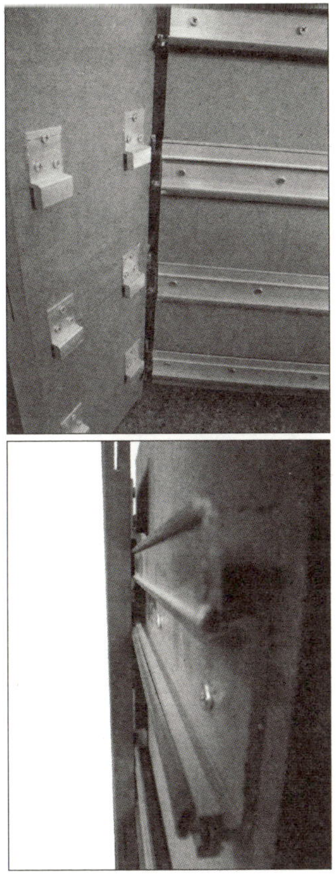

木挂板

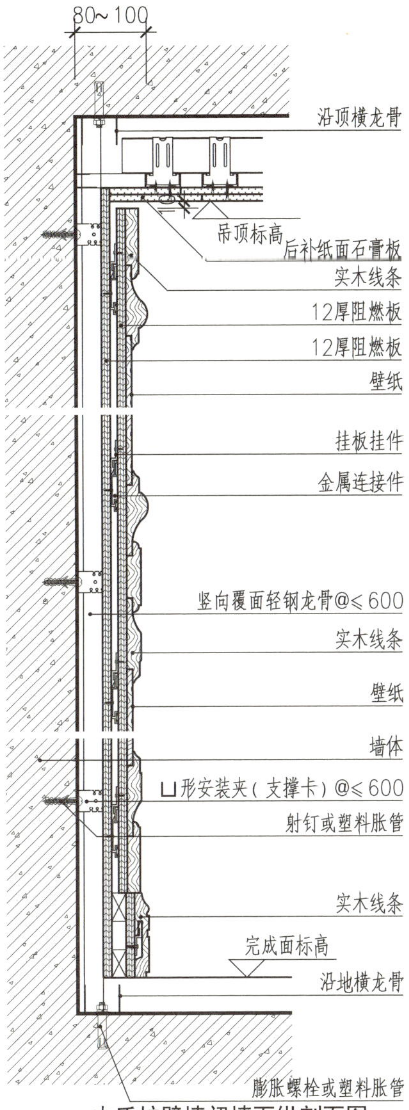

木质护壁墙裙墙面纵剖面图

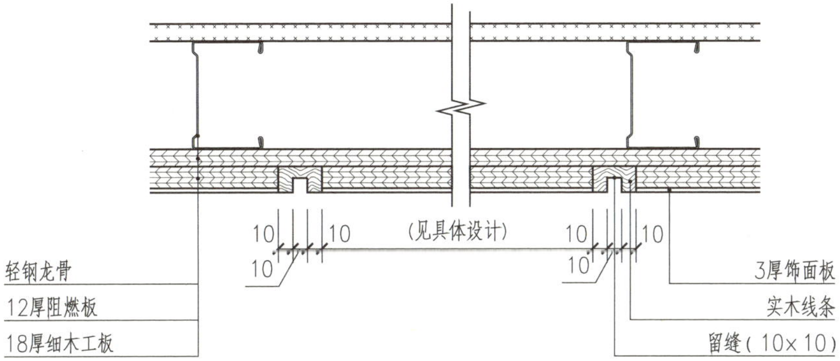

木质墙裙墙面横剖面图（一）

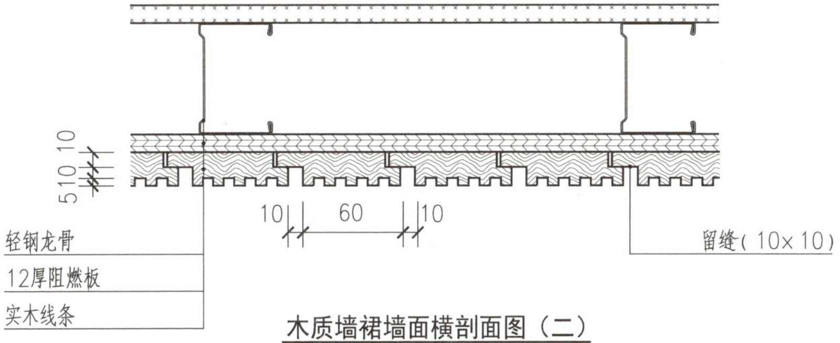

木质墙裙墙面横剖面图（二）

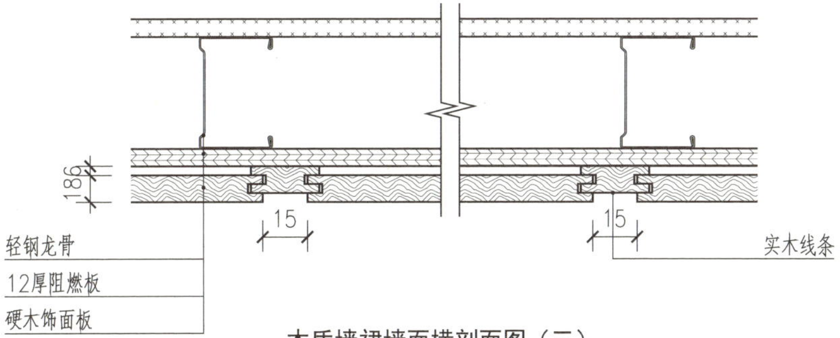

木质墙裙墙面横剖面图（三）

干粘玻璃墙面

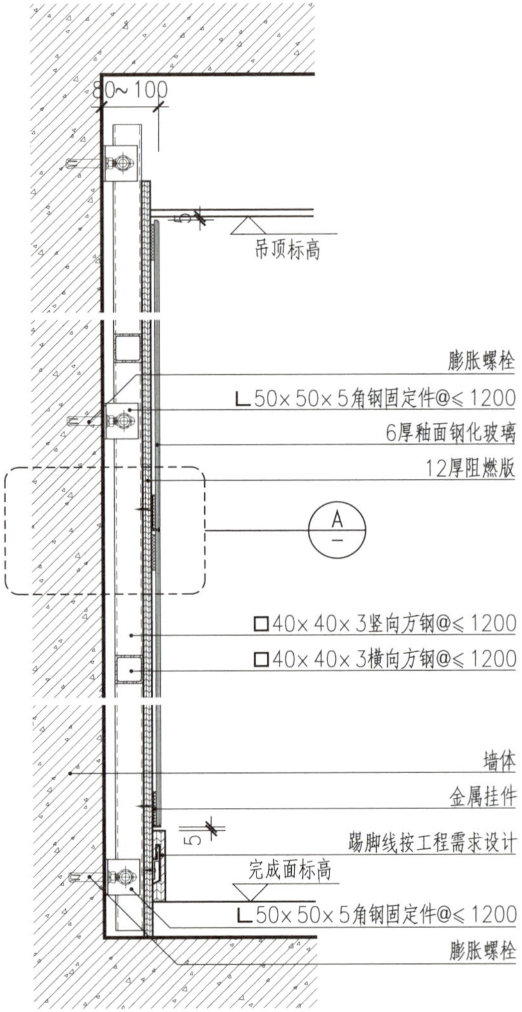

干粘玻璃墙面纵剖面图

干粘玻璃

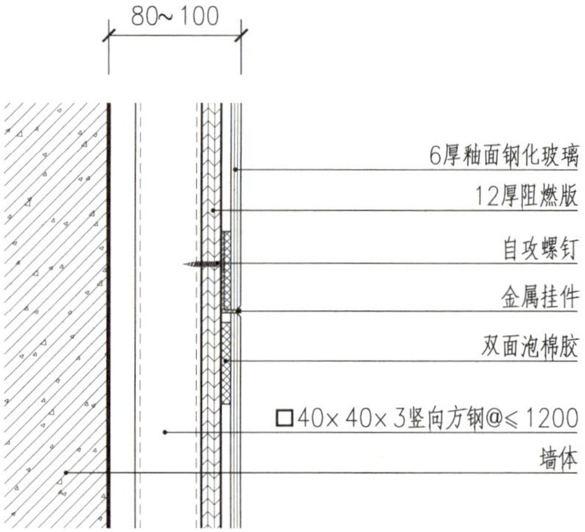

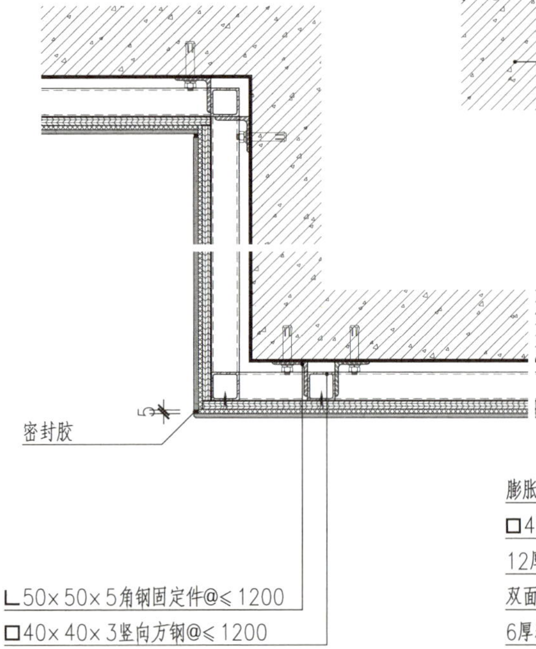

阴角与阳角

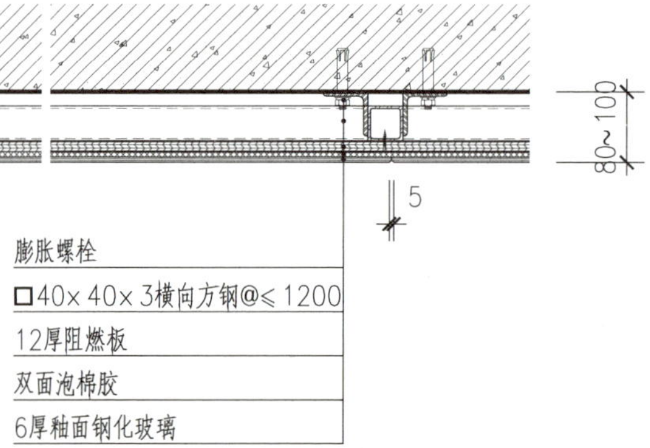

干粘玻璃墙面横剖面图

注：1. 干粘玻璃墙面仅适用于釉面钢化玻璃厚度不大于6mm、单片玻璃面积不大于1㎡的墙面。
2. 内部龙骨也可以采用覆面轻钢龙骨。

点支式玻璃墙面

点支式玻璃

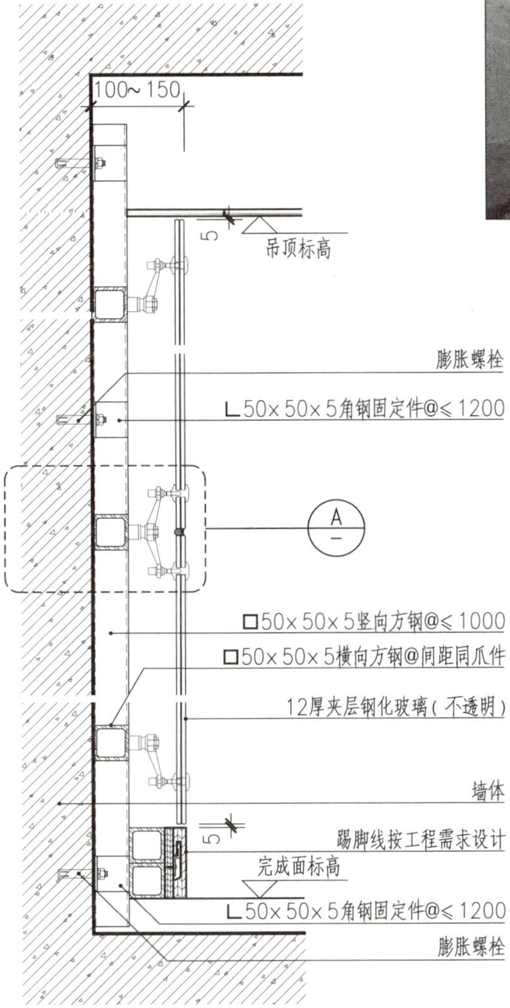

100~150
5
吊顶标高
膨胀螺栓
L50x50x5角钢固定件@≤1200
A
□50x50x5竖向方钢@≤1000
□50x50x5横向方钢@间距同爪件
12厚夹层钢化玻璃（不透明）
墙体
5
踢脚线按工程需求设计
完成面标高
L50x50x5角钢固定件@≤1200
膨胀螺栓

点支式玻璃墙面纵剖面图

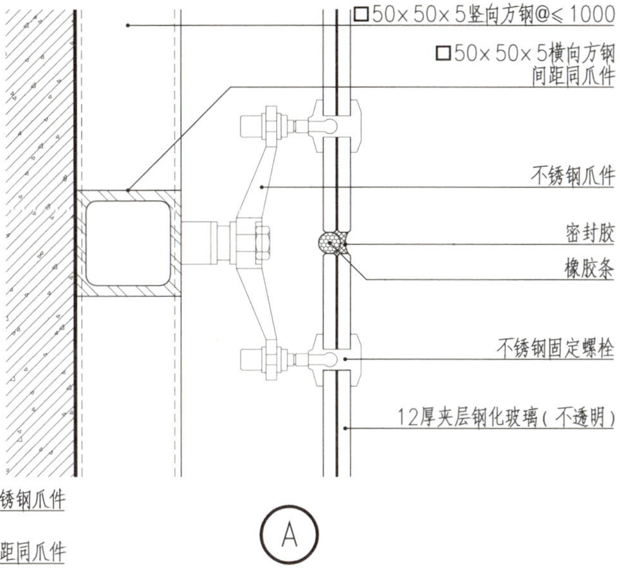

□50x50x5竖向方钢@≤1000
□50x50x5横向方钢
间距同爪件
不锈钢爪件
密封胶
橡胶条
不锈钢固定螺栓
12厚夹层钢化玻璃（不透明）
A

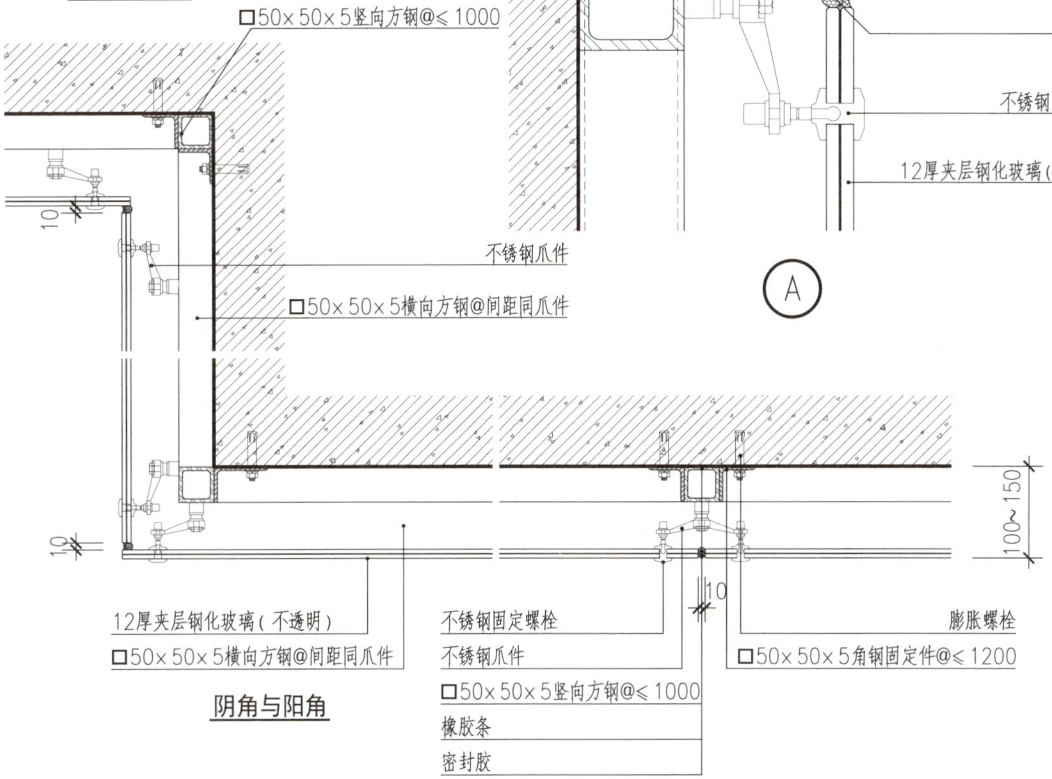

□50x50x5竖向方钢@≤1000
10
不锈钢爪件
□50x50x5横向方钢@间距同爪件
10
100~150
10
12厚夹层钢化玻璃（不透明）
□50x50x5横向方钢@间距同爪件
不锈钢固定螺栓
不锈钢爪件
□50x50x5竖向方钢@≤1000
橡胶条
密封胶
膨胀螺栓
□50x50x5角钢固定件@≤1200

阴角与阳角

点支式玻璃墙面横剖面图

明框干挂玻璃墙面

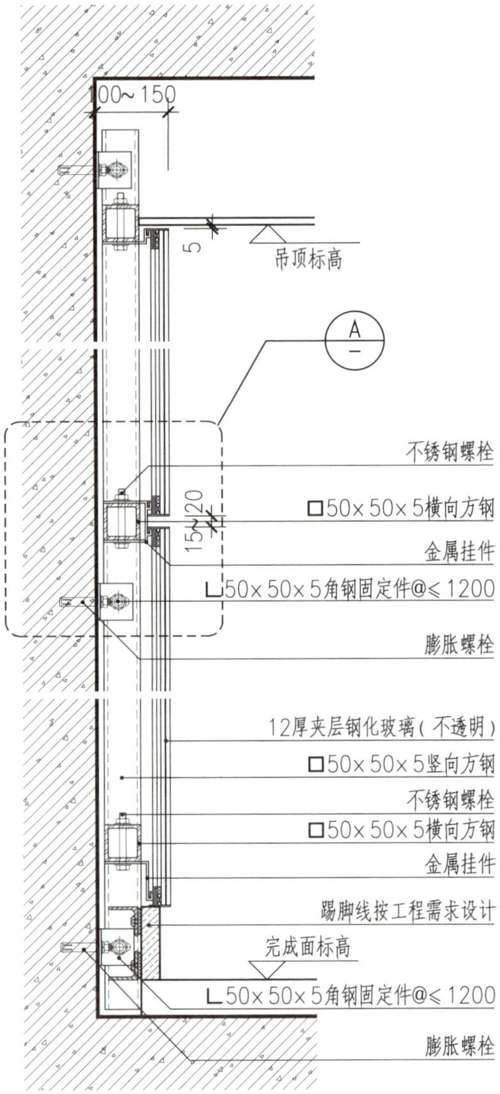

明框干挂玻璃墙面纵剖面图

干挂玻璃

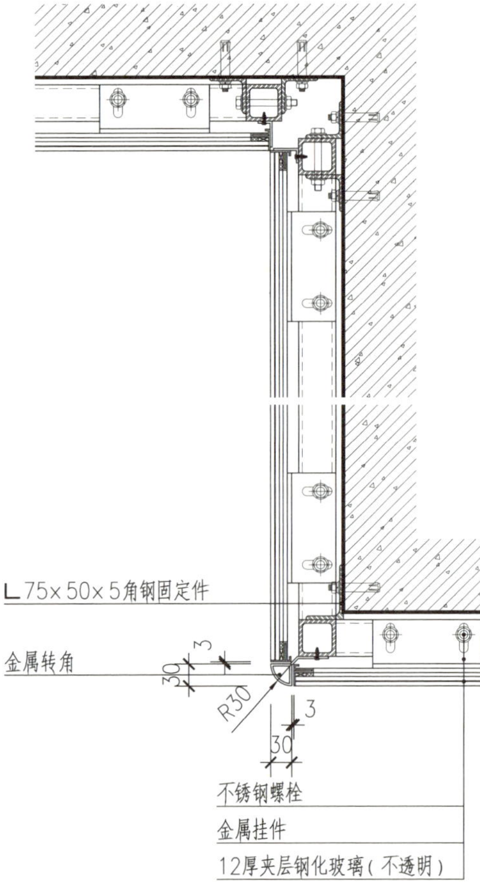

阴角与阳角

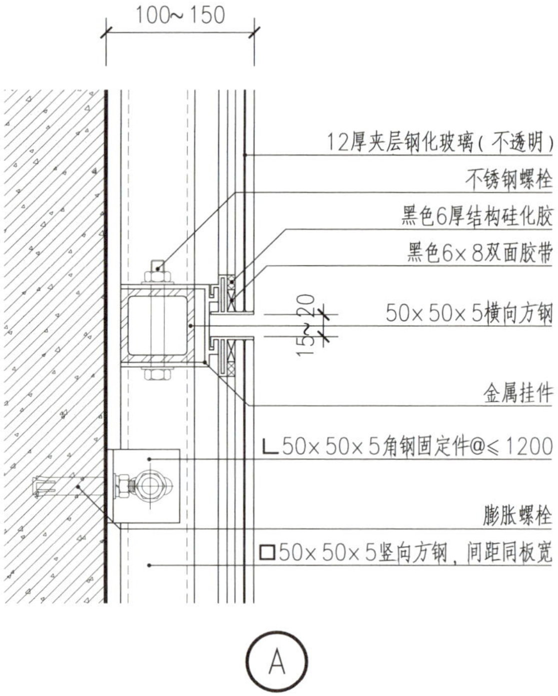

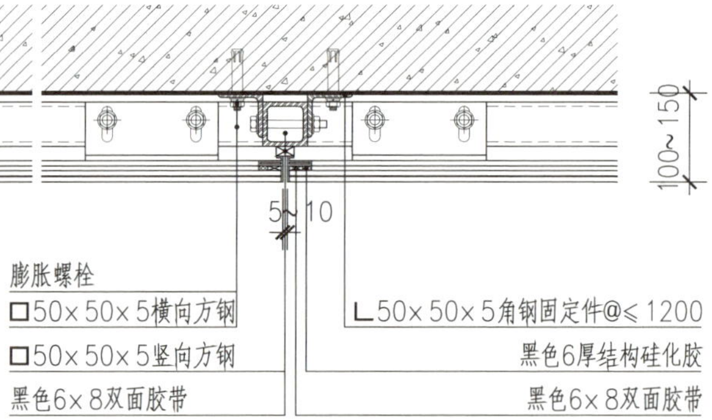

明框干挂玻璃墙面横剖面图

暗框干挂玻璃墙面

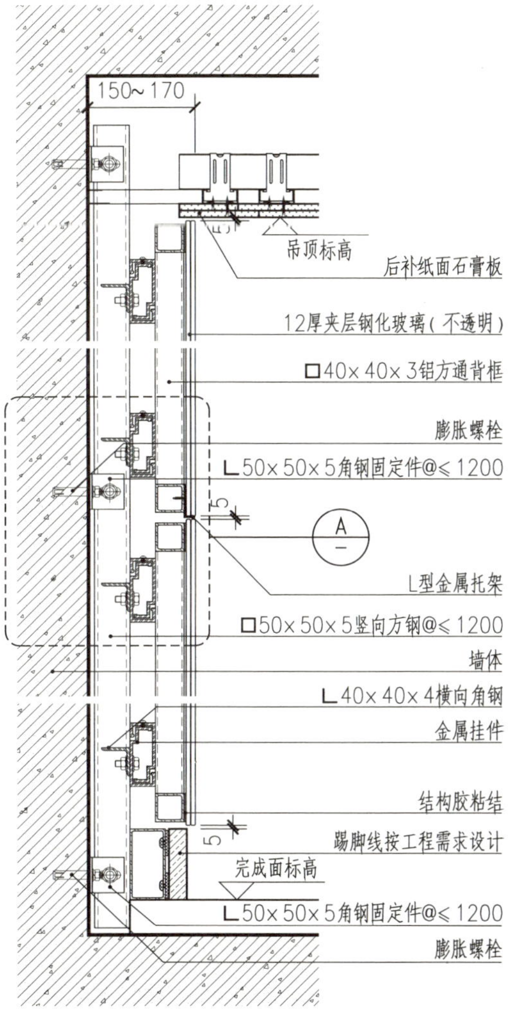

暗框干挂玻璃墙面纵剖面图

干挂玻璃

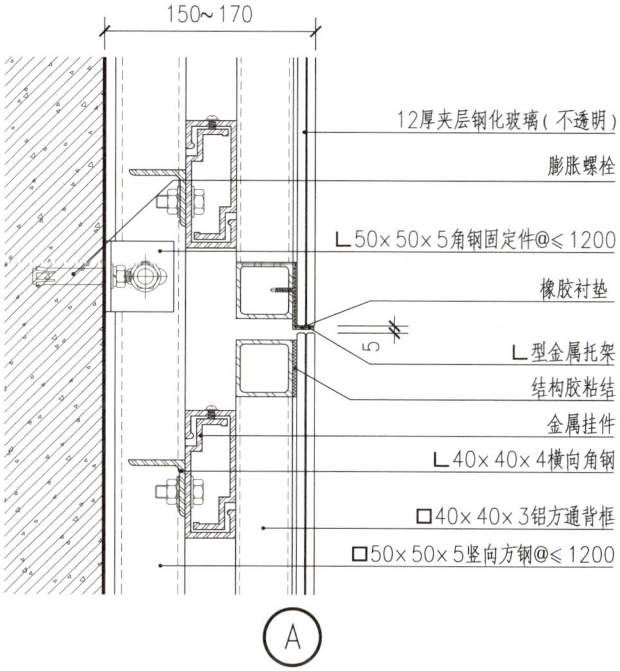

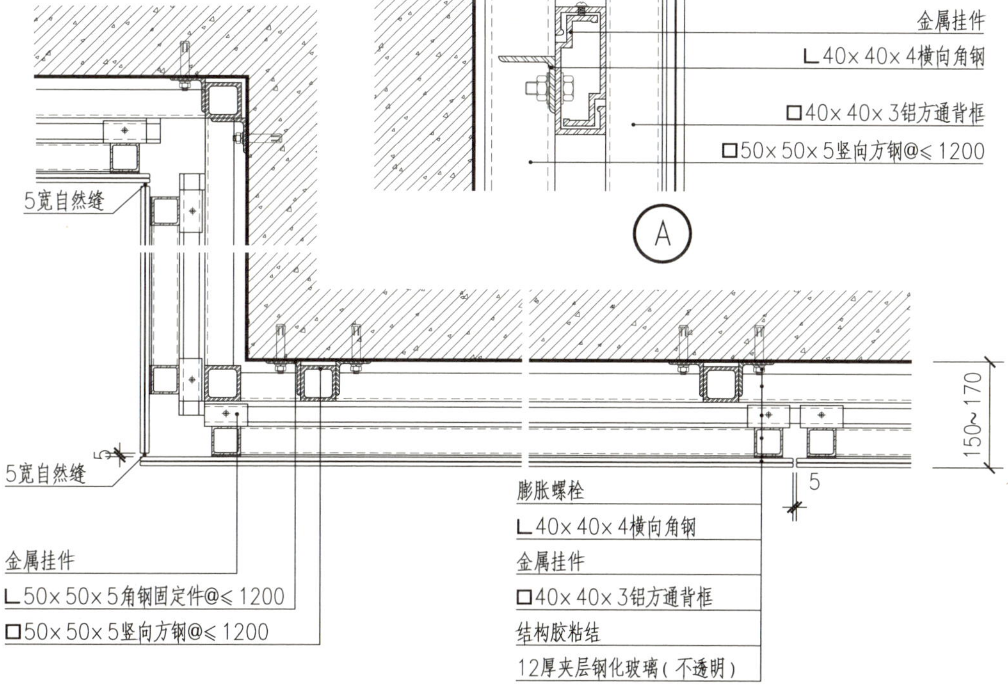

阴角与阳角

暗框干挂玻璃墙面横剖面图

镜面玻璃墙面

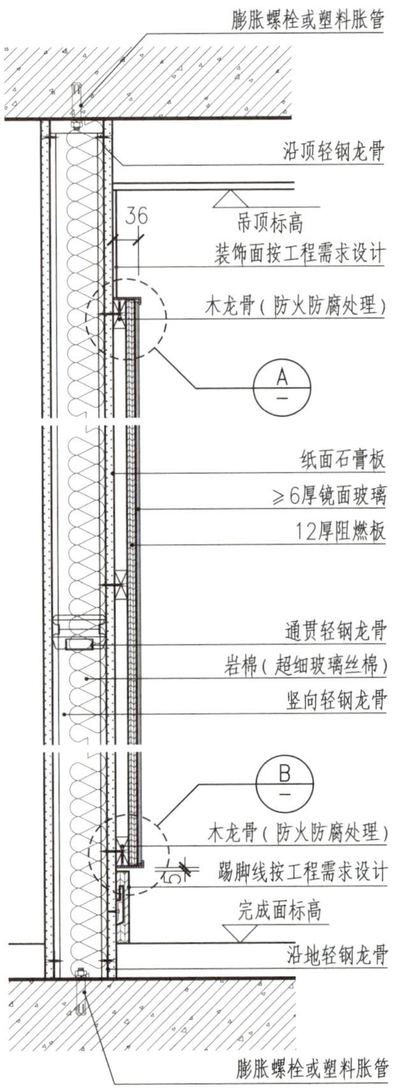

镜面玻璃墙面纵剖面图

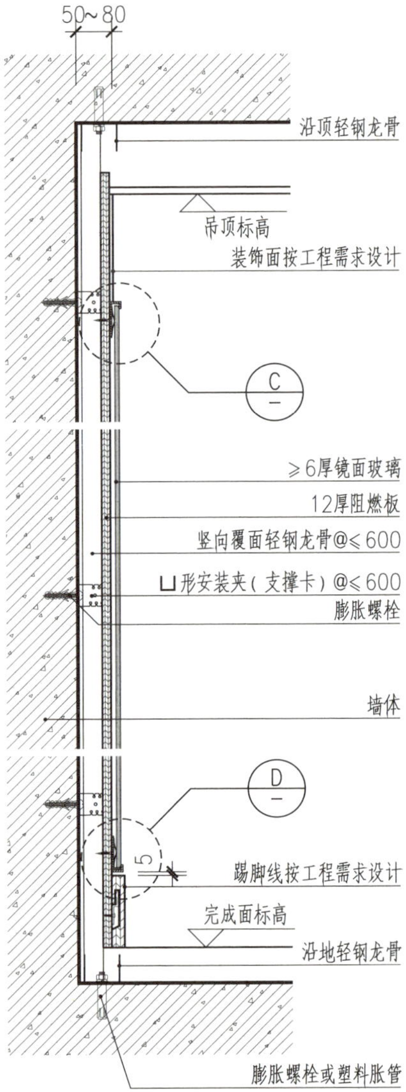

镜面玻璃墙面纵剖面图

镜面玻璃墙面

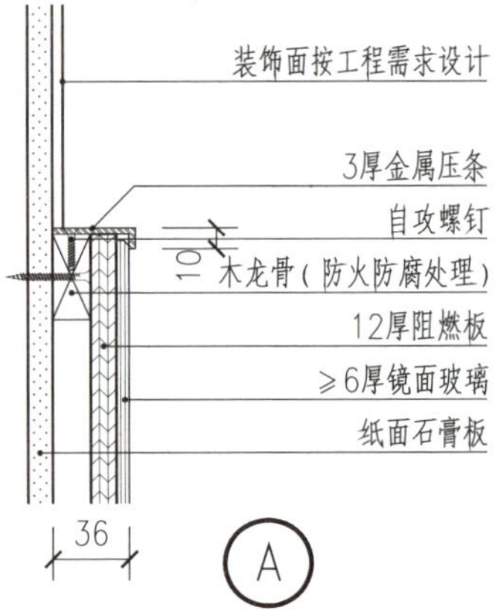

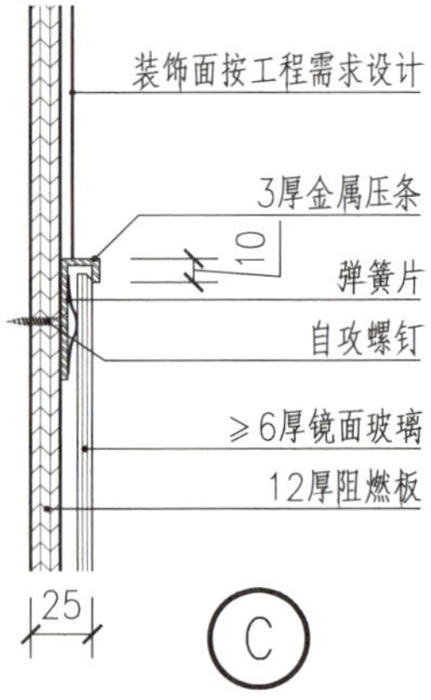

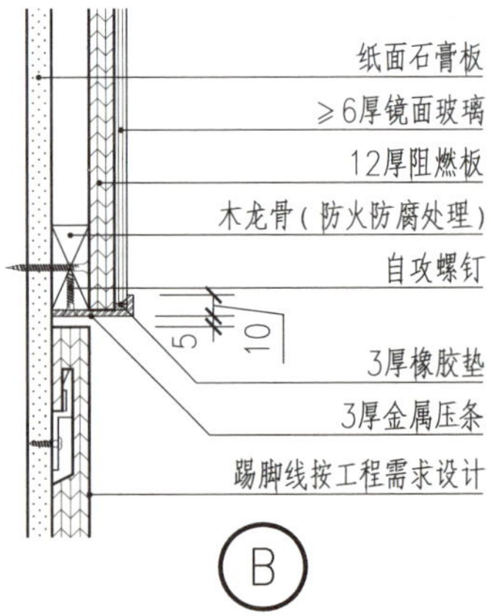

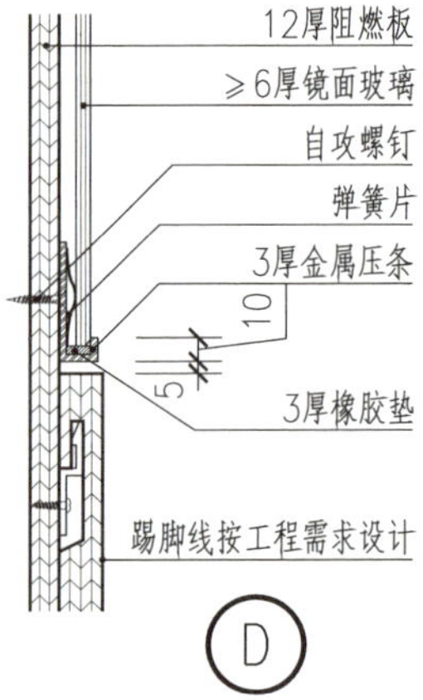

注：镜面高度最高2500 mm，超高时应分块设置。

透光墙面 / 玻璃隔断

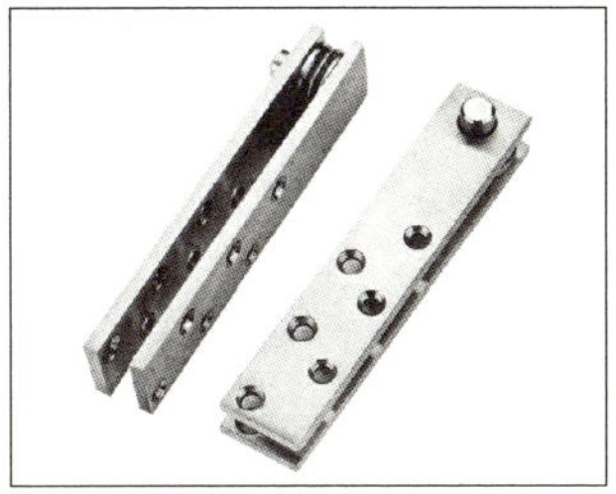

不锈钢门轴

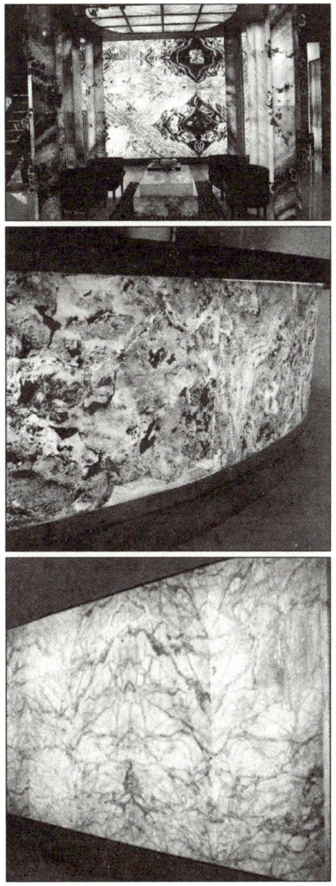

透光墙面

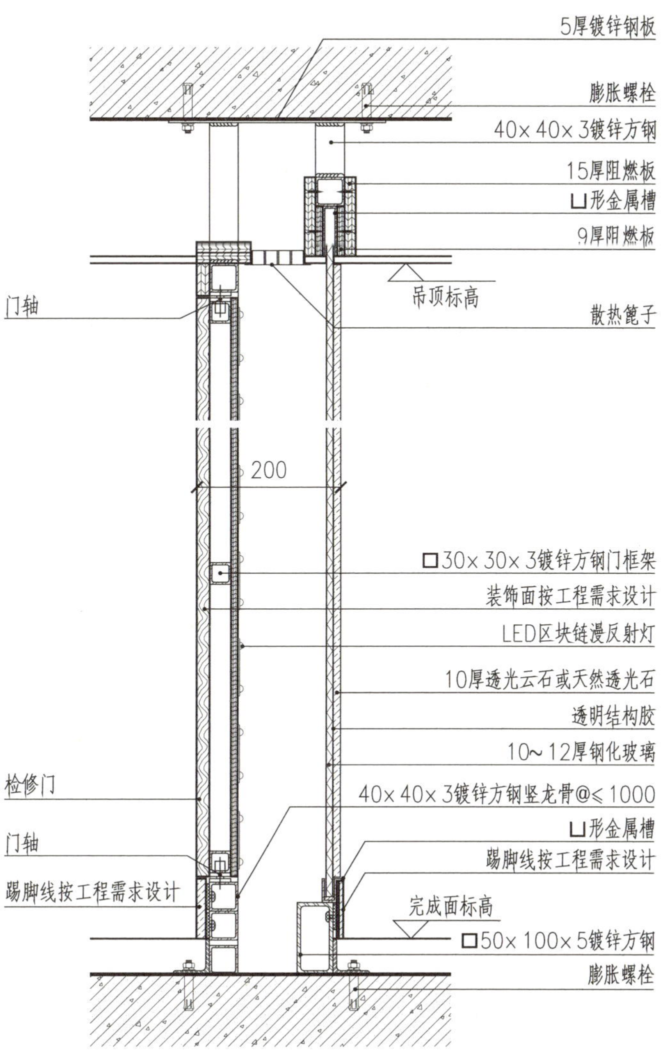

透光墙面纵剖面图

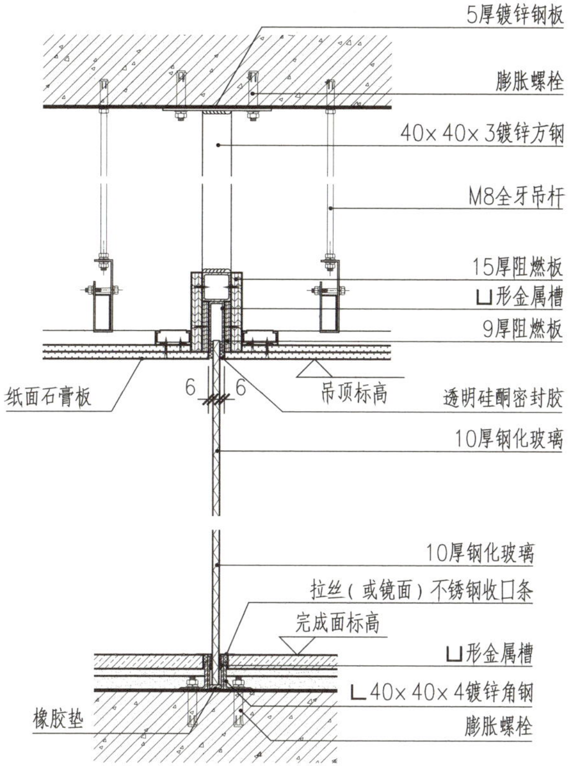

玻璃隔断纵剖面图（一）

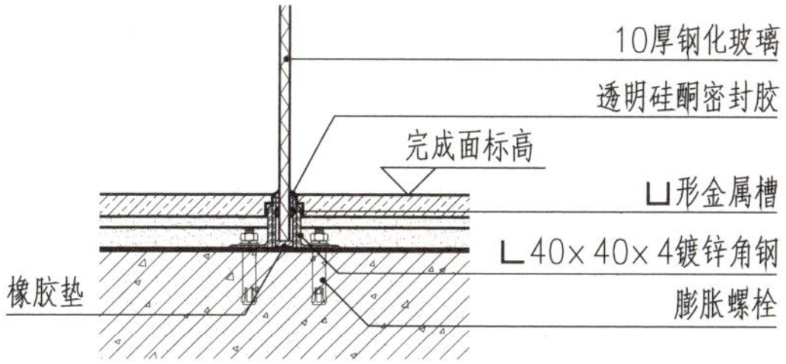

玻璃隔断纵剖面图（二）

木丝板吸声墙面

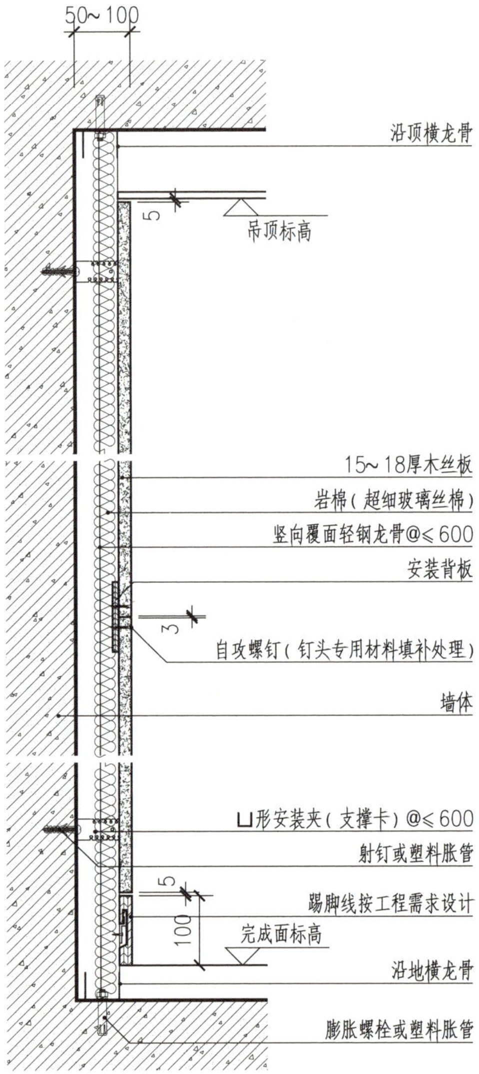
50~100
沿顶横龙骨
5
吊顶标高
15~18厚木丝板
岩棉（超细玻璃丝棉）
竖向覆面轻钢龙骨@≤600
安装背板
3
自攻螺钉（钉头专用材料填补处理）
墙体
⊔形安装夹（支撑卡）@≤600
射钉或塑料胀管
5
踢脚线按工程需求设计
100
完成面标高
沿地横龙骨
膨胀螺栓或塑料胀管

木丝板吸声墙面纵剖面图

木丝板

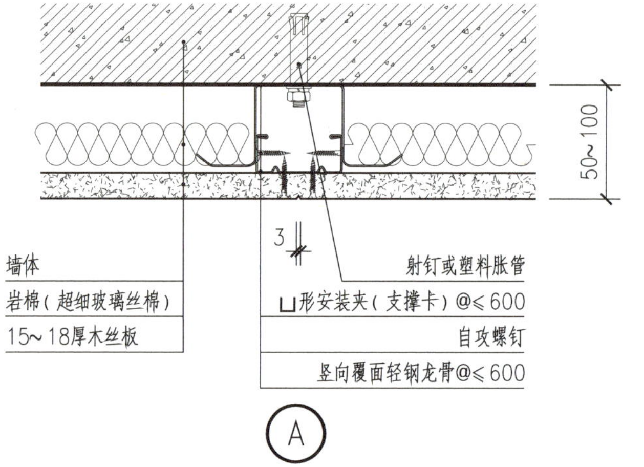
50~100
3
墙体
岩棉（超细玻璃丝棉）
15~18厚木丝板
射钉或塑料胀管
⊔形安装夹（支撑卡）@≤600
自攻螺钉
竖向覆面轻钢龙骨@≤600
A

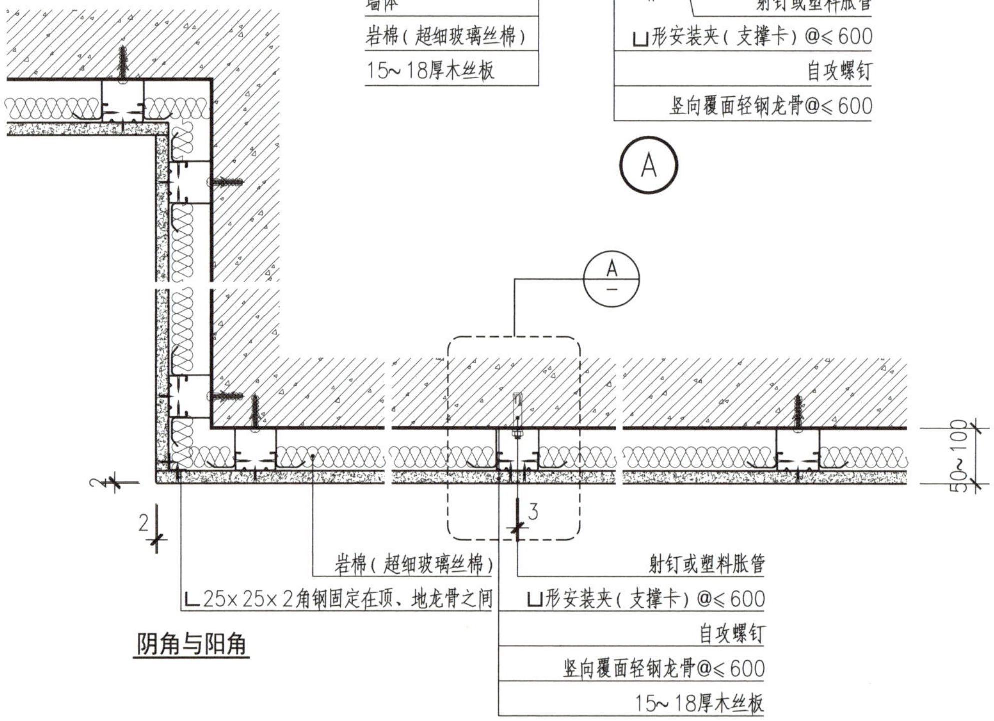
A
2
2
50~100
3
岩棉（超细玻璃丝棉）
∟25x25x2角钢固定在顶、地龙骨之间
射钉或塑料胀管
⊔形安装夹（支撑卡）@≤600
自攻螺钉
竖向覆面轻钢龙骨@≤600
15~18厚木丝板
阴角与阳角

木丝板吸声墙面横剖面图

穿孔石膏板吸声墙面

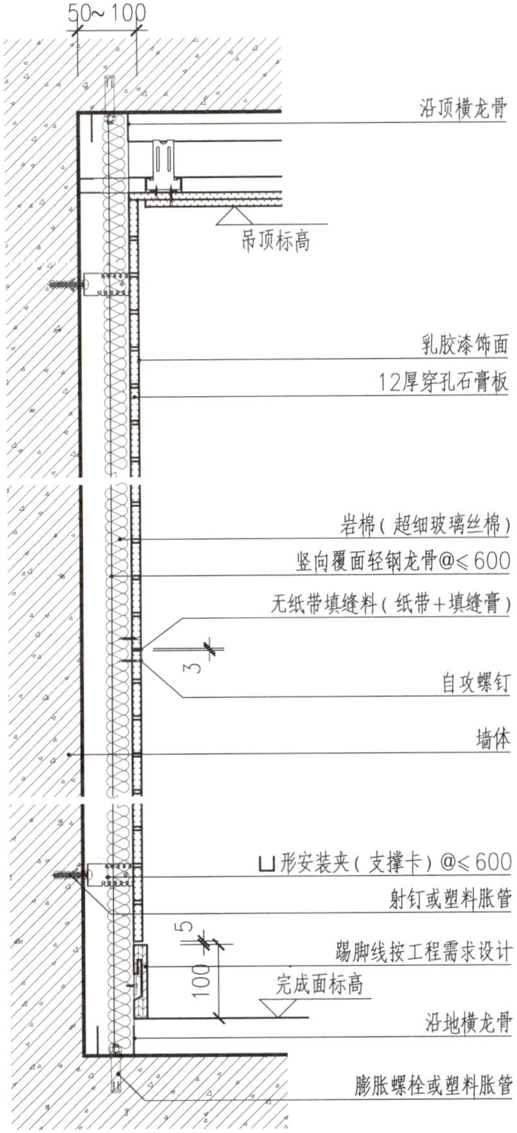

穿孔石膏板吸声墙面纵剖面图

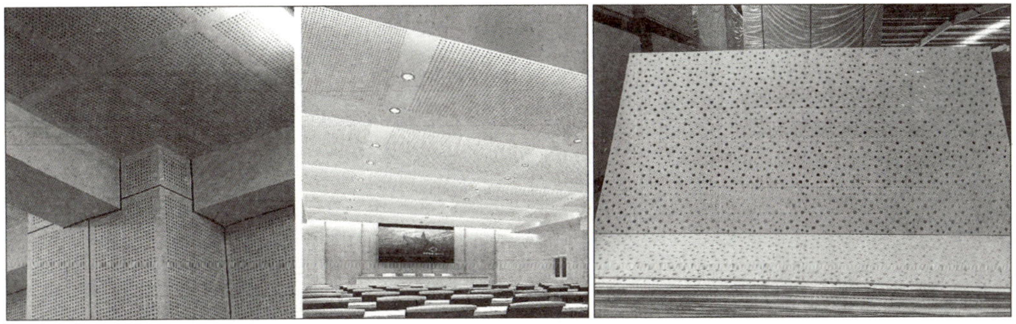

穿孔石膏板

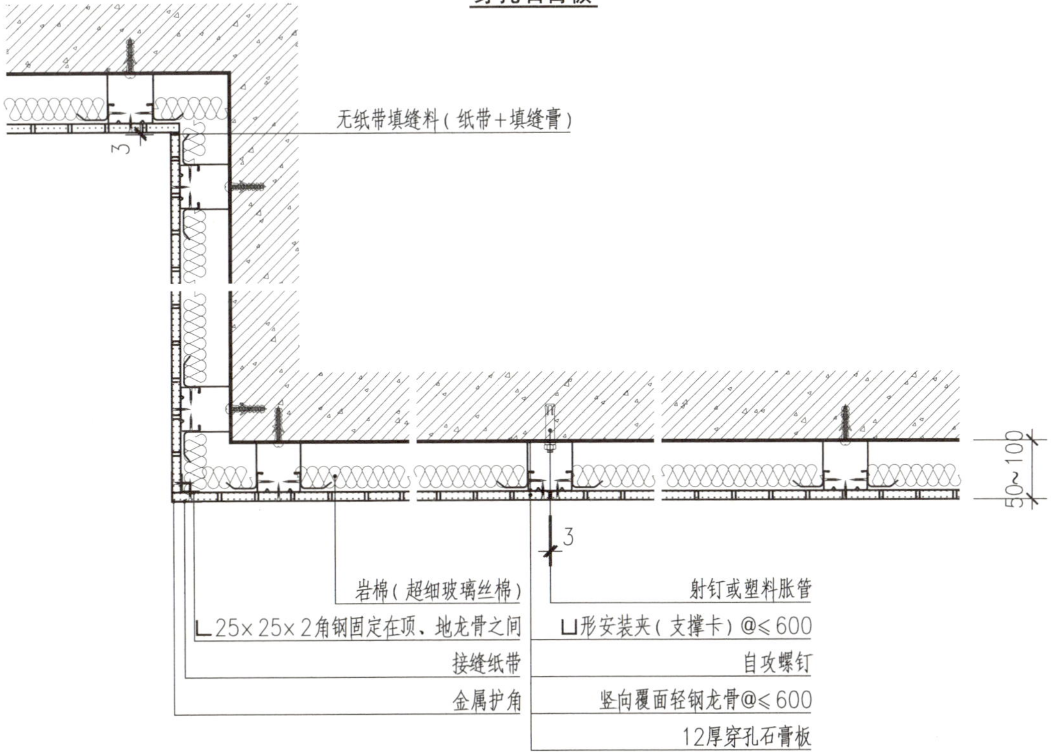

阴角与阳角

穿孔石膏板吸声墙面横剖面图

GRG、GRC 挂板墙面

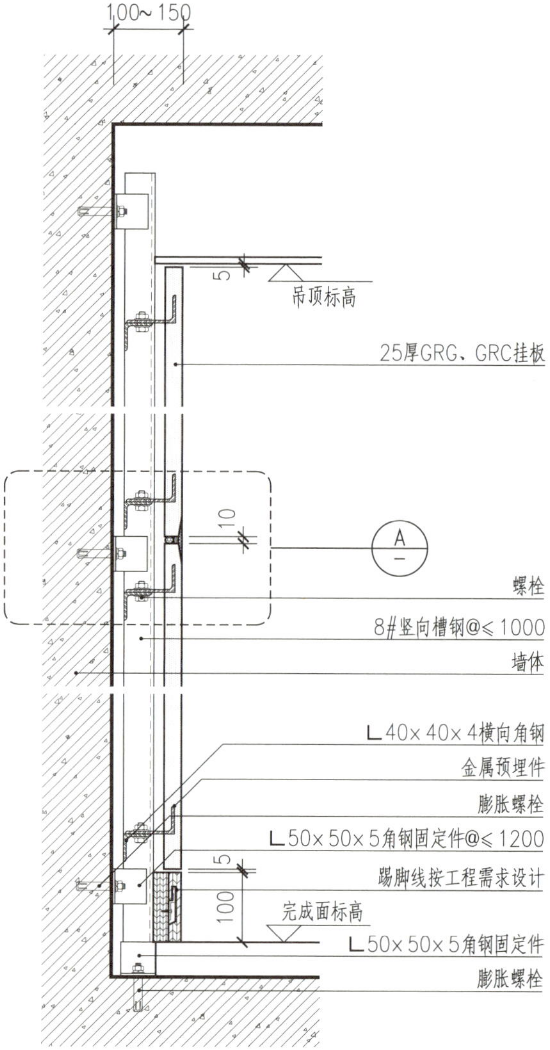

GRG、GRC挂板墙面纵剖面图

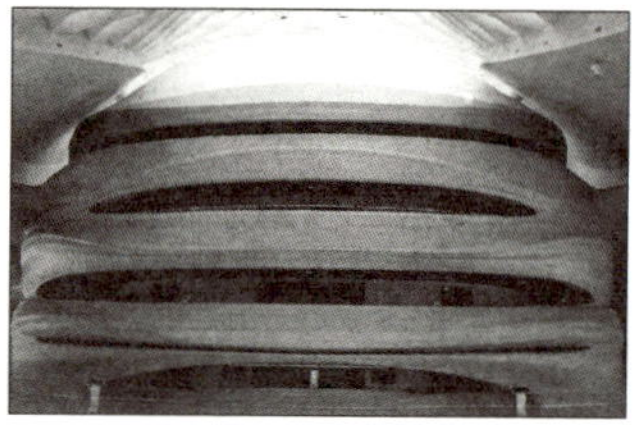

GRG、GRC挂板

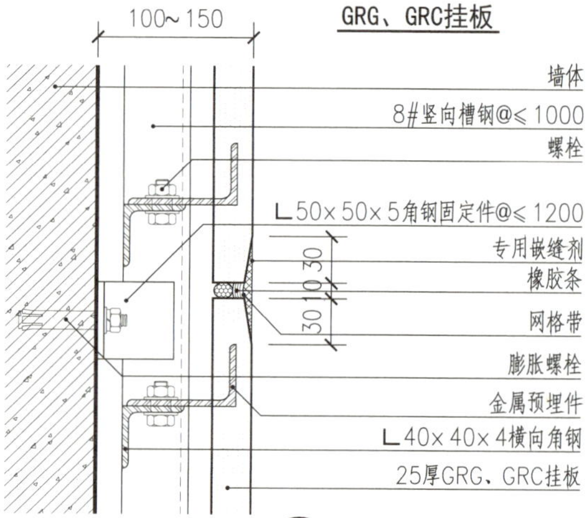

A

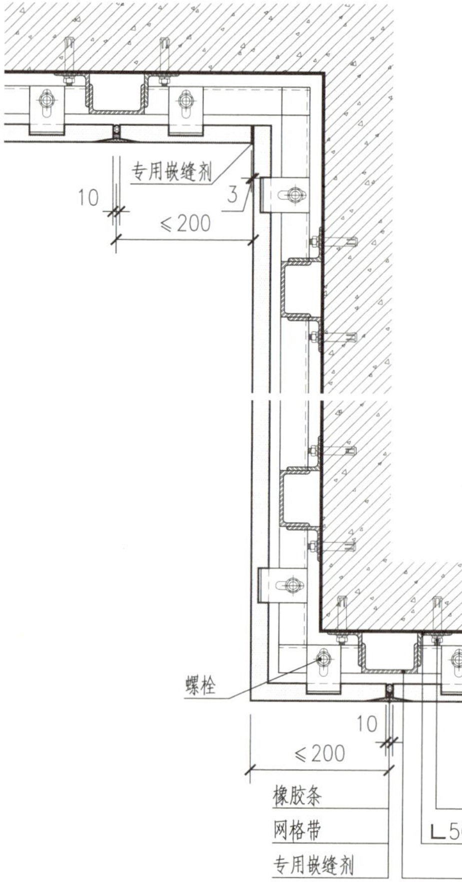

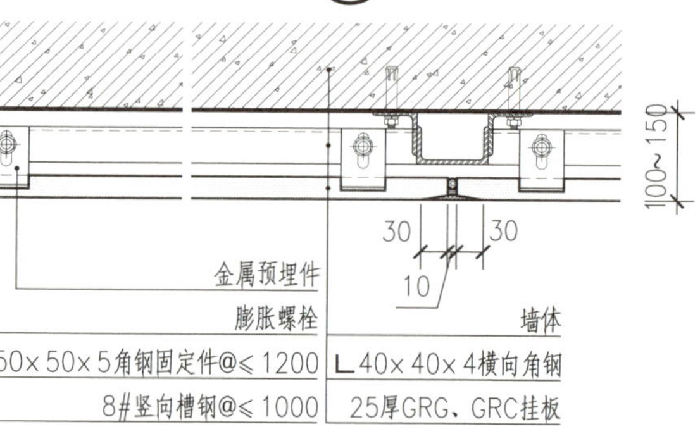

阴角与阳角

GRG、GRC挂板墙面横剖面图

陶板墙面

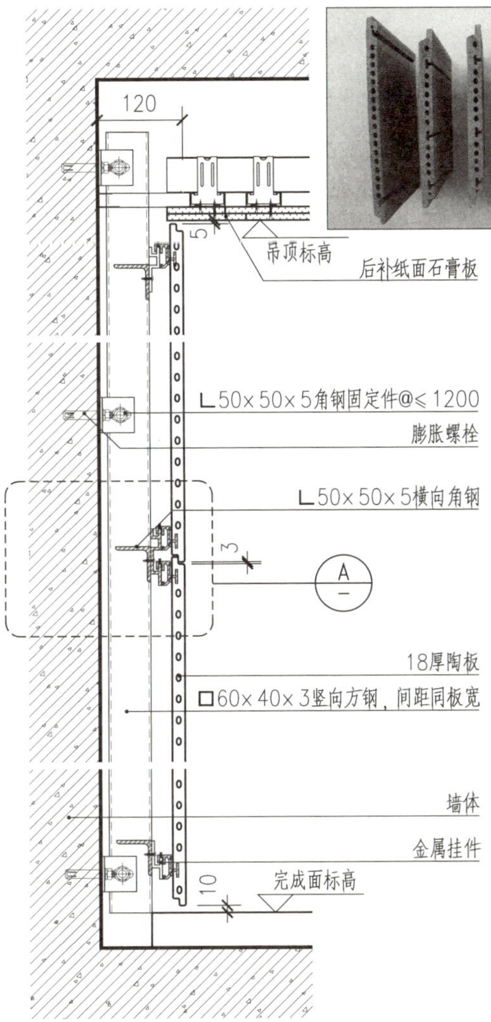
120
5
吊顶标高
后补纸面石膏板
L50x50x5角钢固定件@≤1200
膨胀螺栓
L50x50x5横向角钢
3
A
18厚陶板
□60x40x3竖向方钢，间距同板宽
墙体
金属挂件
10
完成面标高

陶板墙面纵剖面图

陶板

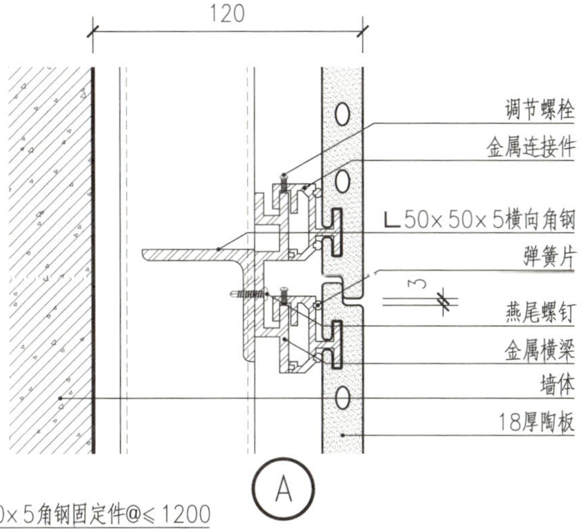
120
调节螺栓
金属连接件
L50x50x5横向角钢
弹簧片
3
燕尾螺钉
金属横梁
墙体
18厚陶板
A

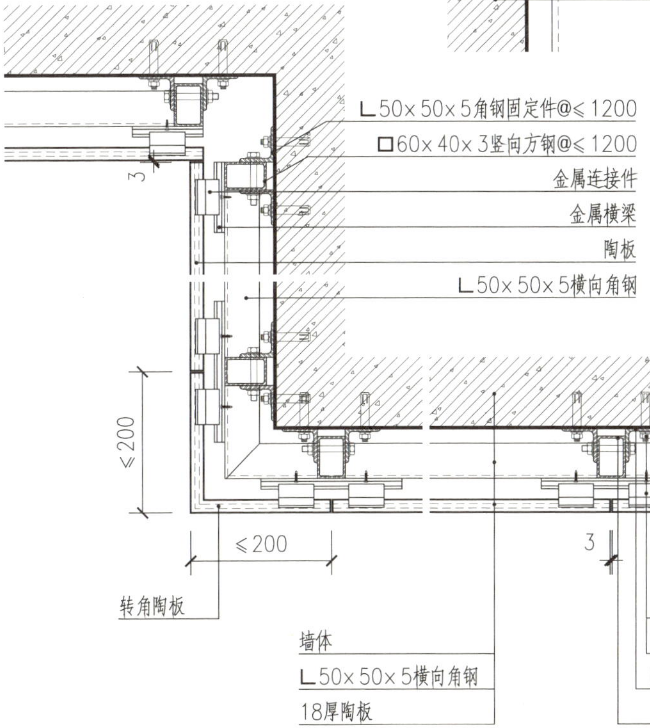
L50x50x5角钢固定件@≤1200
□60x40x3竖向方钢@≤1200
金属连接件
金属横梁
陶板
L50x50x5横向角钢
3
≤200
≤200
转角陶板
120
3
金属横梁
膨胀螺栓
金属连接件
L50x50x5角钢固定件@≤1200
□60x40x3竖向方钢@≤1200
墙体
L50x50x5横向角钢
18厚陶板

阴角与阳角

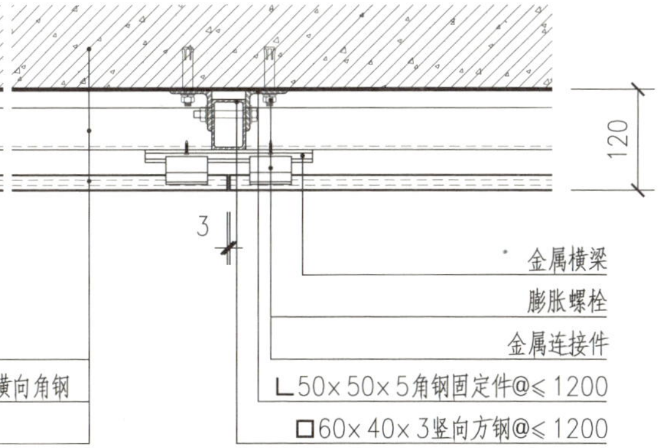

陶板墙面横剖面图

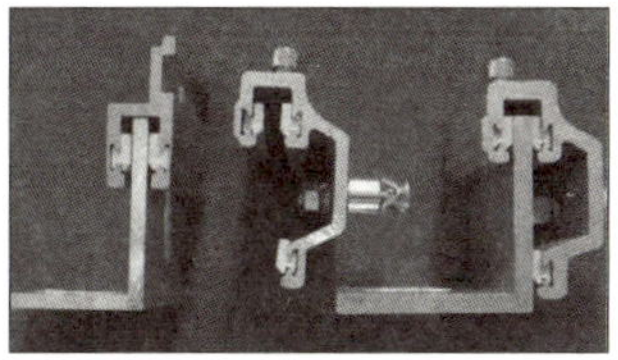

挂件

陶棍墙面

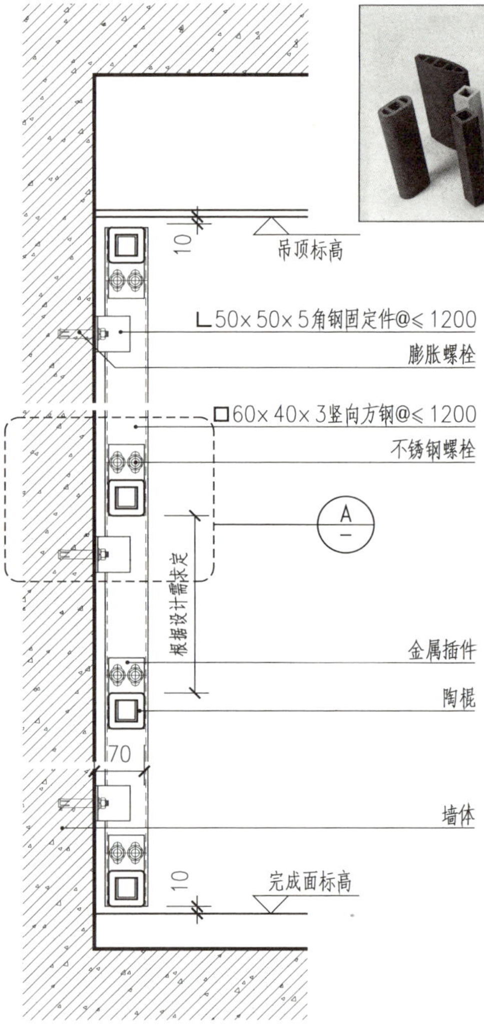
10
吊顶标高
L50x 50x 5角钢固定件@≤1200
膨胀螺栓
□60x 40x 3竖向方钢@≤1200
不锈钢螺栓
A
根据设计需求定
金属插件
陶棍
70
墙体
10
完成面标高

陶棍墙面纵剖面图

陶棍

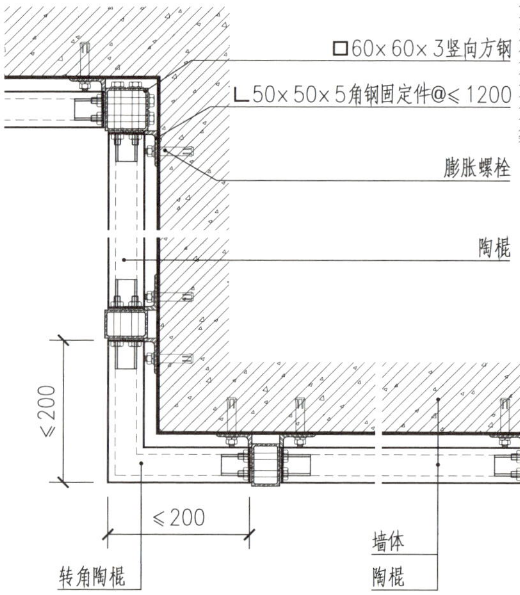
□60x 60x 3竖向方钢
L50x 50x 5角钢固定件@≤1200
膨胀螺栓
陶棍
≤200
≤200
转角陶棍

阴角与阳角

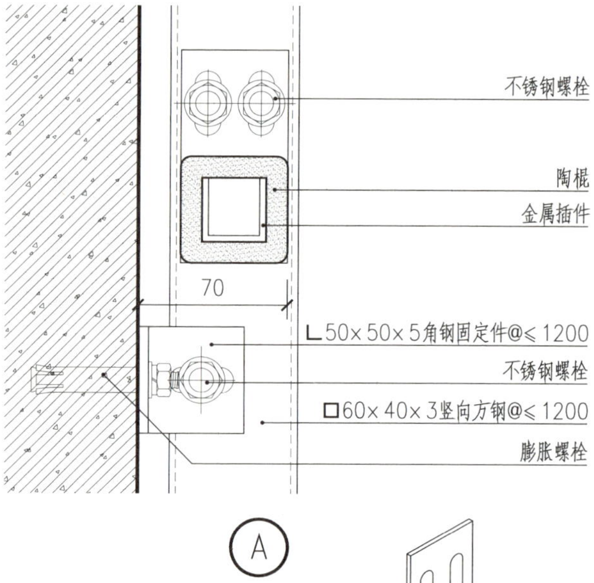
不锈钢螺栓
陶棍
金属插件
70
L50x 50x 5角钢固定件@≤1200
不锈钢螺栓
□60x 40x 3竖向方钢@≤1200
膨胀螺栓
A

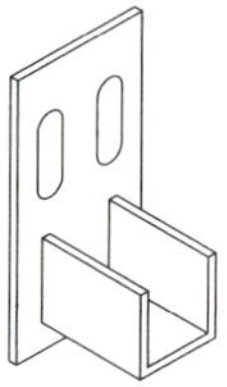

金属插件

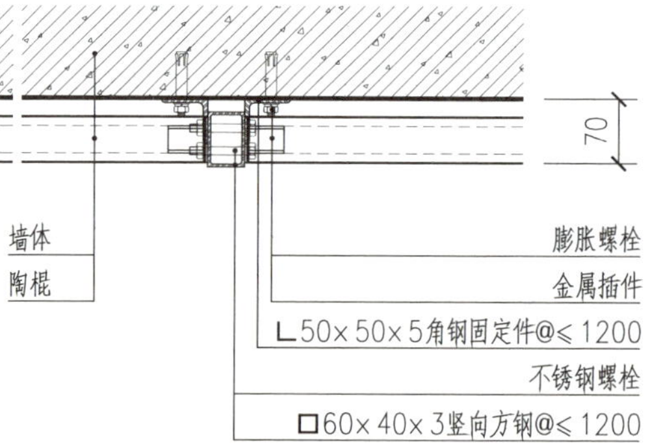
70
墙体
陶棍
膨胀螺栓
金属插件
L50x 50x 5角钢固定件@≤1200
不锈钢螺栓
□60x 40x 3竖向方钢@≤1200

陶棍墙面横剖面图

干挂石材圆柱

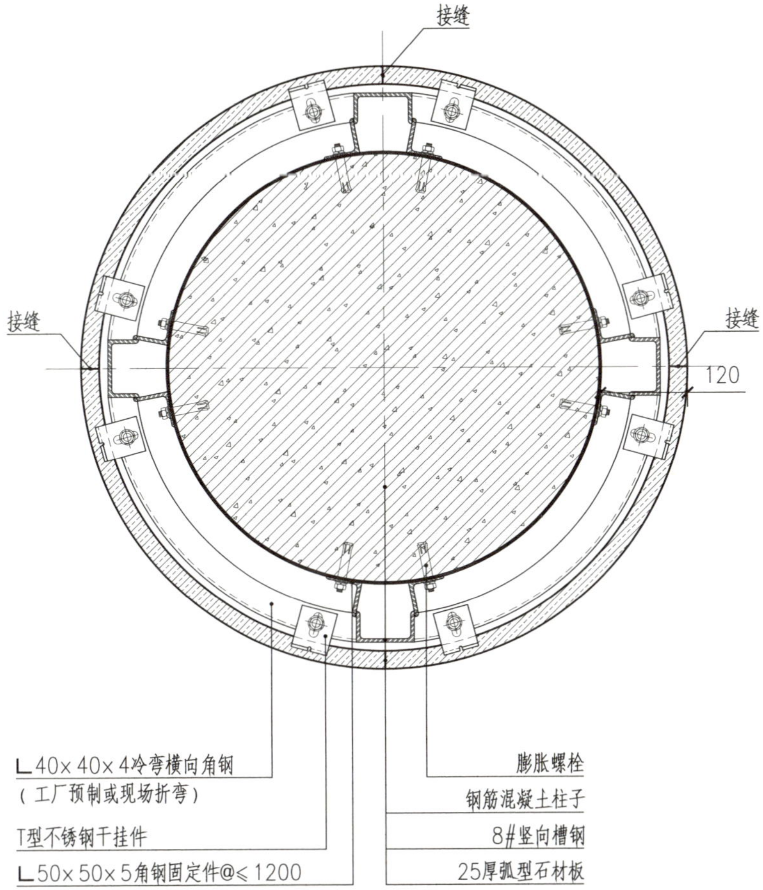

接缝
接缝
接缝
120
L40x 40x 4冷弯横向角钢
（工厂预制或现场折弯）
T型不锈钢干挂件
L50x 50x 5角钢固定件@≤1200
膨胀螺栓
钢筋混凝土柱子
8#竖向槽钢
25厚弧型石材板

干挂石材圆柱横剖面图(一)

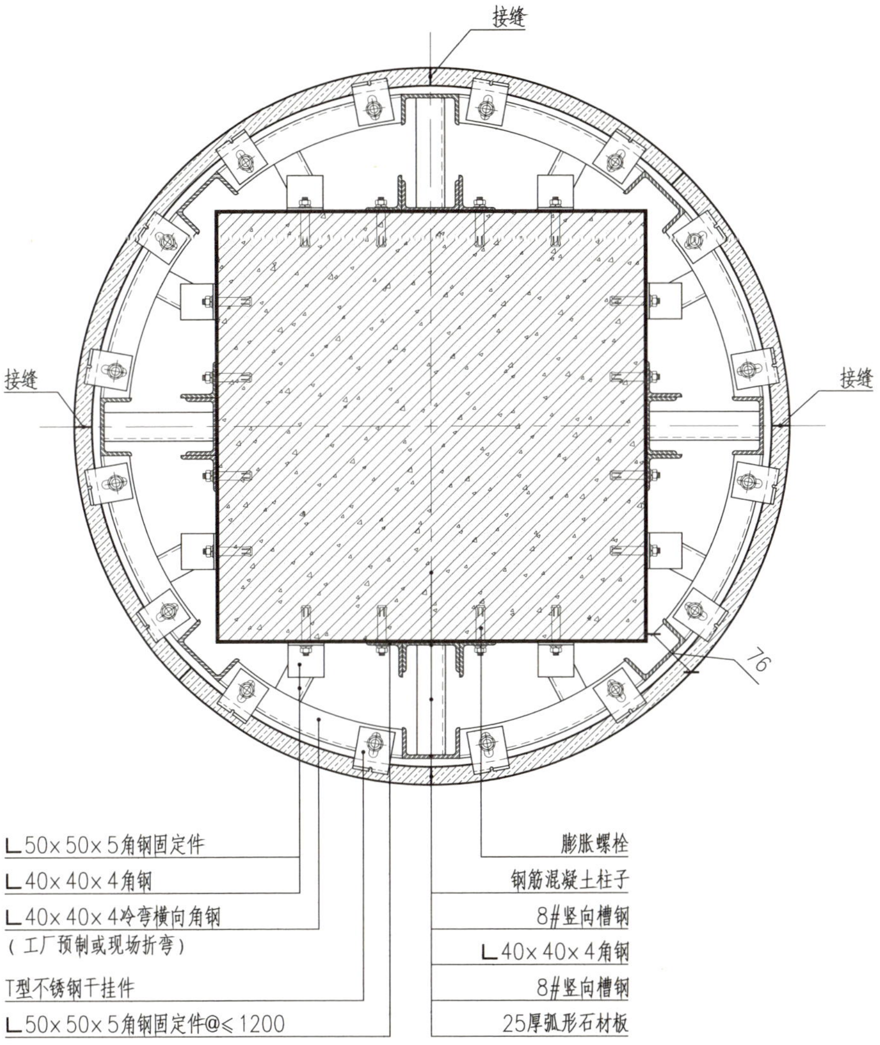

接缝
接缝
接缝
76
L50x 50x 5角钢固定件
L40x 40x 4角钢
L40x 40x 4冷弯横向角钢
（工厂预制或现场折弯）
T型不锈钢干挂件
L50x 50x 5角钢固定件@≤1200
膨胀螺栓
钢筋混凝土柱子
8#竖向槽钢
L40x 40x 4角钢
8#竖向槽钢
25厚弧形石材板

干挂石材圆柱横剖面图(二)

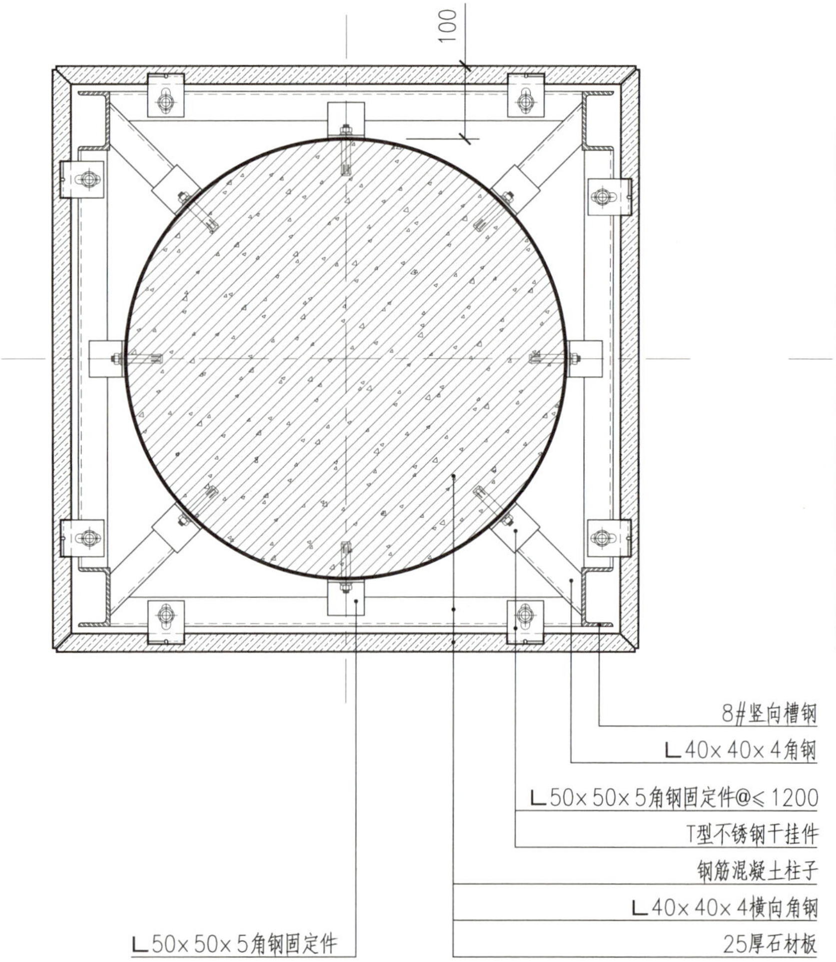
100
8#竖向槽钢
∟40×40×4角钢
∟50×50×5角钢固定件@≤1200
T型不锈钢干挂件
钢筋混凝土柱子
∟40×40×4横向角钢
25厚石材板
∟50×50×5角钢固定件

干挂石材方柱横剖面图(一)

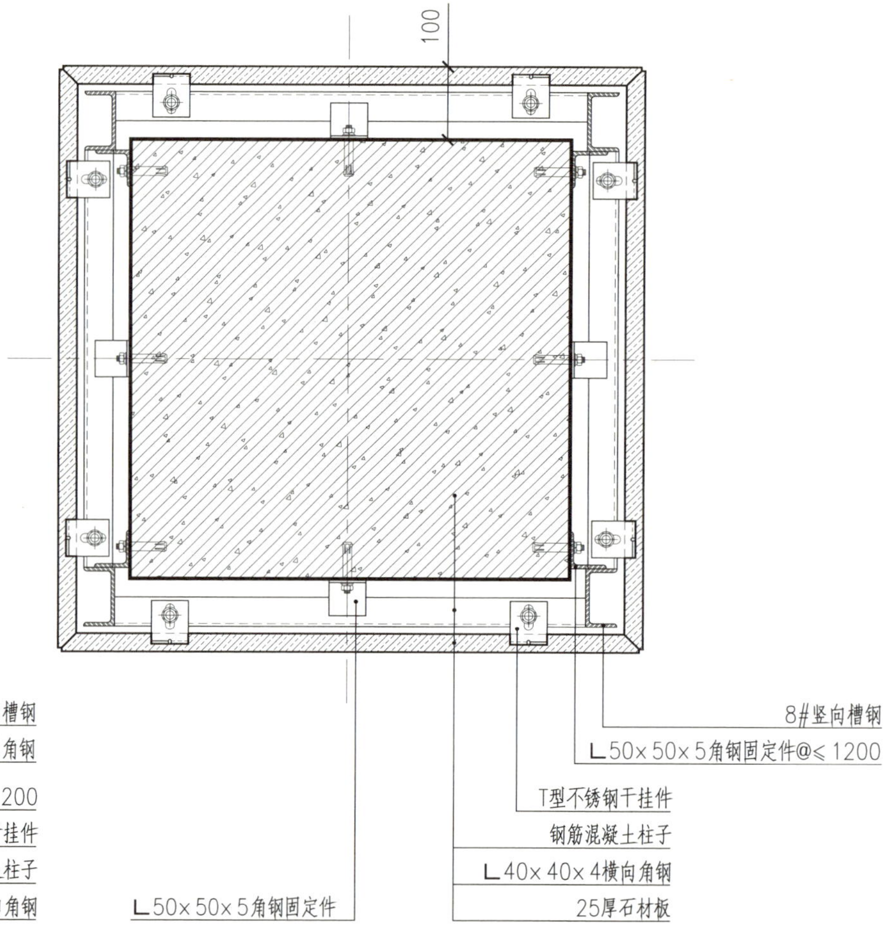
100
8#竖向槽钢
∟50×50×5角钢固定件@≤1200
T型不锈钢干挂件
钢筋混凝土柱子
∟40×40×4横向角钢
25厚石材板
∟50×50×5角钢固定件

干挂石材方柱横剖面图(二)

木饰面圆柱

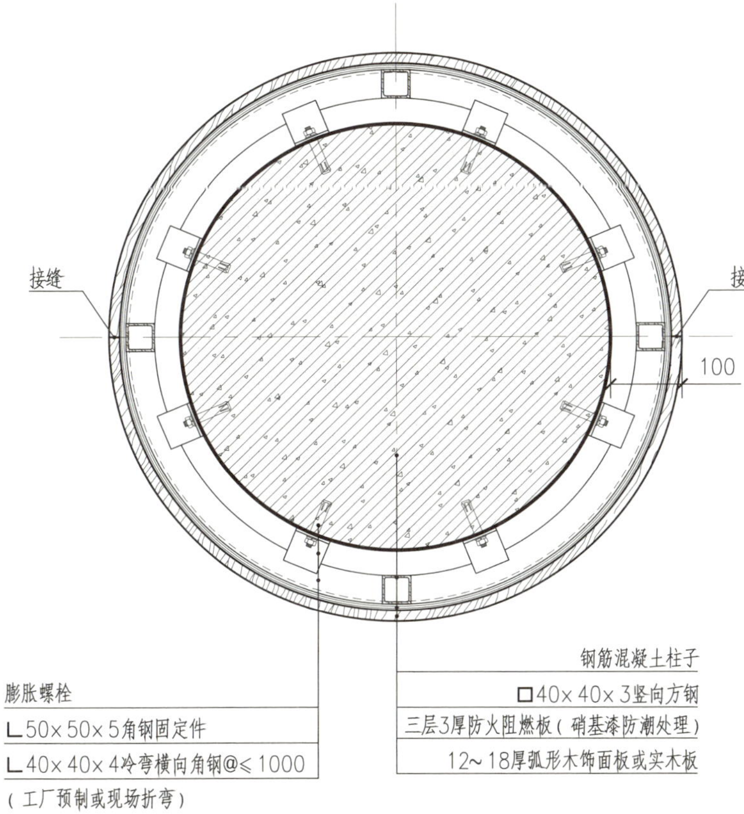

接缝
接缝
100
膨胀螺栓
L50x50x5角钢固定件
L40x40x4冷弯横向角钢@≤1000
（工厂预制或现场折弯）
钢筋混凝土柱子
□40x40x3竖向方钢
三层3厚防火阻燃板（硝基漆防潮处理）
12~18厚弧形木饰面板或实木板

木饰面圆柱横剖面图(一)

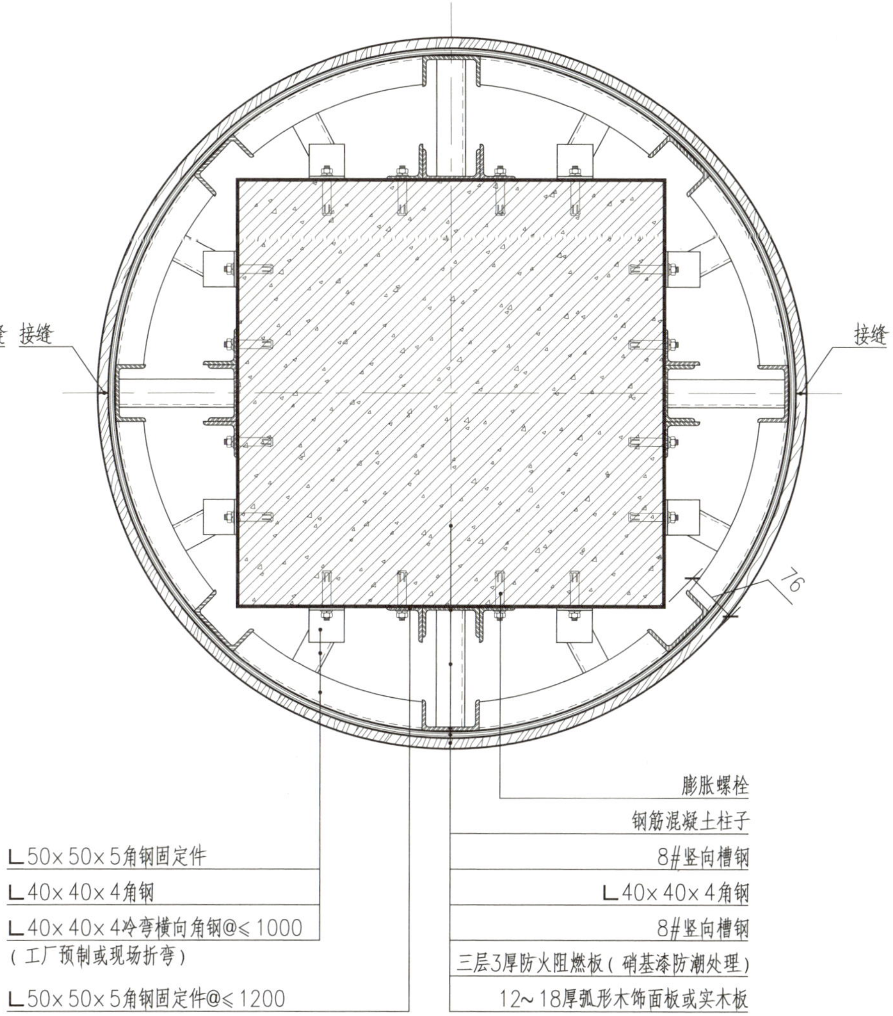

接缝
接缝
76
L50x50x5角钢固定件
L40x40x4角钢
L40x40x4冷弯横向角钢@≤1000
（工厂预制或现场折弯）
L50x50x5角钢固定件@≤1200
膨胀螺栓
钢筋混凝土柱子
8#竖向槽钢
L40x40x4角钢
8#竖向槽钢
三层3厚防火阻燃板（硝基漆防潮处理）
12~18厚弧形木饰面板或实木板

木饰面圆柱横剖面图(二)

金属装饰板圆柱（一）

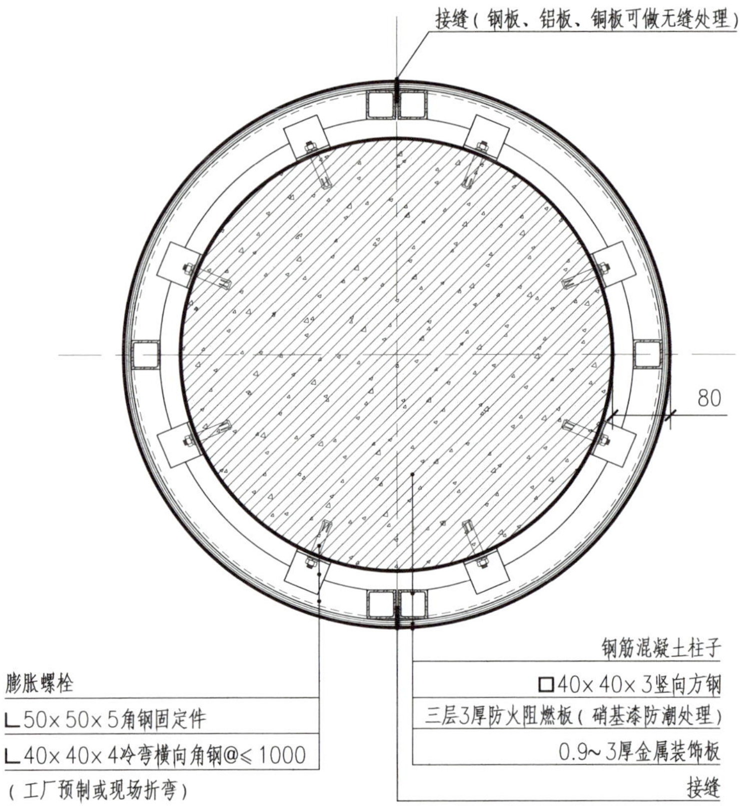

接缝（钢板、铝板、铜板可做无缝处理）
80
膨胀螺栓
∟50×50×5角钢固定件
∟40×40×4冷弯横向角钢@≤1000
（工厂预制或现场折弯）
钢筋混凝土柱子
□40×40×3竖向方钢
三层3厚防火阻燃板（硝基漆防潮处理）
0.9~3厚金属装饰板
接缝

金属装饰板圆柱横剖面图（一）

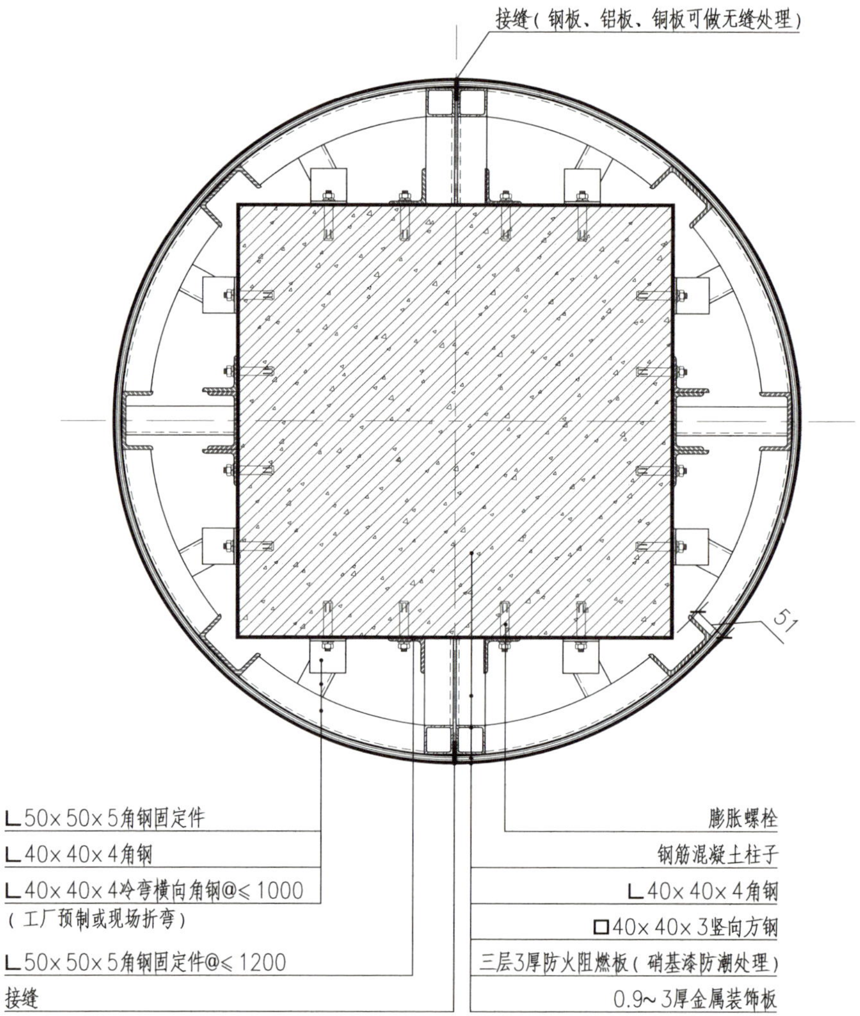

接缝（钢板、铝板、铜板可做无缝处理）
51
∟50×50×5角钢固定件
∟40×40×4角钢
∟40×40×4冷弯横向角钢@≤1000
（工厂预制或现场折弯）
∟50×50×5角钢固定件@≤1200
接缝
膨胀螺栓
钢筋混凝土柱子
∟40×40×4角钢
□40×40×3竖向方钢
三层3厚防火阻燃板（硝基漆防潮处理）
0.9~3厚金属装饰板

金属装饰板圆柱横剖面图（二）

金属装饰板圆柱（二）

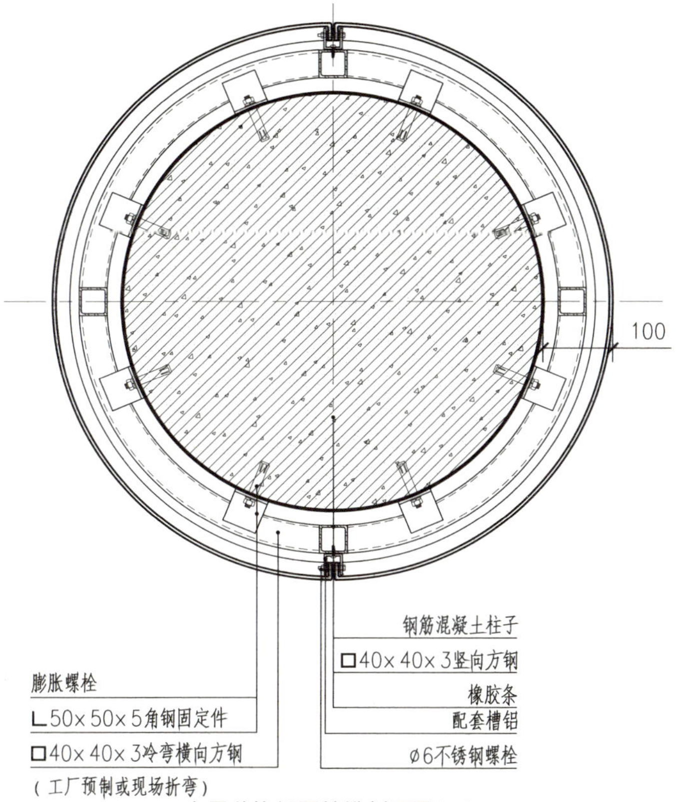

金属装饰板圆柱横剖面图(一)

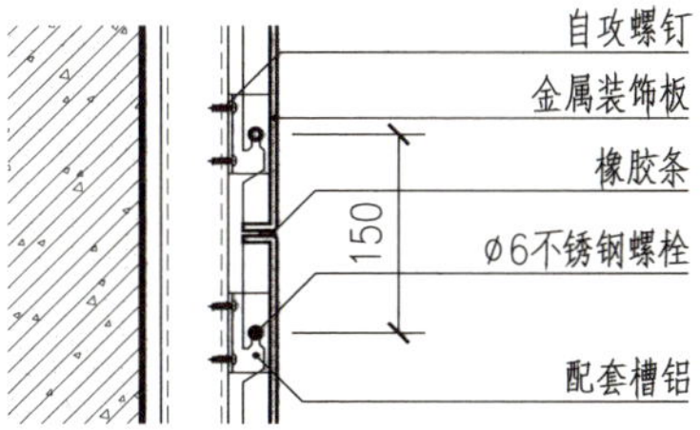

金属装饰板圆柱纵剖面图

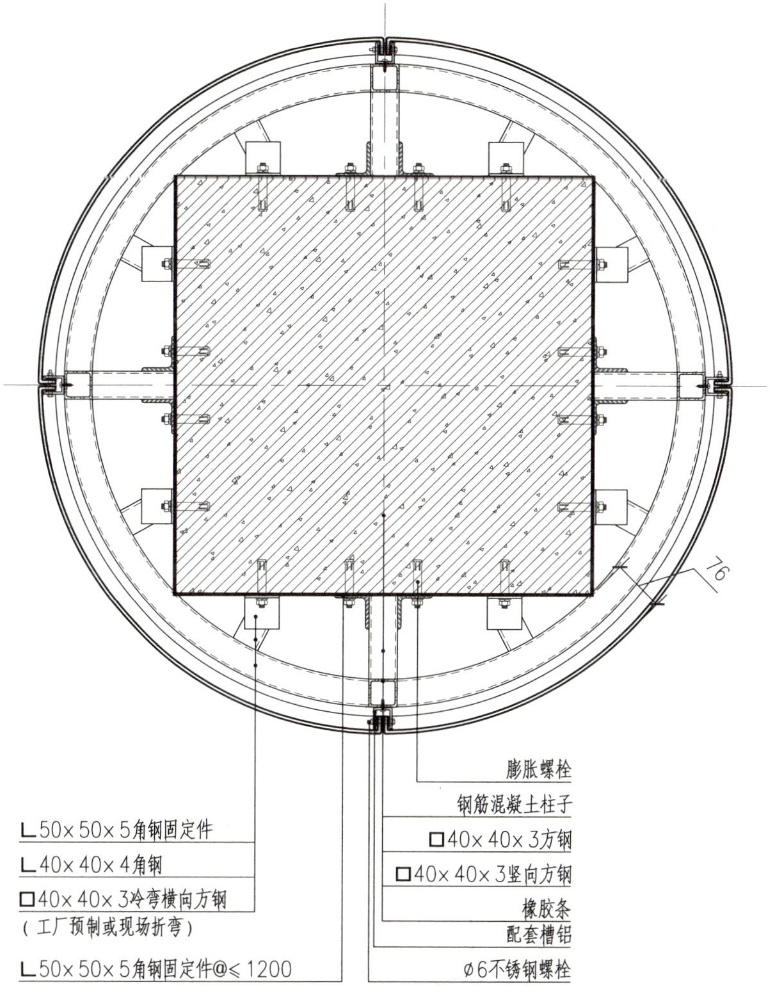

金属装饰板圆柱横剖面图(二)

卡布灯箱

卡布灯箱

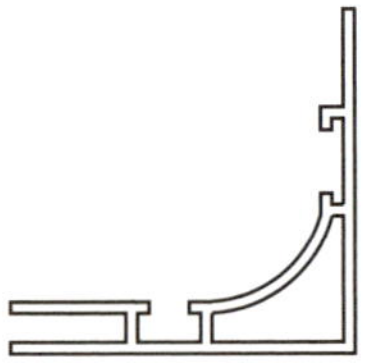

卡布灯箱铝型材

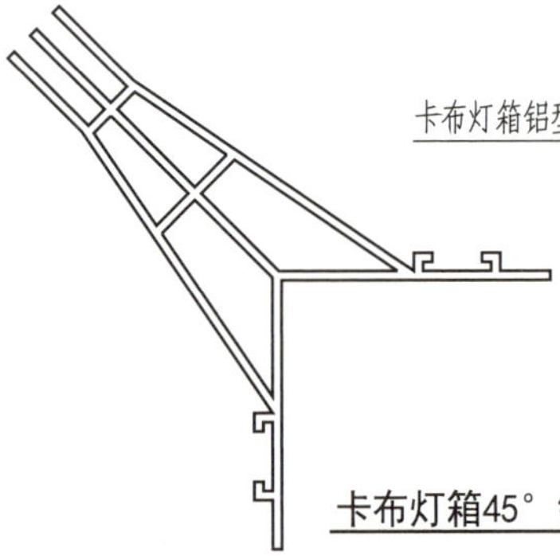

卡布灯箱45° 铝型材

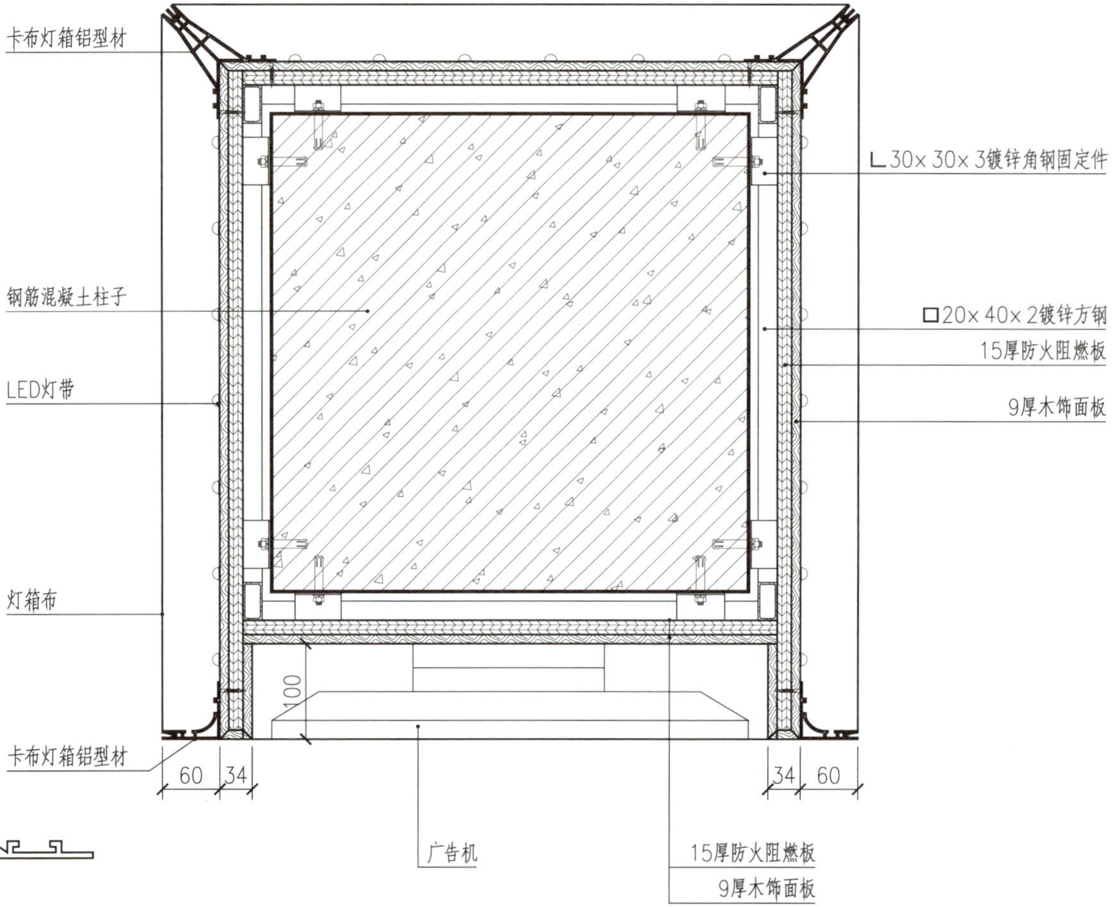

卡布灯箱铝型材
钢筋混凝土柱子
LED灯带
灯箱布
卡布灯箱铝型材
L30x 30x 3镀锌角钢固定件
□20x 40x 2镀锌方钢
15厚防火阻燃板
9厚木饰面板
100
60
34
34
60
广告机
15厚防火阻燃板
9厚木饰面板

卡布灯箱详图

窗台、窗套

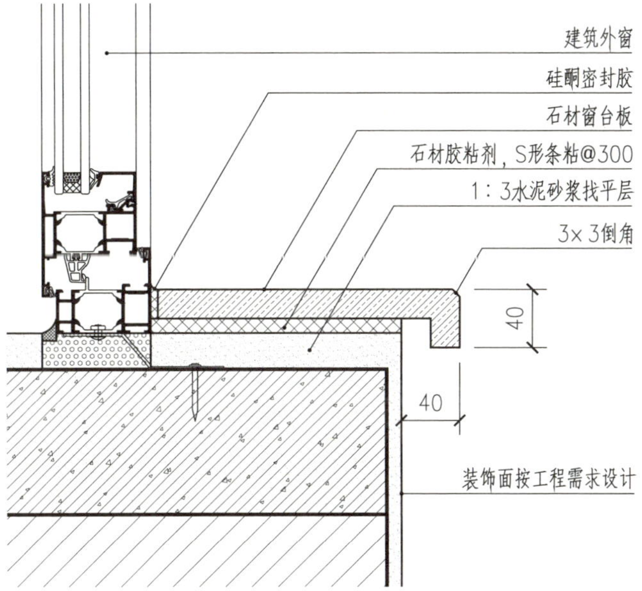

建筑外窗
硅酮密封胶
石材窗台板
石材胶粘剂，S形条粘@300
1：3水泥砂浆找平层
3×3倒角
40
40
装饰面按工程需求设计

窗台板（一）

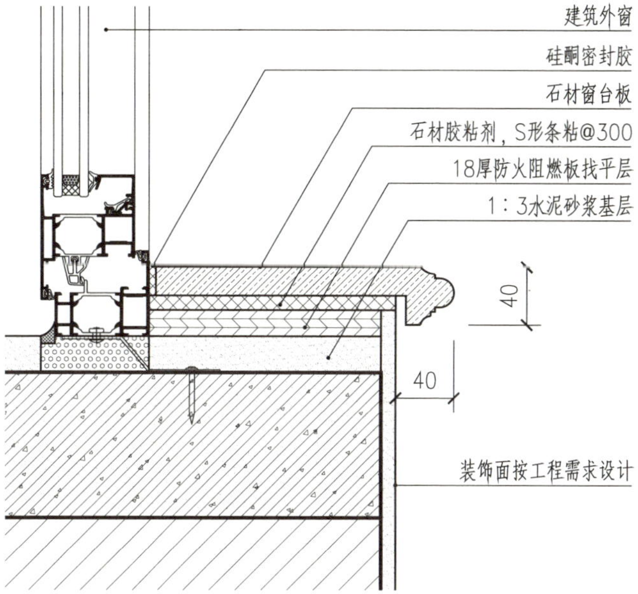

建筑外窗
硅酮密封胶
石材窗台板
石材胶粘剂，S形条粘@300
18厚防火阻燃板找平层
1：3水泥砂浆基层
40
40
装饰面按工程需求设计

窗台板（二）

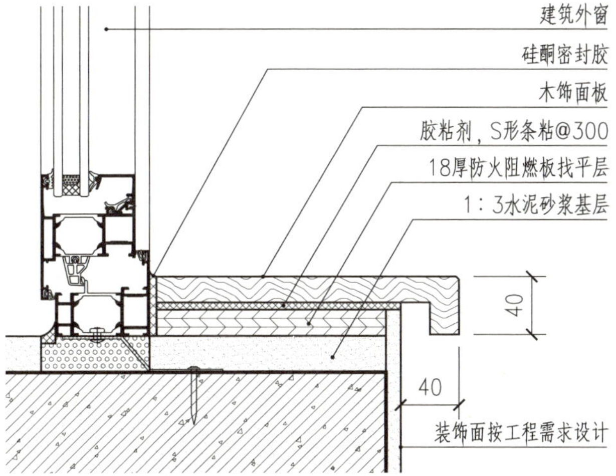

建筑外窗
硅酮密封胶
木饰面板
胶粘剂，S形条粘@300
18厚防火阻燃板找平层
1：3水泥砂浆基层
40
40
装饰面按工程需求设计

窗台板（三）

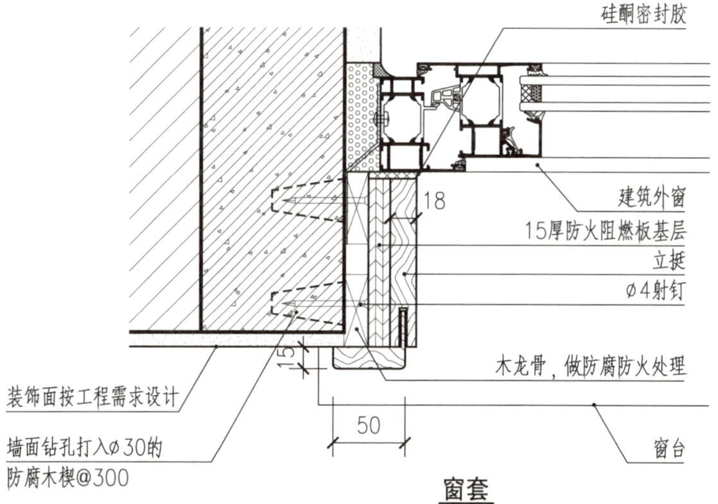

硅酮密封胶
18
建筑外窗
15厚防火阻燃板基层
立挺
ø4射钉
木龙骨，做防腐防火处理
15
50
装饰面按工程需求设计
墙面钻孔打入ø30的
防腐木楔@300
窗台

窗套

踢脚线（一）

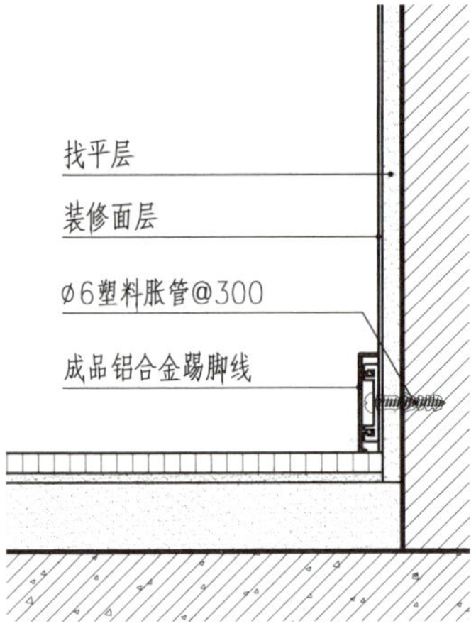

铝合金成品踢脚线详图（外凸式）

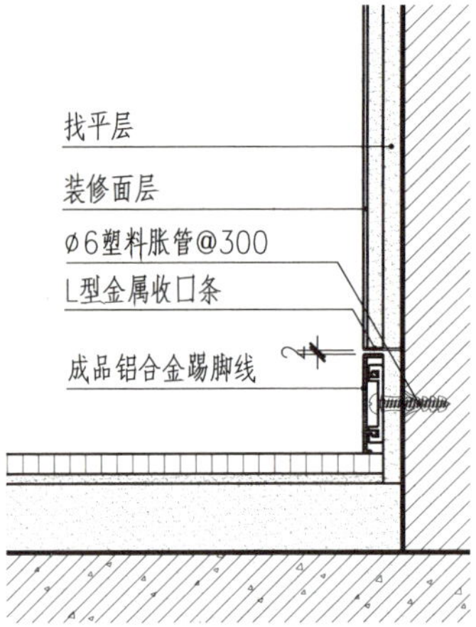

铝合金成品踢脚线详图（嵌平式）

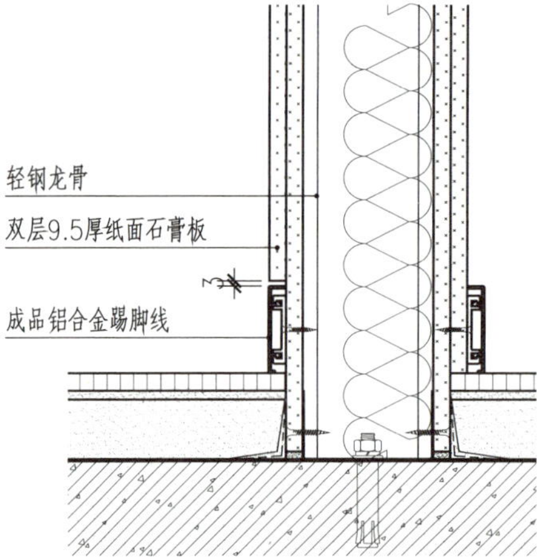

铝合金成品踢脚线详图（轻钢龙骨隔墙）

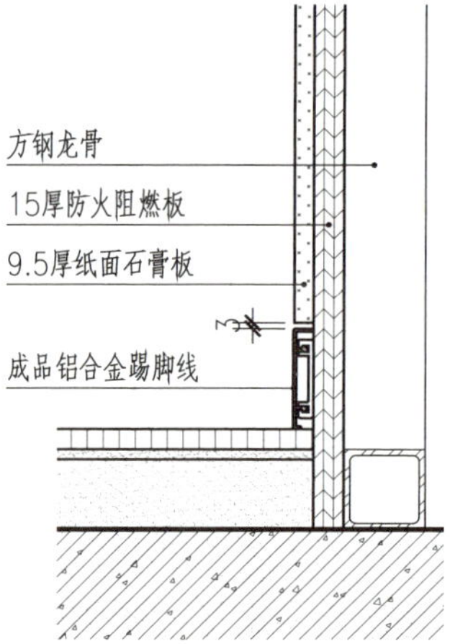

铝合金成品踢脚线详图（钢龙骨隔墙）

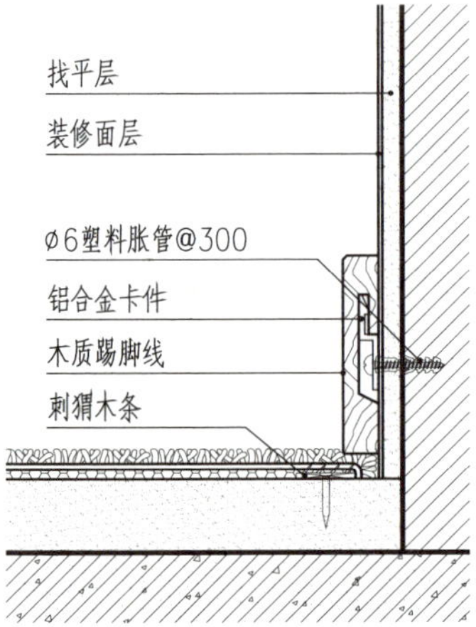

木踢脚线详图（外凸式）

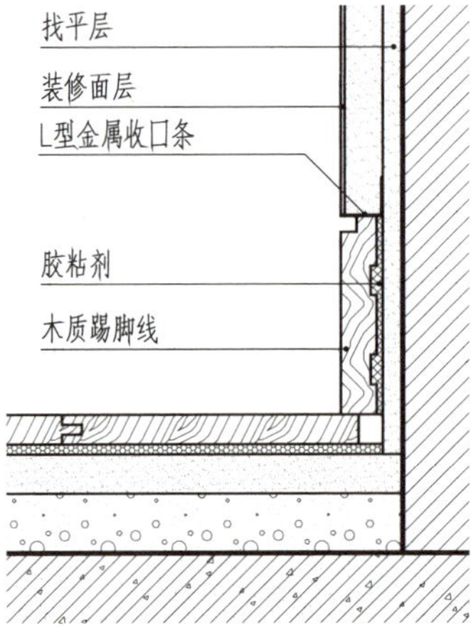

木踢脚线详图（嵌平式）

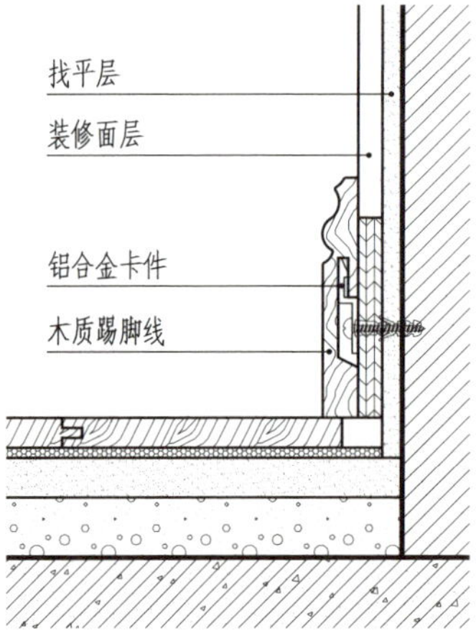

木踢脚线详图（外凸仿古式）

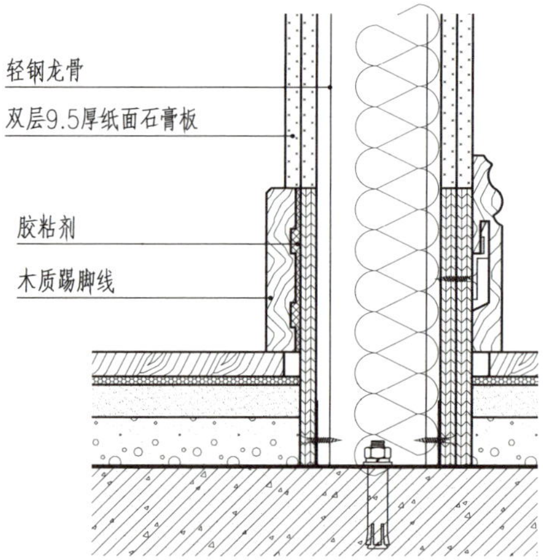

木踢脚线详图（轻钢龙骨隔墙）

踢脚线（二）

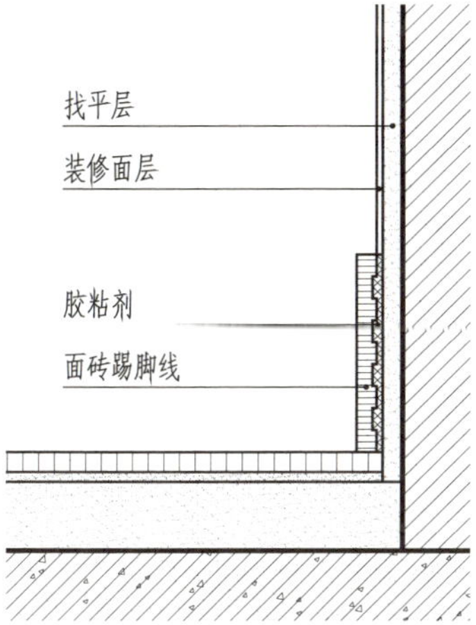

面砖踢脚线详图（外凸式）

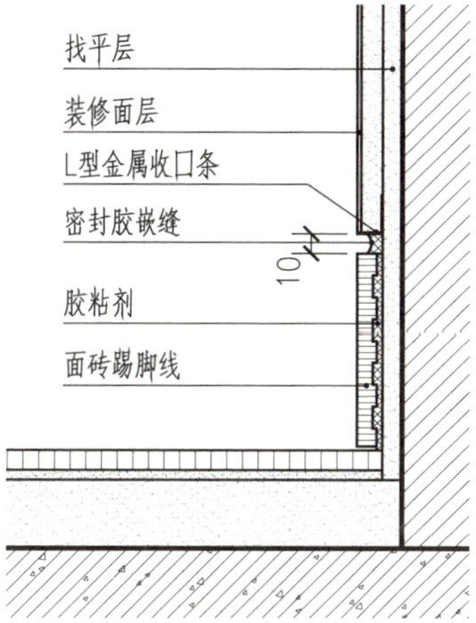

面砖踢脚线详图（嵌平式）

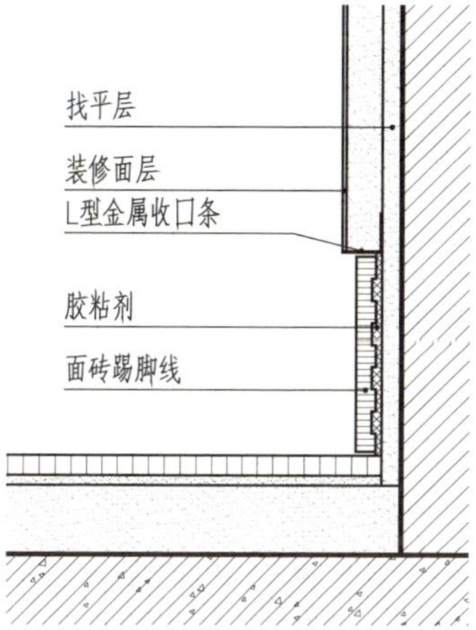

面砖踢脚线详图（内凹式）

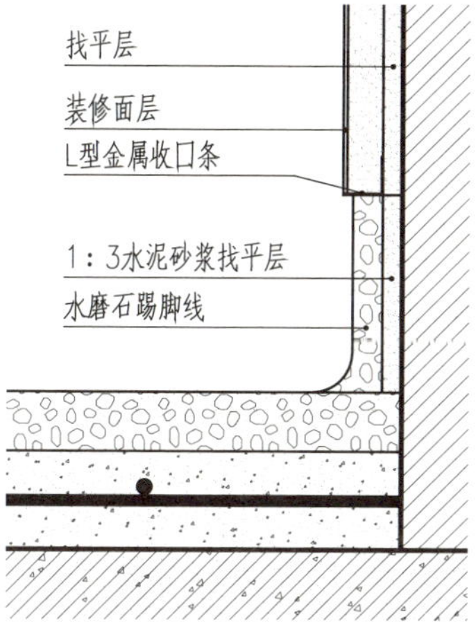

水磨石踢脚线详图（内凹式）

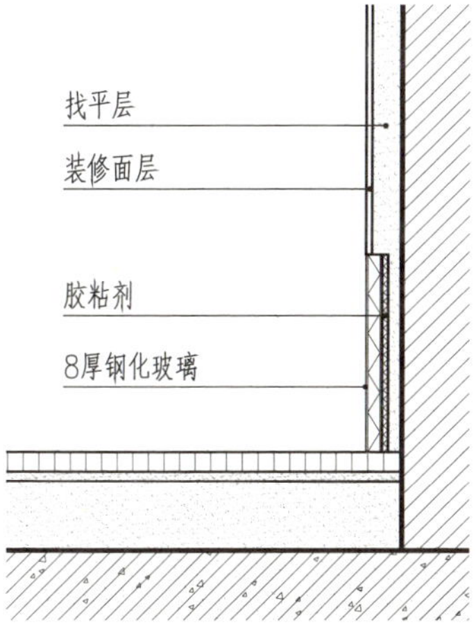

玻璃踢脚线详图（嵌平式）

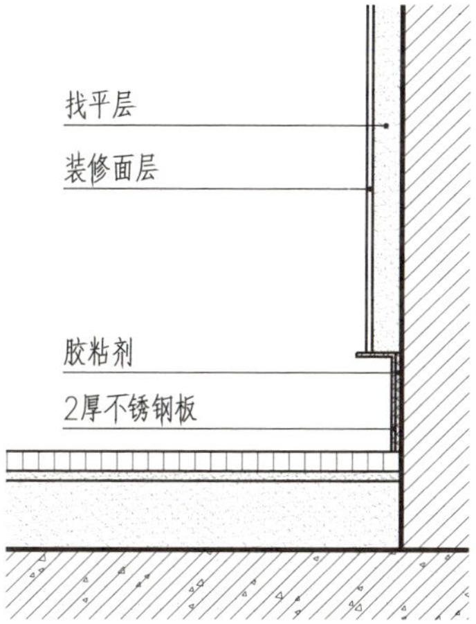

不锈钢踢脚线详图（内凹式）

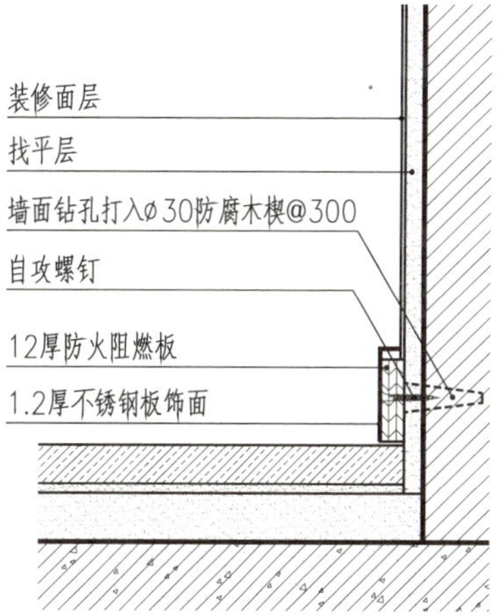

不锈钢饰面踢脚线详图（外凸式）

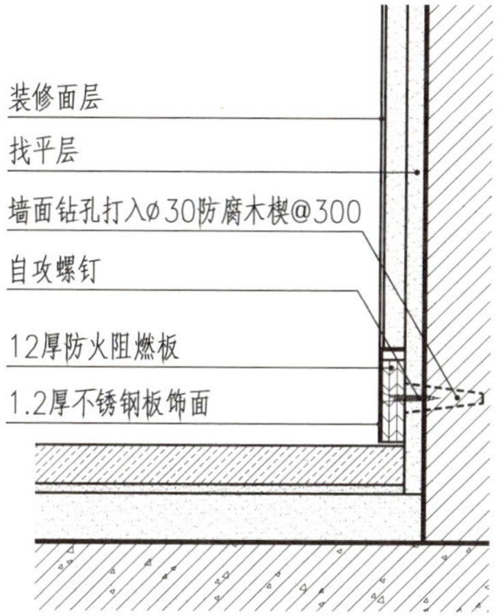

不锈钢饰面踢脚线详图（嵌平式）

注：木基层板应略低于不锈钢饰面，防止不锈钢板遮盖不住木基层板。

4

第四章

隔断屏风

推拉式活动隔断（一）

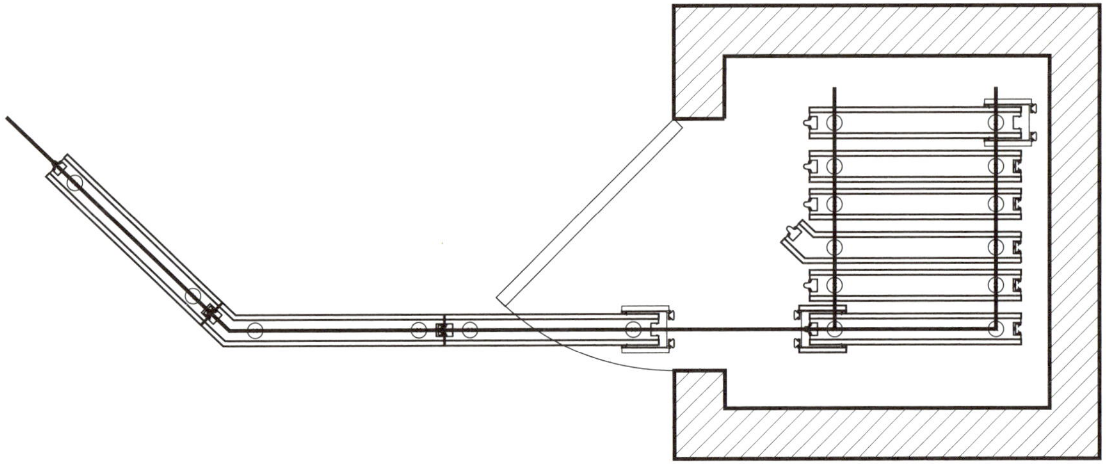

推拉式活动隔断收合方式（一）

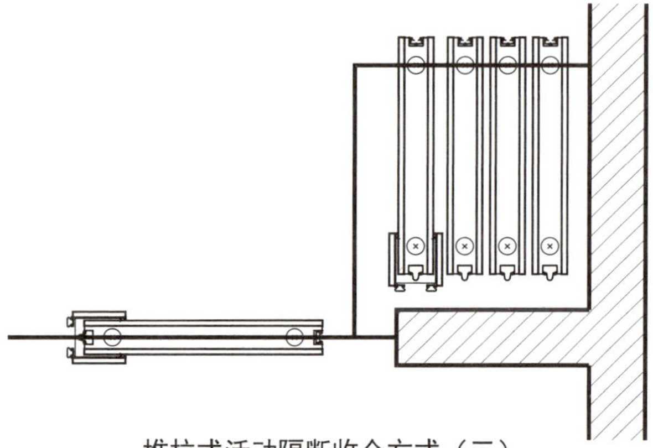

推拉式活动隔断收合方式（三）

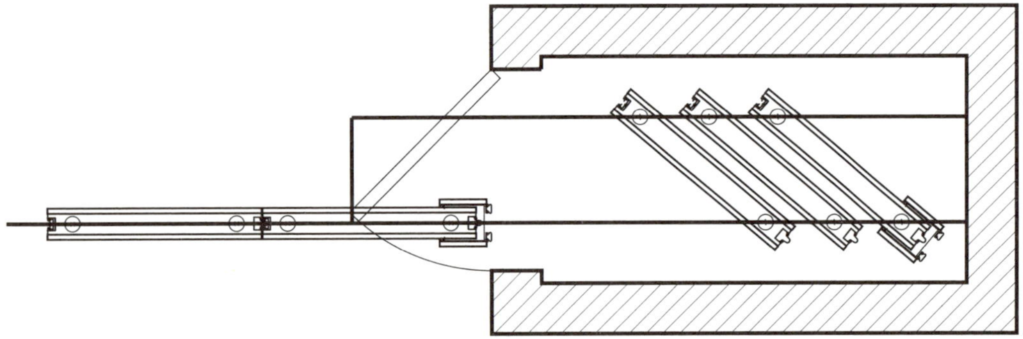

推拉式活动隔断收合方式（二）

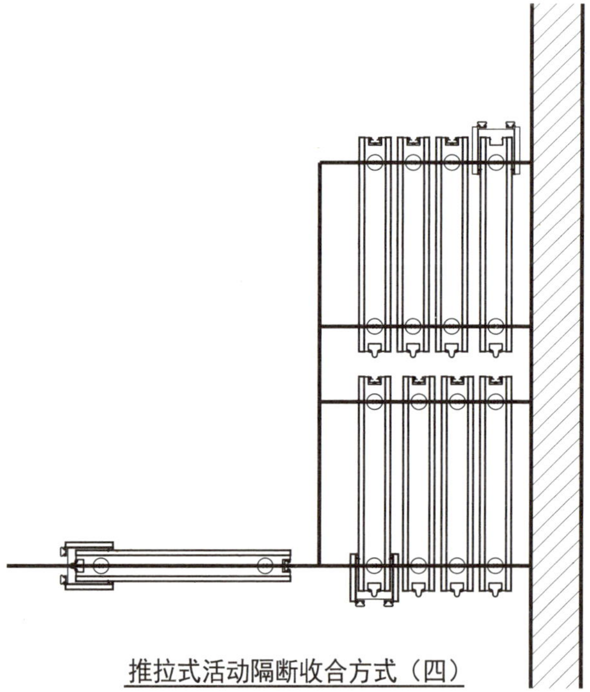

推拉式活动隔断收合方式（四）

推拉式活动隔断（二）

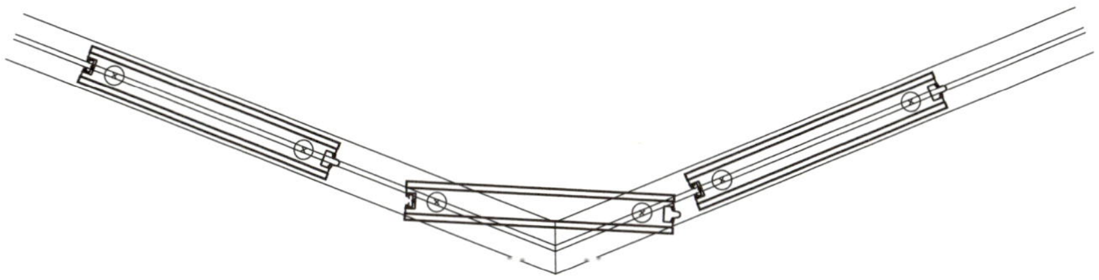

V形滑轮轨道

L形滑轮轨道

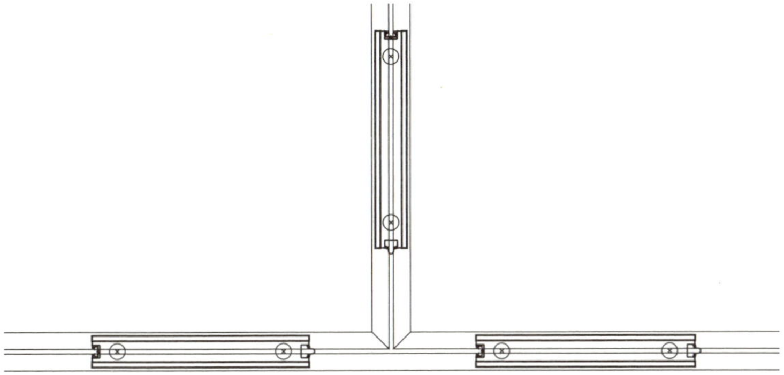

T形滑轮轨道

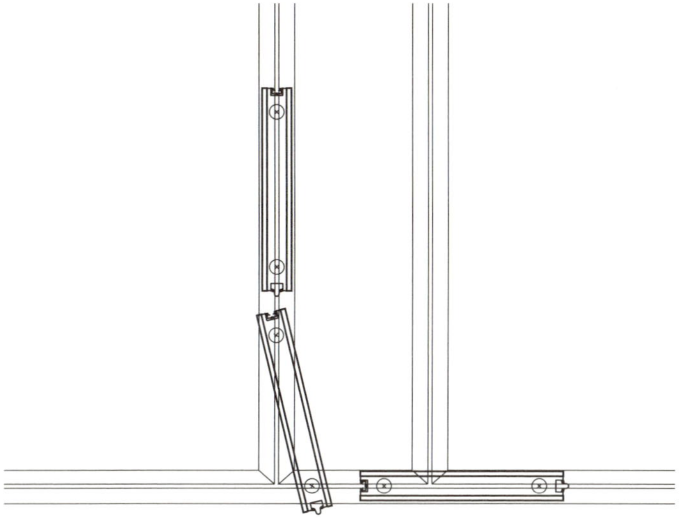

双轨形滑轮轨道

注：严禁使用十字形轨道，在十字交叉处滑轮容易脱轨。

推拉式活动隔断（三）

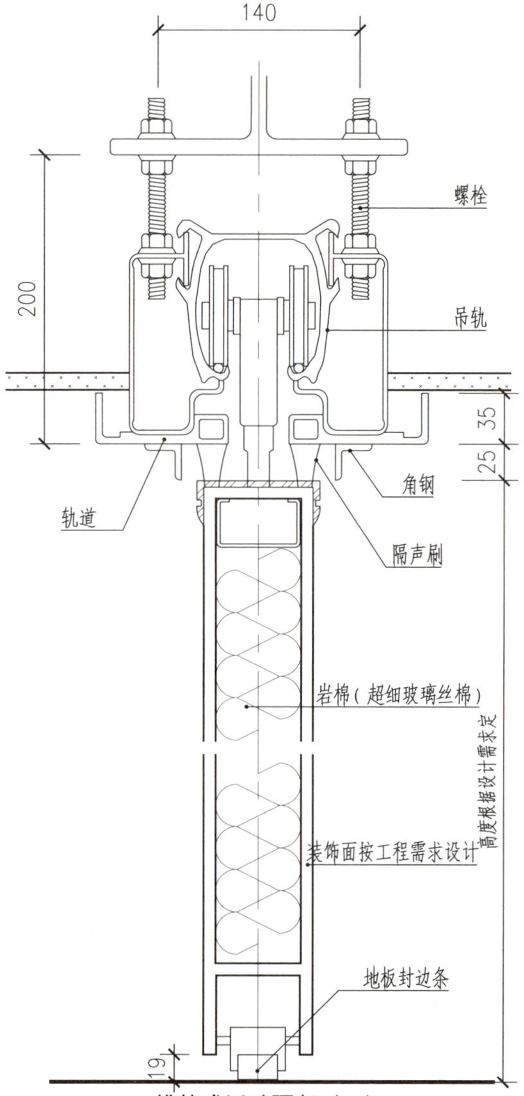
140
200
35
25
19
螺栓
吊轨
角钢
轨道
隔声刷
岩棉（超细玻璃丝棉）
装饰面按工程需求设计
高度根据设计需求定
地板封边条

推拉式活动隔断（一）

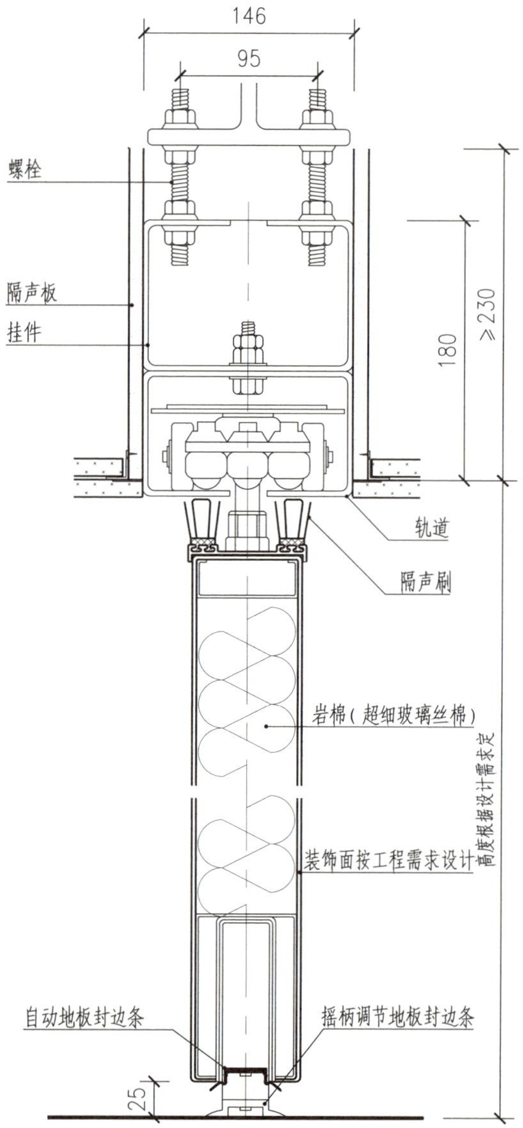
146
95
180
≥230
25
螺栓
隔声板
挂件
轨道
隔声刷
岩棉（超细玻璃丝棉）
装饰面按工程需求设计
高度根据设计需求定
自动地板封边条
摇柄调节地板封边条

推拉式活动隔断（二）

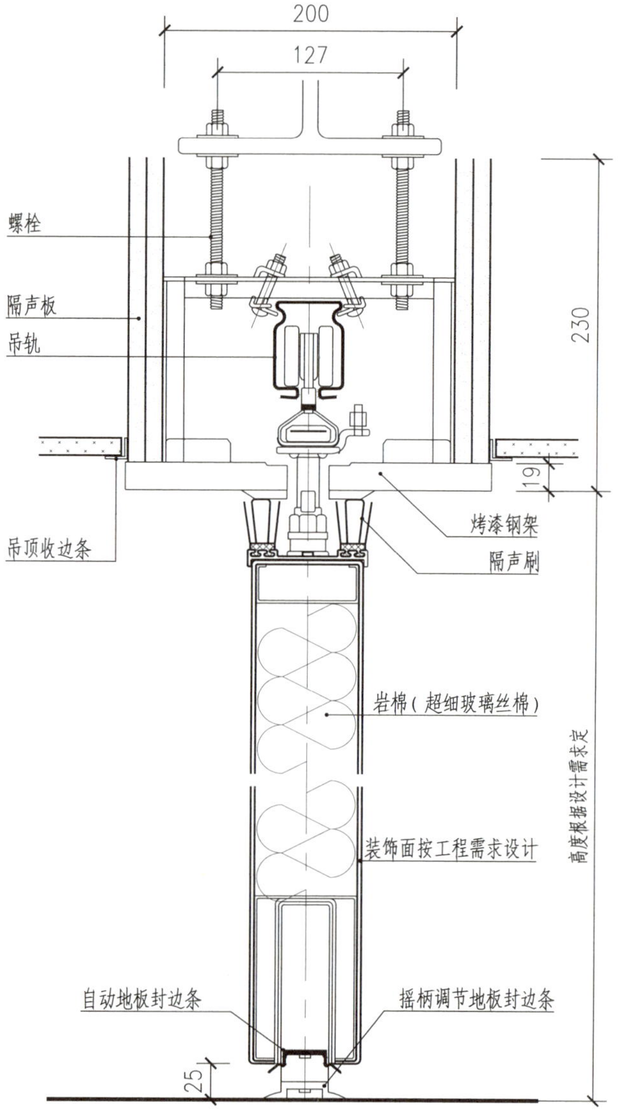
200
127
230
19
25
螺栓
隔声板
吊轨
吊顶收边条
烤漆钢架
隔声刷
岩棉（超细玻璃丝棉）
装饰面按工程需求设计
高度根据设计需求定
自动地板封边条
摇柄调节地板封边条

推拉式活动隔断（三）

推拉式活动隔断示意图

屏扇

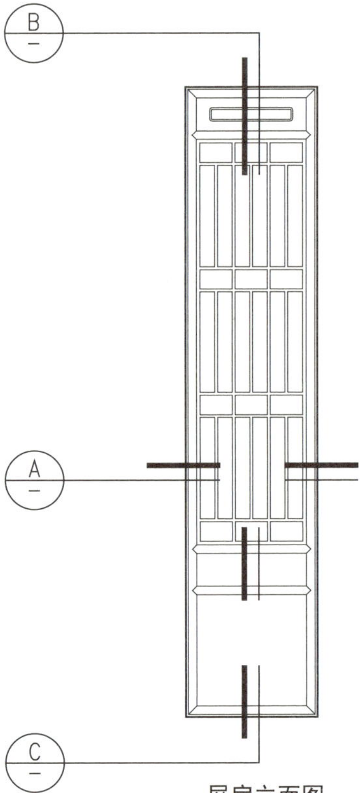

B
A
C

屏扇立面图

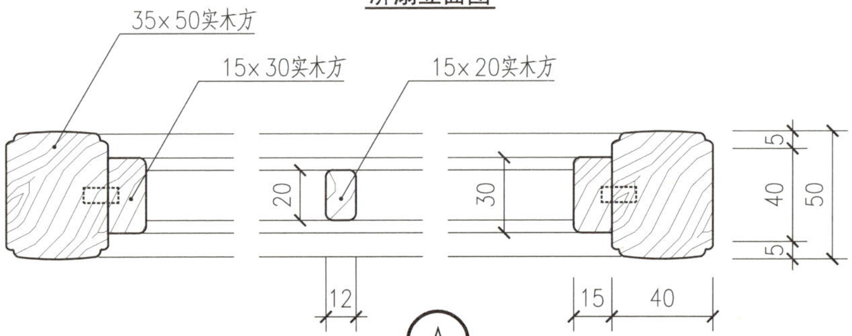

35x 50实木方
15x 30实木方
15x 20实木方
20
30
5
40
50
5
12
15
40

A

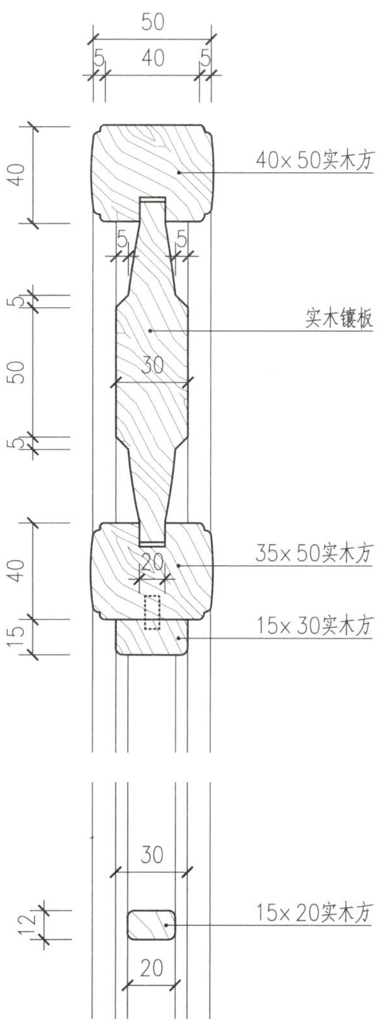

50
5
40
5
40
40x 50实木方
5
5
实木镶板
5
50
30
5
40
20
35x 50实木方
15
15x 30实木方
30
12
15x 20实木方
20

B

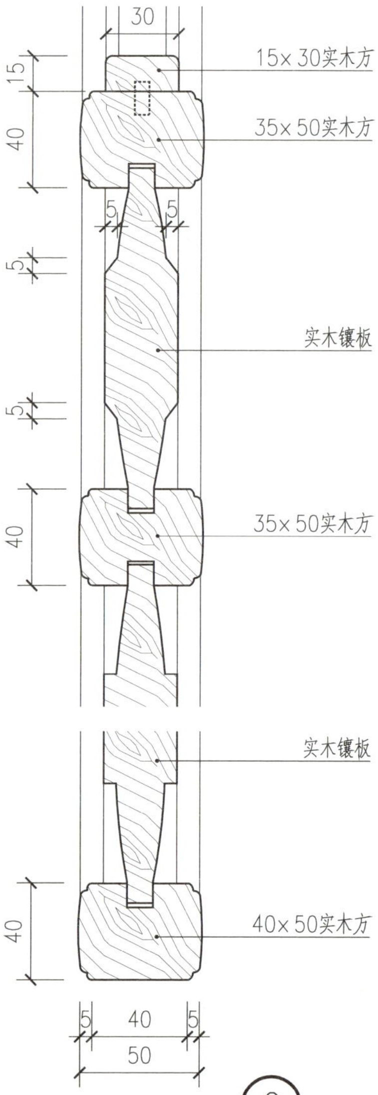

30
15
15x 30实木方
40
35x 50实木方
5
5
5
实木镶板
5
40
35x 50实木方
实木镶板
40
40x 50实木方
5
40
5
50

C

5

第五章

壁炉

装饰石材壁炉

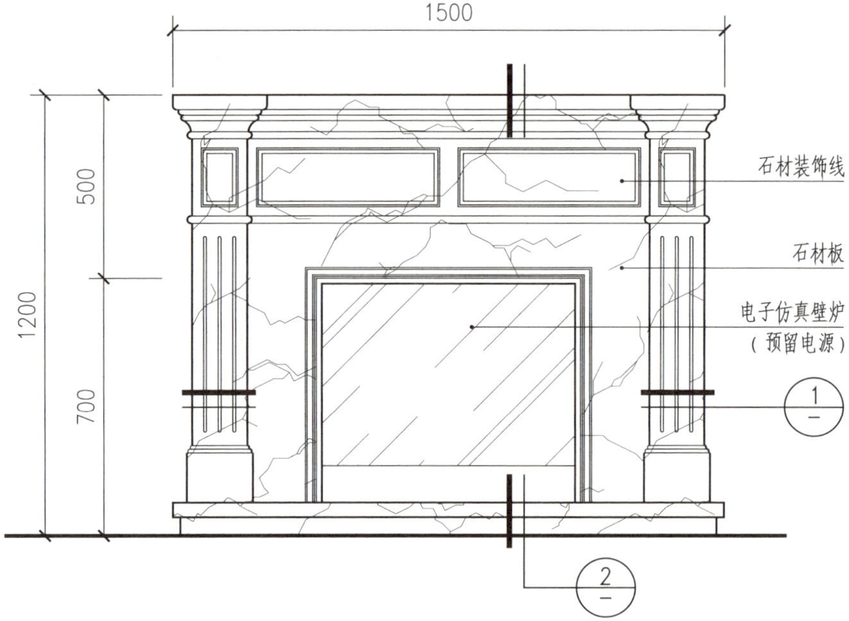

装饰石材壁炉立面图

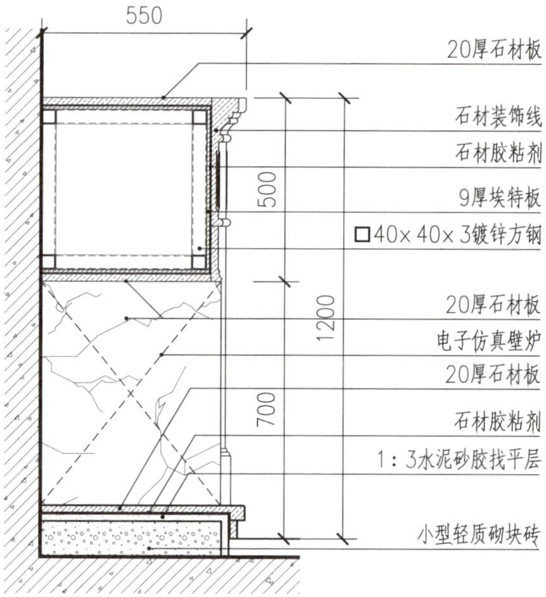

2

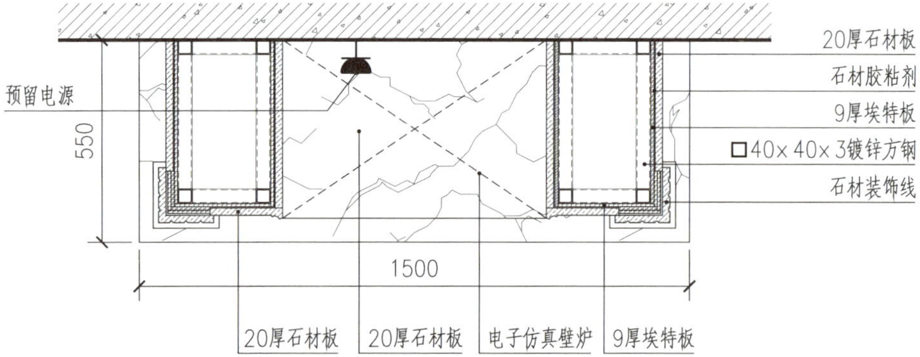

1

装饰石材壁炉

注：壁炉样式仅为示意，具体样式按工程设计。

装饰木质壁炉

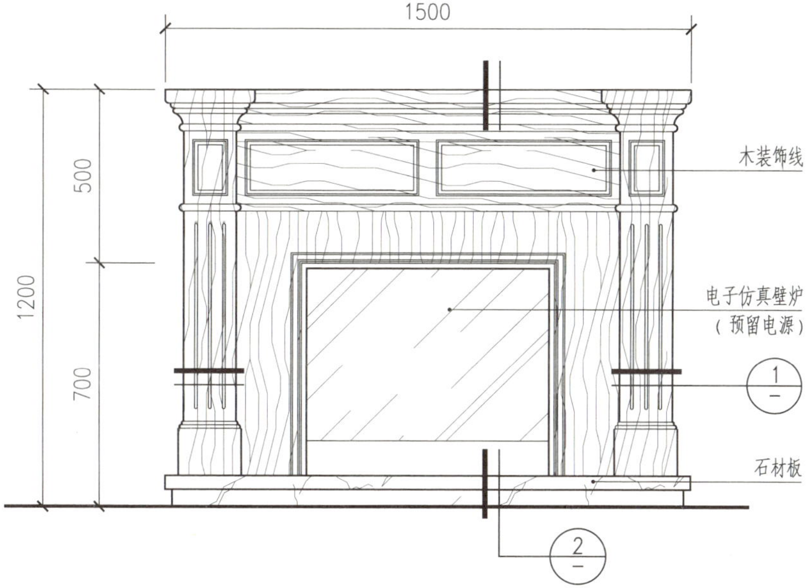

装饰木制壁炉立面图

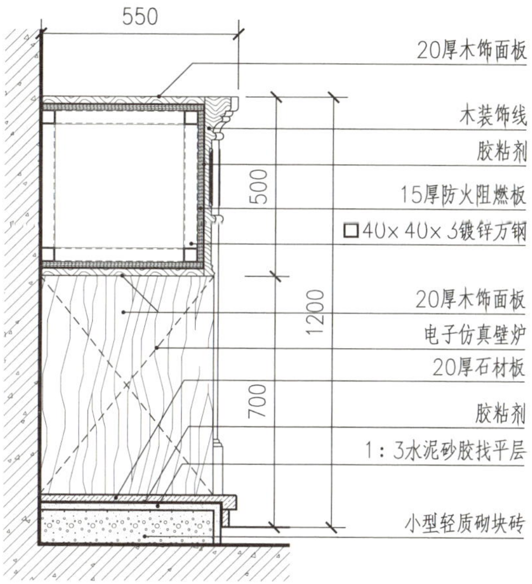

2

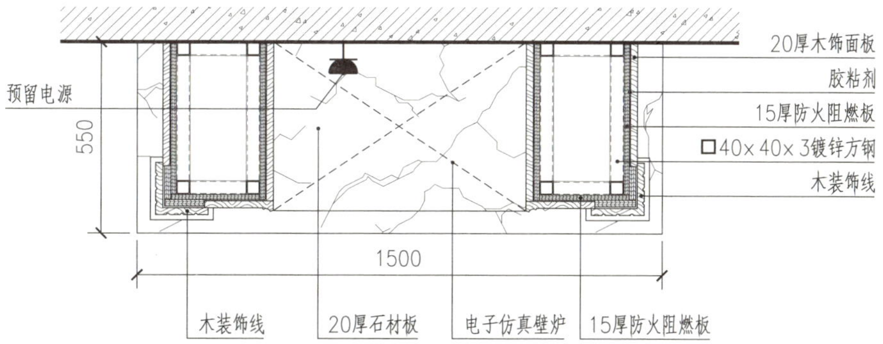

1

装饰木质壁炉

注：壁炉样式仅为示意，具体样式按工程设计。

装饰石膏壁炉

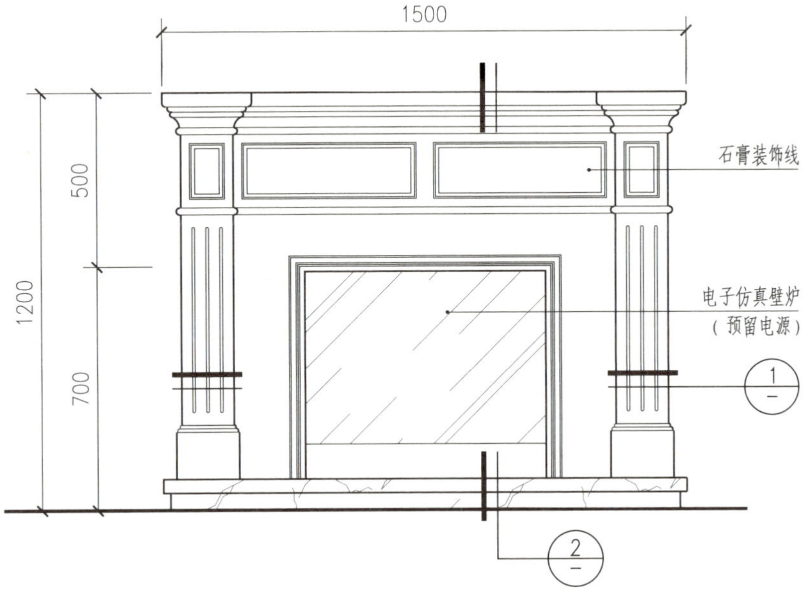

装饰石膏壁炉立面图

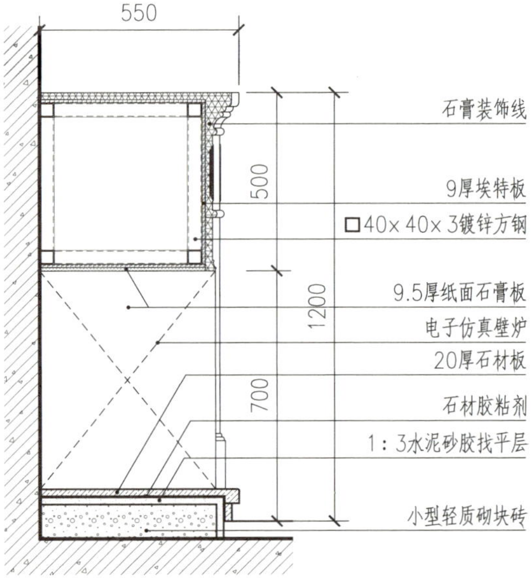

②

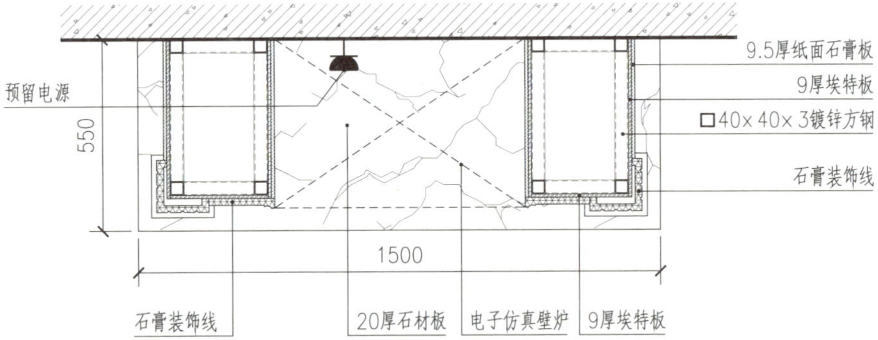

①

装饰石膏壁炉

注：壁炉样式仅为示意，具体样式按工程设计。

现代仿古壁炉

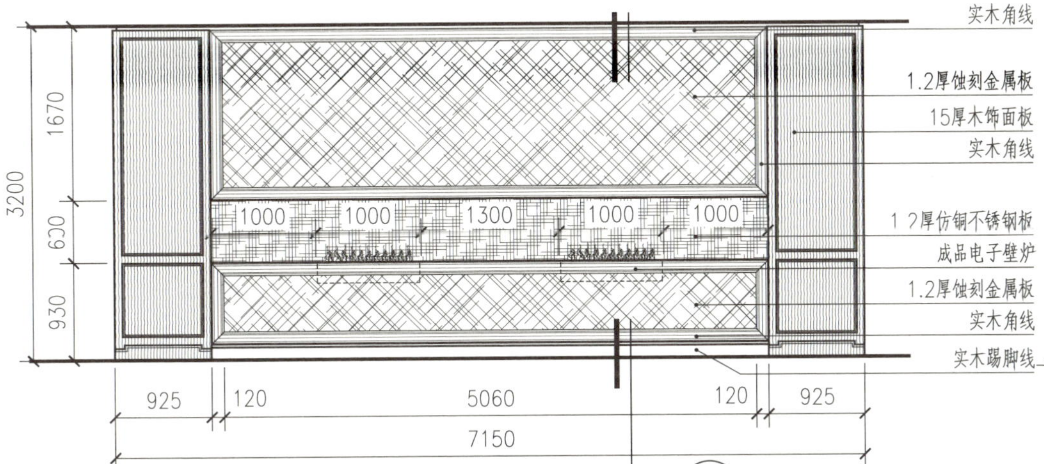

实木角线
1.2厚蚀刻金属板
15厚木饰面板
实木角线
1.2厚仿铜不锈钢板
成品电子壁炉
1.2厚蚀刻金属板
实木角线
实木踢脚线
3200
1670
630
930
1000
1000
1300
1000
1000
925
120
5060
120
925
7150

现代仿古壁炉立面图

现代仿古壁炉

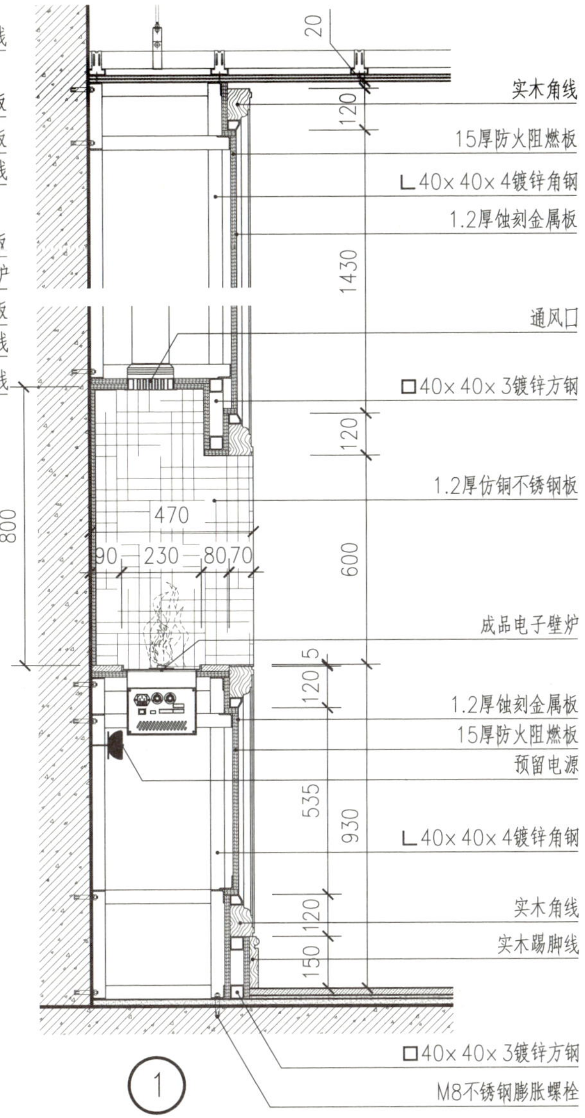

实木角线
15厚防火阻燃板
L40x40x4镀锌角钢
1.2厚蚀刻金属板
通风口
□40x40x3镀锌方钢
1.2厚仿铜不锈钢板
成品电子壁炉
1.2厚蚀刻金属板
15厚防火阻燃板
预留电源
L40x40x4镀锌角钢
实木角线
实木踢脚线
□40x40x3镀锌方钢
M8不锈钢膨胀螺栓
20
120
1430
120
600
930
800
470
90
230
80
70
5
120
535
120
150
1

6

第六章

地面详图

石材楼（地）面

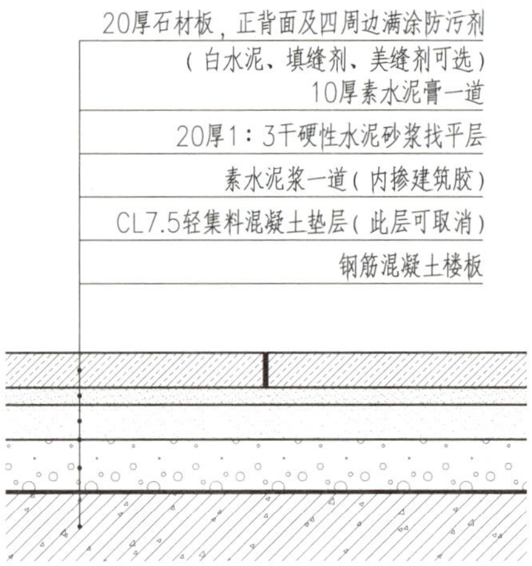

石材楼面详图（一）

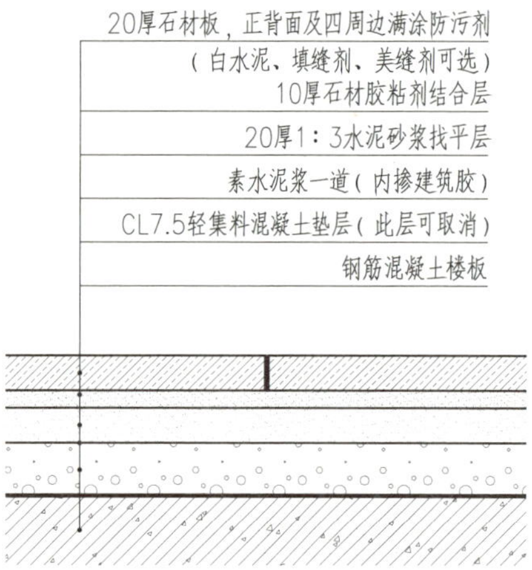

石材楼面详图（二）

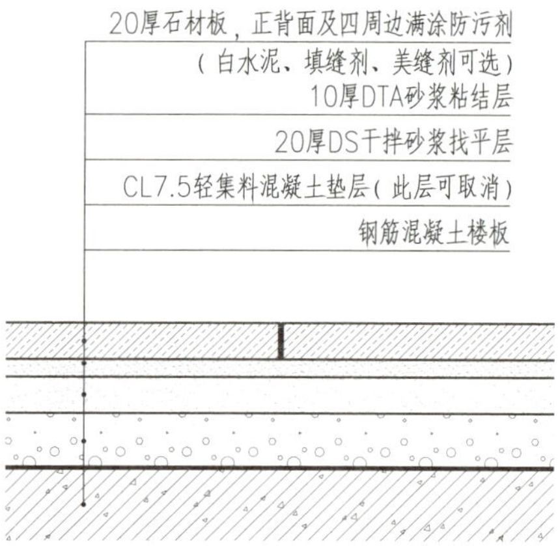

石材楼面详图（三）

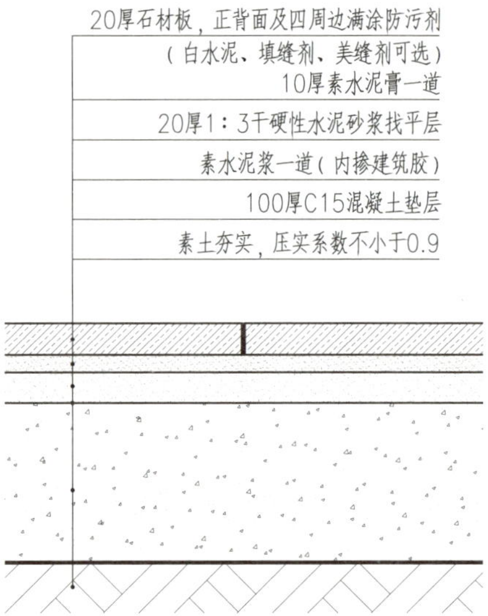

石材地面详图（一）

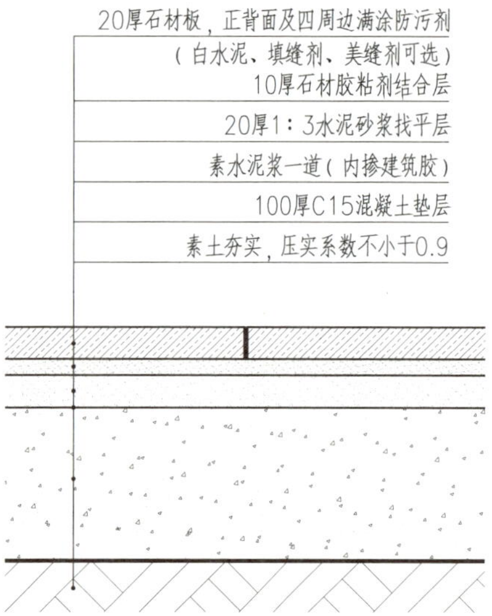

石材地面详图（二）

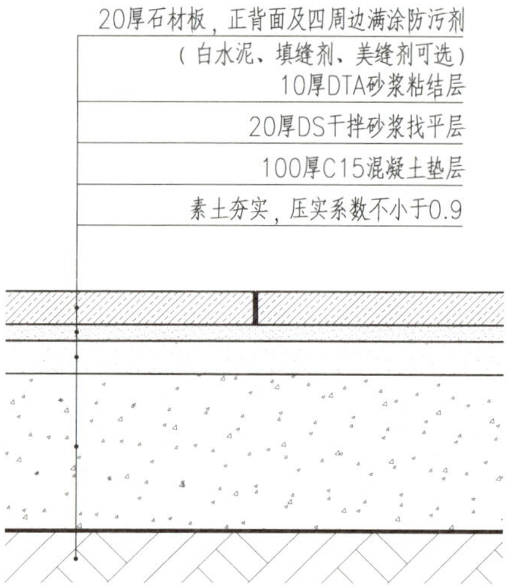

石材地面详图（三）

注：1. DS适用于地面、楼面、屋面的抹面砂浆，找平砂浆。
2. DTA适用于陶瓷砖胶粘剂。

石材防水楼（地）面

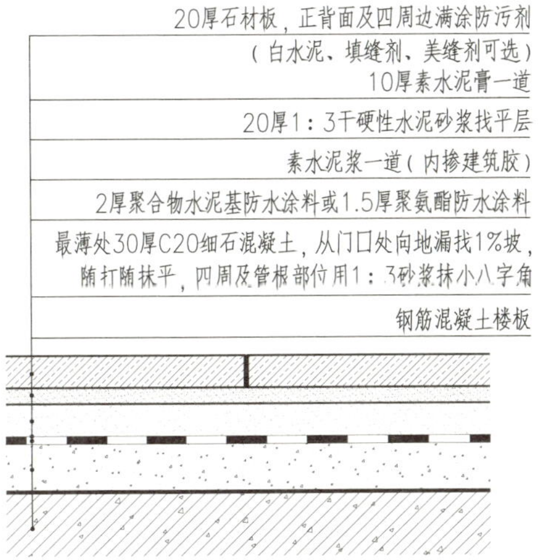

地砖防水楼面详图（一）

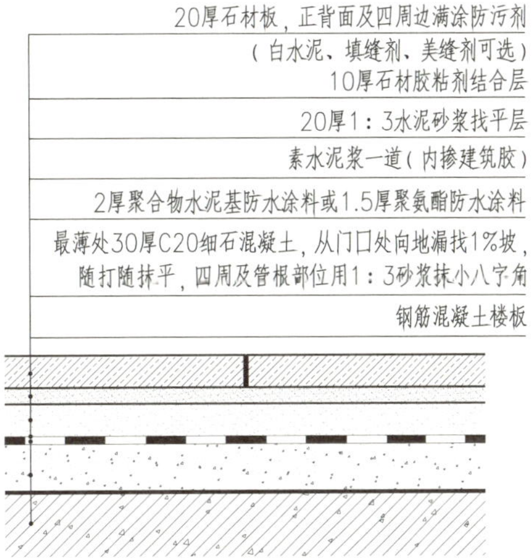

地砖防水楼面详图（二）

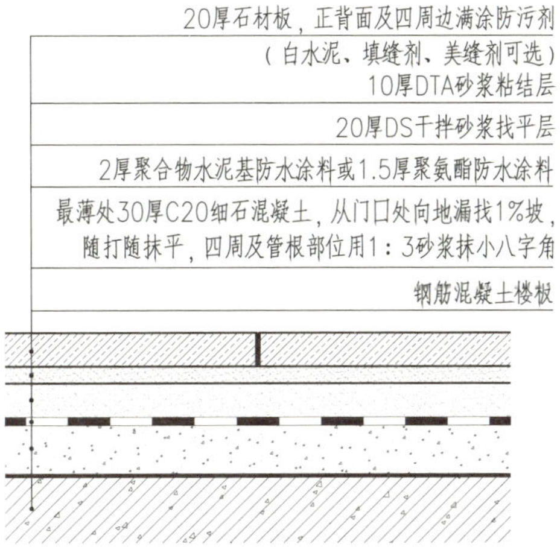

地砖防水楼面详图（三）

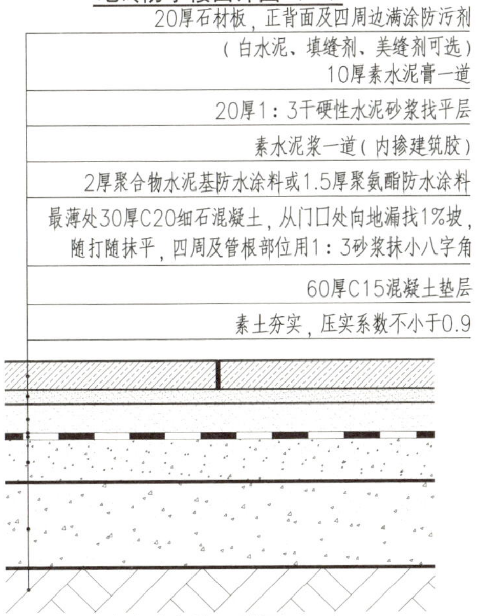

地砖防水地面详图（一）

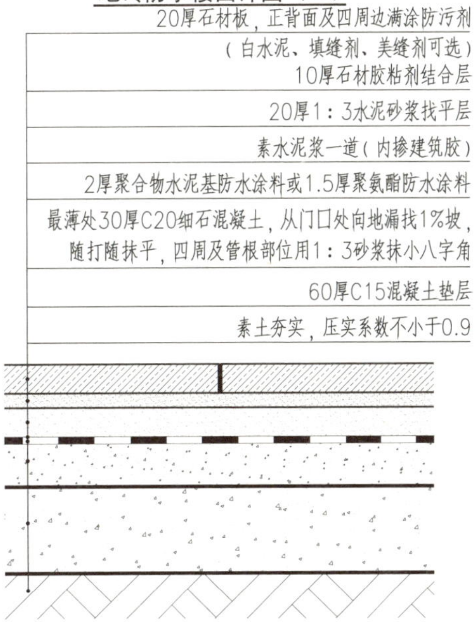

地砖防水地面详图（二）

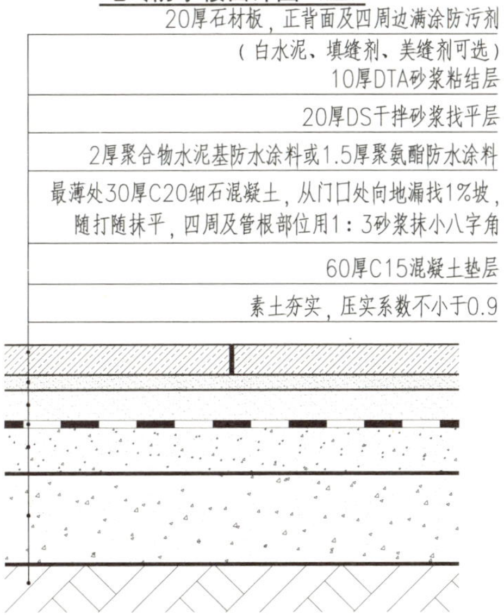

地砖防水地面详图（三）

注：1. DS 适用于地面、楼面、屋面的抹面砂浆，找平砂浆。
2. DTA 适用于陶瓷砖胶粘剂。

地砖楼（地）面

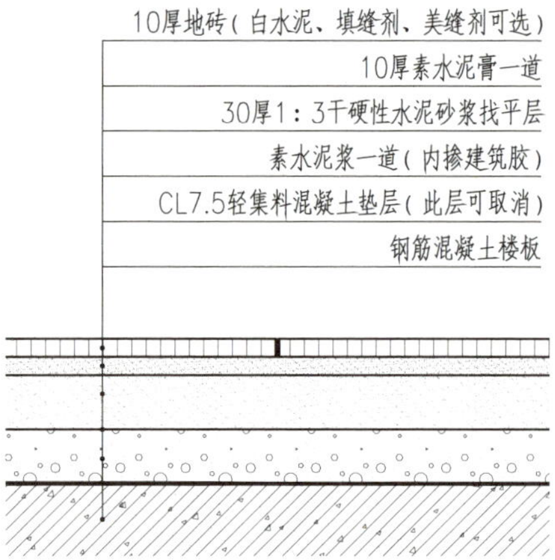

地砖楼面详图（一）

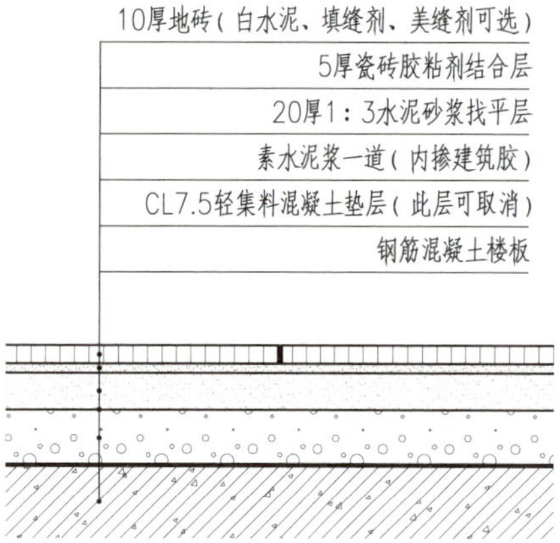

地砖楼面详图（二）

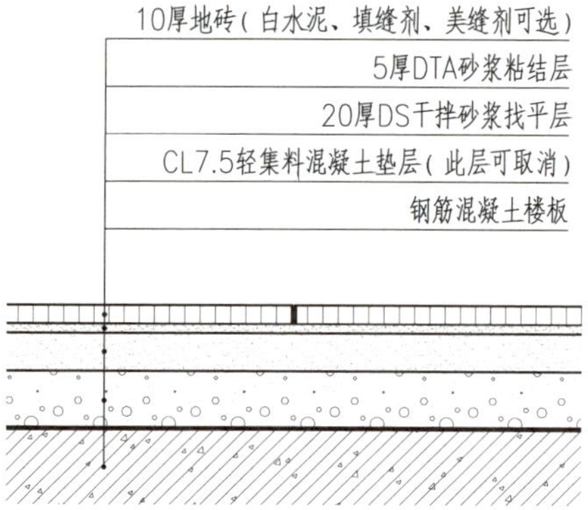

地砖楼面详图（三）

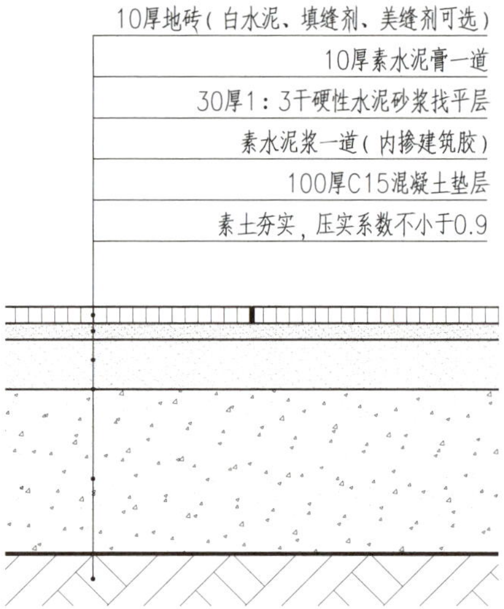

地砖地面详图（一）

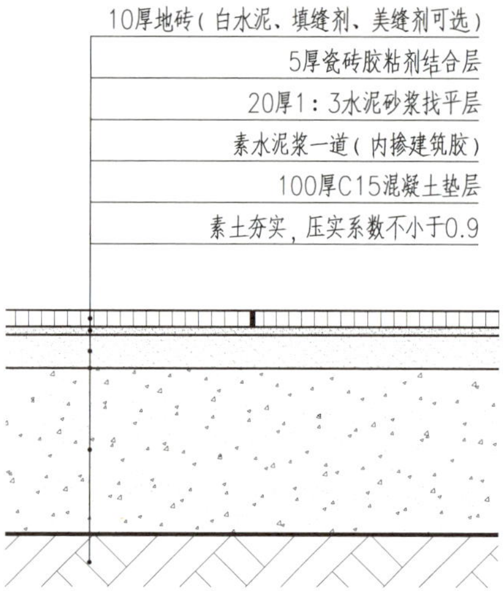

地砖地面详图（二）

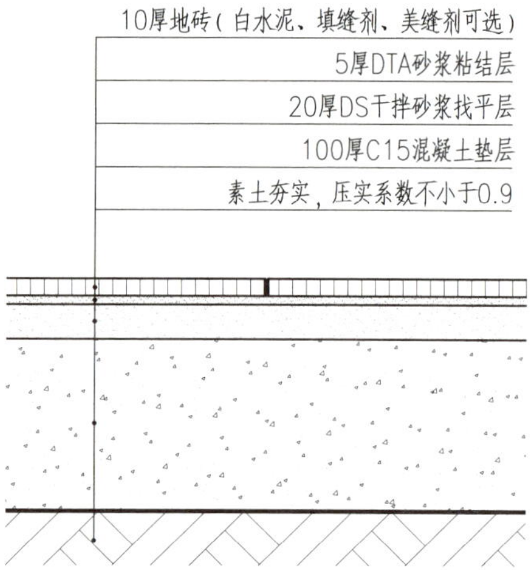

地砖地面详图（三）

注：1. DS适用于地面、楼面、屋面的抹面砂浆，找平砂浆。
2. DTA适用于陶瓷砖胶粘剂。

地砖防水楼（地）面

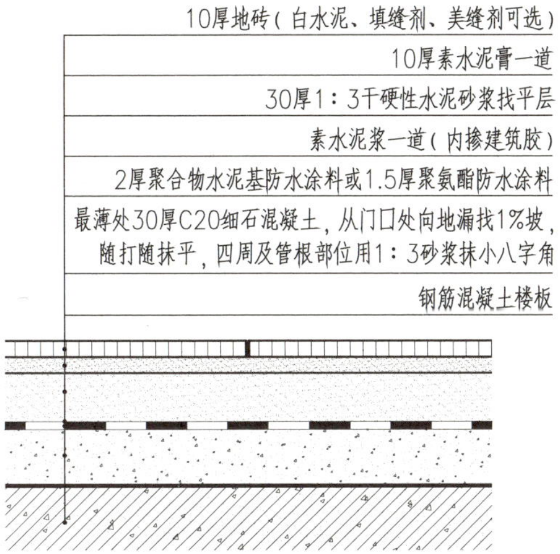

地砖防水楼面详图（一）

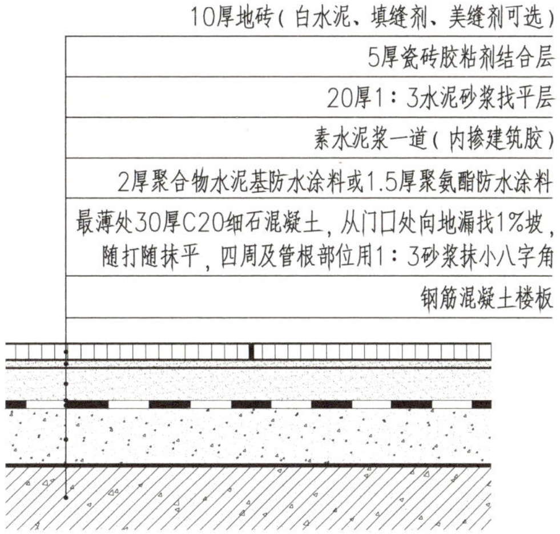

地砖防水楼面详图（二）

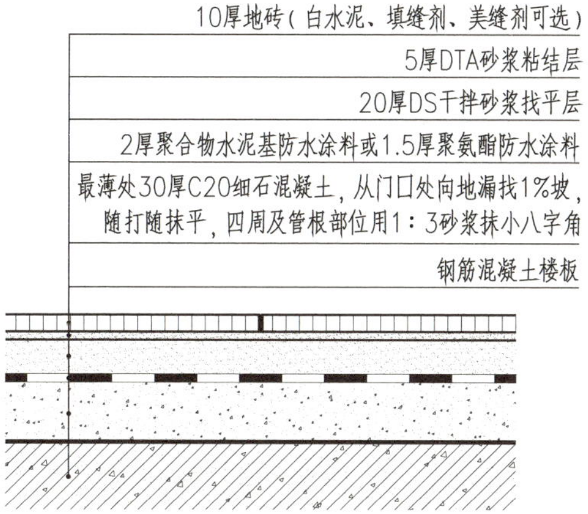

地砖防水楼面详图（三）

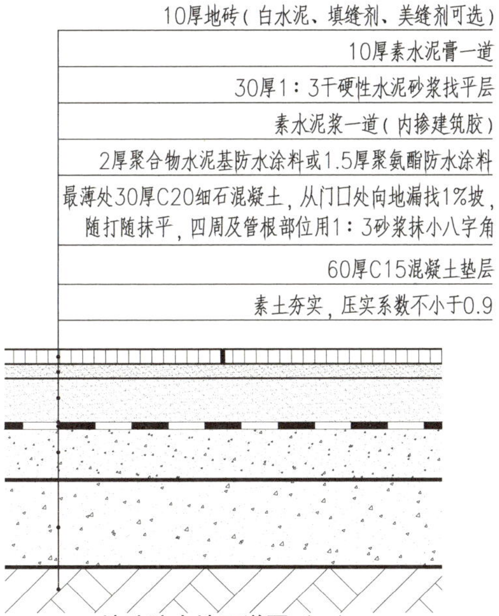

地砖防水地面详图（一）

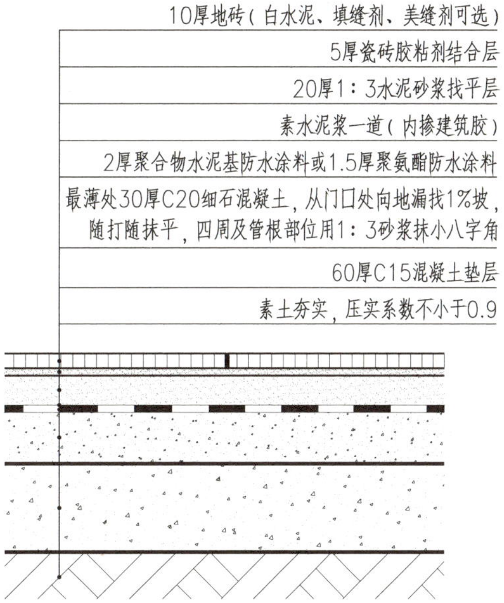

地砖防水地面详图（二）

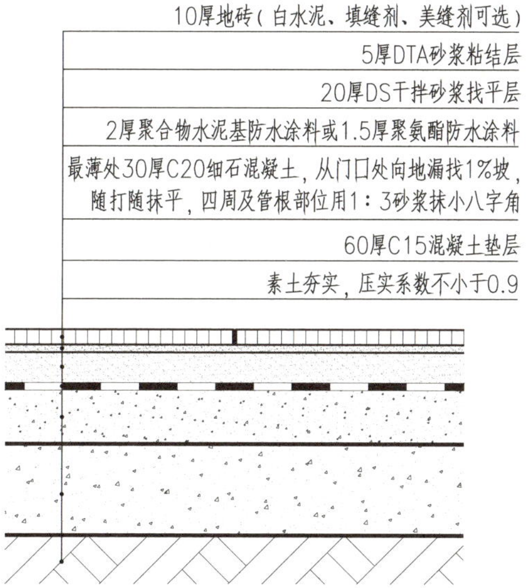

地砖防水地面详图（三）

注：1. DS适用于地面、楼面、屋面的抹面砂浆，找平砂浆。
2. DTA适用于陶瓷砖胶粘剂。

水磨石楼（地）面

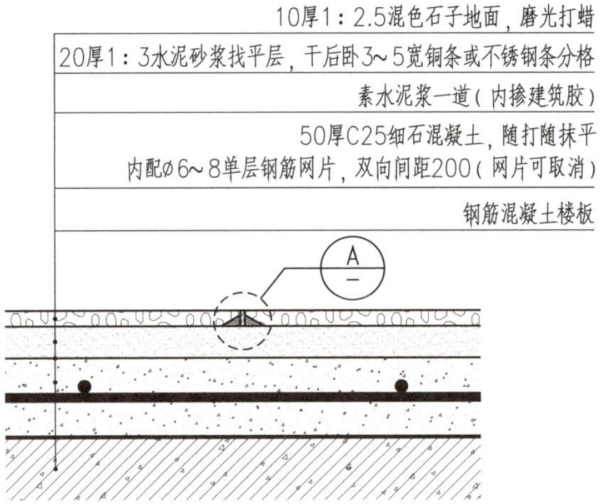

现浇水磨石楼面详图

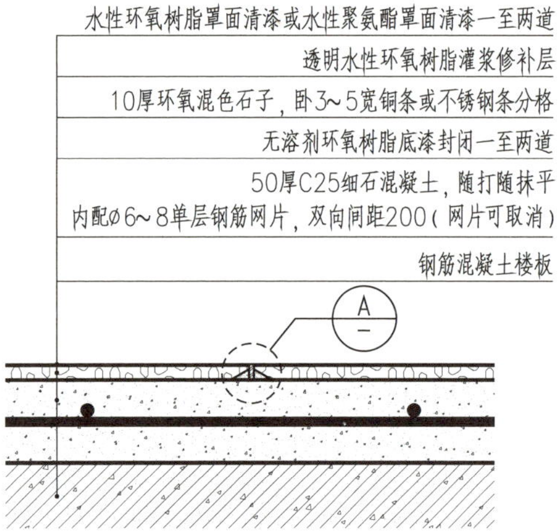

现浇环氧水磨石楼面详图

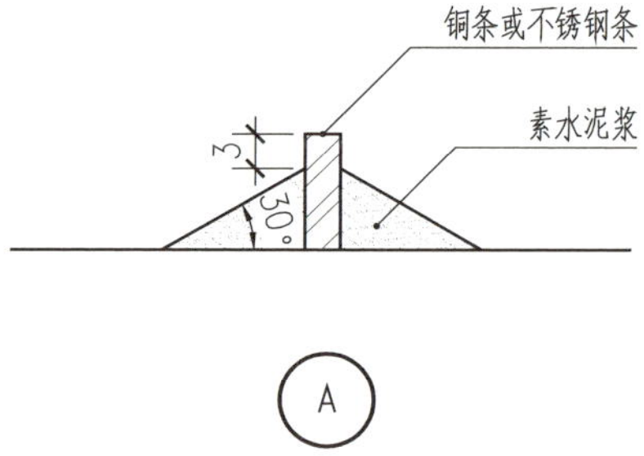

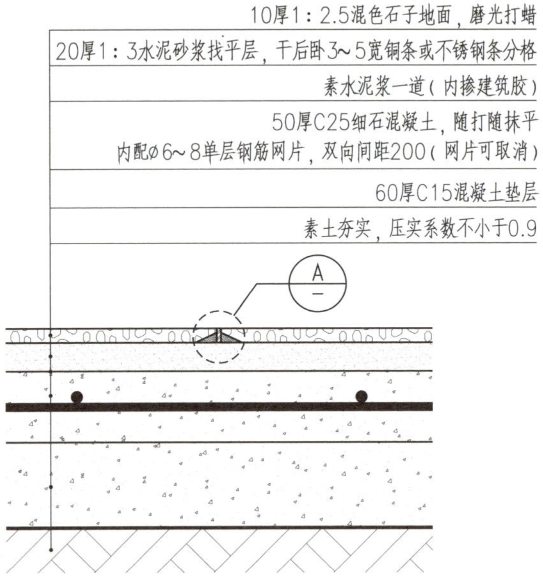

现浇水磨石地面详图

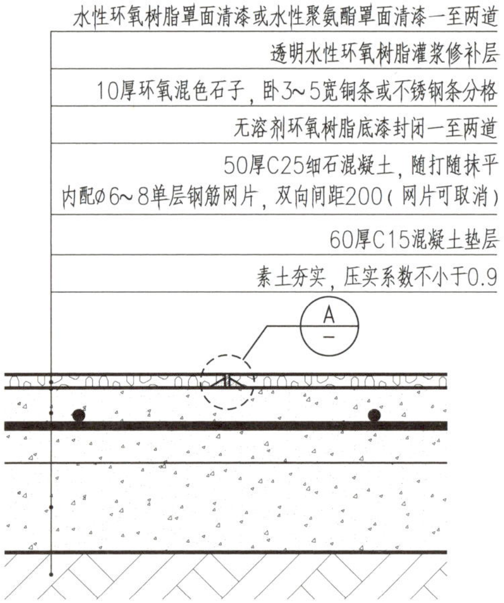

现浇环氧水磨石地面详图

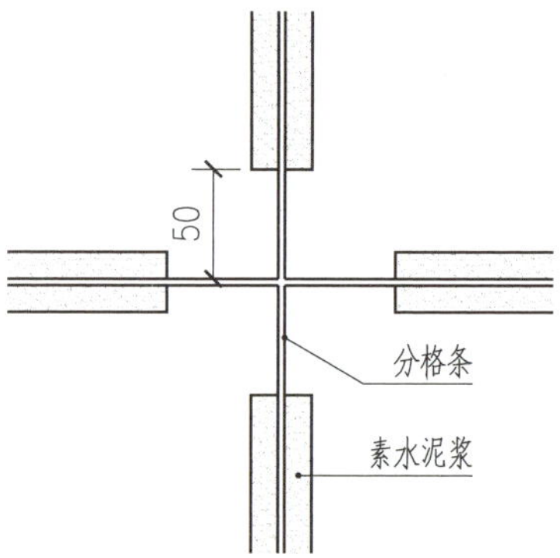

分格条平面图

注：1. 面层厚度可根据石子粒径适当增加。
2. 细石混凝土基层强度必须达到 C25 及以上。
3. 设置钢筋网片的细石混凝土层厚度不应小于 50 mm。
4. 基层与面层伸缩缝应统一对应，分格间距不大于 3 m。

水洗石楼（地）面

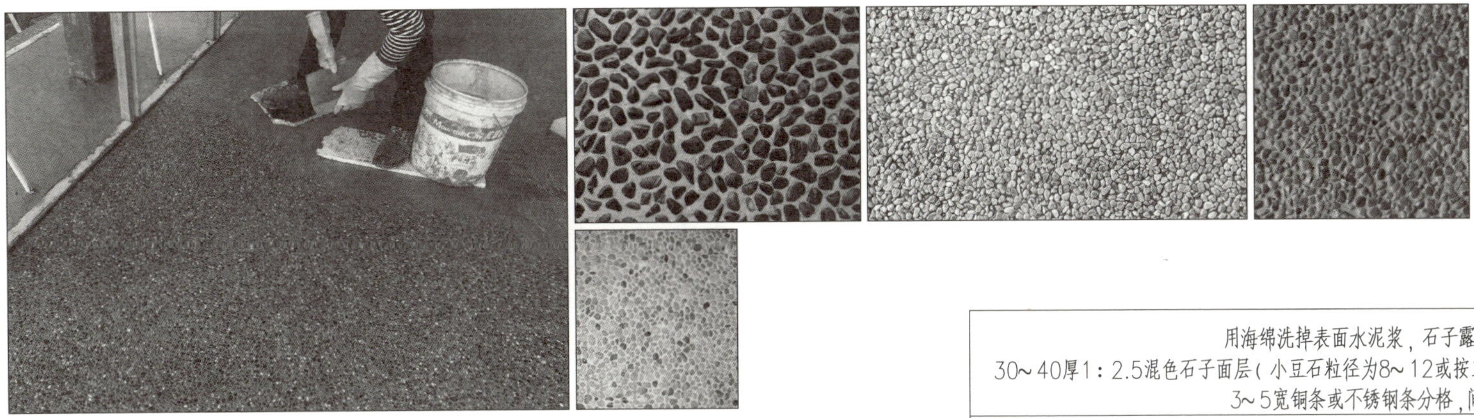

水洗石

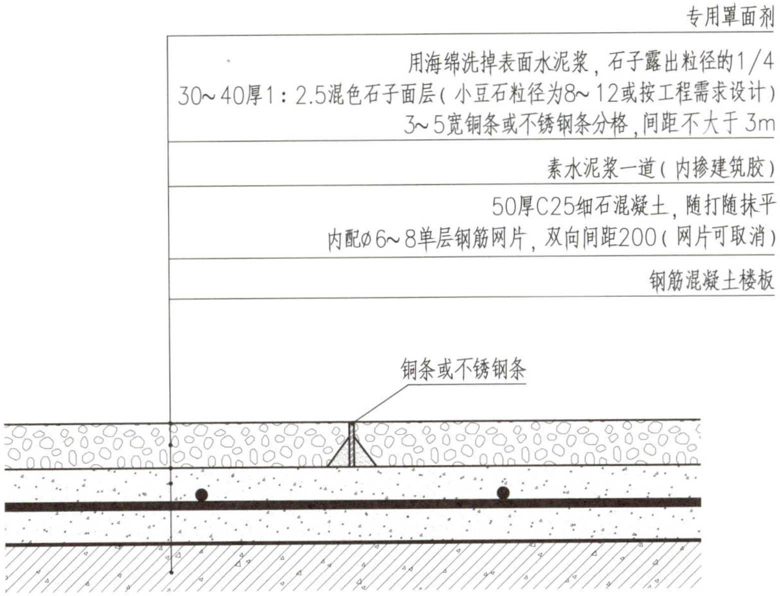

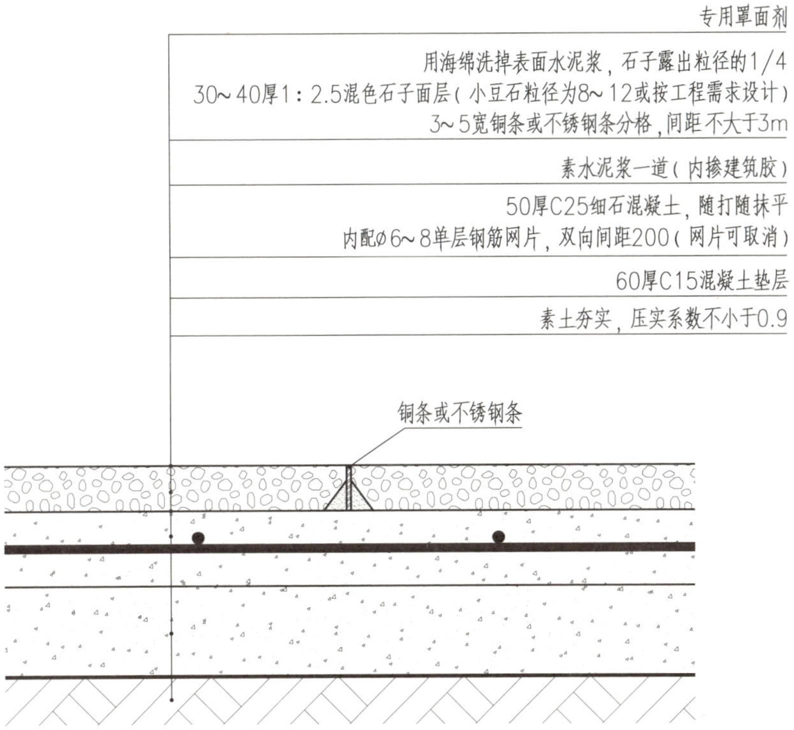

水洗石地面详图

注：1. 面层的厚度约为小豆石粒径的4倍。
2. 细石混凝土基层强度必须达到C25及以上。
3. 基层与面层伸缩缝应统一对应，分格间距不大于3 m。

陶瓷锦砖楼（地）面

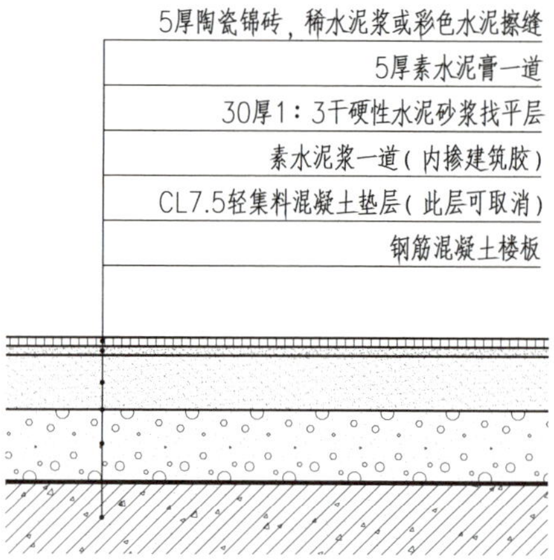

陶瓷锦砖楼面详图（一）

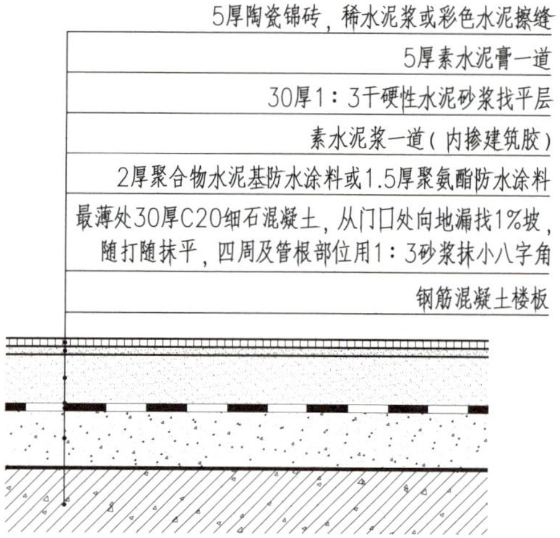

陶瓷锦砖防水楼面详图（一）

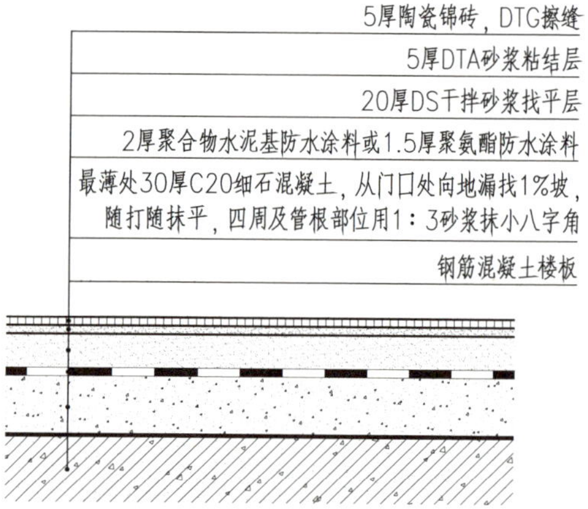

陶瓷锦砖防水楼面详图（二）

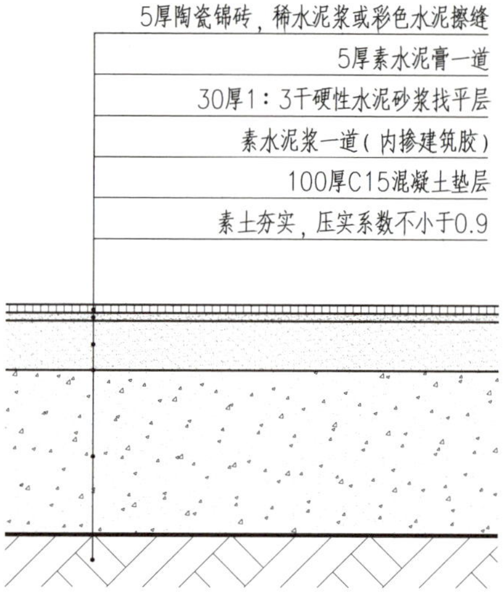

陶瓷锦砖地面详图（一）

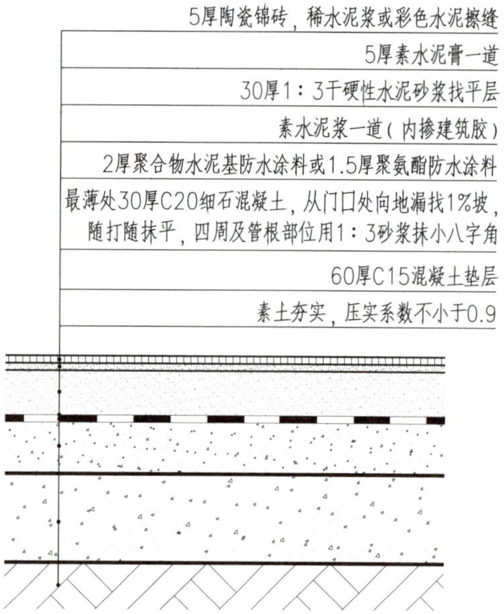

陶瓷锦砖防水地面详图（一）

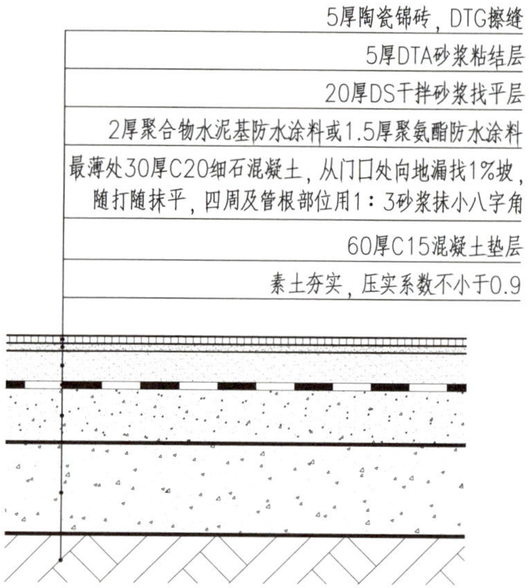

陶瓷锦砖防水地面详图（二）

注：1. DS 适用于地面、楼面、屋面的抹面砂浆，找平砂浆。
2. DTA 适用于陶瓷砖胶粘剂。
3. DTG 适用于陶瓷砖嵌缝剂。

自流平楼（地）面

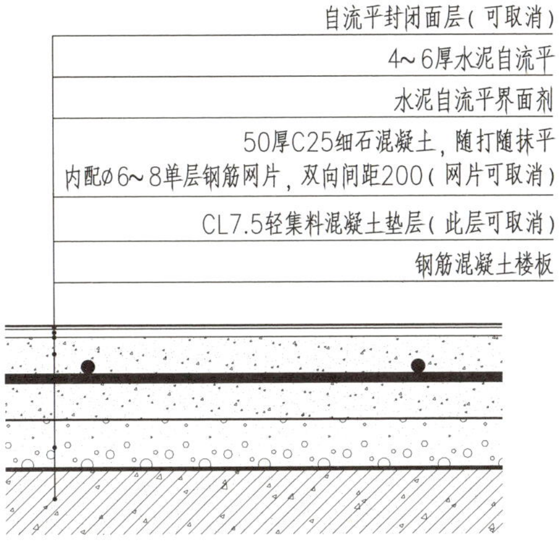

水泥自流平楼面详图

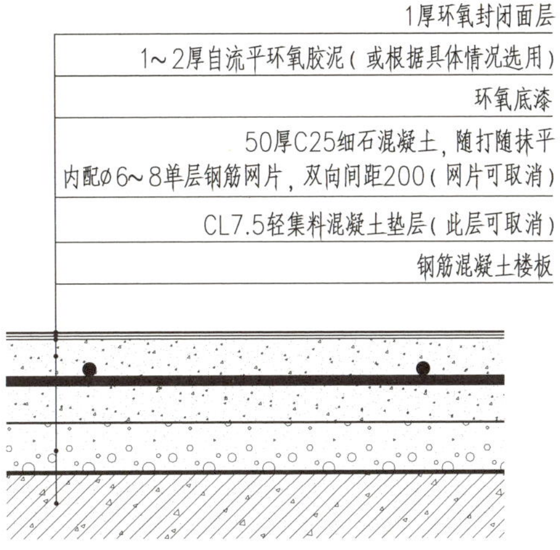

环氧胶泥自流平楼面详图

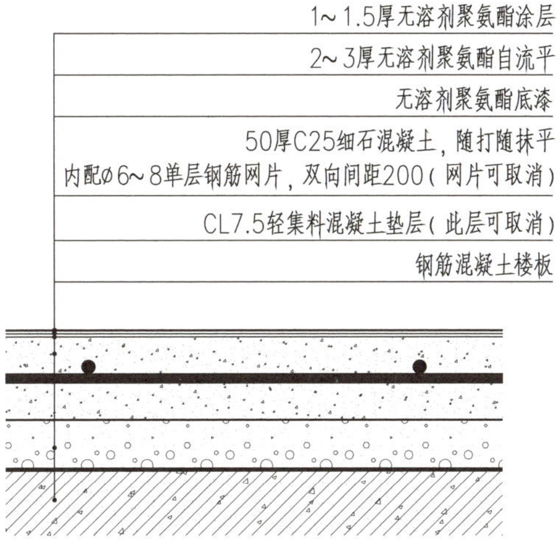

无溶剂聚氨酯自流平楼面详图

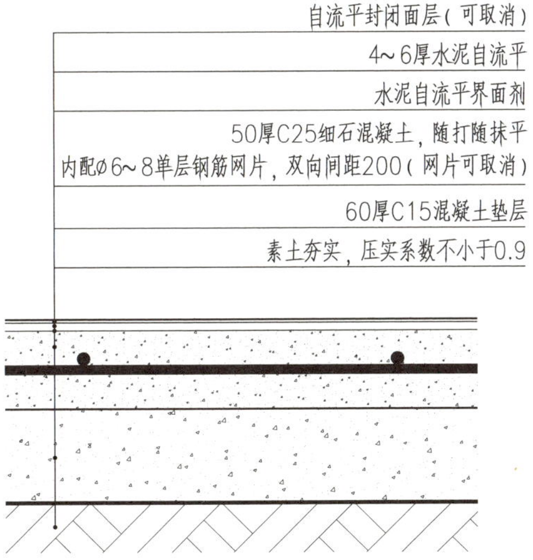

水泥自流平地面详图

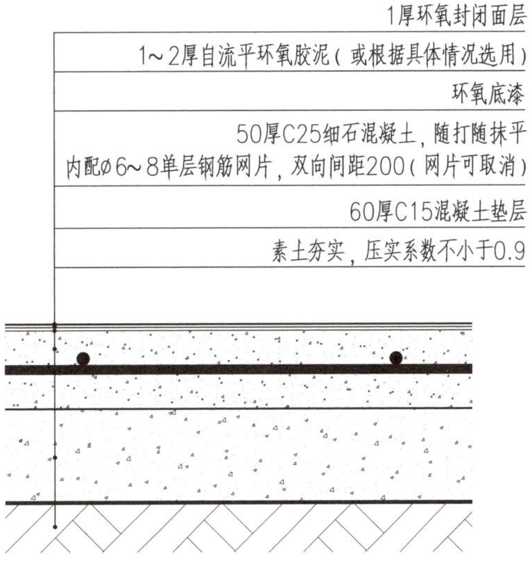

环氧胶泥自流平地面详图

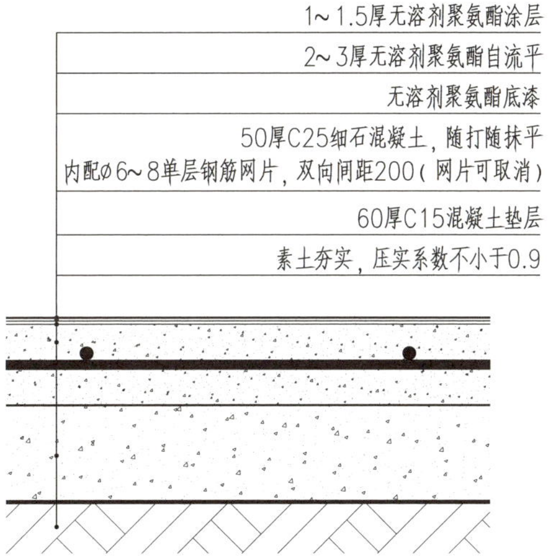

无溶剂聚氨酯自流平地面详图

注：基层与面层伸缩缝应统一对应，伸缩缝间距不大于10 m；缝宽5~8 mm，缝内嵌填缝剂。

弹性地材楼（地）面

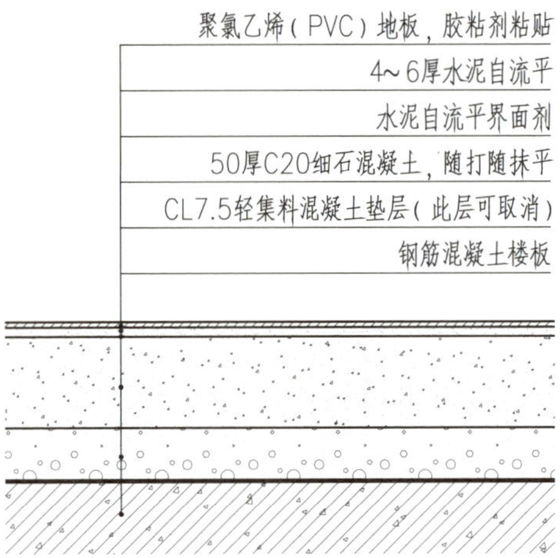

弹性地材楼面详图

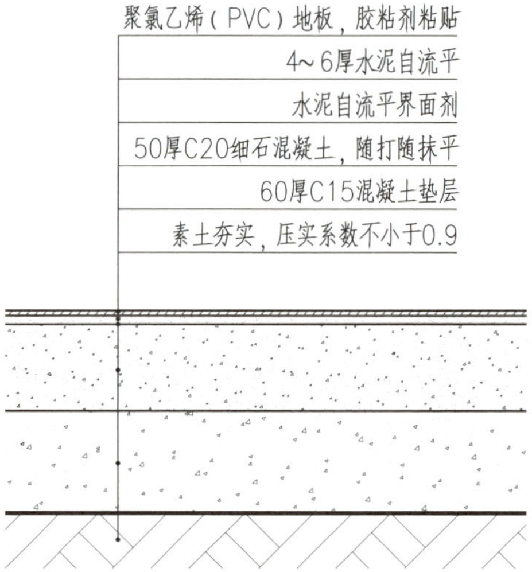

弹性地材地面详图

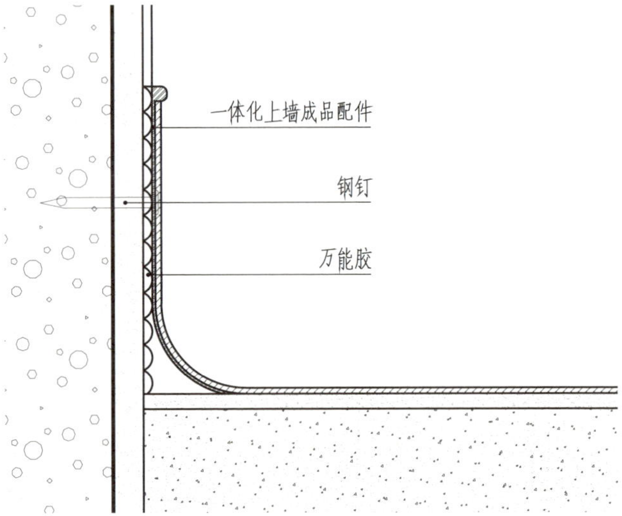

弹性地材一体化上墙详图（一）

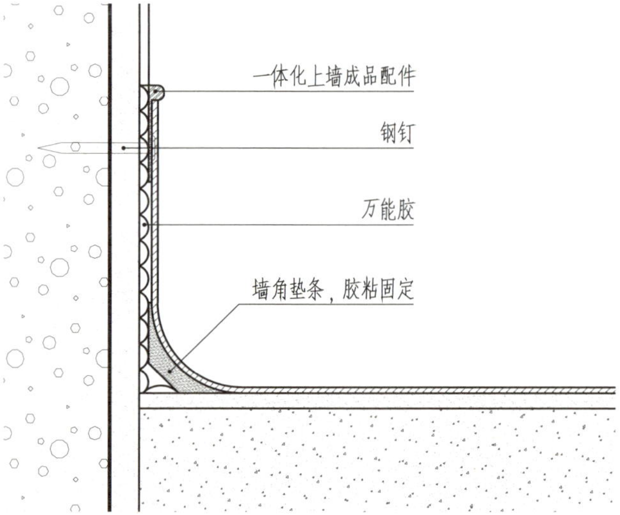

弹性地材一体化上墙详图（二）

水暖式低温辐射地板采暖楼（地）面（一）

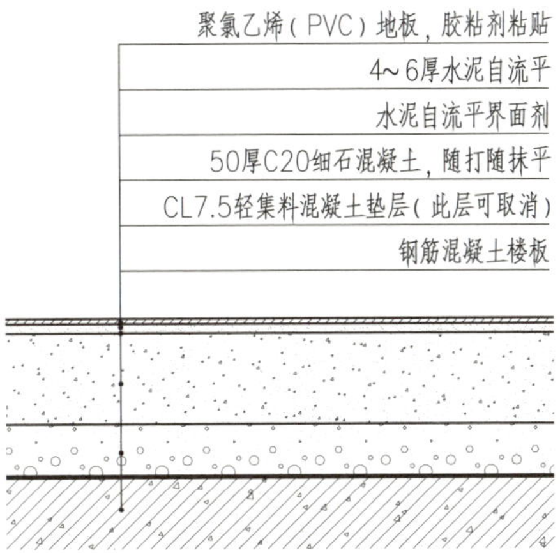

弹性地材楼面详图

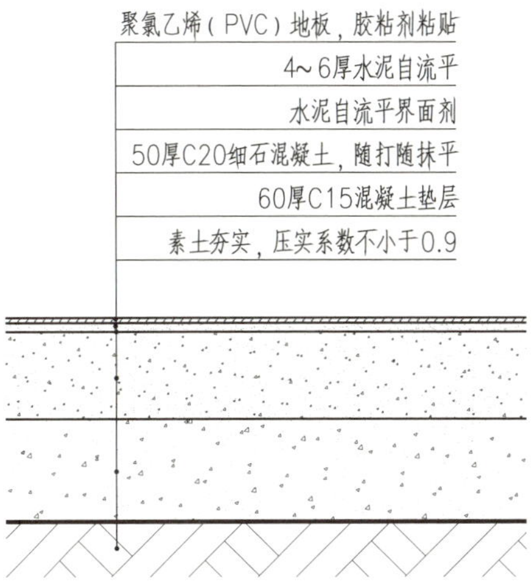

弹性地材地面详图

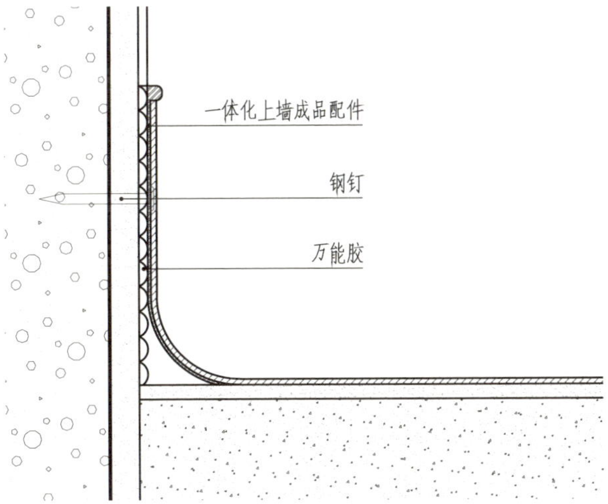

弹性地材一体化上墙详图（一）

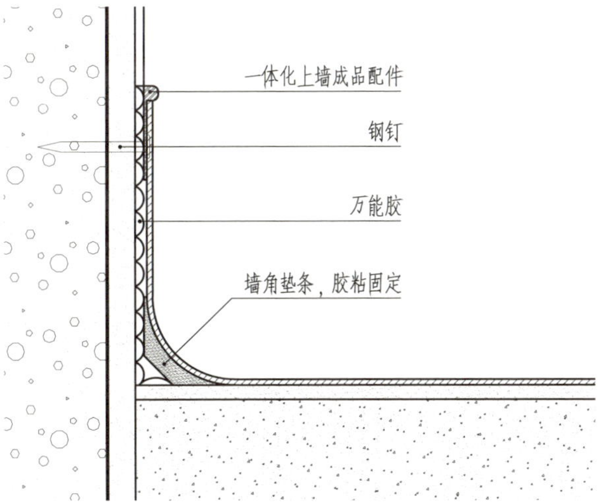

弹性地材一体化上墙详图（二）

水暖式低温辐射地板采暖楼（地）面（二）

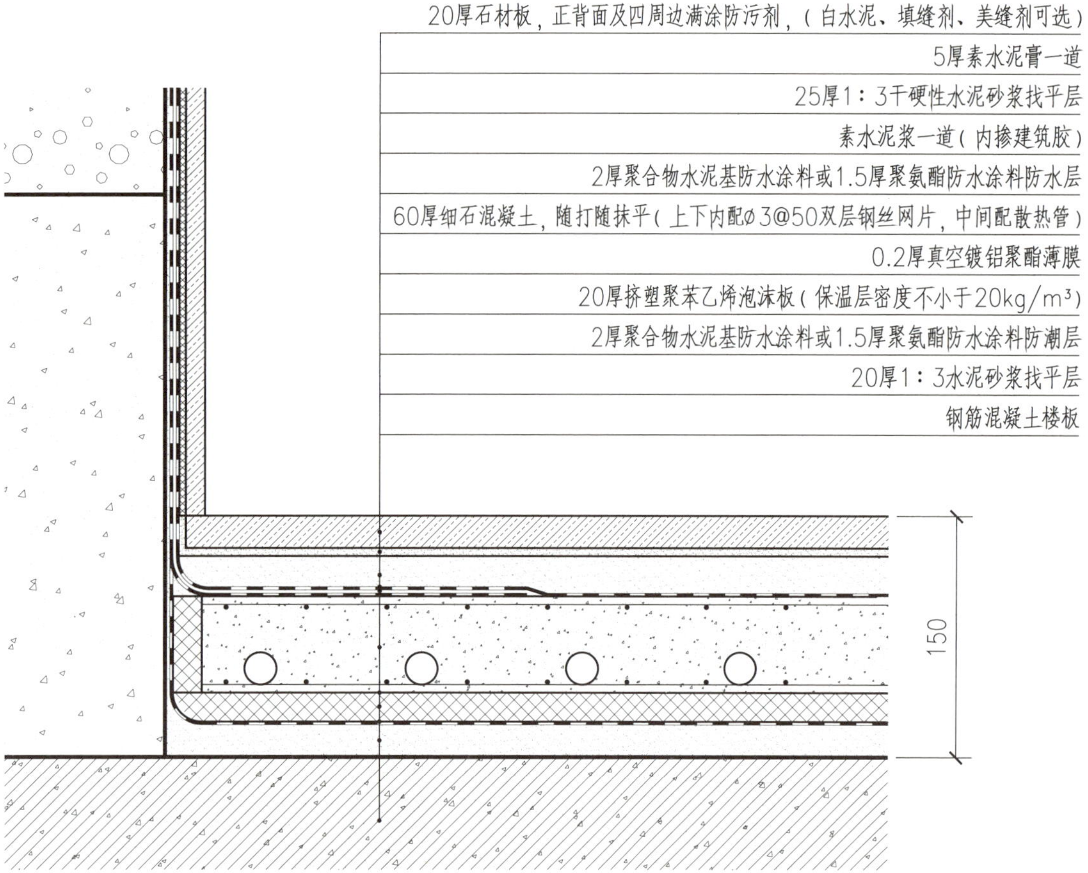

水暖式低温辐射地板采暖楼面详图（双道防水层）

注：双道防水层做法适用于卫生间、浴室。

电暖式低温辐射地板采暖楼（地）面

电暖式低温辐射地板采暖地面

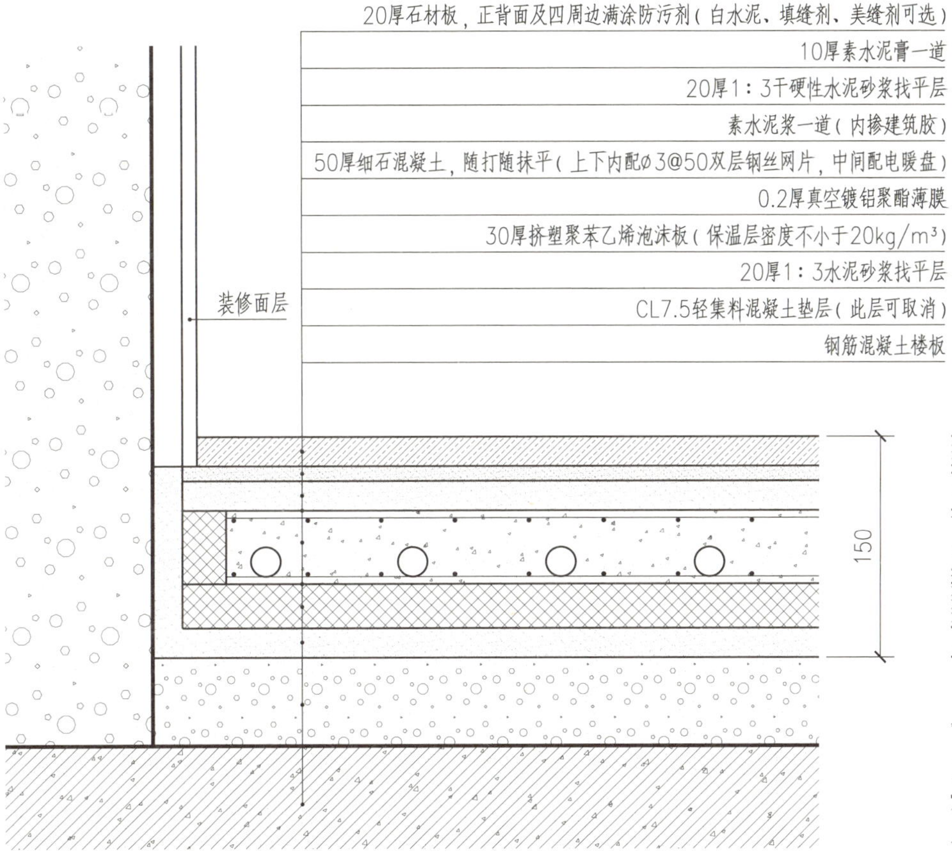

电暖式低温辐射地板采暖楼面详图

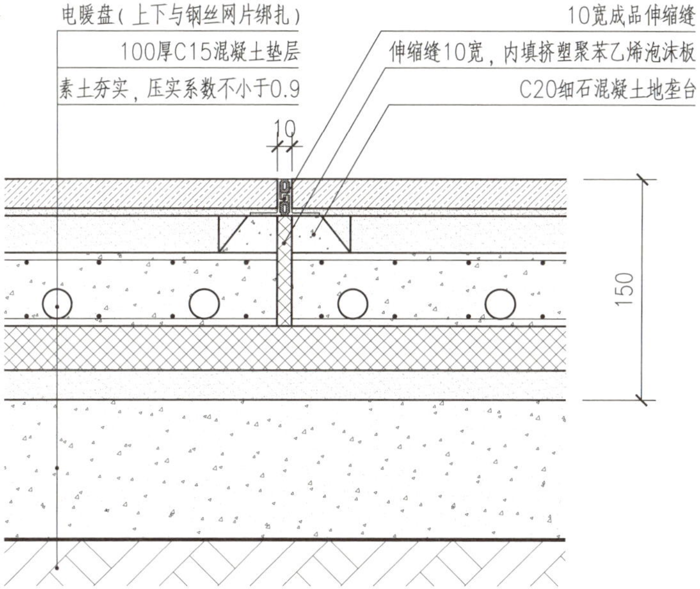

电暖式低温辐射地板采暖地面伸缩缝详图

木地板楼（地）面（一）

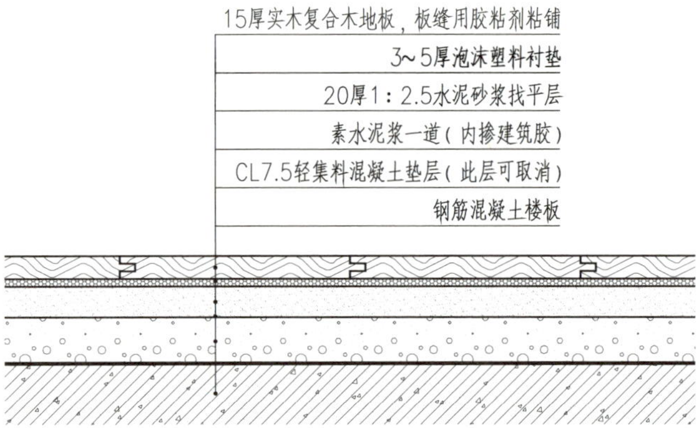

实木复合木地板楼面详图

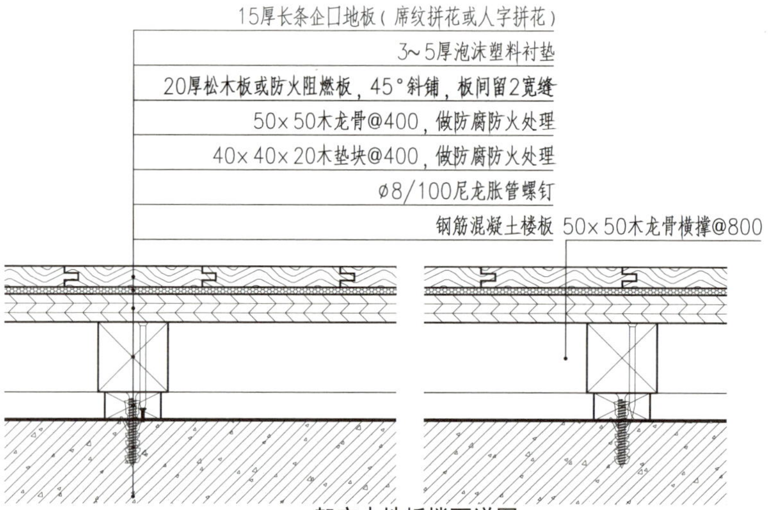

架空木地板楼面详图

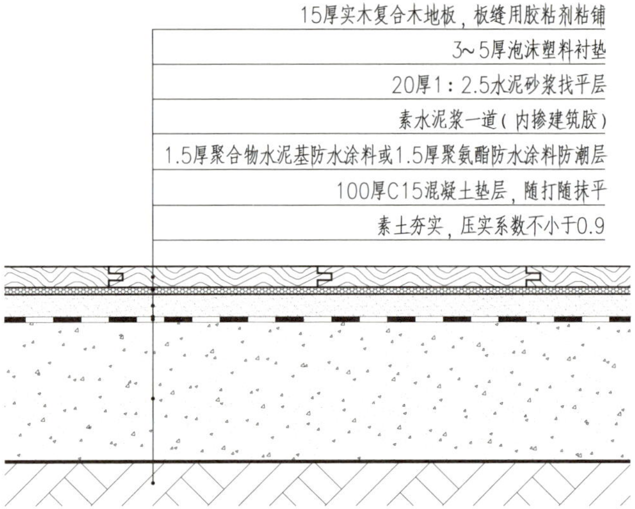

实木复合木地板地面详图

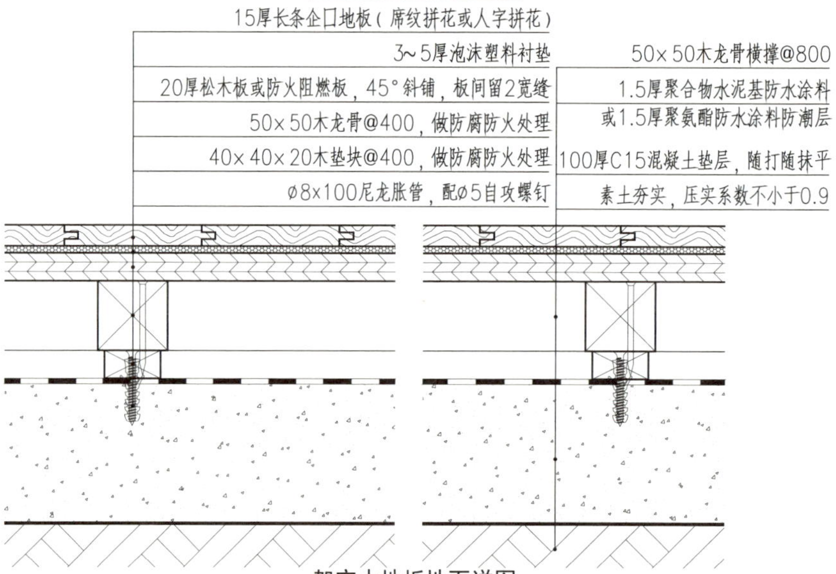

架空木地板地面详图

木地板楼（地）面（二）

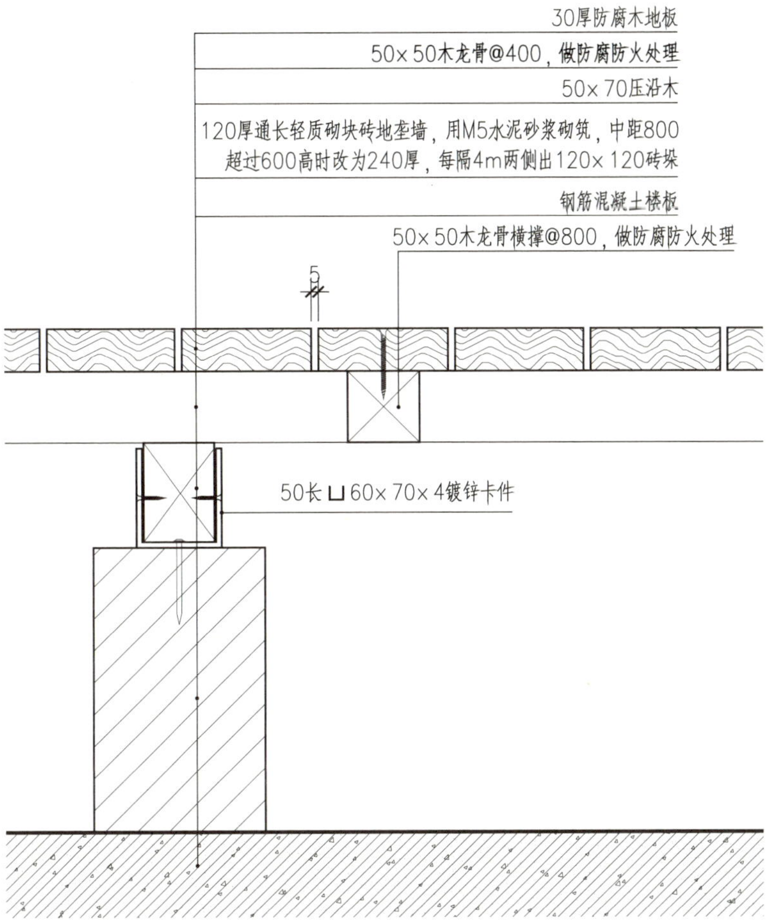
30厚防腐木地板
50x 50木龙骨@400，做防腐防火处理
50x 70压沿木
120厚通长轻质砌块砖地垄墙，用M5水泥砂浆砌筑，中距800
超过600高时改为240厚，每隔4m两侧出120x 120砖垛
钢筋混凝土楼板
50x 50木龙骨横撑@800，做防腐防火处理
5
50长∟60x 70x 4镀锌卡件

防腐木地板楼面详图

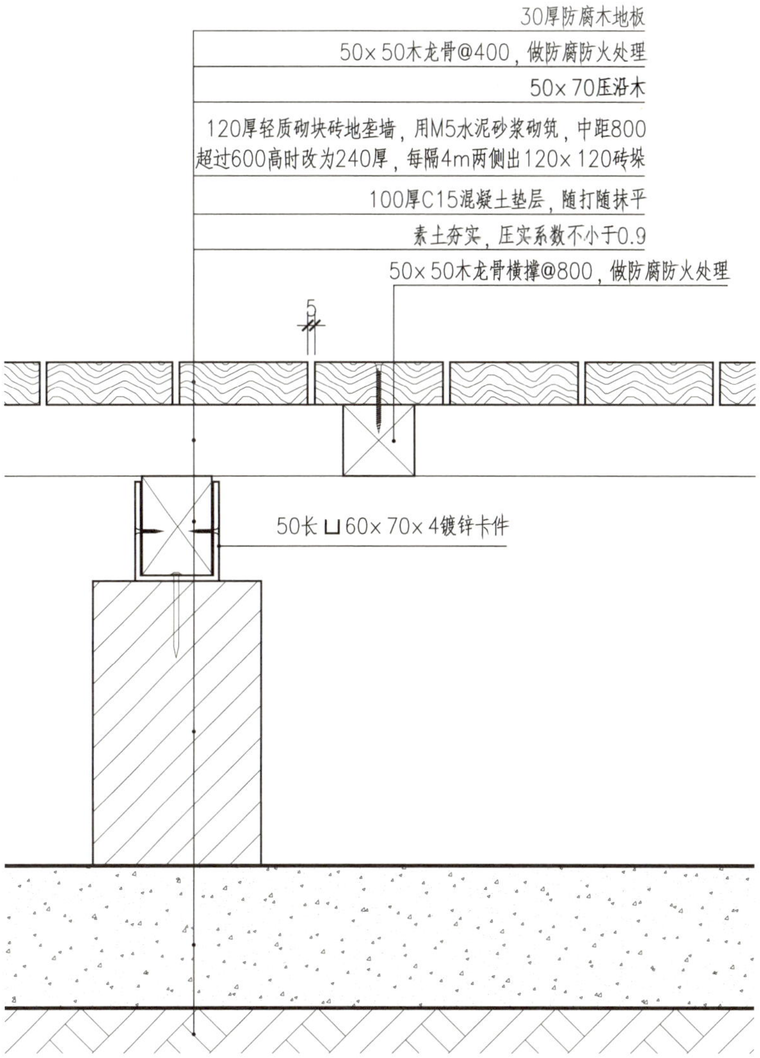
30厚防腐木地板
50x 50木龙骨@400，做防腐防火处理
50x 70压沿木
120厚轻质砌块砖地垄墙，用M5水泥砂浆砌筑，中距800
超过600高时改为240厚，每隔4m两侧出120x 120砖垛
100厚C15混凝土垫层，随打随抹平
素土夯实，压实系数不小于0.9
50x 50木龙骨横撑@800，做防腐防火处理
5
50长∟60x 70x 4镀锌卡件

防腐木地板地面详图

木地板楼（地）面（三）

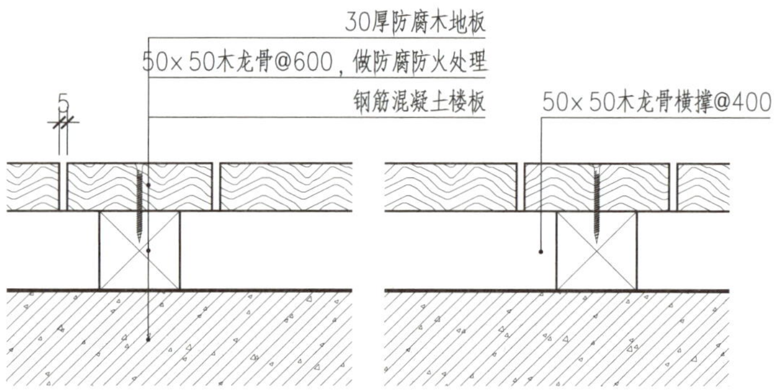

防腐木地板楼面详图

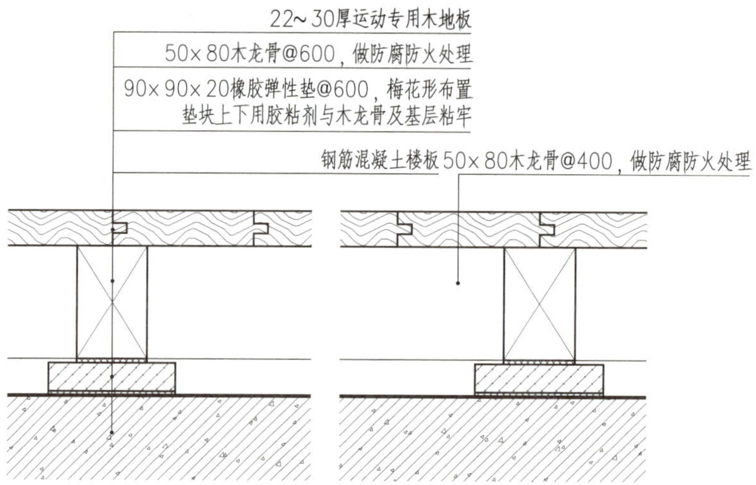

弹性硬木地板楼面详图

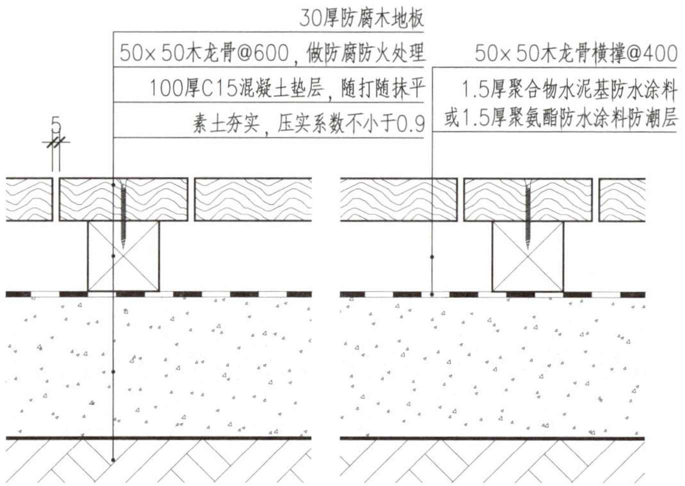

防腐木地板地面详图

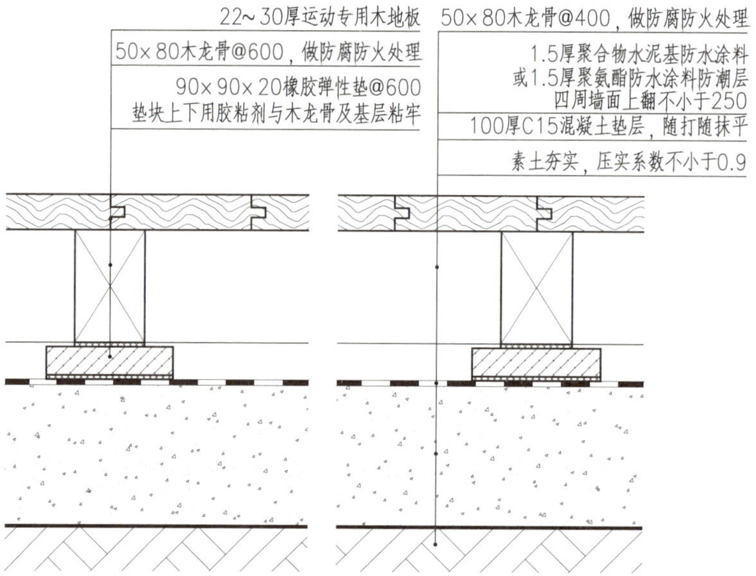

弹性硬木地板地面详图

注：适用于普通运动场馆。

木地板楼（地）面（四）

弹性硬木地板

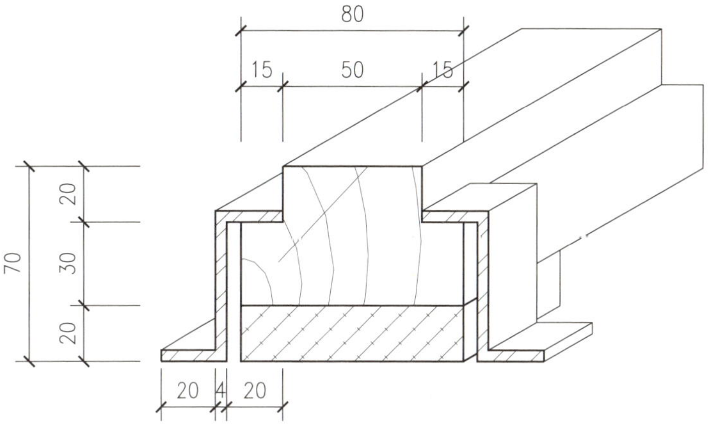

木龙骨固定轴测图

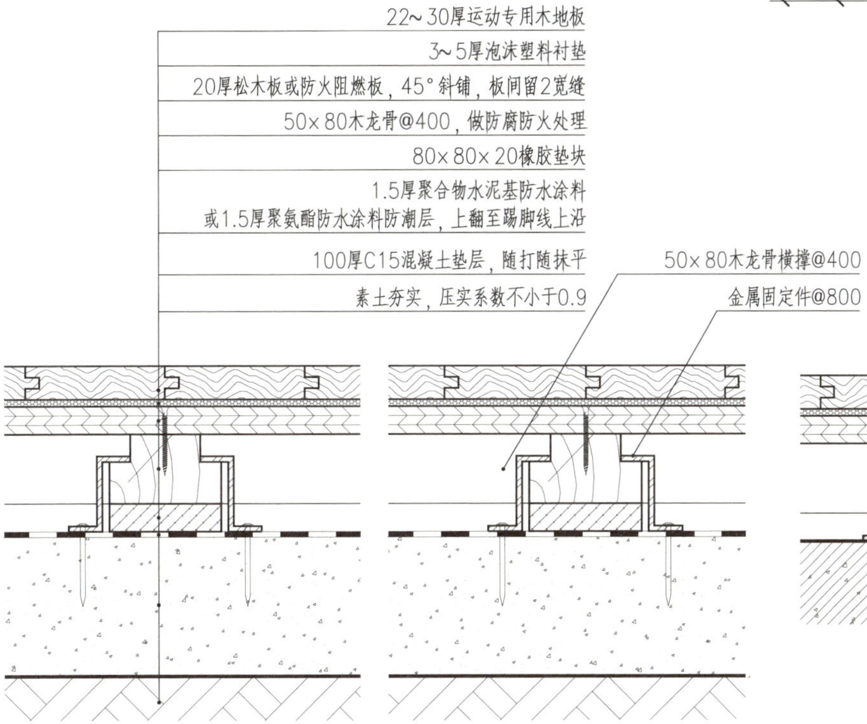

运动场木地板地面详图

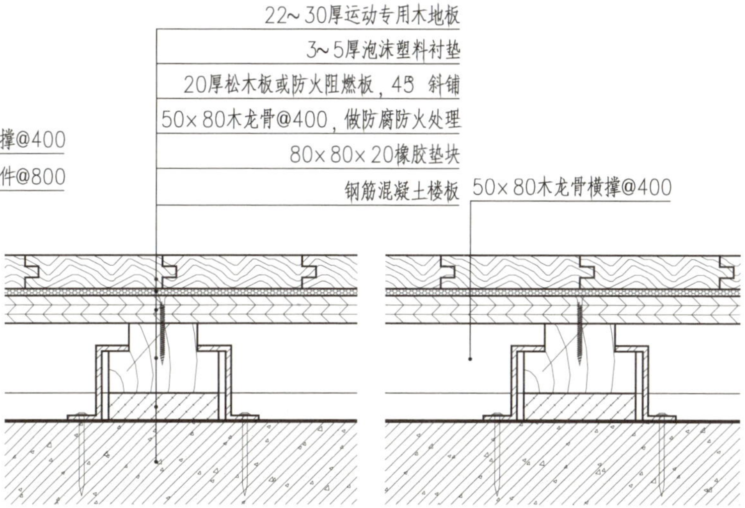

运动场木地板楼面详图

注：适用于普通运动场馆。

木地板楼（地）面（五）

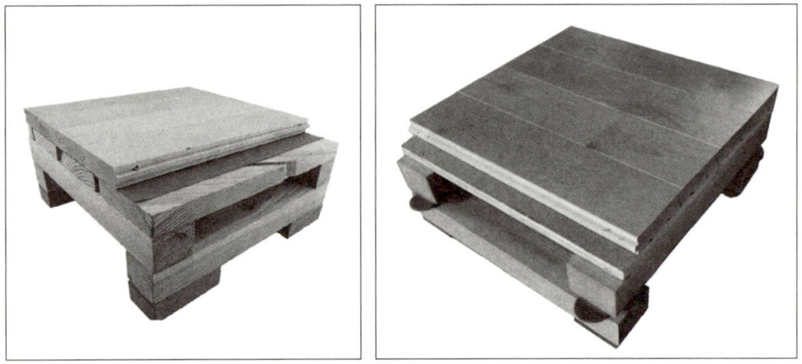

弹性硬木地板

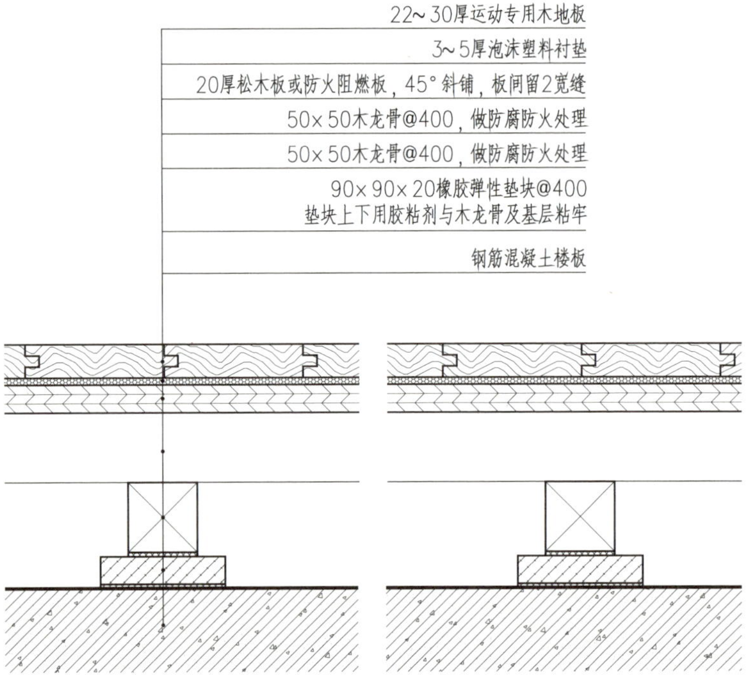

弹性硬木地板楼面详图

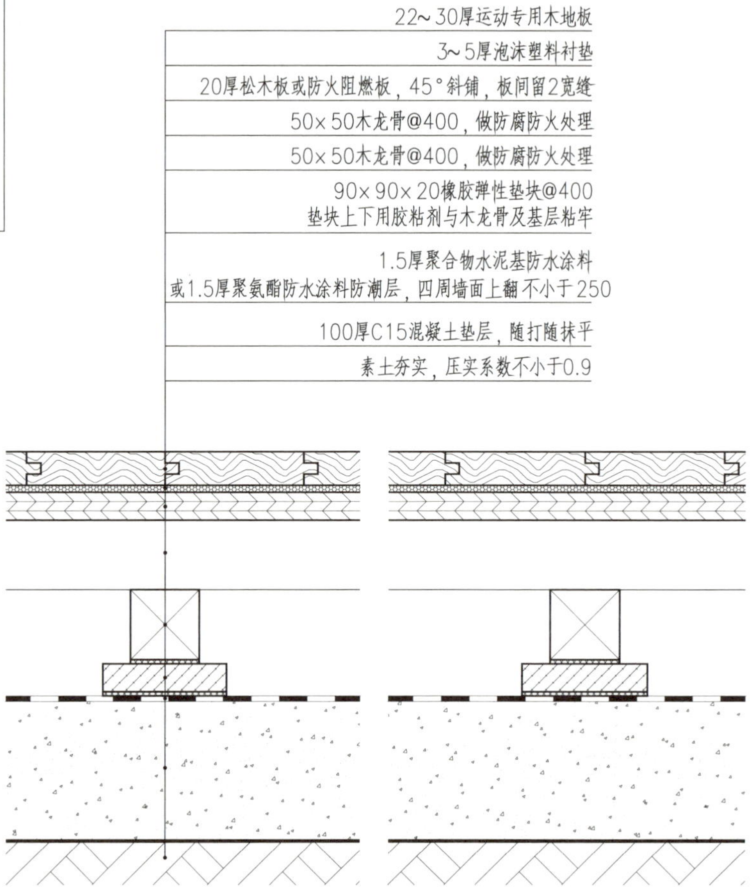

弹性硬木地板地面详图

注：适用于普通运动场馆。

木地板楼（地）面（六）

舞台木地板

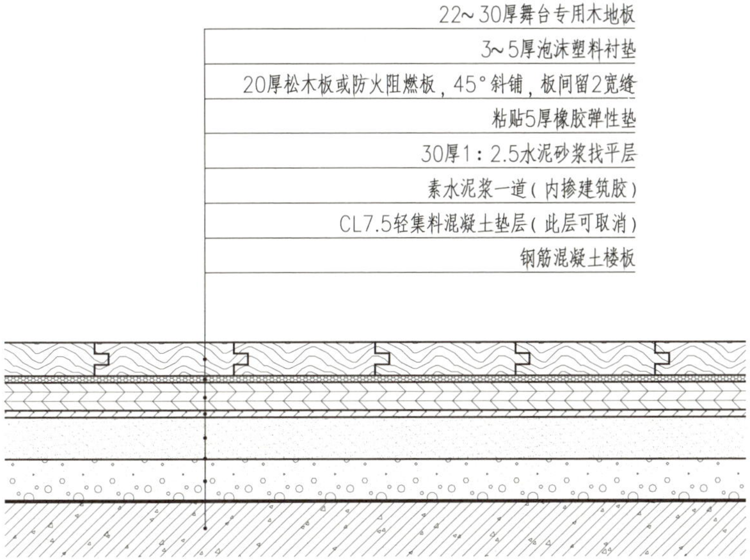

22~30厚舞台专用木地板
3~5厚泡沫塑料衬垫
20厚松木板或防火阻燃板，45°斜铺，板间留2宽缝
粘贴5厚橡胶弹性垫
30厚1：2.5水泥砂浆找平层
素水泥浆一道（内掺建筑胶）
CL7.5轻集料混凝土垫层（此层可取消）
钢筋混凝土楼板

平铺舞台木地板楼面详图

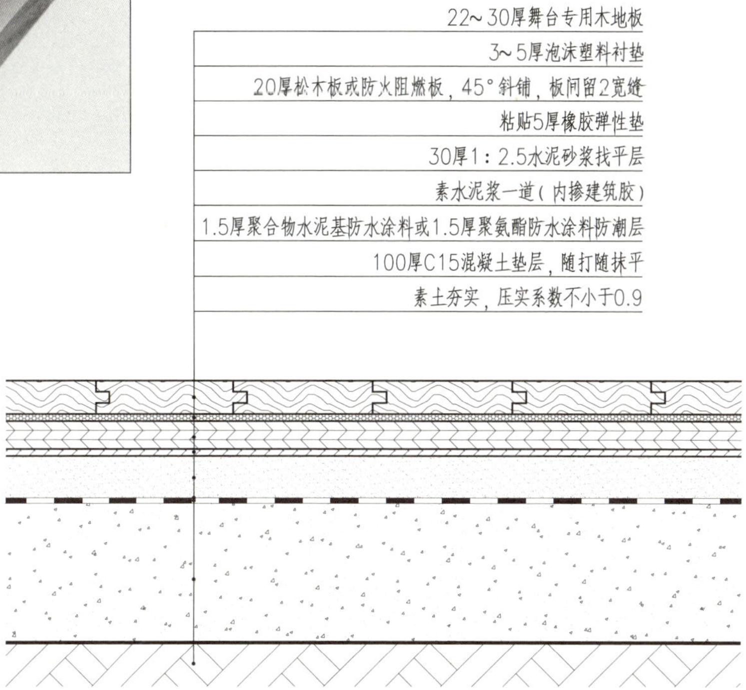

22~30厚舞台专用木地板
3~5厚泡沫塑料衬垫
20厚松木板或防火阻燃板，45°斜铺，板间留2宽缝
粘贴5厚橡胶弹性垫
30厚1：2.5水泥砂浆找平层
素水泥浆一道（内掺建筑胶）
1.5厚聚合物水泥基防水涂料或1.5厚聚氨酯防水涂料防潮层
100厚C15混凝土垫层，随打随抹平
素土夯实，压实系数不小于0.9

平铺舞台木地板地面详图

地毯楼（地）面

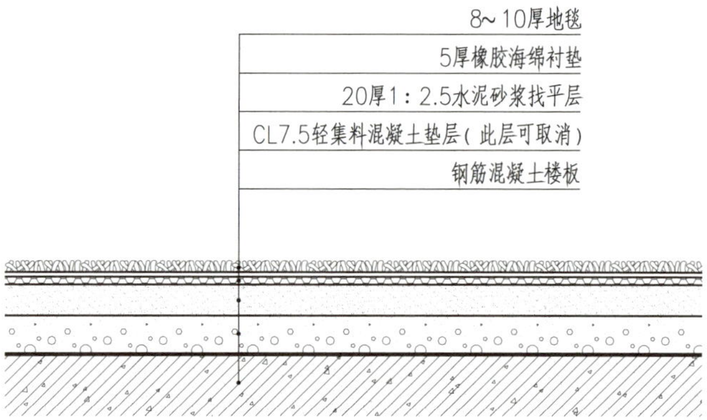

8~10厚地毯
5厚橡胶海绵衬垫
20厚1：2.5水泥砂浆找平层
CL7.5轻集料混凝土垫层(此层可取消)
钢筋混凝土楼板

地毯楼面详图（一）

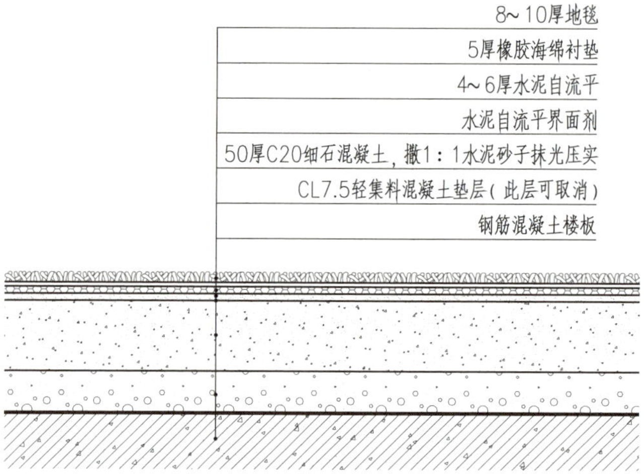

8~10厚地毯
5厚橡胶海绵衬垫
4~6厚水泥自流平
水泥自流平界面剂
50厚C20细石混凝土，撒1：1水泥砂子抹光压实
CL7.5轻集料混凝土垫层(此层可取消)
钢筋混凝土楼板

地毯楼面详图（二）

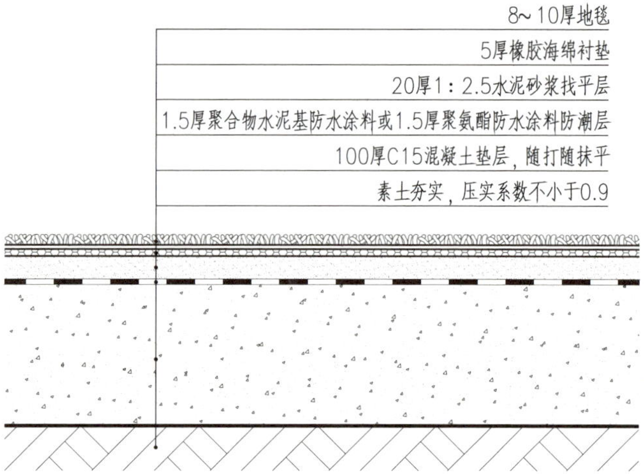

8~10厚地毯
5厚橡胶海绵衬垫
20厚1：2.5水泥砂浆找平层
1.5厚聚合物水泥基防水涂料或1.5厚聚氨酯防水涂料防潮层
100厚C15混凝土垫层，随打随抹平
素土夯实，压实系数不小于0.9

地毯地面详图（一）

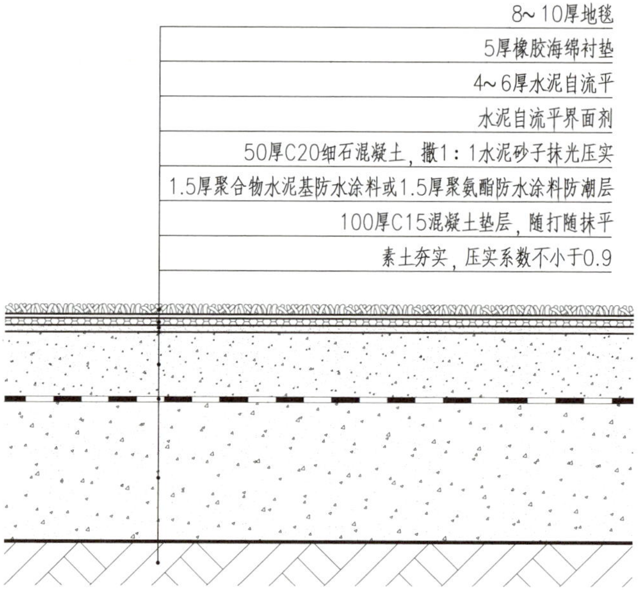

8~10厚地毯
5厚橡胶海绵衬垫
4~6厚水泥自流平
水泥自流平界面剂
50厚C20细石混凝土，撒1：1水泥砂子抹光压实
1.5厚聚合物水泥基防水涂料或1.5厚聚氨酯防水涂料防潮层
100厚C15混凝土垫层，随打随抹平
素土夯实，压实系数不小于0.9

地毯地面详图（二）

块毯楼（地）面

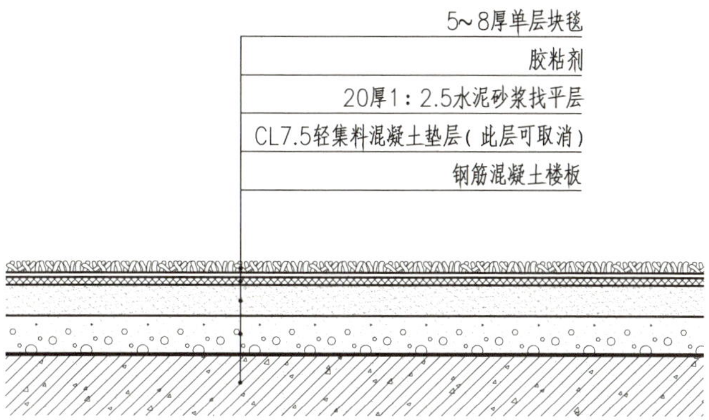

块毯楼面详图（一）

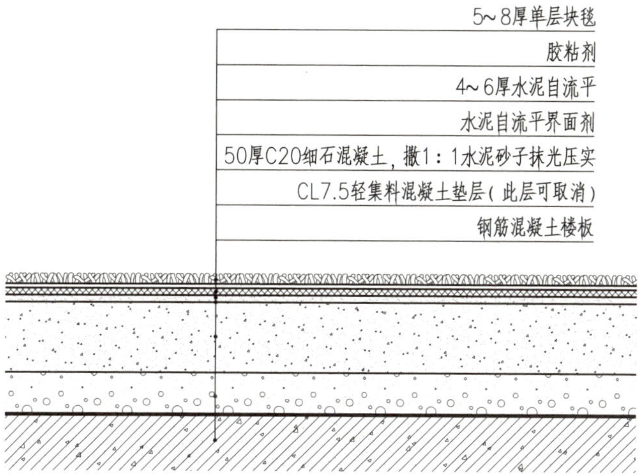

块毯楼面详图（二）

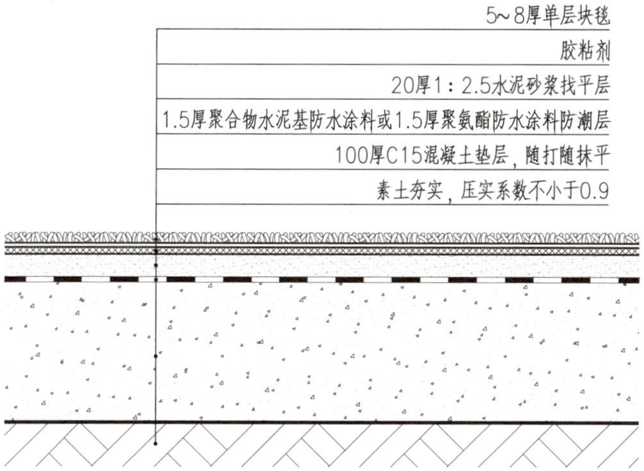

块毯地面详图（一）

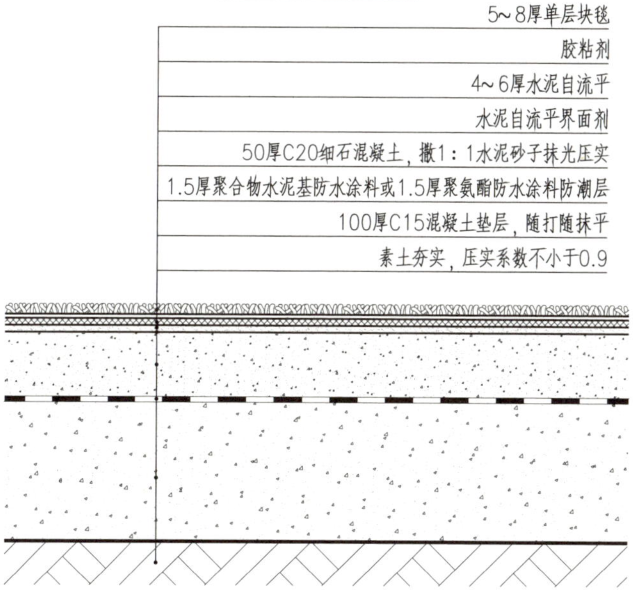

块毯地面详图（二）

架空楼（地）面

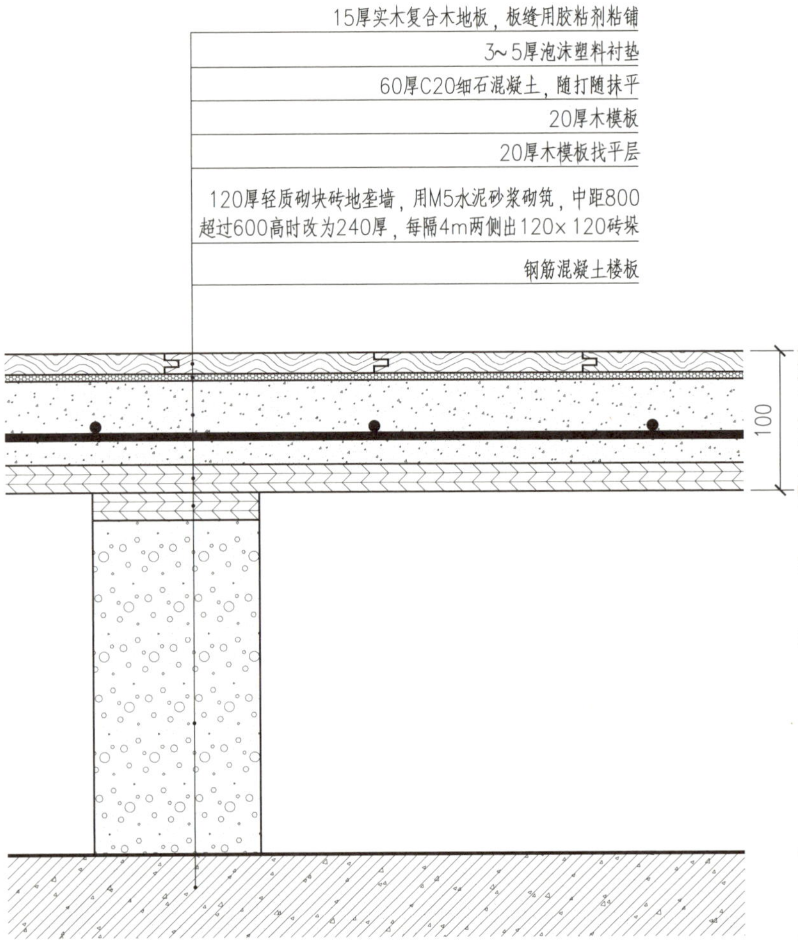
15厚实木复合木地板，板缝用胶粘剂粘铺
3~5厚泡沫塑料衬垫
60厚C20细石混凝土，随打随抹平
20厚木模板
20厚木模板找平层
120厚轻质砌块砖地垄墙，用M5水泥砂浆砌筑，中距800
超过600高时改为240厚，每隔4m两侧出120×120砖垛
钢筋混凝土楼板
100

架空楼面详图

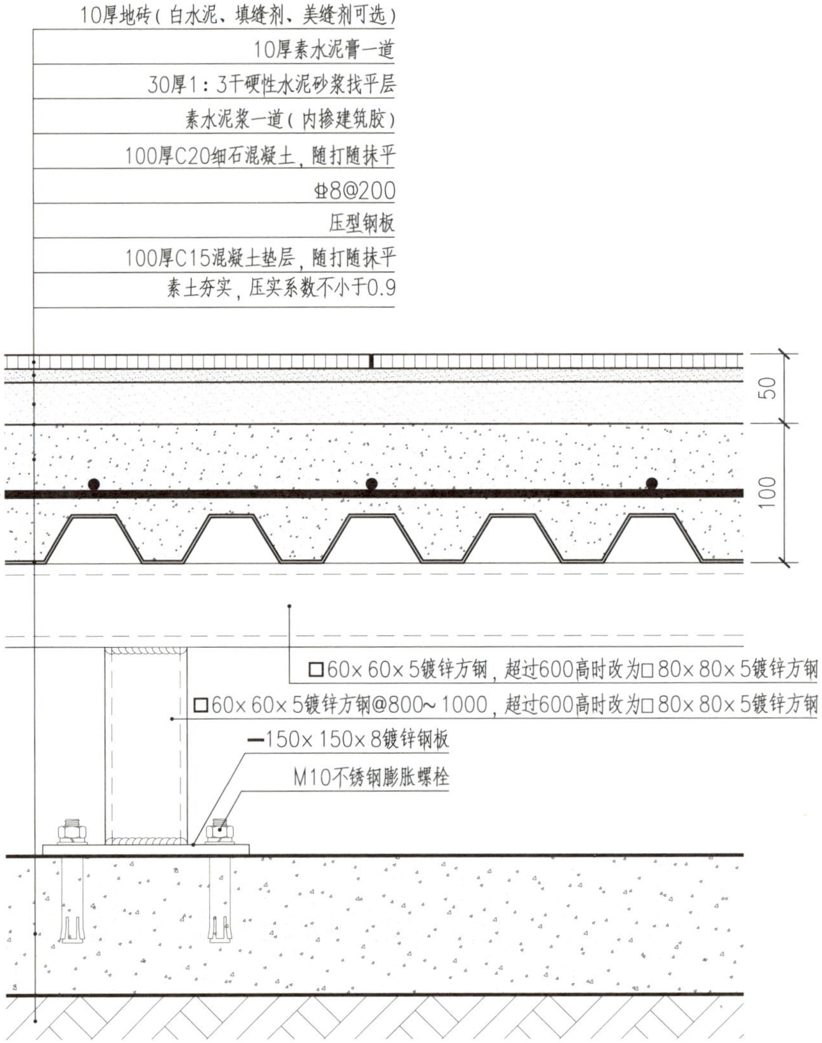
10厚地砖（白水泥、填缝剂、美缝剂可选）
10厚素水泥膏一道
30厚1：3干硬性水泥砂浆找平层
素水泥浆一道（内掺建筑胶）
100厚C20细石混凝土，随打随抹平
Φ8@200
压型钢板
100厚C15混凝土垫层，随打随抹平
素土夯实，压实系数不小于0.9
50
100
□60×60×5镀锌方钢，超过600高时改为□80×80×5镀锌方钢
□60×60×5镀锌方钢@800~1000，超过600高时改为□80×80×5镀锌方钢
—150×150×8镀锌钢板
M10不锈钢膨胀螺栓

架空地面详图

网络地板楼面

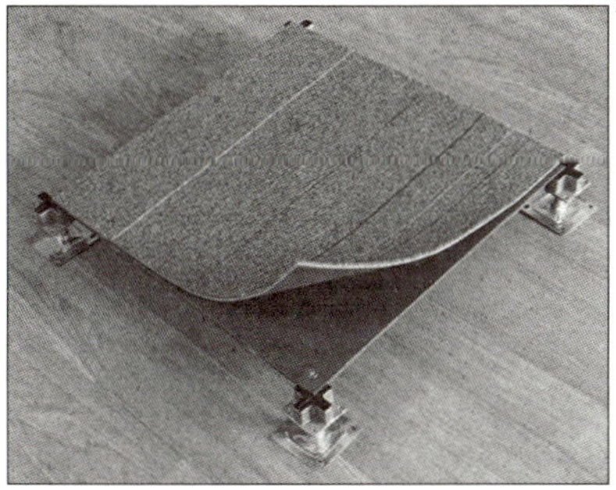

架空网络地板

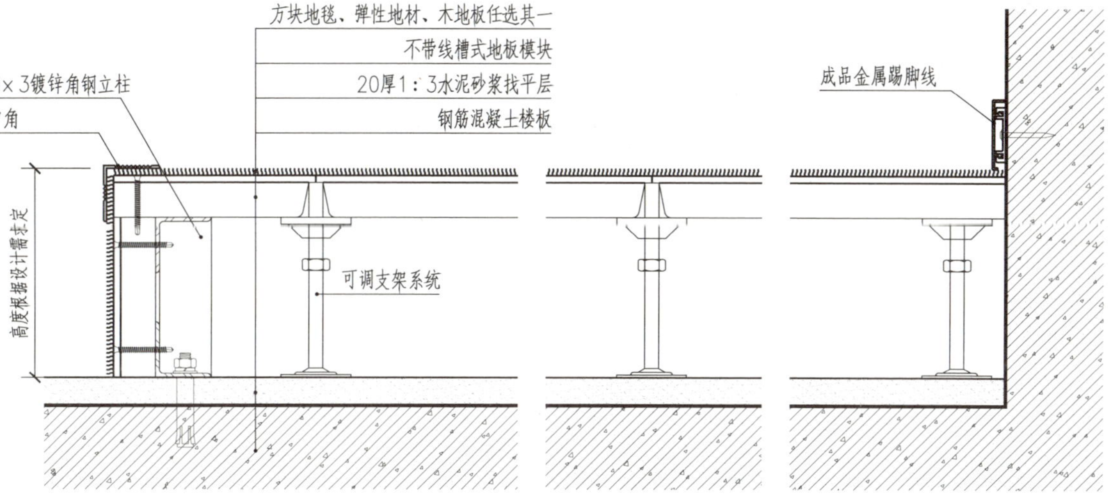
方块地毯、弹性地材、木地板任选其一
不带线槽式地板模块
20厚1：3水泥砂浆找平层
钢筋混凝土楼板
L40×40×3镀锌角钢立柱
成品金属护角
成品金属踢脚线
高度根据设计需求定
可调支架系统

架空网络地板详图

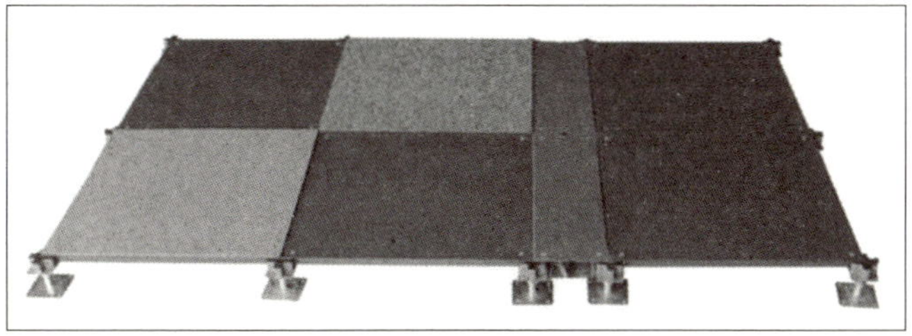

架空线槽式网络地板

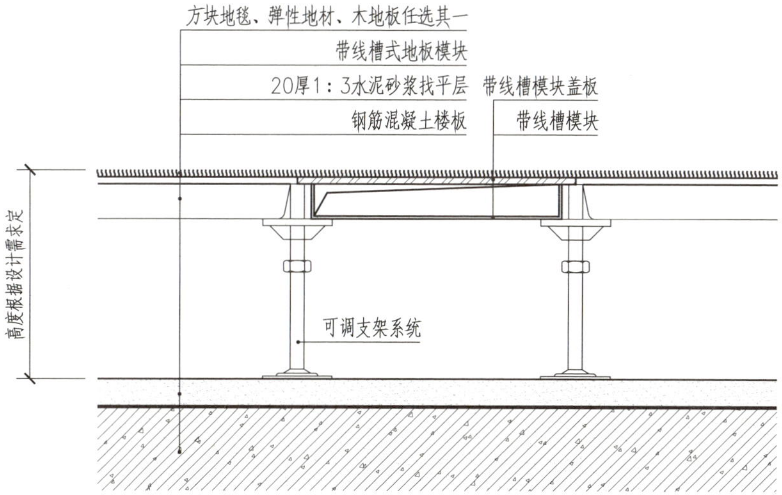
方块地毯、弹性地材、木地板任选其一
带线槽式地板模块
20厚1：3水泥砂浆找平层
钢筋混凝土楼板
带线槽模块盖板
带线槽模块
高度根据设计需求定
可调支架系统

架空线槽式网络地板详图

防静电地板楼面

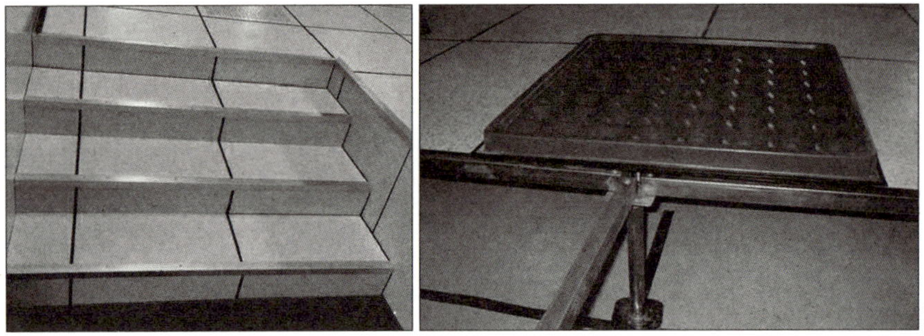

防静电地板

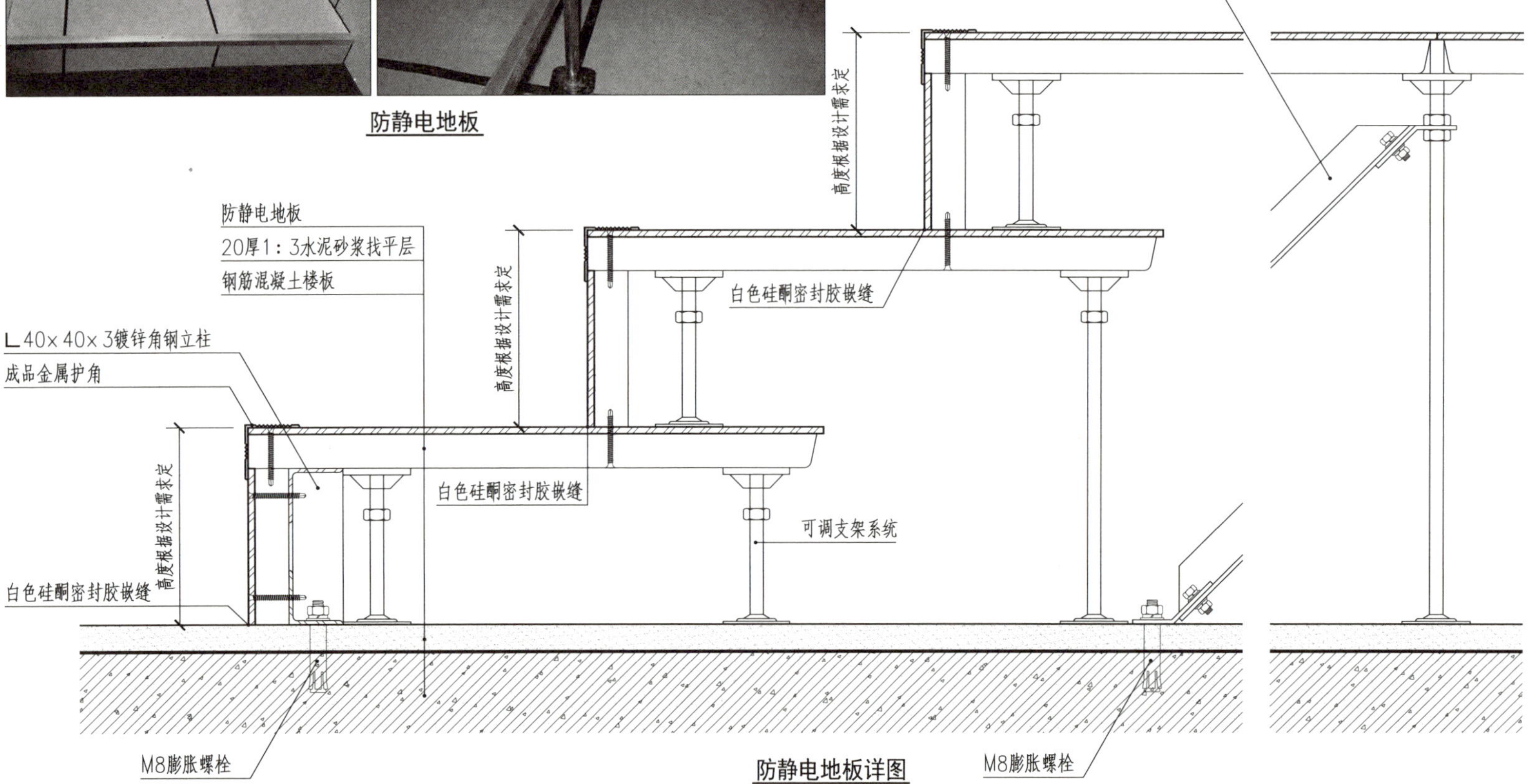

防静电地板详图

注：可调拉杆系统适用于架空高度不小于500mm时。

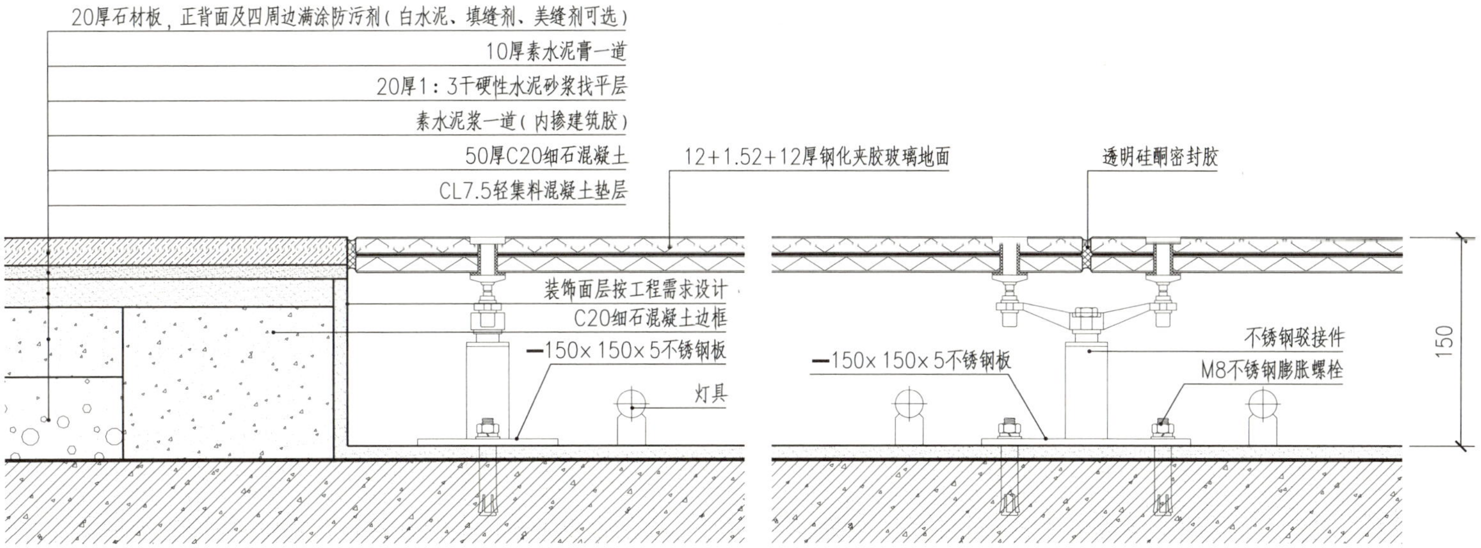
20厚石材板，正背面及四周边满涂防污剂（白水泥、填缝剂、美缝剂可选）
10厚素水泥膏一道
20厚1：3干硬性水泥砂浆找平层
素水泥浆一道（内掺建筑胶）
50厚C20细石混凝土
CL7.5轻集料混凝土垫层
12+1.52+12厚钢化夹胶玻璃地面
透明硅酮密封胶
装饰面层按工程需求设计
C20细石混凝土边框
—150x 150x 5不锈钢板
灯具
不锈钢驳接件
M8不锈钢膨胀螺栓
150

点式玻璃发光楼地面详图

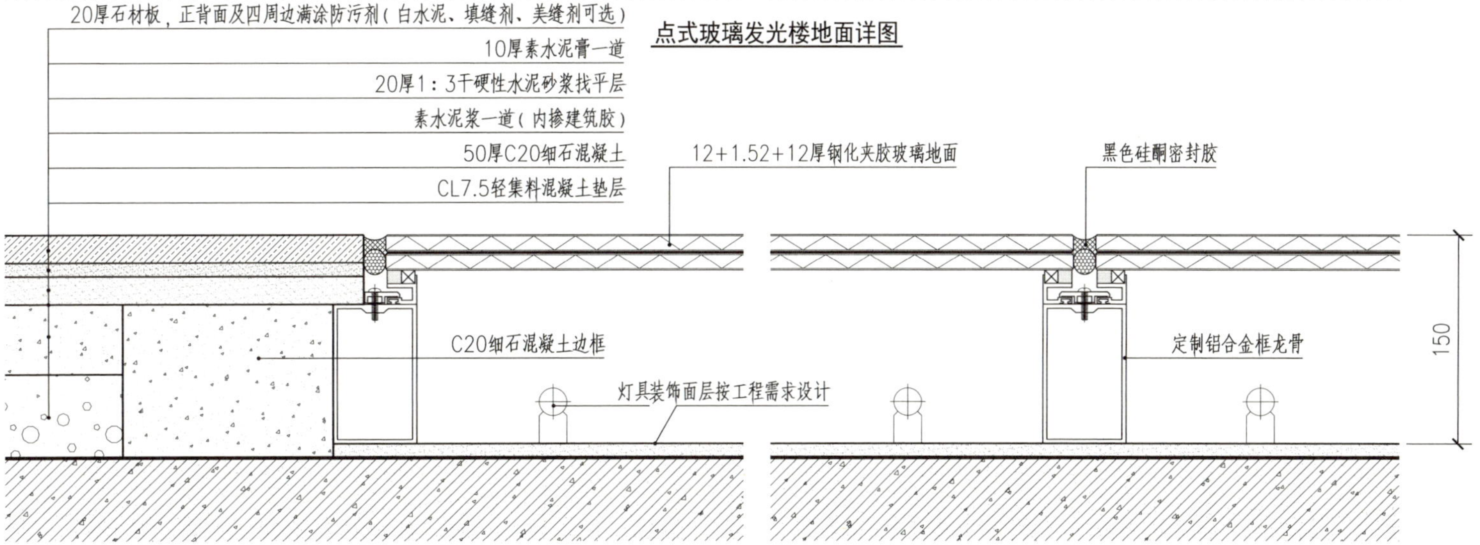
20厚石材板，正背面及四周边满涂防污剂（白水泥、填缝剂、美缝剂可选）
10厚素水泥膏一道
20厚1：3干硬性水泥砂浆找平层
素水泥浆一道（内掺建筑胶）
50厚C20细石混凝土
CL7.5轻集料混凝土垫层
12+1.52+12厚钢化夹胶玻璃地面
黑色硅酮密封胶
C20细石混凝土边框
灯具装饰面层按工程需求设计
定制铝合金框龙骨
150

框式玻璃发光楼地面详图

不同材质地面拼接（一）

除尘地垫

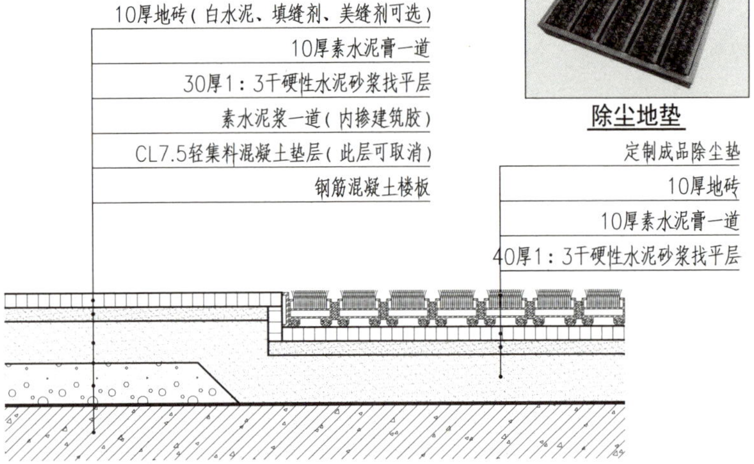

地砖与除尘地垫拼接详图

注：地垫基层也可以替换为20厚1：3水泥砂浆找平层。

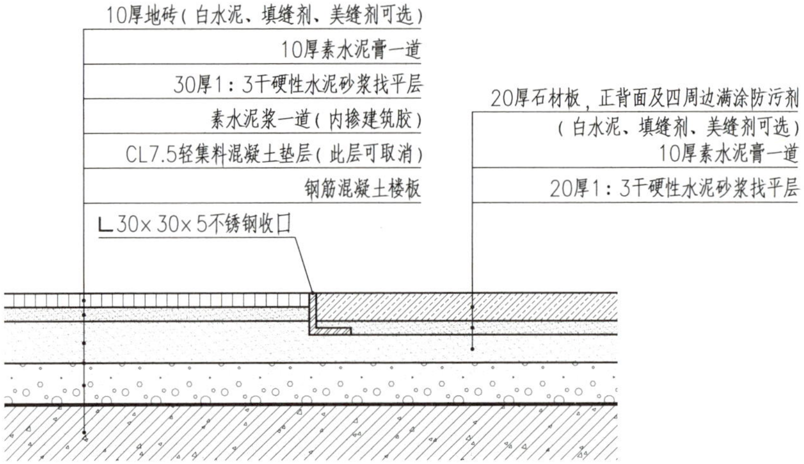

地砖与石材拼接详图

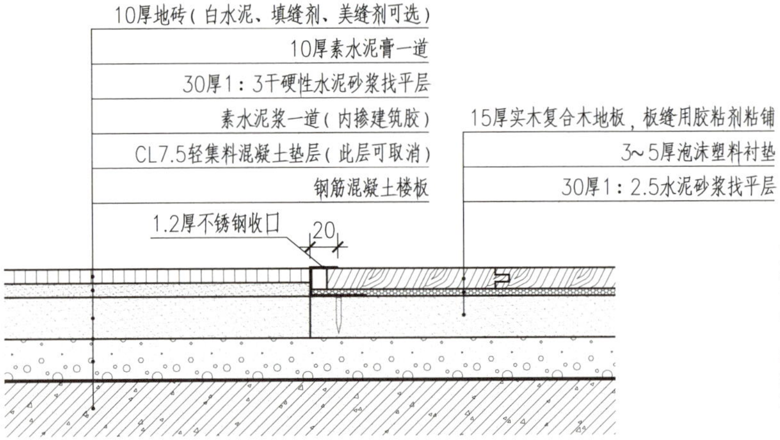

地砖与木地板拼接详图（一）

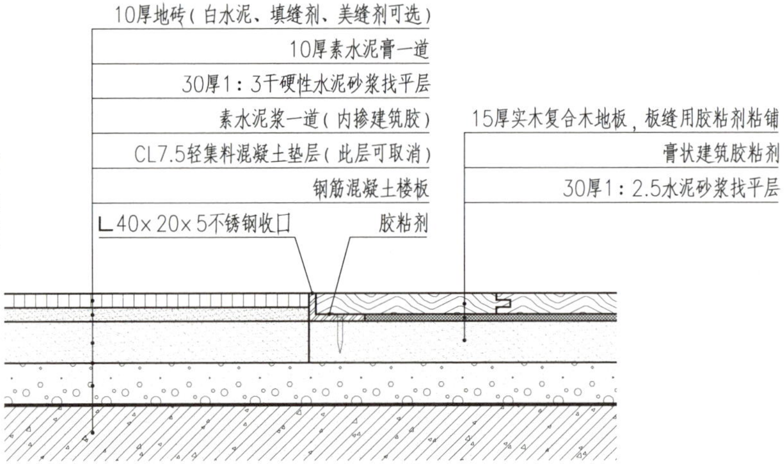

地砖与木地板拼接详图（二）

不同材质地面拼接（二）

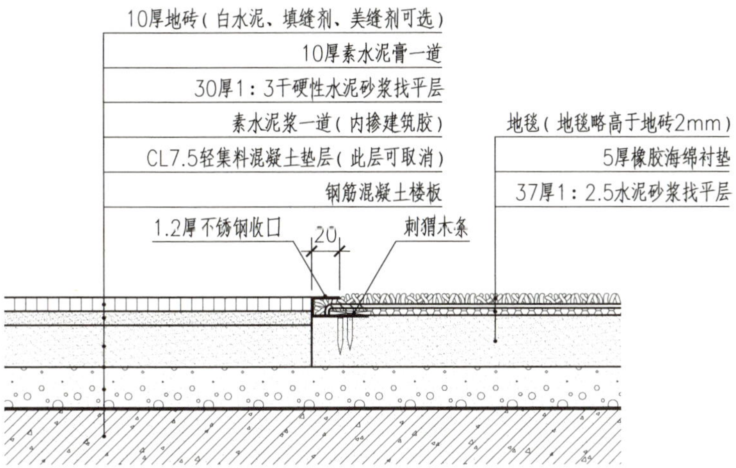

地砖与地毯拼接详图（一）

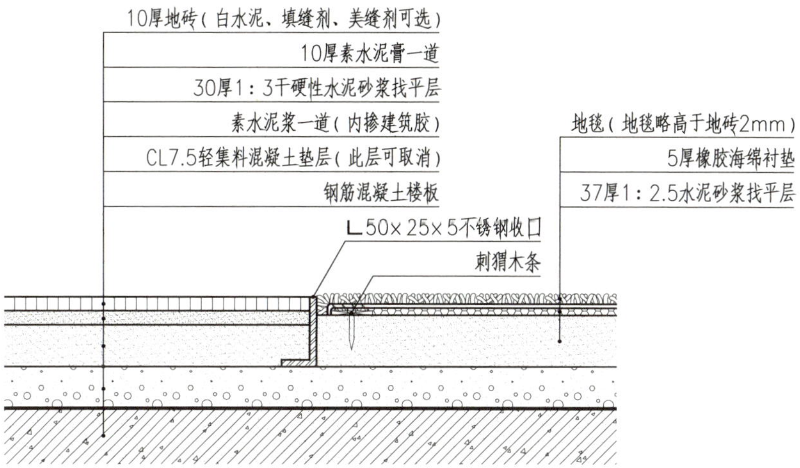

地砖与地毯拼接详图（二）

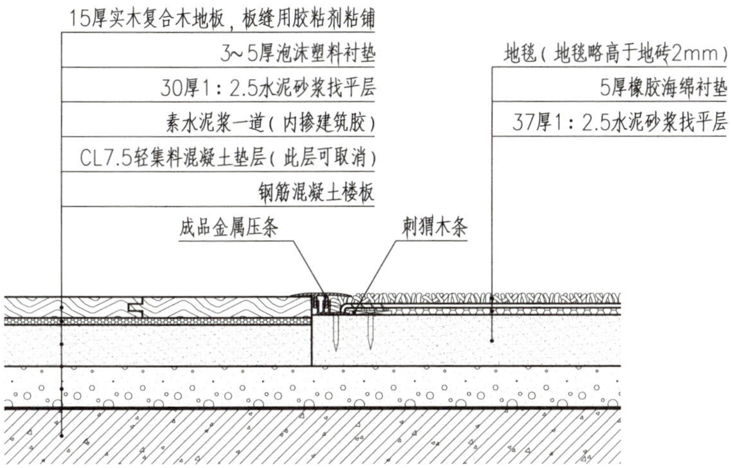

木地板与地毯拼接详图

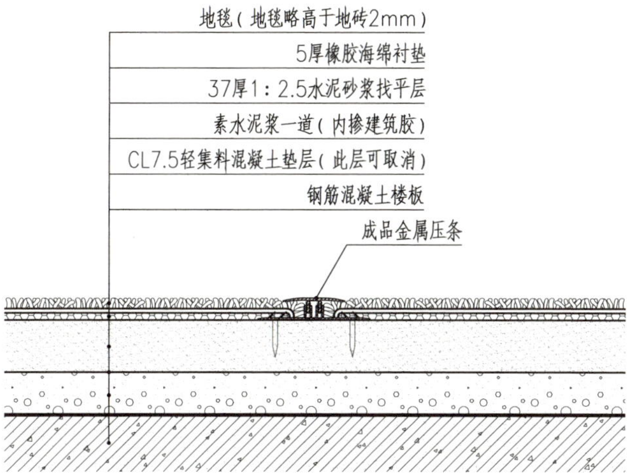

地毯与地毯拼接详图

不同材质地面拼接（三）

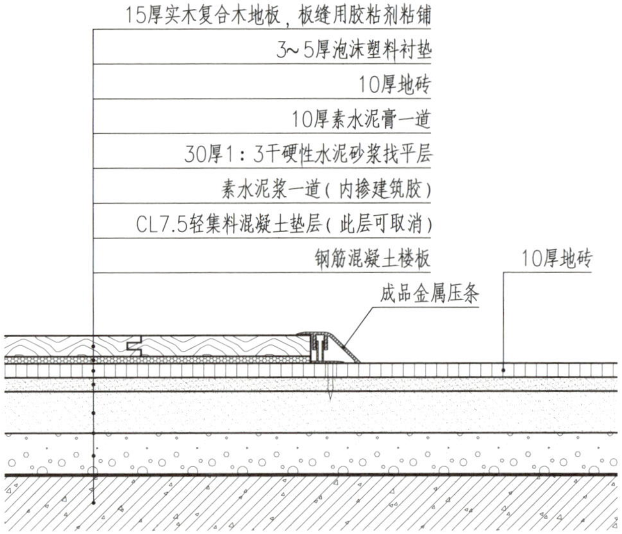

木地板收口详图（一）

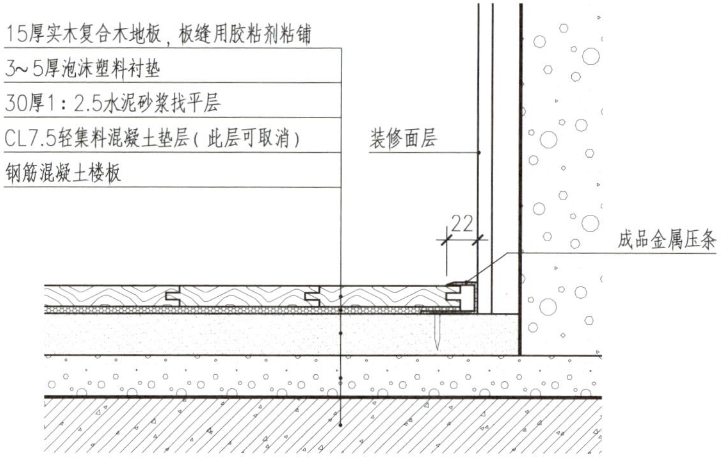

木地板收口详图（二）

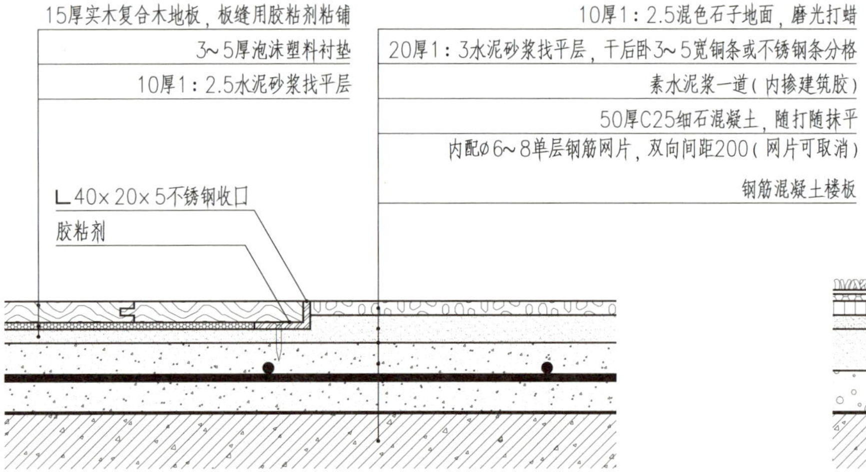

木地板与水磨石拼接详图

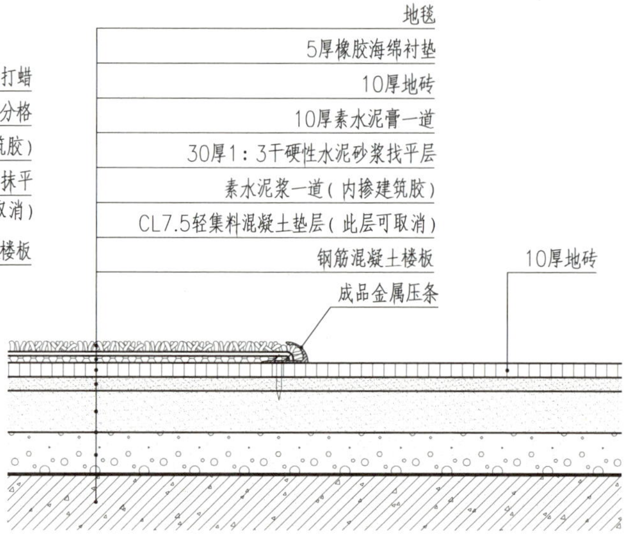

地毯收口详图

7

第七章

踏步、地台、栏杆

石材踏步（一）

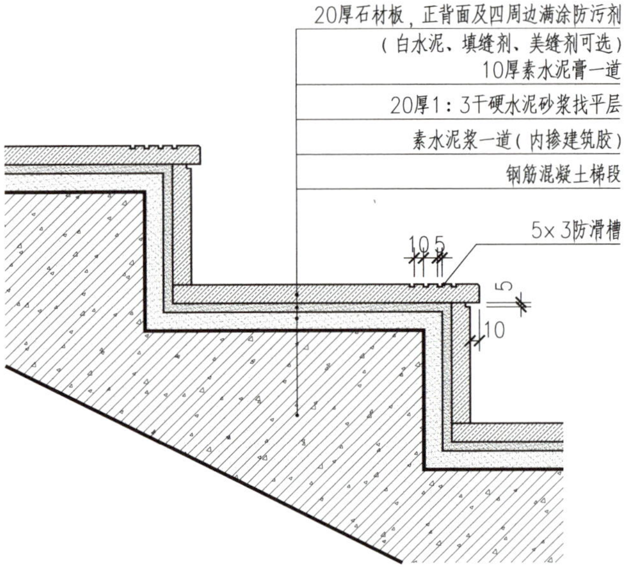

石材踏步详图（一）

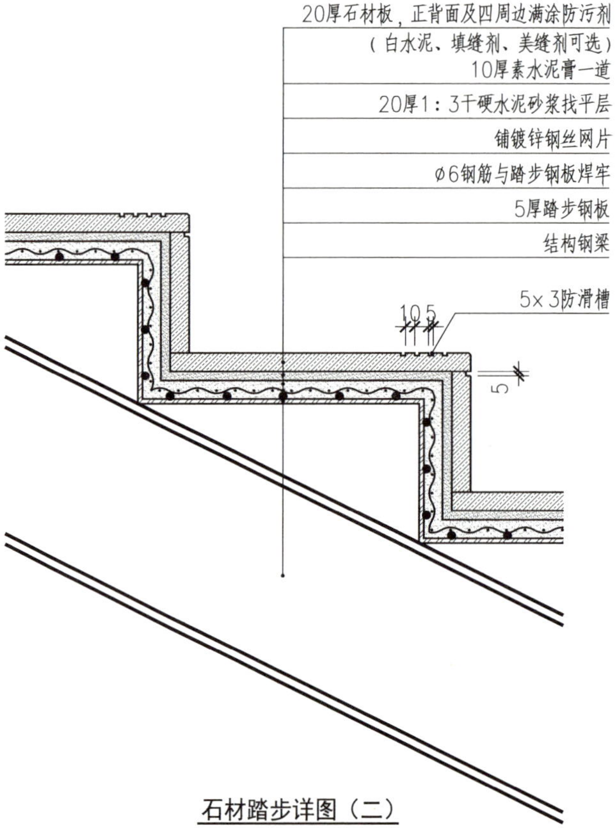

石材踏步详图（二）

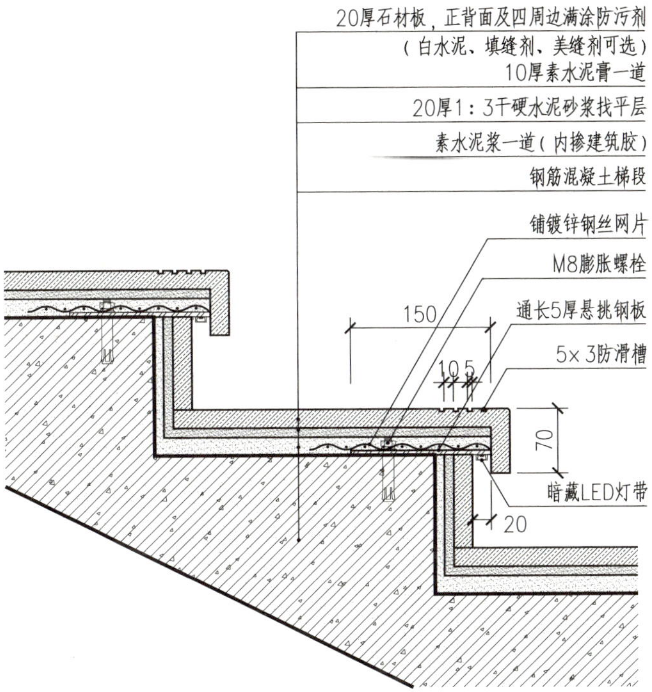
20厚石材板，正背面及四周边满涂防污剂
（白水泥、填缝剂、美缝剂可选）
10厚素水泥膏一道
20厚1：3干硬水泥砂浆找平层
素水泥浆一道（内掺建筑胶）
钢筋混凝土梯段
铺镀锌钢丝网片
M8膨胀螺栓
通长5厚悬挑钢板
5x 3防滑槽
150
10
5
70
暗藏LED灯带
20

石材踏步详图（三）

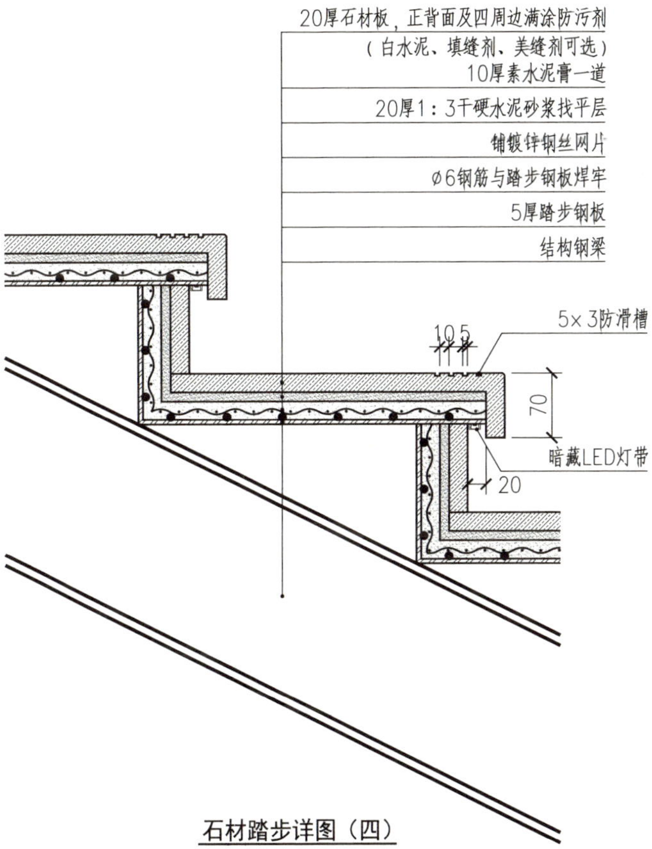
20厚石材板，正背面及四周边满涂防污剂
（白水泥、填缝剂、美缝剂可选）
10厚素水泥膏一道
20厚1：3干硬水泥砂浆找平层
铺镀锌钢丝网片
ø6钢筋与踏步钢板焊牢
5厚踏步钢板
结构钢梁
5x 3防滑槽
10
5
70
暗藏LED灯带
20

石材踏步详图（四）

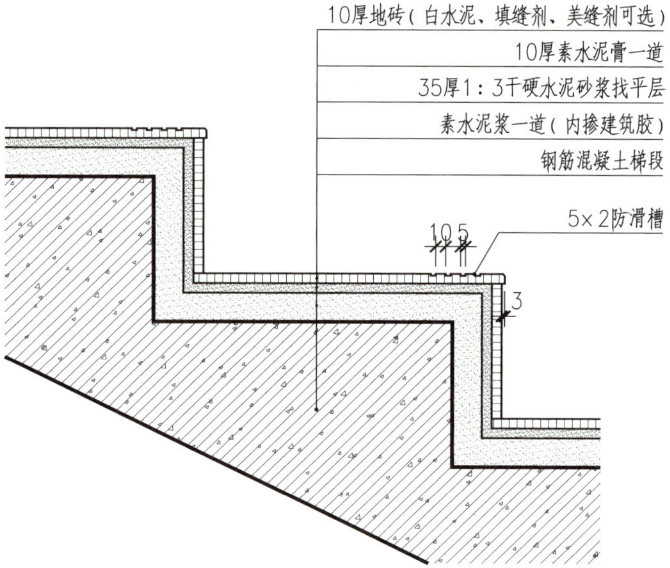
10厚地砖（白水泥、填缝剂、美缝剂可选）
10厚素水泥膏一道
35厚1：3干硬水泥砂浆找平层
素水泥浆一道（内掺建筑胶）
钢筋混凝土梯段
5×2防滑槽
10
5
3

地砖踏步详图（一）

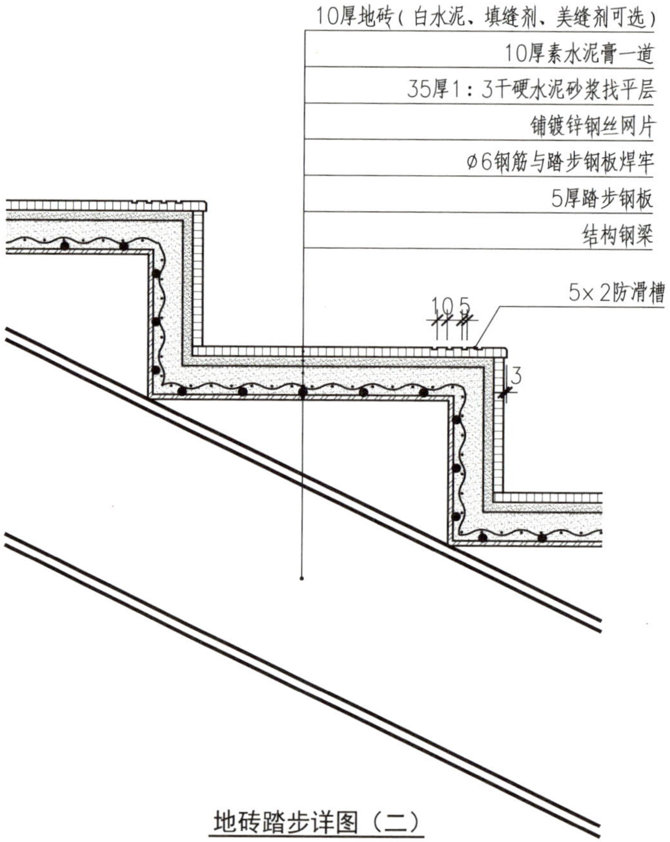
10厚地砖（白水泥、填缝剂、美缝剂可选）
10厚素水泥膏一道
35厚1：3干硬水泥砂浆找平层
铺镀锌钢丝网片
ø6钢筋与踏步钢板焊牢
5厚踏步钢板
结构钢梁
5×2防滑槽
10
5
3

地砖踏步详图（二）

木地板踏步（一）

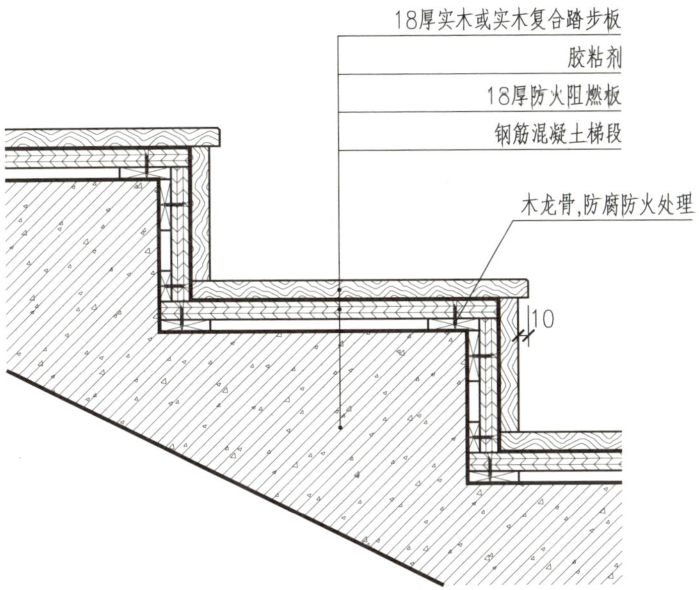

18厚实木或实木复合踏步板
胶粘剂
18厚防火阻燃板
钢筋混凝土梯段
木龙骨,防腐防火处理
10

木地板踏步详图（一）

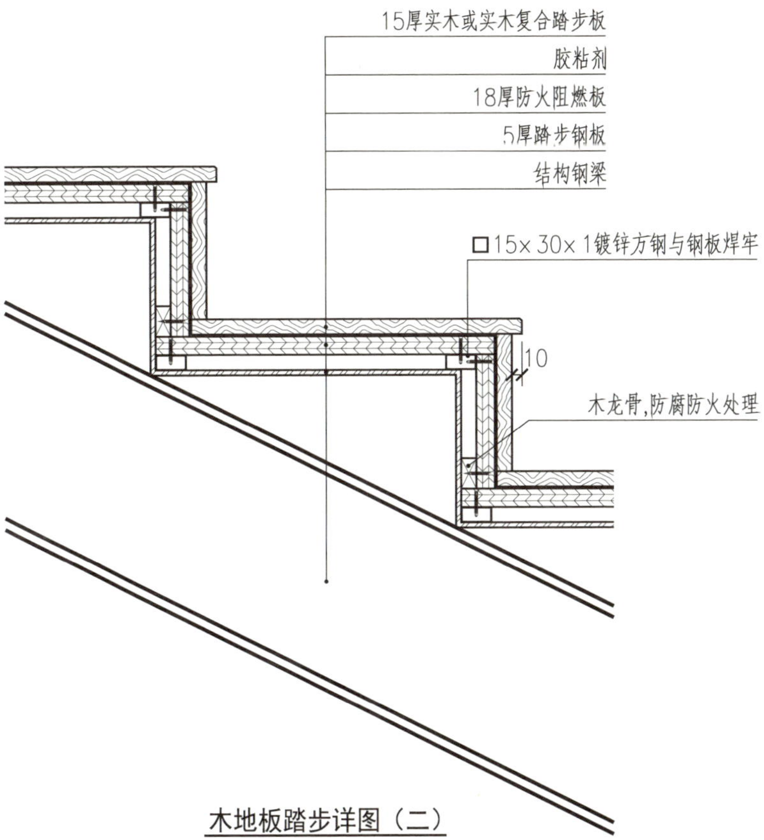

15厚实木或实木复合踏步板
胶粘剂
18厚防火阻燃板
5厚踏步钢板
结构钢梁
□15x 30x 1镀锌方钢与钢板焊牢
10
木龙骨,防腐防火处理

木地板踏步详图（二）

木地板踏步（二）

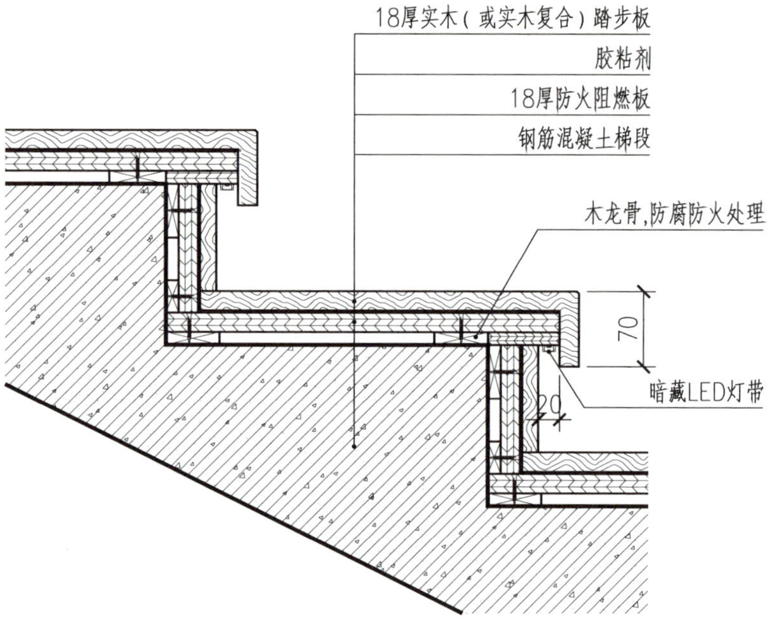
18厚实木（或实木复合）踏步板
胶粘剂
18厚防火阻燃板
钢筋混凝土梯段
木龙骨,防腐防火处理
70
20
暗藏LED灯带

木地板踏步详图（三）

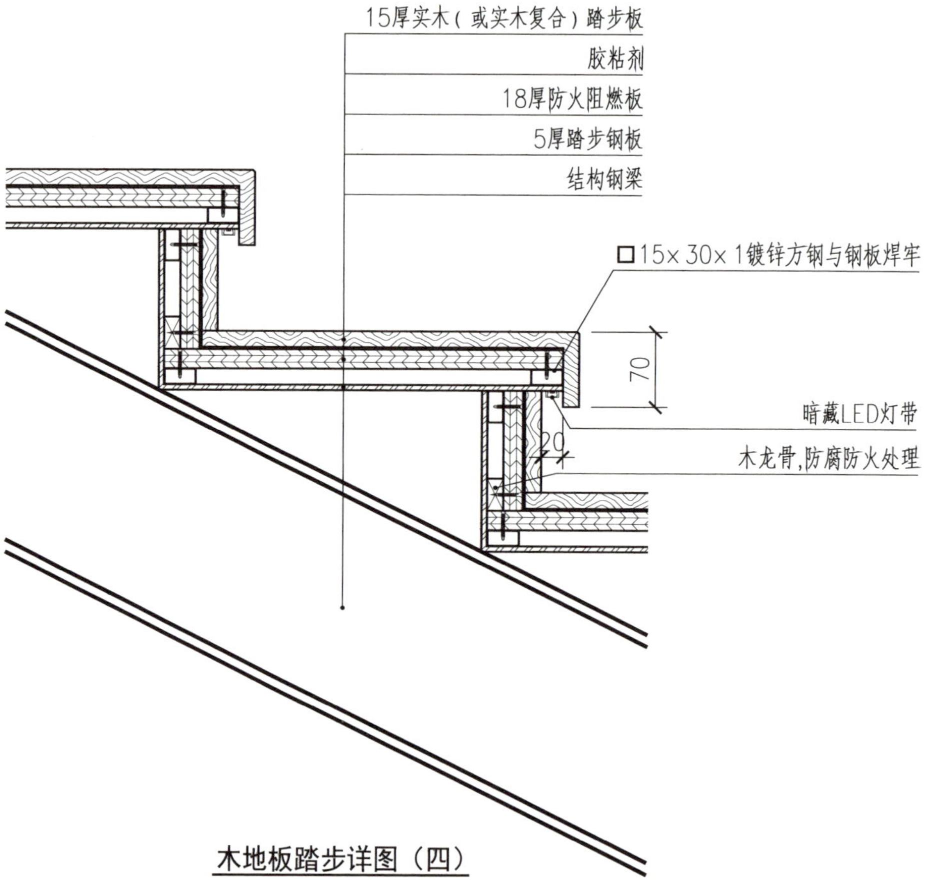
15厚实木（或实木复合）踏步板
胶粘剂
18厚防火阻燃板
5厚踏步钢板
结构钢梁
□15×30×1镀锌方钢与钢板焊牢
70
20
暗藏LED灯带
木龙骨,防腐防火处理

木地板踏步详图（四）

地毯踏步

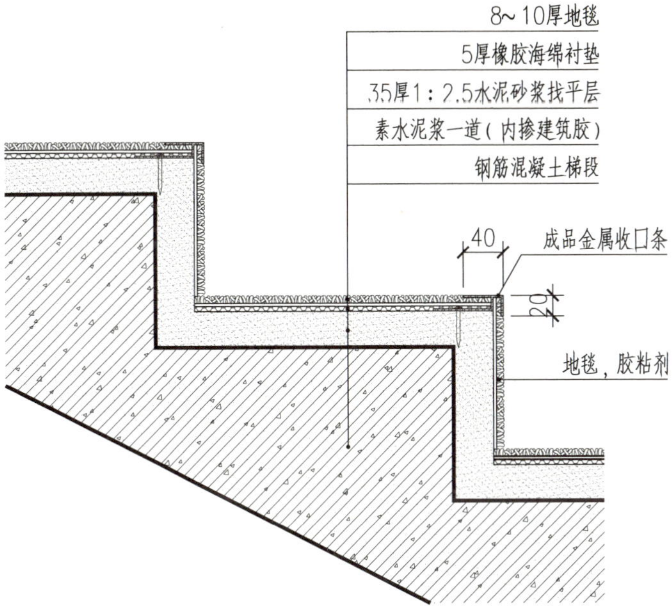
8～10厚地毯
5厚橡胶海绵衬垫
35厚1：2.5水泥砂浆找平层
素水泥浆一道（内掺建筑胶）
钢筋混凝土梯段
40
成品金属收口条
20
地毯，胶粘剂

地毯踏步详图（一）

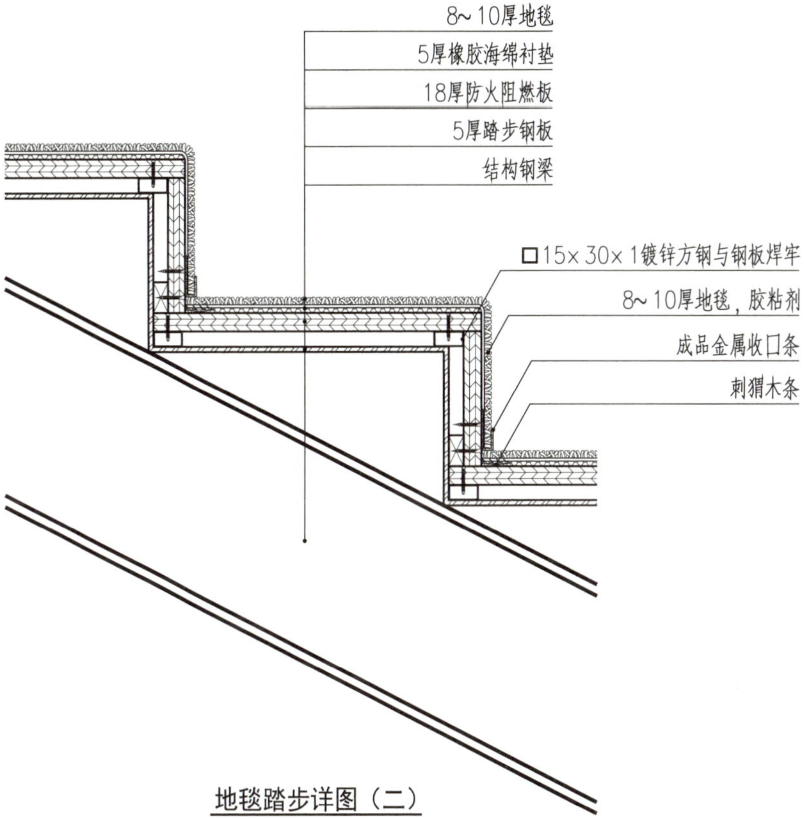
8～10厚地毯
5厚橡胶海绵衬垫
18厚防火阻燃板
5厚踏步钢板
结构钢梁
□15×30×1镀锌方钢与钢板焊牢
8～10厚地毯，胶粘剂
成品金属收口条
刺猬木条

地毯踏步详图（二）

弹性地材踏步与水磨石踏步

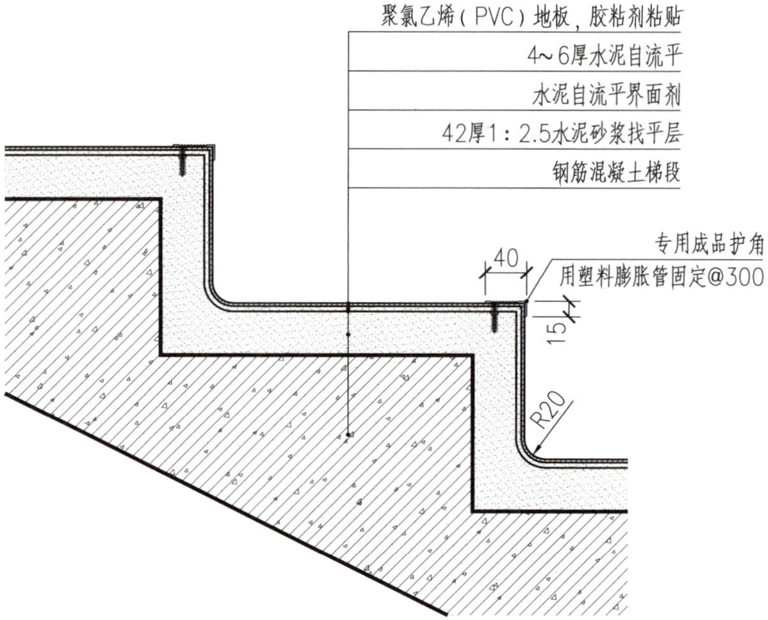
聚氯乙烯（PVC）地板，胶粘剂粘贴
4～6厚水泥自流平
水泥自流平界面剂
42厚1：2.5水泥砂浆找平层
钢筋混凝土梯段
专用成品护角
用塑料膨胀管固定@300
40
15
R20

弹性地材踏步详图

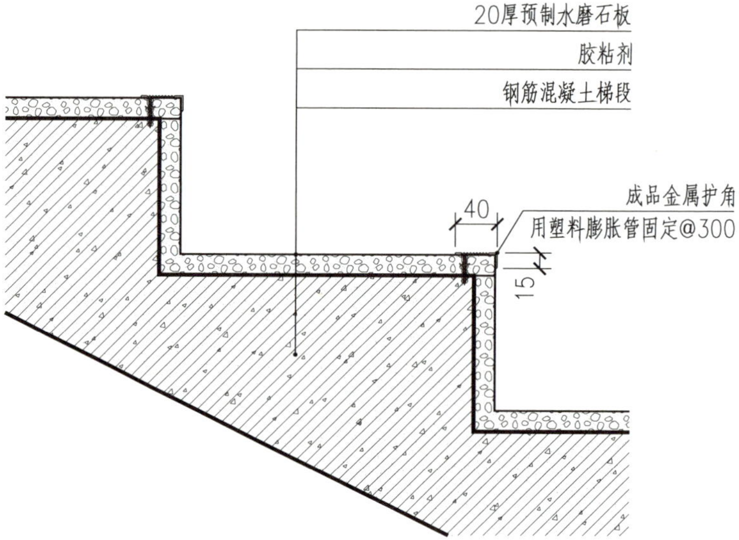
20厚预制水磨石板
胶粘剂
钢筋混凝土梯段
成品金属护角
用塑料膨胀管固定@300
40
15

水磨石踏步详图

地台（一）

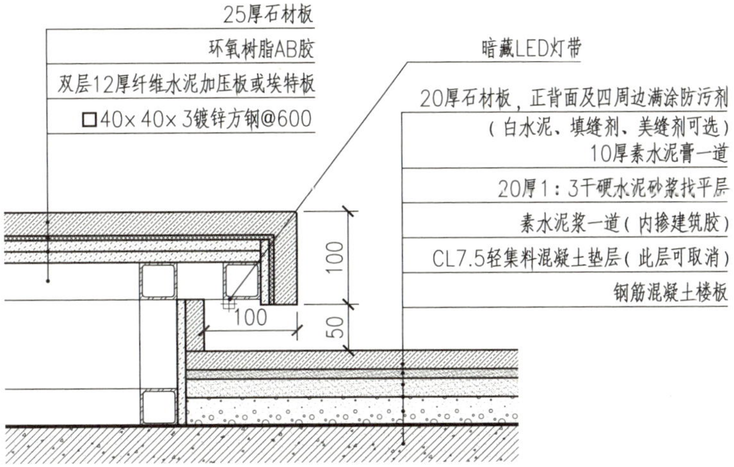
25厚石材板
环氧树脂AB胶
双层12厚纤维水泥加压板或埃特板
□40x 40x 3镀锌方钢@600
暗藏LED灯带
20厚石材板，正背面及四周边满涂防污剂
（白水泥、填缝剂、美缝剂可选）
10厚素水泥膏一道
20厚1：3干硬水泥砂浆找平层
素水泥浆一道（内掺建筑胶）
CL7.5轻集料混凝土垫层（此层可取消）
钢筋混凝土楼板
100
100
50

石材地台详图

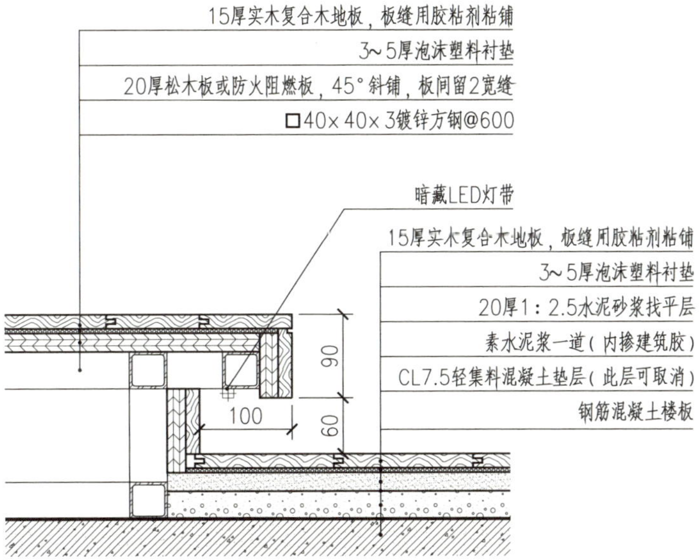
15厚实木复合木地板，板缝用胶粘剂粘铺
3~5厚泡沫塑料衬垫
20厚松木板或防火阻燃板，45°斜铺，板间留2宽缝
□40x 40x 3镀锌方钢@600
暗藏LED灯带
15厚实木复合木地板，板缝用胶粘剂粘铺
3~5厚泡沫塑料衬垫
20厚1：2.5水泥砂浆找平层
素水泥浆一道（内掺建筑胶）
CL7.5轻集料混凝土垫层（此层可取消）
钢筋混凝土楼板
90
100
60

木地板地台详图

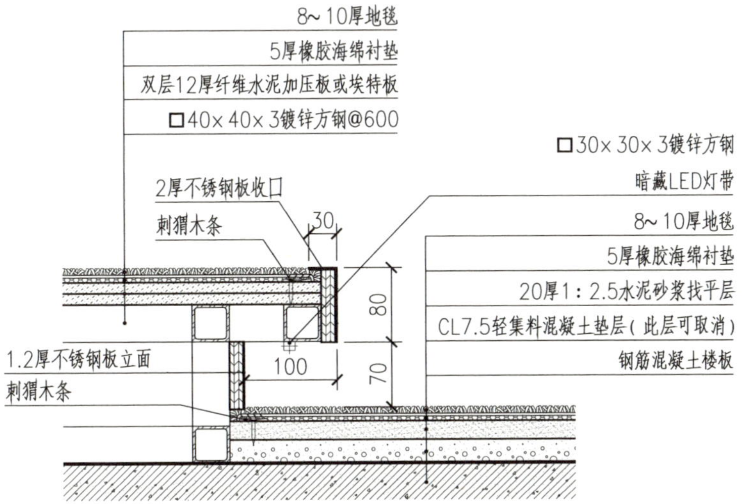
8~10厚地毯
5厚橡胶海绵衬垫
双层12厚纤维水泥加压板或埃特板
□40x 40x 3镀锌方钢@600
□30x 30x 3镀锌方钢
暗藏LED灯带
2厚不锈钢板收口
刺猬木条
30
8~10厚地毯
5厚橡胶海绵衬垫
20厚1：2.5水泥砂浆找平层
CL7.5轻集料混凝土垫层（此层可取消）
钢筋混凝土楼板
1.2厚不锈钢板立面
刺猬木条
100
80
70

地毯地台详图

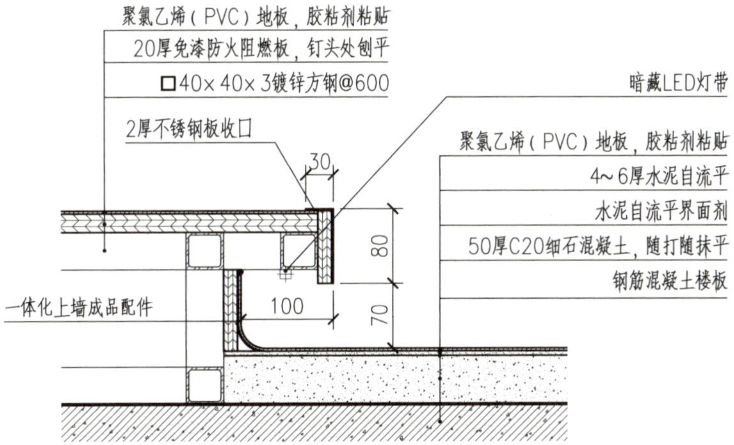
聚氯乙烯（PVC）地板，胶粘剂粘贴
20厚免漆防火阻燃板，钉头处刨平
□40x 40x 3镀锌方钢@600
暗藏LED灯带
2厚不锈钢板收口
30
聚氯乙烯（PVC）地板，胶粘剂粘贴
4~6厚水泥自流平
水泥自流平界面剂
50厚C20细石混凝土，随打随抹平
钢筋混凝土楼板
一体化上墙成品配件
100
80
70

弹性地材地台详图

地台（二）

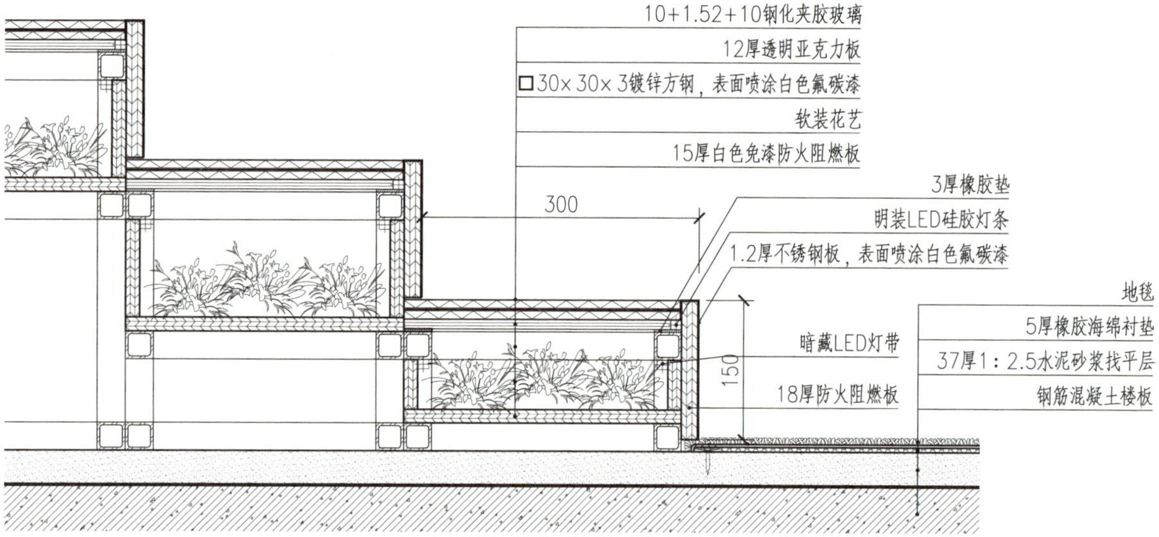
10+1.52+10钢化夹胶玻璃
12厚透明亚克力板
□30×30×3镀锌方钢，表面喷涂白色氟碳漆
软装花艺
15厚白色免漆防火阻燃板
3厚橡胶垫
明装LED硅胶灯条
1.2厚不锈钢板，表面喷涂白色氟碳漆
300
地毯
5厚橡胶海绵衬垫
37厚1：2.5水泥砂浆找平层
钢筋混凝土楼板
暗藏LED灯带
18厚防火阻燃板
150

发光玻璃地台详图

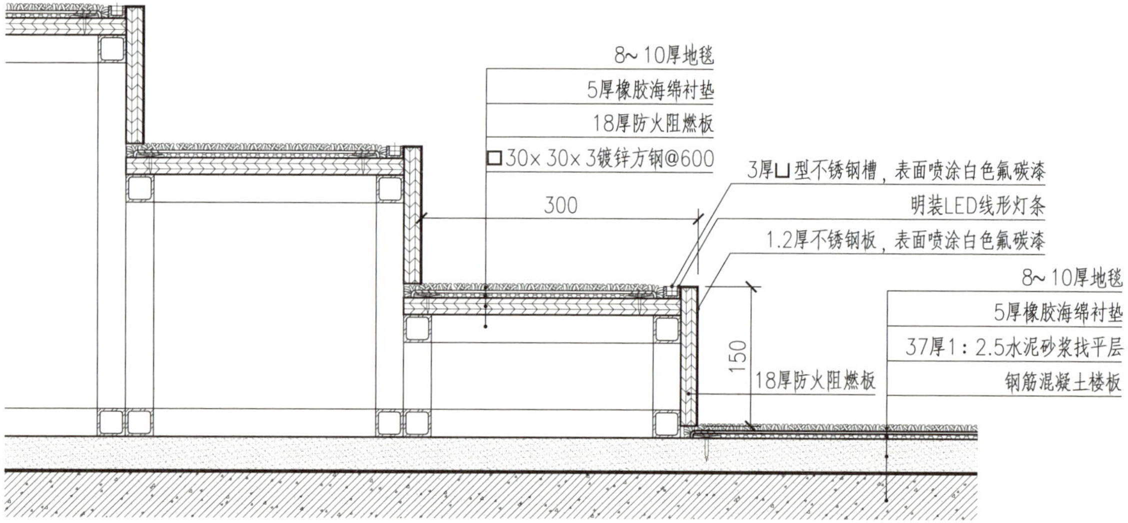
8～10厚地毯
5厚橡胶海绵衬垫
18厚防火阻燃板
□30×30×3镀锌方钢@600
3厚⊔型不锈钢槽，表面喷涂白色氟碳漆
明装LED线形灯条
1.2厚不锈钢板，表面喷涂白色氟碳漆
300
8～10厚地毯
5厚橡胶海绵衬垫
37厚1：2.5水泥砂浆找平层
钢筋混凝土楼板
18厚防火阻燃板
150

发光地毯地台详图

钢绳网栏杆

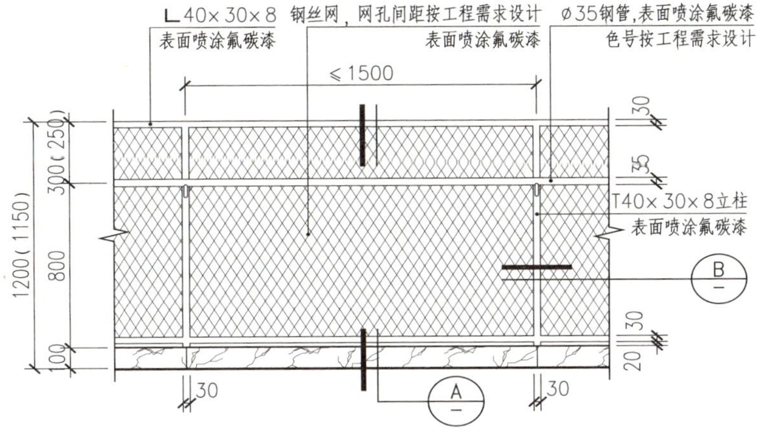
L40×30×8
表面喷涂氟碳漆
钢丝网，网孔间距按工程需求设计
表面喷涂氟碳漆
ø35钢管,表面喷涂氟碳漆
色号按工程需求设计
≤1500
T40×30×8立柱
表面喷涂氟碳漆
1200(1150)
300(250)
800
100
30
35
30
20
30
30
B
A

钢绳网栏杆内立面图

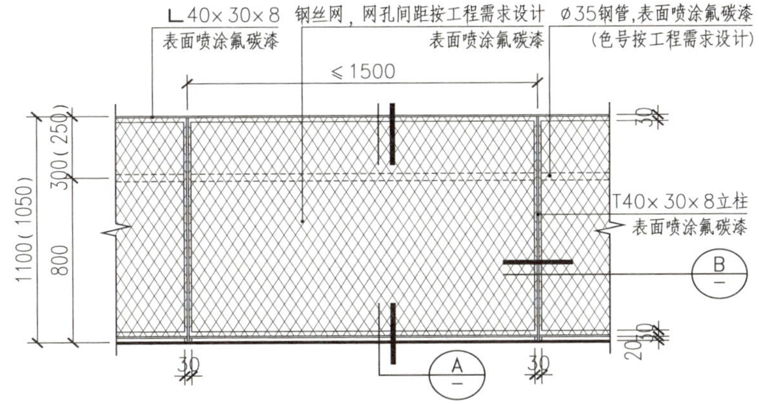
L40×30×8
表面喷涂氟碳漆
钢丝网，网孔间距按工程需求设计
表面喷涂氟碳漆
ø35钢管,表面喷涂氟碳漆
(色号按工程需求设计)
≤1500
T40×30×8立柱
表面喷涂氟碳漆
1100(1050)
300(250)
800
30
20
30
30
B
A

钢绳网栏杆外立面图

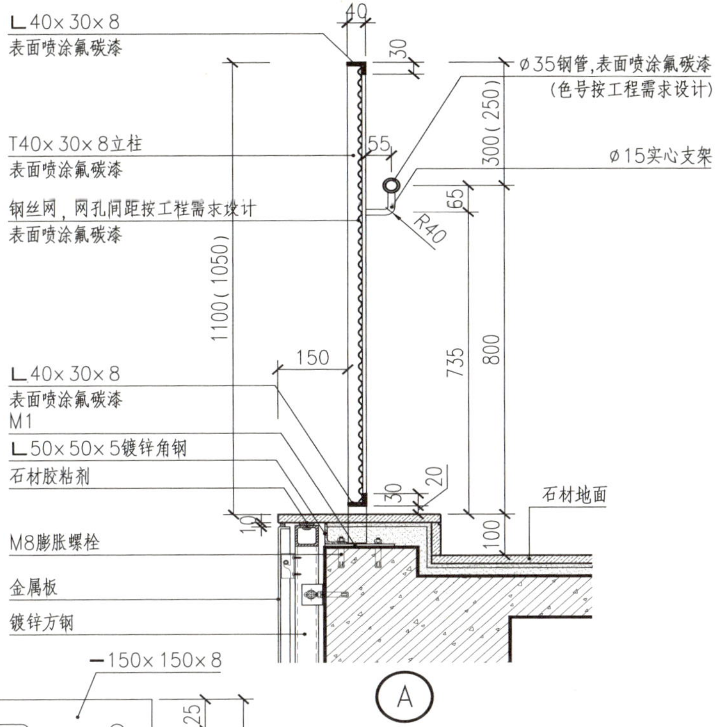
L40×30×8
表面喷涂氟碳漆
T40×30×8立柱
表面喷涂氟碳漆
钢丝网，网孔间距按工程需求设计
表面喷涂氟碳漆
L40×30×8
表面喷涂氟碳漆
M1
L50×50×5镀锌角钢
石材胶粘剂
M8膨胀螺栓
金属板
镀锌方钢
ø35钢管,表面喷涂氟碳漆
(色号按工程需求设计)
ø15实心支架
R40
石材地面
40
30
55
65
150
1100(1050)
300(250)
735
800
30
20
100
A

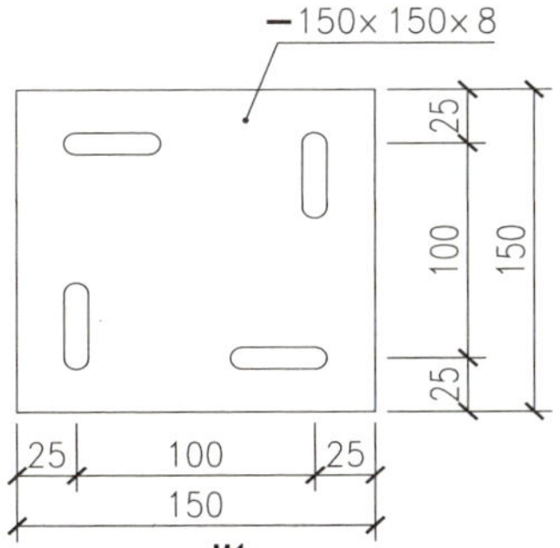
—150×150×8
25
100
25
150
25
100
25
150

M1

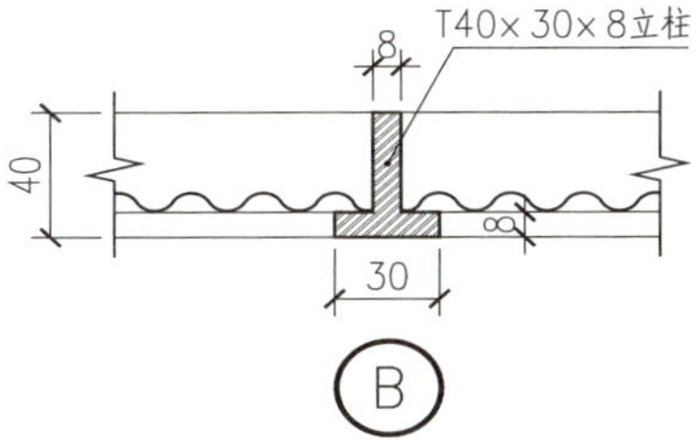
T40×30×8立柱
8
40
30
B

玻璃栏板（一）

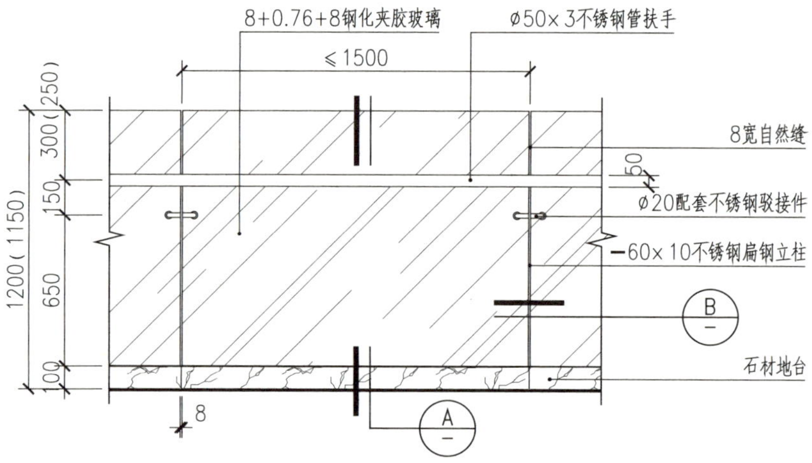
8+0.76+8钢化夹胶玻璃
ø50x 3不锈钢管扶手
≤1500
8宽自然缝
50
ø20配套不锈钢驳接件
-60x 10不锈钢扁钢立柱
B
石材地台
A
8
1200(1150)
300(250)
150
650
100

玻璃栏板内立面图

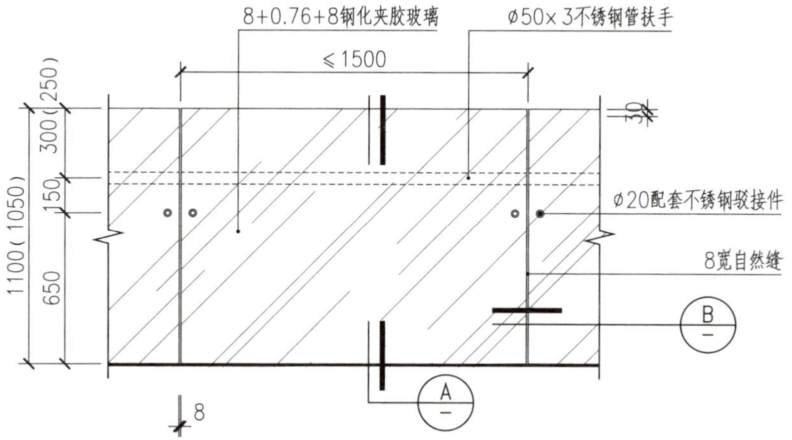
8+0.76+8钢化夹胶玻璃
ø50x 3不锈钢管扶手
≤1500
30
ø20配套不锈钢驳接件
8宽自然缝
B
A
8
1100(1050)
300(250)
150
650

玻璃栏板外立面图

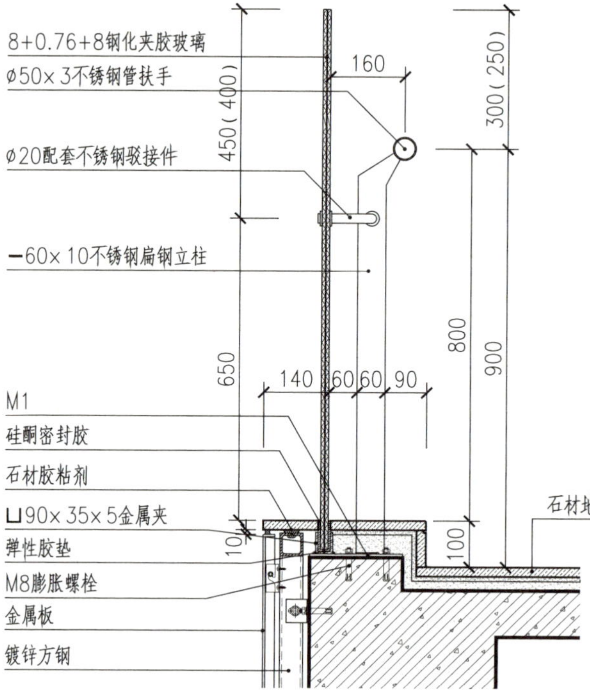
8+0.76+8钢化夹胶玻璃
ø50x 3不锈钢管扶手
160
ø20配套不锈钢驳接件
-60x 10不锈钢扁钢立柱
450(400)
300(250)
650
800
900
140
60
60
90
M1
硅酮密封胶
石材胶粘剂
⊔90x 35x 5金属夹
弹性胶垫
M8膨胀螺栓
金属板
镀锌方钢
10
100
石材地面

A

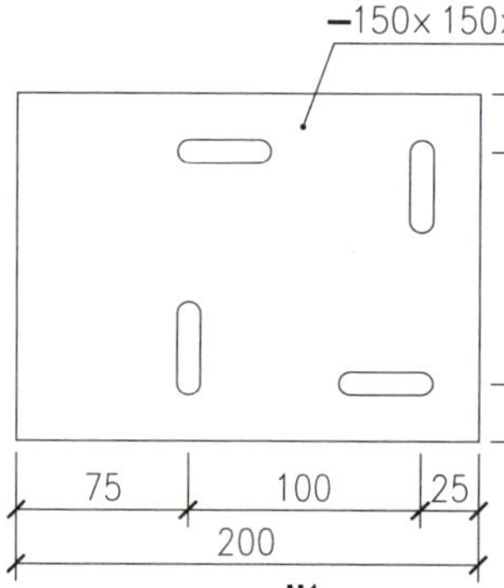
-150x 150x 8
25
100
25
150
75
100
25
200

M1

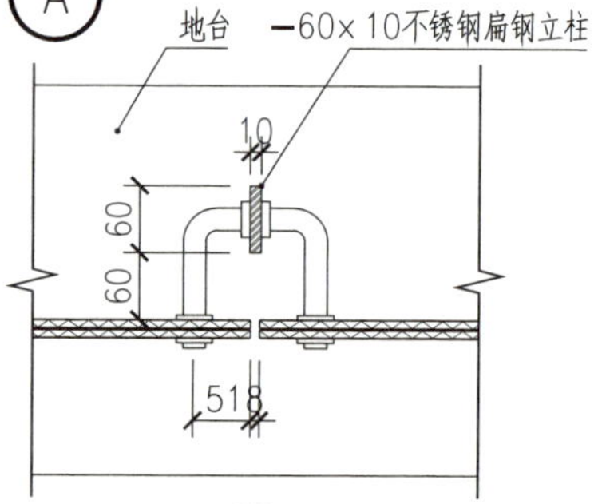
地台
-60x 10不锈钢扁钢立柱
10
60
60
5
18

B

玻璃栏板（二）

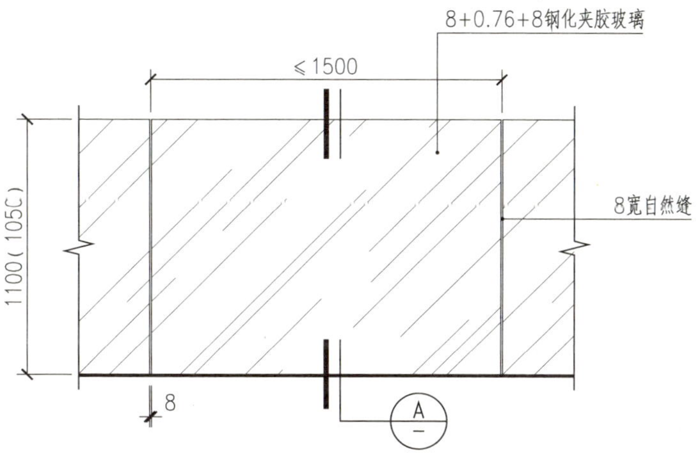

玻璃栏板内立面图

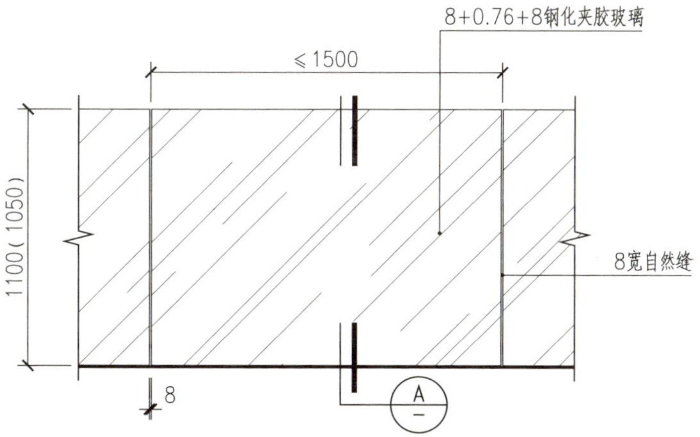

玻璃栏板外立面图

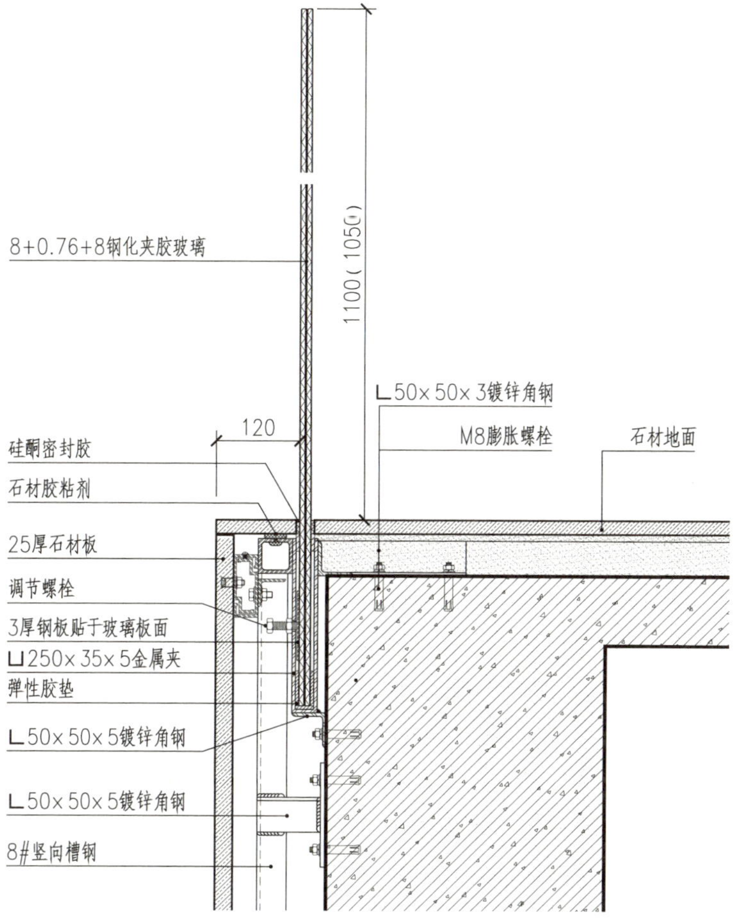

A

注：当临空高度大于5m时，不应使用无立柱型玻璃栏板。

玻璃栏板（三）

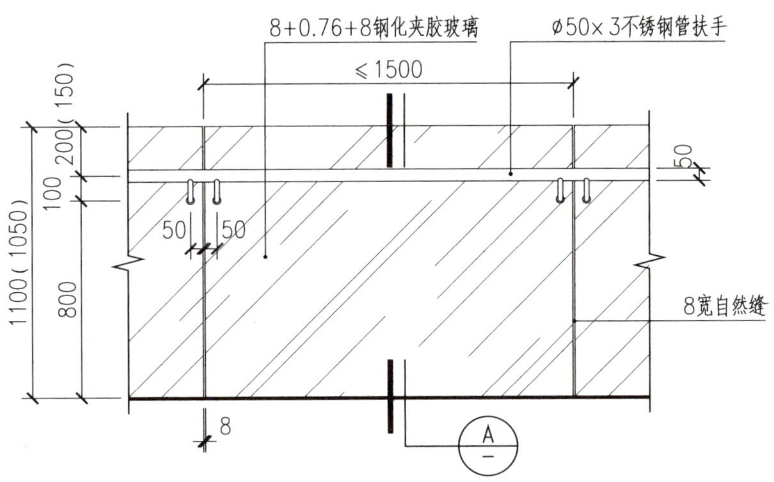

玻璃栏板内立面图

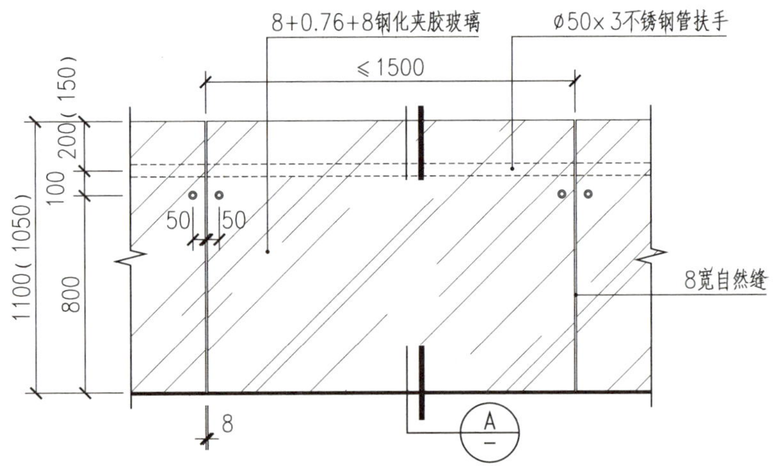

玻璃栏板外立面图

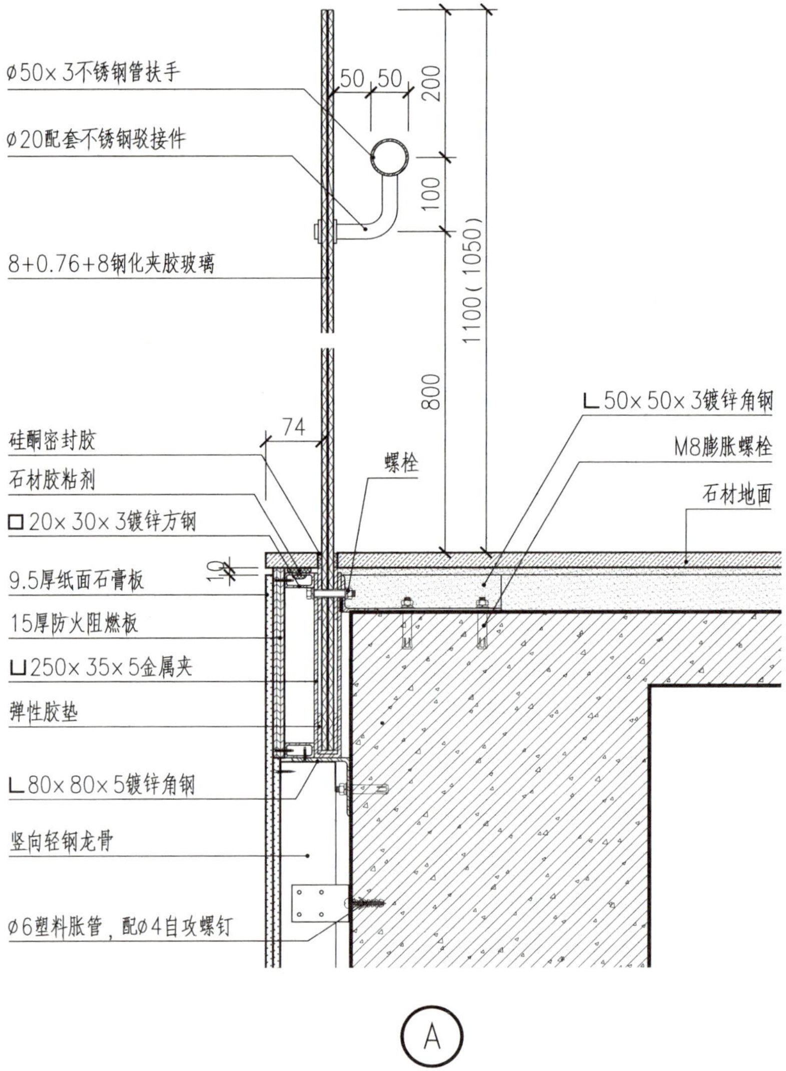

A

注：当临空高度大于5m时，不应使用无立柱型玻璃栏板。

实心金属杆栏杆

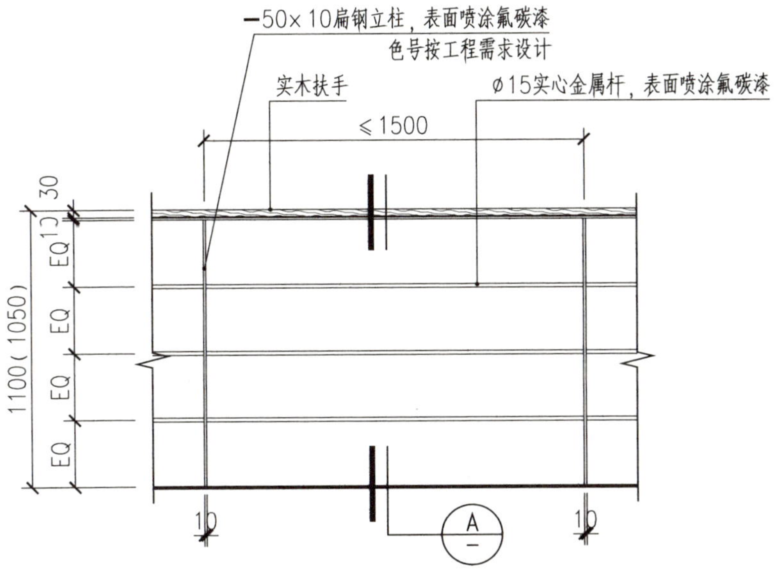

实心金属杆栏杆内立面图

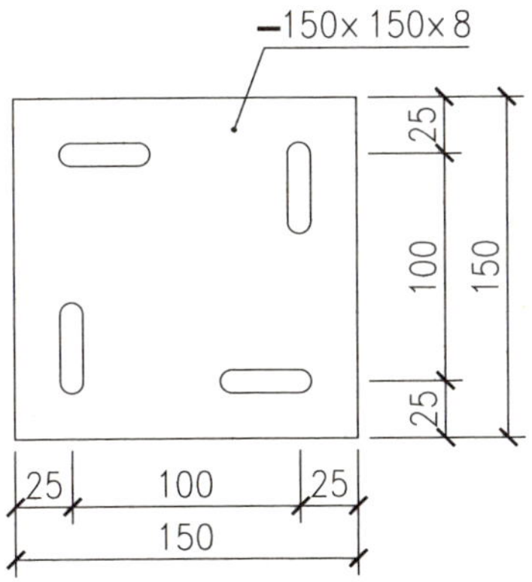

M1

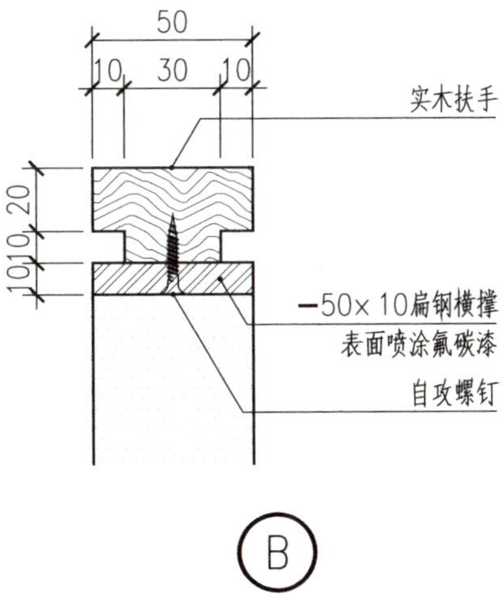

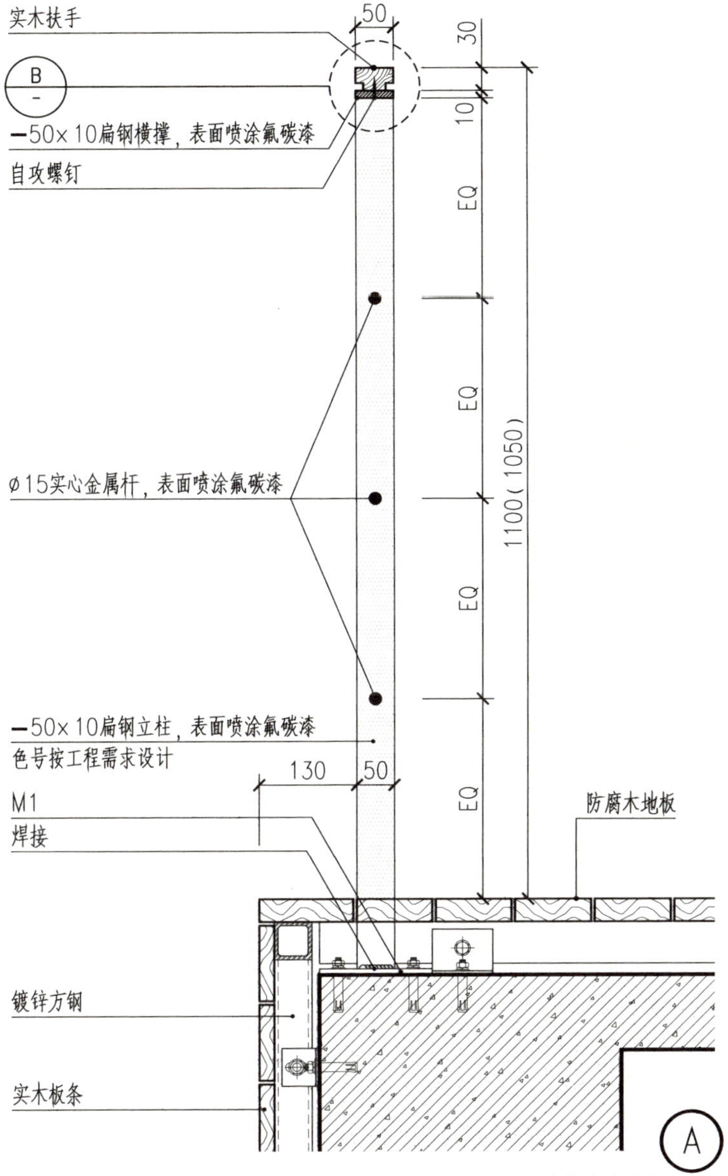

注：此做法适用于临空高度不大于2m，且人员密度较小的空间。

钢片栏杆

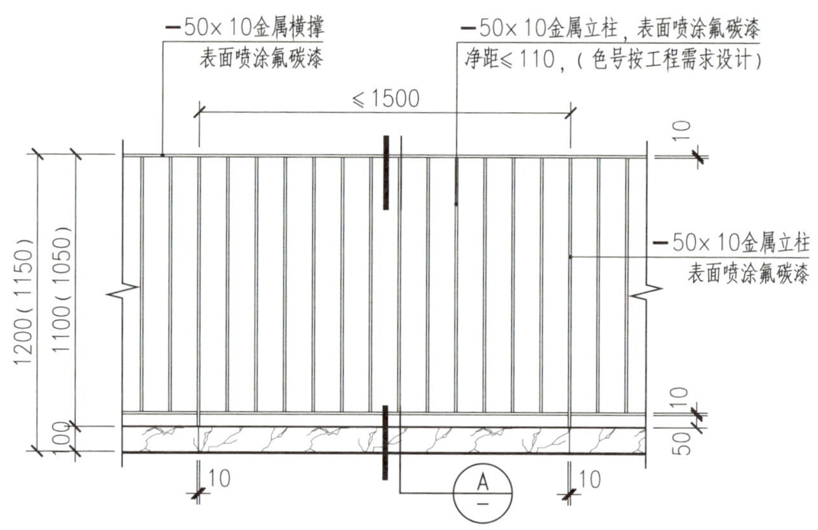

—50×10金属横撑
表面喷涂氟碳漆
—50×10金属立柱，表面喷涂氟碳漆
净距≤110，（色号按工程需求设计）
≤1500
10
—50×10金属立柱
表面喷涂氟碳漆
1200（1150）
1100（1050）
100
10
50
10
10
A

钢片栏杆内立面图

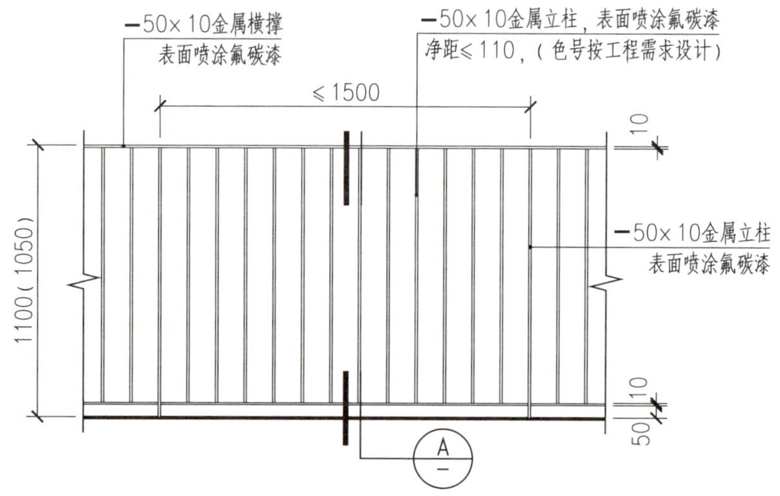

—50×10金属横撑
表面喷涂氟碳漆
—50×10金属立柱，表面喷涂氟碳漆
净距≤110，（色号按工程需求设计）
≤1500
10
—50×10金属立柱
表面喷涂氟碳漆
1100（1050）
10
50
A

钢片栏杆外立面图

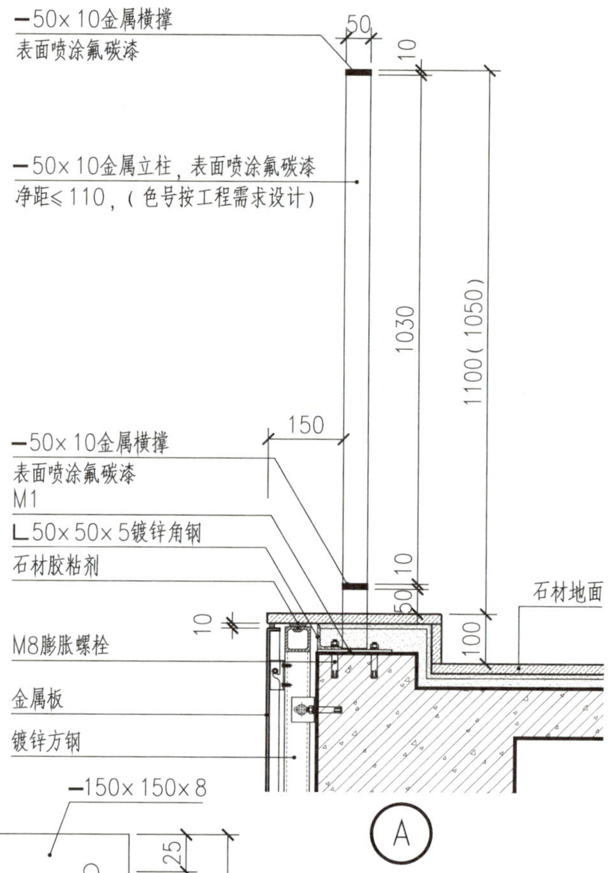

—50×10金属横撑
表面喷涂氟碳漆
50
10
—50×10金属立柱，表面喷涂氟碳漆
净距≤110，（色号按工程需求设计）
1030
1100（1050）
150
—50×10金属横撑
表面喷涂氟碳漆
M1
L50×50×5镀锌角钢
石材胶粘剂
10
50
10
100
石材地面
M8膨胀螺栓
金属板
镀锌方钢
A

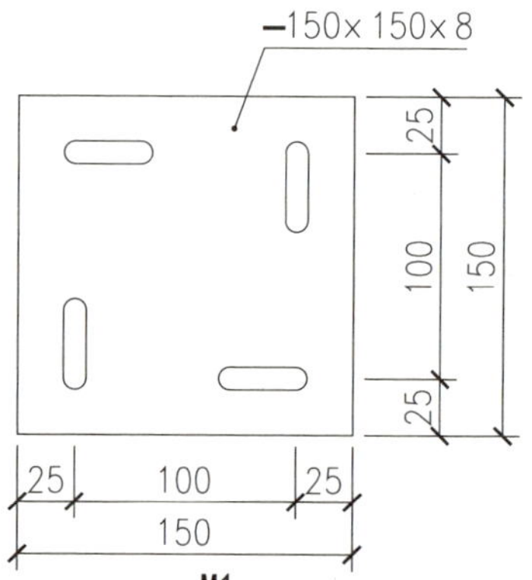

—150×150×8
25
100
150
25
25
100
25
150

M1

8

第八章

变形缝

天花卡索型变形缝

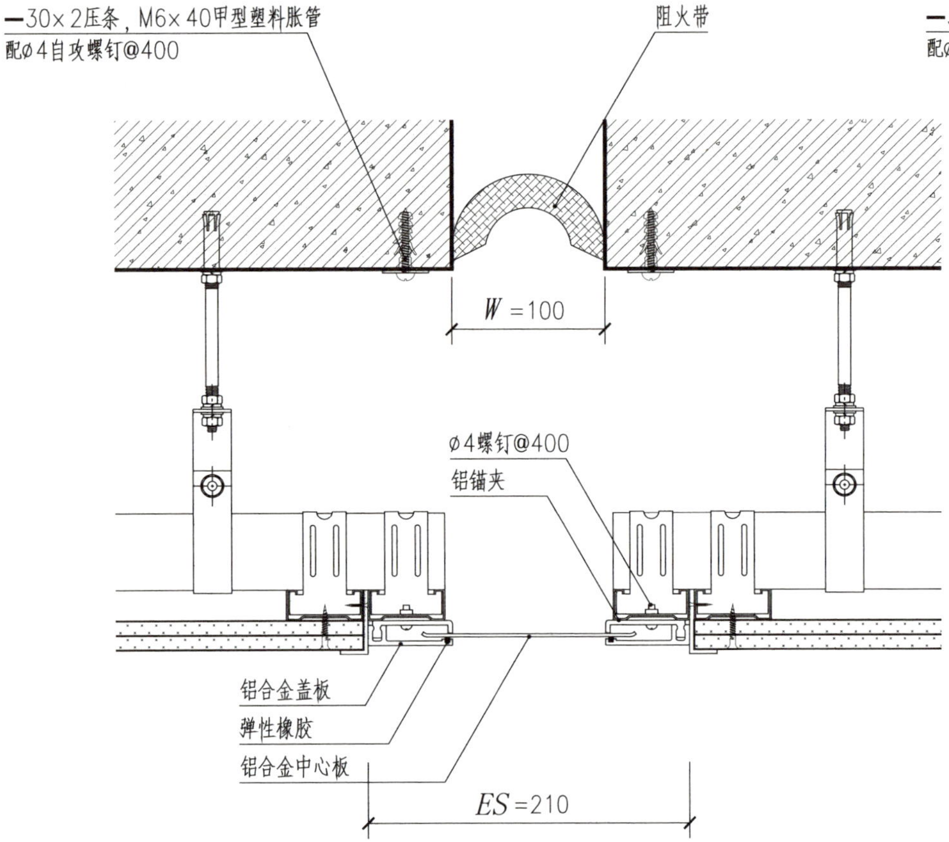

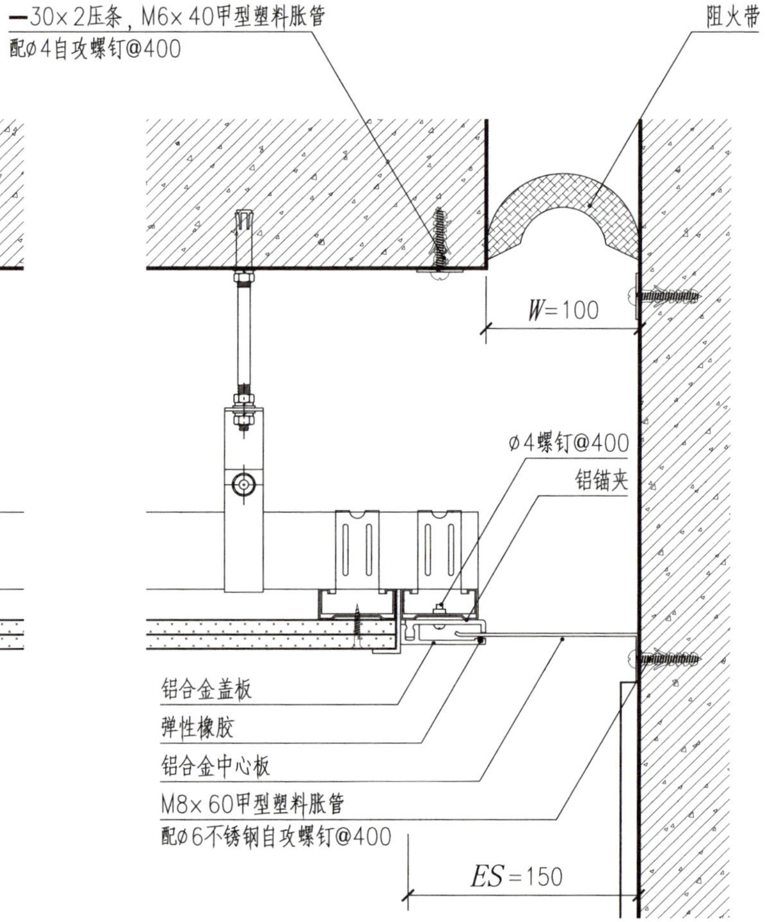

天花卡索型变形缝

注：1. 变形缝是伸缩缝、沉降缝、防震缝的总称。建筑物在外界因素作用下常会产生变形，导致开裂甚至破坏。变形缝是针对这种情况而预留的构造缝。
2. W表示变形缝宽度，ES表示铝合金盖板宽度。

双层轻钢龙骨伸缩缝

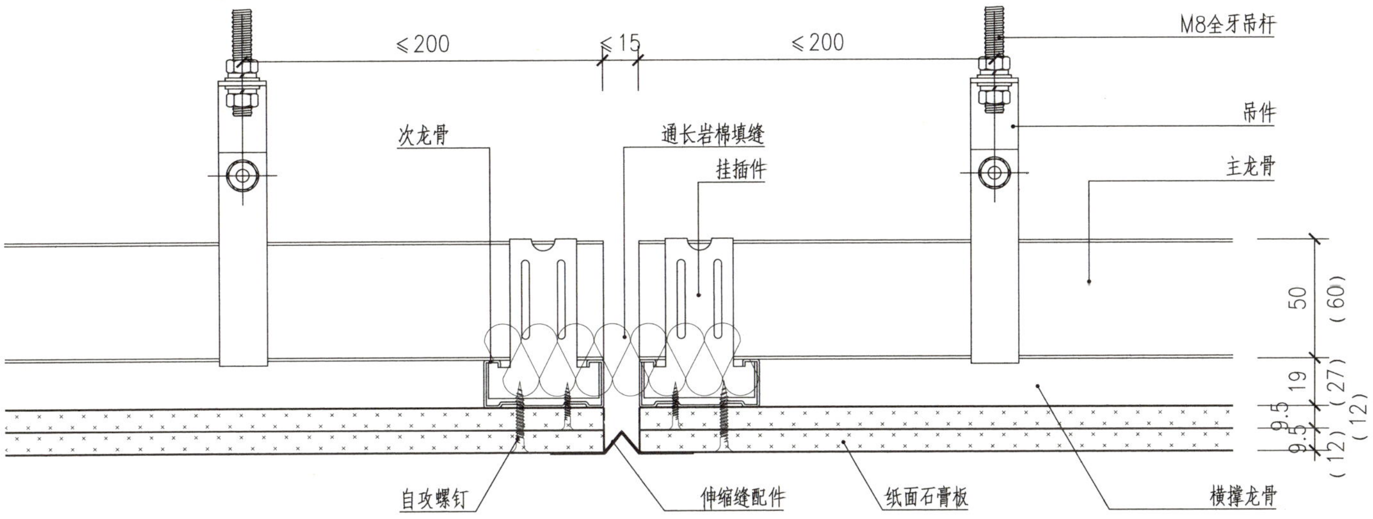

双层轻钢龙骨伸缩缝（一）

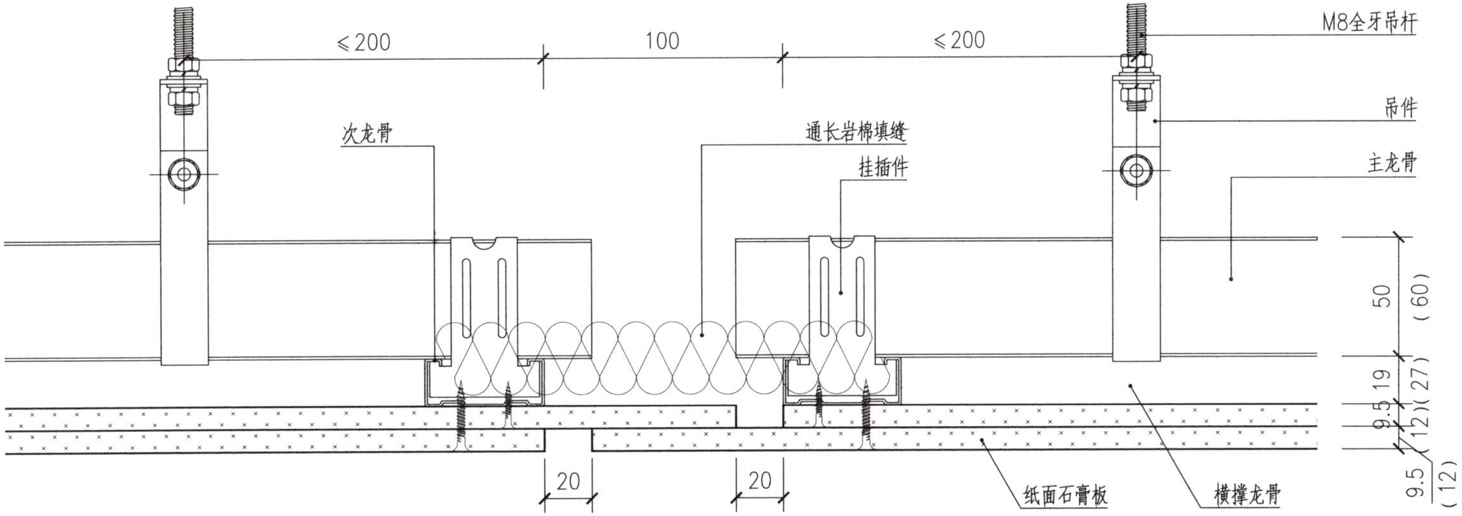

双层轻钢龙骨伸缩缝（二）

注：当吊顶面积大于等于100㎡或长度大于等于8m时，宜设置伸缩缝。

单层轻钢龙骨伸缩缝

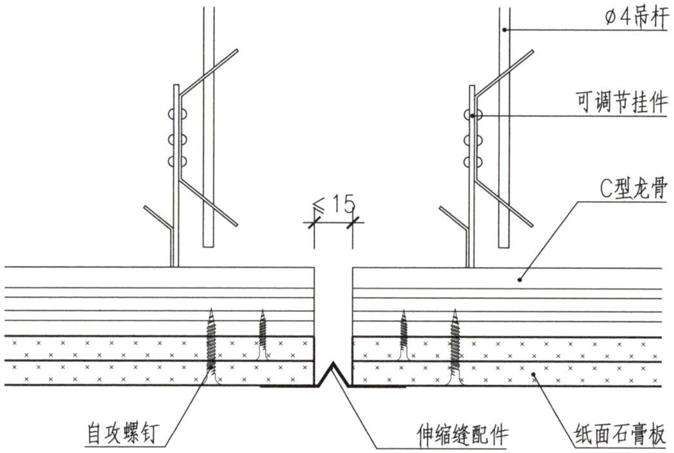

单层轻钢龙骨伸缩缝（一）

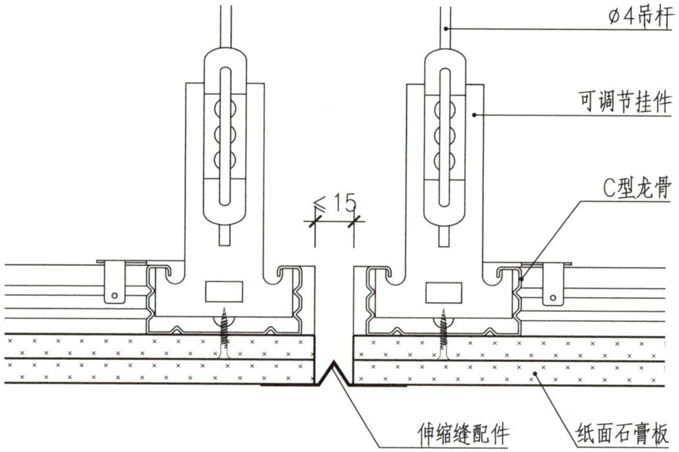

单层轻钢龙骨伸缩缝（二）

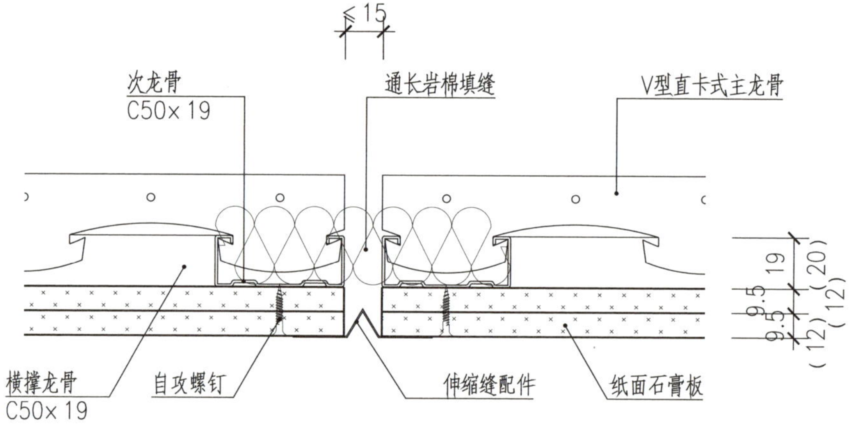

V型直卡龙骨吊顶伸缩缝

注：当吊顶面积大于等于100㎡或长度大于等于8m时，宜设置伸缩缝。

天花盖板型变形缝

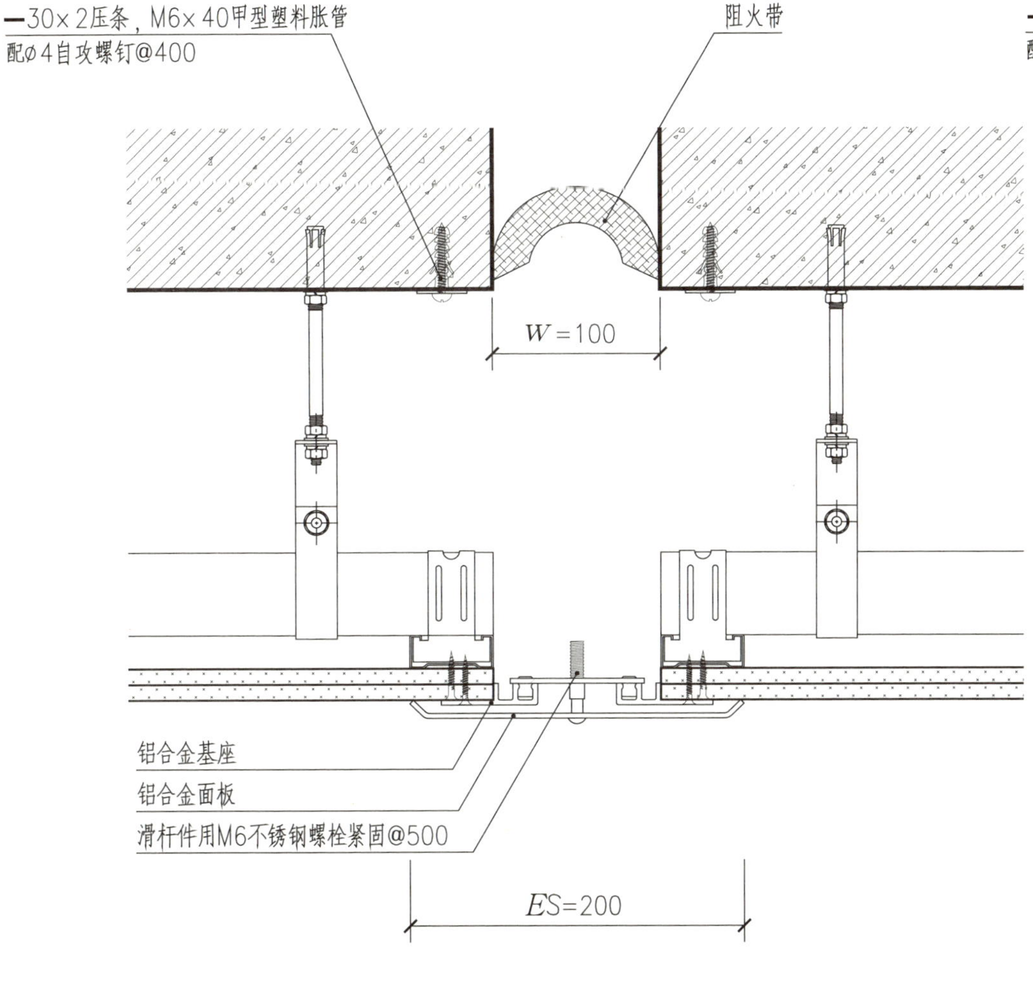

天花盖板型变形缝（一）

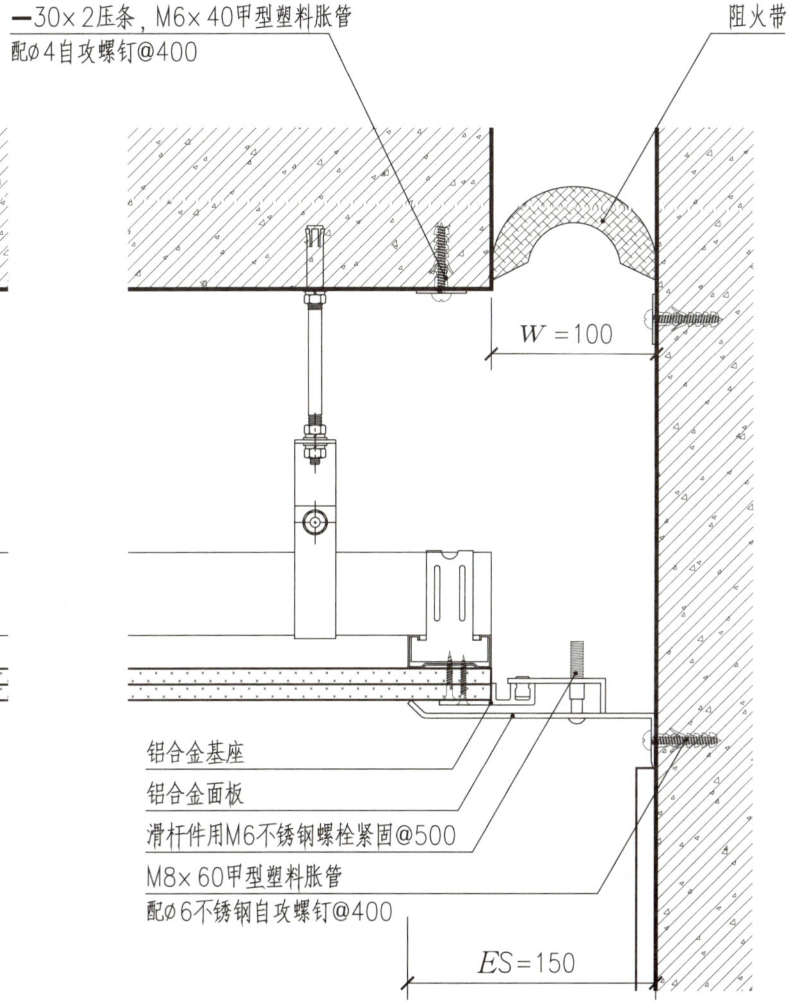

天花盖板型变形缝（二）

内墙变形缝

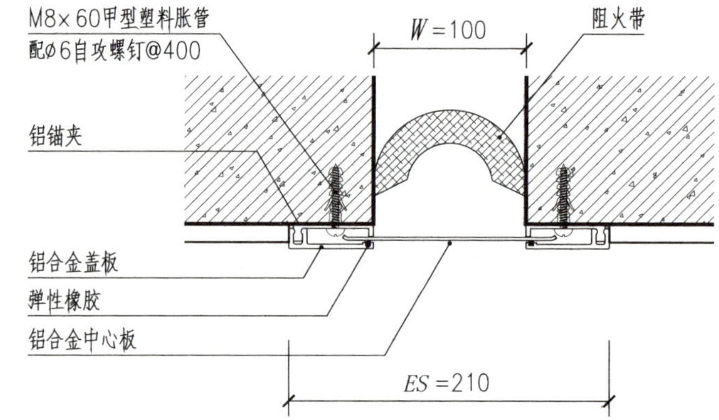

内墙卡索型变形缝（一）

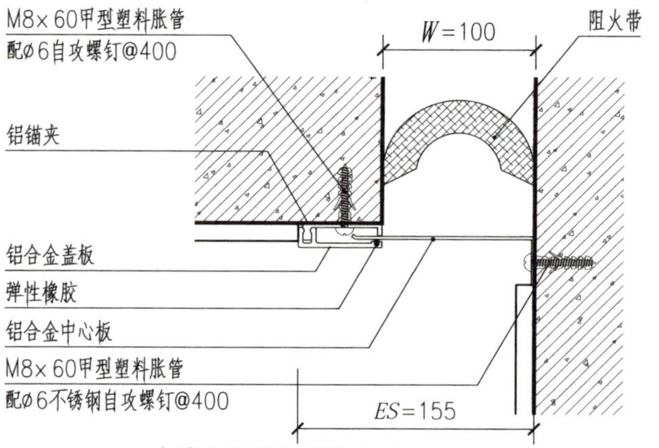

内墙卡索型变形缝（二）

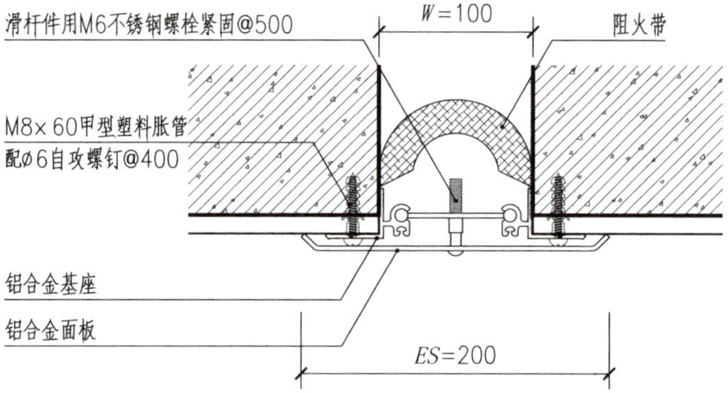

内墙盖板型变形缝（一）

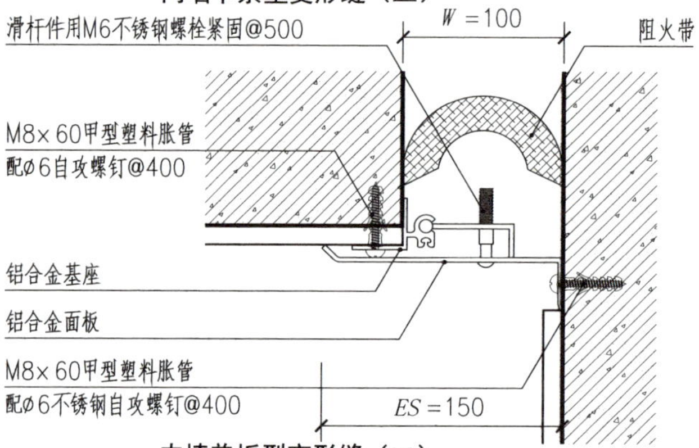

内墙盖板型变形缝（二）

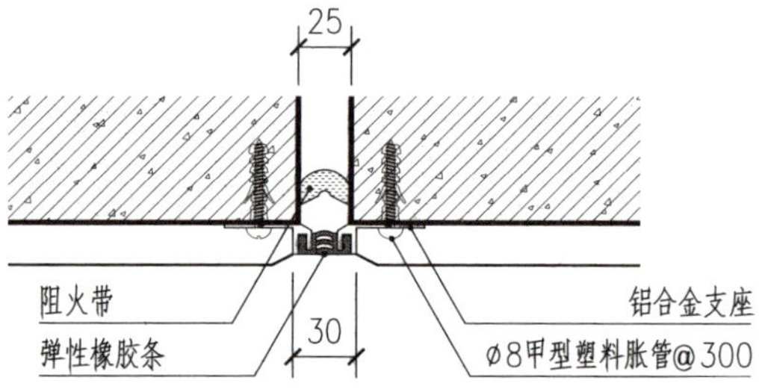

内墙嵌平型变形缝（一）

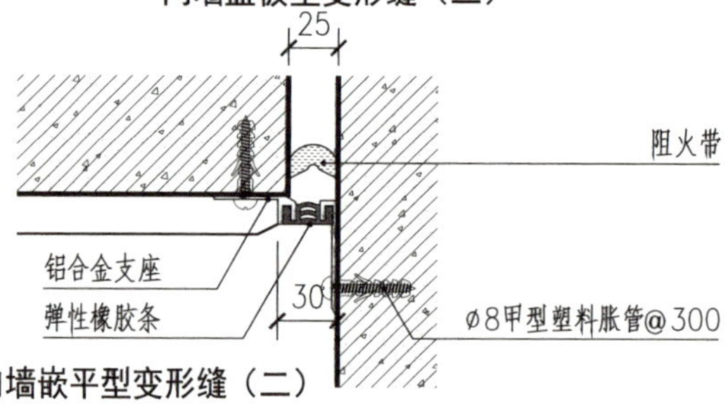

内墙嵌平型变形缝（二）

干挂石材墙与轻钢龙骨石膏板墙伸缩缝

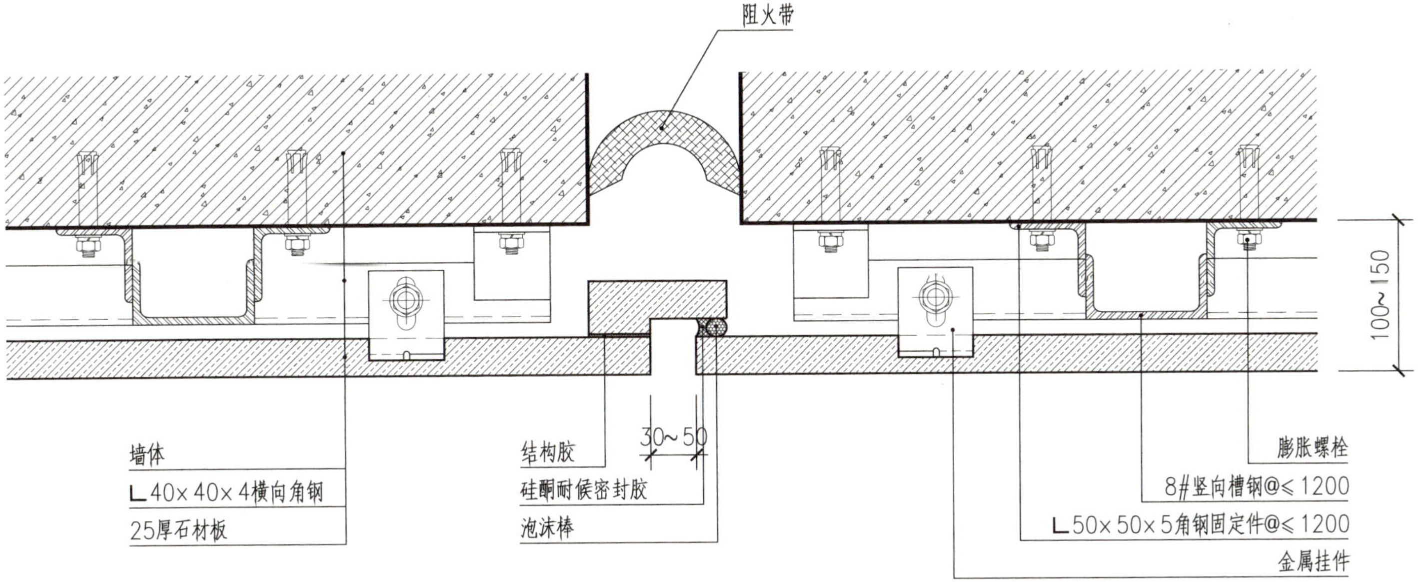

干挂石材墙伸缩缝

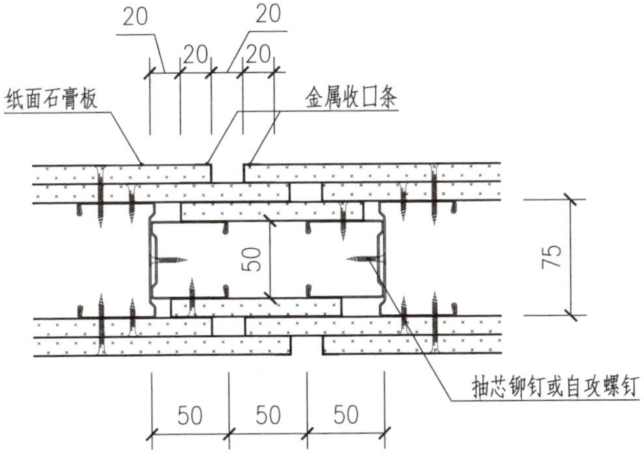

轻钢龙骨石膏板隔声墙伸缩缝

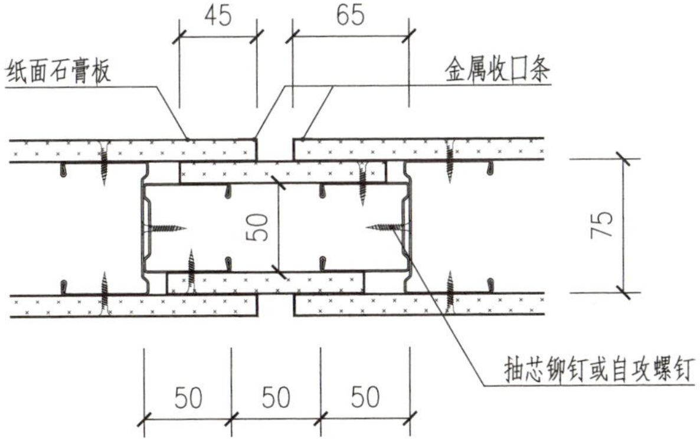

轻钢龙骨石膏板墙伸缩缝

楼面防震型变形缝

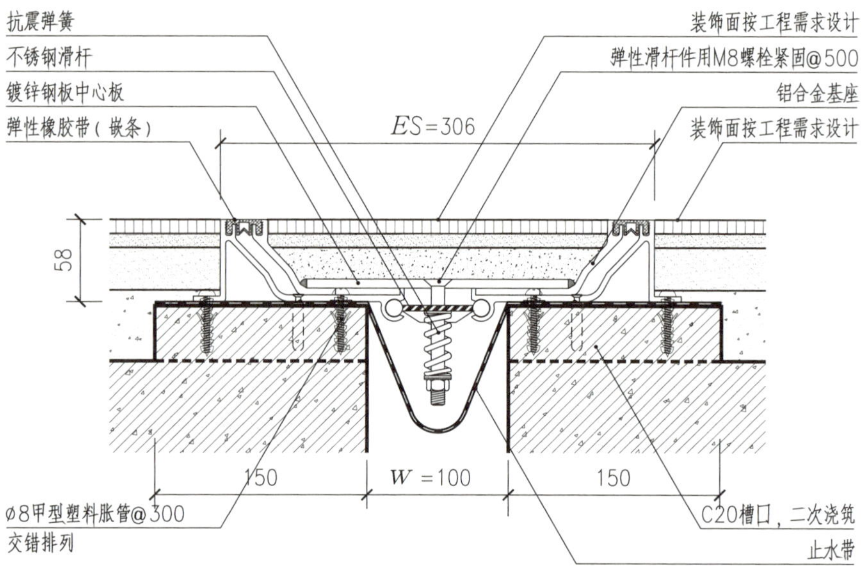

楼面防震型变形缝（一）

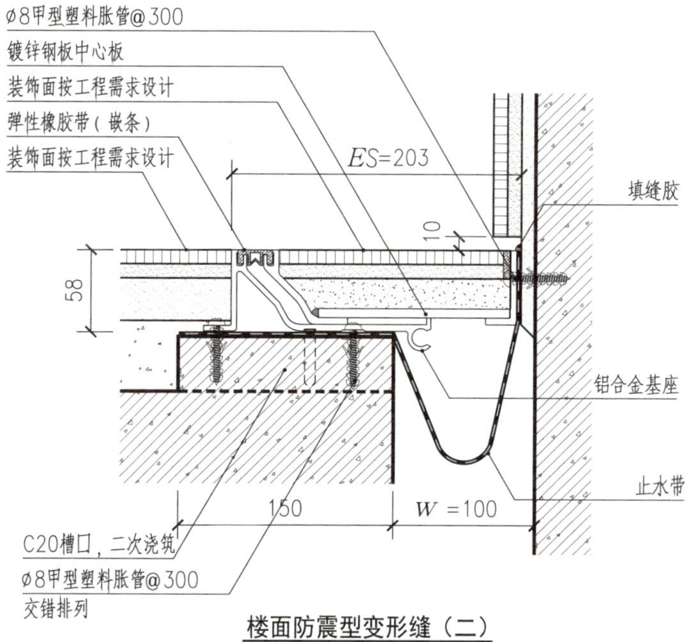

楼面防震型变形缝（二）

楼面防震型变形缝图示(一)

楼面防震型变形缝图示（二）

楼面盖板型变形缝

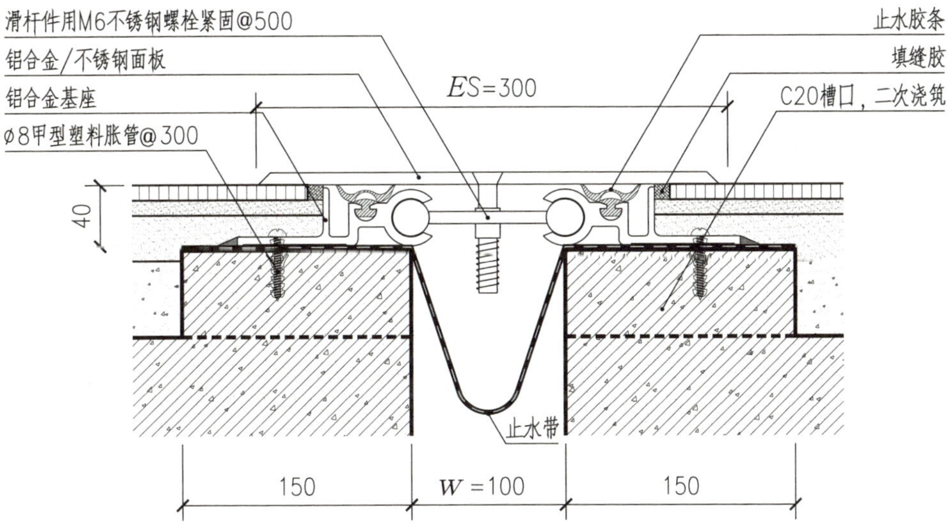

楼面盖板型变形缝（一）

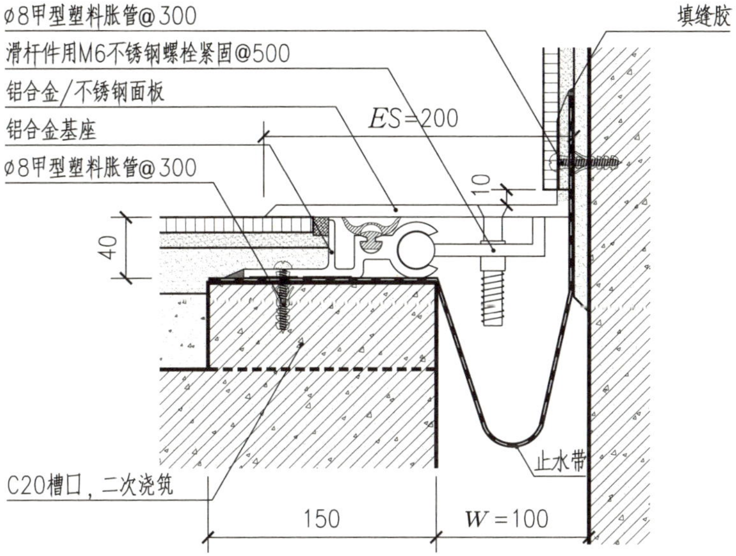

楼面盖板型变形缝（二）

楼面盖板型变形缝图示(一)

楼面盖板型变形缝图示(二)

楼面嵌平型变形缝

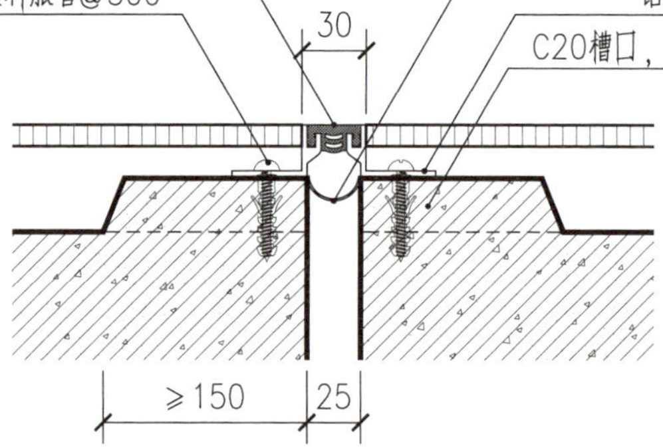

楼面嵌平型变形缝

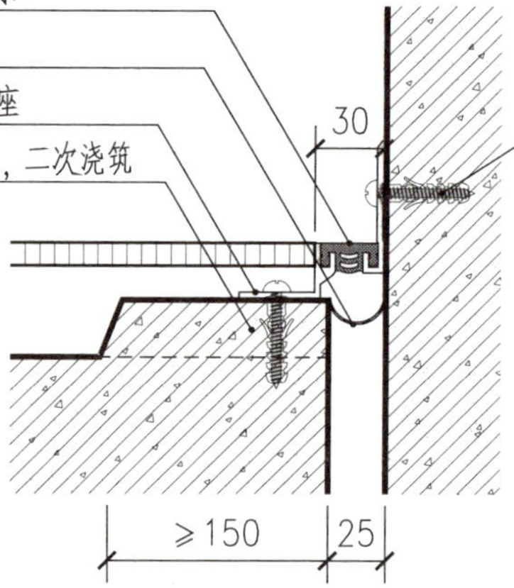

楼面嵌平型变形缝

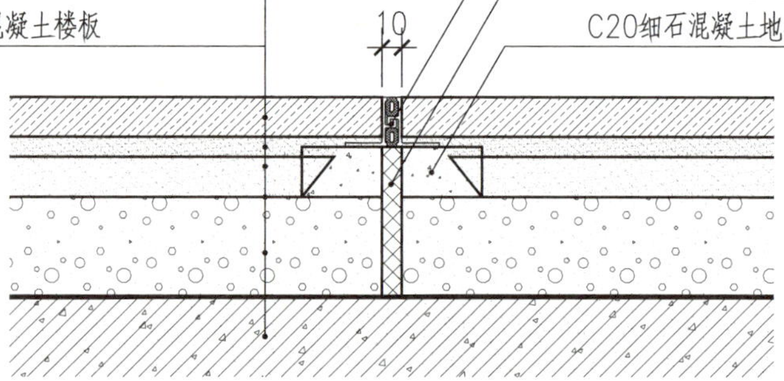

地面伸缩缝

注：地砖、石材地面伸缩缝间距不应大于8m。

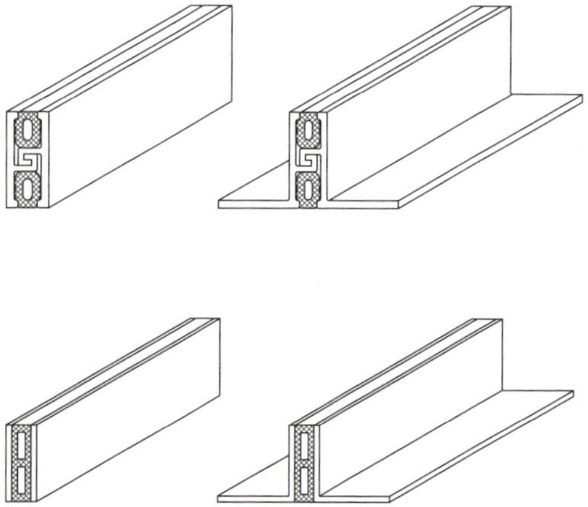

地面成品金属伸缩缝样式

注：伸缩缝规格尺寸可定制。

地面成品金属伸缩缝图示

9

第九章

建筑玻璃幕墙与室内交接

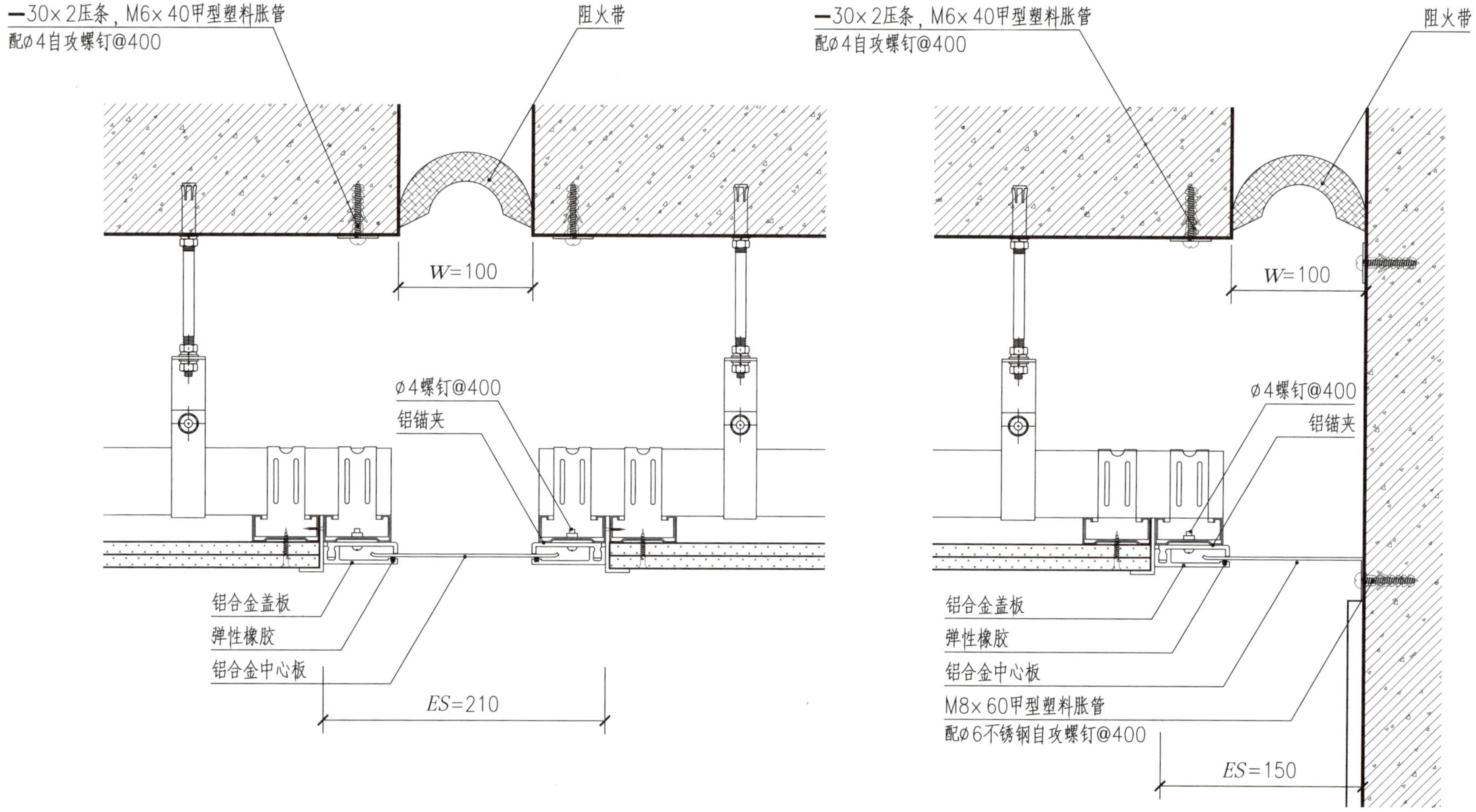
—30×2压条，M6×40甲型塑料胀管
配ø4自攻螺钉@400
阻火带
W=100
ø4螺钉@400
铝锚夹
铝合金盖板
弹性橡胶
铝合金中心板
ES=210
—30×2压条，M6×40甲型塑料胀管
配ø4自攻螺钉@400
阻火带
W=100
ø4螺钉@400
铝锚夹
铝合金盖板
弹性橡胶
铝合金中心板
M8×60甲型塑料胀管
配ø6不锈钢自攻螺钉@400
ES=150

天花卡索型变形缝

建筑玻璃幕墙与轻钢龙骨隔墙平面交接（二）

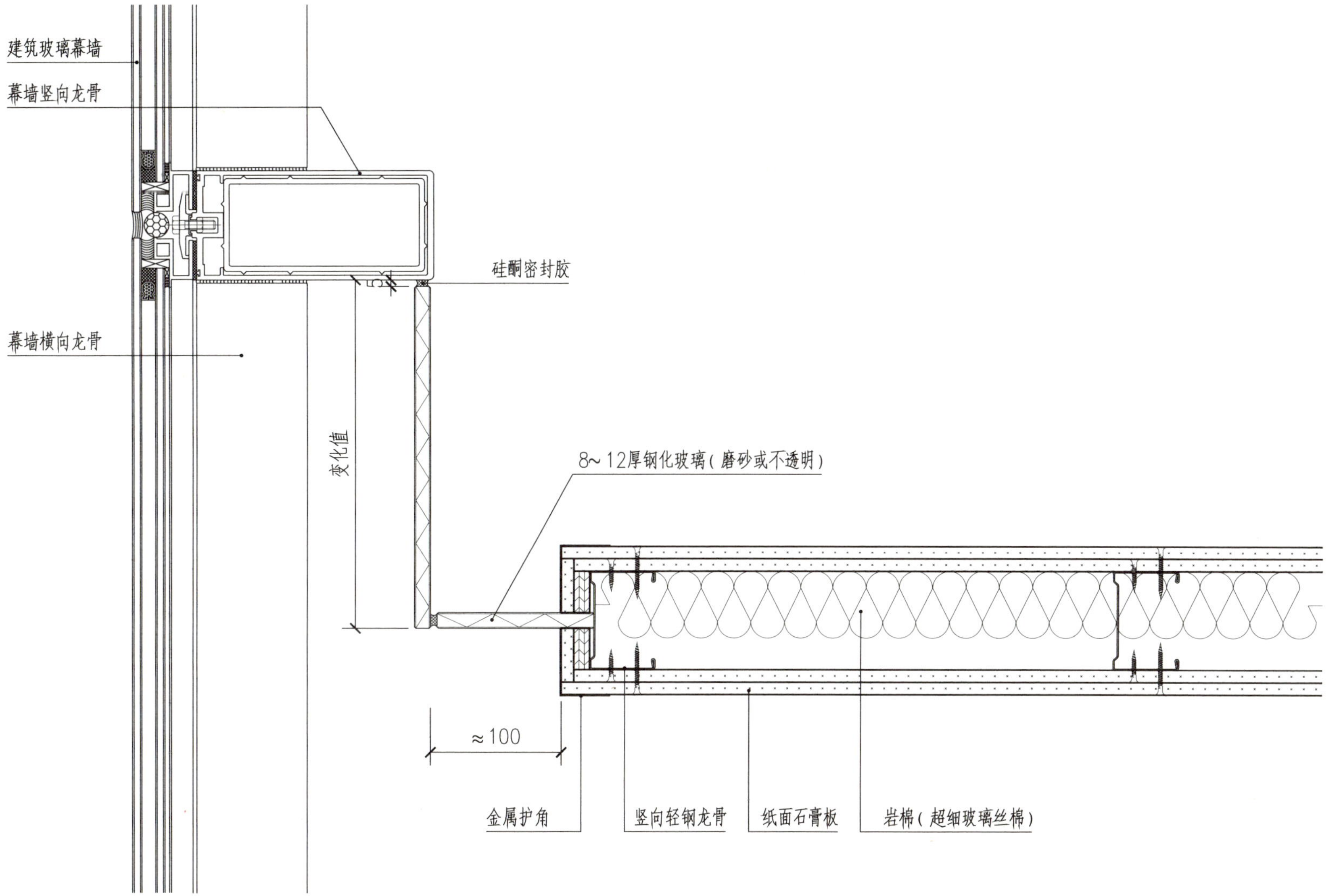
建筑玻璃幕墙
幕墙竖向龙骨
硅酮密封胶
幕墙横向龙骨
5
变化值
8～12厚钢化玻璃（磨砂或不透明）
≈100
金属护角
竖向轻钢龙骨
纸面石膏板
岩棉（超细玻璃丝棉）

玻璃幕墙与轻钢龙骨隔墙平面交接

建筑玻璃幕墙与轻钢龙骨隔墙平面交接（三）

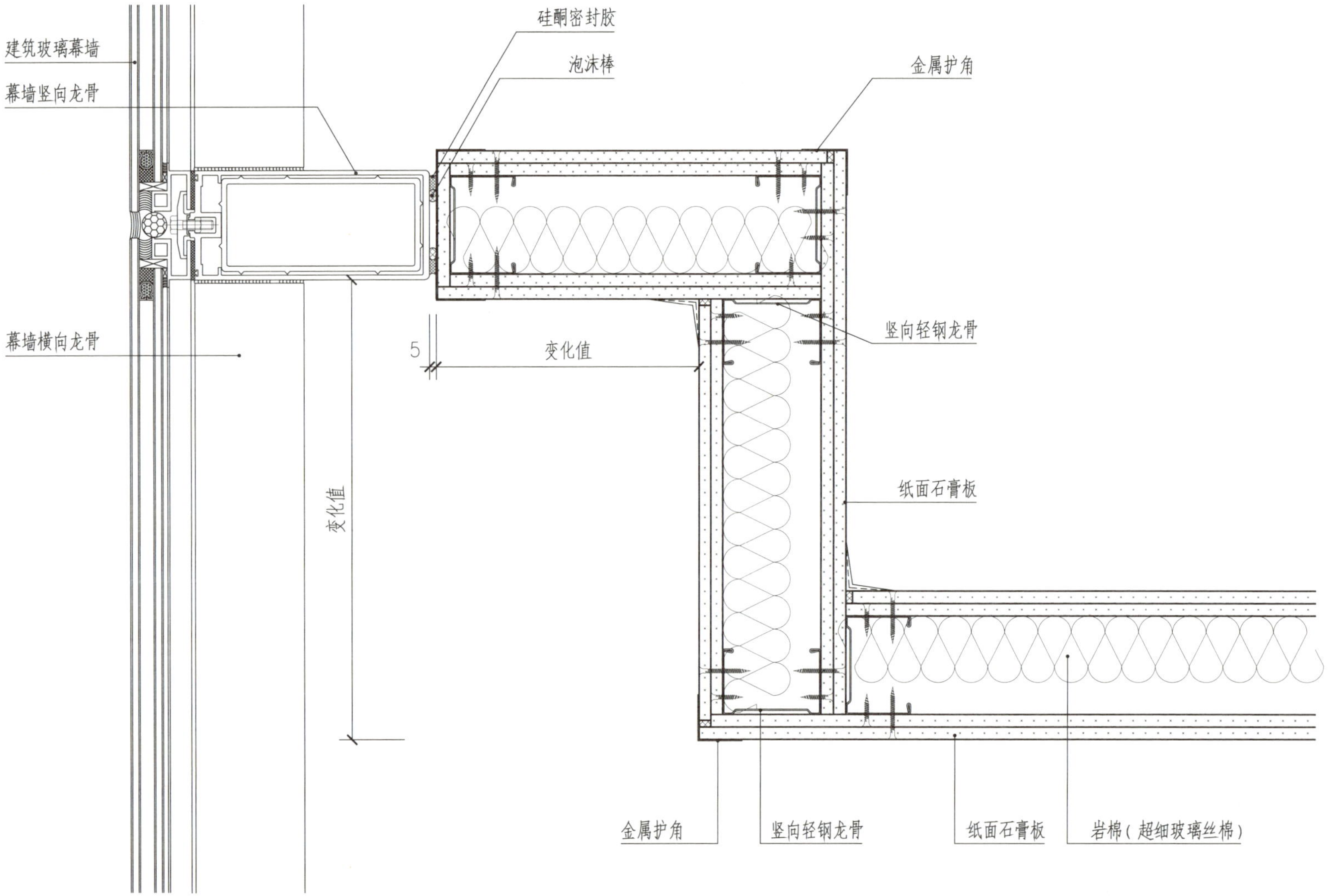
硅酮密封胶
泡沫棒
金属护角
建筑玻璃幕墙
幕墙竖向龙骨
竖向轻钢龙骨
5
变化值
幕墙横向龙骨
纸面石膏板
变化值
金属护角
竖向轻钢龙骨
纸面石膏板
岩棉（超细玻璃丝棉）

玻璃幕墙与轻钢龙骨隔墙平面交接

建筑玻璃幕墙与地面交接（一）

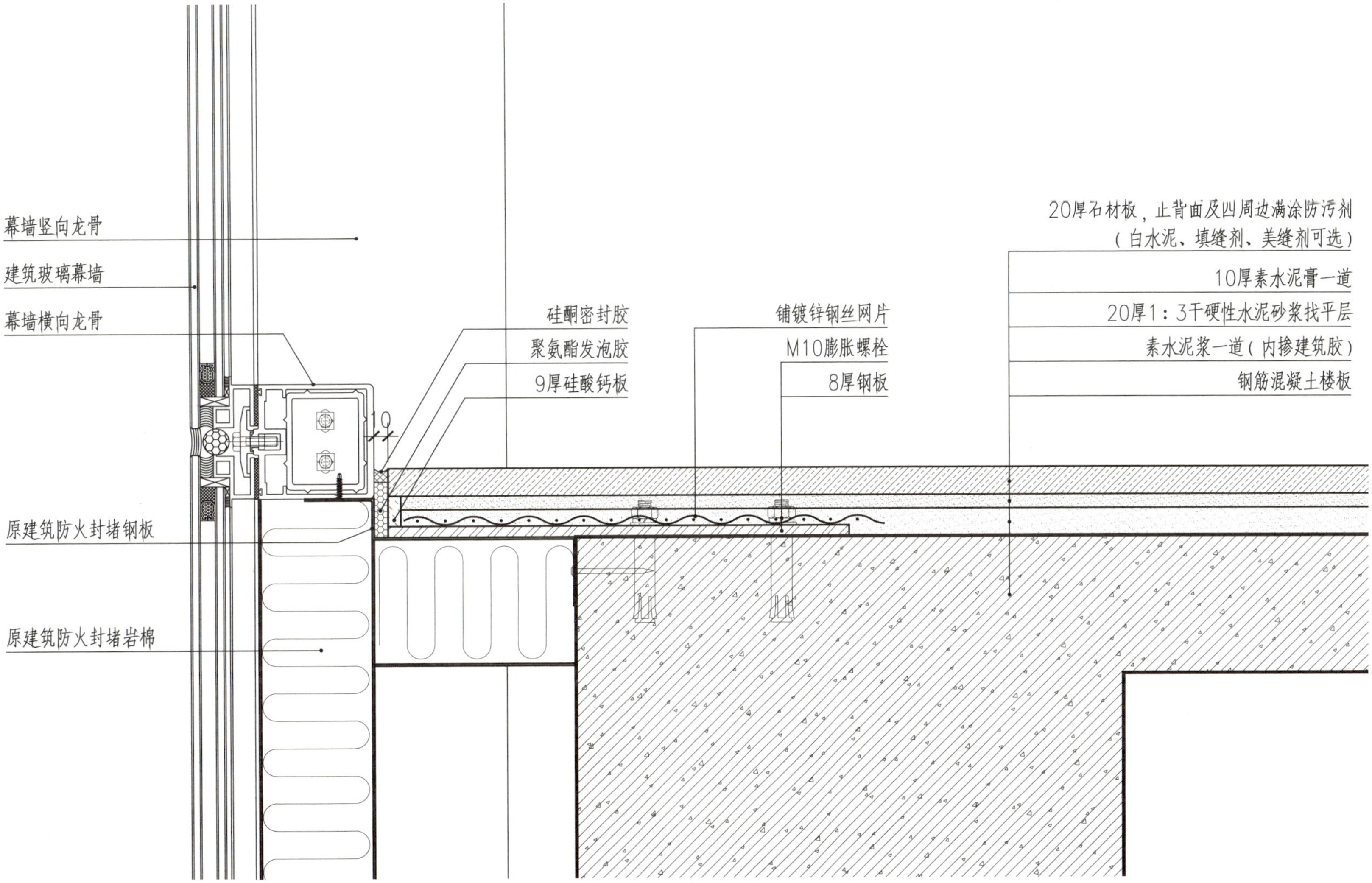

玻璃幕墙与地面交接

建筑玻璃幕墙与地面交接（二）

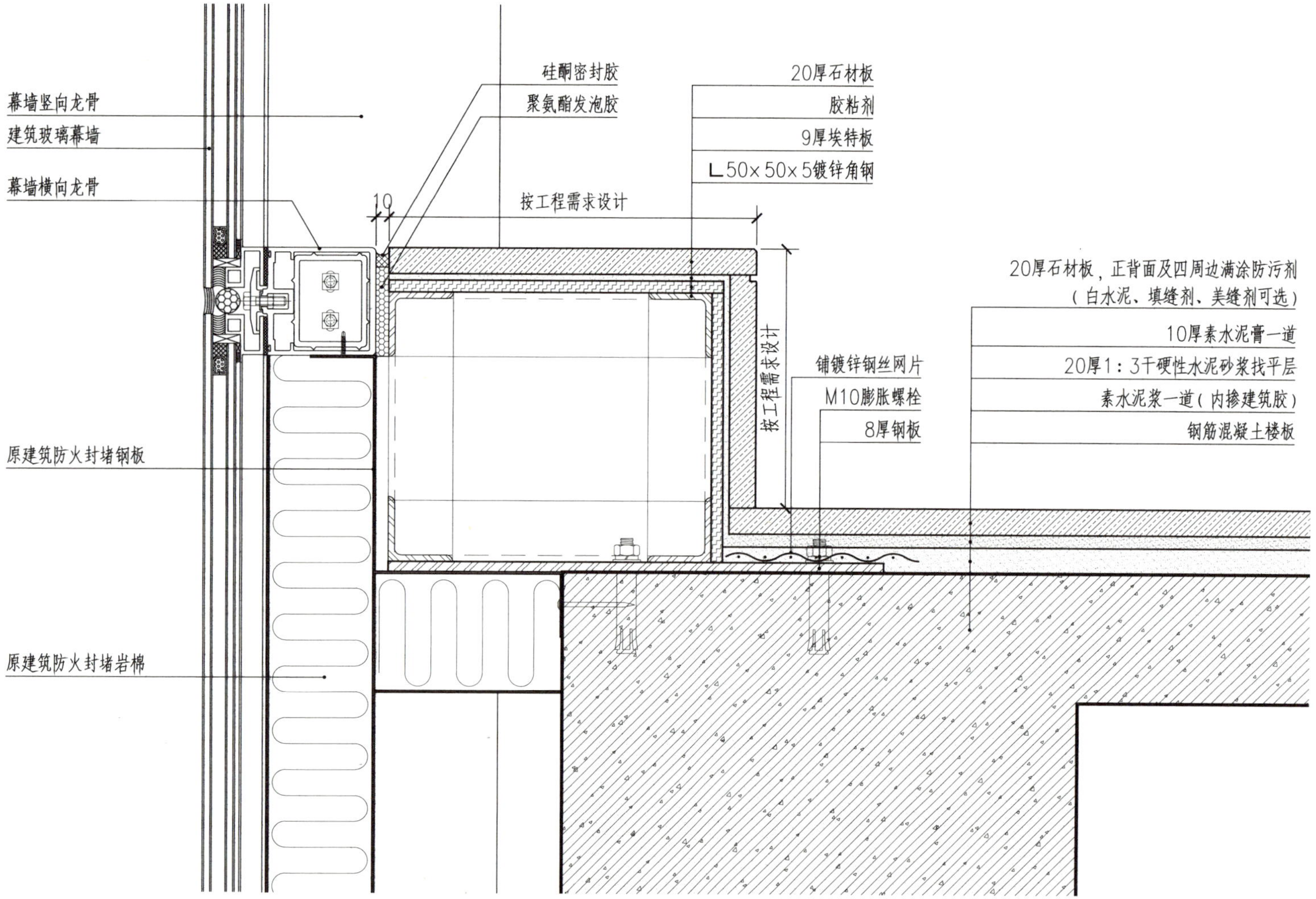

玻璃幕墙与地面交接

建筑玻璃幕墙与地面交接（三）

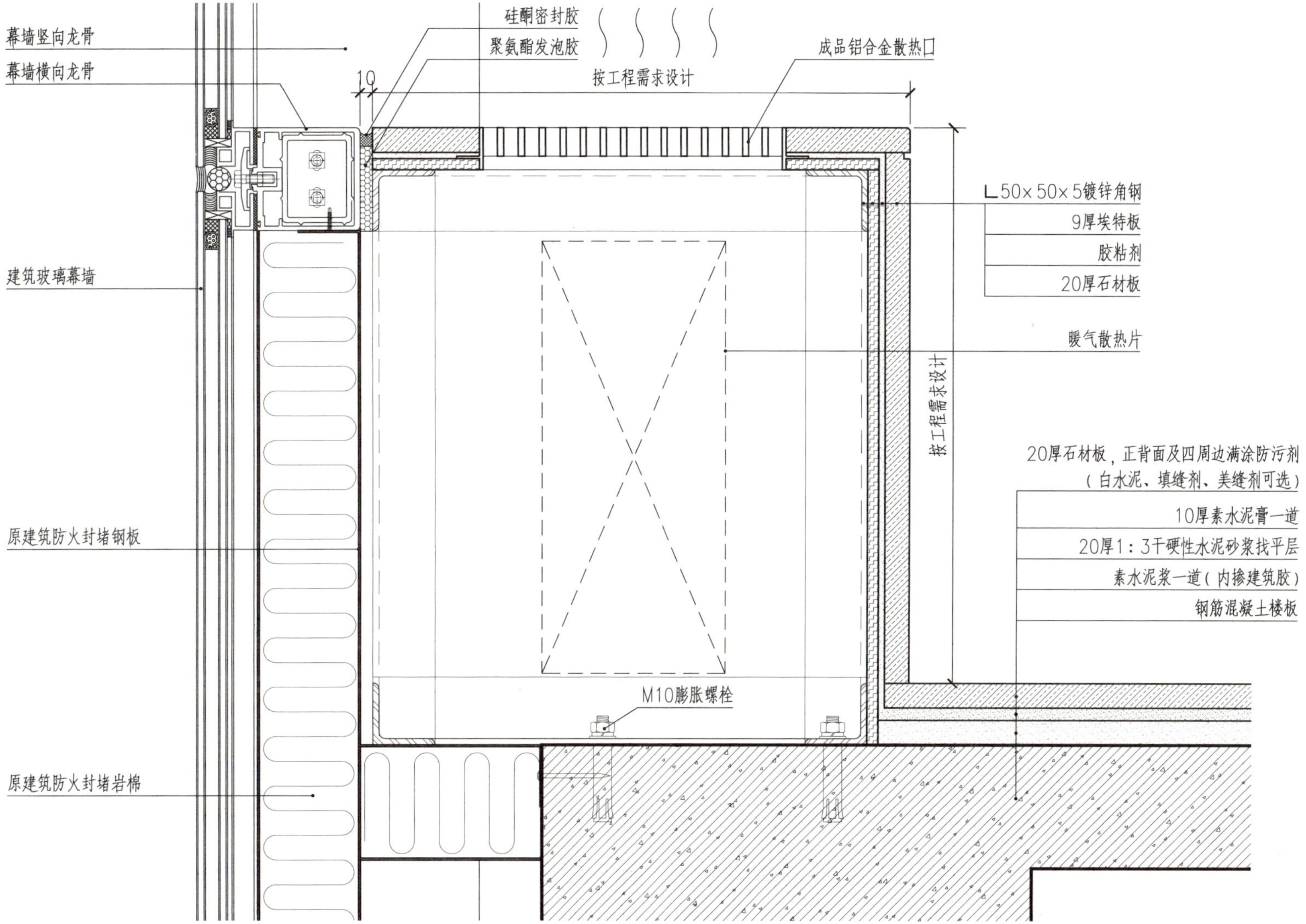

玻璃幕墙与地面交接

建筑玻璃幕墙与天花交接（一）

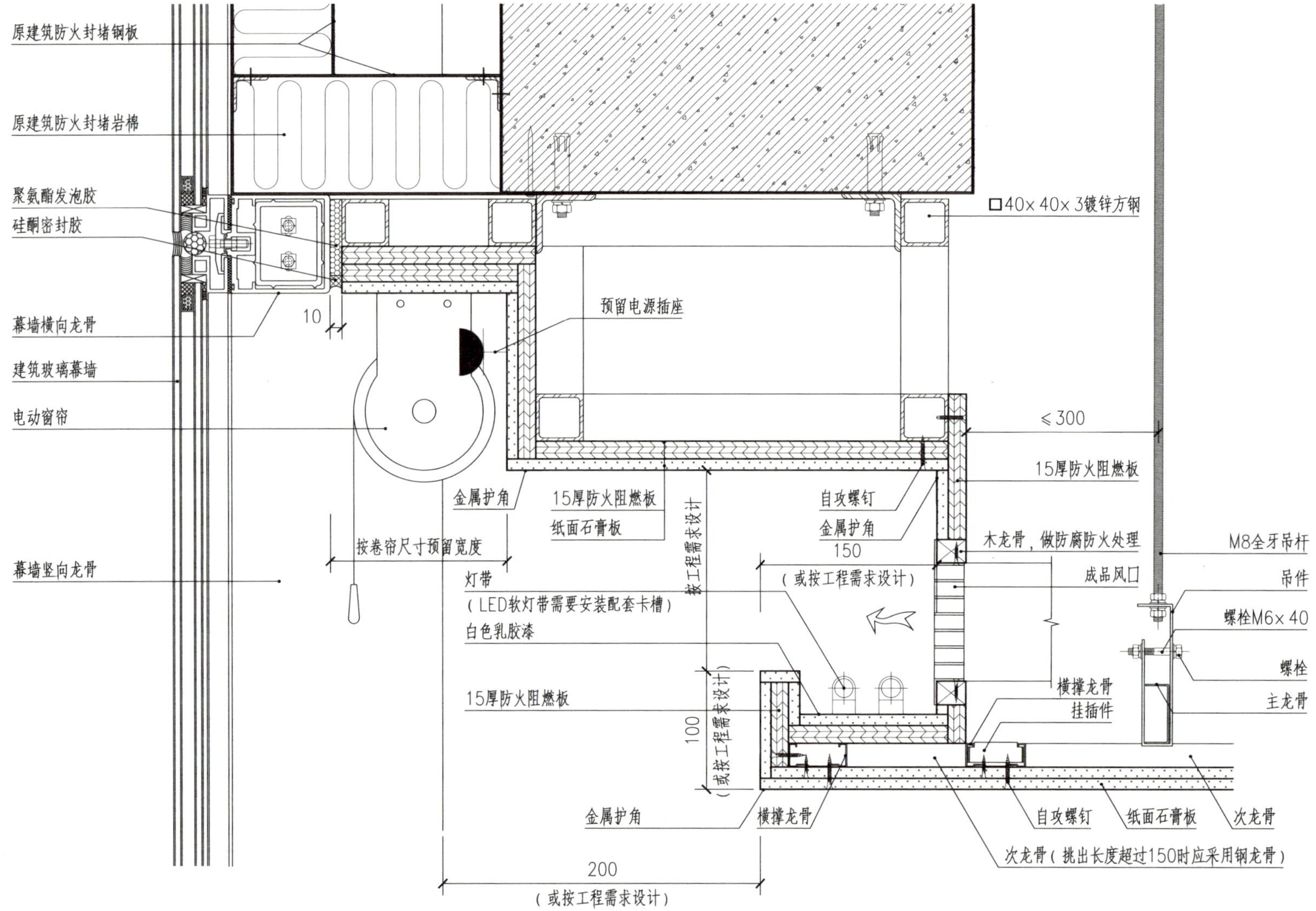
原建筑防火封堵钢板
原建筑防火封堵岩棉
聚氨酯发泡胶
硅酮密封胶
幕墙横向龙骨
建筑玻璃幕墙
电动窗帘
幕墙竖向龙骨
10
预留电源插座
□40×40×3镀锌方钢
≤300
15厚防火阻燃板
金属护角
15厚防火阻燃板
纸面石膏板
按卷帘尺寸预留宽度
按工程需求设计
自攻螺钉
金属护角
150
（或按工程需求设计）
木龙骨，做防腐防火处理
成品风口
M8全牙吊杆
吊件
螺栓M6×40
螺栓
主龙骨
灯带
（LED软灯带需要安装配套卡槽）
白色乳胶漆
15厚防火阻燃板
100
（或按工程需求设计）
横撑龙骨
挂插件
金属护角
横撑龙骨
自攻螺钉
纸面石膏板
次龙骨
次龙骨（挑出长度超过150时应采用钢龙骨）
200
（或按工程需求设计）

玻璃幕墙与天花交接

建筑玻璃幕墙与天花交接（二）

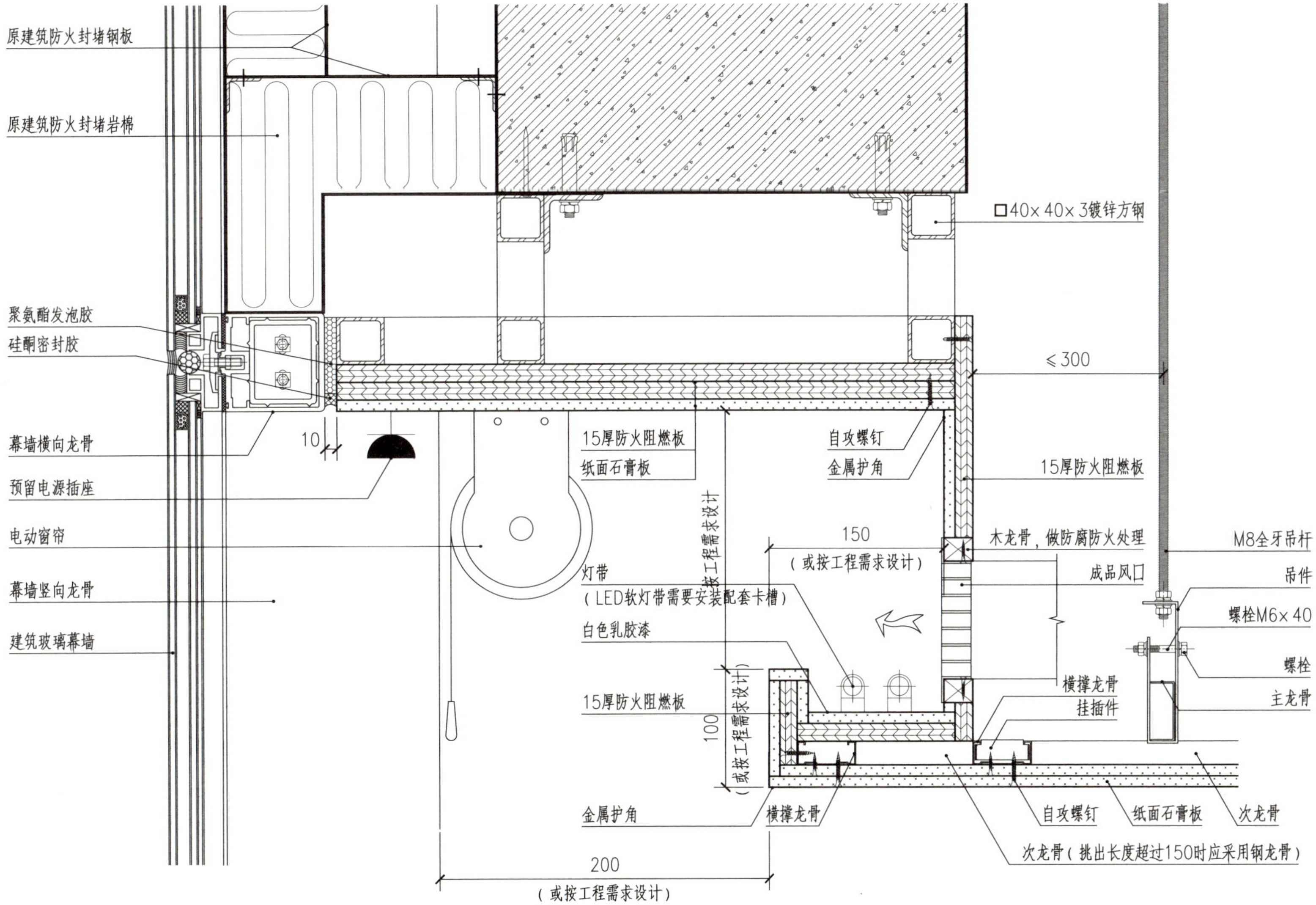

原建筑防火封堵钢板
原建筑防火封堵岩棉
聚氨酯发泡胶
硅酮密封胶
幕墙横向龙骨
预留电源插座
电动窗帘
幕墙竖向龙骨
建筑玻璃幕墙
□40×40×3镀锌方钢
≤300
10
15厚防火阻燃板
纸面石膏板
自攻螺钉
金属护角
15厚防火阻燃板
150
（或按工程需求设计）
木龙骨，做防腐防火处理
M8全牙吊杆
成品风口
吊件
灯带
（LED软灯带需要安装配套卡槽）
螺栓M6×40
白色乳胶漆
螺栓
横撑龙骨
挂插件
主龙骨
15厚防火阻燃板
100
（或按工程需求设计）
（或按工程需求设计）
金属护角
横撑龙骨
自攻螺钉
纸面石膏板
次龙骨
次龙骨（挑出长度超过150时应采用钢龙骨）
200
（或按工程需求设计）

玻璃幕墙与天花交接

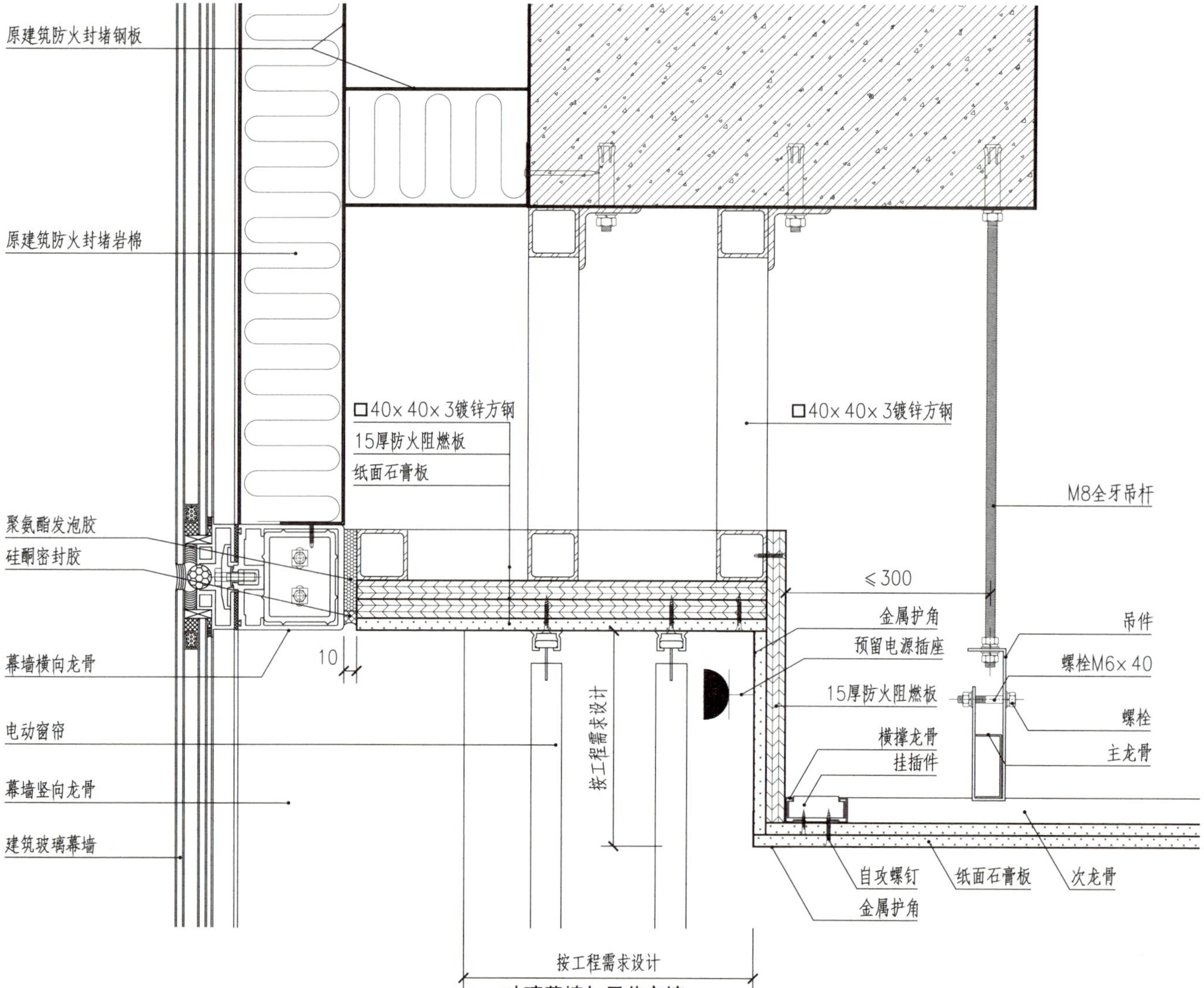
原建筑防火封堵钢板
原建筑防火封堵岩棉
□40x 40x 3镀锌方钢
15厚防火阻燃板
纸面石膏板
□40x 40x 3镀锌方钢
M8全牙吊杆
聚氨酯发泡胶
硅酮密封胶
≤300
金属护角
预留电源插座
吊件
螺栓M6x 40
幕墙横向龙骨
10
15厚防火阻燃板
螺栓
横撑龙骨
挂插件
主龙骨
电动窗帘
按工程需求设计
幕墙竖向龙骨
建筑玻璃幕墙
自攻螺钉
纸面石膏板
次龙骨
金属护角
按工程需求设计

玻璃幕墙与天花交接

10

第十章

门详图

木饰面平开门（一）

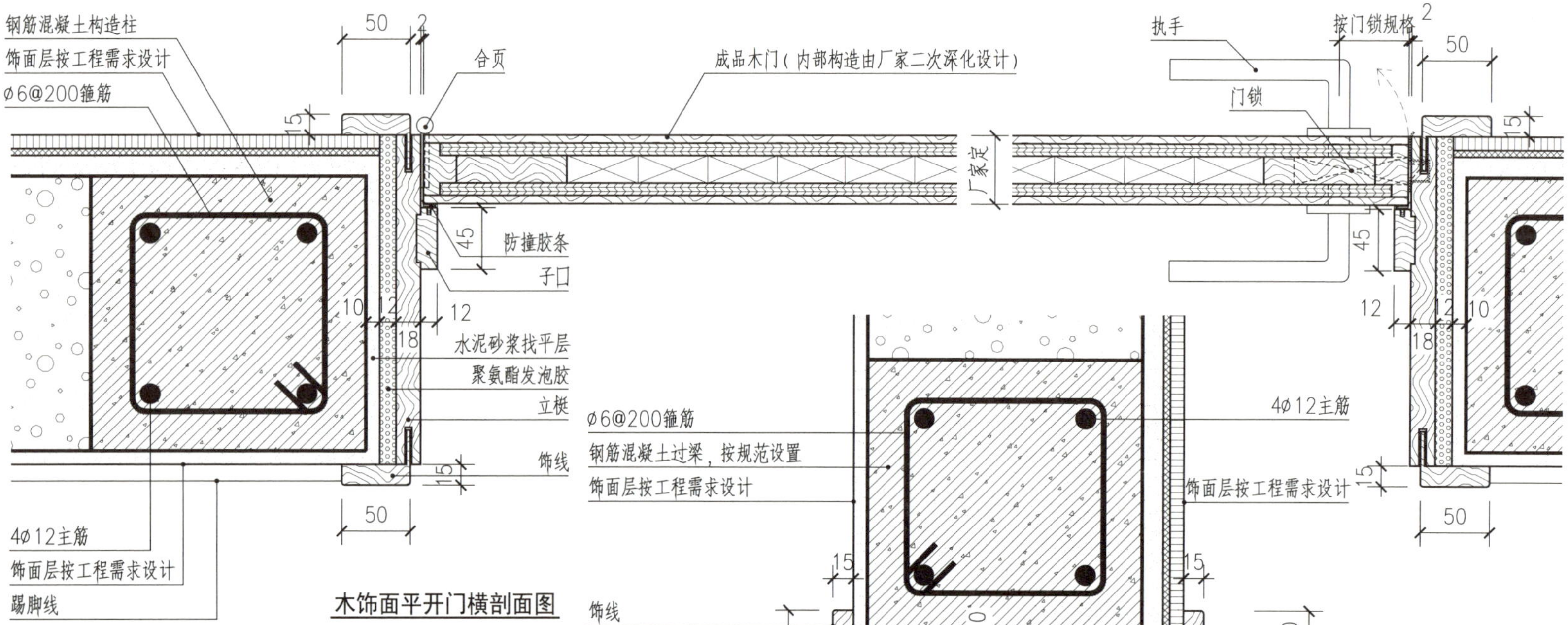

钢筋混凝土构造柱
饰面层按工程需求设计
φ6@200箍筋
50
2
合页
成品木门（内部构造由厂家二次深化设计）
执手
按门锁规格
门锁
15
厂家定
45
防撞胶条
子口
10
12
18
水泥砂浆找平层
聚氨酯发泡胶
立梃
饰线
4φ12主筋
饰面层按工程需求设计
踢脚线

木饰面平开门横剖面图

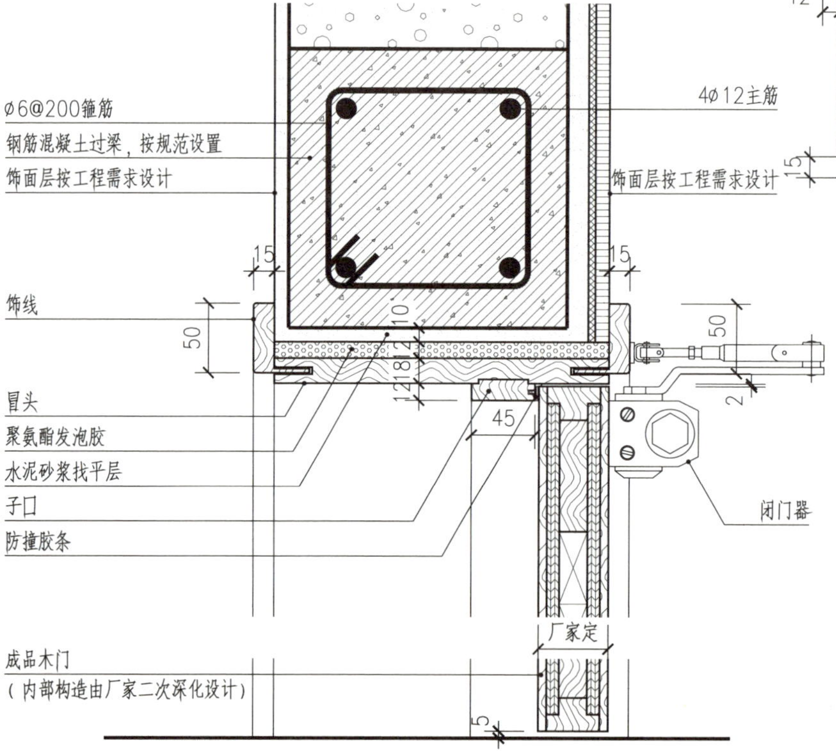

φ6@200箍筋
钢筋混凝土过梁，按规范设置
饰面层按工程需求设计
4φ12主筋
饰面层按工程需求设计
15
饰线
50
10
12
18
冒头
聚氨酯发泡胶
水泥砂浆找平层
子口
防撞胶条
45
2
闭门器
厂家定
成品木门
（内部构造由厂家二次深化设计）
5

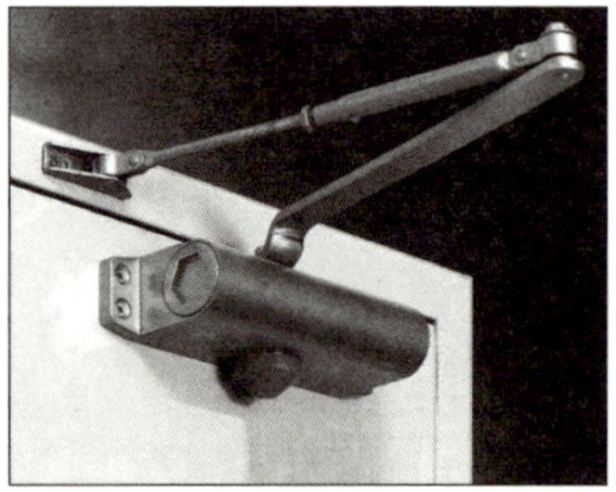

闭门器

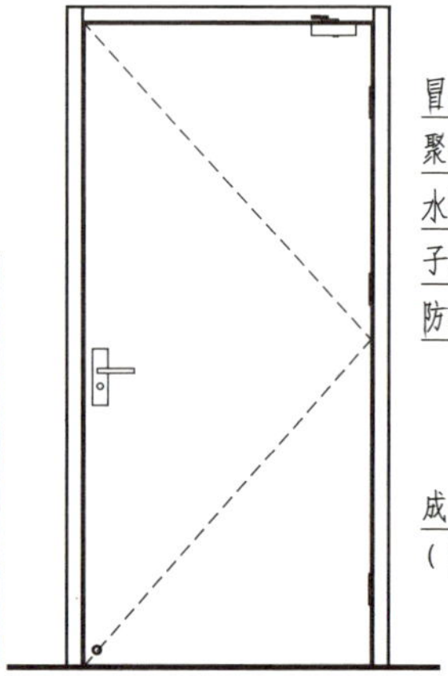

木饰面平开门立面图

木饰面平开门纵剖面图

木饰面平开门（二）

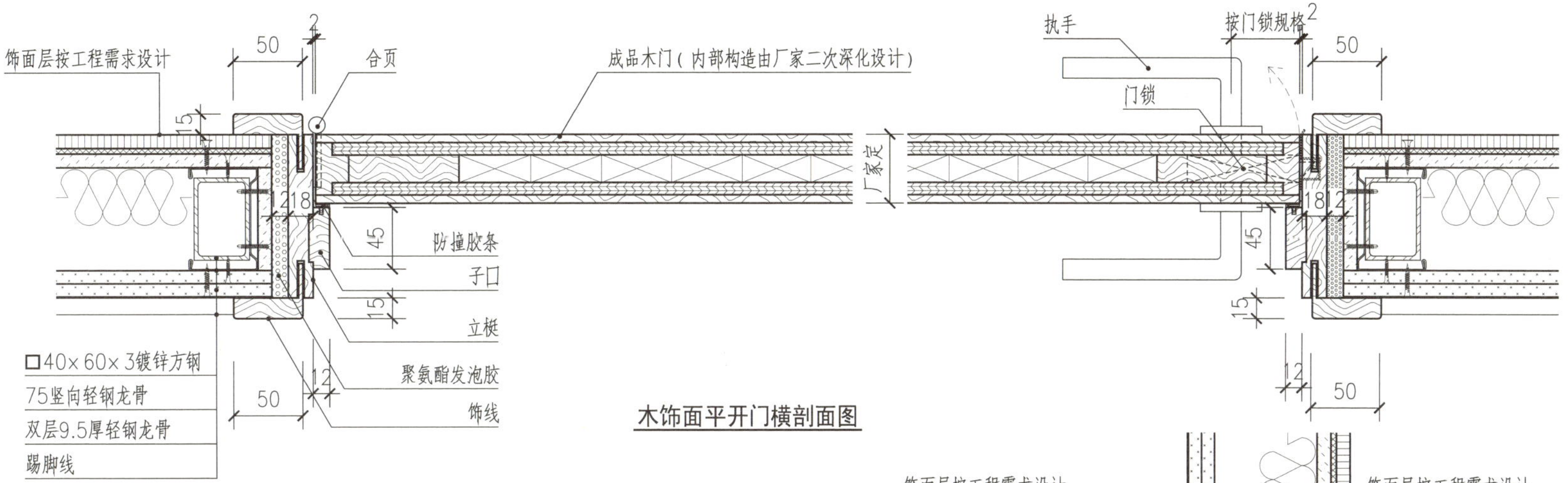

木饰面平开门横剖面图

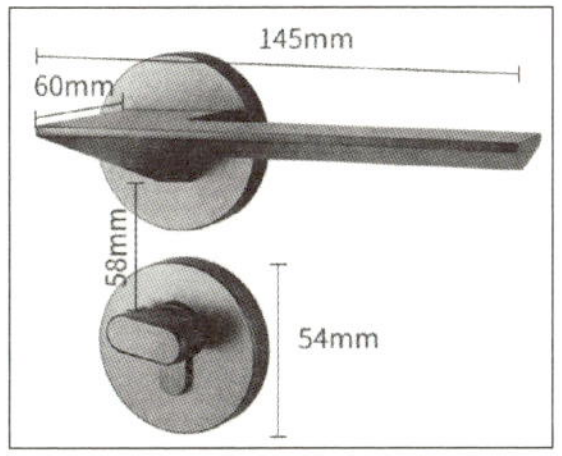

门锁

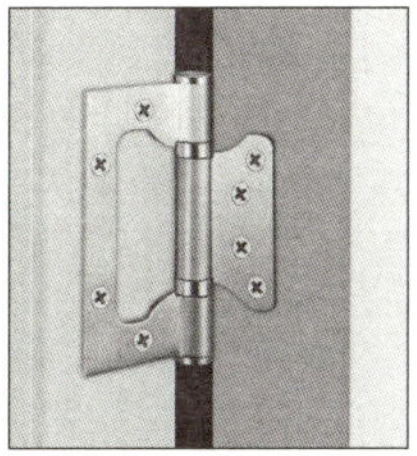

合页

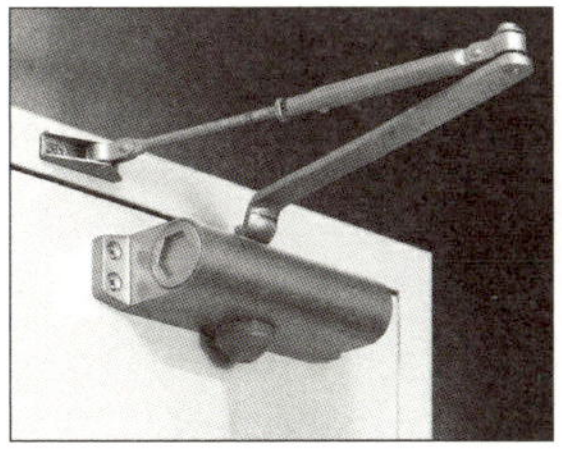

闭门器

门吸

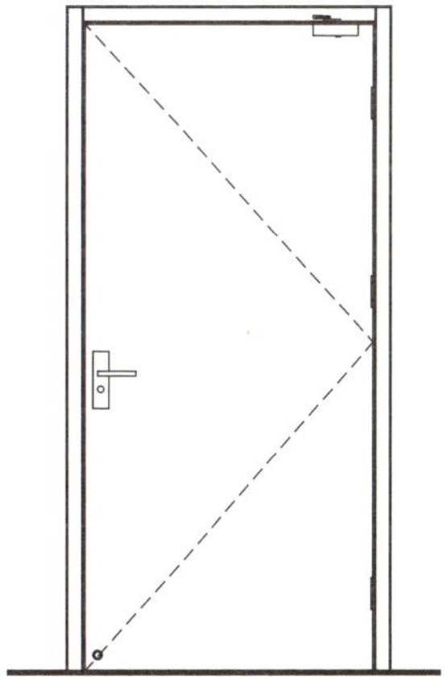

木饰面平开门立面图

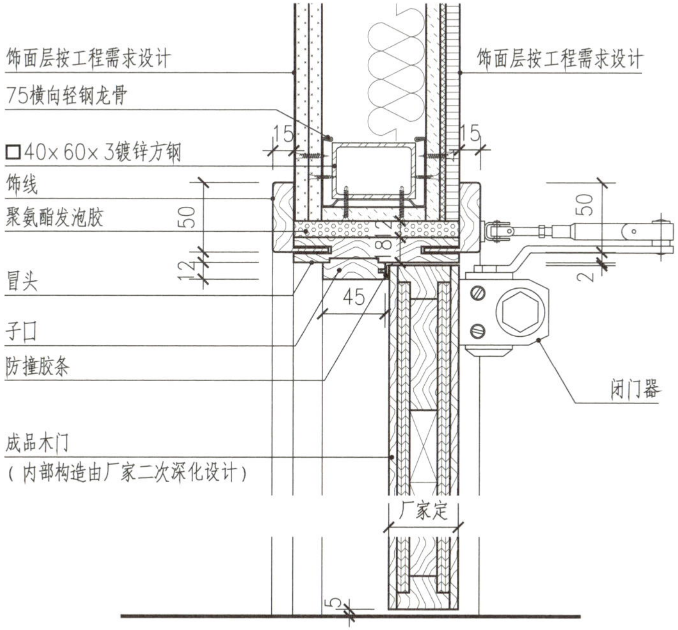

木饰面平开门纵剖面图

木饰面平开门（三）

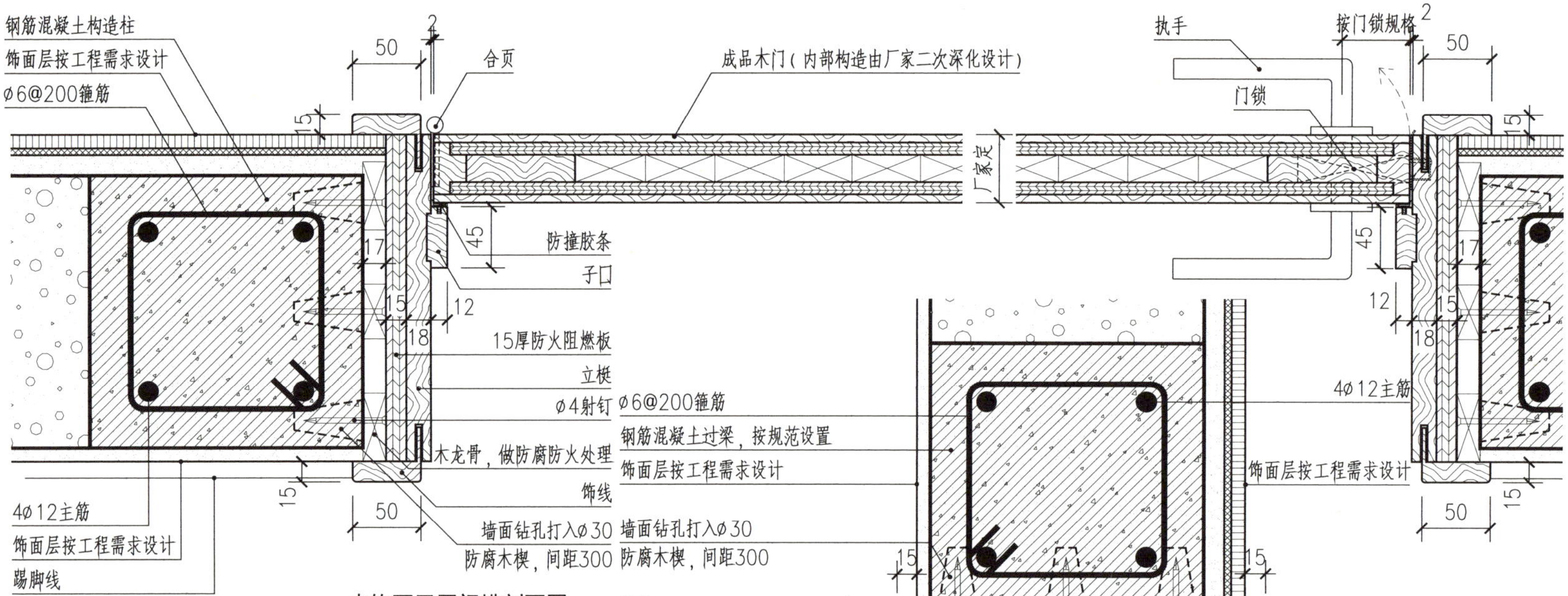

木饰面平开门横剖面图

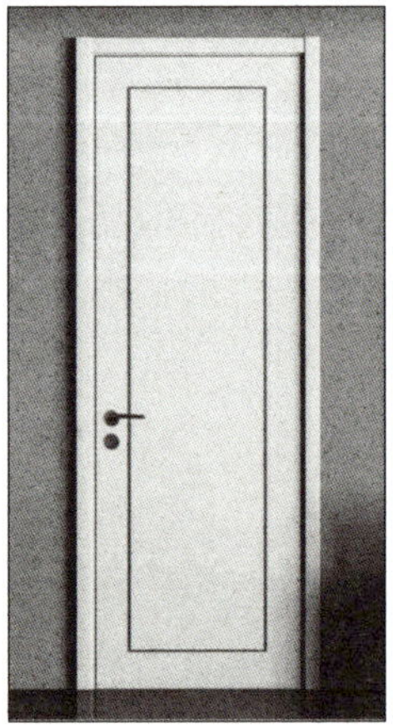

木饰面平开门

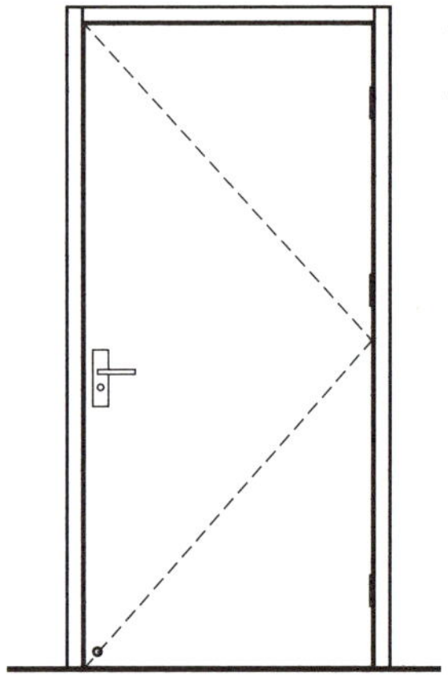

木饰面平开门立面图

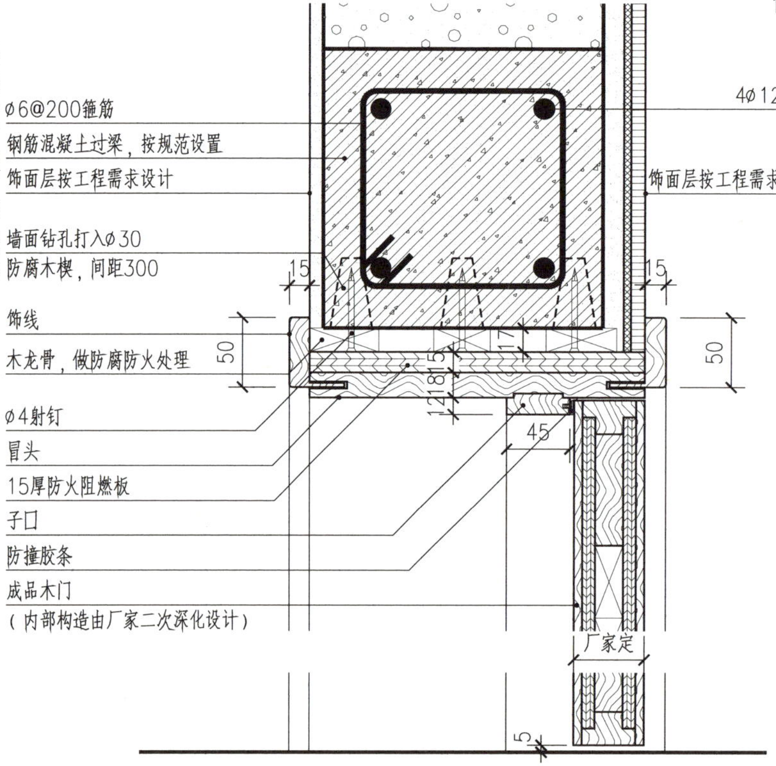

木饰面平开门纵剖面图

实木平开门

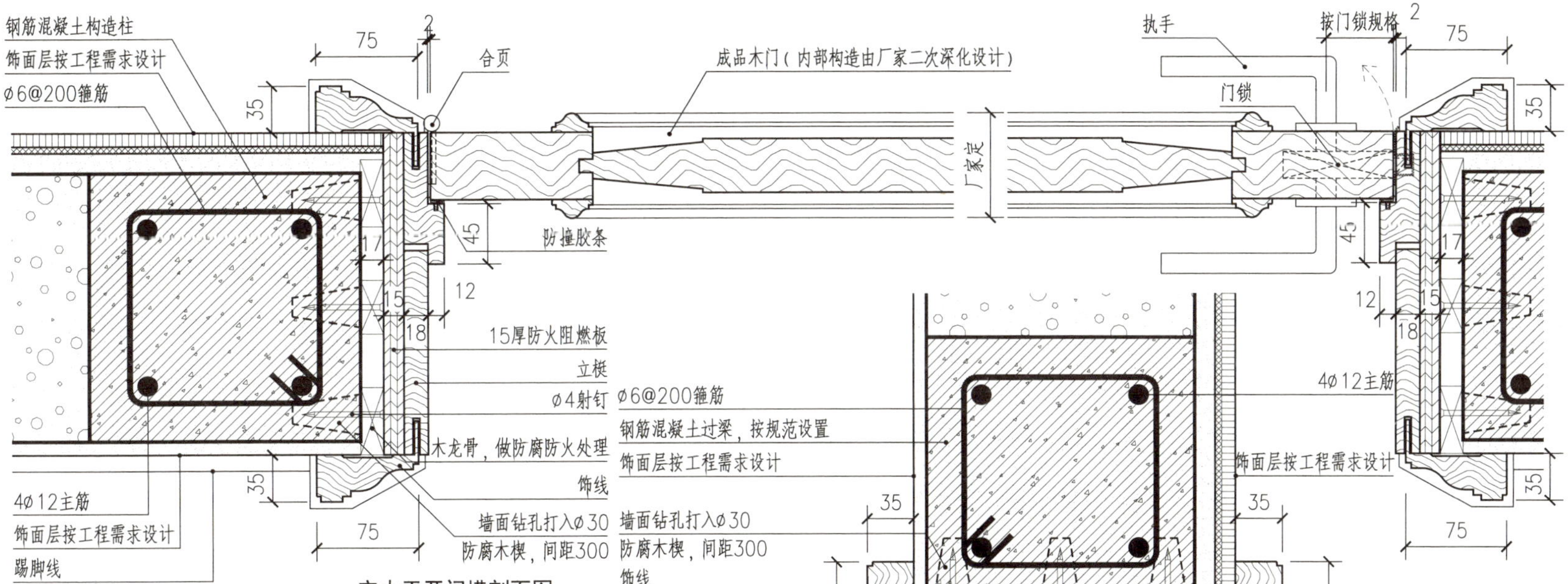
钢筋混凝土构造柱
饰面层按工程需求设计
ø6@200箍筋
75
2
35
合页
成品木门（内部构造由厂家二次深化设计）
厂家定
执手
按门锁规格
门锁
防撞胶条
45
12
17
15
18
15厚防火阻燃板
立梃
ø4射钉
木龙骨，做防腐防火处理
饰线
墙面钻孔打入ø30
防腐木楔，间距300
4ø12主筋
饰面层按工程需求设计
踢脚线

实木平开门横剖面图

木饰面平开门

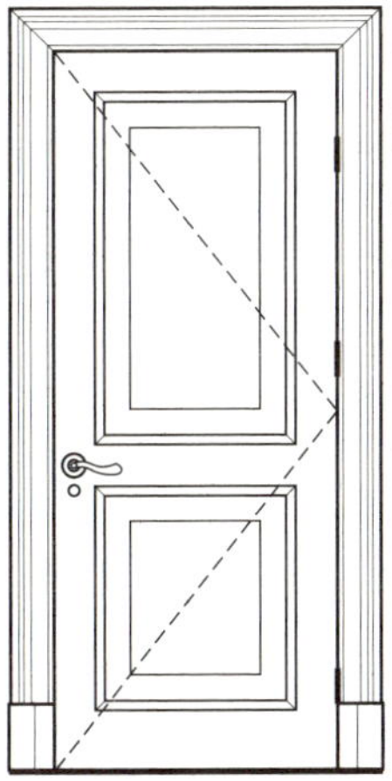

实木平开门立面图

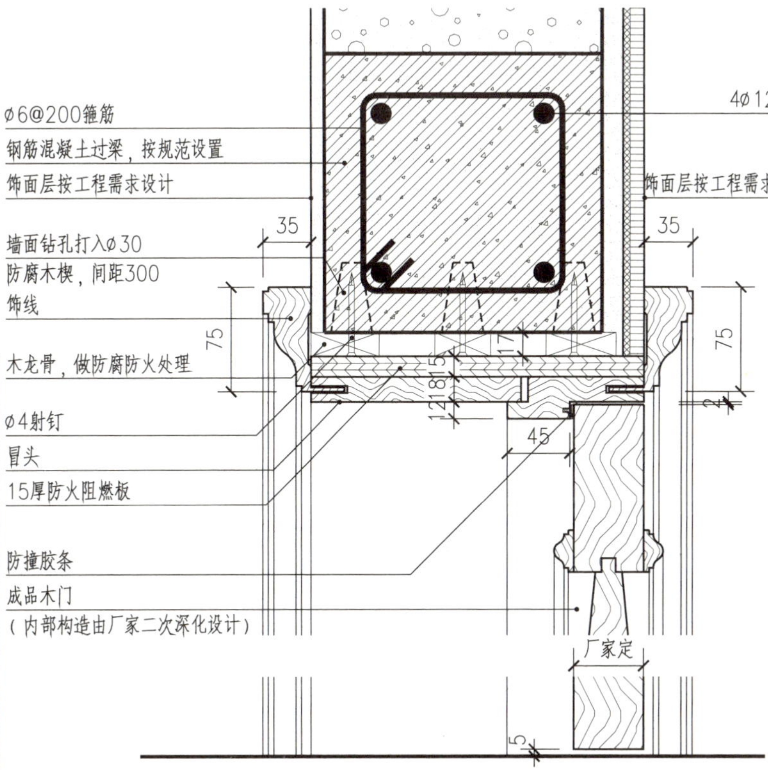
ø6@200箍筋
钢筋混凝土过梁，按规范设置
饰面层按工程需求设计
墙面钻孔打入ø30
防腐木楔，间距300
饰线
木龙骨，做防腐处理
ø4射钉
冒头
15厚防火阻燃板
防撞胶条
成品木门
（内部构造由厂家二次深化设计）
厂家定
4ø12主筋
饰面层按工程需求设计
35
75
45
5

实木平开门纵剖面图

木饰面弹簧门

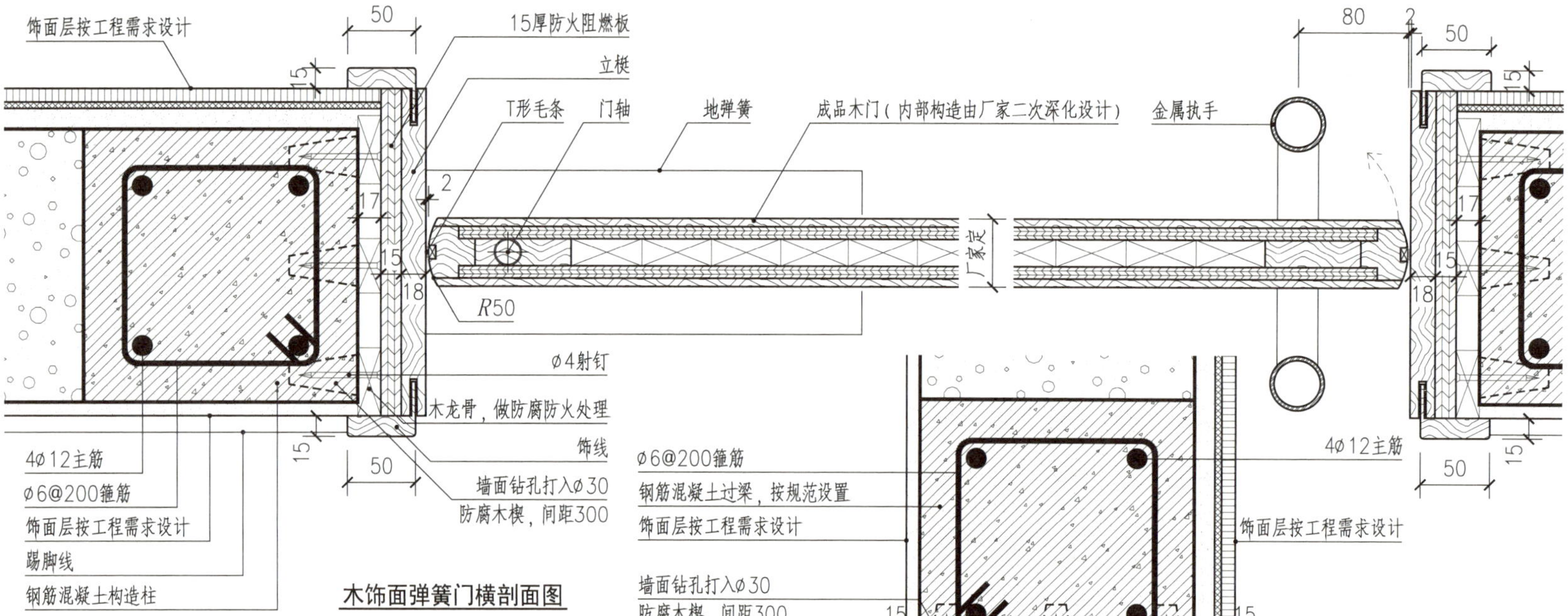
饰面层按工程需求设计
50
15厚防火阻燃板
立梃
T形毛条
门轴
地弹簧
成品木门（内部构造由厂家二次深化设计）
金属执手
80
2
50
15
17
15
18
R50
厂家定
ø4射钉
木龙骨，做防腐防火处理
饰线
墙面钻孔打入ø30
防腐木楔，间距300
4ø12主筋
ø6@200箍筋
饰面层按工程需求设计
踢脚线
钢筋混凝土构造柱

木饰面弹簧门横剖面图

地弹簧

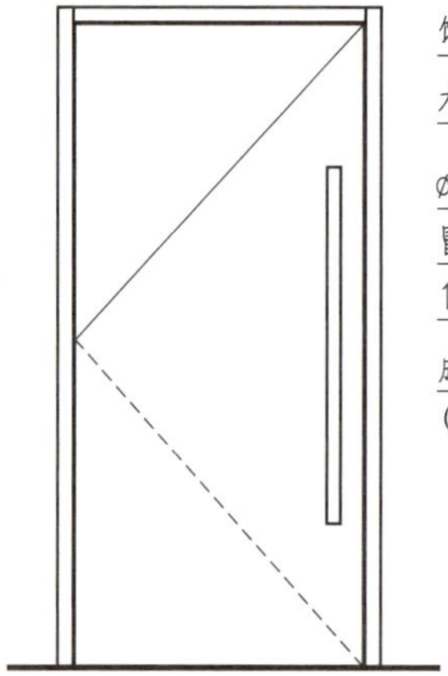

木饰面弹簧门立面图

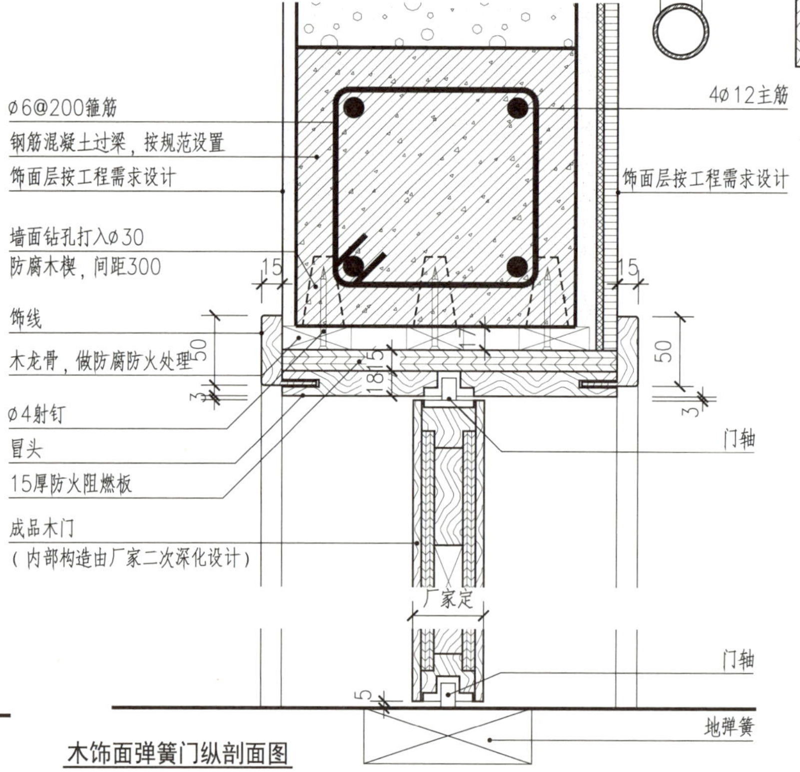
ø6@200箍筋
钢筋混凝土过梁，按规范设置
饰面层按工程需求设计
墙面钻孔打入ø30
防腐木楔，间距300
饰线
木龙骨，做防腐防火处理
ø4射钉
冒头
15厚防火阻燃板
成品木门
（内部构造由厂家二次深化设计）
4ø12主筋
饰面层按工程需求设计
门轴
厂家定
门轴
地弹簧

木饰面弹簧门纵剖面图

明装推拉门（一）

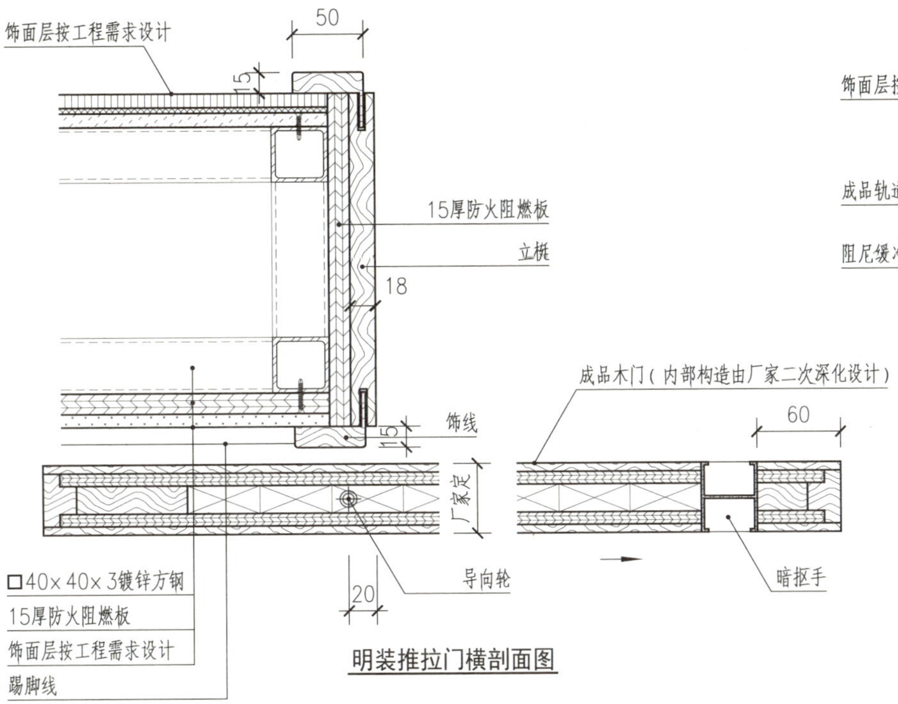

饰面层按工程需求设计
50
15
15厚防火阻燃板
立梃
18
15
饰线
成品木门（内部构造由厂家二次深化设计）
60
厂家定
20
导向轮
暗抠手
□40x 40x 3镀锌方钢
15厚防火阻燃板
饰面层按工程需求设计
踢脚线

明装推拉门横剖面图

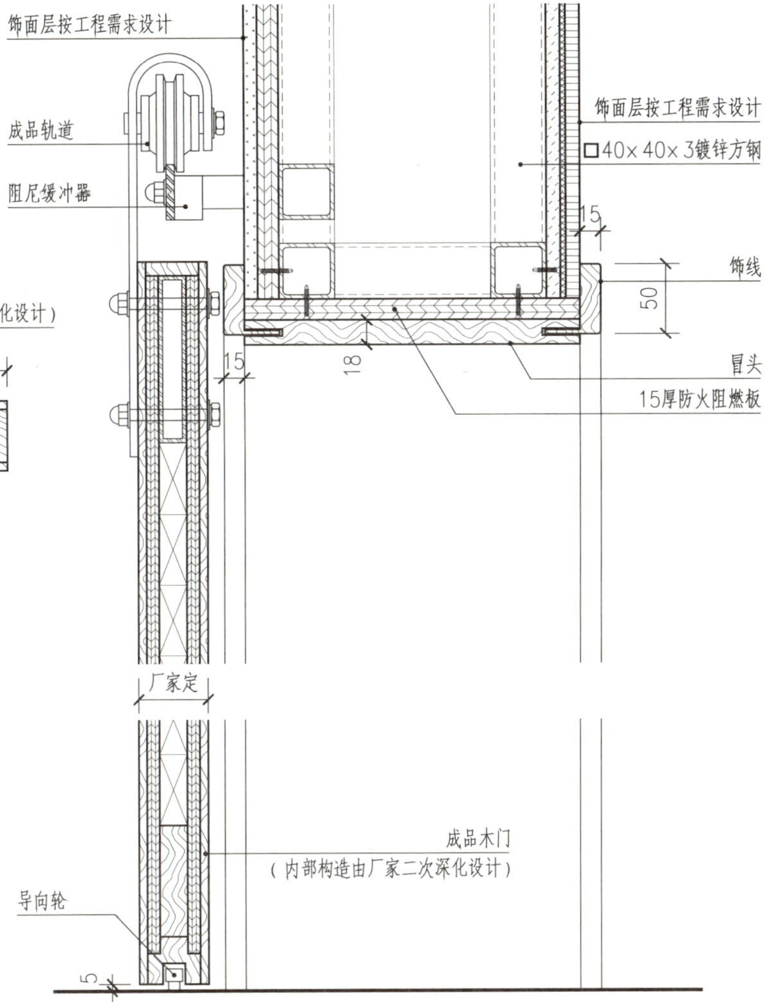

饰面层按工程需求设计
成品轨道
阻尼缓冲器
饰面层按工程需求设计
□40x 40x 3镀锌方钢
15
饰线
50
15
18
冒头
15厚防火阻燃板
厂家定
成品木门
（内部构造由厂家二次深化设计）
导向轮
5

明装推拉门纵剖面图（一）

谷仓门

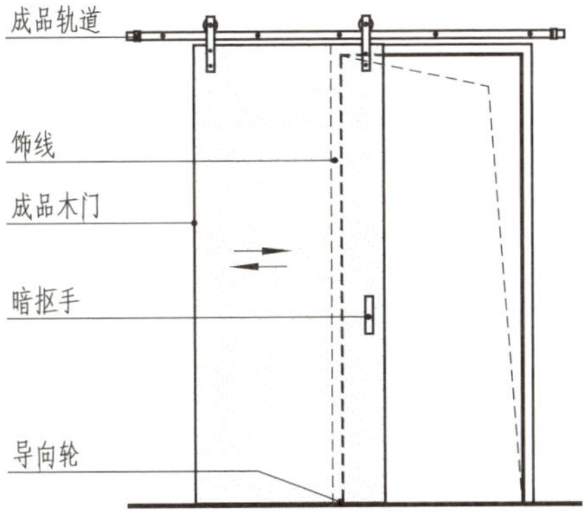

成品轨道
饰线
成品木门
暗抠手
导向轮

明装推拉门立面图（一）

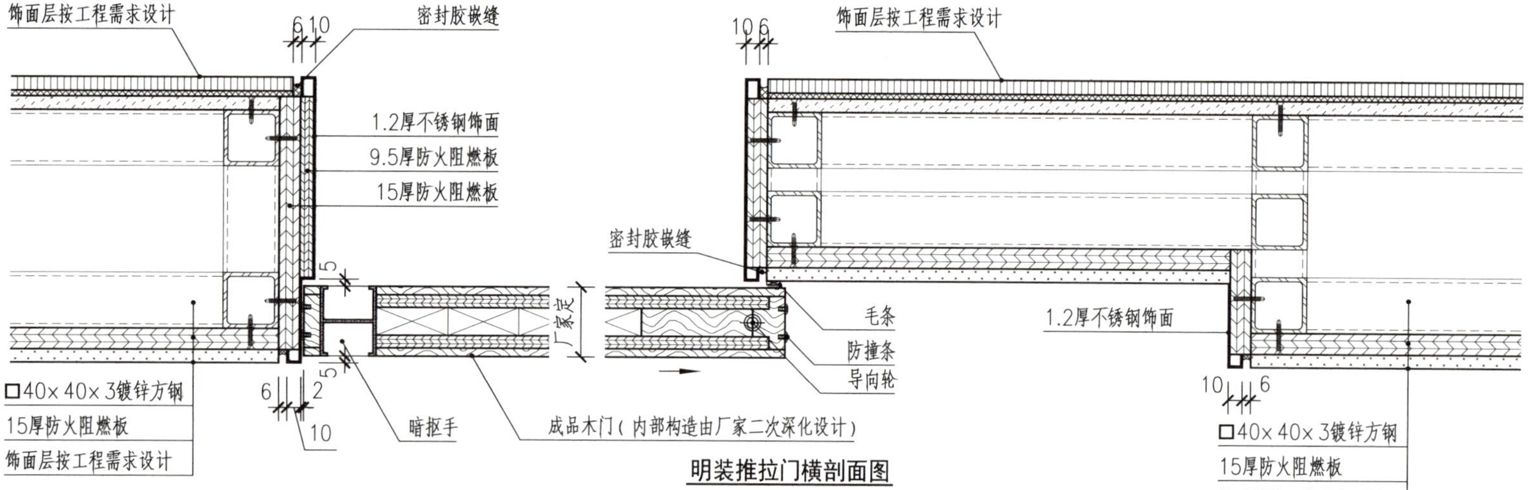
饰面层按工程需求设计
6 10
密封胶嵌缝
1.2厚不锈钢饰面
9.5厚防火阻燃板
15厚防火阻燃板
5
厂家定
5
□40×40×3镀锌方钢
15厚防火阻燃板
饰面层按工程需求设计
6
2
10
暗抠手
成品木门（内部构造由厂家二次深化设计）
10 6
饰面层按工程需求设计
密封胶嵌缝
毛条
防撞条
导向轮
1.2厚不锈钢饰面
10
6
□40×40×3镀锌方钢
15厚防火阻燃板
饰面层按工程需求设计

明装推拉门横剖面图

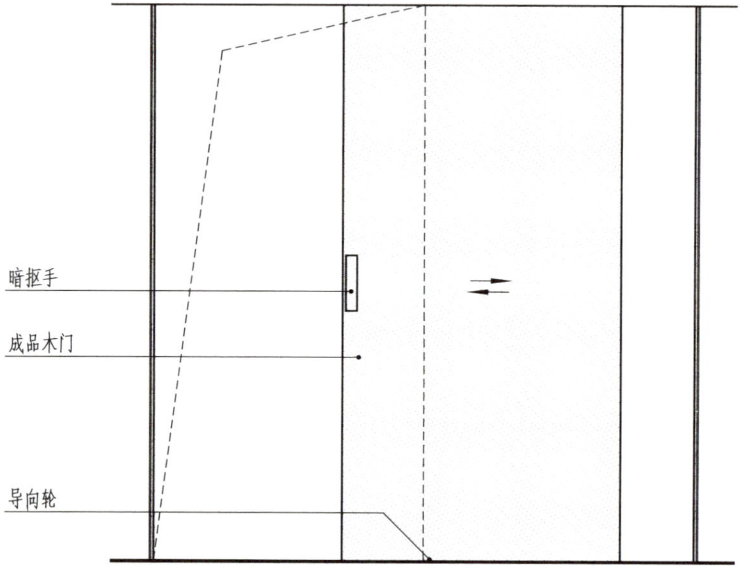
暗抠手
成品木门
导向轮

明装推拉门立面图（二）

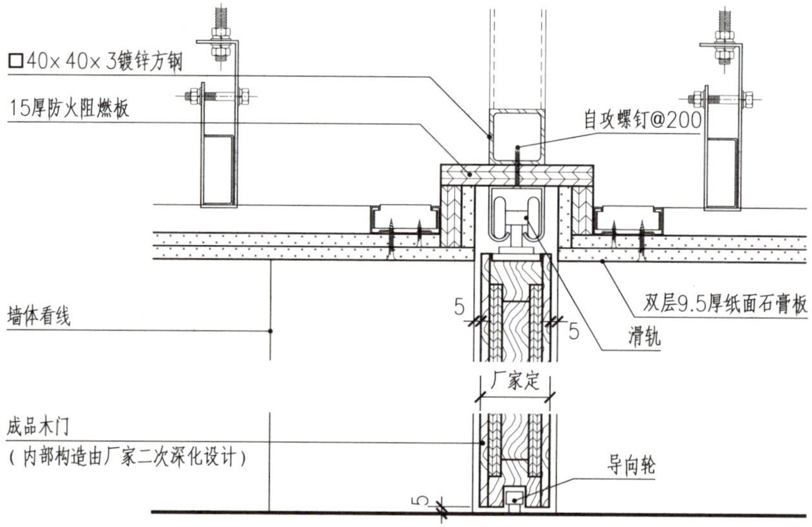
□40×40×3镀锌方钢
15厚防火阻燃板
自攻螺钉@200
墙体看线
双层9.5厚纸面石膏板
5
5
滑轨
厂家定
成品木门
（内部构造由厂家二次深化设计）
导向轮
5

明装推拉门纵剖面图（二）

明装推拉门（三）

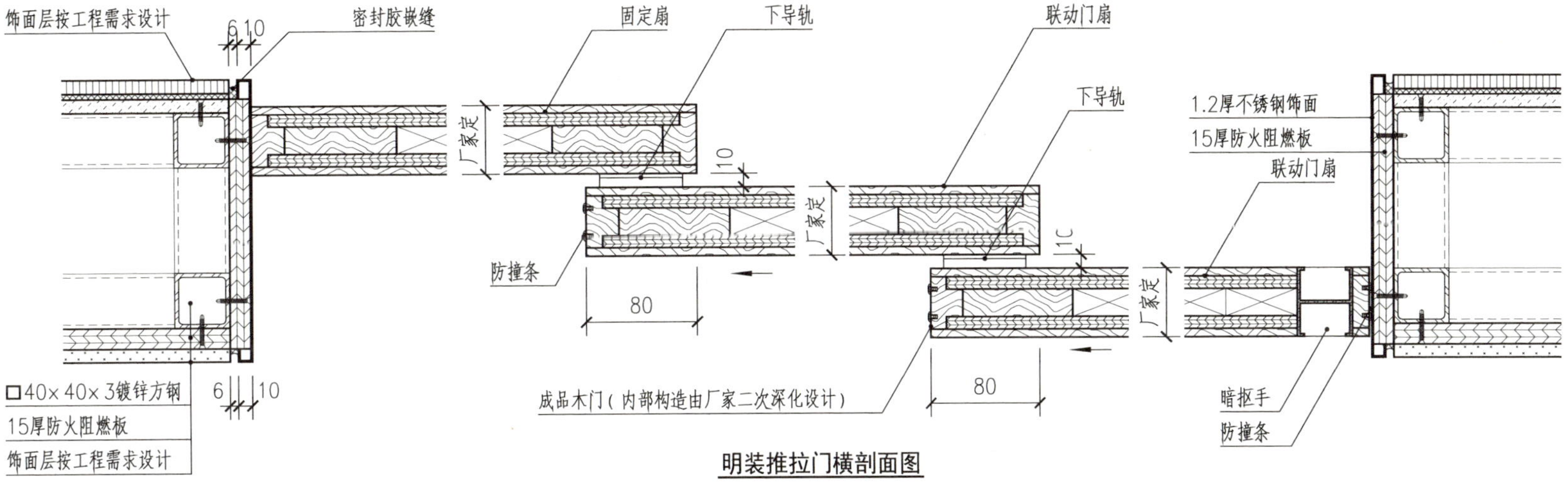
饰面层按工程需求设计
6 10
密封胶嵌缝
固定扇
下导轨
联动门扇
下导轨
1.2厚不锈钢饰面
15厚防火阻燃板
联动门扇
厂家定
10
厂家定
10
厂家定
防撞条
80
80
□40×40×3镀锌方钢
15厚防火阻燃板
饰面层按工程需求设计
6 10
成品木门（内部构造由厂家二次深化设计）
暗抠手
防撞条

明装推拉门横剖面图

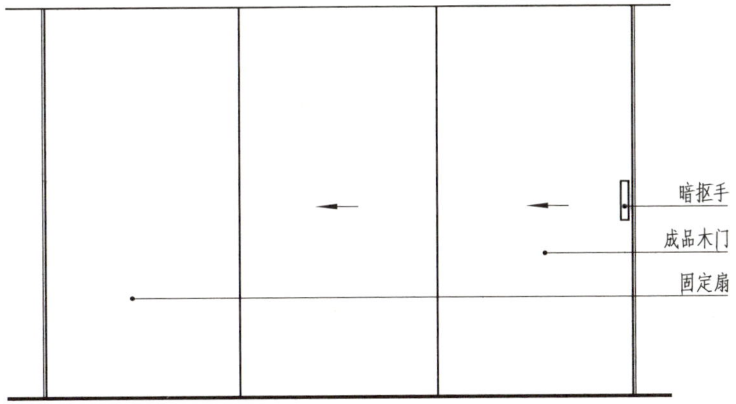
暗抠手
成品木门
固定扇

明装推拉门立面图（三）

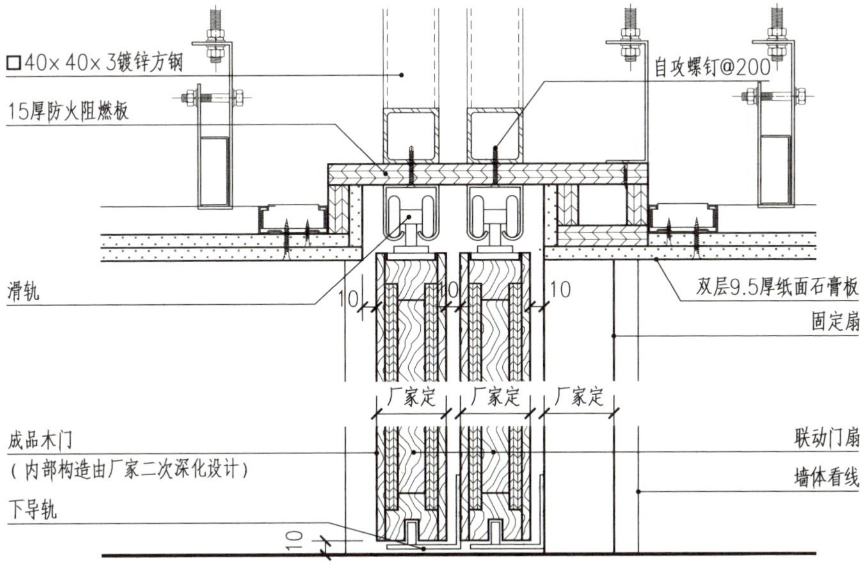
□40×40×3镀锌方钢
15厚防火阻燃板
自攻螺钉@200
滑轨
10
10
10
双层9.5厚纸面石膏板
固定扇
厂家定
厂家定
厂家定
成品木门
（内部构造由厂家二次深化设计）
联动门扇
墙体看线
下导轨
10

明装推拉门纵剖面图（三）

暗装推拉门

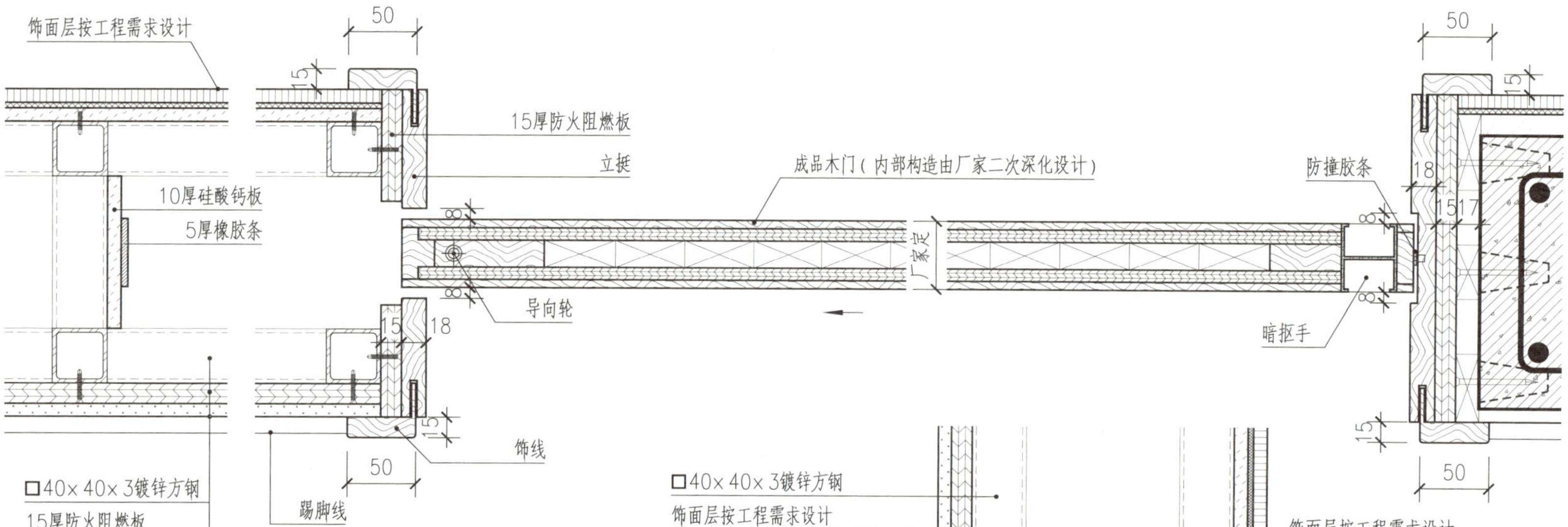
饰面层按工程需求设计
50
15
15厚防火阻燃板
立挺
成品木门（内部构造由厂家二次深化设计）
10厚硅酸钙板
5厚橡胶条
8
8
导向轮
厂家定
15
18
防撞胶条
18
15
17
暗抠手
15
50
饰线
□40×40×3镀锌方钢
15厚防火阻燃板
饰面层按工程需求设计
踢脚线
50
15
暗装推拉门横剖面图

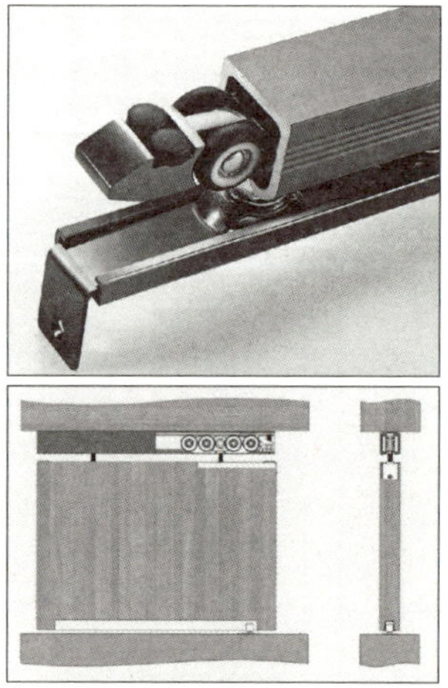
轨道

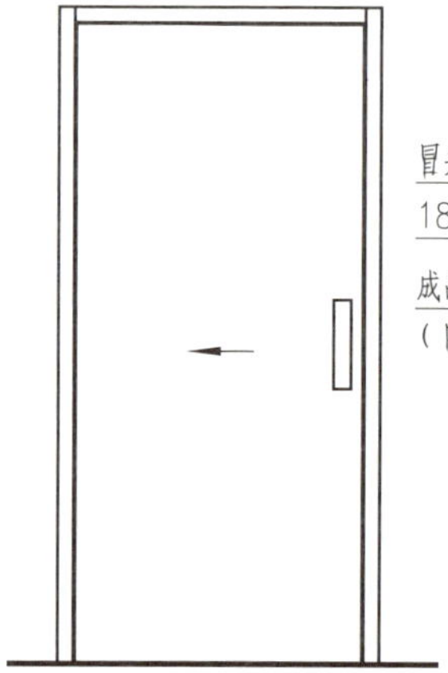
暗装推拉门立面图

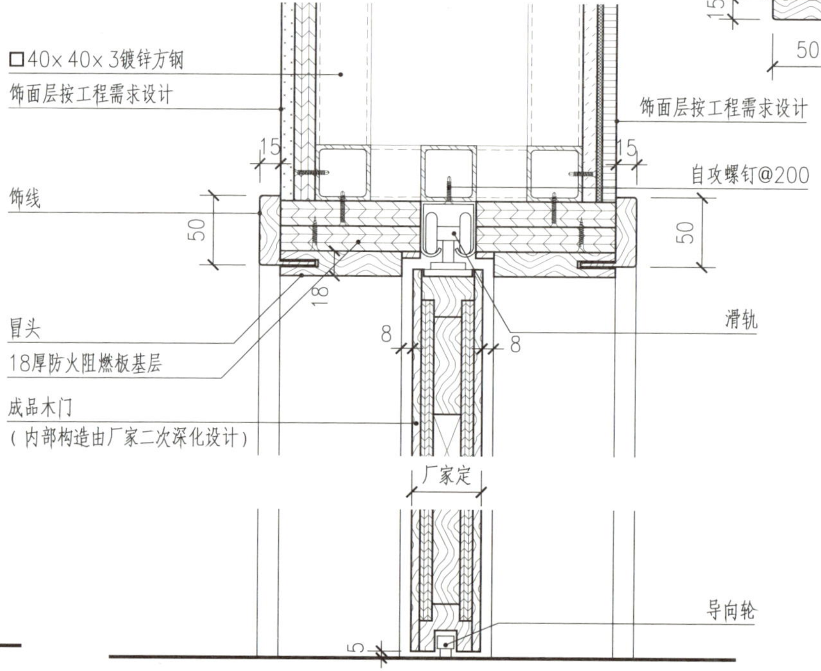
□40×40×3镀锌方钢
饰面层按工程需求设计
饰面层按工程需求设计
15
15
自攻螺钉@200
饰线
50
50
18
冒头
18厚防火阻燃板基层
8
8
滑轨
成品木门
（内部构造由厂家二次深化设计）
厂家定
导向轮
5
暗装推拉门纵剖面图

暗藏平开门（一）

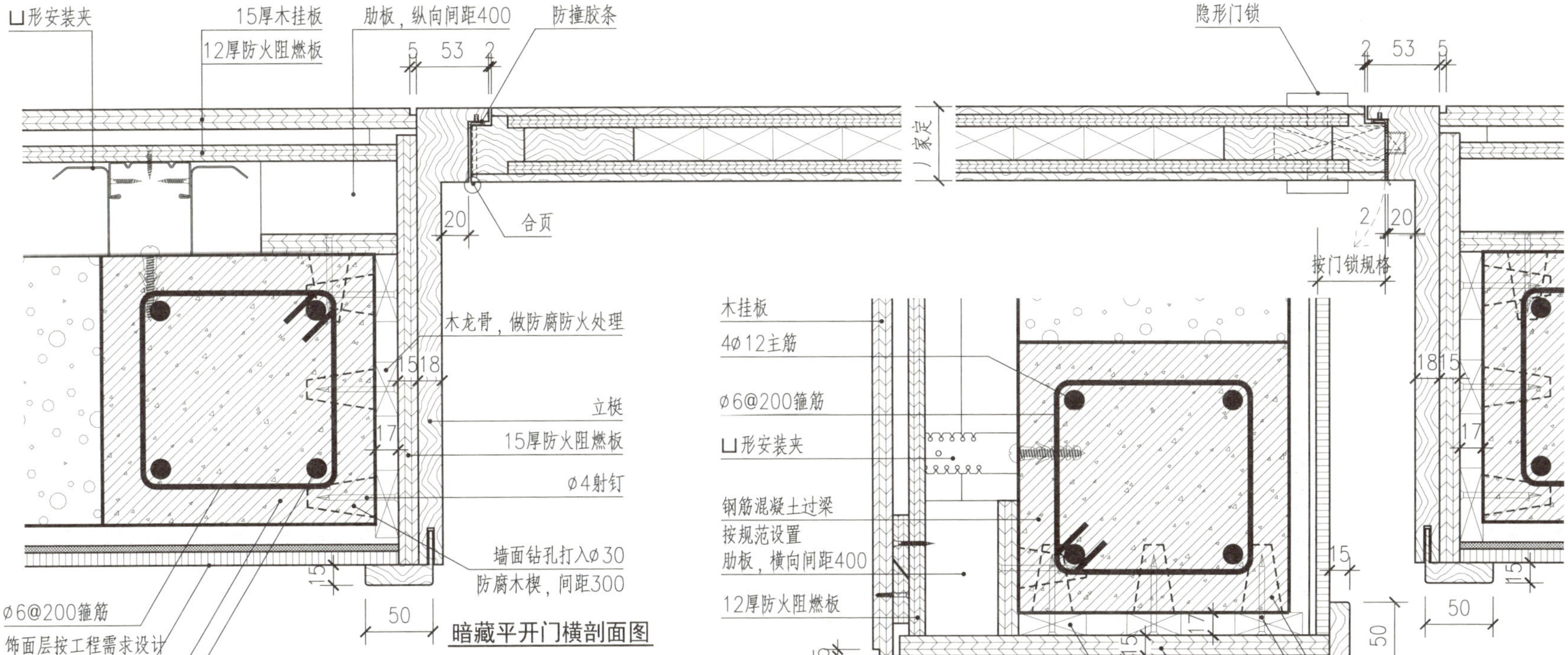

凵形安装夹
15厚木挂板
12厚防火阻燃板
肋板，纵向间距400
防撞胶条
5 53 2
隐形门锁
2 53 5
厂家定
20
合页
2 20
按门锁规格
木龙骨，做防腐防火处理
15 18
18 15
立梃
15厚防火阻燃板
ø4射钉
17
墙面钻孔打入ø30
防腐木楔，间距300
15
50
ø6@200箍筋
饰面层按工程需求设计
钢筋混凝土构造柱
4ø12主筋

暗藏平开门横剖面图

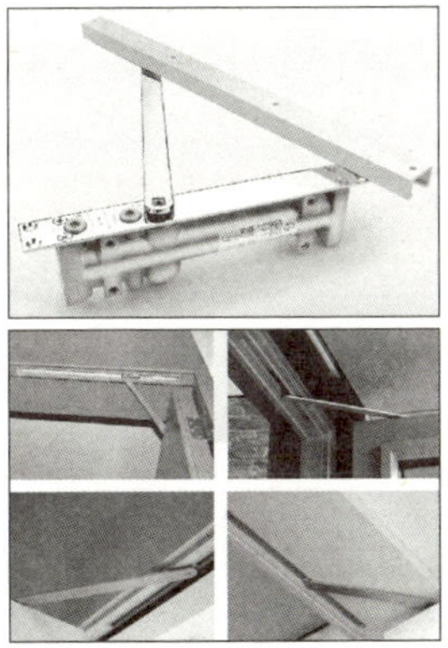

暗藏闭门器

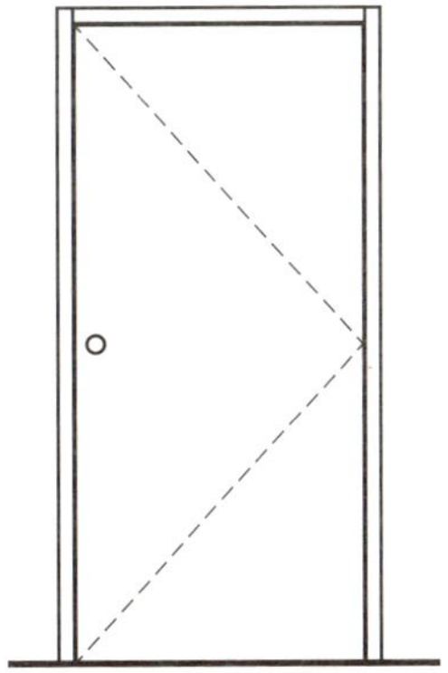

暗藏平开门立面图

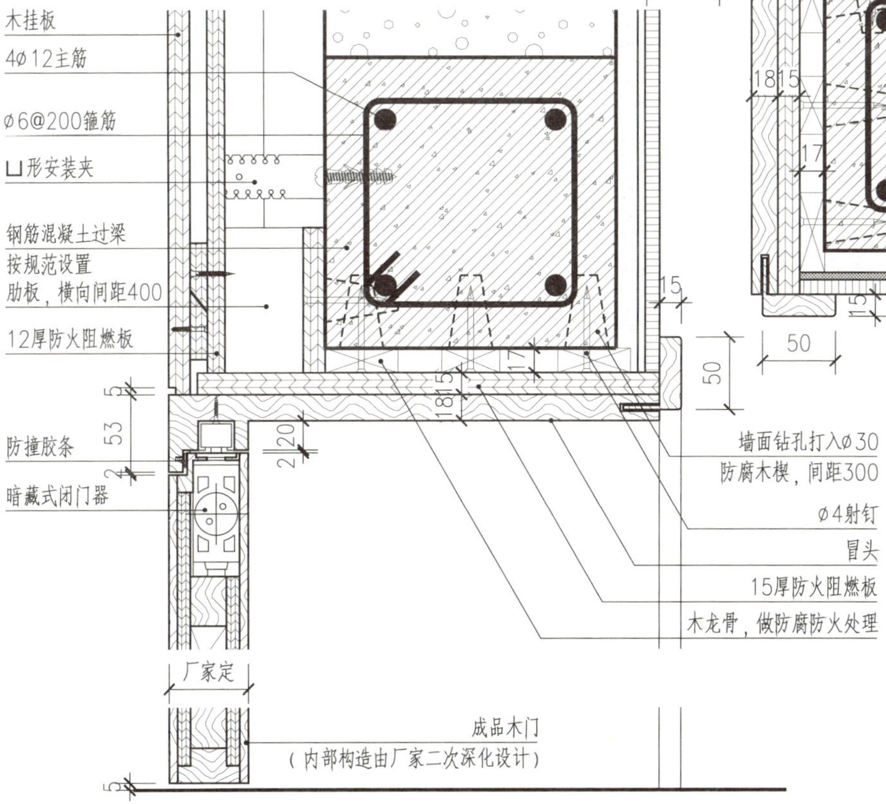

木挂板
4ø12主筋
ø6@200箍筋
凵形安装夹
钢筋混凝土过梁
按规范设置
肋板，横向间距400
12厚防火阻燃板
防撞胶条
暗藏式闭门器
5 53 2
2 20
18 15
17
15
50
墙面钻孔打入ø30
防腐木楔，间距300
ø4射钉
冒头
15厚防火阻燃板
木龙骨，做防腐防火处理
厂家定
成品木门
（内部构造由厂家二次深化设计）
5

暗藏平开门纵剖面图

暗藏平开门（二）

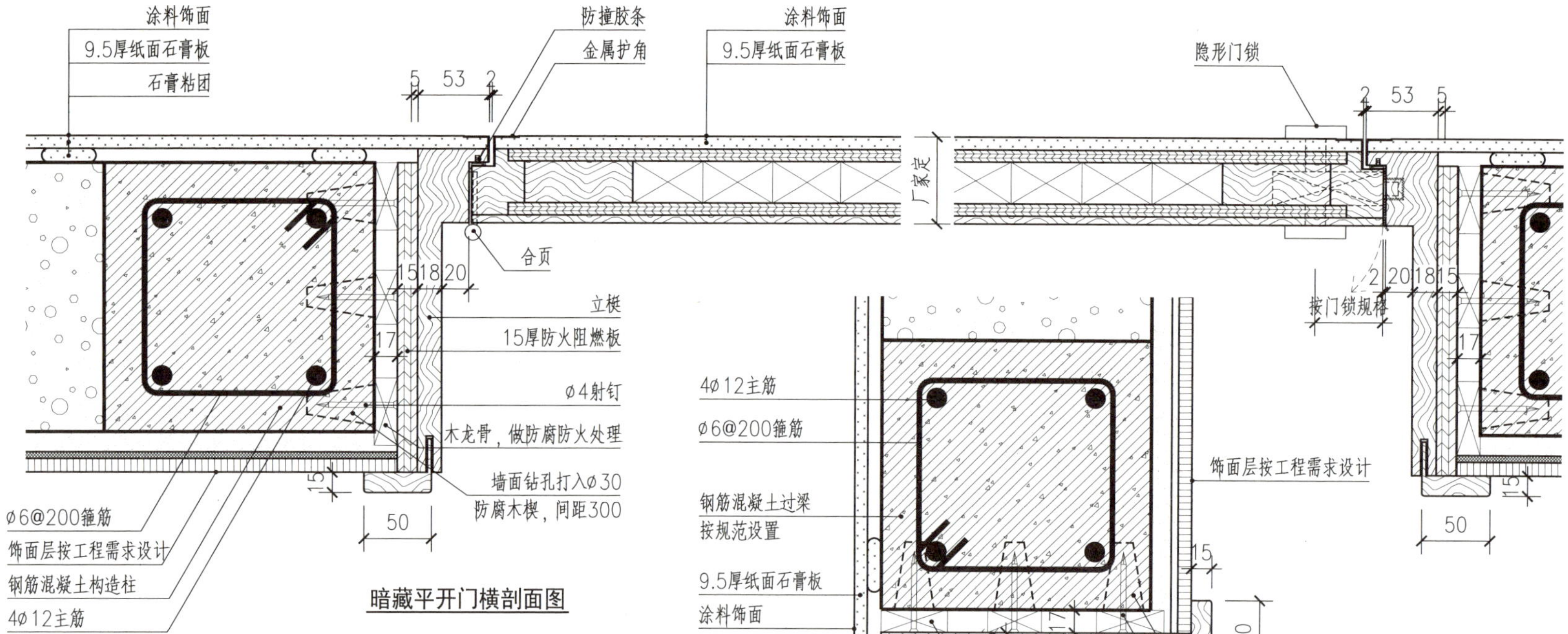
涂料饰面
9.5厚纸面石膏板
石膏粘团
防撞胶条
金属护角
涂料饰面
9.5厚纸面石膏板
隐形门锁
5
53
2
2
53
5
厂家定
合页
15
18
20
2
20
18
15
按门锁规格
立梃
15厚防火阻燃板
17
17
ø4射钉
木龙骨，做防腐防火处理
墙面钻孔打入ø30
防腐木楔，间距300
15
50
15
50
ø6@200箍筋
饰面层按工程需求设计
钢筋混凝土构造柱
4ø12主筋

暗藏平开门横剖面图

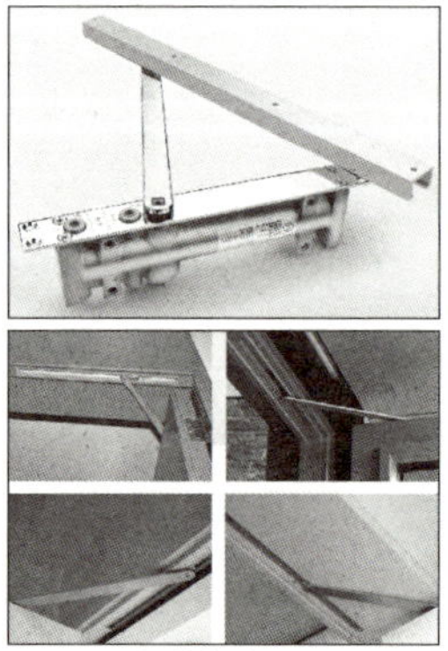

暗藏闭门器

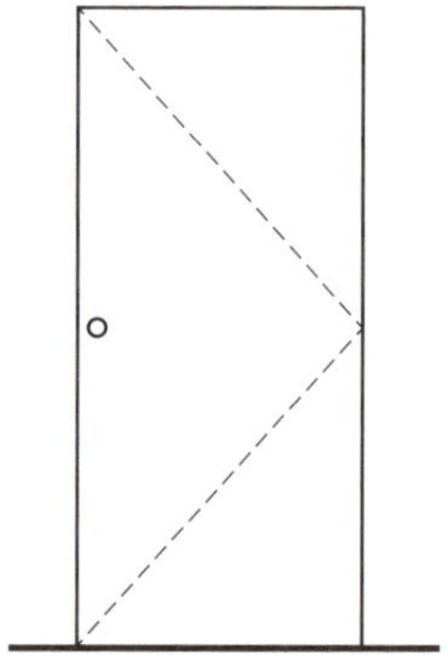

暗藏平开门立面图

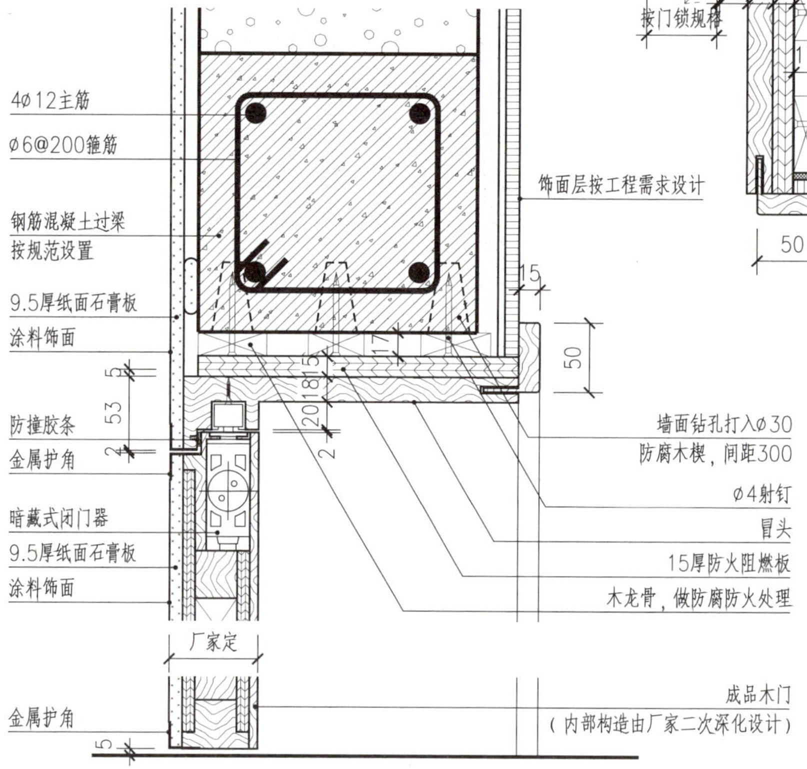
4ø12主筋
ø6@200箍筋
钢筋混凝土过梁
按规范设置
9.5厚纸面石膏板
涂料饰面
饰面层按工程需求设计
15
50
17
15
18
20
2
5
53
2
防撞胶条
金属护角
暗藏式闭门器
9.5厚纸面石膏板
涂料饰面
墙面钻孔打入ø30
防腐木楔，间距300
ø4射钉
冒头
15厚防火阻燃板
木龙骨，做防腐防火处理
厂家定
金属护角
5
成品木门
（内部构造由厂家二次深化设计）

暗藏平开门纵剖面图

金属饰面平开门

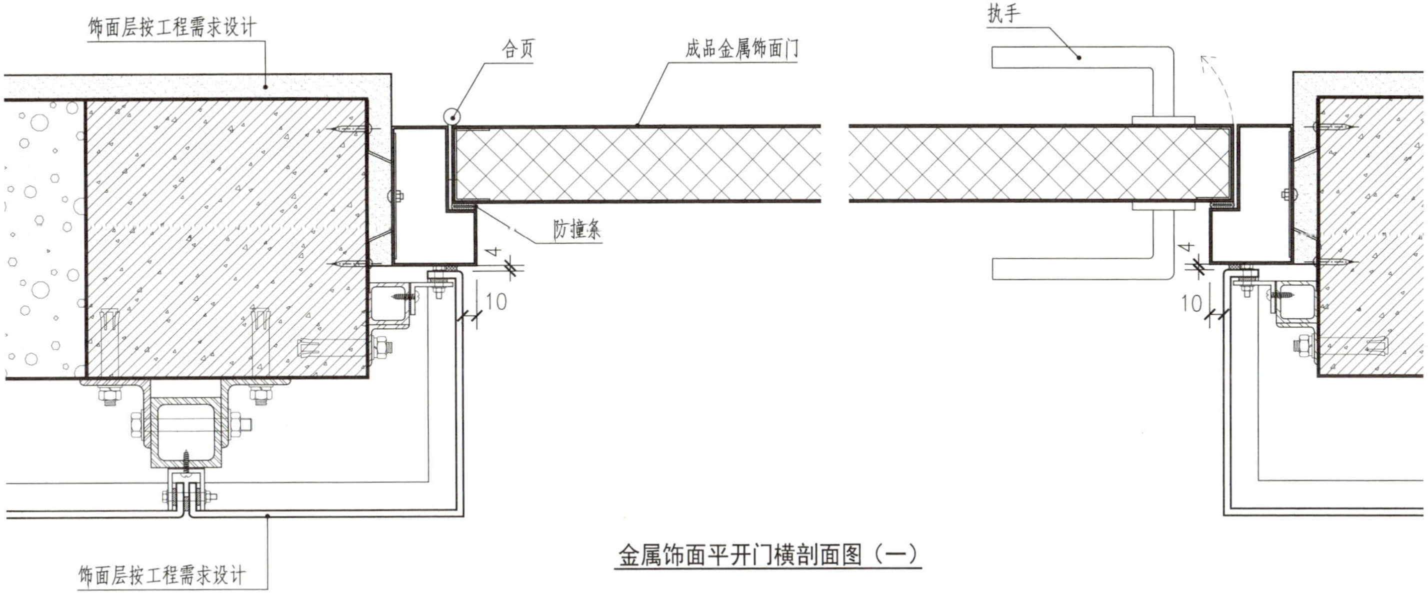
饰面层按工程需求设计
合页
成品金属饰面门
执手
防撞条
4
10
10
4
饰面层按工程需求设计

金属饰面平开门横剖面图（一）

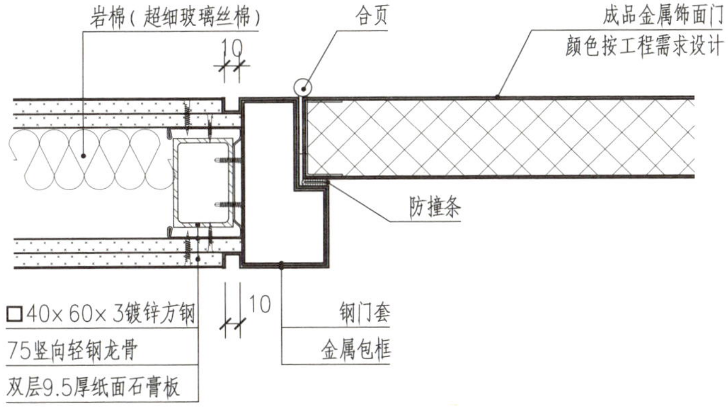
岩棉（超细玻璃丝棉）
10
合页
成品金属饰面门
颜色按工程需求设计
防撞条
□40×60×3镀锌方钢
75竖向轻钢龙骨
双层9.5厚纸面石膏板
10
钢门套
金属包框

金属饰面平开门横剖面图（二）

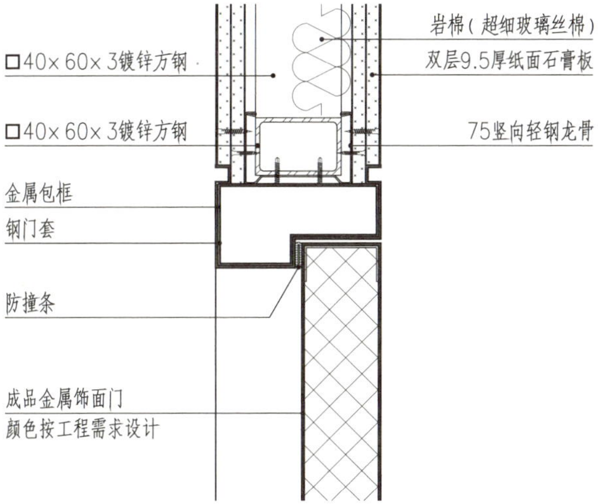
□40×60×3镀锌方钢
岩棉（超细玻璃丝棉）
双层9.5厚纸面石膏板
□40×60×3镀锌方钢
75竖向轻钢龙骨
金属包框
钢门套
防撞条
成品金属饰面门
颜色按工程需求设计

金属饰面平开门竖剖

电动玻璃推拉门（无门框）

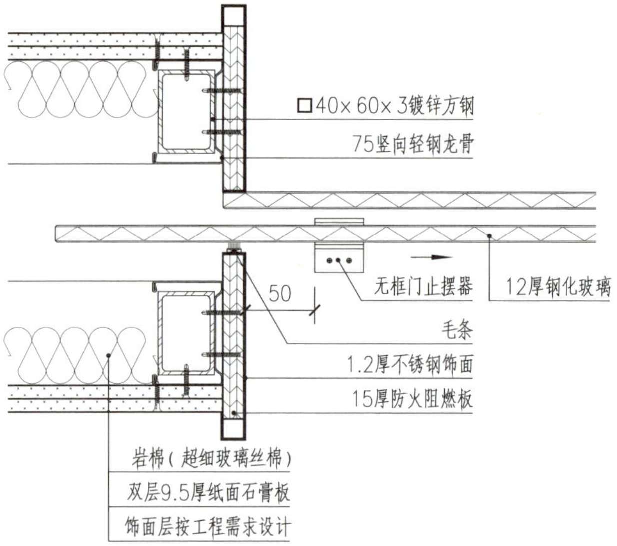

电动玻璃推拉门（无门框）横剖面图

注：无框玻璃门最小厚度 12 mm。

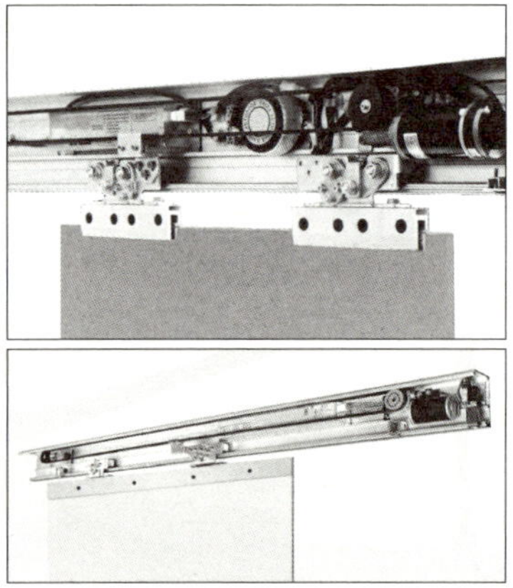

电动玻璃推拉门轨道

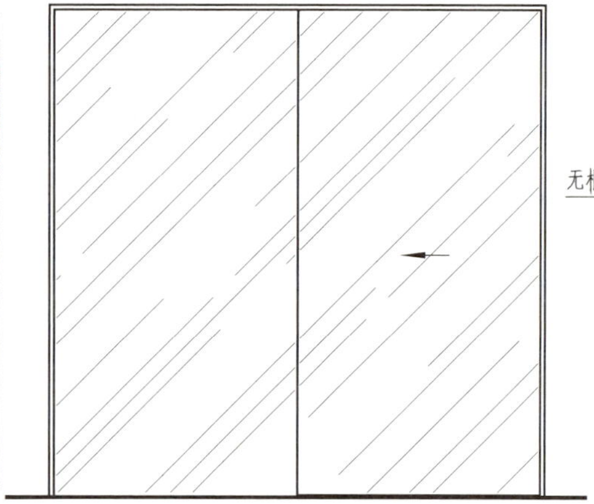

电动玻璃推拉门（无门框）立面图

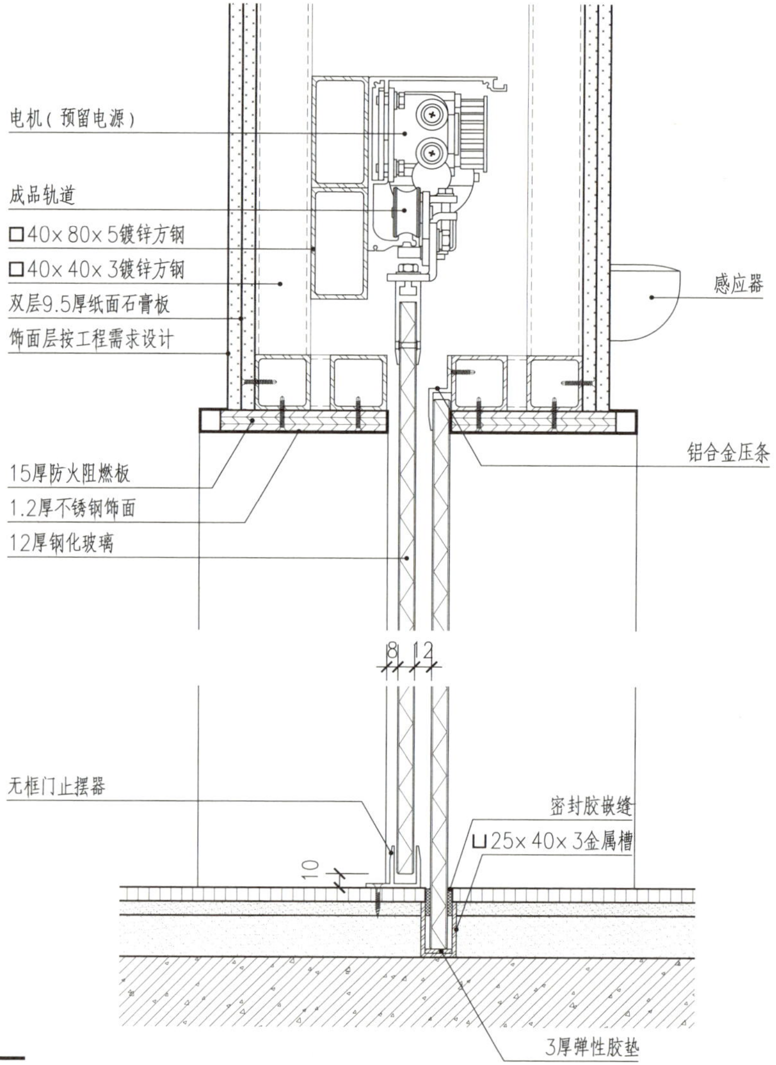

电动玻璃推拉门（无门框）纵剖面图

电动玻璃推拉门（有门框）

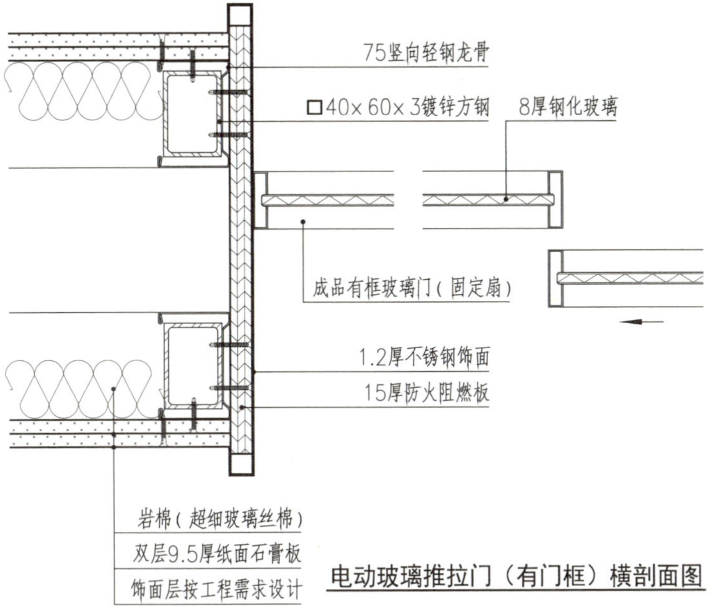

电动玻璃推拉门（有门框）横剖面图

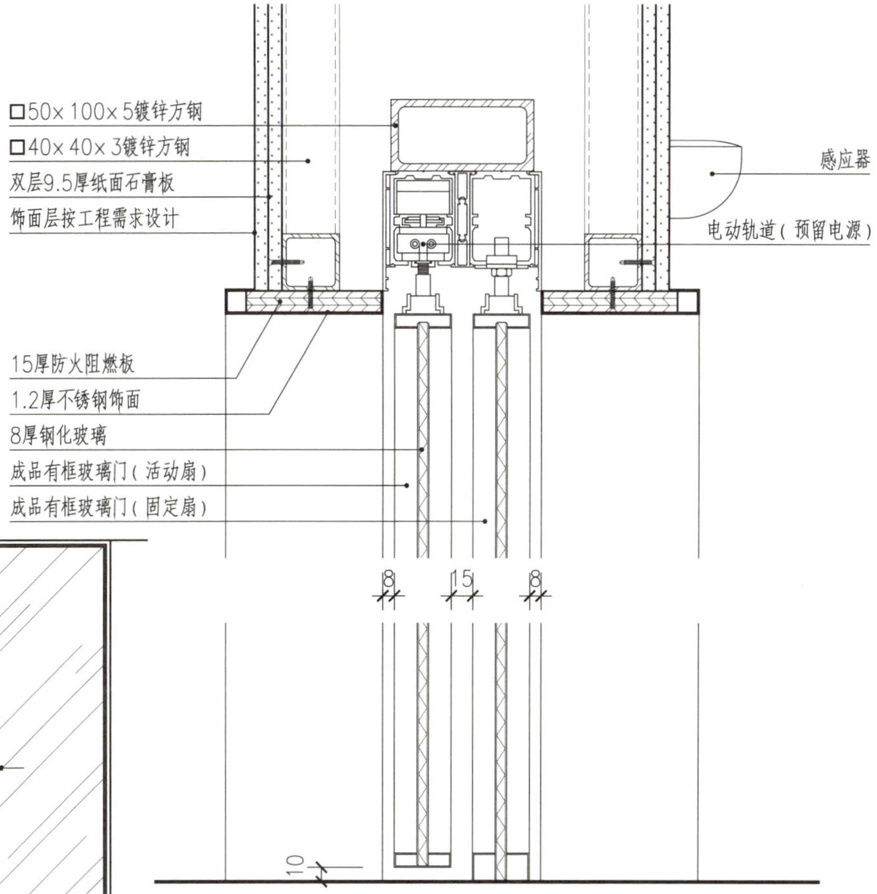

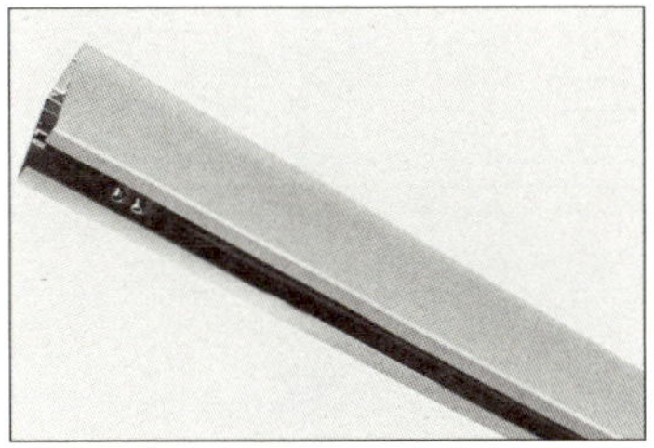

电动玻璃推拉门轨道

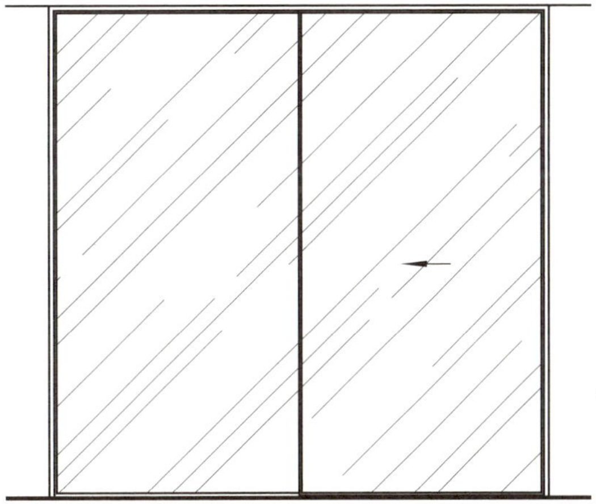

电动玻璃推拉门（有门框）立面图

电动玻璃推拉门（有门框）纵剖面图

玻璃平开门（无门框）

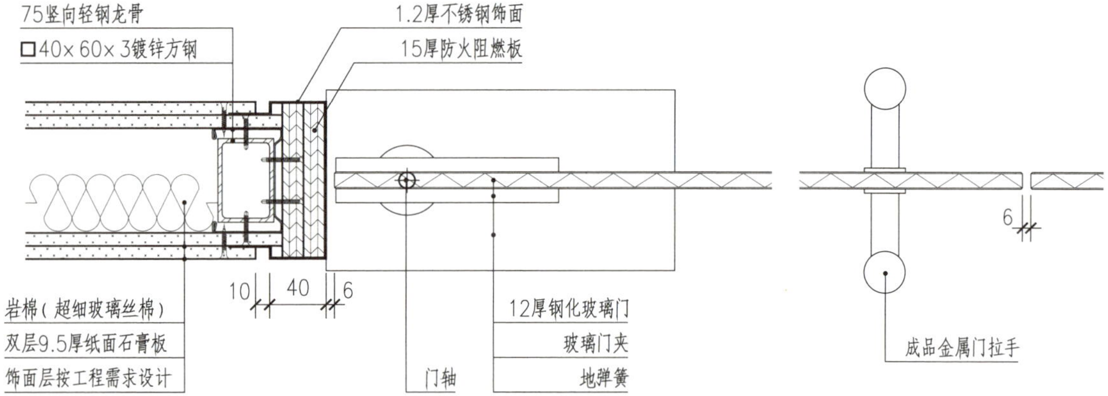

玻璃平开门（无门框）横剖面图

注：无框玻璃门最小厚度 12 mm。

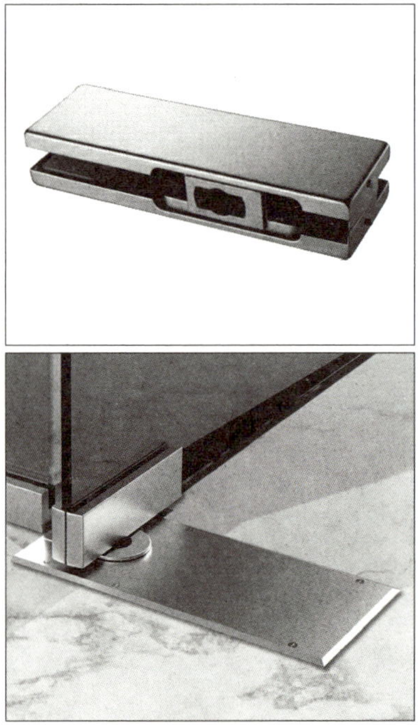

玻璃门夹

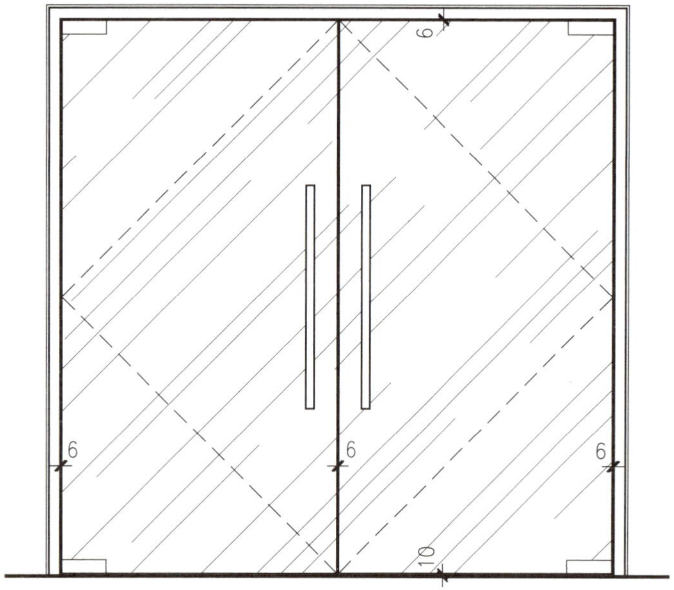

玻璃平开门（无门框）立面图

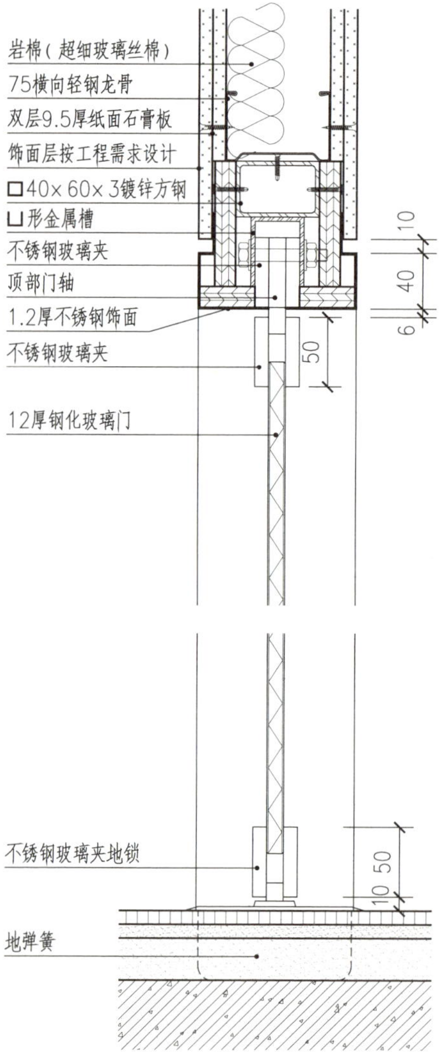

玻璃平开门（无门框）竖剖

卫生间玻璃平开门

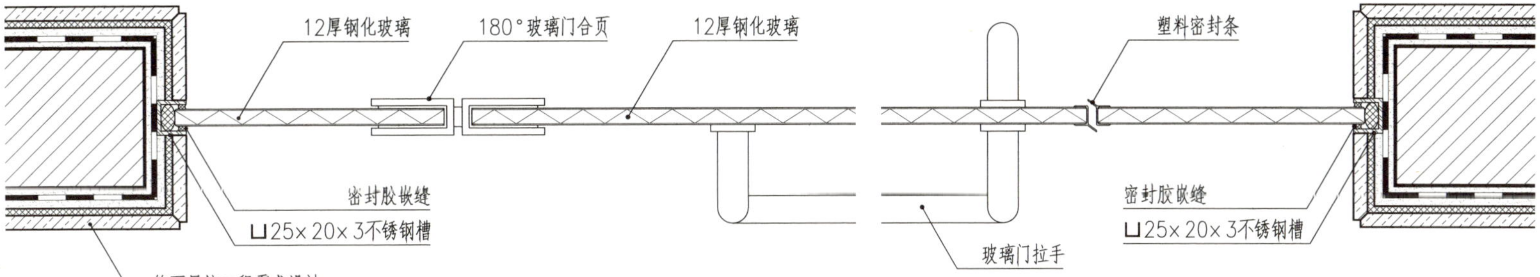

卫生间玻璃平开门横剖面图

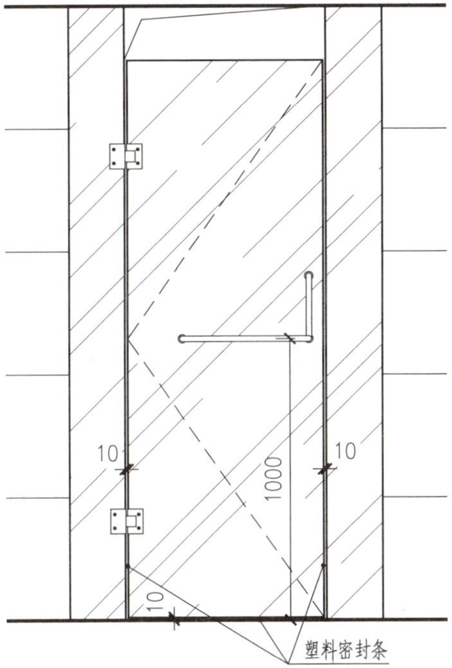

卫生间玻璃平开门立面（一）

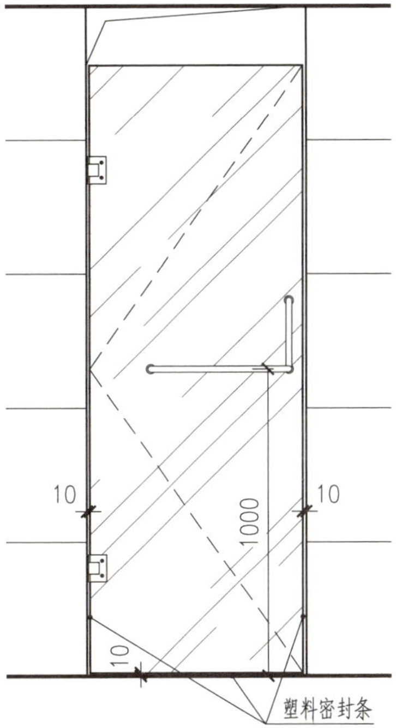

卫生间玻璃平开门立面（二）

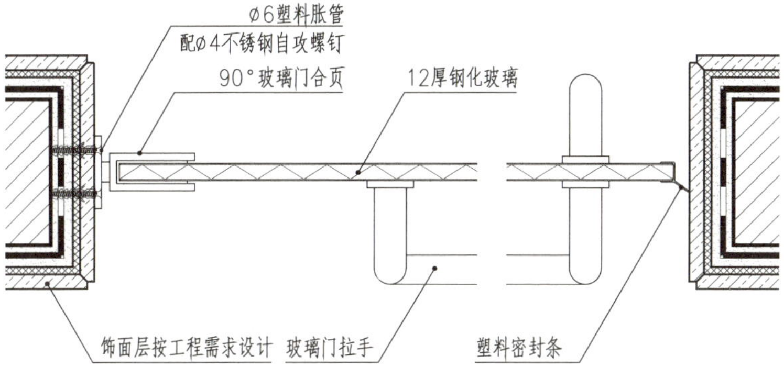

卫生间玻璃平开门横剖面图

玻璃门夹

注：无框玻璃门最小厚度为12 mm。

隔声平开门

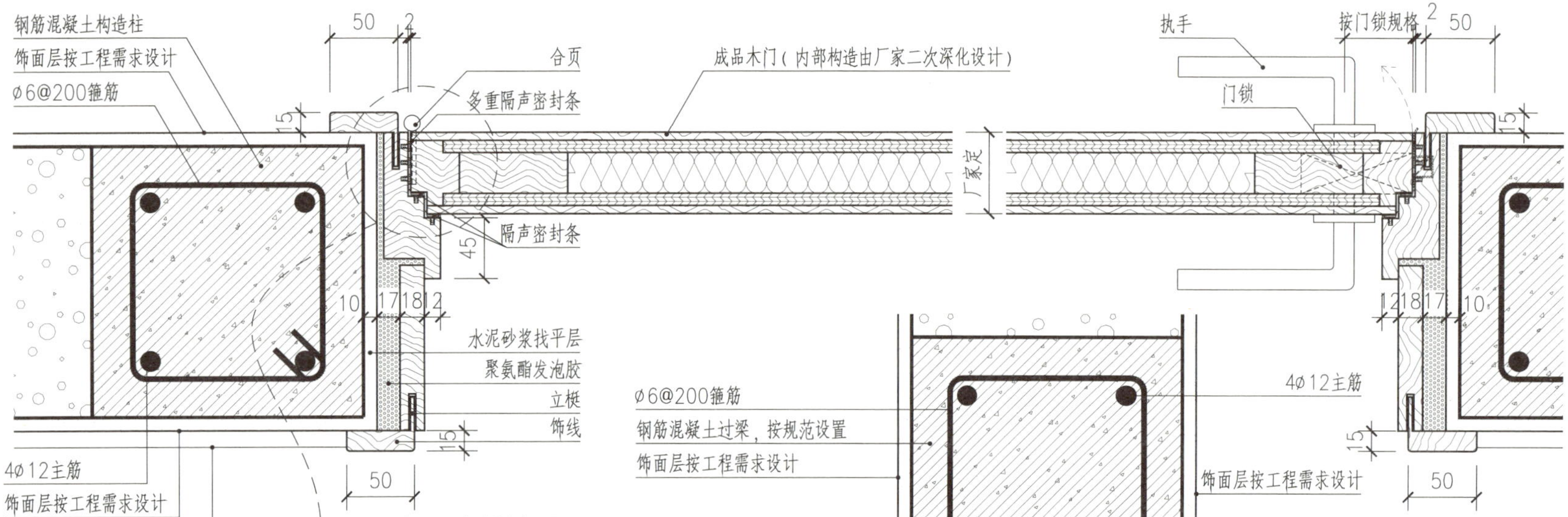

钢筋混凝土构造柱
饰面层按工程需求设计
ø6@200箍筋
50
2
15
合页
多重隔声密封条
成品木门（内部构造由厂家二次深化设计）
厂家定
隔声密封条
45
10
17
18
12
水泥砂浆找平层
聚氨酯发泡胶
立梃
饰线
4ø12主筋
饰面层按工程需求设计
踢脚线
执手
按门锁规格
门锁
4ø12主筋

隔声平开门横剖面图

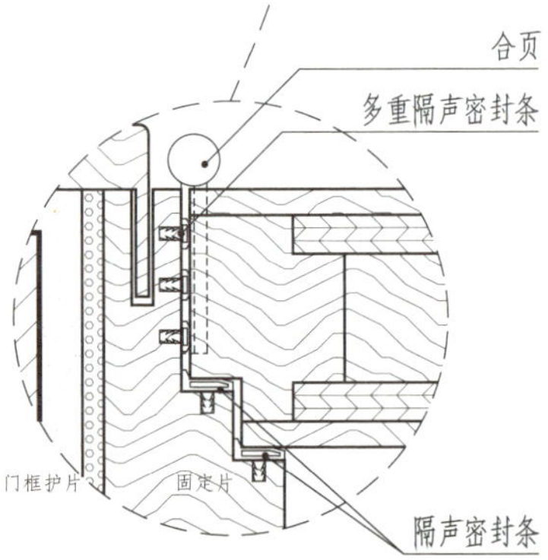

合页
多重隔声密封条
门框护片
固定片
隔声密封条

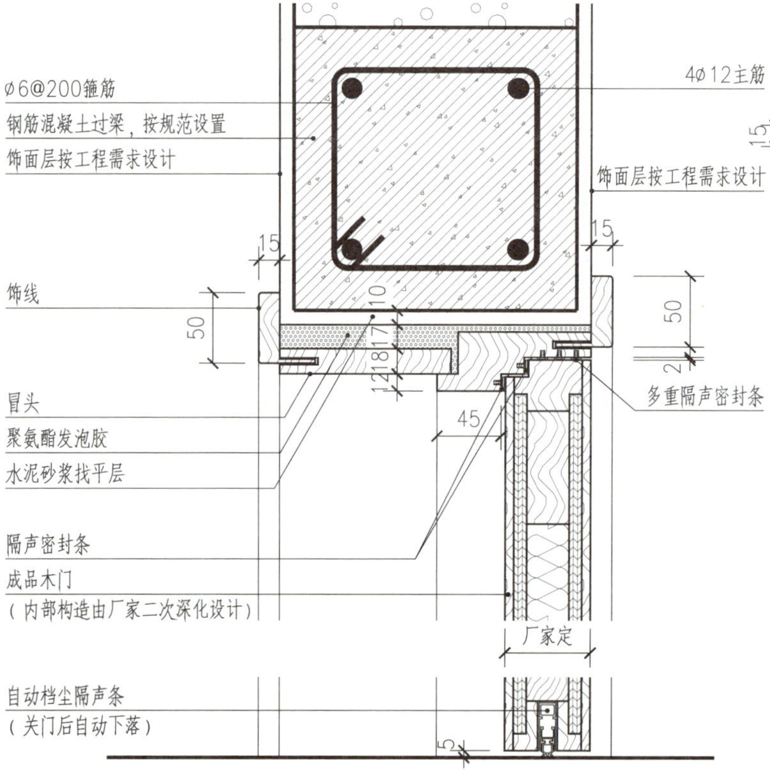

ø6@200箍筋
钢筋混凝土过梁，按规范设置
饰面层按工程需求设计
饰面层按工程需求设计
15
15
10
17
18
12
50
50
2
饰线
冒头
聚氨酯发泡胶
水泥砂浆找平层
45
多重隔声密封条
隔声密封条
成品木门
（内部构造由厂家二次深化设计）
厂家定
自动档尘隔声条
（关门后自动下落）
5

隔声平开门纵剖面图

关门下落状态

开门收缩状态

钢板电梯门套（一）

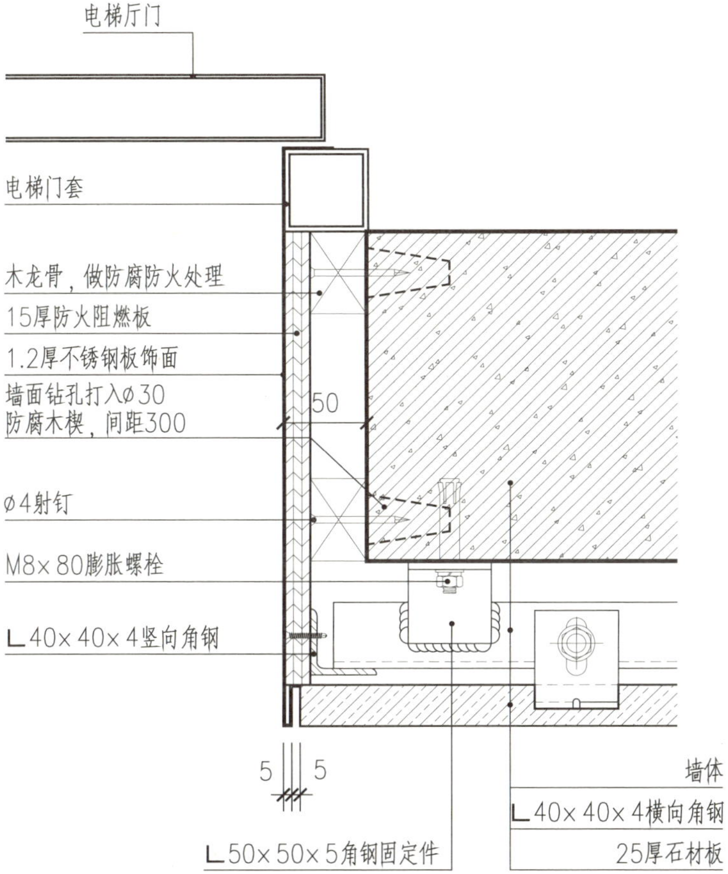
电梯厅门
电梯门套
木龙骨，做防腐防火处理
15厚防火阻燃板
1.2厚不锈钢板饰面
墙面钻孔打入ø30
防腐木楔，间距300
50
ø4射钉
M8x 80膨胀螺栓
∟40x 40x 4竖向角钢
5
5
墙体
∟40x 40x 4横向角钢
25厚石材板
∟50x 50x 5角钢固定件

钢板电梯门套（一）横剖面图

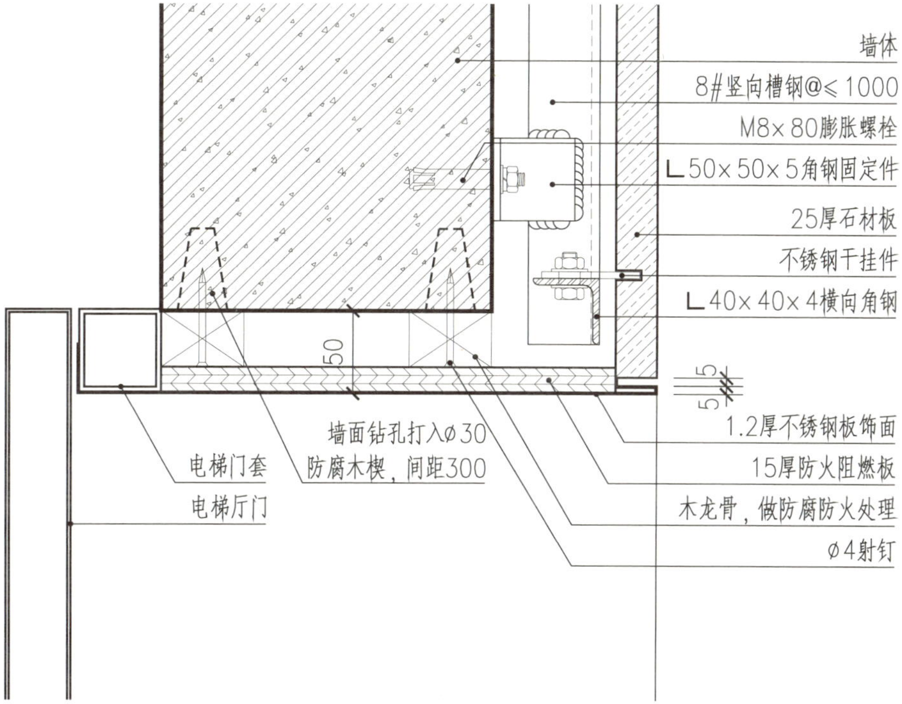
墙体
8#竖向槽钢@≤1000
M8x 80膨胀螺栓
∟50x 50x 5角钢固定件
25厚石材板
不锈钢干挂件
∟40x 40x 4横向角钢
50
5
5
1.2厚不锈钢板饰面
15厚防火阻燃板
木龙骨，做防腐防火处理
ø4射钉
墙面钻孔打入ø30
防腐木楔，间距300
电梯门套
电梯厅门

钢板电梯门套（二）纵剖面图

钢板电梯门套（二）

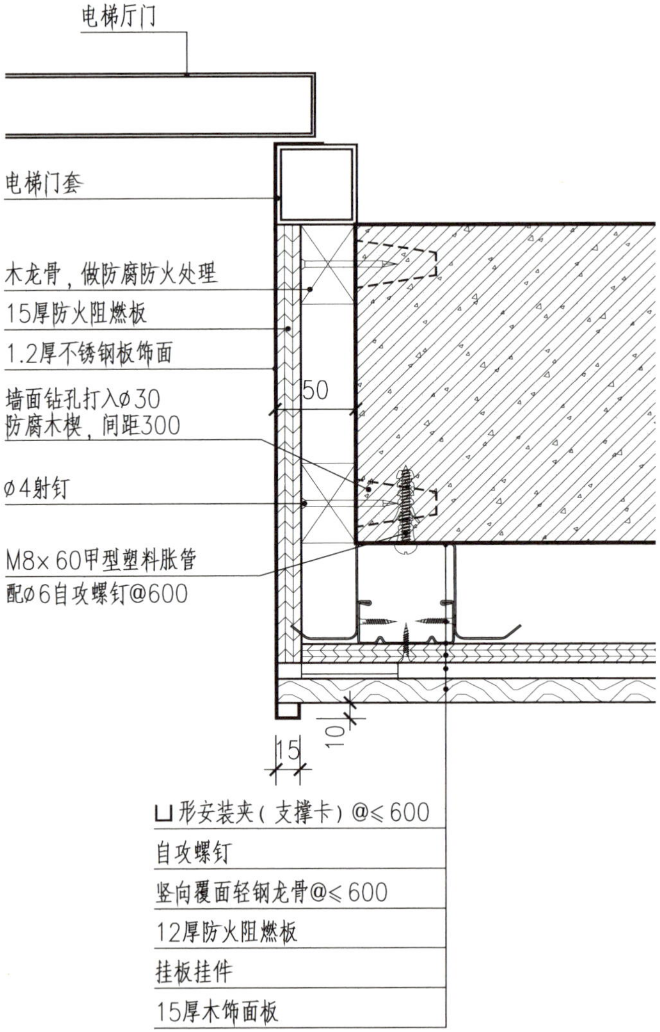
电梯厅门
电梯门套
木龙骨，做防腐防火处理
15厚防火阻燃板
1.2厚不锈钢板饰面
墙面钻孔打入ø30
防腐木楔，间距300
ø4射钉
M8×60甲型塑料胀管
配ø6自攻螺钉@600
50
15
10
⊔形安装夹（支撑卡）@≤600
自攻螺钉
竖向覆面轻钢龙骨@≤600
12厚防火阻燃板
挂板挂件
15厚木饰面板

钢板电梯门套（三）横剖面图

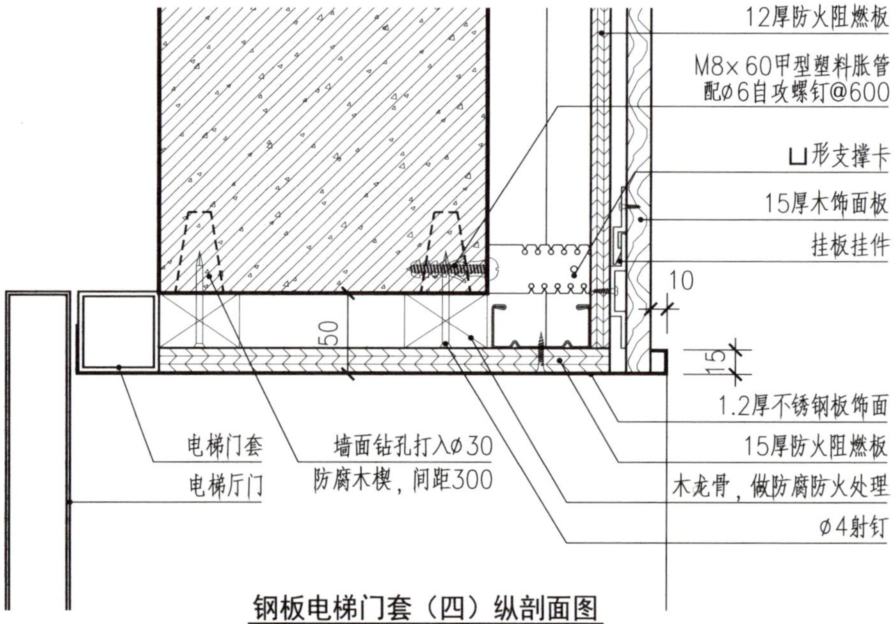
12厚防火阻燃板
M8×60甲型塑料胀管
配ø6自攻螺钉@600
⊔形支撑卡
15厚木饰面板
挂板挂件
10
50
15
1.2厚不锈钢板饰面
15厚防火阻燃板
木龙骨，做防腐防火处理
ø4射钉
电梯门套
电梯厅门
墙面钻孔打入ø30
防腐木楔，间距300

钢板电梯门套（四）纵剖面图

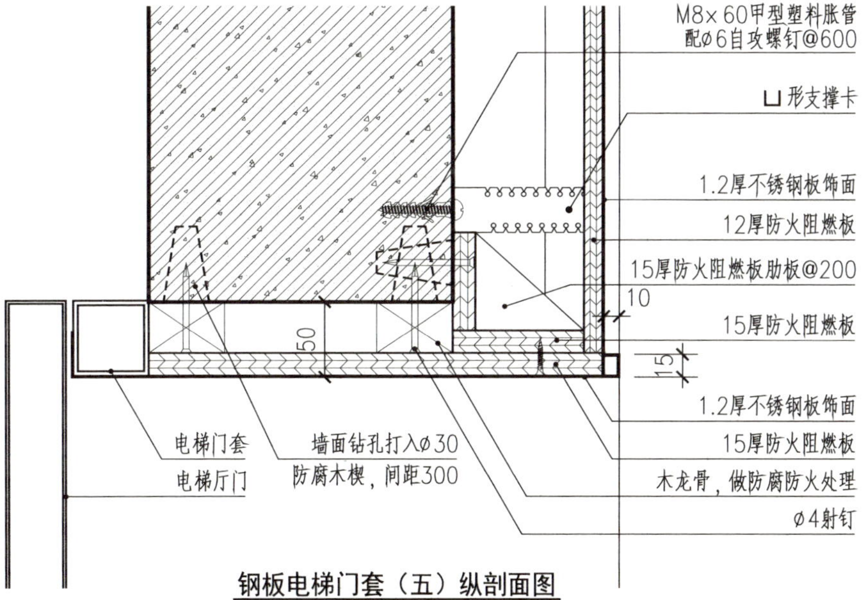
M8×60甲型塑料胀管
配ø6自攻螺钉@600
⊔形支撑卡
1.2厚不锈钢板饰面
12厚防火阻燃板
15厚防火阻燃板肋板@200
10
15厚防火阻燃板
50
15
1.2厚不锈钢板饰面
15厚防火阻燃板
木龙骨，做防腐防火处理
ø4射钉
电梯门套
电梯厅门
墙面钻孔打入ø30
防腐木楔，间距300

钢板电梯门套（五）纵剖面图

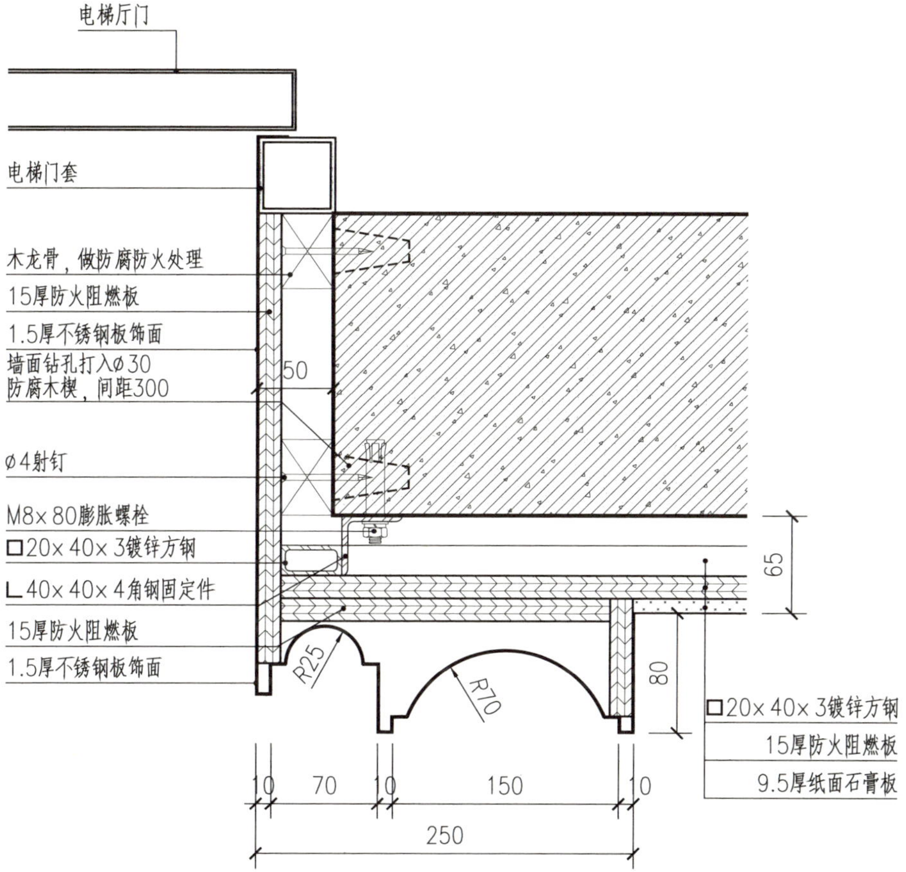
电梯厅门
电梯门套
木龙骨，做防腐防火处理
15厚防火阻燃板
1.5厚不锈钢板饰面
墙面钻孔打入ø30
防腐木楔，间距300
50
ø4射钉
M8×80膨胀螺栓
□20×40×3镀锌方钢
∟40×40×4角钢固定件
15厚防火阻燃板
1.5厚不锈钢板饰面
R25
R70
65
80
□20×40×3镀锌方钢
15厚防火阻燃板
9.5厚纸面石膏板
10
70
10
150
10
250

钢板电梯门套（六）横剖面图

石材板电梯门套（一）

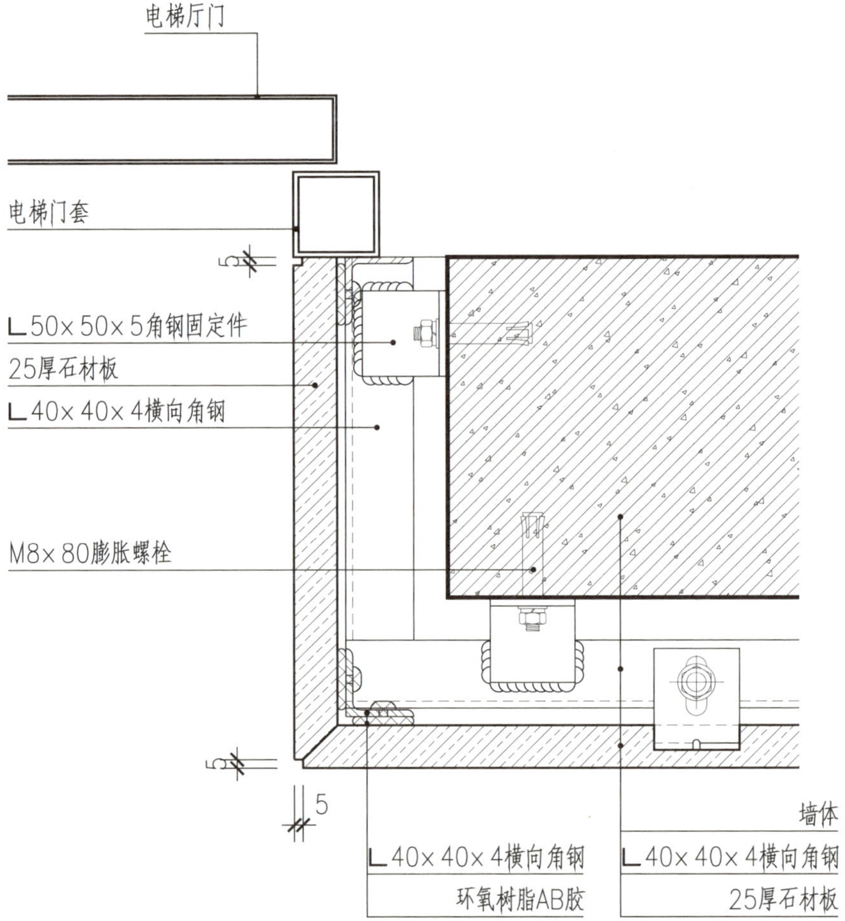
电梯厅门
电梯门套
5
L50x 50x 5角钢固定件
25厚石材板
L40x 40x 4横向角钢
M8x 80膨胀螺栓
5
5
墙体
L40x 40x 4横向角钢
环氧树脂AB胶
L40x 40x 4横向角钢
25厚石材板

石材板电梯门套（一）横剖面图

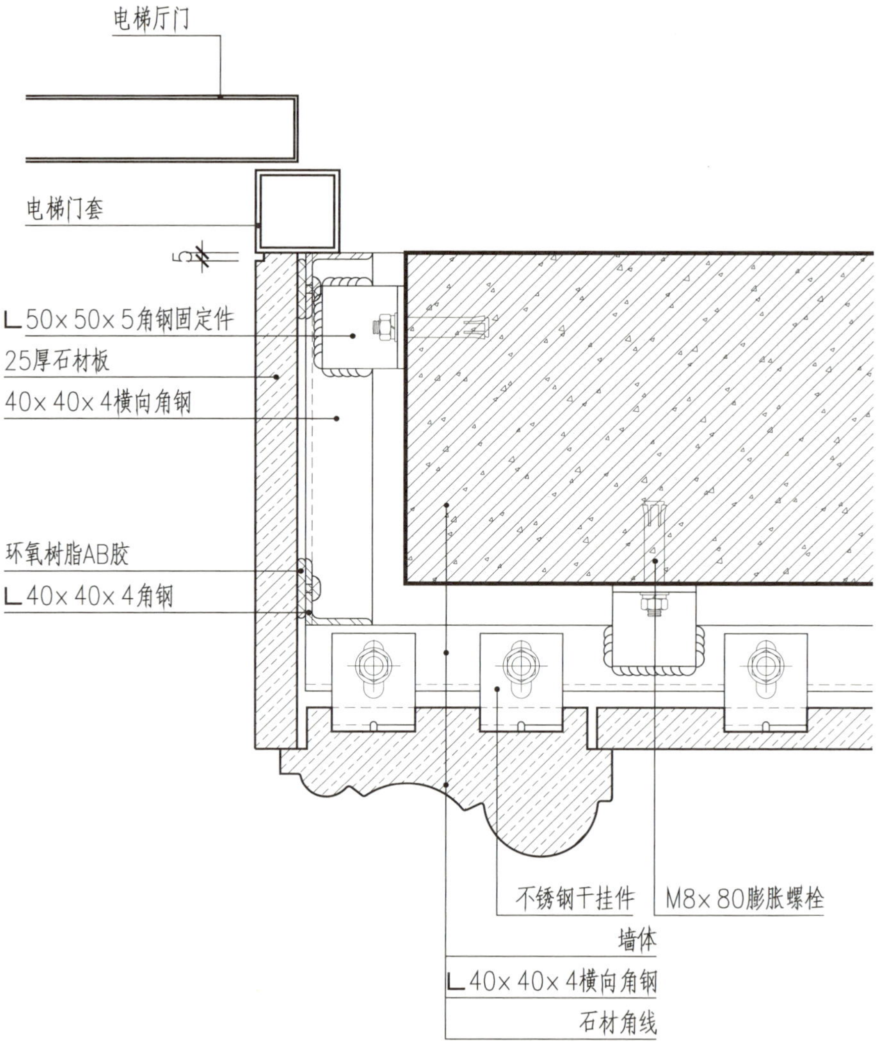
电梯厅门
电梯门套
5
L50x 50x 5角钢固定件
25厚石材板
40x 40x 4横向角钢
环氧树脂AB胶
L40x 40x 4角钢
不锈钢干挂件
M8x 80膨胀螺栓
墙体
L40x 40x 4横向角钢
石材角线

石材板电梯门套（二）横剖面图

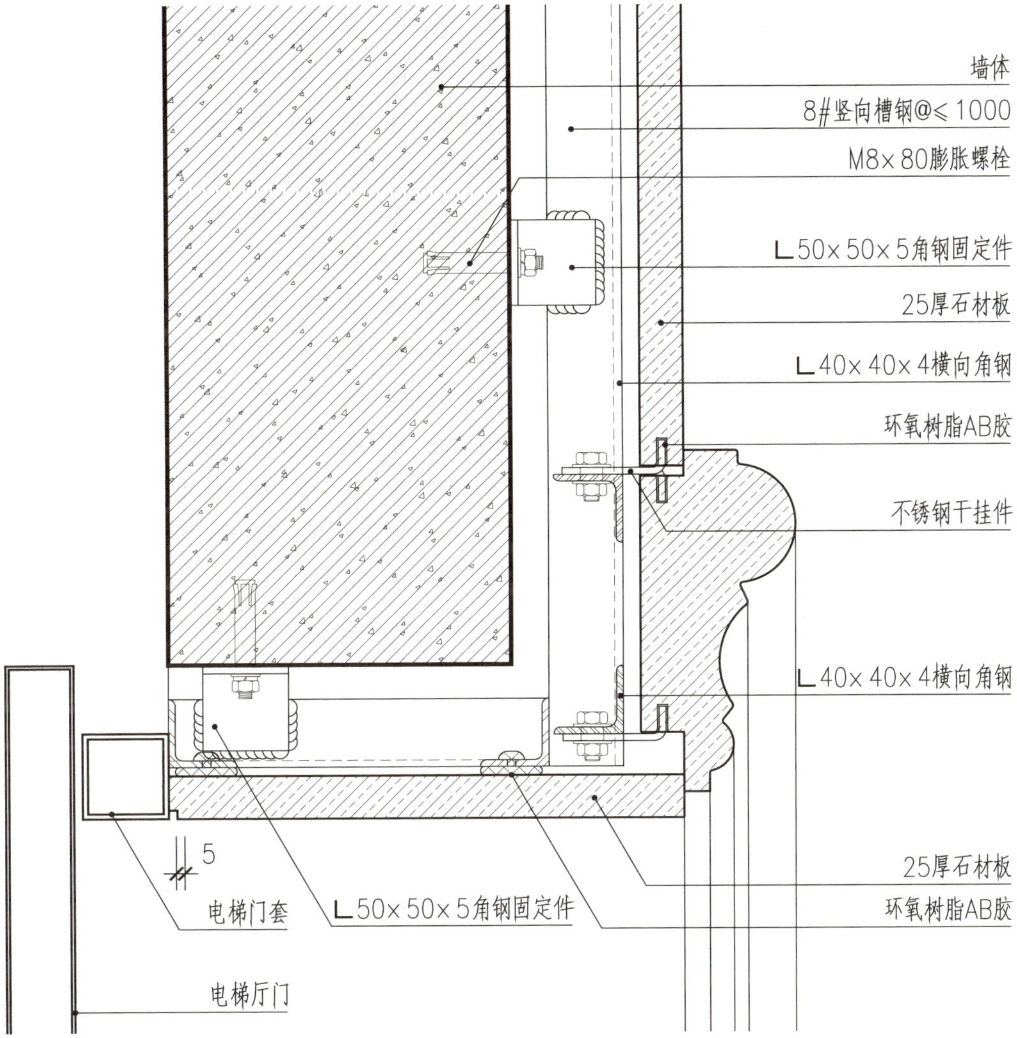
墙体
8#竖向槽钢@≤1000
M8×80膨胀螺栓
L50×50×5角钢固定件
25厚石材板
L40×40×4横向角钢
环氧树脂AB胶
不锈钢干挂件
L40×40×4横向角钢
25厚石材板
环氧树脂AB胶
5
电梯门套
L50×50×5角钢固定件
电梯厅门

石材板电梯门套（二）纵剖面图

金属板暗门

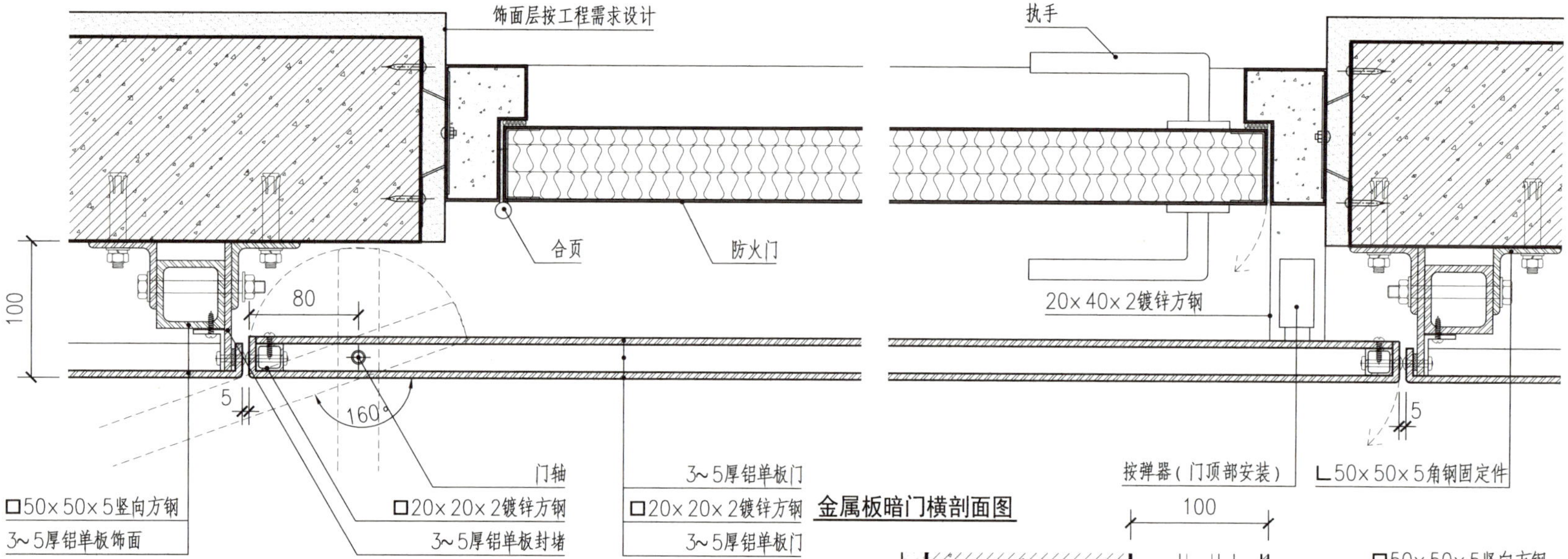

金属板暗门横剖面图

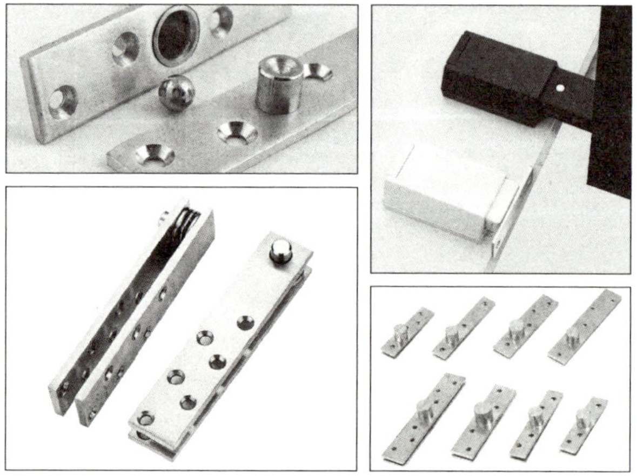

不锈钢门轴与按弹器

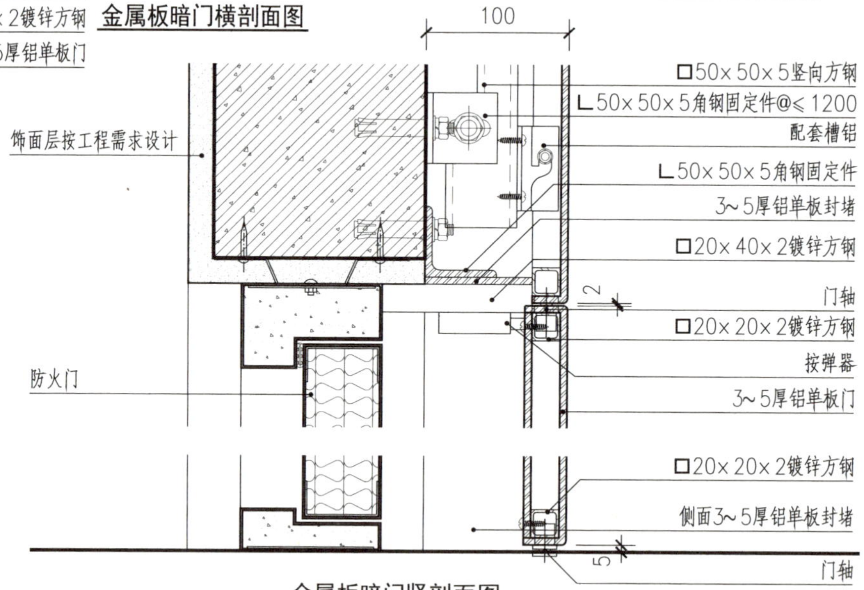

金属板暗门竖剖面图

注：《消火栓箱》GB/T 14561—2019 第 5.5.3 条规定：箱门的开启角度不应小于 160°。

蜂窝钻板暗门

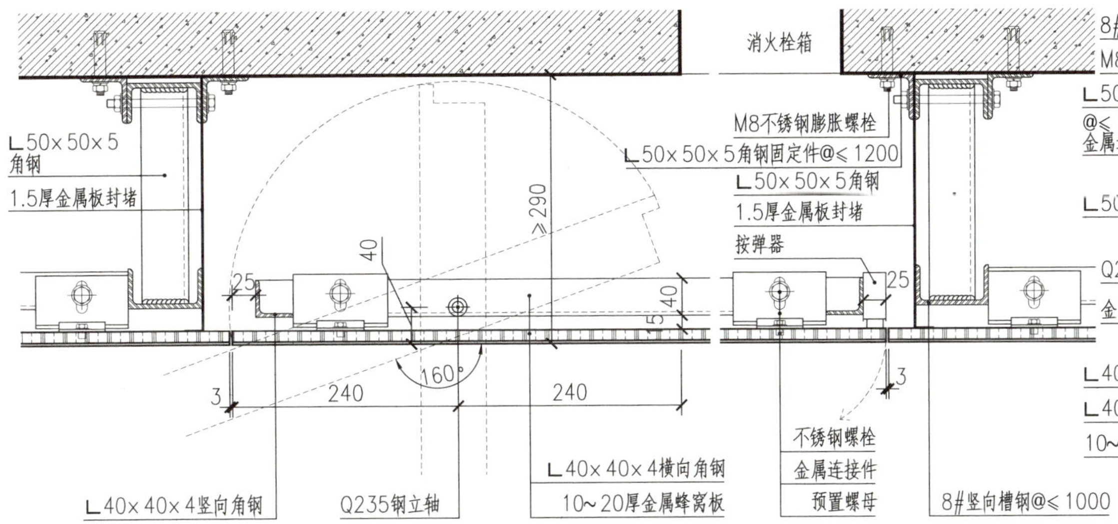

蜂窝铝板暗门横剖面图

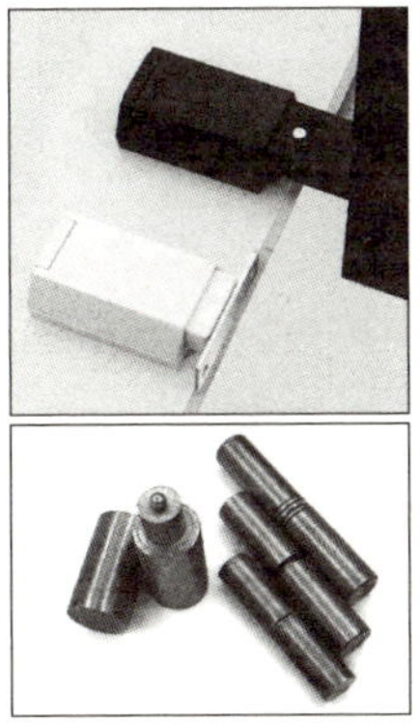

暗门圆柱立轴与按弹器

蜂窝铝板

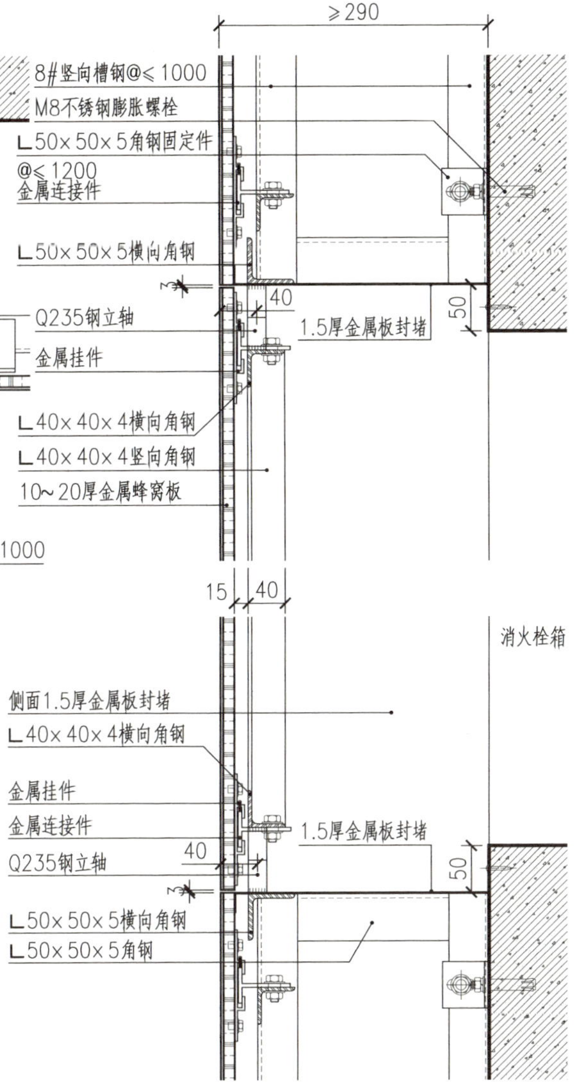

蜂窝铝板暗门纵剖面图

注：1.《消火栓箱》GB/T 14561—2019 第 5.5.3 条规定：箱门的开启角度不应小于160°。
2.蜂窝板可复合石材、铝、木质、玻璃、布艺。

木饰面板暗门（一）

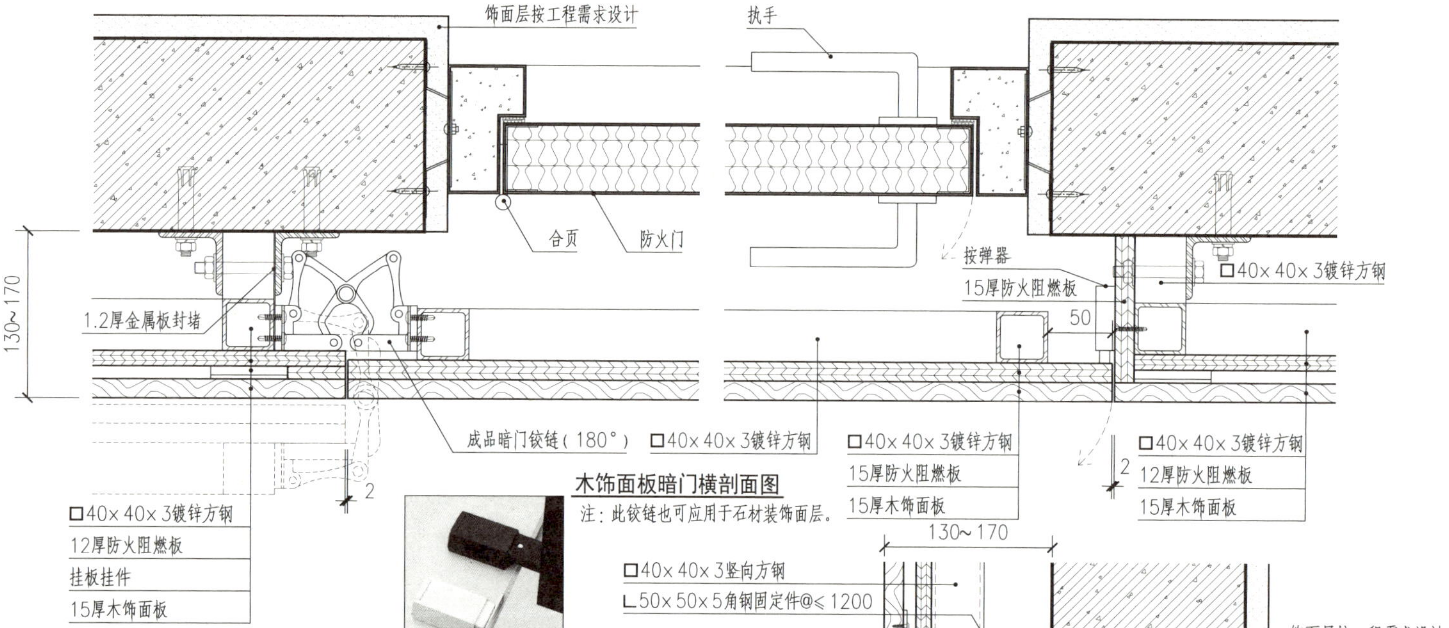

木饰面板暗门横剖面图

注：此铰链也可应用于石材装饰面层。

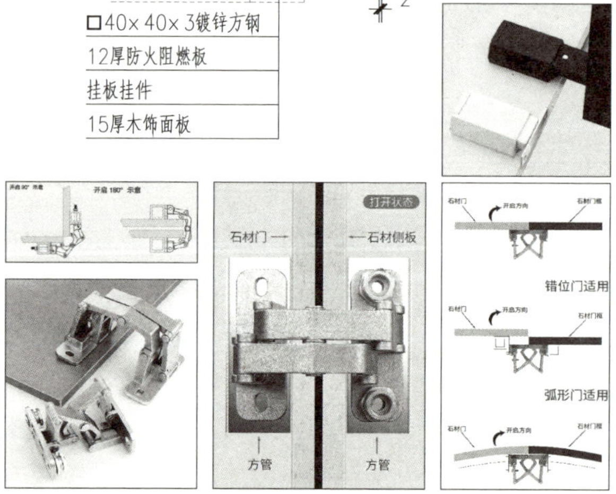

暗门铰链与按弹器

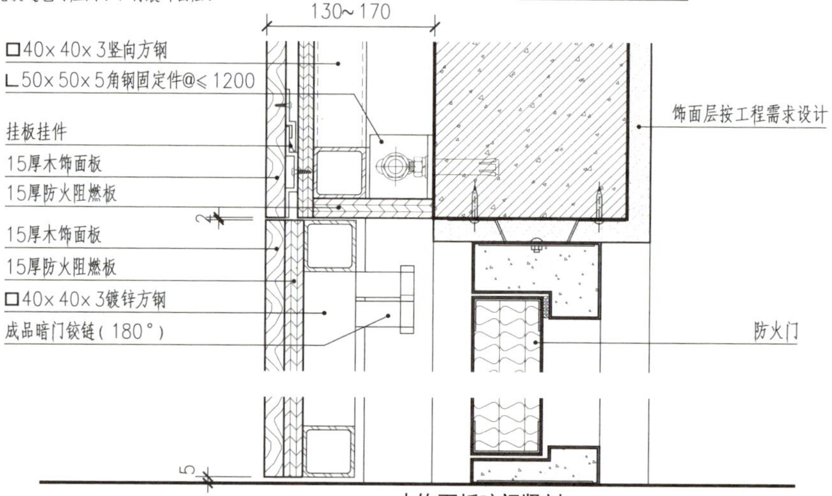

木饰面板暗门竖剖

注：1. 铰链最大承重为 200 kg，最大开启角度为 180°，门板最大厚度不应大于 35 mm。
2.《消火栓箱》GB/T 14561—2019 第 5.5.3 条规定：箱门的开启角度不应小于 160°。

木饰面板暗门（二）

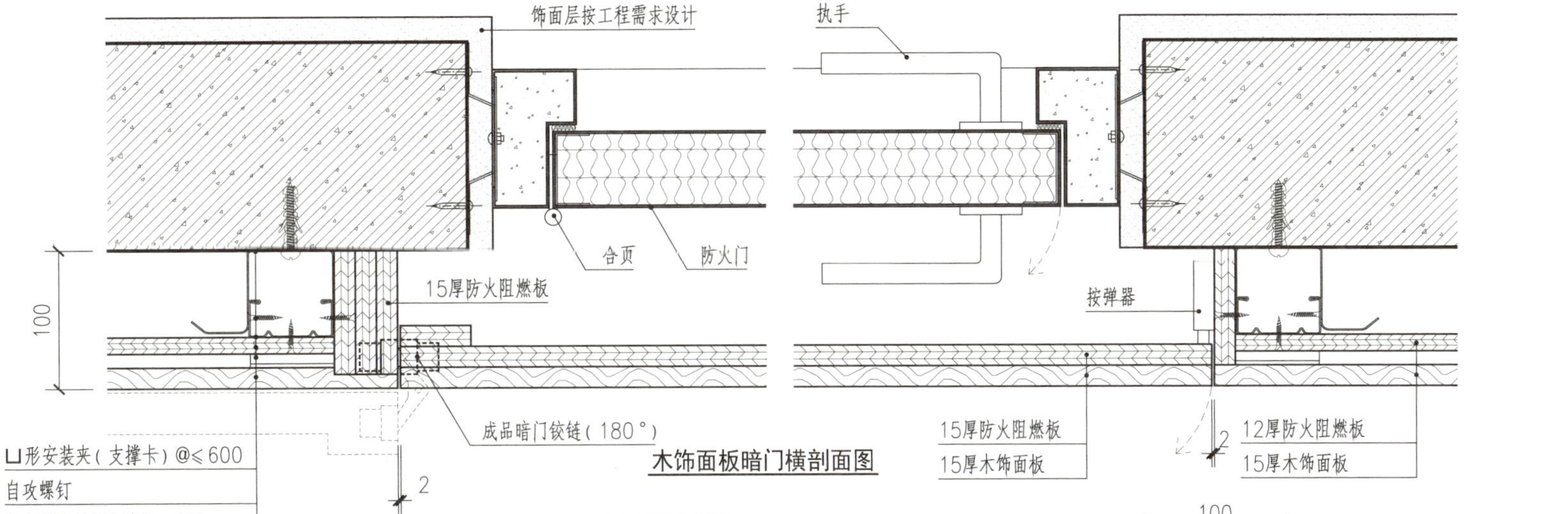

木饰面板暗门横剖面图

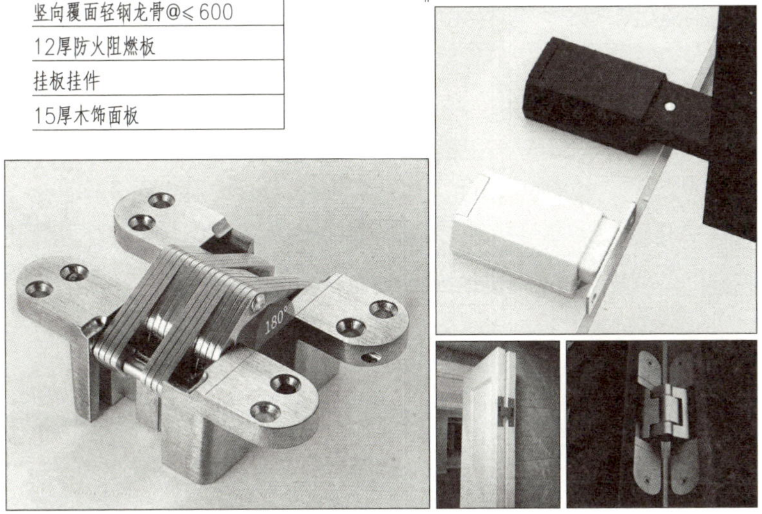

暗门铰链与按弹器

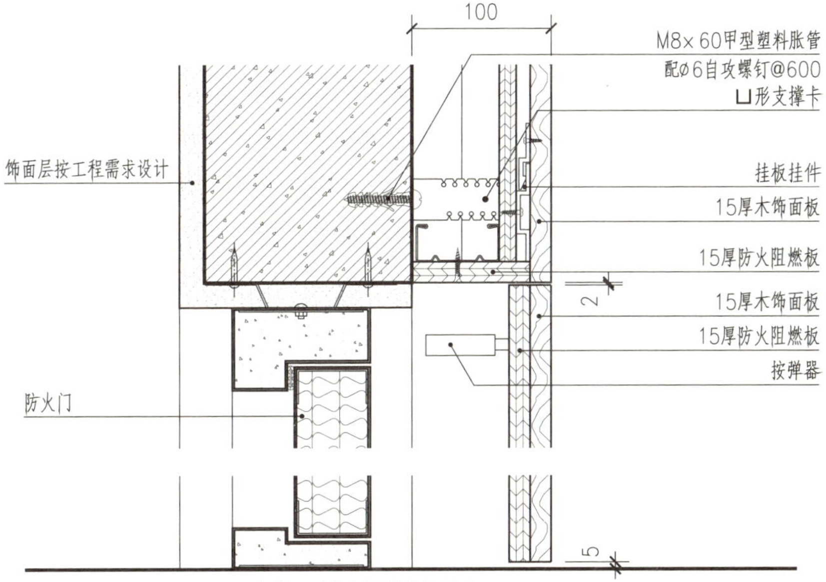

木饰面板暗门横剖面图

注：1. 铰链最大开启角度为180°。

2.《消火栓箱》GB/T 14561—2019 第 5.5.3 条规定：箱门的开启角度不应小于160°。

石膏板暗门

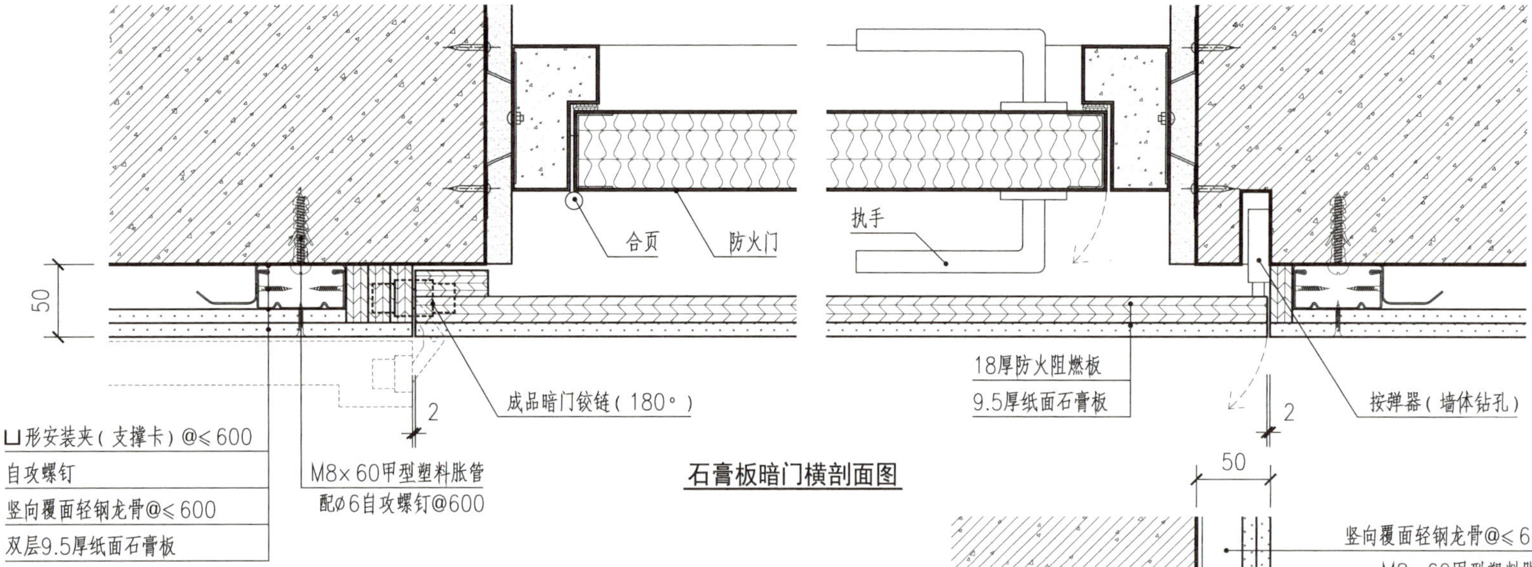

石膏板暗门横剖面图

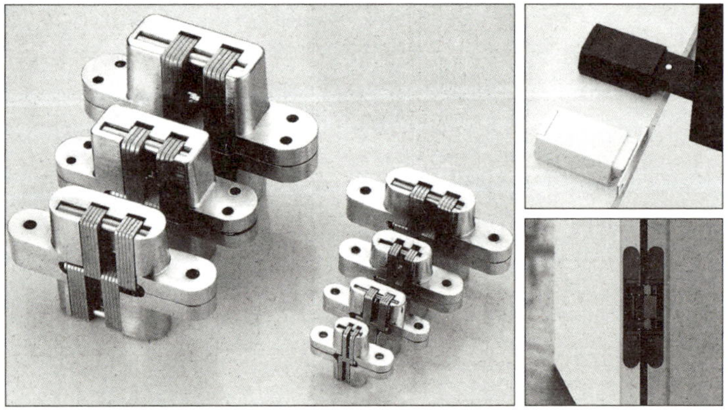

暗门铰链与按弹器

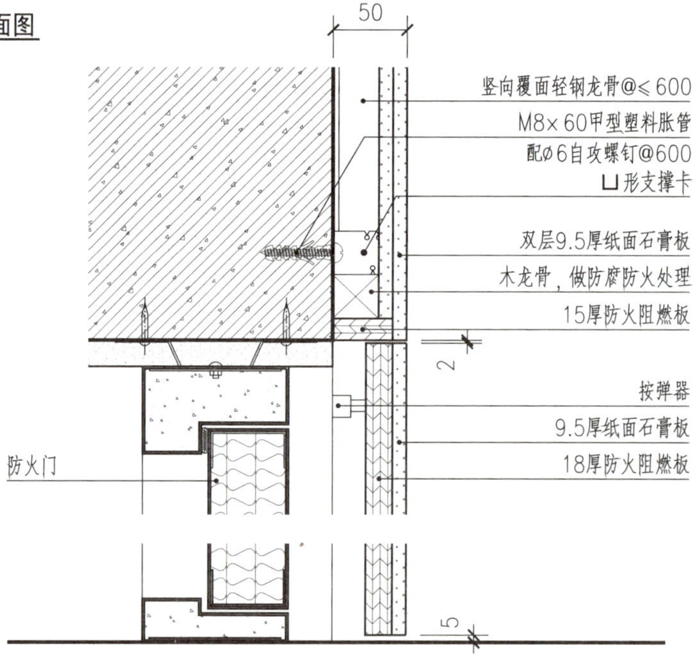

石膏板暗门横剖面图

注：1. 铰链最大开启角度为180°。

2.《消火栓箱》GB/T 14561—2019 第 5.5.3 条规定：箱门的开启角度不应小于160°。

石材板暗门（一）

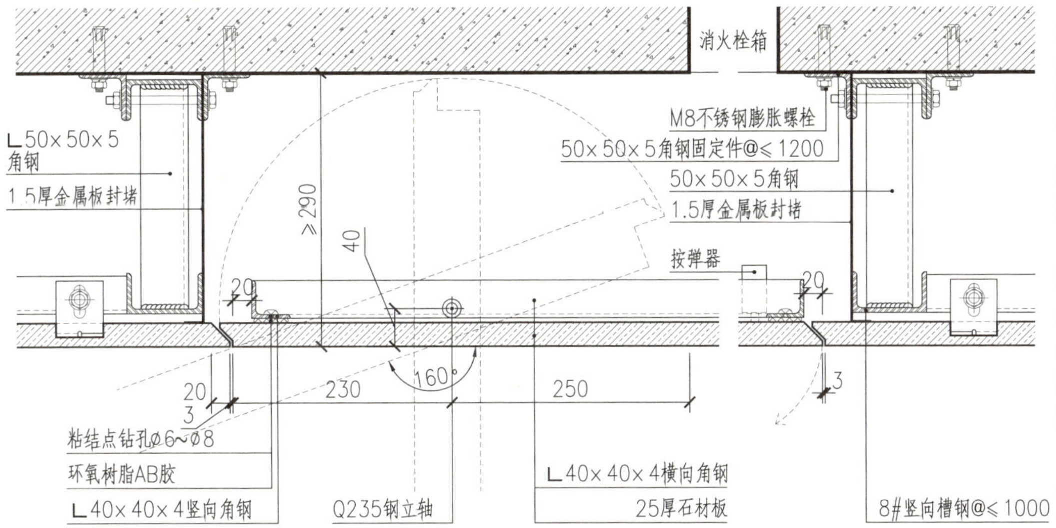

石材板暗门横剖面图

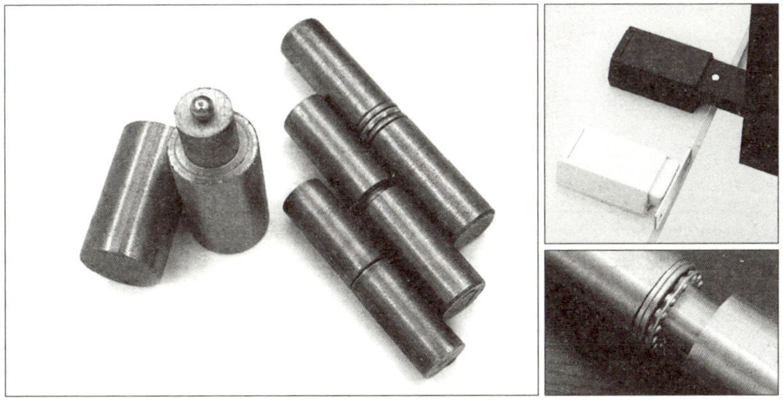

暗门圆柱立轴与按弹器

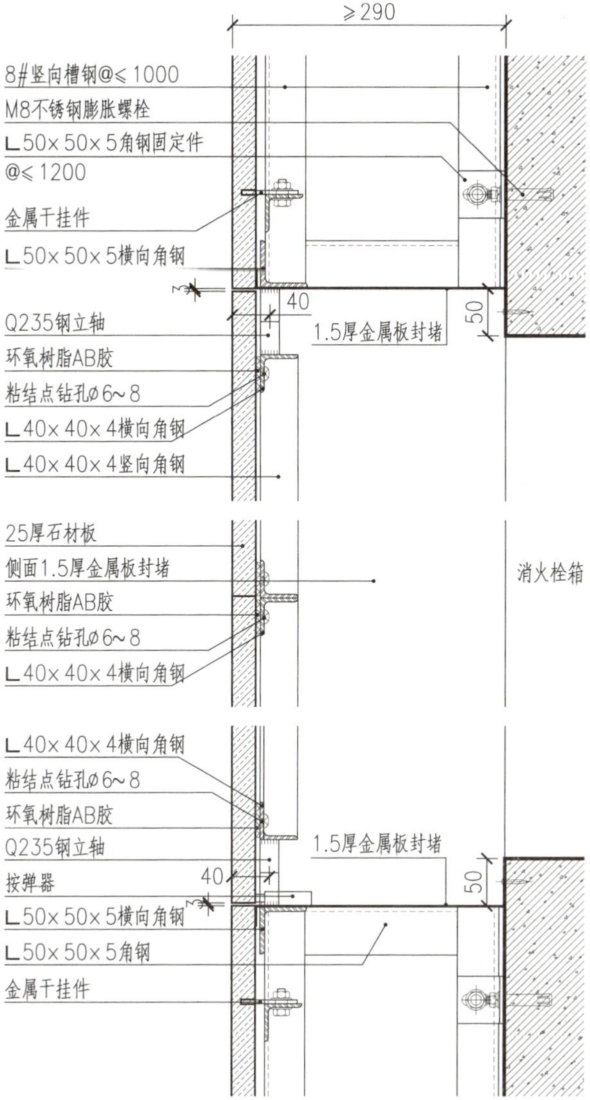

石材板暗门纵剖面图

注：《消火栓箱》GB/T 14561—2019 第 5.5.3 条规定：箱门的开启角度不应小于 160°。

石材板暗门（二）

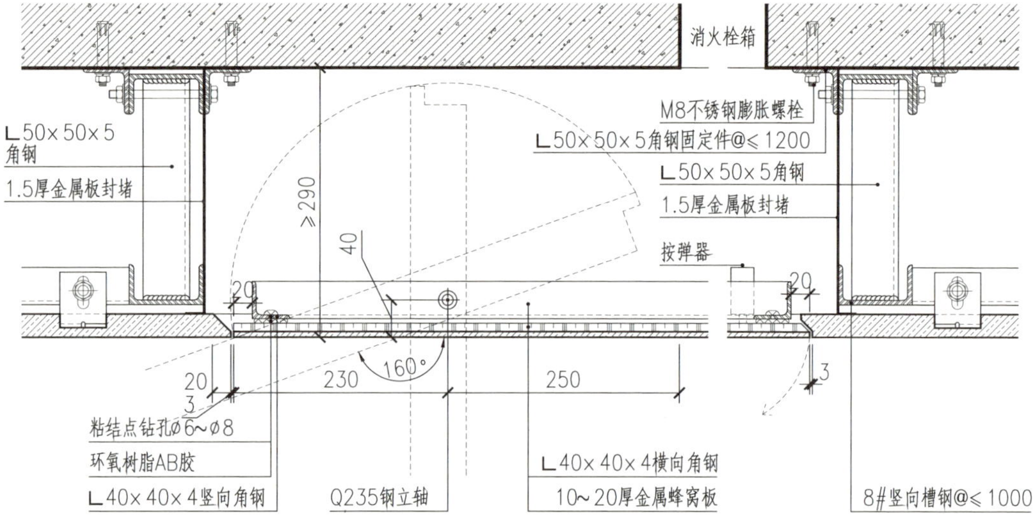

石材板暗门横剖面图

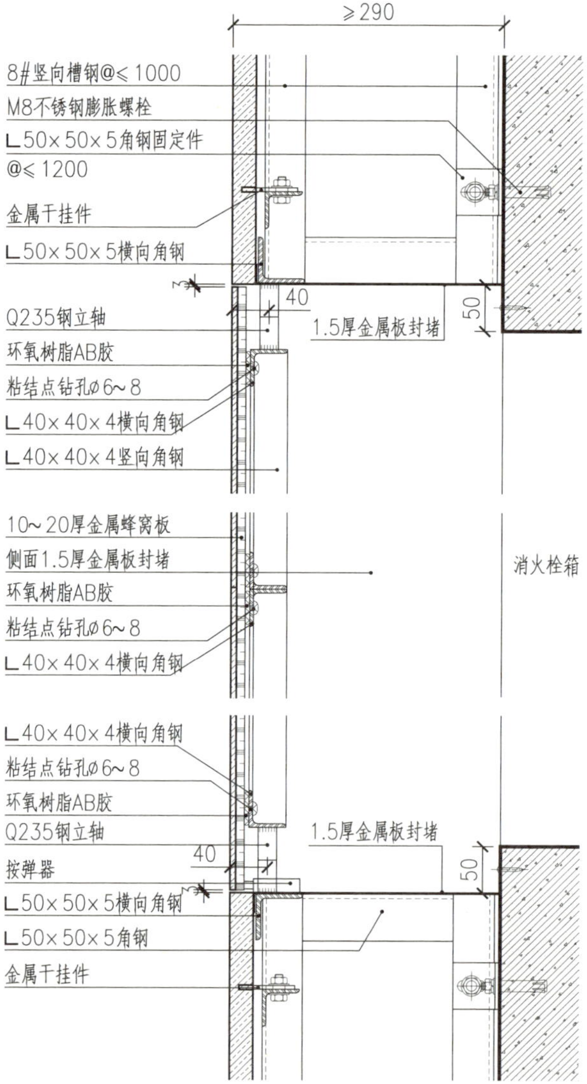

石材板暗门纵剖面图

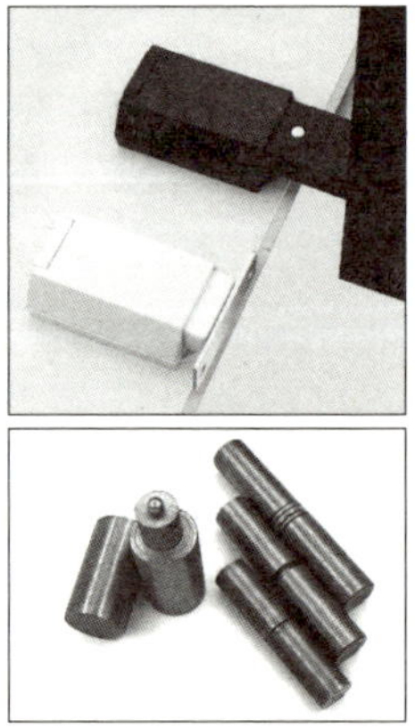

暗门圆柱立轴与按弹器

石材复合蜂窝铝板

注：1.《消火栓箱》GB/T 14561—2019 第 5.5.3 条规定：箱门的开启角度不应小于160°。
2.蜂窝板可复合石材、铝、木质、玻璃、布艺。

石材板暗门（三）

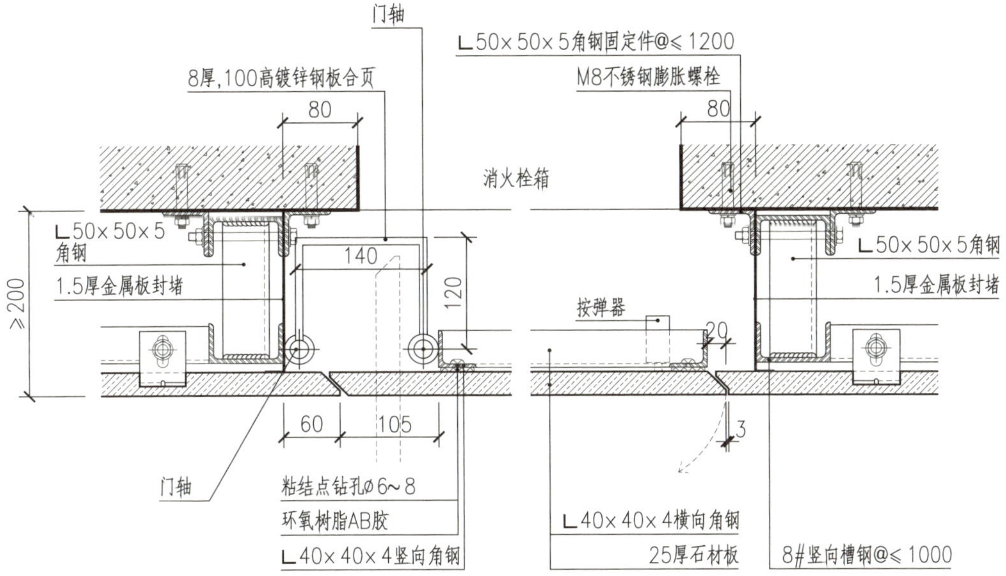

石材板暗门横剖面图

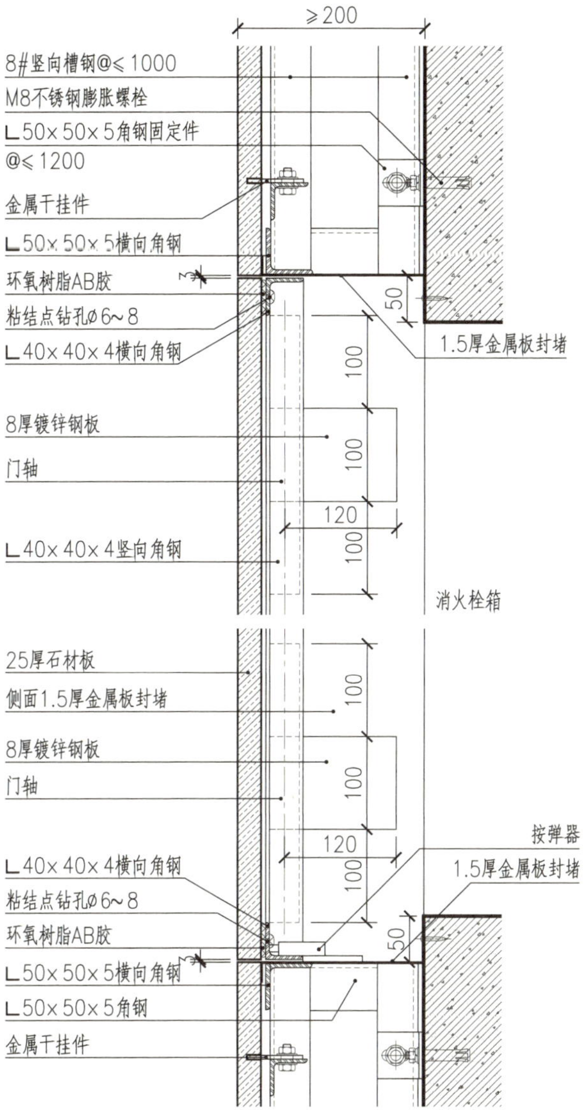

石材板暗门纵剖面图

按弹器

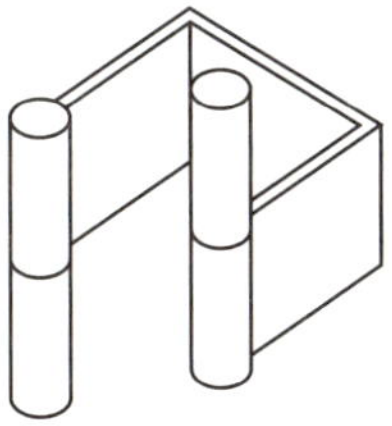

合页三维示意图

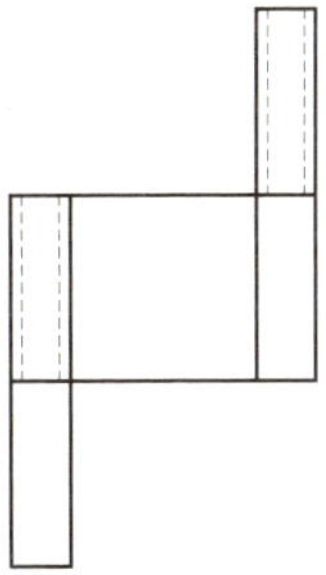

合页正立面图

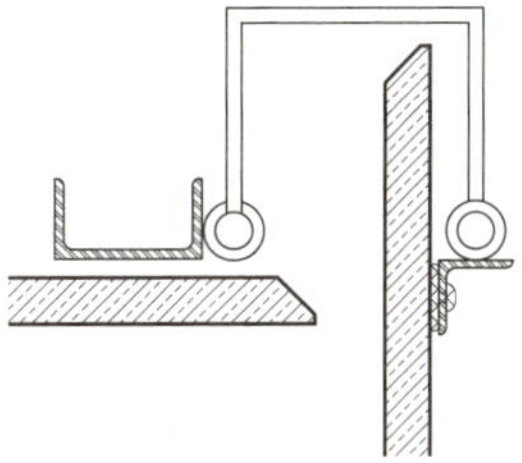

开启90° 示意图

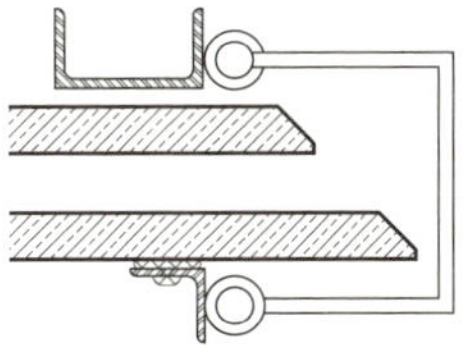

开启180° 示意图

注：《消火栓箱》GB/T 14561—2019 第 5.5.3 条规定：箱门的开启角度不应小于 160° 。

陶瓷砖暗门（一）

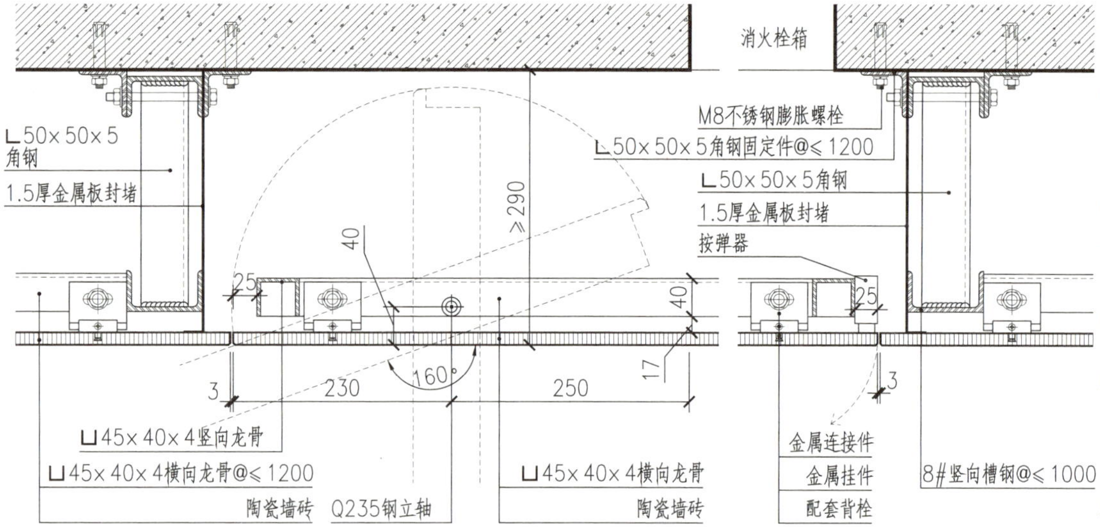

陶瓷砖暗门横剖面图

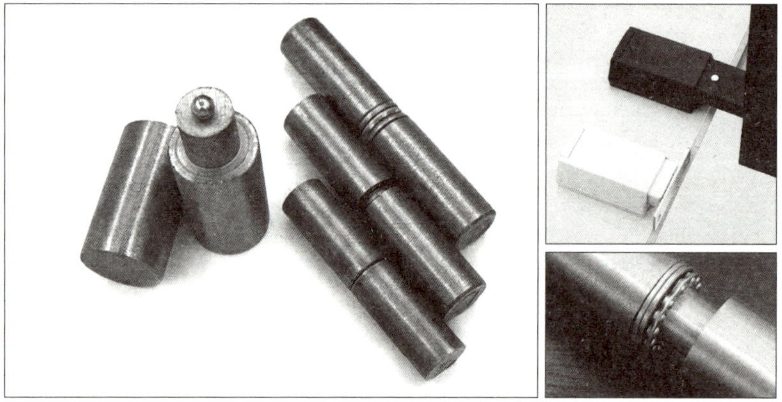

暗门圆柱立轴与按弹器

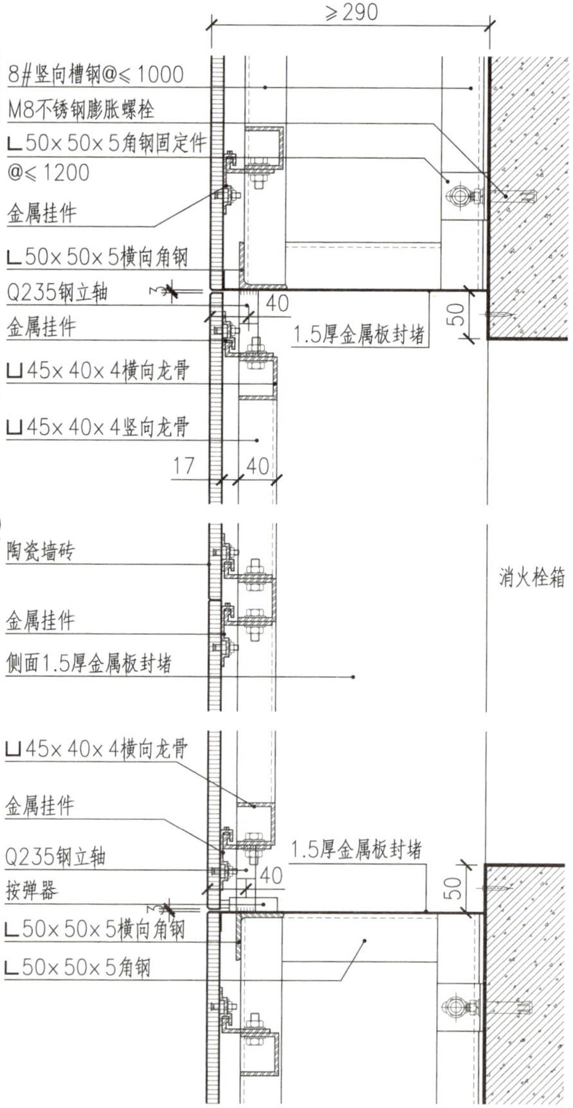

陶瓷砖暗门纵剖面图

注：《消火栓箱》GB/T 14561—2019 第 5.5.3 条规定：箱门的开启角度不应小于160°。

陶瓷砖暗门（二）

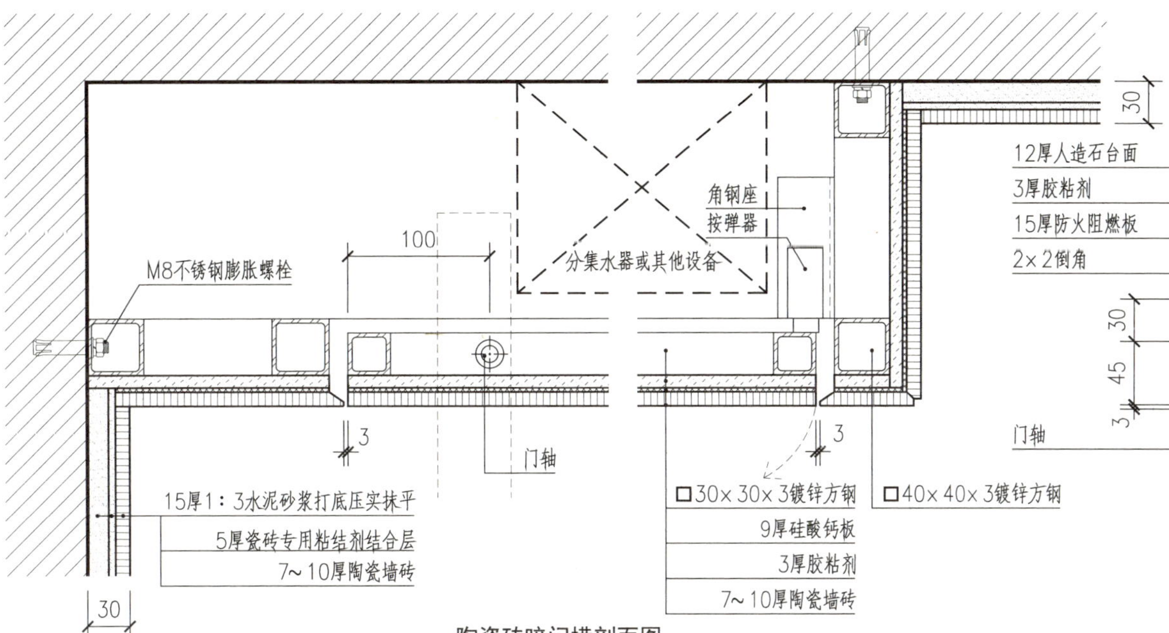
30
100
角钢座
按弹器
分集水器或其他设备
M8不锈钢膨胀螺栓
3
门轴
3
□30×30×3镀锌方钢
□40×40×3镀锌方钢
15厚1：3水泥砂浆打底压实抹平
5厚瓷砖专用粘结剂结合层
7~10厚陶瓷墙砖
9厚硅酸钙板
3厚胶粘剂
7~10厚陶瓷墙砖
30

陶瓷砖暗门横剖面图

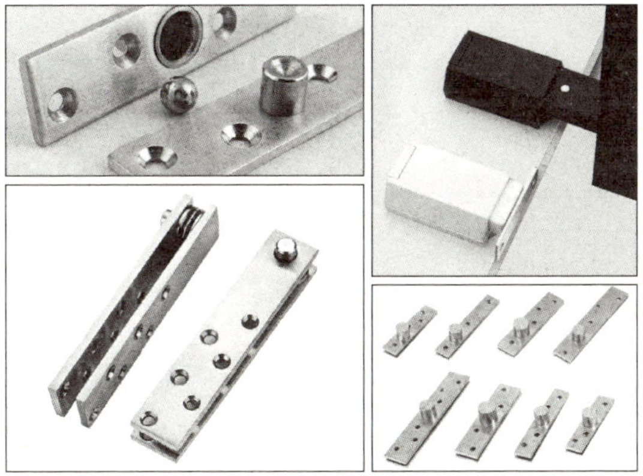

不锈钢门轴与按弹器

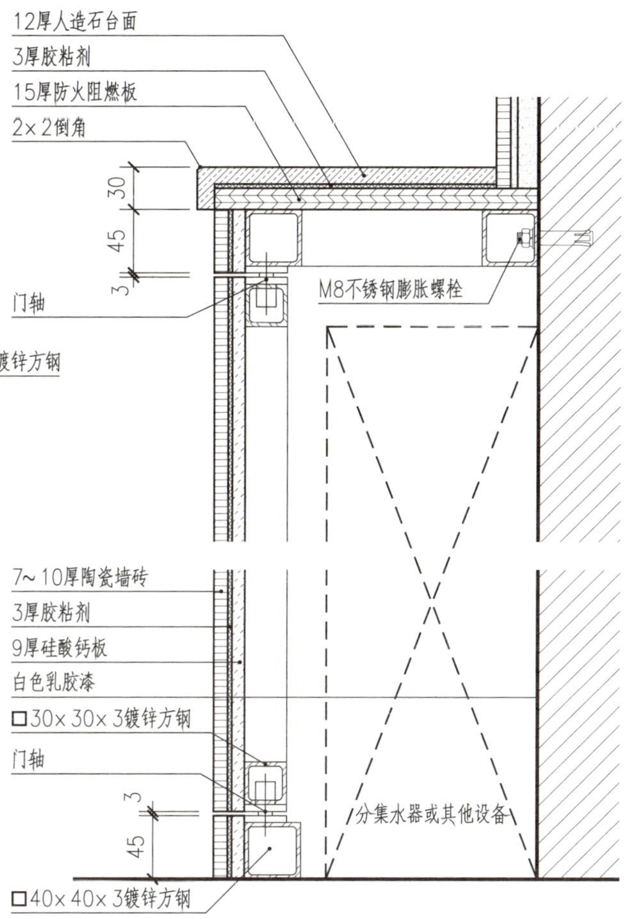
12厚人造石台面
3厚胶粘剂
15厚防火阻燃板
2×2倒角
30
45
3
门轴
M8不锈钢膨胀螺栓
7~10厚陶瓷墙砖
3厚胶粘剂
9厚硅酸钙板
白色乳胶漆
□30×30×3镀锌方钢
门轴
3
45
分集水器或其他设备
□40×40×3镀锌方钢

陶瓷砖暗门竖剖

11

第十一章

卫生间、浴室

壁挂式坐便器、小便器

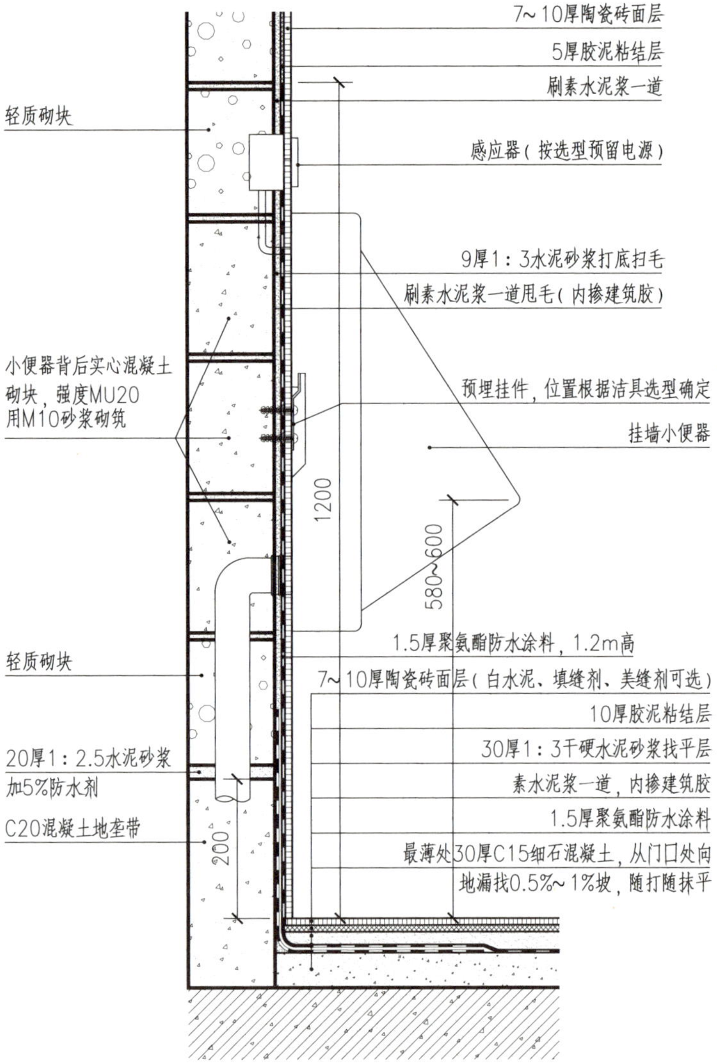
7～10厚陶瓷砖面层
5厚胶泥粘结层
刷素水泥浆一道
轻质砌块
感应器（按选型预留电源）
9厚1：3水泥砂浆打底扫毛
刷素水泥浆一道甩毛（内掺建筑胶）
小便器背后实心混凝土砌块，强度MU20用M10砂浆砌筑
预埋挂件，位置根据洁具选型确定
挂墙小便器
1200
580～600
轻质砌块
1.5厚聚氨酯防水涂料，1.2m高
7～10厚陶瓷砖面层（白水泥、填缝剂、美缝剂可选）
10厚胶泥粘结层
30厚1：3干硬水泥砂浆找平层
素水泥浆一道，内掺建筑胶
1.5厚聚氨酯防水涂料
最薄处30厚C15细石混凝土，从门口处向地漏找0.5%～1%坡，随打随抹平
20厚1：2.5水泥砂浆加5%防水剂
C20混凝土地垄带
200

壁挂式小便器

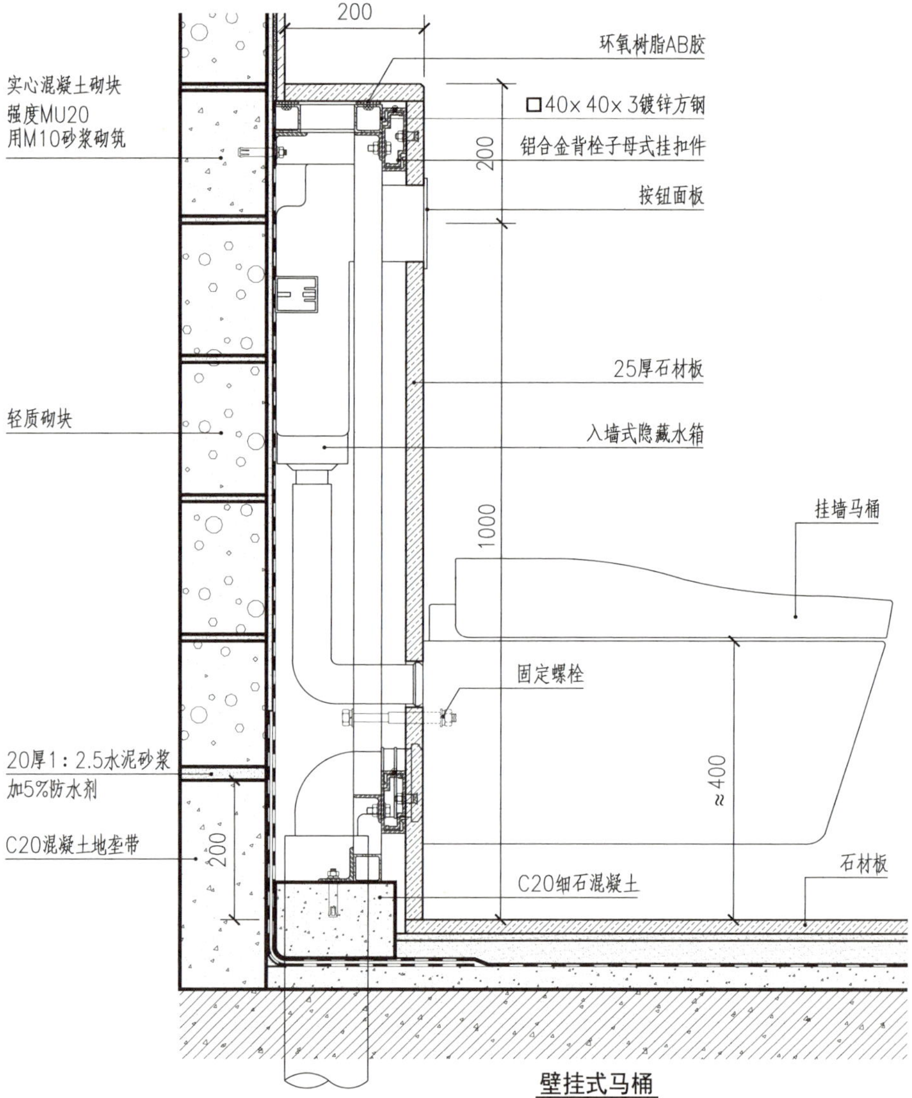
200
环氧树脂AB胶
实心混凝土砌块强度MU20用M10砂浆砌筑
□40x 40x 3镀锌方钢
铝合金背栓子母式挂扣件
200
按钮面板
25厚石材板
轻质砌块
入墙式隐藏水箱
挂墙马桶
1000
固定螺栓
≈400
20厚1：2.5水泥砂浆加5%防水剂
C20混凝土地垄带
200
石材板
C20细石混凝土

壁挂式马桶

暗水箱蹲便器

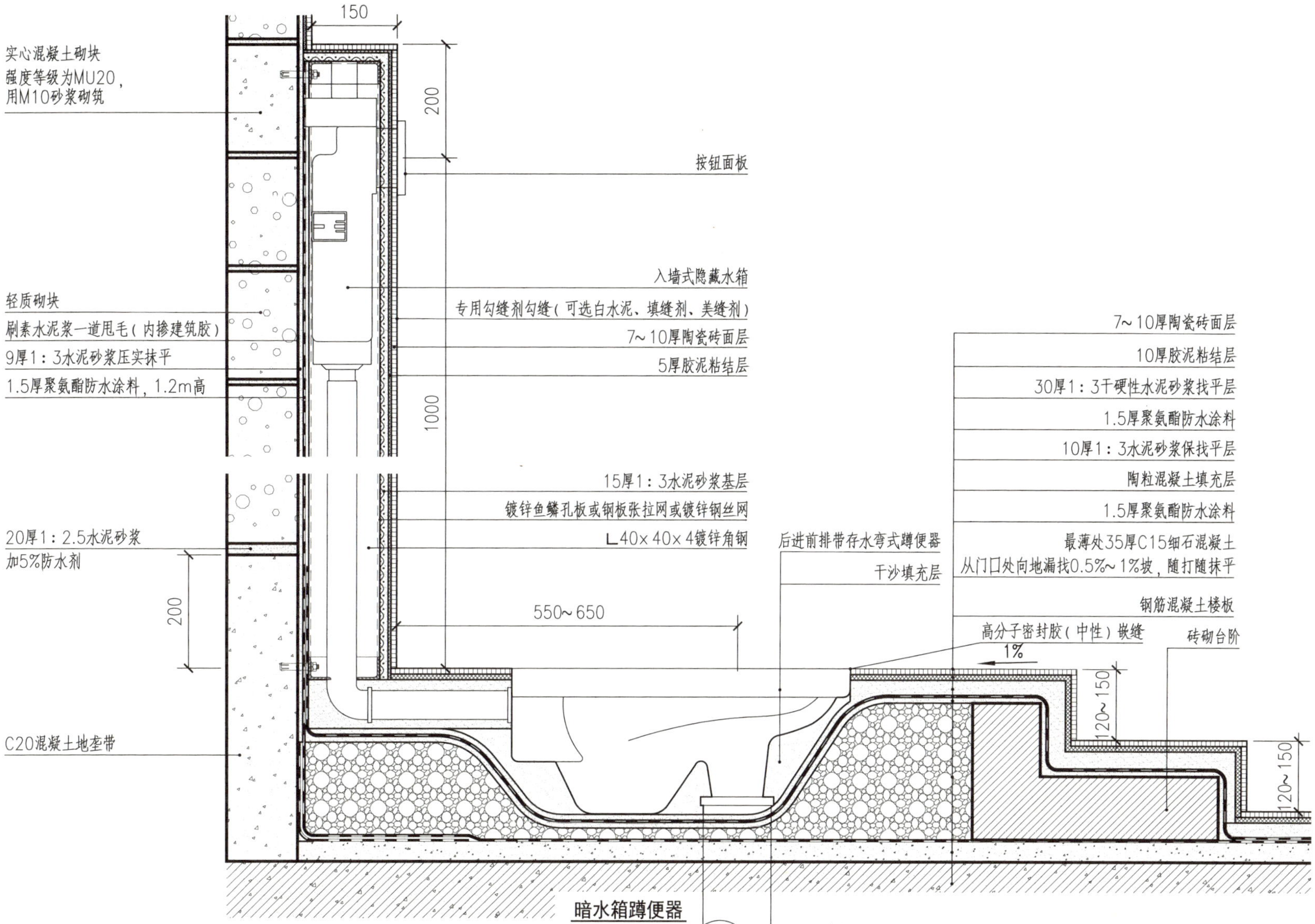

暗水箱蹲便器

注：蹲便排污口方向分为后进前排、前进后排。排污方式分为自带返水弯、不带返水弯。

无水箱蹲便器

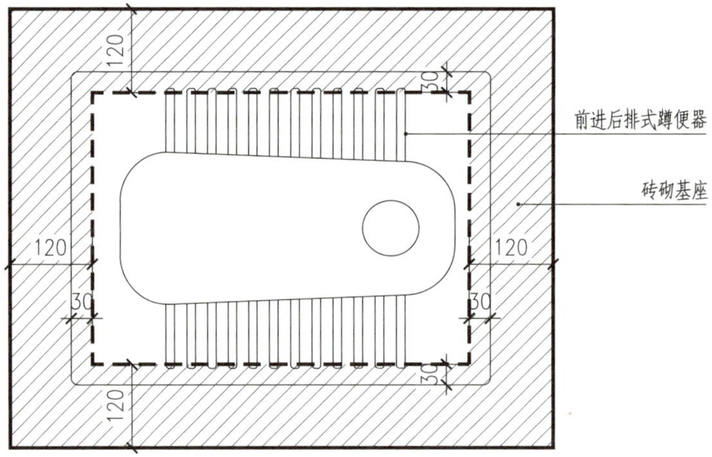

无水箱（无感应器）蹲便器基座砌筑平面图

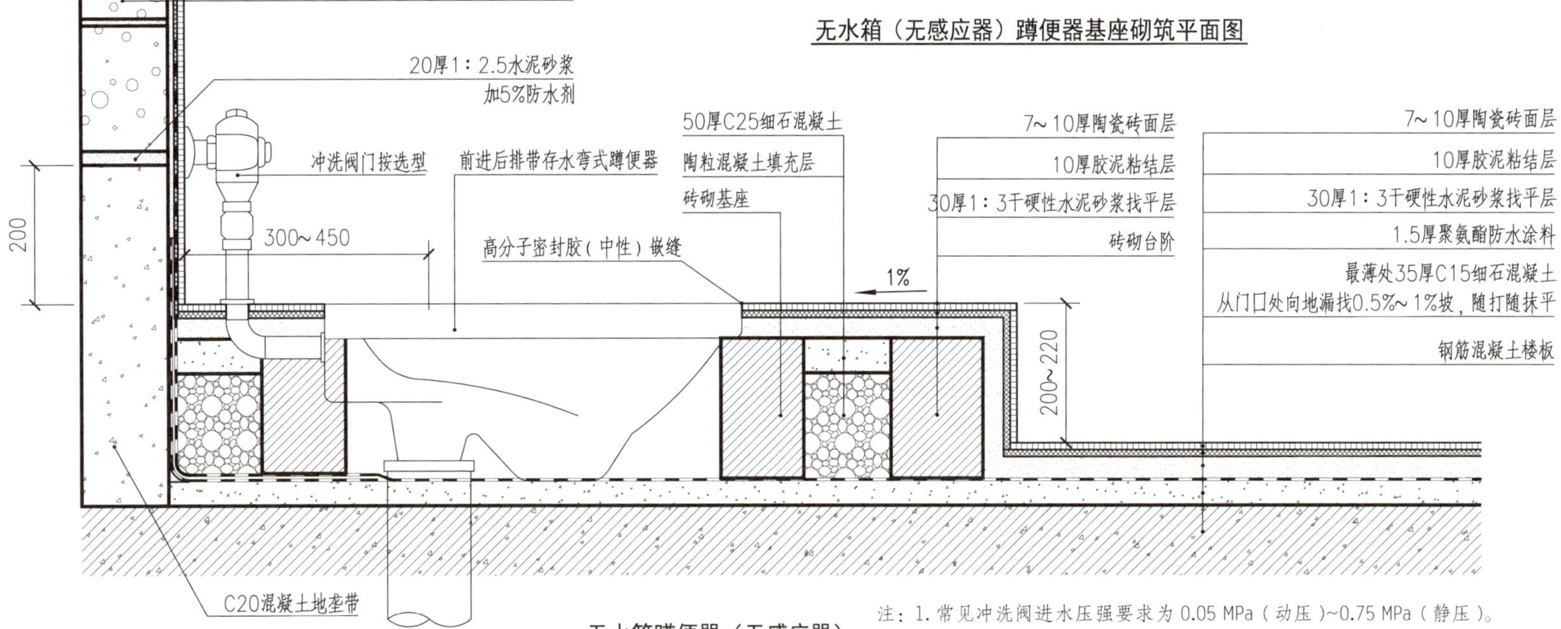

无水箱蹲便器（无感应器）

注：1. 常见冲洗阀进水压强要求为 0.05 MPa（动压）~0.75 MPa（静压）。
2. 蹲便排污口方向分为后进前排、前进后排。排污方式分为自带返水弯、不带返水弯。

无水箱蹲便器（带感应器）

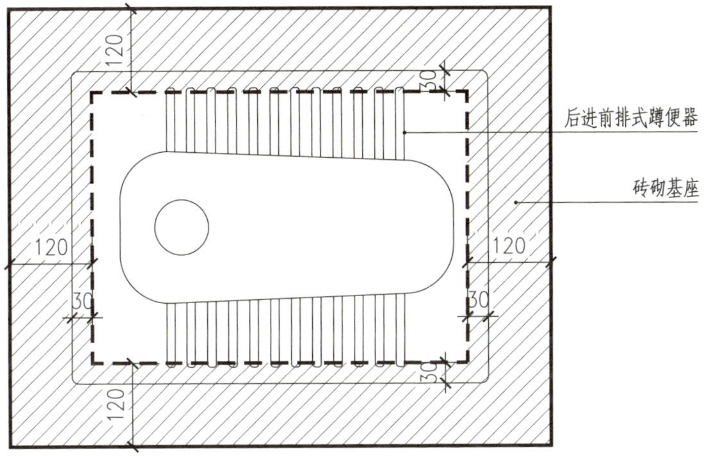

无水箱蹲便器（带感应器）蹲便器基座砌筑平面图

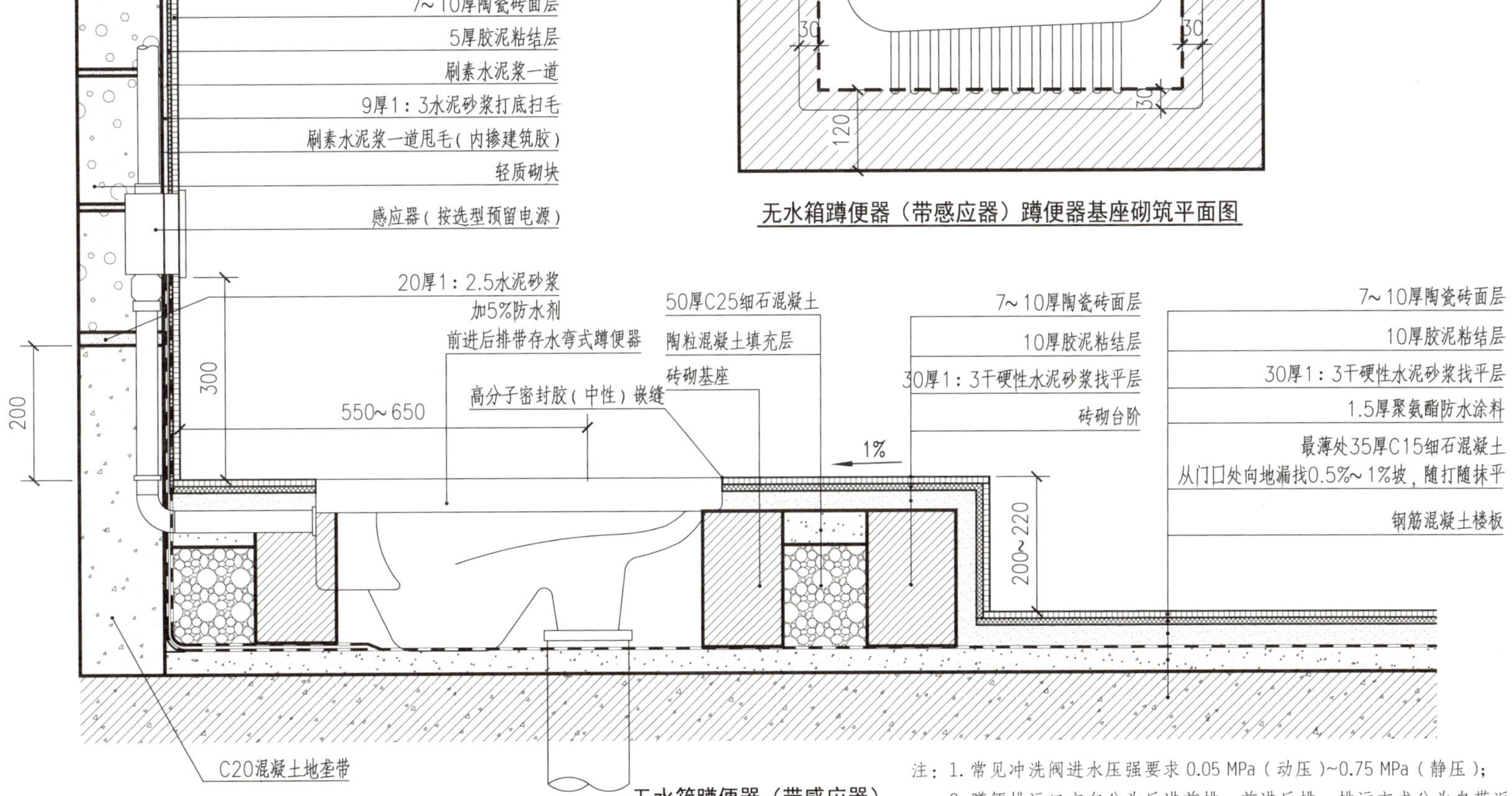

无水箱蹲便器（带感应器）

注：1. 常见冲洗阀进水压强要求 0.05 MPa（动压）~0.75 MPa（静压）；
2. 蹲便排污口方向分为后进前排、前进后排。排污方式分为自带返水弯、不带返水弯。

中位水箱蹲便器

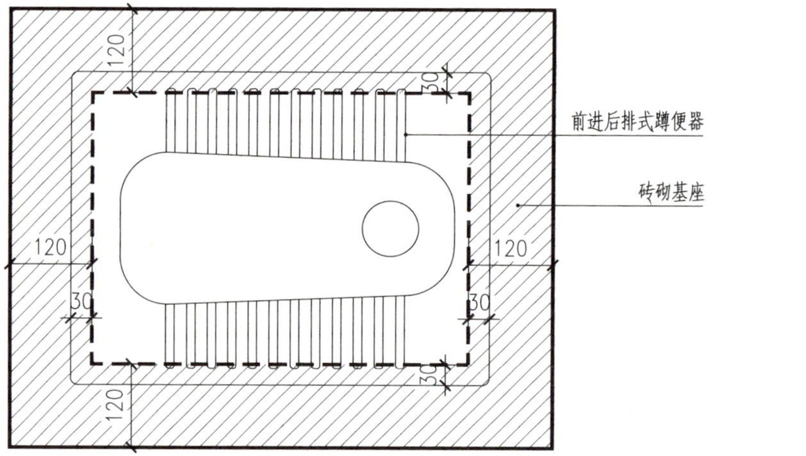

蹲便器基座砌筑平面图

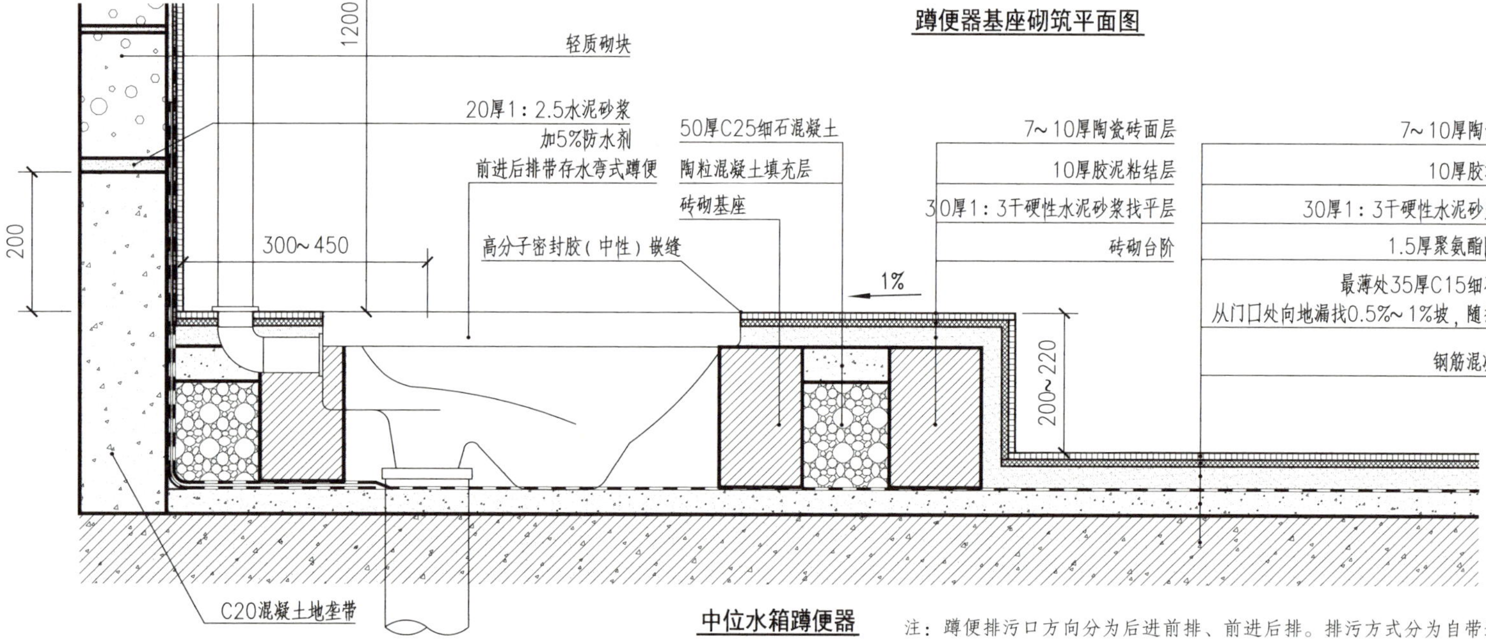

中位水箱蹲便器

注：蹲便排污口方向分为后进前排、前进后排。排污方式分为自带返水弯、不带返水弯。

台上盆洗面台

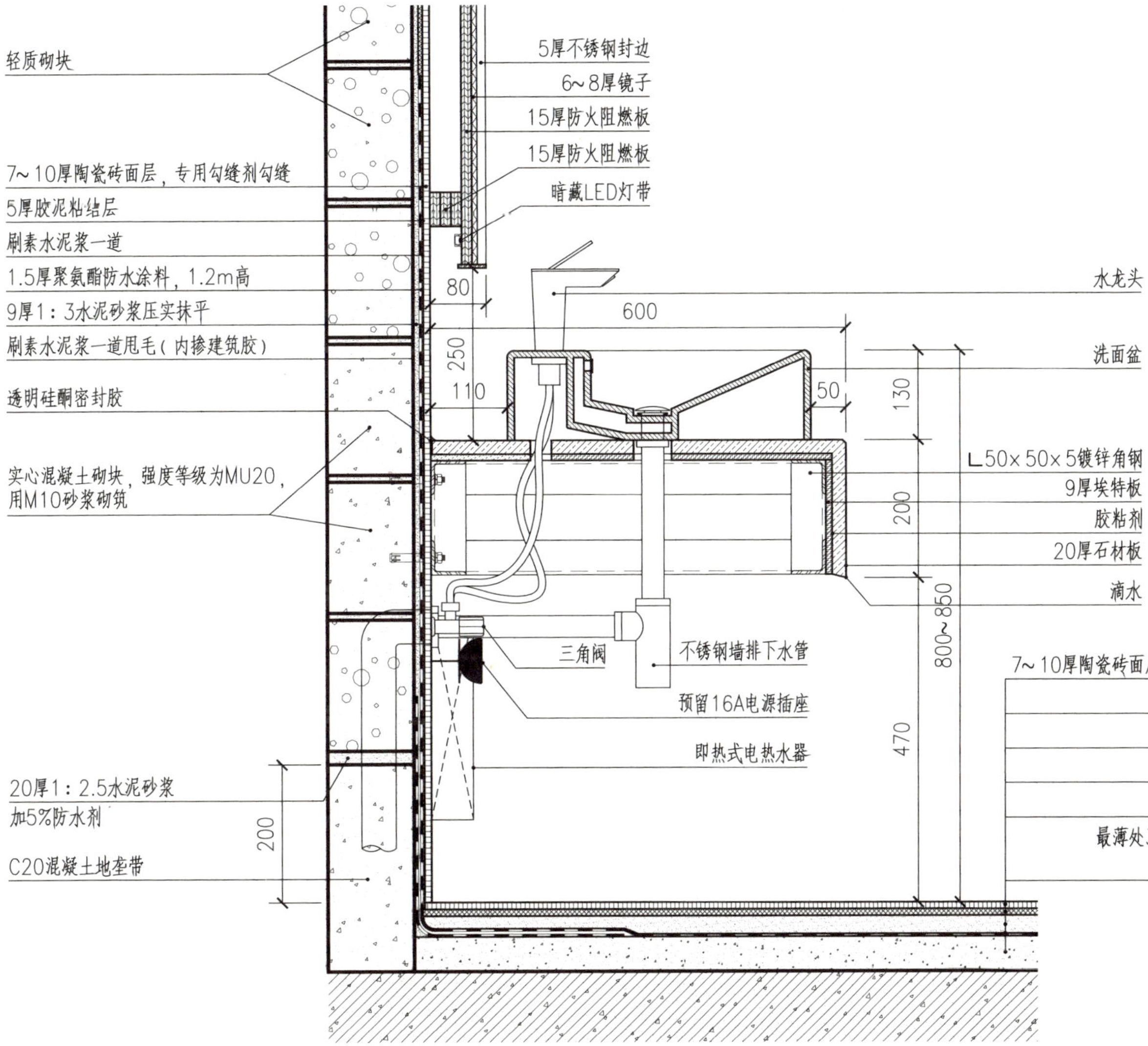

轻质砌块
7～10厚陶瓷砖面层，专用勾缝剂勾缝
5厚胶泥粘结层
刷素水泥浆一道
1.5厚聚氨酯防水涂料，1.2m高
9厚1：3水泥砂浆压实抹平
刷素水泥浆一道甩毛（内掺建筑胶）
透明硅酮密封胶
实心混凝土砌块，强度等级为MU20，
用M10砂浆砌筑
20厚1：2.5水泥砂浆
加5%防水剂
C20混凝土地垄带
200
5厚不锈钢封边
6～8厚镜子
15厚防火阻燃板
15厚防火阻燃板
暗藏LED灯带
80
600
250
110
50
130
200
800～850
470
水龙头
洗面盆
L50×50×5镀锌角钢
9厚埃特板
胶粘剂
20厚石材板
滴水
三角阀
不锈钢墙排下水管
预留16A电源插座
即热式电热水器
7～10厚陶瓷砖面层（白水泥、填缝剂、美缝剂可选）
10厚胶泥粘结层
30厚1：3干硬性水泥砂浆找平层
素水泥浆一道，内掺建筑胶
1.5厚聚氨酯防水涂料
最薄处30厚C15细石混凝土，从门口处向
地漏找0.5%～1%坡，随打随抹平

台上盆洗面台详图

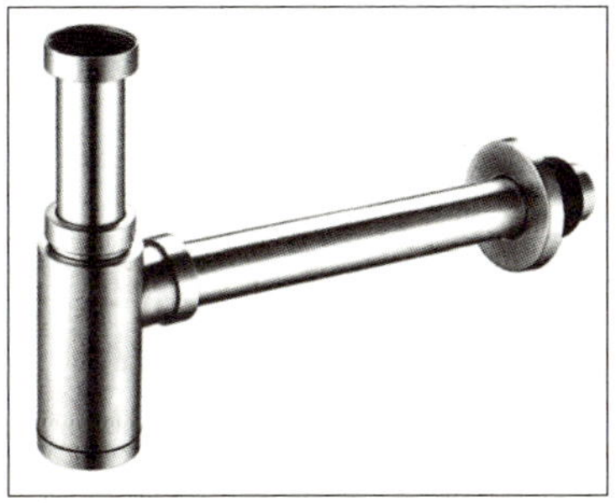

墙排水下水管

台下盆洗面台

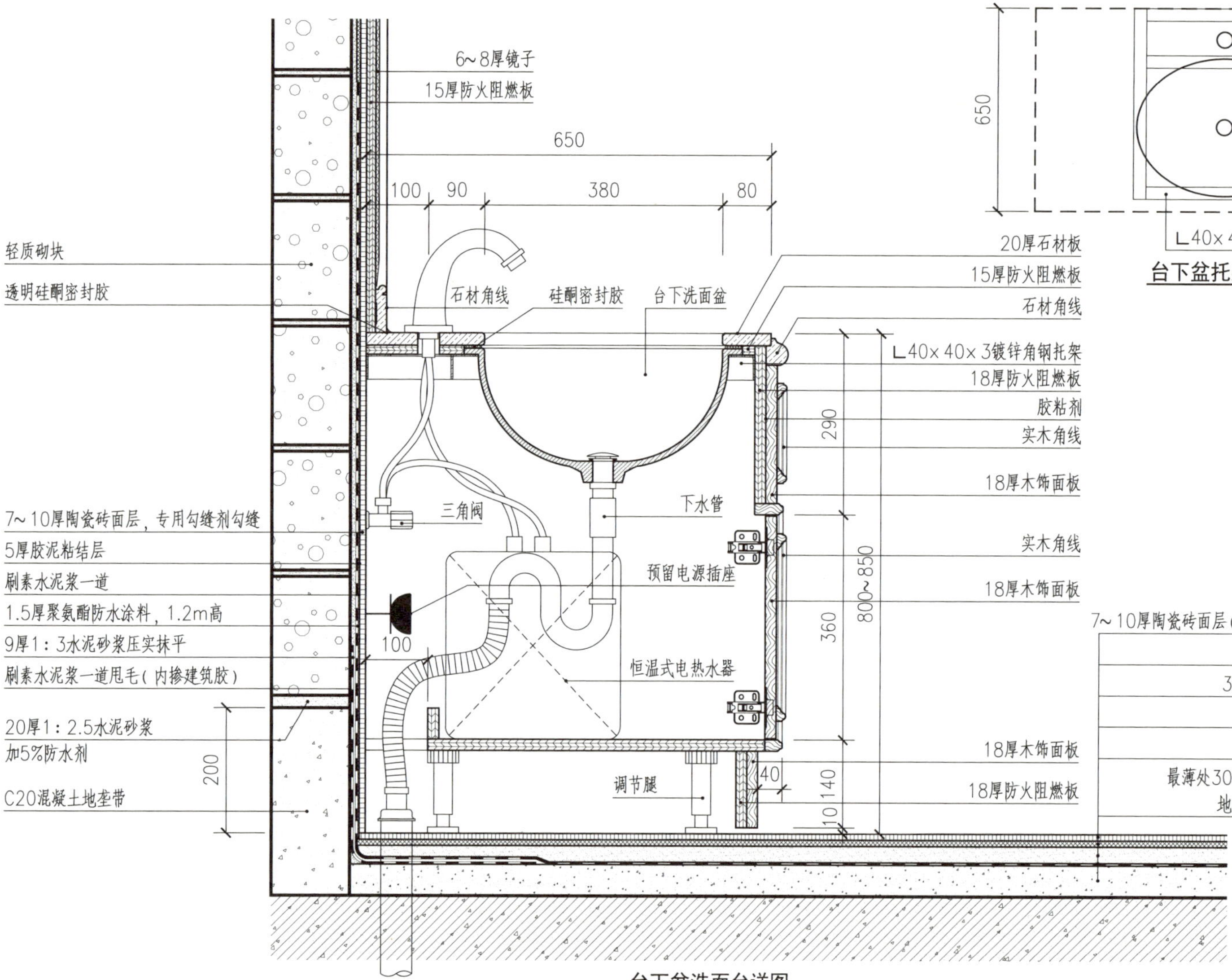
6~8厚镜子
15厚防火阻燃板
650
100
90
380
80
轻质砌块
透明硅酮密封胶
石材角线
硅酮密封胶
台下洗面盆
20厚石材板
15厚防火阻燃板
石材角线
∟40×40×3镀锌角钢托架
18厚防火阻燃板
胶粘剂
实木角线
290
18厚木饰面板
下水管
三角阀
7~10厚陶瓷砖面层，专用勾缝剂勾缝
5厚胶泥粘结层
刷素水泥浆一道
1.5厚聚氨酯防水涂料，1.2m高
9厚1：3水泥砂浆压实抹平
刷素水泥浆一道甩毛（内掺建筑胶）
20厚1：2.5水泥砂浆
加5%防水剂
C20混凝土地垄带
200
100
预留电源插座
实木角线
18厚木饰面板
360
800~850
恒温式电热水器
7~10厚陶瓷砖面层（白水泥、填缝剂、美缝剂可选）
10厚胶泥粘结层
30厚1：3干硬性水泥砂浆找平层
素水泥浆一道，内掺建筑胶
1.5厚聚氨酯防水涂料
18厚木饰面板
调节腿
40
140
10
18厚防火阻燃板
最薄处30厚C15细石混凝土，从门口处向
地漏找0.5%~1%坡，随打随抹平

台下盆洗面台详图

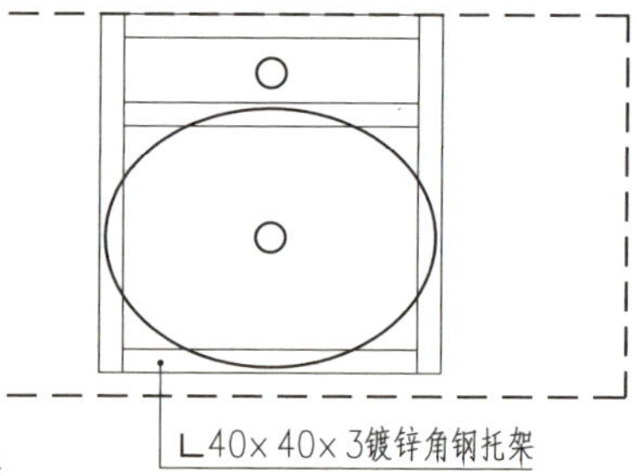
650
∟40×40×3镀锌角钢托架

台下盆托架平面图

半嵌入式台盆洗面台

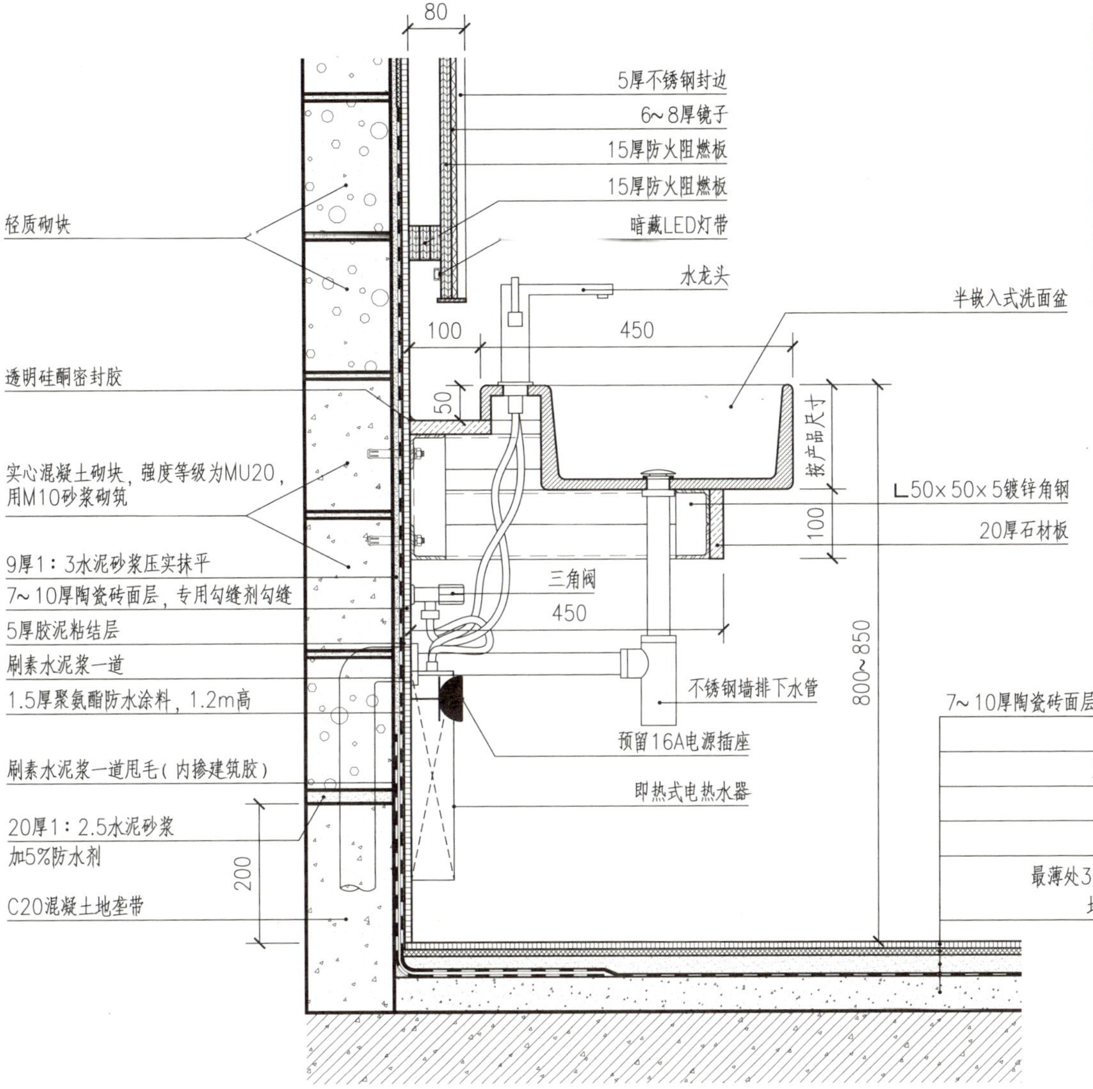

80
5厚不锈钢封边
6~8厚镜子
15厚防火阻燃板
15厚防火阻燃板
暗藏LED灯带
水龙头
轻质砌块
半嵌入式洗面盆
100
450
透明硅酮密封胶
50
按产品尺寸
实心混凝土砌块，强度等级为MU20，
用M10砂浆砌筑
L50x50x5镀锌角钢
100
20厚石材板
9厚1：3水泥砂浆压实抹平
7~10厚陶瓷砖面层，专用勾缝剂勾缝
三角阀
450
5厚胶泥粘结层
刷素水泥浆一道
不锈钢墙排下水管
800~850
1.5厚聚氨酯防水涂料，1.2m高
7~10厚陶瓷砖面层（白水泥、填缝剂、美缝剂可选）
预留16A电源插座
10厚胶泥粘结层
刷素水泥浆一道甩毛（内掺建筑胶）
30厚1：3干硬性水泥砂浆找平层
即热式电热水器
素水泥浆一道，内掺建筑胶
20厚1：2.5水泥砂浆
加5%防水剂
1.5厚聚氨酯防水涂料
200
最薄处30厚C15细石混凝土，从门口处向
地漏找0.5%~1%坡，随打随抹平
C20混凝土地垄带

半嵌入式台盆洗面台详图

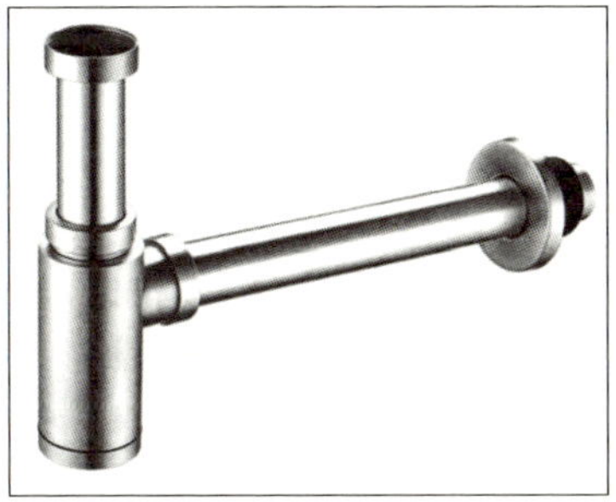

墙排水下水管

一体式人造石洗面台

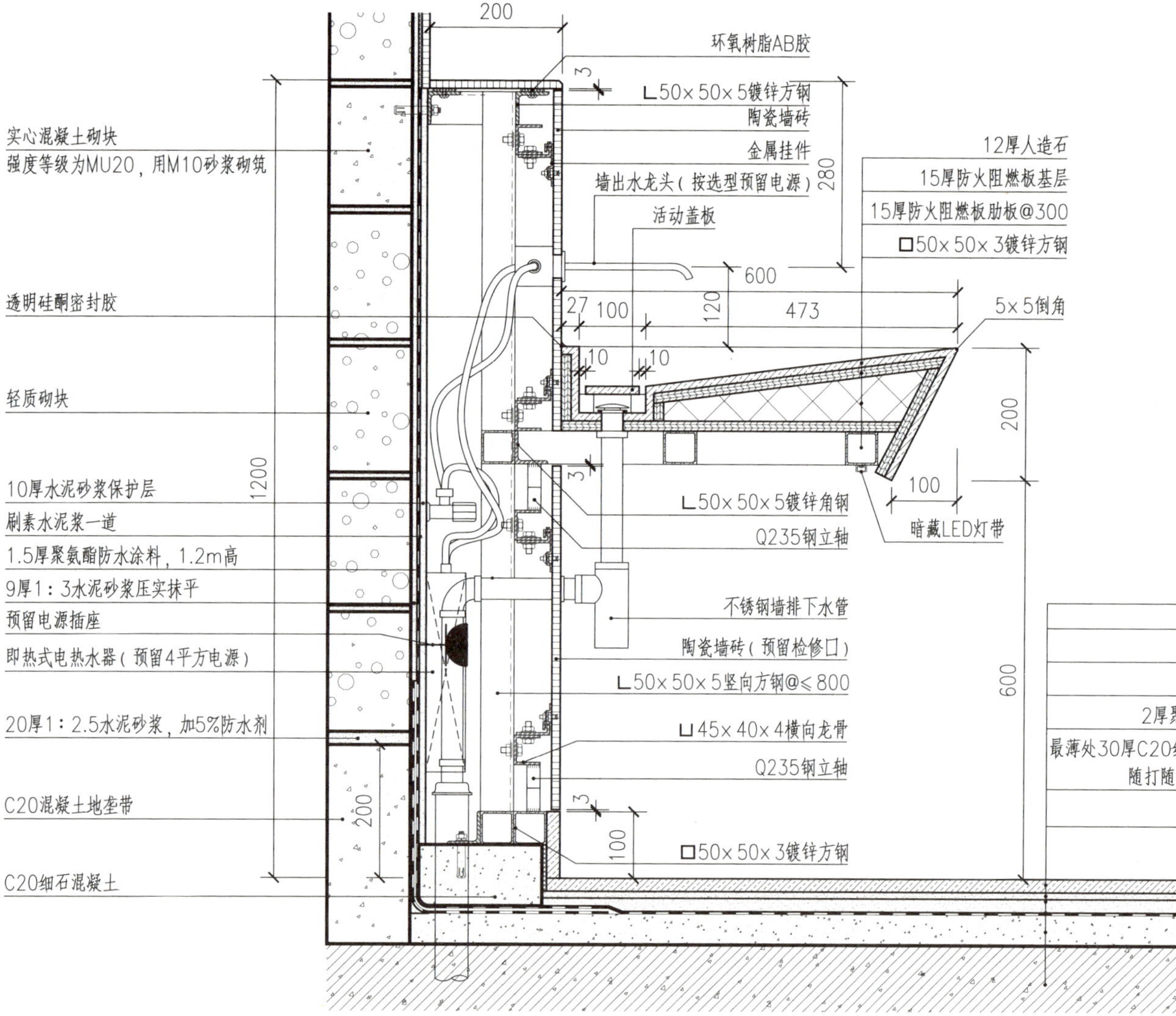
200
环氧树脂AB胶
3
L50×50×5镀锌方钢
陶瓷墙砖
金属挂件
墙出水龙头（按选型预留电源）
280
活动盖板
12厚人造石
15厚防火阻燃板基层
15厚防火阻燃板肋板@300
□50×50×3镀锌方钢
600
27
100
120
473
5×5倒角
10
10
200
3
100
L50×50×5镀锌角钢
Q235钢立轴
暗藏LED灯带
实心混凝土砌块
强度等级为MU20，用M10砂浆砌筑
透明硅酮密封胶
轻质砌块
1200
10厚水泥砂浆保护层
刷素水泥浆一道
1.5厚聚氨酯防水涂料，1.2m高
9厚1：3水泥砂浆压实抹平
预留电源插座
即热式电热水器（预留4平方电源）
20厚1：2.5水泥砂浆，加5%防水剂
C20混凝土地垄带
200
C20细石混凝土
不锈钢墙排下水管
陶瓷墙砖（预留检修口）
L50×50×5竖向方钢@≤800
⊔45×40×4横向龙骨
Q235钢立轴
3
100
□50×50×3镀锌方钢
600
20厚石材板，正背面及四周边满涂防污剂
（白水泥、填缝剂、美缝剂可选）
10厚素水泥膏一道
20厚1：3干硬性水泥砂浆找平层
素水泥浆一道（内掺建筑胶）
2厚聚合物水泥基防水涂料或1.5厚聚氨酯防水涂料
最薄处30厚C20细石混凝土，从门口处向地漏找0.5%～1%坡，
随打随抹平，四周及管根部位用1：3砂浆抹小八字角
钢筋混凝土楼板

一体式人造石洗面台详图

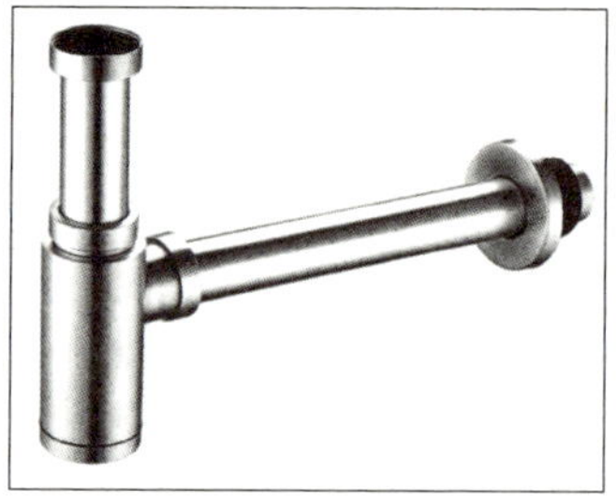

墙排水下水管

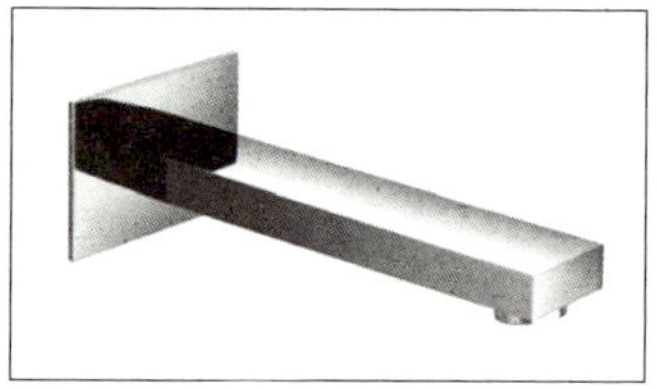

墙出水龙头

浴缸（一）

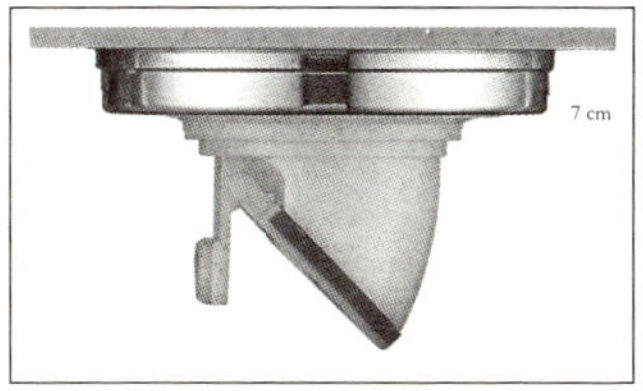
7 cm

地漏

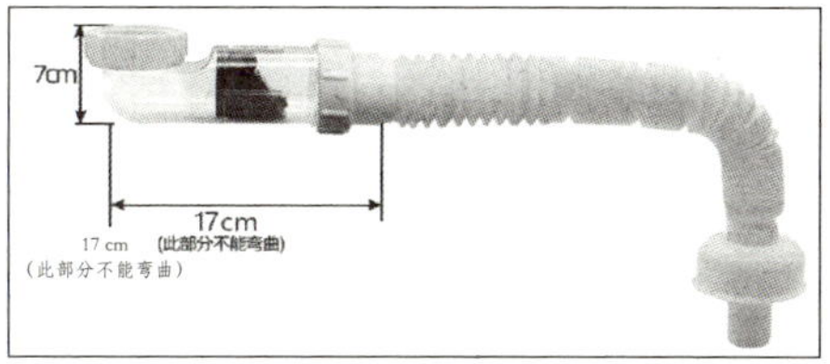
7cm
17cm
17 cm
(此部分不能弯曲)

浴缸下水管

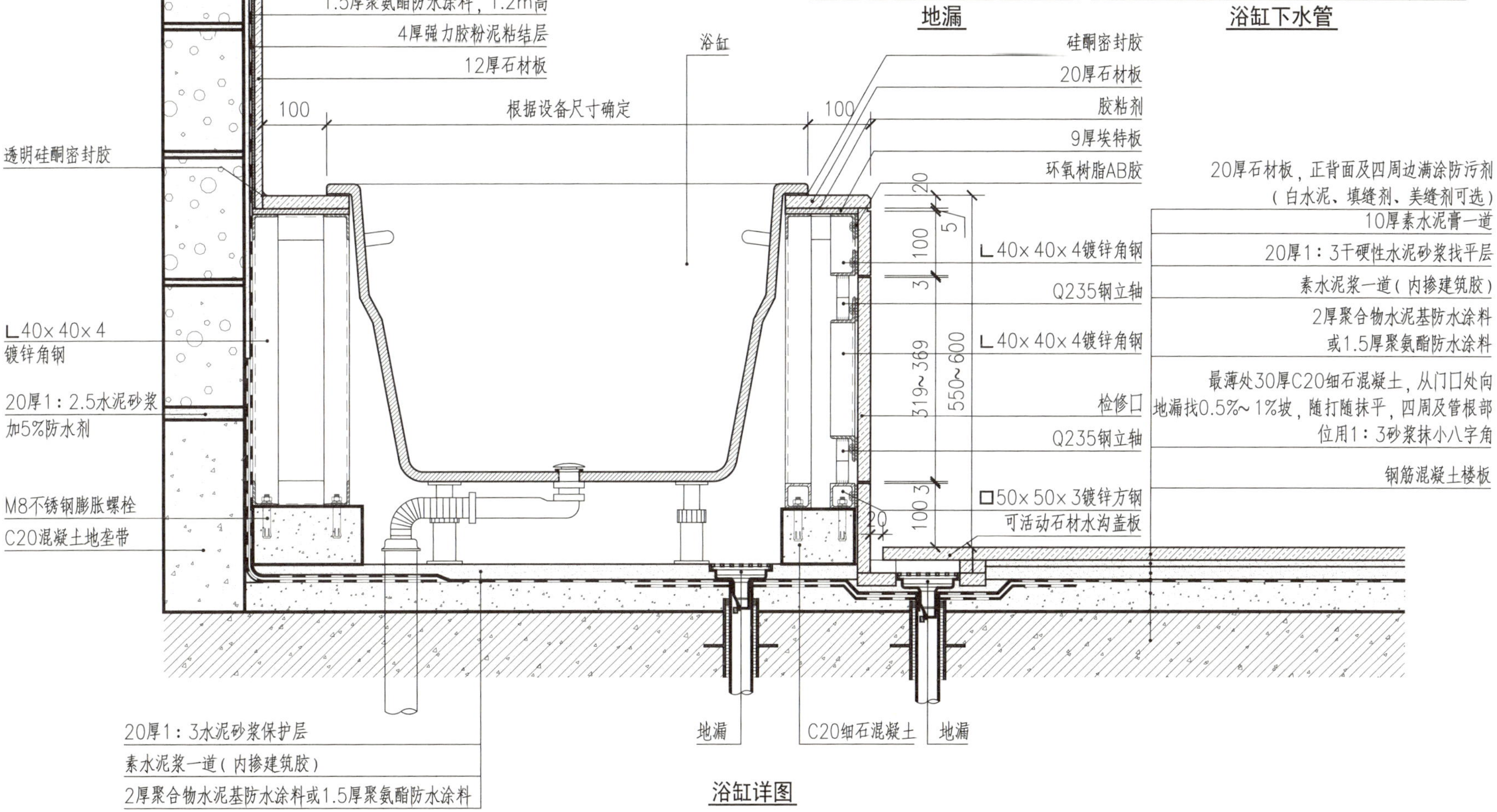
轻质砌块
刷素水泥浆一道甩毛（内掺建筑胶）
9厚1：3水泥砂浆压实抹平
1.5厚聚氨酯防水涂料，1.2m高
4厚强力胶粉泥粘结层
12厚石材板
浴缸
100
根据设备尺寸确定
100
透明硅酮密封胶
∟40×40×4
镀锌角钢
20厚1：2.5水泥砂浆
加5%防水剂
M8不锈钢膨胀螺栓
C20混凝土地垄带
硅酮密封胶
20厚石材板
胶粘剂
9厚埃特板
环氧树脂AB胶
20厚石材板，正背面及四周边满涂防污剂
（白水泥、填缝剂、美缝剂可选）
10厚素水泥膏一道
20厚1：3干硬性水泥砂浆找平层
素水泥浆一道（内掺建筑胶）
2厚聚合物水泥基防水涂料
或1.5厚聚氨酯防水涂料
最薄处30厚C20细石混凝土，从门口处向
地漏找0.5%~1%坡，随打随抹平，四周及管根部
位用1：3砂浆抹小八字角
钢筋混凝土楼板
∟40×40×4镀锌角钢
Q235钢立轴
∟40×40×4镀锌角钢
检修口
Q235钢立轴
□50×50×3镀锌方钢
可活动石材水沟盖板
20
100
3
319~369
3
100
5
550~600
20
20厚1：3水泥砂浆保护层
素水泥浆一道（内掺建筑胶）
2厚聚合物水泥基防水涂料或1.5厚聚氨酯防水涂料
地漏
C20细石混凝土
地漏

浴缸详图

浴缸（二）

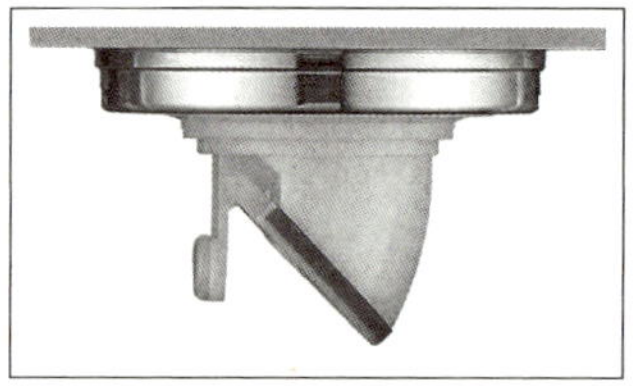

地漏

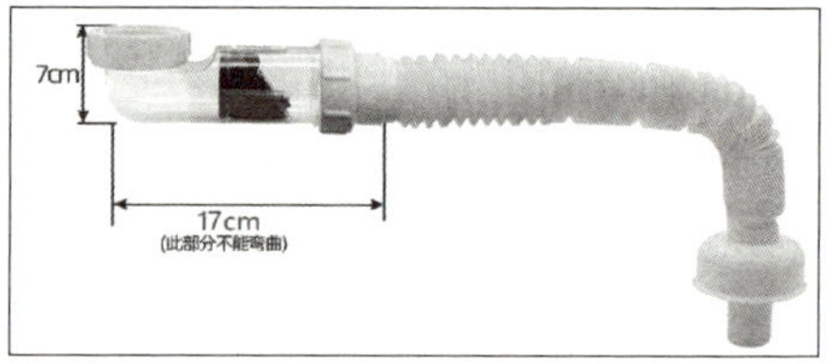

7cm
17cm

浴缸下水管

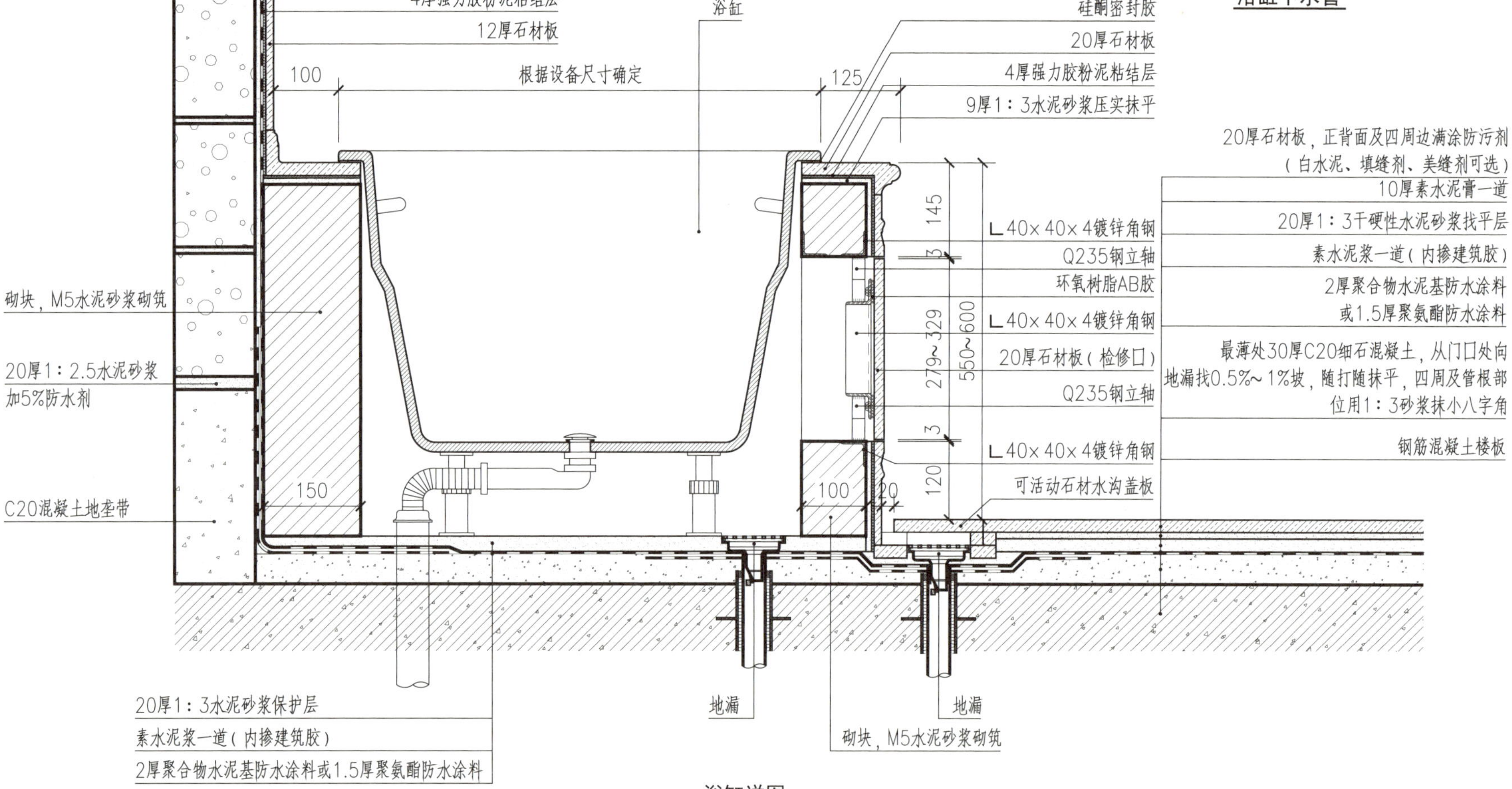

轻质砌块
刷素水泥浆一道甩毛（内掺建筑胶）
9厚1：3水泥砂浆压实抹平
1.5厚聚氨酯防水涂料，1.2m高
4厚强力胶粉泥粘结层
12厚石材板
浴缸
100
根据设备尺寸确定
125
硅酮密封胶
20厚石材板
4厚强力胶粉泥粘结层
9厚1：3水泥砂浆压实抹平
20厚石材板，正背面及四周边满涂防污剂
（白水泥、填缝剂、美缝剂可选）
10厚素水泥膏一道
20厚1：3干硬性水泥砂浆找平层
素水泥浆一道（内掺建筑胶）
2厚聚合物水泥基防水涂料
或1.5厚聚氨酯防水涂料
最薄处30厚C20细石混凝土，从门口处向
地漏找0.5%～1%坡，随打随抹平，四周及管根部
位用1：3砂浆抹小八字角
钢筋混凝土楼板
145
3
279～329
550～600
3
120
L40×40×4镀锌角钢
Q235钢立轴
环氧树脂AB胶
L40×40×4镀锌角钢
20厚石材板（检修口）
Q235钢立轴
L40×40×4镀锌角钢
可活动石材水沟盖板
砌块，M5水泥砂浆砌筑
20厚1：2.5水泥砂浆
加5%防水剂
C20混凝土地垄带
150
100
20
20厚1：3水泥砂浆保护层
素水泥浆一道（内掺建筑胶）
2厚聚合物水泥基防水涂料或1.5厚聚氨酯防水涂料
地漏
地漏
砌块，M5水泥砂浆砌筑

浴缸详图

钢框架墙面防水

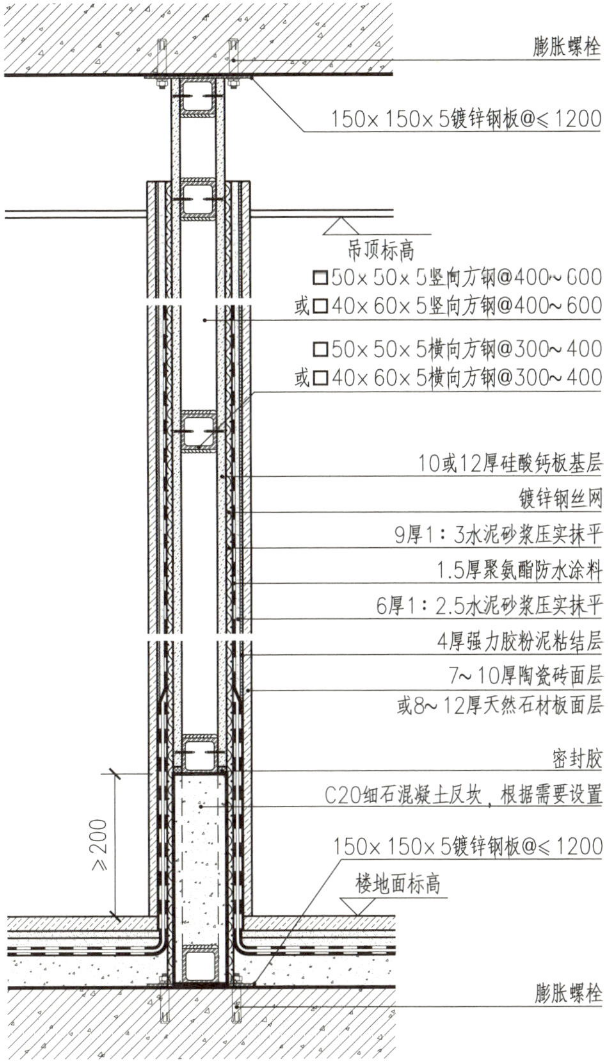

钢架隔墙纵剖面图（一）

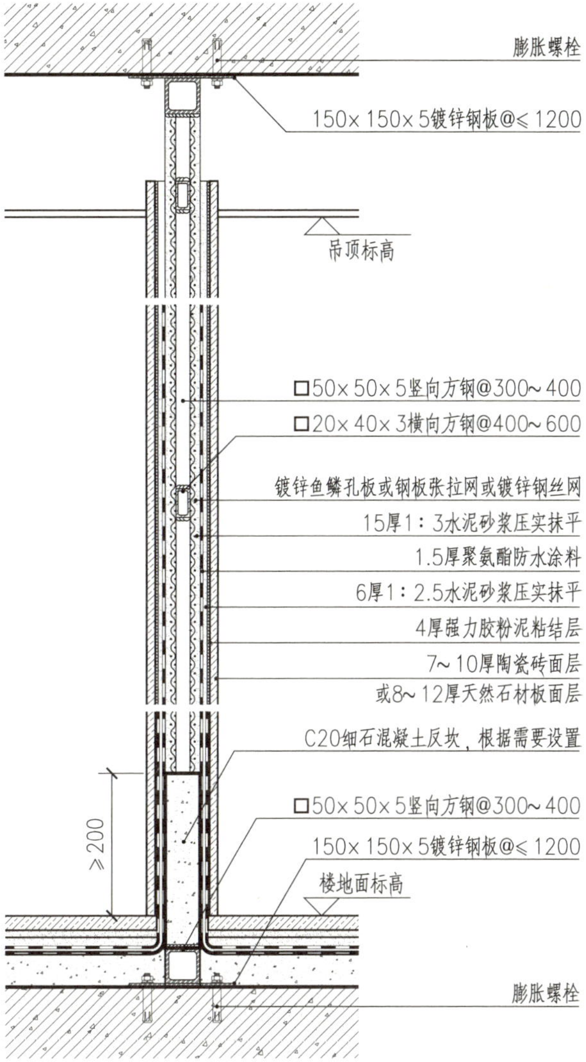

钢架隔墙纵剖面图（二）

注： 钢架规格需根据墙体高度、装修面层重量调整。

玻璃隔断（一）

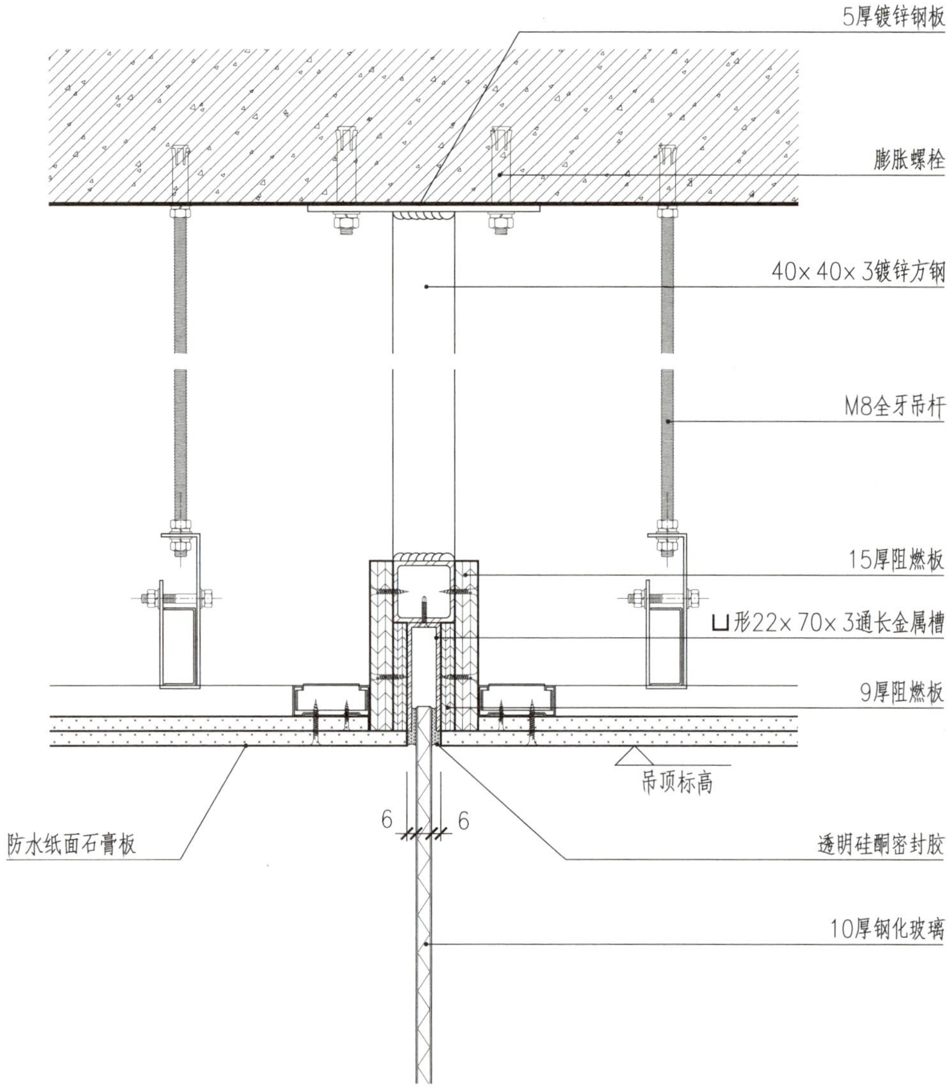

5厚镀锌钢板
膨胀螺栓
40×40×3镀锌方钢
M8全牙吊杆
15厚阻燃板
⊔形22×70×3通长金属槽
9厚阻燃板
吊顶标高
防水纸面石膏板
6
6
透明硅酮密封胶
10厚钢化玻璃

玻璃隔断顶纵剖面图（一）

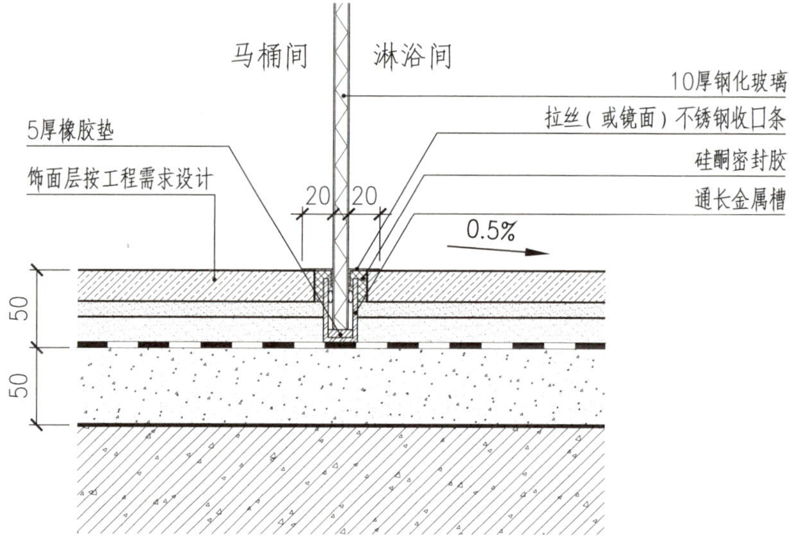

马桶间
淋浴间
10厚钢化玻璃
拉丝（或镜面）不锈钢收口条
5厚橡胶垫
硅酮密封胶
饰面层按工程需求设计
20
20
通长金属槽
0.5%
50
50

玻璃隔底断纵剖面图（二）

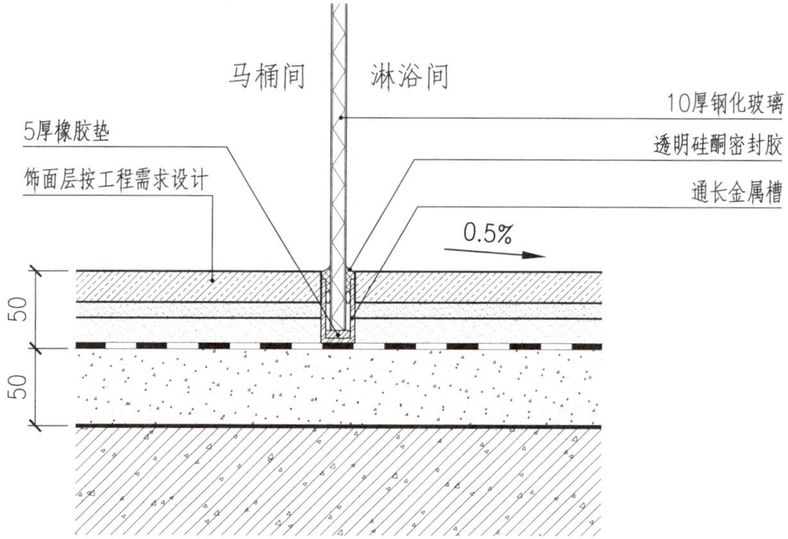

马桶间
淋浴间
10厚钢化玻璃
透明硅酮密封胶
5厚橡胶垫
饰面层按工程需求设计
通长金属槽
0.5%
50
50

玻璃隔断底纵剖面图（三）

玻璃隔断（二）

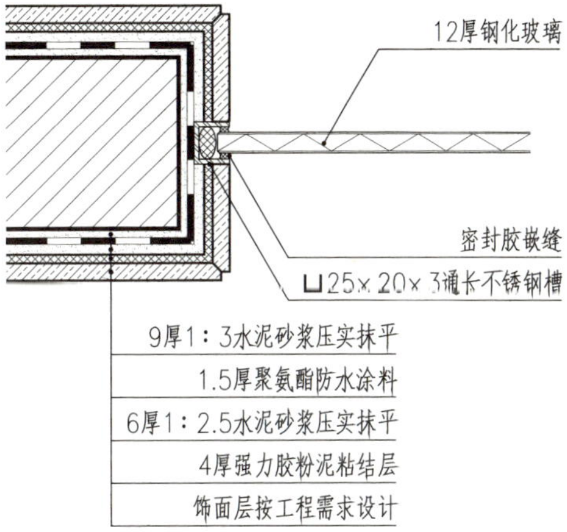

12厚钢化玻璃
密封胶嵌缝
⊔25×20×3通长不锈钢槽
9厚1：3水泥砂浆压实抹平
1.5厚聚氨酯防水涂料
6厚1：2.5水泥砂浆压实抹平
4厚强力胶粉泥粘结层
饰面层按工程需求设计

玻璃隔断横剖面图

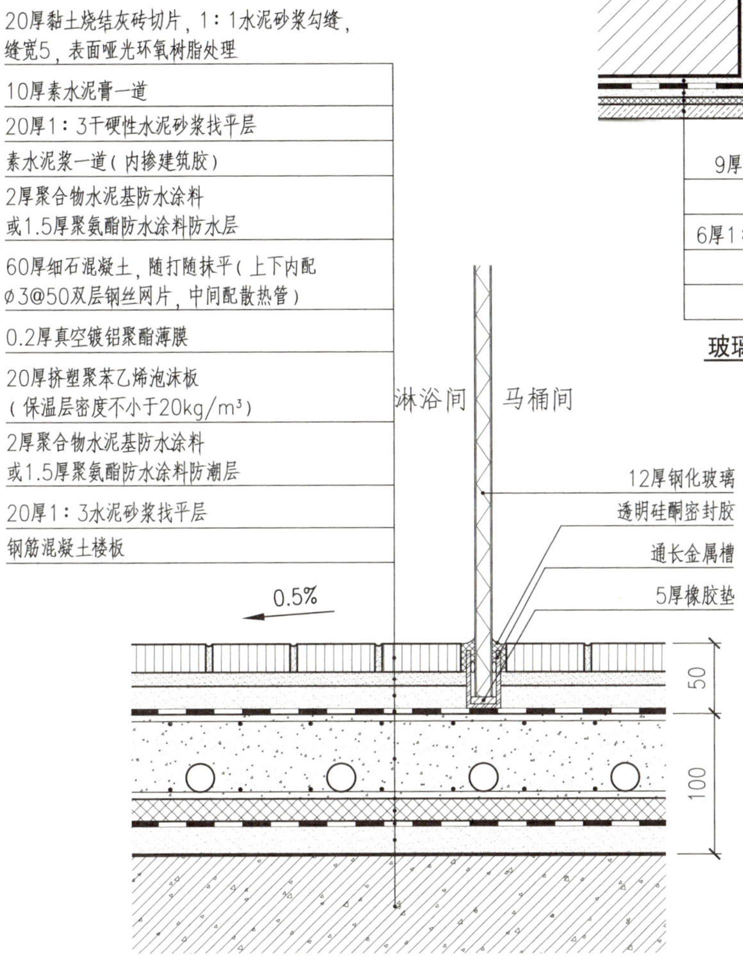

20厚黏土烧结灰砖切片，1：1水泥砂浆勾缝，
缝宽5，表面哑光环氧树脂处理
10厚素水泥膏一道
20厚1：3干硬性水泥砂浆找平层
素水泥浆一道（内掺建筑胶）
2厚聚合物水泥基防水涂料
或1.5厚聚氨酯防水涂料防水层
60厚细石混凝土，随打随抹平（上下内配
ø3@50双层钢丝网片，中间配散热管）
0.2厚真空镀铝聚酯薄膜
20厚挤塑聚苯乙烯泡沫板
（保温层密度不小于20kg/m³）
2厚聚合物水泥基防水涂料
或1.5厚聚氨酯防水涂料防潮层
20厚1：3水泥砂浆找平层
钢筋混凝土楼板
淋浴间
马桶间
12厚钢化玻璃
透明硅酮密封胶
通长金属槽
5厚橡胶垫
0.5%
50
100

玻璃隔断底纵剖面图（四）

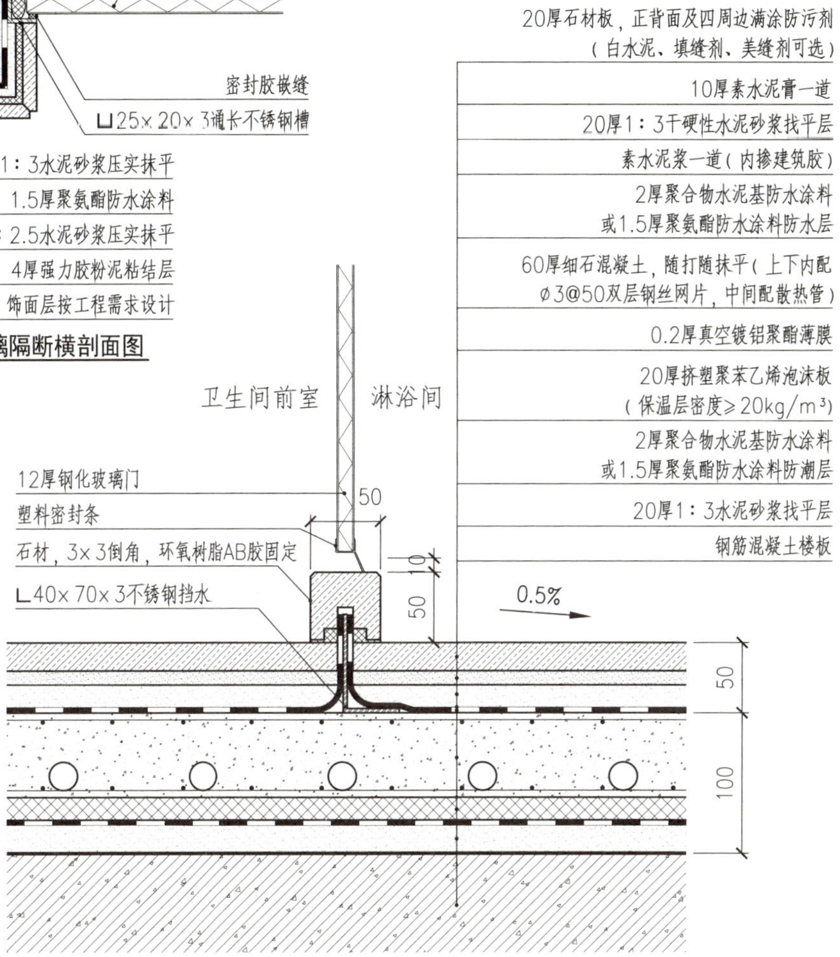

20厚石材板，正背面及四周边满涂防污剂
（白水泥、填缝剂、美缝剂可选）
10厚素水泥膏一道
20厚1：3干硬性水泥砂浆找平层
素水泥浆一道（内掺建筑胶）
2厚聚合物水泥基防水涂料
或1.5厚聚氨酯防水涂料防水层
60厚细石混凝土，随打随抹平（上下内配
ø3@50双层钢丝网片，中间配散热管）
0.2厚真空镀铝聚酯薄膜
20厚挤塑聚苯乙烯泡沫板
（保温层密度≥20kg/m³）
2厚聚合物水泥基防水涂料
或1.5厚聚氨酯防水涂料防潮层
20厚1：3水泥砂浆找平层
钢筋混凝土楼板
卫生间前室
淋浴间
12厚钢化玻璃门
塑料密封条
石材，3×3倒角，环氧树脂AB胶固定
∟40×70×3不锈钢挡水
50
10
50
0.5%
50
100

玻璃隔断底纵剖面图（五）

玻璃隔断（三）

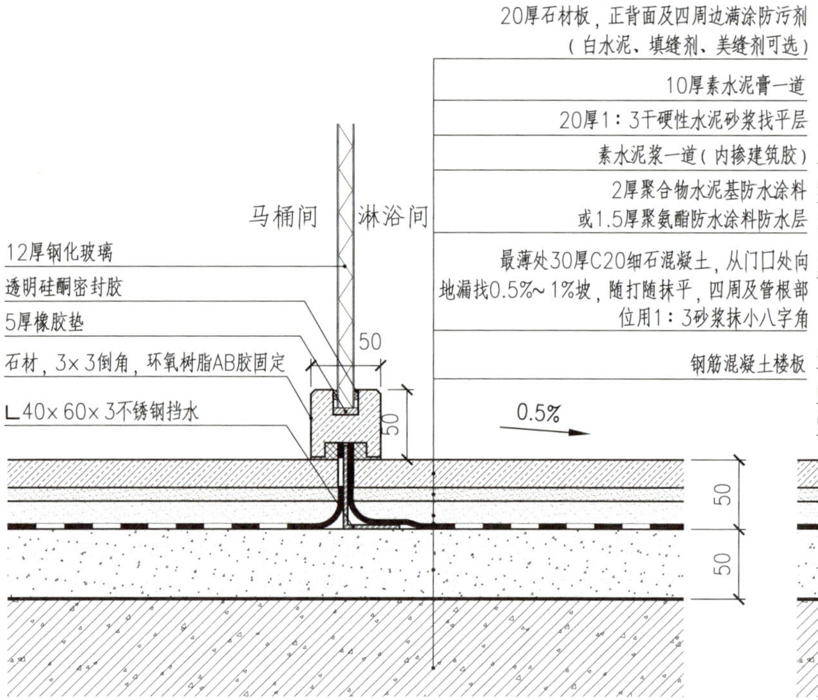

玻璃隔断底纵剖面图（六）

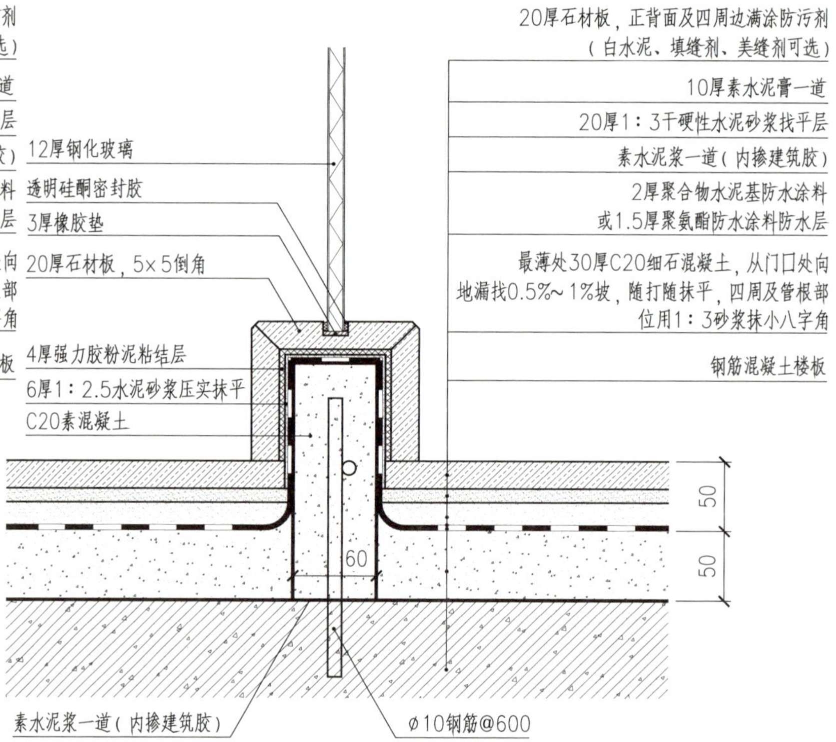

玻璃隔断底纵剖面图（七）

小便器隔断

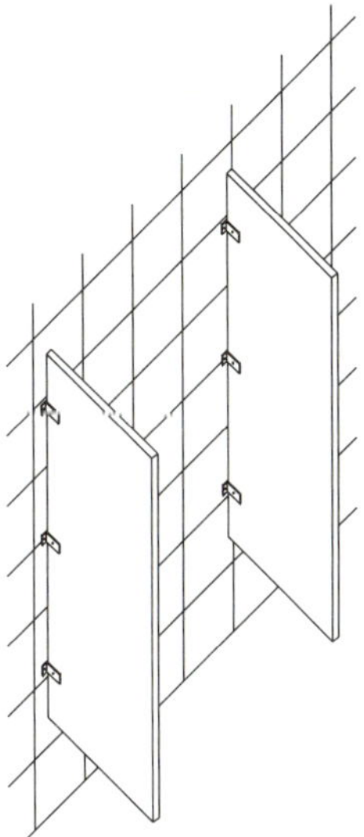

小便器隔断（一）

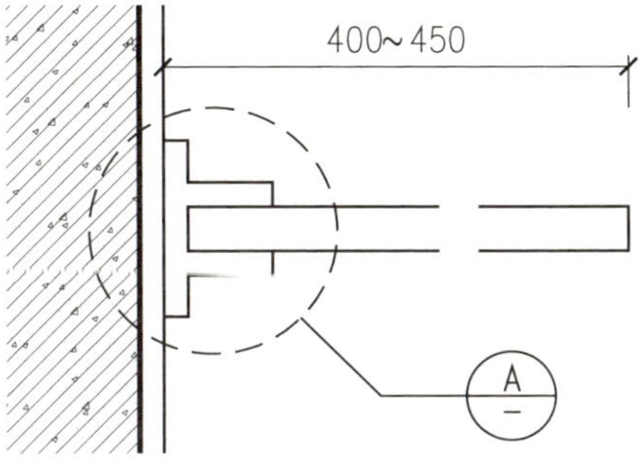

小便器隔断平面图（一）

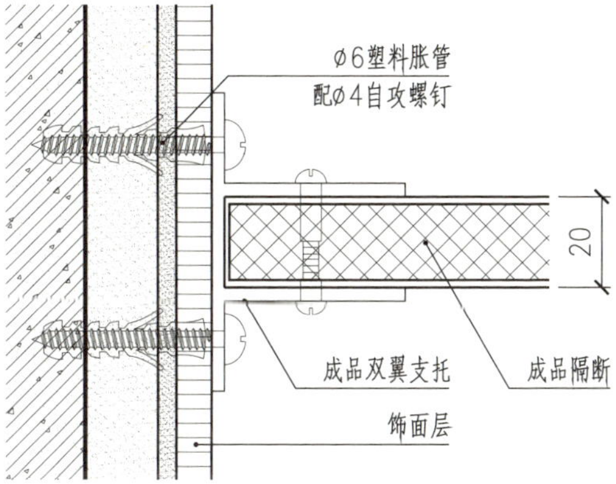

A

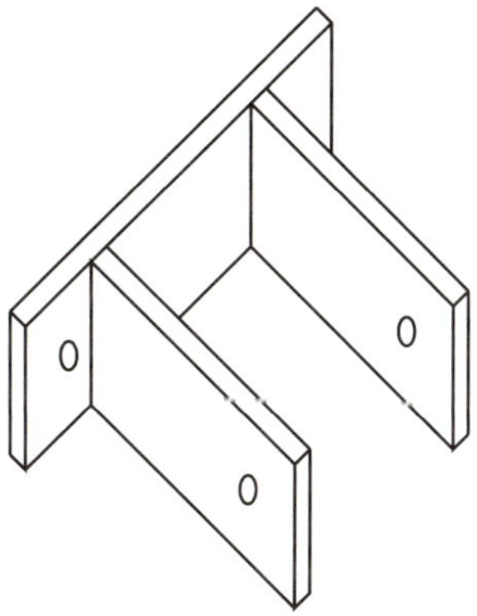

双翼支托（固定件）

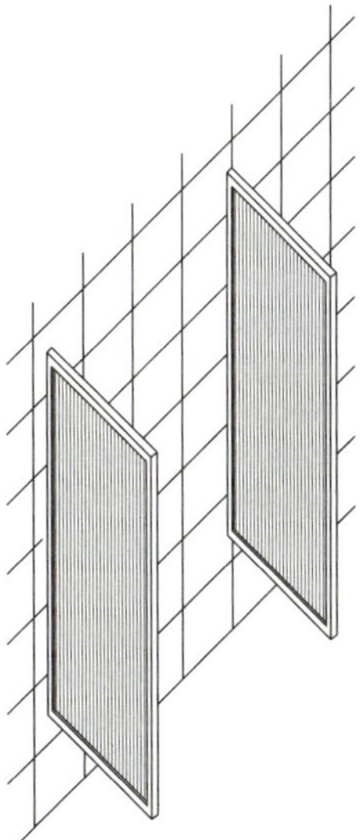

小便器隔断（二）

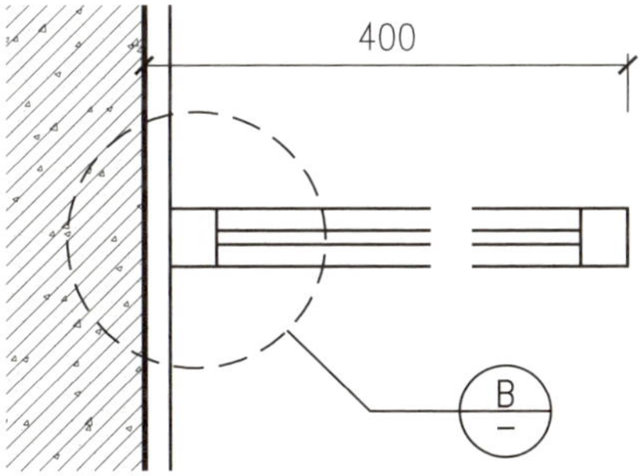

小便器隔断平面图（二）

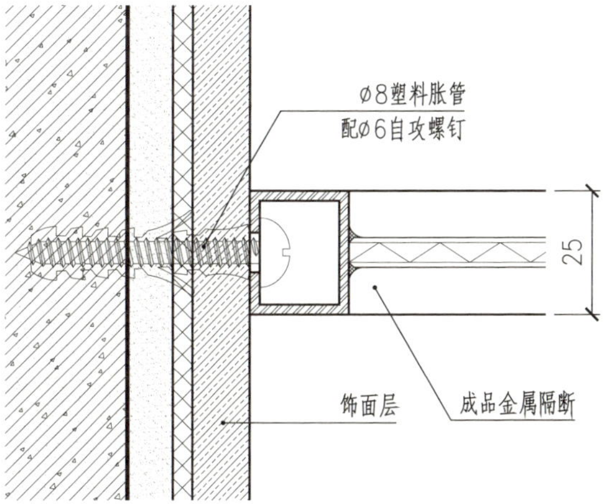

B

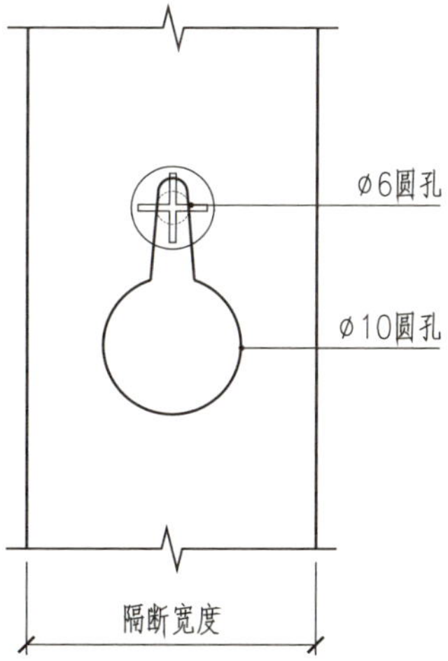

固定方式

地漏防水

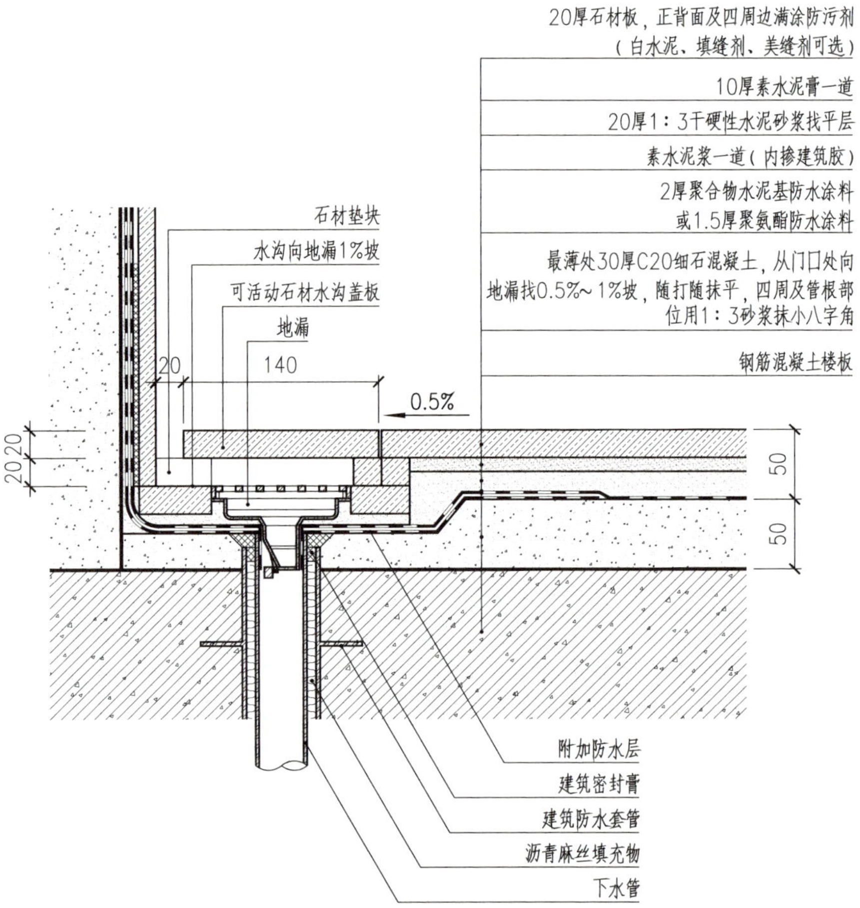

地漏防水详图（一）

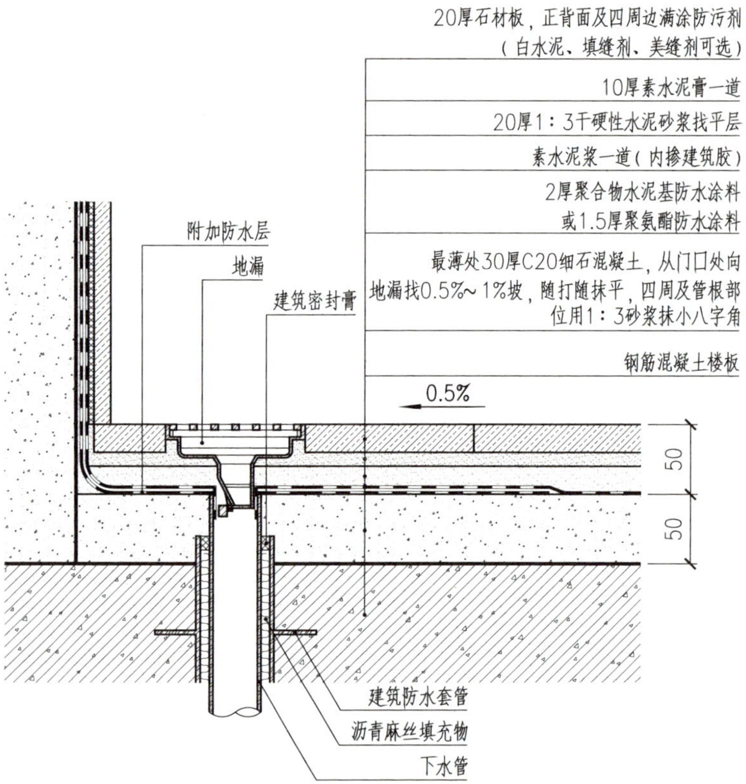

地漏防水详图（二）

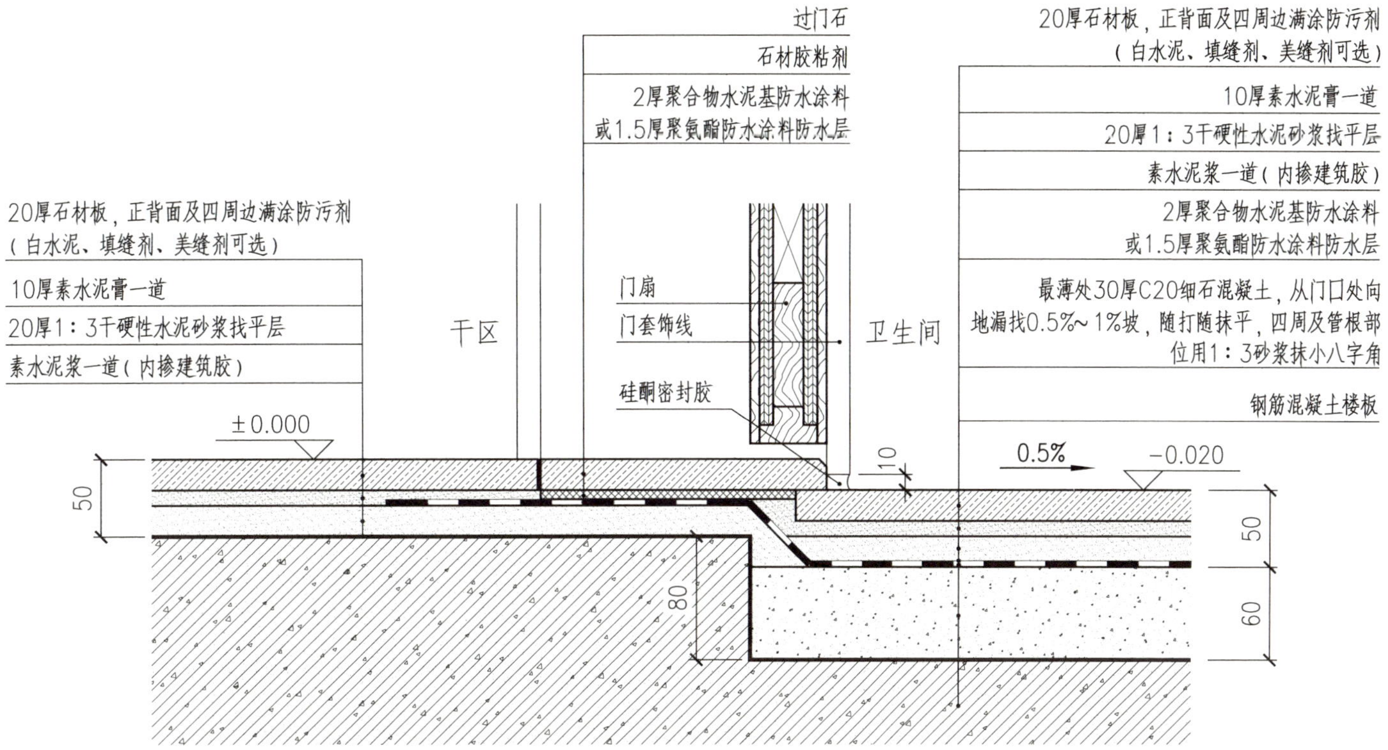
过门石
石材胶粘剂
2厚聚合物水泥基防水涂料
或1.5厚聚氨酯防水涂料防水层
20厚石材板，正背面及四周边满涂防污剂
（白水泥、填缝剂、美缝剂可选）
10厚素水泥膏一道
20厚1：3干硬性水泥砂浆找平层
素水泥浆一道（内掺建筑胶）
2厚聚合物水泥基防水涂料
或1.5厚聚氨酯防水涂料防水层
最薄处30厚C20细石混凝土，从门口处向
地漏找0.5%~1%坡，随打随抹平，四周及管根部
位用1：3砂浆抹小八字角
钢筋混凝土楼板
20厚石材板，正背面及四周边满涂防污剂
（白水泥、填缝剂、美缝剂可选）
10厚素水泥膏一道
20厚1：3干硬性水泥砂浆找平层
素水泥浆一道（内掺建筑胶）
干区
门扇
门套饰线
硅酮密封胶
卫生间
±0.000
0.5%
−0.020
50
10
80
50
60

石材过门石详图

过门石（二）

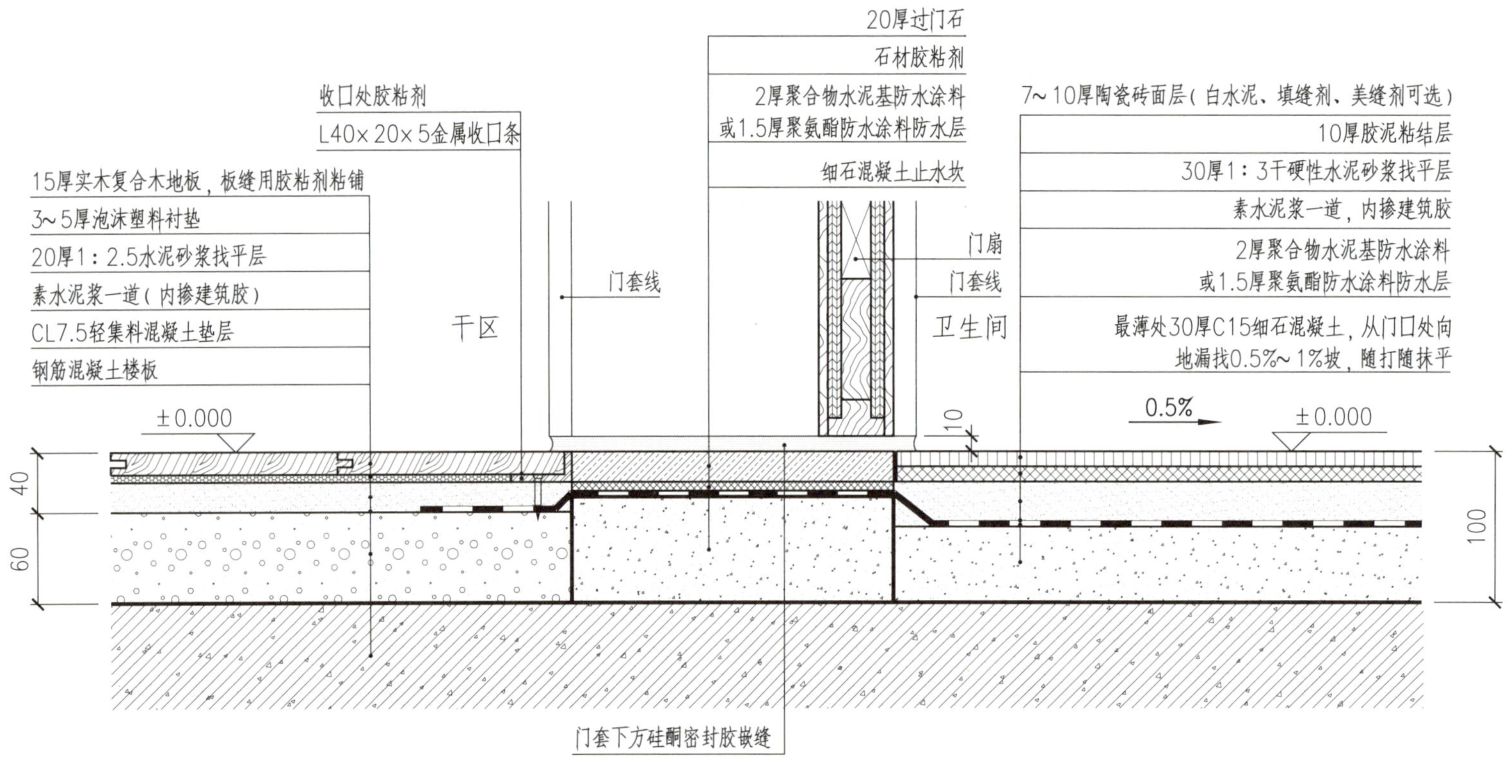

20厚过门石
石材胶粘剂
2厚聚合物水泥基防水涂料
或1.5厚聚氨酯防水涂料防水层
细石混凝土止水坎
收口处胶粘剂
L40×20×5金属收口条
7~10厚陶瓷砖面层（白水泥、填缝剂、美缝剂可选）
10厚胶泥粘结层
30厚1：3干硬性水泥砂浆找平层
素水泥浆一道，内掺建筑胶
2厚聚合物水泥基防水涂料
或1.5厚聚氨酯防水涂料防水层
最薄处30厚C15细石混凝土，从门口处向
地漏找0.5%~1%坡，随打随抹平
15厚实木复合木地板，板缝用胶粘剂粘铺
3~5厚泡沫塑料衬垫
20厚1：2.5水泥砂浆找平层
素水泥浆一道（内掺建筑胶）
CL7.5轻集料混凝土垫层
钢筋混凝土楼板
门套线
门扇
门套线
干区
卫生间
±0.000
±0.000
0.5%
10
40
60
100
门套下方硅酮密封胶嵌缝

石材过门石详图

过门石（三）

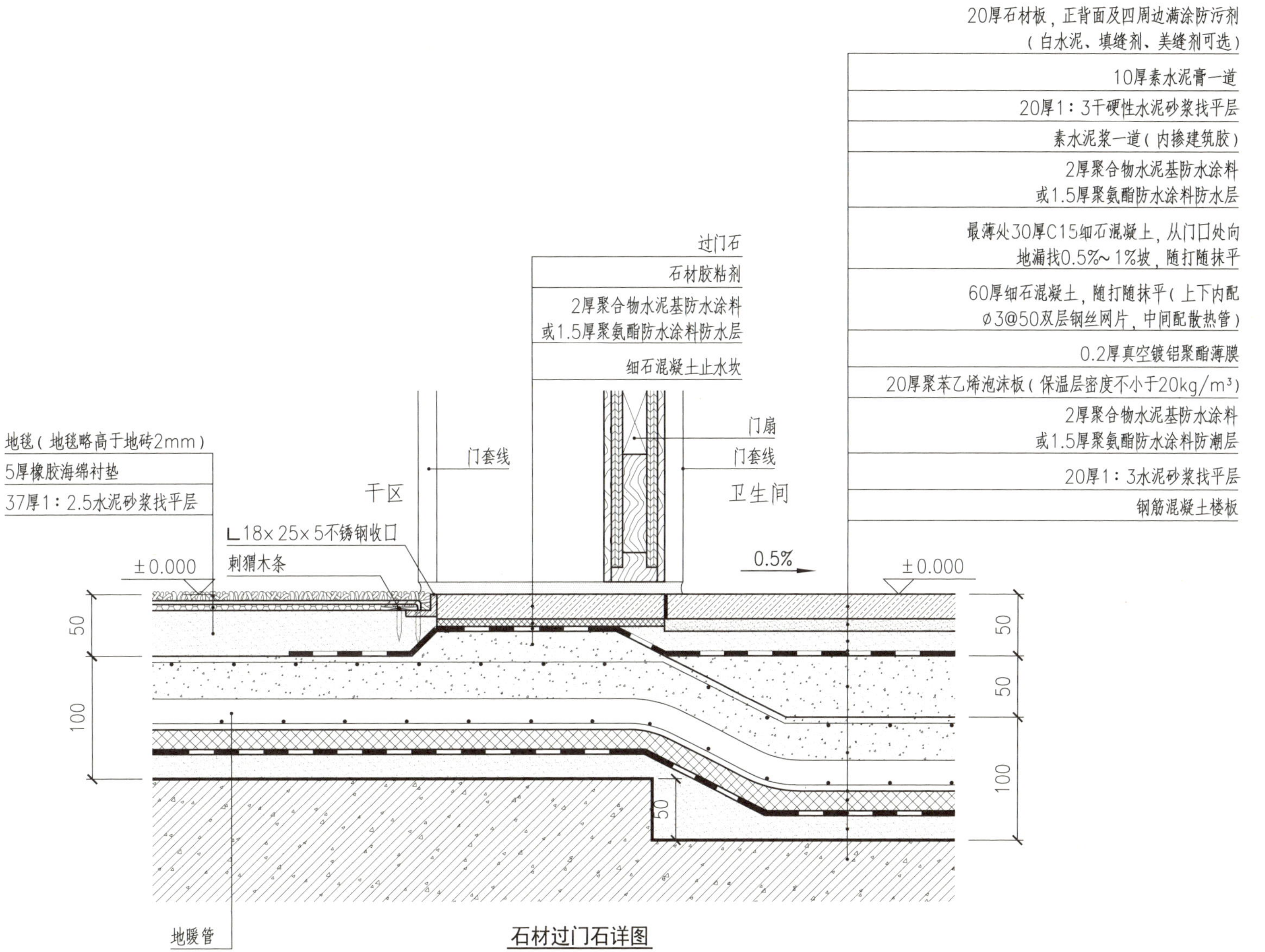

20厚石材板，正背面及四周边满涂防污剂（白水泥、填缝剂、美缝剂可选）
10厚素水泥膏一道
20厚1：3干硬性水泥砂浆找平层
素水泥浆一道（内掺建筑胶）
2厚聚合物水泥基防水涂料或1.5厚聚氨酯防水涂料防水层
最薄处30厚C15细石混凝土，从门口处向地漏找0.5%~1%坡，随打随抹平
60厚细石混凝土，随打随抹平（上下内配ø3@50双层钢丝网片，中间配散热管）
0.2厚真空镀铝聚酯薄膜
20厚聚苯乙烯泡沫板（保温层密度不小于20kg/m³）
2厚聚合物水泥基防水涂料或1.5厚聚氨酯防水涂料防潮层
20厚1：3水泥砂浆找平层
钢筋混凝土楼板
过门石
石材胶粘剂
2厚聚合物水泥基防水涂料或1.5厚聚氨酯防水涂料防水层
细石混凝土止水坎
门扇
门套线
卫生间
门套线
干区
地毯（地毯略高于地砖2mm）
5厚橡胶海绵衬垫
37厚1：2.5水泥砂浆找平层
∟18×25×5不锈钢收口
刺猬木条
±0.000
0.5%
±0.000
50
100
50
50
50
100
50
地暖管

石材过门石详图

地砖过门石

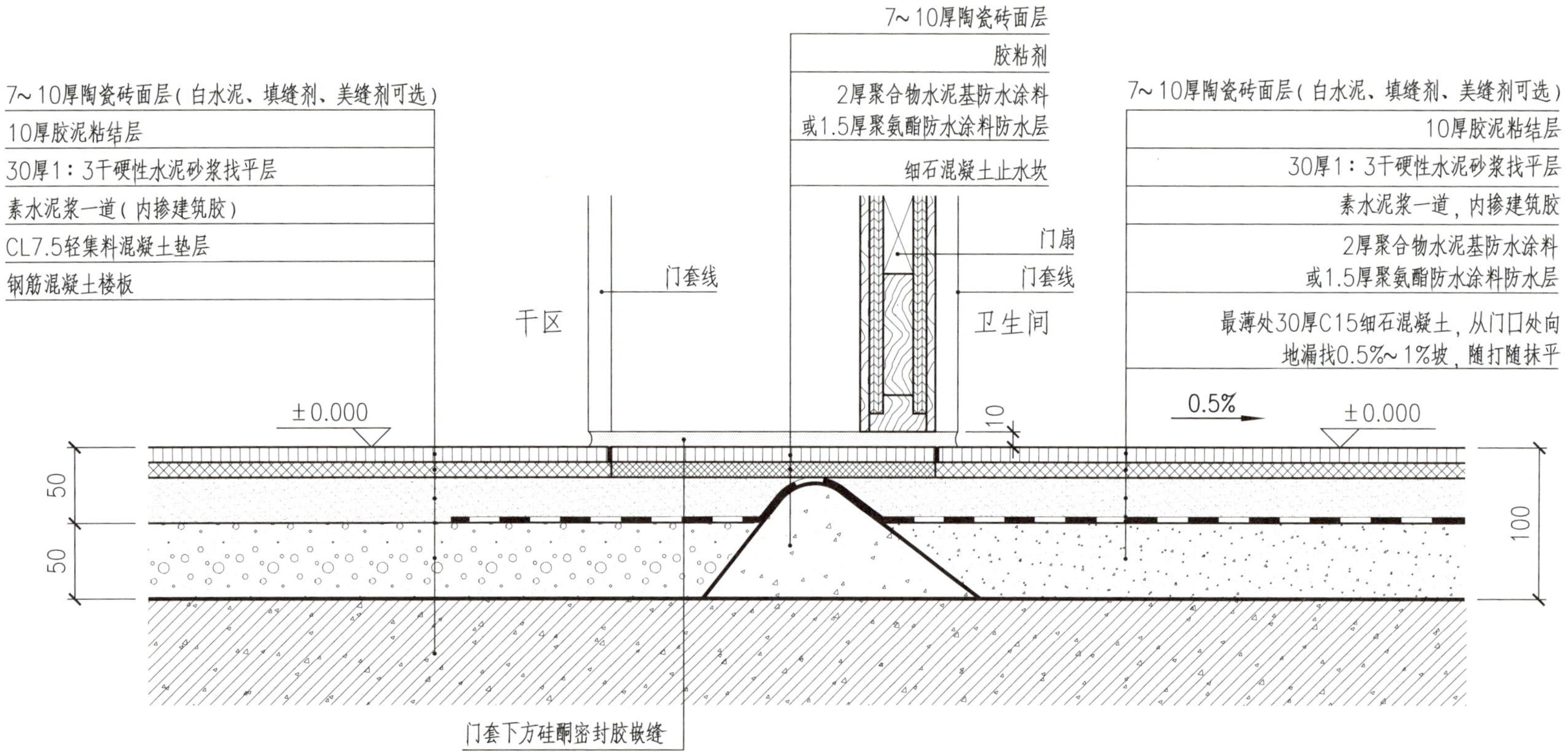

地砖过门石详图

结构降板区回填（一）

结构降板区回填

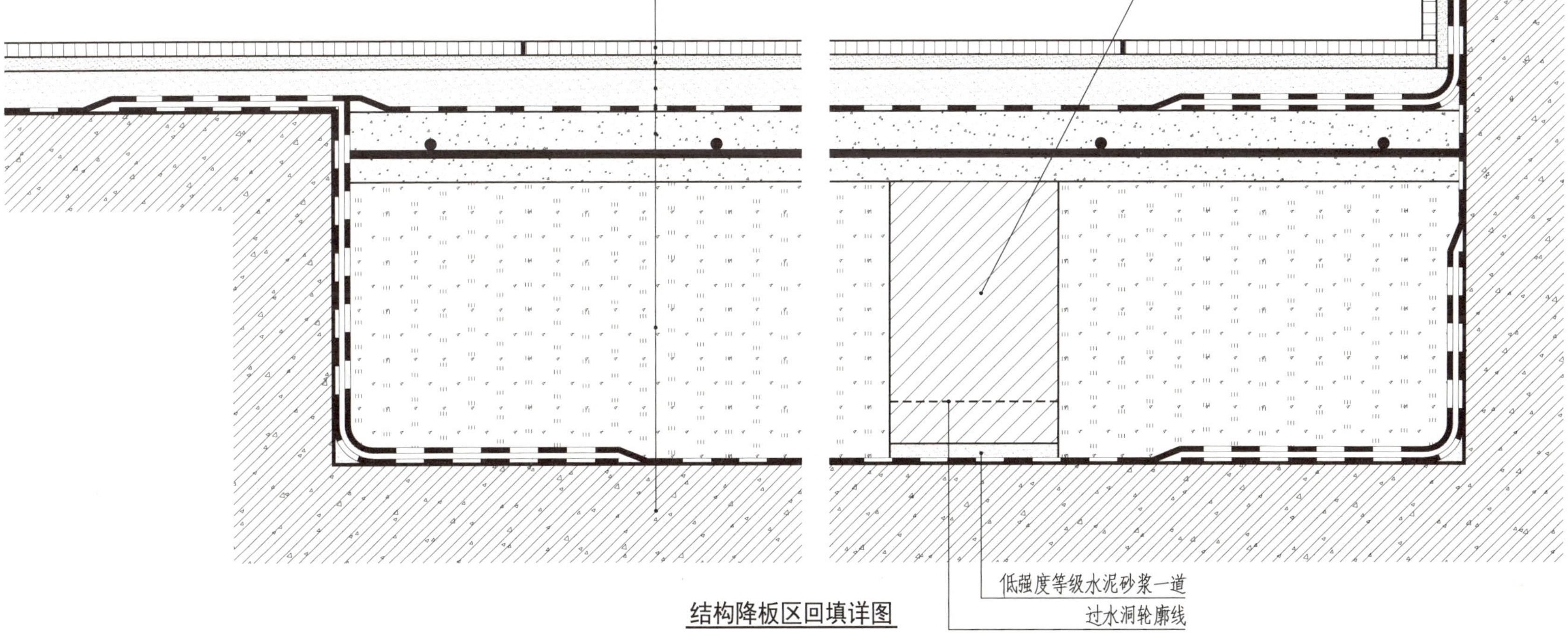

结构降板区回填详图

结构降板区回填（二）

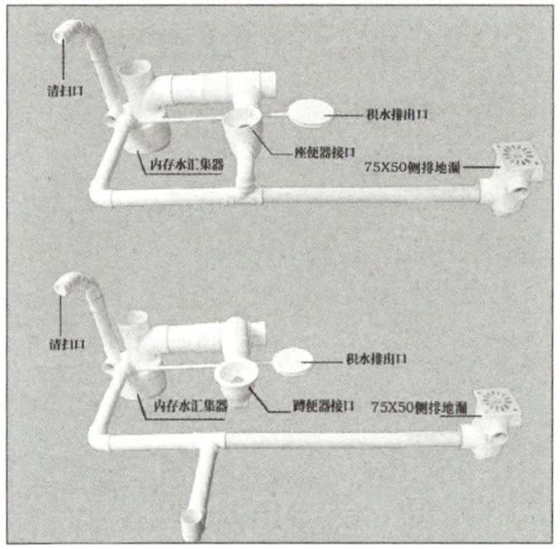

沉箱排水管道

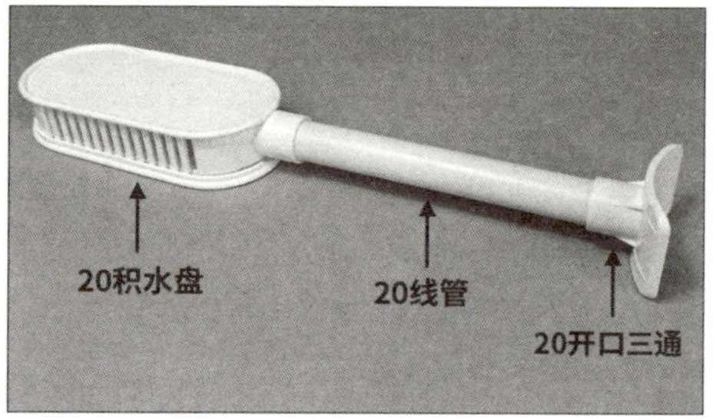

沉箱专用二次排水器

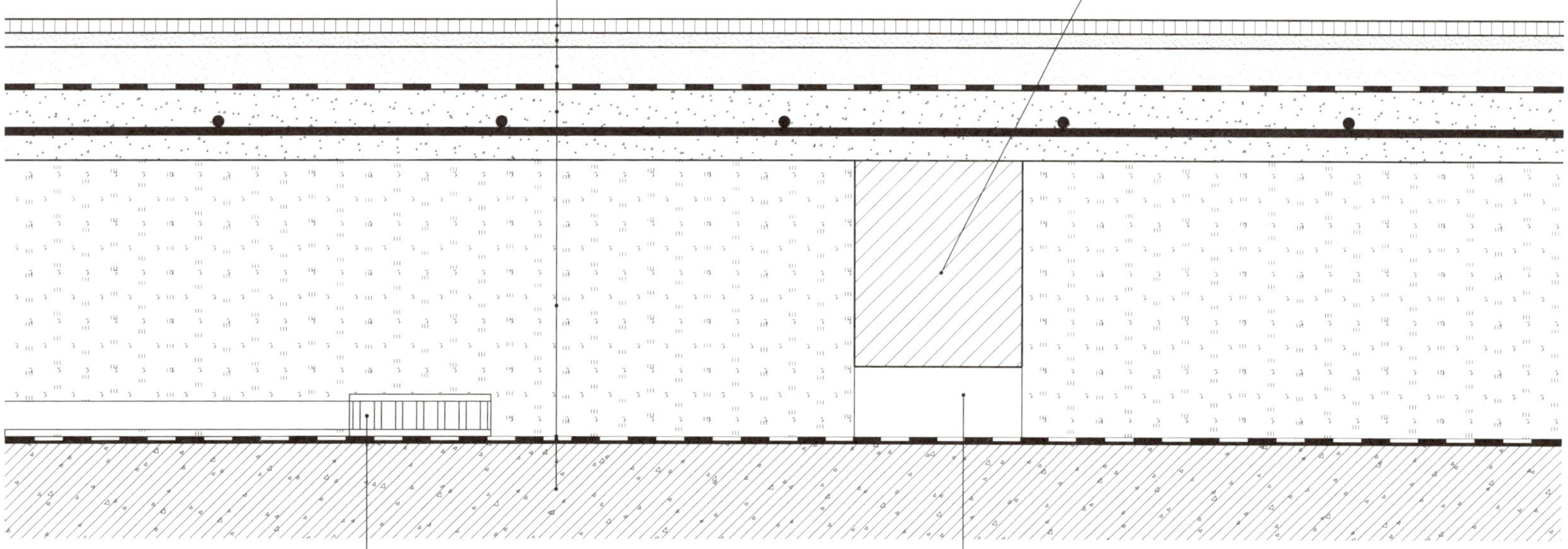

结构降板区回填详图

游泳池排水沟

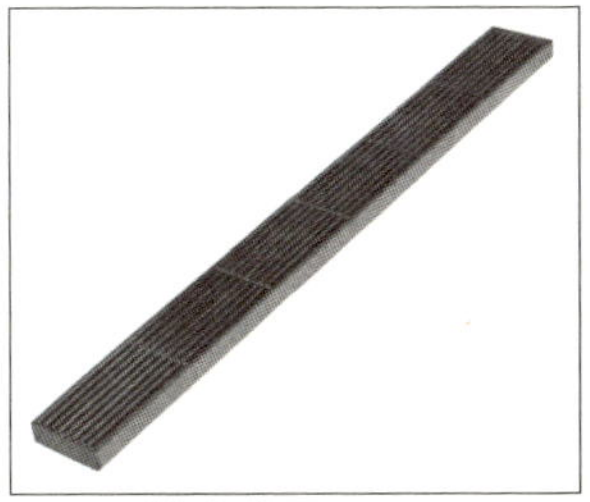

排水篦子（一）

排水篦子（二）

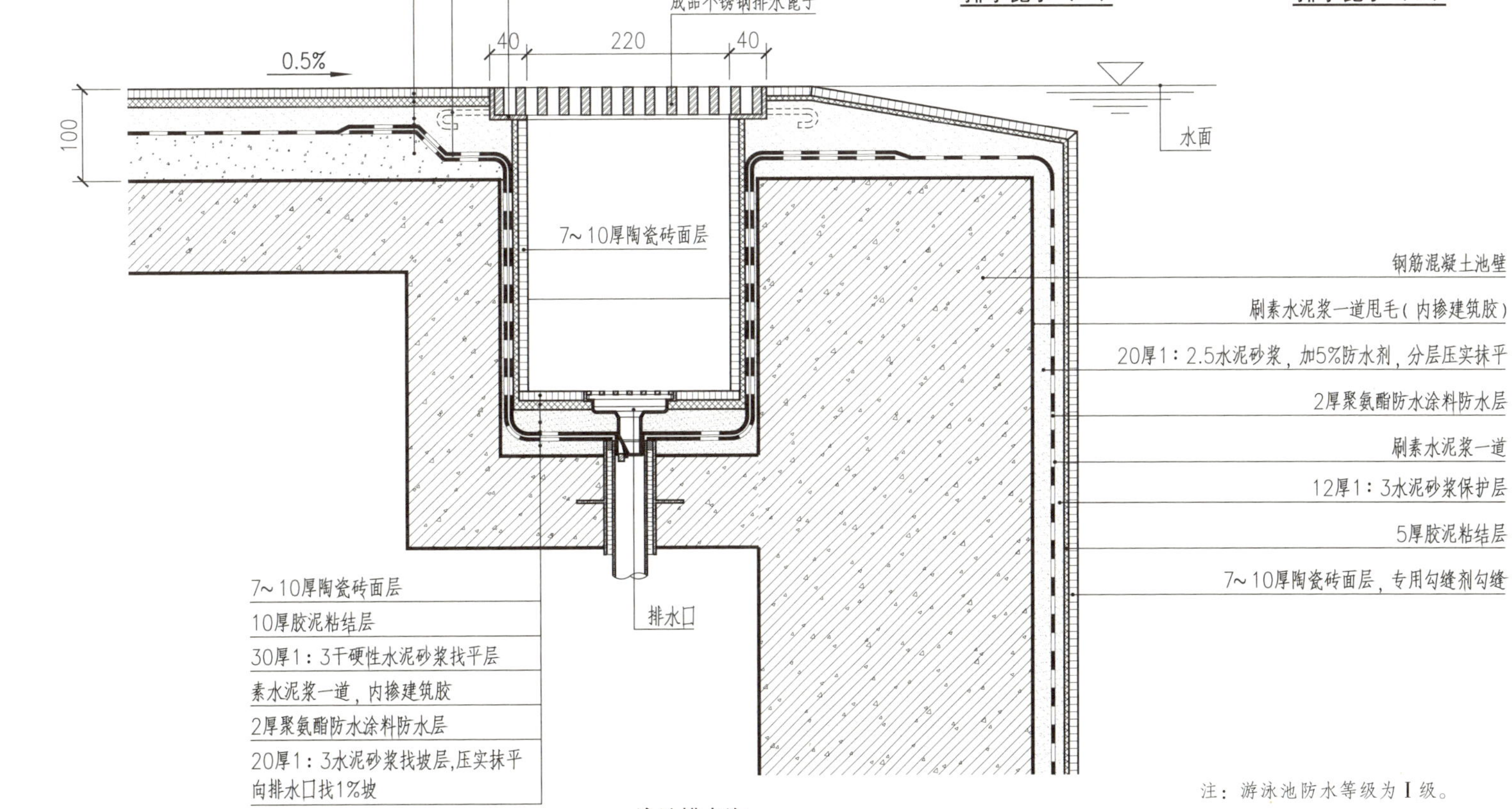

泳池排水沟

注：游泳池防水等级为Ⅰ级。

厨房排水沟

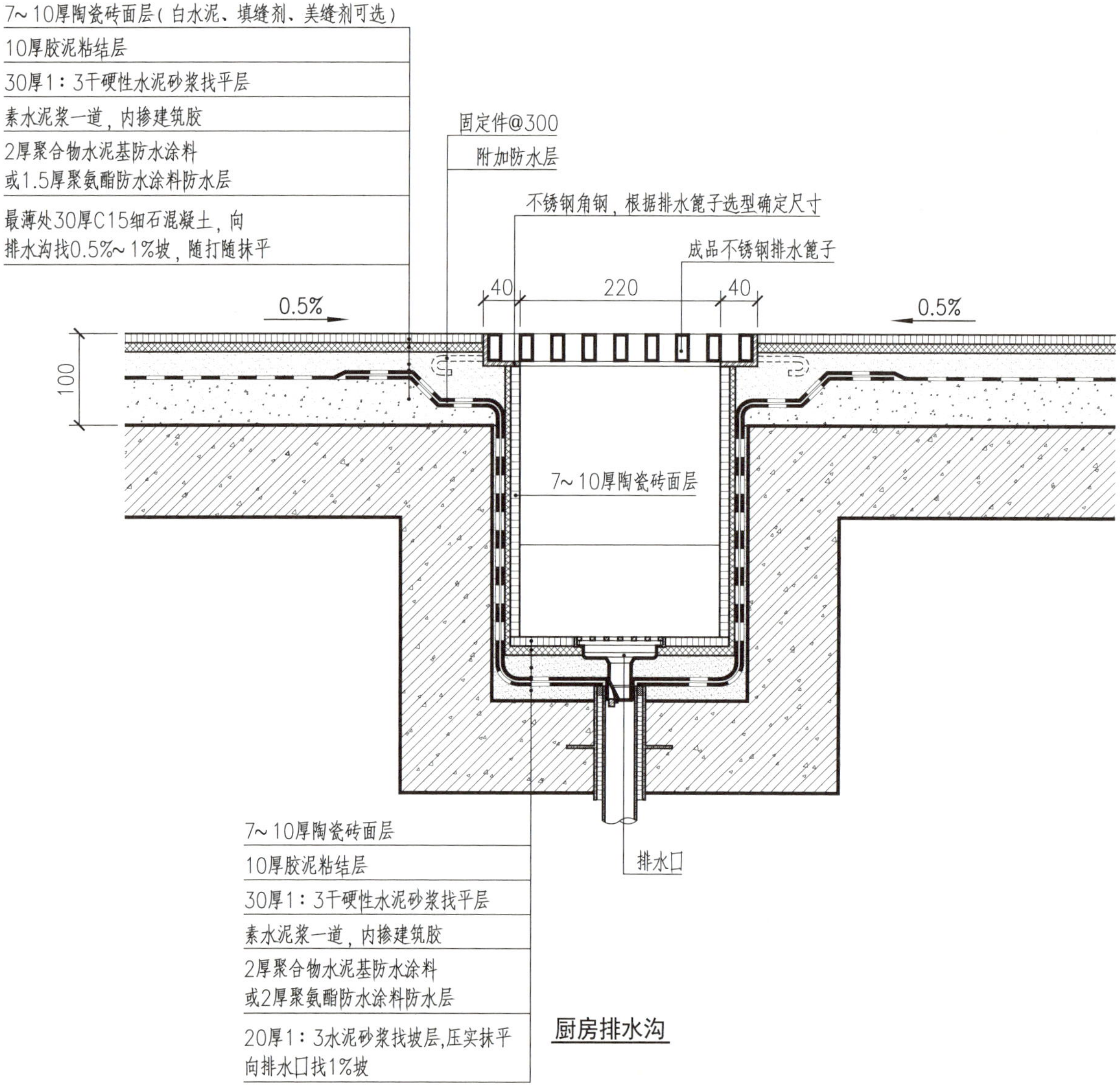
7~10厚陶瓷砖面层（白水泥、填缝剂、美缝剂可选）
10厚胶泥粘结层
30厚1：3干硬性水泥砂浆找平层
素水泥浆一道，内掺建筑胶
2厚聚合物水泥基防水涂料
或1.5厚聚氨酯防水涂料防水层
最薄处30厚C15细石混凝土，向
排水沟找0.5%~1%坡，随打随抹平
固定件@300
附加防水层
不锈钢角钢，根据排水篦子选型确定尺寸
成品不锈钢排水篦子
40
220
40
0.5%
0.5%
100
7~10厚陶瓷砖面层
7~10厚陶瓷砖面层
10厚胶泥粘结层
30厚1：3干硬性水泥砂浆找平层
素水泥浆一道，内掺建筑胶
2厚聚合物水泥基防水涂料
或2厚聚氨酯防水涂料防水层
20厚1：3水泥砂浆找坡层,压实抹平
向排水口找1%坡
排水口

厨房排水沟

12

第十二章

家具详图

橱柜

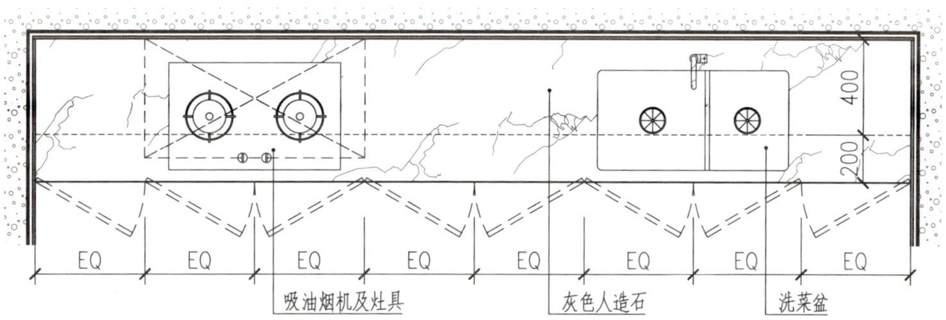
400
200
EQ
EQ
EQ
EQ
EQ
EQ
EQ
EQ
吸油烟机及灶具
灰色人造石
洗菜盆

橱柜平面图

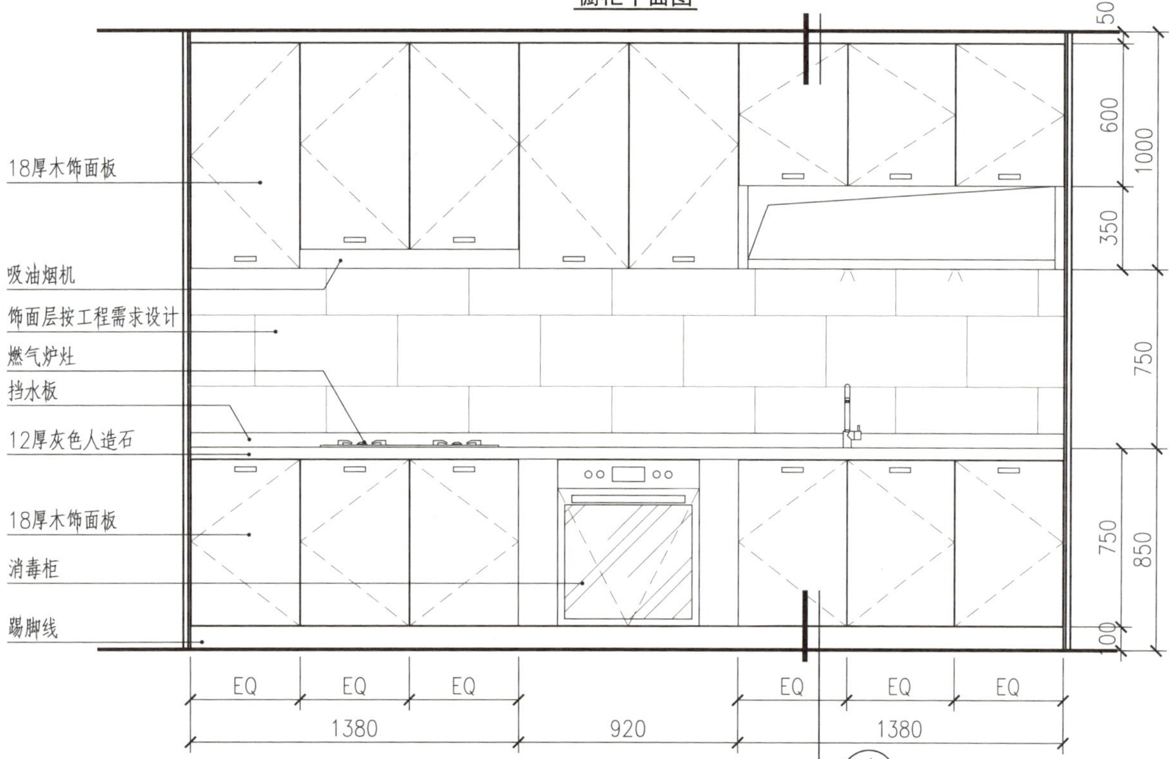
18厚木饰面板
吸油烟机
饰面层按工程需求设计
燃气炉灶
挡水板
12厚灰色人造石
18厚木饰面板
消毒柜
踢脚线
50
600
350
1000
750
750
100
850
EQ
EQ
EQ
EQ
EQ
EQ
1380
920
1380
1
–

橱柜立面图

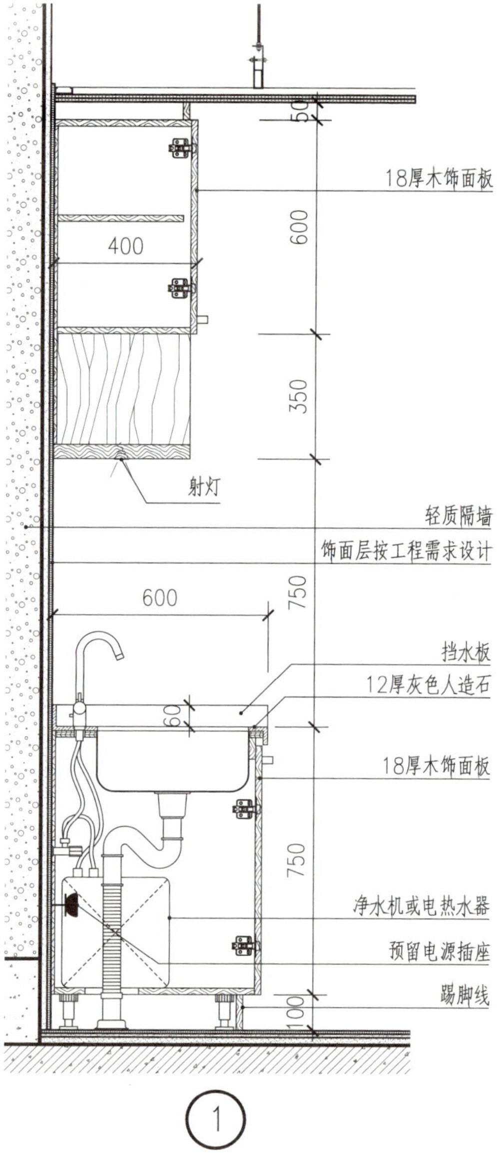
50
600
350
400
18厚木饰面板
射灯
轻质隔墙
饰面层按工程需求设计
600
750
挡水板
12厚灰色人造石
60
18厚木饰面板
750
净水机或电热水器
预留电源插座
踢脚线
100
1

壁柜（一）

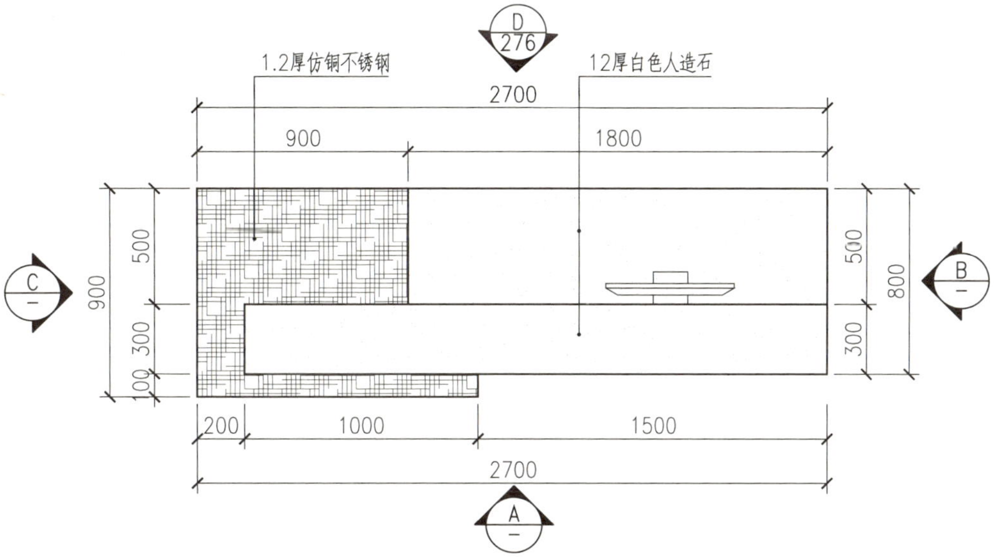
1.2厚仿铜不锈钢
12厚白色人造石
D
276
2700
900
1800
500
300
100
900
800
C
B
A
200
1000
1500

服务台平面图

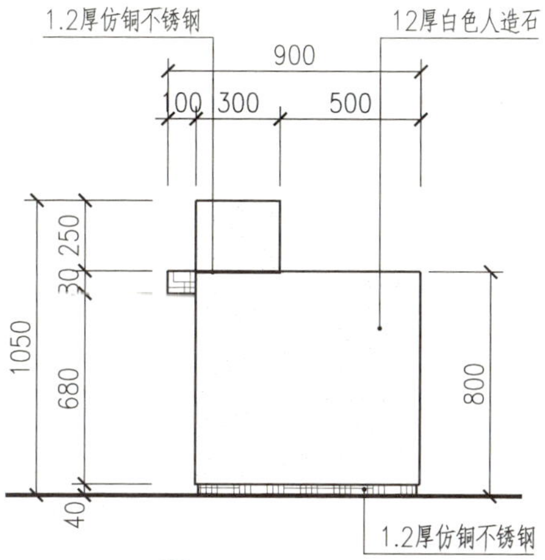
1.2厚仿铜不锈钢
12厚白色人造石
900
100
300
500
250
30
1050
680
800
40

B 服务台侧立面图

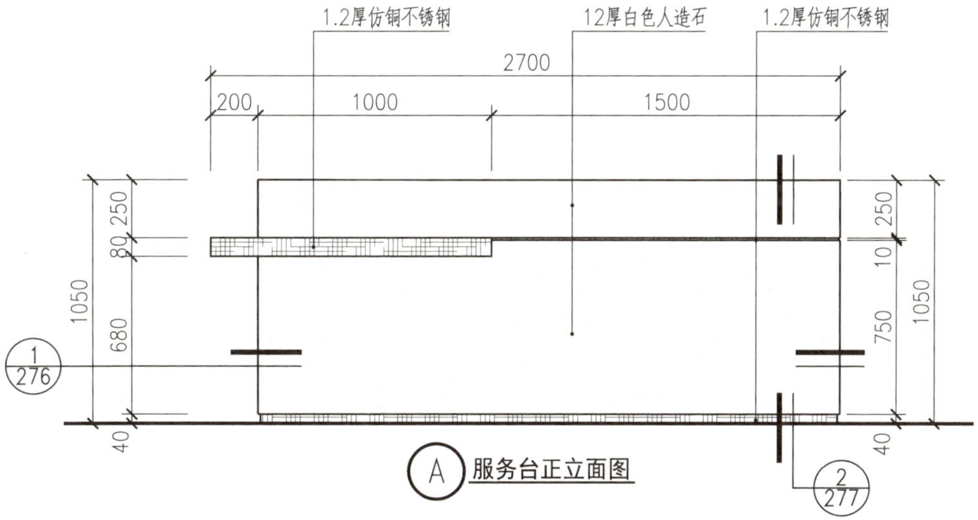
1.2厚仿铜不锈钢
12厚白色人造石
1.2厚仿铜不锈钢
2700
200
1000
1500
250
80
1050
680
40
10
750
1
276
2
277

A 服务台正立面图

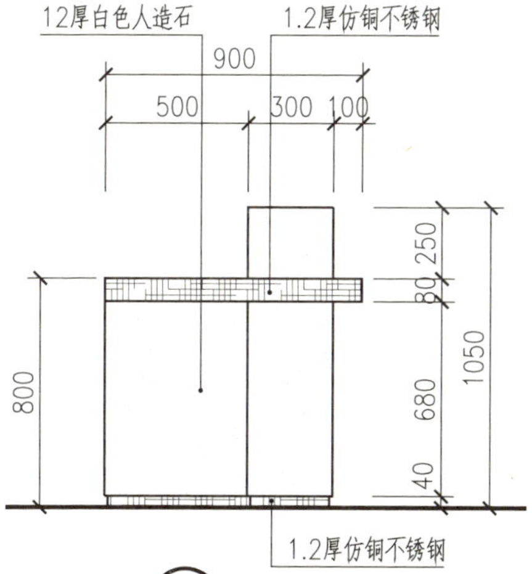
12厚白色人造石
1.2厚仿铜不锈钢
900
500
300
100
250
80
800
680
1050
40

C 服务台侧立面图

壁柜（二）

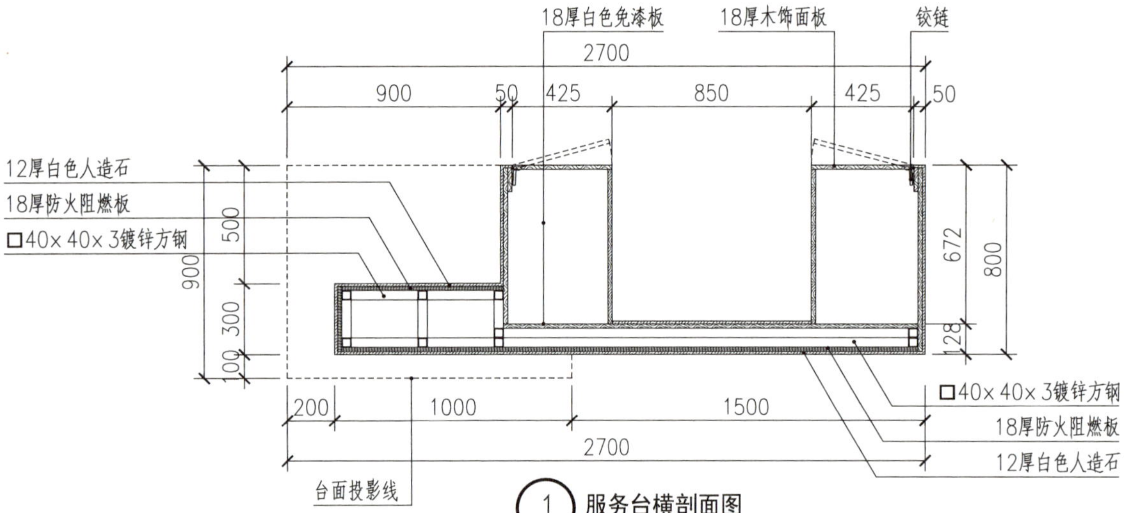

18厚白色免漆板
18厚木饰面板
铰链
2700
900
50
425
850
425
50
12厚白色人造石
18厚防火阻燃板
□40x 40x 3镀锌方钢
900
500
300
100
672
800
128
□40x 40x 3镀锌方钢
18厚防火阻燃板
12厚白色人造石
200
1000
1500
2700
台面投影线

① 服务台横剖面图

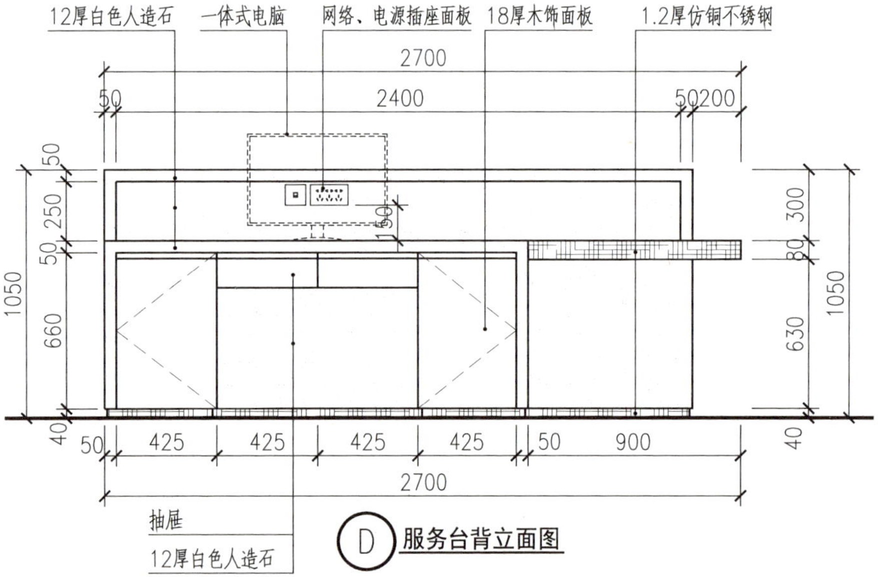

12厚白色人造石
一体式电脑
网络、电源插座面板
18厚木饰面板
1.2厚仿铜不锈钢
2700
50
2400
50200
50
250
50
660
40
1050
150
300
80
630
1050
40
50
425
425
425
425
50
900
2700
抽屉
12厚白色人造石

Ⓓ 服务台背立面图

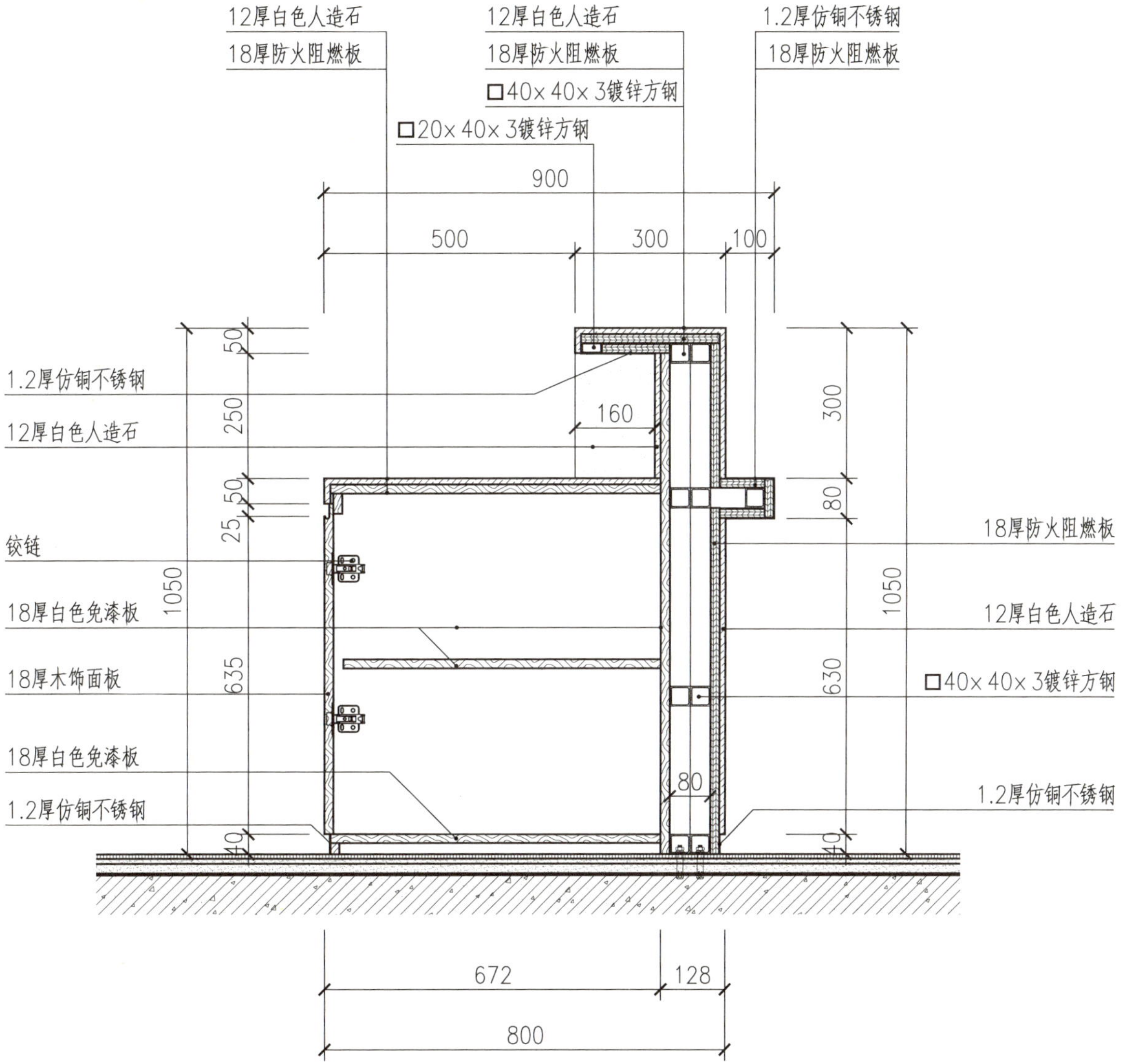
12厚白色人造石
18厚防火阻燃板
12厚白色人造石
18厚防火阻燃板
□40×40×3镀锌方钢
□20×40×3镀锌方钢
1.2厚仿铜不锈钢
18厚防火阻燃板
900
500
300
100
1.2厚仿铜不锈钢
12厚白色人造石
160
铰链
18厚白色免漆板
18厚木饰面板
18厚白色免漆板
1.2厚仿铜不锈钢
18厚防火阻燃板
12厚白色人造石
□40×40×3镀锌方钢
1.2厚仿铜不锈钢
50
250
50
25
1050
635
40
300
80
1050
630
40
80
672
128
800

② 服务台纵剖面图

13

第十三章

常用图例

常用材料图例一览表

名称	图例	备注
自然土壤		包括各种自然土壤
夯实素土		
土壤、种植土	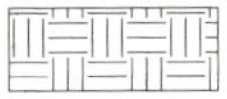	
砂、灰土		
砂砾石、碎砖三合土		
砾石、级配砂石	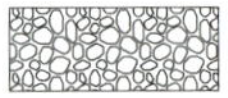	
石材	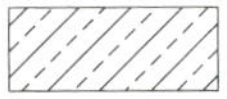	注明名称、厚度
花岗岩	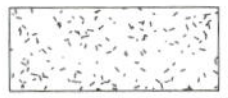（立面）	注明名称、厚度
	（立面）	
大理石	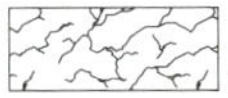（立面）	注明名称、厚度
	（立面）	
毛石	（平面）	必要时注明石材块面大小及品种
	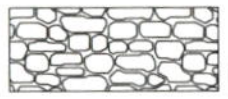（立面）	

续表

名称	图例	备注
普通砖		包括实心砖、多孔砖、砌块等砌体。断面较窄不易绘出图例线时，可涂黑，并在图纸备注中加注说明，画出该材料图例
轻质砌块砖		指非承重砖砌体
耐火砖		包括耐酸砖等砌体
空心砖		指非承重砖砌体
砖墙	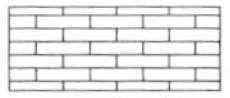（立面）	注明材质、厚度
	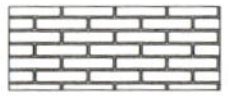（立面）	
原建筑砌块砖	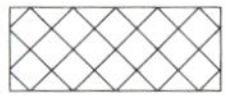	指建筑原有非承重砖砌体
新建钢龙骨隔墙		指小比例视图新建钢龙骨隔墙
新建轻钢龙骨隔墙	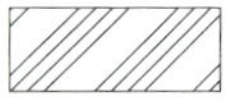	指小比例视图新建轻钢龙骨隔墙
饰面砖	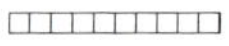	包括铺地砖、马赛克、陶瓷锦砖、人造大理石等
混凝土	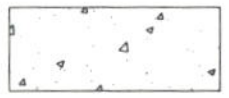	1．本图例指能承重的混凝土及钢筋混凝土； 2．包括各种强度等级、骨料、添加剂的混凝土； 3．在剖面图上画出钢筋时，不画图例线； 4．断面图形小，不易画出图例线时，可涂实
钢筋混凝土		

续表

名称	图例	备注
泡沫混凝土、加气混凝土		包括泡沫混凝土、非承重加气混凝土等
多孔材料		包括水泥珍珠岩、沥青珍珠岩、软木、蛭石制品等
焦渣、矿渣		包括与水泥、石灰等混合而成的材料
粉刷		本图例采用较稀的点
液体	（平面）	应注明具体液体名称
	（剖面）	
纤维材料	（图案填充形式）	1. 可根据需要选择“图案填充”或“线型”绘图方式； 2. 包括矿棉、岩棉、玻璃棉、麻丝、木丝板、纤维板等
	（线型形式）	
泡沫塑料材料		包括聚苯乙烯、聚乙烯、聚氨酯等多孔聚合物类材料
实木		表示垫木、木砖或木龙骨
		表示木材横断面
		表示木材纵断面

续表

名称	图例	备注
密度板		注明厚度
多层板		注明厚度或层数
木工板		注明厚度
石膏板		1. 注明厚度； 2. 注明石膏板品种名称
埃特板		注明厚度
水泥板、硅酸钙板		注明厚度
蜂窝复合板		注明厚度
网状材料		1. 包括金属、塑料网状材料； 2. 应注明具体材料名称
钢铁	（立面）	1. 包括各种钢铁材料，注明材料名称； 2. 剖面图形小时，可涂黑
	（剖面）	
铝	（剖面）	包括各种铝材料、铝型材，注明材料名称
不锈钢		注明名称、厚度
防水材料	（小尺度比例）	注明材质、厚度
	（大尺度比例）	

续表

名称	图例	备注
普通玻璃	（平面）	注明材质、厚度
	（平面）	
	（立面）	
镜面	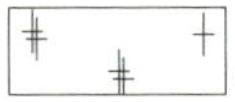（立面）	注明材质、厚度
磨砂	（立面）	1. 注明材质、厚度； 2. 本图例采用较均匀的点
夹层（夹绢、夹纸）玻璃	（立面）	注明材质、厚度
橡胶		
塑料	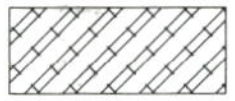	包括各种软、硬塑料及有机玻璃等
胶粘剂	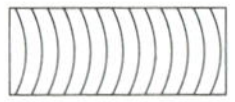	
地毯	（平面）	注明种类
	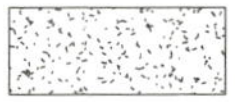（平面）	
	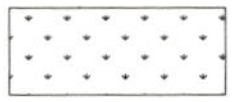（平面）	
	 （剖面）	

续表

名称	图例	备注
木地板	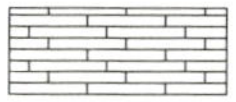	注明厚度、种类
	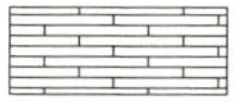	
壁纸	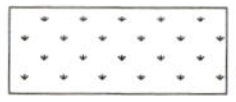（立面）	注明种类
软包、扪皮	（立面）	注明种类